高等职业院校通识教育“十二五”规划教材

Gaodeng Zhiye Yuanxiao Tongshi Jiaoyu Shierwu Guihua Jiaocai

计算机应用基础能力教程

JISUANJI YINGYONGJICHU
NENGLIJIAOCHENG

赵静夫 主审
聂振江 主编
纪玉书 李金凤 王丽丽 副主编
张颖 罗平 纪翠竹 参编

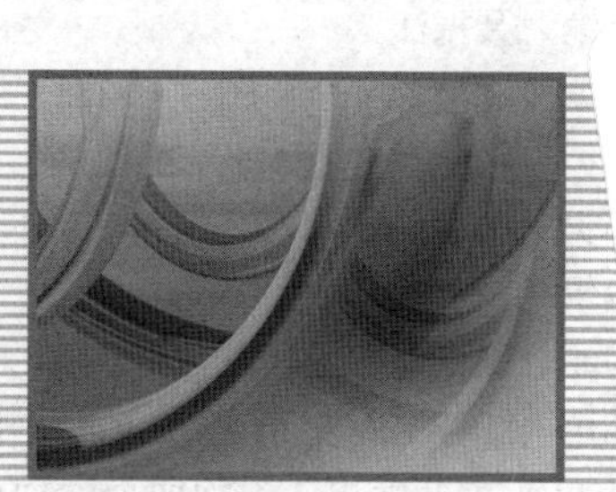

人民邮电出版社
北京

图书在版编目（CIP）数据

计算机应用基础能力教程 / 聂振江主编. -- 北京 :
人民邮电出版社, 2014.9
高等职业院校通识教育“十二五”规划教材
ISBN 978-7-115-36298-8

Ⅰ. ①计… Ⅱ. ①聂… Ⅲ. ①电子计算机－高等职业
教育－教材 Ⅳ. ①TP3

中国版本图书馆CIP数据核字(2014)第152621号

内 容 提 要

本书是按照教育部高职高专计算机应用型高技能人才培养目标的思路及有关精神编写而成的。本书全面系统地介绍计算机应用的主要内容，涵盖计算机基础知识、Windows XP 的基本操作、Microsoft Office 2007 中的 3 个常用组件的使用方法与实例、计算机网络技术的应用，以及计算机安全方面的知识。全书理论联系实际，以应用为目的。

本书可作为高职高专院校非计算机专业教材，也可作为计算机职业技能鉴定、操作技能类考试的配套教材。

◆ 主　　审　赵静夫
主　　编　聂振江
副 主 编　纪玉书　李金凤　王丽丽
参　　编　张　颖　罗　平　纪翠竹
责任编辑　马小霞
执行编辑　王志广
责任印制　张佳莹　杨林杰

◆ 人民邮电出版社出版发行　　北京市丰台区成寿寺路 11 号
邮编　100164　　电子邮件　315@ptpress.com.cn
网址　http://www.ptpress.com.cn
北京隆昌伟业印刷有限公司印刷

◆ 开本：787×1092　1/16
印张：22.75　　2014 年 9 月第 1 版
字数：583 千字　　2014 年 9 月北京第 1 次印刷

定价：48.00 元

读者服务热线：(010)81055256　印装质量热线：(010)81055316
反盗版热线：(010)81055315

本书是按照教育部高职高专计算机应用型高技能人才培养目标的思路及有关精神编写而成的。随着信息化技术的迅速发展和计算机的全面普及，计算机技术的应用已渗透到社会的各个领域，各行各业对计算机应用型人才的需求快速增长，人才培养问题亟待解决，为此编者结合计算机信息技术的发展以及有关培训、考试的特点，编写了本书。本书可作为计算机职业技能鉴定、操作技能类考试的配套教材。

本书全面系统地介绍了计算机应用的主要内容，涵盖计算机基础知识、Windows XP 的基本操作、Microsoft Office 2007 中的 3 个常用组件的使用方法与实例、计算机网络技术的应用，以及计算机安全方面的知识。全书理论联系实际，以应用为目的。每个单元后面配有一个实训，针对该单元设计实例，有具体的操作步骤与实例效果。每个实训由若干个任务组成，每一个任务由任务提出、任务分析、任务设计、任务实现、任务小结、举一反三几部分组成，每个任务均是在工作中能遇到的常见的任务，操作步骤详细，任务过程完整，任务后还有相关的实例与之相辅，方便读者学习，以达到理解、掌握计算机应用基础知识的教学目的。每个单元均配有习题与上机指导，方便读者学习与巩固提高。

本书由赵静夫主审，主编为聂振江，副主编为纪玉书、李金凤、王丽丽，参加编写的人员有张颖、罗平、纪翠竹，本书主审、主编、副主编及参编人员均为黑龙江农垦科技职业学院教师。罗平编写单元 1 内容，张颖编写单元 2 内容，王丽丽编写单元 3 及任务五、六、七内容，李金凤编写单元 4 及任务三、四、八、九、十内容，聂振江编写单元 5 及任务十一、十二、十三内容，纪翠竹编写单元 6 及任务十四、十五内容，纪玉书编写单元 7 及任务一、二、十六、十七、十八内容。

在本书的定位、选材和编写过程中，编者参阅了许多计算机基础知识书籍和相关论著，从中得到了不少启发，在此谨向这些论著的作者深表谢意！由于编者水平有限，对于书中存在的不足之处，敬请各位读者和同仁批评指正。

编者

目录

CONTENTS

单元1

计算机基础知识

1.1 计算机概述

1.1.1 计算机的发展

1946 年世界上第一台电子计算机在美国宾西法尼亚大学诞生，取名为埃尼阿克（Electronic Numerical Integrator And Computer，ENIAC），如图 1-1 所示。这台计算机占地 170 平方米，重 30 吨，用了 18000 多个电子管，每秒能进行 5000 次加法运算。该机用于美国陆军部的弹道研究。世界上第一台由冯•诺依曼（见图 1-2）设计具有存储程序功能的计算机叫 EDVAC，但是世界上第一台实现存储程序式的电子计算机是 EDSAC。

图 1-1　ENIAC

图 1-2　艾兰•图灵

1．人物简介

（1）艾兰•图灵

艾兰•图灵 1912 年 6 月 23 日出生于英国伦敦一个“书香门第”，家族成员里有 3 位当选过英国皇家学会会员，他的祖父还曾获得剑桥大学数学荣誉学位。可他父亲居里欧的才能十分平常，数学尤其糟糕，正负数的乘法运算就把他弄得焦头烂额。但他倒能踏实办事，于是被政府派到英属殖民地印度去当一名小公务员。

图灵先知先觉，是走在时代前面的天才。在电子计算机远未问世之前，他居然就会想到所谓“可计算性的问题”。经过智慧与深邃的思索，图灵以人们想不到的方式，回答了这个既是数学又是哲学的艰深问题。图灵超出了一般数学家的思维范畴，完全抛开数学上定义新概念的传统方式，独辟蹊径，构造出一台完全属于想象中的“计算机”，数学家们把它称为“图灵机”。这样的奇思妙想只能属于思维像“袋鼠般的跳跃”的图灵。著名的“图灵机”的概念在数学与计算机科学中的巨大影响力至今毫无衰减。

图灵奖（Turing Award）是美国计算机协会于 1966 年设立的，又叫“A•M•图灵奖”，专门奖励那些对计算机事业做出重要贡献的个人。图灵奖是计算机界最负盛名的奖项，有“计算机界诺贝尔奖”之称。图灵奖对获奖者的要求极高，评奖程序也极严，一般每年只奖励一名计算机科学家，只有极少数年度有两名以上在同一方向上做出贡献的科学家同时获奖。目前图灵奖由英特尔公司以及 Google 公司赞助，奖金为 250000 美元。

（2）莫齐利和埃克特

莫齐利和埃克特（见图 1-3）是计算机业初创期的双子星座，他们既是人类第一台计算机 ENIAC 最主要的研制者，又是计算机产业化的探索者，可以说，在计算机时代的开创中，埃克特和莫齐利居首功。现在世界计算机界有一项大奖就是以他俩的名字命名的，叫“埃克特-莫齐利奖”，到目前为止，有 20 余人获此殊荣，这是对两位计算机英雄最好的评价与纪念。

图 1-3 莫齐利和埃克特

图 1-4 约翰•冯•诺依曼

（3）约翰•冯•诺依曼

1903 年 12 月 28 日，在布达佩斯诞生了一位神童，这不仅给这个家庭带来了巨大的喜悦，也值得整个计算机界去纪念。正是他，开创了现代计算机理论，其体系结构沿用至今，而且他早在 20 世纪 40 年代就已预见到计算机建模和仿真技术对当代计算机将产生的意义深远的影响。他就是约翰•冯•诺依曼（见图 1-4）。

冯•诺依曼由 ENIAC 机研制组的戈尔德斯廷中尉介绍参加 ENIAC 机研制小组后，便带领这批富有创新精神的年轻科技人员，向着更高的目标进军。1945 年，他们在共同讨论的基础上，发表了一个全新的“存储程序通用电子计算机方案”——EDVAC（Electronic Discrete Variable Automatic Computer 的缩写）。在这过程中，冯•诺依曼显示出他雄厚的数理基础知识，充分发挥了他的顾问作用及探索问题和综合分析的能力。冯•诺依曼以“关于 EDVAC 的报告草案”为题，起草了长达 101 页的总结报告，报告广泛而具体地介绍了制造电子计算机和程序设计的新思想，这份报告是计算机发展史上一个划时代的文献，它向世界宣告：电子计算机的时代开始了。

他的设计思想之一是二进制，他根据电子元件双稳工作的特点，建议在电子计算机中采用二进制。他提到了二进制的优点，并预言，二进制的采用将简化机器的逻辑线路。

程序内存是冯•诺依曼的另一杰作。通过对ENIAC的考察，冯•诺依曼敏锐地抓住了它的最大弱点——没有真正的存储器。解题之前，必须先想好所需的全部指令，通过手工把相应的电路联通，这种准备工作要花几小时，甚至几天时间，而计算本身只需几分钟，计算的高速与程序的手工存在着很大的矛盾。针对这个问题，诺依曼提出了程序内存的思想，即把运算程序存在机器的存储器中，程序设计员只需要在存储器中寻找运算指令，机器就会自行计算，这样，就不必每个问题都重新编程，从而大大加快了运算进程，这一思想标志着自动运算的实现，以及电子计算机的成熟，已成为电子计算机设计的基本原则。

鉴于冯•诺依曼在发明电子计算机中所起到的关键性作用，他被西方人誉为“计算机之父”。

2．计算机的发展过程

（1）全球计算机的发展

第一代，1946～1958年——电子管计算机：结构上以CPU为中心，使用机器语言，速度慢，存储量小，主要用于数值计算。软件还处于初始阶段，使用机器语言或汇编语言编写程序，几乎没有什么系统软件。

第二代，1958～1964年——晶体管计算机：1955年，第一台全晶体管计算机UNIVAC－II的问世标志着第二代计算机的开始。这一代计算机结构上以存储器为中心，产生了高级语言（FORTRAN、COBOL、ALGOL、C等）和批量处理系统，应用范围扩大到数据处理和工业控制。

第三代，1964～1975 年——集成电路：结构上仍以存储器为中心，增加了多种外部设备，软件得到一定发展，操作系统出现并逐步完善，计算机处理图像、文字和资料功能加强。

第四代，1975年至今——大规模集成电路：应用更加广泛，出现了微型计算机。

第五代，正在研制人工智能。

（2）我国计算机的发展

1958年研制了第一台电子管计算机，速度每秒二千次。

1964～1965年研制出第二代晶体管计算机，1965年制造的计算机速度每秒7万次。

1971年研制第三代集成电路计算机。

1972年每秒100万次的大型集成电路计算机研制成功。

1976年研制成功每秒200万次的计算机。

先后自行研制成功了“银河”系列的巨型计算机。

“银河”于1983年问世，其运算速度为每秒1亿次。

“银河II”于1992年诞生，其运算速度为每秒10亿次。

“银河III”于1997年通过国家鉴定，其运算速度为每秒为130亿次。

“天河Ⅰ号”二期系统于2010年8月在国家超级计算天津中心升级完成，经过技术升级优化后的“天河一号”超级计算机系统，以峰值性能每秒 4700 万亿次、持续性能每秒 2507 万亿次(LINPACK实测值)的优异性能再登榜首。这是“天河一号”继2009年之后再度夺魁。

（3）计算机语言的发展

计算机硬件发展的同时，软件始终伴随其步伐迅猛发展，就计算机的编程语言而言，也划分为5代。

第一代，机器语言：每条指令用二进制编码，效率很低。

第二代，汇编语言：用符号编程，和具体机器指令有关，效率不高。

第三代，高级语言：如 FORTRAN、COBOL、BASIC.PASCAL 等都属于高级语言。

第四代，非过程语言。

第五代，智能化语言，如 LISP。

1.1.2 微处理器的发展和计算机的性能指标

以微处理器为核心，加上用大规模集成电路做成的 RAM 和 ROM 存储器芯片、输入/输出接口芯片等组成的计算机称为微型计算机。而微处理器（MPU）则是利用大规模集成电路技术把运算器和控制器，也即中央处理器单元 CPU，制作在一块集成电路中的芯片。

1．微处理器的发展

1971 年，Intel 公司用 PMOS 工艺制成世界上第一代 4 位微处理器 4004。

1982 年，Intel 公司发布 80286 个人计算机微处理器芯片，字长 16 位。

1985 年，80386，字长 32 位。

1989 年，80486，字长 32 位。

1993 年，Pentium，主频 60～66MHz，字长 32 位。

1997 年，Pentium Ⅱ，主频 233 MHz，字长 32 位。

1999 年，PentiumⅢ，主频 450MHz 以上，字长 32 位。

2000 年，P4，主频 1.4GHz 以上，字长 32 位。

64 位的处理器有 Intel 公司的安腾（Itanium）、奔腾 D 系列、E 系列及酷睿 2，AMD 公司的速龙（Athlon64）和 Opteron，IBM 的 Power5 等。

2．计算机的主要性能指标

（1）字、字长

字是计算机进行一次基本运算所能处理的二进制数，这组二进制数的位数就是字长。

字长决定计算机内部寄存器、运算器和数据总线的位数，直接影响计算机的硬件规模和造价，反映了一台计算机的计算精度。Pentium 及早期 Pentium 4 计算机字长为 32 位，现代高档 Pentium 4 计算机字长达到 64 位。

（2）主存容量

主存容量是指主存储器所能存储二进制信息的总量。主存容量越大，软件开发和软件的运行效率就越高，系统的处理能力也就越强。

（3）运算速度

运算速度可用每秒钟处理的指令数表示，也可用每秒钟处理的事务数表示。此外，由于运算速度与 CPU 主频有关，因此，也用 CPU 主频表示计算机运算速度。

（4）可靠性

计算机可靠性是一个综合指标，由多项指标来综合衡量，一般常用平均无故障运行时间来衡量。平均无故障运行时间是指在相当长的运行时间内，工作时间除以运行时间内的故障次数所得的结果。目前计算机的平均无故障运行时间可高达几千小时。

（5）性价比

性价比是衡量计算机产品性能优劣的一项综合性指标，除包括上述的 4 个方面外，还包括软件功能、外设配置、可维护性及兼容性等。

1.1.3 计算机的特点与应用

1．计算机的特点

（1）自动地运行程序

计算机能在程序控制下自动连续地高速运算。其采用存储程序控制的方式，因此一旦输入编制好的程序，计算机启动后，就能自动地执行下去直至完成任务。这是计算机最突出的特点。

（2）运算速度快

计算机能以极快的速度进行计算。现在普通的微型计算机每秒可执行几十万条指令，而巨型机则达到每秒几十亿次，甚至几百亿次。随着计算机技术的发展，计算机的运算速度还在提高。例如天气预报，由于需要分析大量的气象资料数据，单靠手工完成计算是不可能的，而用巨型计算机只需十几分钟就可以完成。

（3）运算精度高

电子计算机具有以往计算机无法比拟的计算精度，目前已达到小数点后上亿位的精度。

（4）具有记忆和逻辑判断能力

人是有思维能力的，而思维能力本质上是一种逻辑判断能力。计算机借助于逻辑运算，可以进行逻辑判断，并根据判断结果自动地确定下一步该做什么。计算机的存储系统由内存和外存组成，具有存储和"记忆"大量信息的能力，现代计算机的内存容量已达到上百兆，甚至几千兆，而外存也有惊人的容量。如今的计算机不仅具有运算能力，还具有逻辑判断能力，可以使用其进行诸如资料分类、情报检索等具有逻辑加工性质的工作。

（5）可靠性高

随着微电子技术和计算机技术的发展，现代电子计算机连续无故障运行时间可达到几十万小时以上，具有极高的可靠性。例如，安装在宇宙飞船上的计算机可以连续几年时间可靠地运行。计算机应用在管理中也具有很高的可靠性，而人却很容易因疲劳出错。另外，计算机对于不同的问题，只是执行的程序不同，因而具有很强的稳定性和通用性。同一台计算机能解决各种问题，应用于不同的领域。

微型计算机除了具有上述特点外，还具有体积小、重量轻、耗电少、维护方便、可靠性高、易操作、功能强、使用灵活、价格便宜等特点。计算机还能代替人做许多复杂繁重的工作。

2．计算机在现代社会中的应用

20 世纪 90 年代以来，计算机技术作为科技的先导技术之一得到了飞跃发展，超级并行计算机技术、高速网络技术、多媒体技术、人工智能技术等相互渗透，改变了人们使用计算机的方式，从而使计算机几乎渗透到人类生产和生活的各个领域，对工业和农业都有极其重要的影响。计算机的应用范围归纳起来主要有以下 6 个方面。

（1）科学计算

科学计算亦称数值计算，是指用计算机完成科学研究和工程技术中所提出的数学问题。计算机作为一种计算工具，科学计算是它最早的应用领域，也是计算机最重要的应用之一。在科学技术和工程设计中存在着大量的各类数字计算，如求解几百乃至上千阶的线性方程组、大型矩阵运算等。这些问题广泛出现在导弹试验、卫星发射、灾情预测等领域，其特点是数据量大，计算工作复杂。在数学、物理、化学、天文等众多学科的科学研究中，经常遇到许多数学问题，这些问题用传统的计算工具是难以完成的，有时人工计算需要几个月、几年，而且不能保证计算准确，使用计算机则只需要几天、几小时，甚至几分钟就可以精确地解决。所以，计算机是发展现代尖端科学技术必不可少的重要工具。

（2）数据处理

数据处理又称信息处理，它是信息的收集、分类、整理、加工、存储等一系列活动的总称。所谓信息是指可被人类感受的声音、图像、文字、符号、语言等。数据处理还可以在计算机上加工那些非科技工程方面的计算，管理和操纵任何形式的数据资料。其特点是要处理的原始数据量大，而运算比较简单，有大量的逻辑与判断运算。

据统计，目前在计算机应用中，数据处理所占的比重最大。其应用领域十分广泛，如人口统计、办公自动化、企业管理、邮政业务、机票订购、情报检索、图书管理、医疗诊断等。

（3）计算机辅助技术

① 计算机辅助设计（Computer Aided Design，CAD）是指使用计算机的计算、逻辑判断等功能，帮助人们进行产品和工程设计。它能使设计过程自动化，设计合理化、科学化、标准化，大大缩短设计周期，增强产品在市场上的竞争力。CAD 技术已广泛应用于建筑工程设计、服装设计、机械制造设计、船舶设计等行业。使用 CAD 技术可以提高设计质量，缩短设计周期，提高设计自动化水平。

② 计算机辅助制造（Computer Aided Manufacturing，CAM）是指利用计算机通过各种数值控制生产设备，完成产品的加工、装配、检测、包装等生产过程的技术。将 CAD 进一步集成形成计算机集成制造系统 CIMS，从而实现设计生产自动化。利用 CAM 可提高产品质量，降低成本和劳动强度。

③ 计算机辅助教学（Computer Aided Instruction，CAI）是指将教学内容、教学方法以及学生的学习情况等存储在计算机中，帮助学生轻松地学习所需要的知识。它在现代教育技术中起着相当重要的作用。

除了上述计算机辅助技术外，还有其他的辅助功能，如计算机辅助出版、计算机辅助管理、辅助绘制和辅助排版等。

（4）过程控制

过程控制亦称实时控制，是指用计算机即时采集数据，按最佳值迅速对控制对象进行自动控制或采用自动调节。利用计算机进行过程控制，不仅大大提高了控制的自动化水平，而且大大提高了控制的即时性和准确性。

过程控制的特点是即时收集并检测数据，按最佳值调节控制对象。在电力、机械制造、化工、冶金、交通等部门采用过程控制，可以提高劳动生产效率、产品质量、自动化水平和控制精确度，减少生产成本，减轻劳动强度。在军事上，可使用计算机实时控制导弹根据目标的移动情况修正飞行姿态，以准确击中目标。

（5）人工智能

人工智能（Artificial Intelligence，AI）是用计算机模拟人类的智能活动，如判断、理解、学习、图像识别、问题求解等。它涉及计算机科学、信息论、仿生学、神经学和心理学等诸多学科。在人工智能中，最具代表性、应用最成功的两个领域是专家系统和机器人。

计算机专家系统是一个具有大量专门知识的计算机程序系统，它总结某个领域的专家知识构建了知识库。根据这些知识，系统可以对输入的原始数据进行推理，做出判断和决策，以回答用户的咨询，这是人工智能的一个成功的例子。

机器人是人工智能技术的另一个重要应用。目前，世界上有许多机器人工作在各种恶劣环境，如高温、高辐射、剧毒等。机器人的应用前景非常广阔，现在有很多国家正在研制机器人。

（6）计算机网络

把计算机的超级处理能力与通信技术结合起来就形成了计算机网络。人们熟悉的全球信息查询、邮件传送、电子商务等都是依靠计算机网络来实现的。计算机网络已进入到了千家万户，给人们的生活带来了极大的方便。

1.2 计算机的基本单位

1.2.1 计算机的基本单位概述

数据在计算机中以二进制的形式存储，存储单位通常有位、字节、字、字长等。

1．位

计算机只认识由 0 或 1 组成的二进制数，二进制数中的每个 0 或 1 就是信息的最小单位，称为“位”（bit）。

2．字长

字是计算机进行一次基本运算所能处理的二进制数，这组二进制数的位数就是字长。字长决定计算机内部寄存器、运算器和数据总线的位数，直接影响计算机的硬件规模和造价，是衡量计算机性能的一个重要指标，是处理器能同时处理的二进制数据位数。它直接关系到计算机的精度、功能和速度。Pentium 及早期 Pentium 4 计算机字长为 32 位，现代高档 Pentium 4 计算机字长达到 64 位。

3．字节

字节是衡量计算机存储容量的单位。一个 8 位的二进制数据单元称为一个字节（byte）。在计算机内部，一个字节可以表示一个数据，也可以表示一个英文字母或其他特殊字符，二个字节可以表示一个汉字。下面是各存储单位之间的换算关系：

1KB＝1024B、1MB＝1024KB、1GB＝1024MB、1TB＝1024GB。

4．字

字在计算机中作为一个整体单元进行存储和处理的一组二进制数。一台计算机，字二进制数的位数是固定的。

5．存储器编址

为了便于对计算机内的数据进行有效的管理和存储，需要对内存单元编号，即给每个存储单元（每个字节）一个地址，每个存储单元存放一个字节的数据。如果需要对某一个存储单元进行存储，必须先知道该单元的地址，然后才能对该单元进行信息的存取。

注意

存储单元的地址和存储单元中的内容是不同的。

6．指令

指令是指挥计算机进行基本操作的命令。

7．指令系统

指令系统是一种计算机所能执行的全部指令的集合。

8．程序

程序是按一定处理步骤编排的、能完成一定处理能力的指令序列。

计算机指令系统的发展有两个截然相反的方向，其中：

① RISC 机：是精简指令系统计算机（Reduced Instruction Set Computer）的英文缩写，它尽量简化指令功能，只保留那些功能简单，能在一个节拍内执行完成的指令，较复杂的功能用子程序来实现。指令系统指令条数少、寻址方式少、指令长度固定。

② CISC 机：复杂指令系统计算机（Complex Instruction Set Computer）的英文缩写，具有增强指令的功能。设置一些功能复杂的指令，把一些原来由软件实现的、常用的功能改用硬件的指令系统来实现。指令系统丰富，但是使用频率相差悬殊，支持多种寻址方式，具有变长的指令格式。

1.2.2 计算机的数制与转换

1．数制的表示

十进制数（Decimal number）：$(1010)_{10}$、1010D、1010。

二进制数（Binary number）：$(1010)_2$、1010B。

八进制数（Octal number）：$(1010)_8$、1010Q。

十六进制数（Hexadecimal number）：$(1010)_{16}$、1010H。

2．进位计数制

进位计数制是指用进位的方法进行计数的数制。数有不同的进位计数制，日常生活中使用的多为十进制，而计算机中使用的是二进制，有时也使用八进制和十六进制。

要理解数制，必须先理解两个概念：基数和位权。

基数指用该进制表示数时所用到的数字符号的个数。常用“R”表示，称 R 进制。例如，十进制数用 10 个数字来表示大小不同的数，因而基数为 10。依此类推，十六进制的基数为 16，八进制的基数为 8，二进制的基数为 2。

位权是指数码在不同位置上的权值。每一种进制数中的数字符号所在的位置叫数位，不同数位有不同的“位权”，用一个以基数为底的指数来表示，即 R_i，R 代表基数，i 是数位的序号。一般规定整数部分个位为 0，十位为 1……依次增 1；小数部分小数点右面的第一位为−1，第二位为−2……依次减 1。例如，十进制数 123.45，基数为 10，1 的位权为 10^2，2 的位权为 10^1，3 的位权为 10^0，4 的位权为 10^{-1}，5 的位权为 10^{-2}。

3．计算机中的数制

（1）十进制数

十进制数是用 0、1、2、3、4、5、6、7、8、9 这 10 个数字来表示大小不同的数，基数为 10，它的计数规则是“逢十进一，借一当十”，它的权是以 10 为底的幂，按位权展开的形式是：

$$1234.56=1\times10^3+2\times10^2+3\times10^1+4\times10^0+5\times10^{-1}+6\times10^{-2}$$

（2）二进制数

二进制数是用 0 和 1 两个数字表示大小不同的数，基数为 2，它的计数规则是“逢二进一，借一当二”，它的权是以 2 为底的幂，按位权展开的形式是：

$$(1101.11)_2=1\times2^3+1\times2^2+0\times2^1+1\times2^0+1\times2^{-1}+1\times2^{-2}$$

（3）八进制数

八进制数是由 0、1、2、3、4、5、6、7 这 8 个数字来表示大小不同的数，基数为 8，它的计数规则是“逢八进一，借一当八”，它的权是以 8 为底的幂，按位权展开的形式是：

$$(1261.11)_8=1\times8^3+2\times8^2+6\times8^1+1\times8^0+1\times8^{-1}+1\times8^{-2}$$

（4）十六进制数

十六进制数是使用 0、1、2、3、4、5、6、7、8、9、A、B、C、D、E、F 这 16 个符号来表示大小不同的数，其中字母 A、B、C、D、E、F 分别表示 10、11、12、13、14、15，基数是 16，它计数规则是“逢十六进一，借一当十六”，它的权是以 16 为底的幂，按位权展开的形式是：

$$(2D5F.2A)_2=2\times16^3+13\times16^2+5\times16^1+15\times16^0+2\times16^{-1}+10\times16^{-2}$$

以上介绍的几种数制除了用在括号外面加数字下标的形式表示外，还可在数字后面加写相应的英文字母作为标识，包括 B(二进制)、O(八进制)、D(十进制)、H(十六进制)。十进制的括号和字母可以省略。

4．二进制数的运算

（1）算术运算

算术运算包括加、减、乘、除 4 种运算。运算规则如下

加法规则：0+0=0，0+1=1，1+0=1，1+1=10（向高位有进位）。

减法规则：0-0=0，1-0=1，1-1=0，10-1=1（向高位有借位）。

乘法规则：0×0=0，0×1=0，1×0=0，1×1=1。

除法规则：0÷1=0，1÷1=1。

（2）逻辑运算

逻辑运算包括逻辑与、逻辑或、逻辑非 3 种。

逻辑与运算规则为：全 1 为 1，有 0 为 0。

逻辑或运算规则为：有 1 为 1，全 0 为 0。

逻辑非运算规则为：1 变 0，0 变 1。

5．数制转换

将数从一种数制转换为另一种数制的过程叫数制间的转换，其中一位二、八、十、十六这 4 种数制的转换如表 1-1 所示。

表 1-1　　十进制、二进制、八进制和十六进制的换算关系表

十 进 制	二 进 制	八 进 制	十六进制
0	0	0	0
1	1	1	1
2	10	2	2
3	11	3	3
4	100	4	4

续表

十进制	二进制	八进制	十六进制
5	101	5	5
6	110	6	6
7	111	7	7
8	1000	10	8
9	1001	11	9
10	1010	12	A
11	1011	13	B
12	1100	14	C
13	1101	15	D
14	1110	16	E
15	1111	17	F

（1）二进制、八进制、十六进制数转换为十进制数

对于任何一个二进制、八进制、十六进制数转换为十进制数，只需把各数位的值乘以该位位权，再按十进制加法相加即可。这种方法也叫“位权法”。

【例 1-1】将二进制数 101.11 转换为十进制数。

$(101.11)_2=1\times2^2+0\times2^1+1\times2^0+1\times2^{-1}+1\times2^{-2}=4+0+1+0.5+0.25=5.75$

【例 1-2】将八进制数 136.4 转换为十进制数。

$(136.4)_8=1\times8^2+3\times8^1+6\times8^0+4\times8^{-1}=64+24+6+0.5=94.5$

【例 1-3】将十六进制数 2A.C 转换为十进制数。

$(2A.C)_{16}=2\times16^1+10\times16^0+12\times16^{-1}=32+10+0.75=42.75$

（2）十进制数转换为非十进制数

将十进制数转换为非十进制数，分别将整数部分采用“除基取余倒读”法，小数部分采用“乘基取整正读”法，再把两部分组合起来，就可以得到对应的结果。

【例 1-4】将十进制数 75.375 转换为二进制数。

分析：整数部分转化为二进制数，应除以 2 倒取余法，如图 1-5 所示。

小数部分转化为二进制，应乘以 2 取整法，如图 1-6 所示。

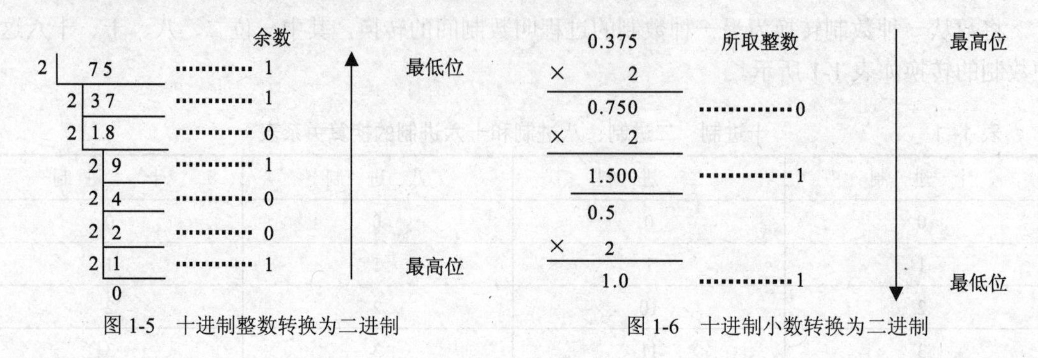

图 1-5 十进制整数转换为二进制　　图 1-6 十进制小数转换为二进制

综合两部分所得结果为：$(75.375)_{10}$=$(1001011.011)_2$

依此类推，可以完成将 75.375 转化为八进制和十六进制。

但是必须注意的是，在有些情况下，十进制小数不能精确地转化为非十进制小数，例如 0.33。在这种情况下，只能根据需要的精度对十进制小数做近似转换。

（3）二进制数与八进制数的相互转换

转换规则如下。

① 二进制数转换成八进制数：以小数点为中心，分别向左、向右，每 3 位划分成一组，不足 3 位的分别向高位或低位以 0 补足，每组分别转化为对应的一位八进制数，最后将这些数字从左到右连接起来即可。

② 八进制数转换成二进制数：将每一位八进制数转换成对应的 3 位二进制数，不足 3 位分别向高位以 0 补足，将这些二进制数从左到右连接起来即可。

【例 1-5】将二进制数 10010011.1011 转换为八进制数，八进制数 672.25 转换为二进制数，如图 1-7 所示。

010 010 011 . 101 100

2 2 3 . 5 4

$(10010011.1011)_2$=$(22354)_8$

6 7 2 . 2 5

110 111 010 . 010 101

$(672.25)_8$=$(110111010.010101)_2$

图 1-7 二进制与八进制互相转换

（4）二进制数与十六进制数之间的相互转换

二进制数与十六进制数之间的转换规则和二进制数与八进制数之间的转换规则方法类似。

① 二进制数转换成十六进制数：以小数点为中心，分别向左、向右，每 4 位划分成一组，不足 4 位分别向高位或低位以 0 补足，每组分别转化为对应的一位十六进制数，最后将这些数字从左到右连接起来即可。

② 十六进制数转换成二进制数：将每一位十六进制数转换成对应的 4 位二进制数，不足 4 位分别向高位以 0 补足，将这些二进制数从左到右连接起来即可。

【例 1-6】将二进制数 11111010011.101101 转换为八进制数，十六进制数 3B5.6A 转换为二进制数，如图 1-8 所示。

0111 1101 0011 . 1011 0100

7 D 3 . B 4

$(11111010011.101101)_2$=$(7D3.B4)_{16}$

3 B 5 . 6 A

0011 1011 0101 . 0110 1010

$(3B5.6A)_{16}$=$(1110110101.0110101)_2$

图 1-8 二进制与十六进制互相转换

二进制数与八进制数、十六进制数之间的转换虽然很简单，但一定要注意在转换过程中 0 的补充。

由于二进制数与八进制数、十六进制数之间的转换比较简单，所以在较大的二进制数和十进制数相互转换时，常常使用八进制数或十六进制数作为中间桥梁。其他数制之间的转换可以通过二进制作为中间桥梁，先转化为二进制，再转化为其他进制。

1.2.3 二进制数的原码、反码和补码

把符号数字化，并和数值位一起编码的办法，很好地解决了带符号数的表示方法及其计算问题。这类编码方法，常用的有原码、反码、补码 3 种。

1．原码

机器数就是原码表示法，即最高位为符号位，“0”表示正，“1”表示负。

2．反码

数的反码是指正数的反码和原码相同，负数的反码是对原码除符号位以外的各位按位取反，即“0”变为“1”，“1”变为“0”。

【例 1-7】

$[125]_{反}=[125]_{原}=01111101$

$[-125]_{原}=11111101$　　$[-125]_{反}=10000010$

在反码表示法中，0 也有两种表示，分别是：

$[+0]_{反}=00000000$　　$[-0]_{反}=11111111$

3．补码

数的补码是指正数的补码和原码相同，负数的补码是将它的反码在末位加 1 得到的。

【例 1-8】

$[125]_{补}=[125]_{原}=01111101$

$[-125]_{原}=11111101$　　$[-125]_{反}=10000010$　　$[-125]_{补}=10000011$

在补码表示法中，0 只有一种表示即$[0]_{补}=00000000$。

补码运算具有如下优点。

① 减法运算可以用加法来实现，即用求和代替求差。

② 数的符号位可以同数值部分作为一个整体参与运算。

③ 两数的补码之和（差）等于两数和（差）的补码。

由于补码运算的这些优点，现代计算机内部大都用补码表示数值，运算结果也用补码表示，以达到简化运算的目的。

1.2.4 数据编码

1．BCD 数字编码

BCD 码，又称为“二-十进制编码”。

“二-十进制编码”最常用的是 8421 编码。用 4 位二进制数表示一位十进制数，自左向右每一位对应的位权是 8、4、2、1。

例如，129 用 8421 编码表示的 BCD 码为 0001 0010 1001。

2．ASCII 字符编码

ASCII 字符编码是“美国标准信息交换代码”，单字节的 ASCII 码是键盘上各字符的编码。

3．汉字编码

汉字编码是计算机中汉字的编码形式，将在下节内容中介绍。

1.3 键盘操作字符与汉字的表示

1.3.1 键盘操作

键盘被分为打字键区、功能键区、数字键区和编辑/控制键区 4 部分，图 1-9 所示为键盘示意图。

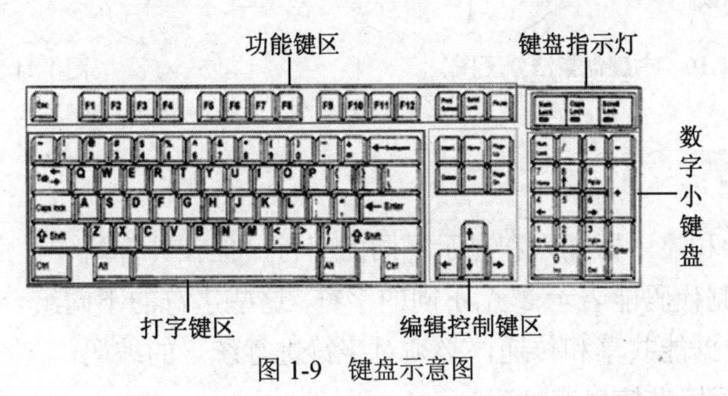

图 1-9 键盘示意图

1. 常用几个控制键的作用

Caps Lock 键：英文字母大小写转换键。大写状态时，“Caps Lock”标志灯亮。

Shift 键：上档键。使用时先按着此键，不松手再按相应键，可以得到相应键的上位键或与英文大小写状态相反的字母。

Backspace（←）键：退格键，用来删除光标前的一个字符。

Enter 键：回车键。

Esc 键：退出程序或取消当前的操作。

Tab 键：用来将光标向右跳动 8 个字符间隔，即一个制表位。

Alt 键：和其他键配合，可实现特定的控制功能。

Ctrl 键：和其他键配合，可实现特定的控制功能。

F1～F12 键：用来简化操作，在不同的软件中有不同的定义。

NumLock 键：用来切换数字和方向键。

使用正确的指法操作键盘可以使输入速度大大提高。

2. 基准键位及其手指的对应关系

基准键位位于主键盘区第二行，共 8 个键“A、S、D、F、J、K、L、；”，对应的手指分别是左手的小指、无名指、中指、食指，右手的食指、中指、无名指和小指。

小键盘的基准键位是“4、5、6”，分别由右手的食指、中指和无名指负责。

3. 键盘指法分区

在基准键位的基础上，对于其他字母、数字、符号都必须采用与基准键位相对应的位置来记忆。键盘的指法分区如图 1-10 和图 1-11 所示。

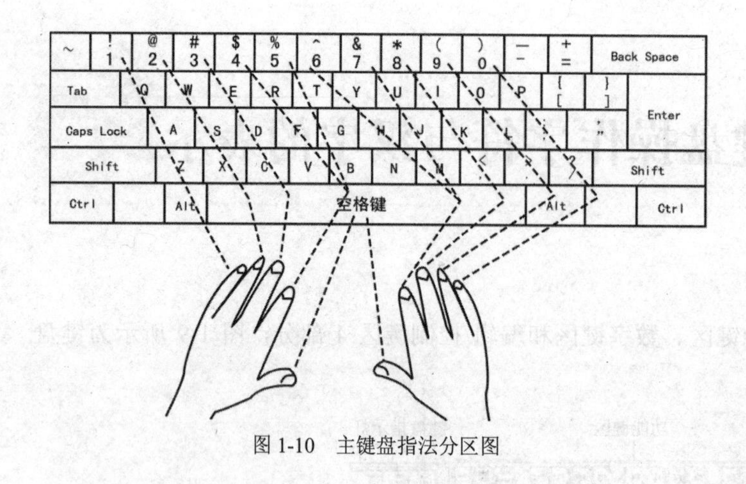

图 1-10 主键盘指法分区图

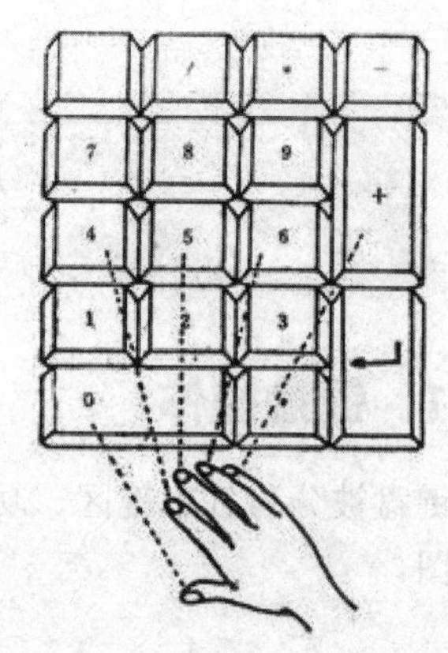

图 1-11 数字小键盘指法图

1.3.2 字符的表示

人们可以通过键盘和显示器输入和显示不同的字符，但在计算机中，所有信息都是用二进制代码表示的。n 位二进制代码能表示 2^n 个不同的字符，这些字符的不同组合就可表示不同的信息。为使计算机所使用的数据能共享和传递，必须对字符进行统一的编码。

1．ASCII 码（美国标准信息交换码）

ASCII 码是使用最广泛的一种编码。ASCII 码由基本的 ASCII 码和扩充的 ASCII 码组成。在 ASCII 码中，把二进制位最高位为 0 的数字都称为基本的 ASCII 码，其范围是 0～127，把二进制位最高位为 1 的数字都称为扩展的 ASCII 码，其范围是 128～255。

2．内码

对于输入计算机的文本文件，机器存储其相应的字符的 ASCII 码（用一个 ASCII 码存储一个字符需 8 个二进制位，即一个字节），这些可被计算机内部进行存储和运算使用的数字代码称内码。例如输入字符“A”，计算机将其转成内码 65 后存于内存。

3．外码

计算机与人进行交换的字形符号称为外码，例如字符“A”的外码是“A”。通常一个西文字符占一个字节（半角），一个中文字符占二个字节。

4．汉字的表示方法

（1）汉字的输入编码

为能直接使用西文标准键盘输入汉字，必须为汉字设计相应的输入编码方法。

汉字的输入编码主要有以下 3 类。

① 数字编码：常用的是国标区位码，用数字串代表一个汉字输入。区位码将 6763 个两级汉字分为 94 个区，每个区分 94 位，实际上是把汉字表示成二维数组，每个汉字在数组中的下标就是区位码。区码和位码各由两位十进制数字组成，如“中”字位于第 54 区 48 位，区位码为 5448。

② 拼音码：拼音码是以汉语拼音为基础的输入方法。因汉字同音字太多，重码率高，因此输入后还需进行同音字选择。

③ 字形编码：字形编码是以汉字的形状来进行的编码。把汉字的笔画部件用字母或数字进行编码，按笔画顺序依次输入，就能表示一个汉字，如五笔字型编码。

（2）汉字内码

汉字内码是用于汉字信息的存储、交换、检索等操作的机内代码，一般采用两个字节表示。因为英文字符的机内代码是 7 位的 ASCII 码，当用一个字节表示时，最高位为 0，所以为与之相区别，汉字机内代码中两个字节的最高位均为 1。

（3）汉字字模码

字模码是用点阵表示的汉字字形代码，它是汉字的输出形式。根据汉字输出要求不同，点阵的多少也不同。简易型汉字为 16×16 点阵，提高型汉字为 24×24 点阵、32×32 点阵或更高。因此字模点阵的信息量是很大的，所占存储空间也很大。例如，在 16×16 的点阵中，需 8×32bit 的存储空间，每 8bit 为 1 字节，所以，需 32 字节的存储空间。因此字模点阵只能用来构成汉字库，而不能用于机内存储。字库中存储了每个汉字的点阵代码。当显示输出或打印输出时才检索字库，输出字模点阵，得到字形。为了节省存储空间，普遍采用了字形数据压缩技术。所谓的矢量汉字是指用矢量方法将汉字点阵字模进行压缩后得到的汉字字形的数字化信息。

（4）汉字交换码

汉字交换码是指不同的具有汉字处理功能的计算机系统之间在交换汉字信息时所使用的代码标准。自国家标准 GB2312-80 公布以来，我国一直沿用该标准所规定的国标码作为统一的汉字信息交换码。

GB2312-80 标准包括了 6763 个汉字，按其使用频度分为一级汉字 3755 个和二级汉字 3008 个。一级汉字按拼音排序，二级汉字按部首排序。此外，该标准还包括标点符号、数种西文字母、图形、数码等符号 682 个。

1.3.3 输入法的选择和状态设置

1. 输入法的选择

（1）鼠标选择法

用鼠标左键单击屏幕任务栏中的输入法按钮进行选择。

（2）键盘切换法

按 Ctrl+Shift 组合键切换输入法。每按一次 Ctrl+Shift 组合键，系统按照一定的顺序切换到下一种输入法。

按 Ctrl+Space 组合键启动或关闭所选的中文输入法，即中英文输入法的切换。

2. 输入法状态的设置

选定输入法后，屏幕上会出现相应输入法的状态栏。图 1-12 所示为“智能 ABC 输入法”的状态栏，以此为例进行讲解。

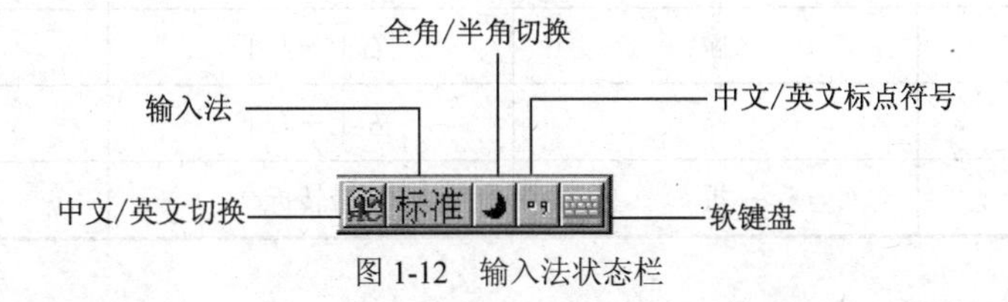

图 1-12 输入法状态栏

（1）中文/英文切换

【中文/英文切换】按钮，显示 A 时表示英文输入状态，显示输入法图标时表示中文输入状态。

用鼠标单击可以切换这两种输入状态。

（2）全角/半角切换

【全角/半角切换】按钮，显示【●】时表示全角状态，显示【◗】时表示半角状态。在全角状态下所输入的英文字母或标点符号占一个汉字的位置，在半角状态下所输入的英文字母或标点符号占半个汉字的位置。用鼠标单击可以切换这两种输入状态。

（3）中文/英文标点符号切换

【中文/英文标点符号切换】按钮，显示【。，】时表示中文标点状态，显示【.,】时表示英文标点状态。用鼠标单击可以切换这两种输入状态。

（4）软键盘

用鼠标右键单击【软键盘】按钮，显示软键盘菜单，选择不同的菜单项，可以实现输入汉字、中文标点符号、数字序号、数字符号、单位符号、外文字母和特殊符号等。

用鼠标左键单击【软键盘】按钮，可以显示或隐藏当前软键盘。

3．智能 ABC 输入法

智能 ABC 输入法是 Windows XP 中一种比较优秀的输入方法，它提供了标准（全拼）和双打两种输入方式，使用灵活方便。智能 ABC 输入法提供了 6 万多条的基本词库。

（1）单字输入

按照标准的汉语拼音输入所需汉字的编码，其中ü用 v 代替。按空格键后即可在候选窗口中选择所需汉字。

（2）词组输入

将词组中每个汉字的全拼连在一起就构成了该词的输入编码，如比较（bijiao）、但是（danshi）、许多（xuduo）、计算机（jisuanji）、介绍信（jieshaoxin）、研究生（yanjiusheng）、艰苦奋斗（jiankufendou）等。

4．五笔字型输入法

（1）汉字的基本结构

基本笔画：汉字的书写笔画分为“横、竖、撇、捺、折”5 类，并顺序给以 1、2、3、4、5 的笔画代号，如表 1-2 所示。

表 1–2　汉字的 5 种基本笔画

代　号	笔画名称	笔画走向	笔画及变形
1	横	左→右	一
2	竖	上→下	丨 亅
3	撇	右上→左下	丿
4	捺	左上→右下	㇏、
5	折	带转折	乙 乚 ㇖ ㇋

字根：5 种笔画组成字根时，其间的关系可分为单、散、连、交 4 种。

字型：左右型、上下型、杂合型（又叫独立字），其顺序代号为 1、2、3，如表 1-3 所示。

表 1-3 汉字结构

字型结构	代号	所包括的其他结构	字例
左右型	1	左中右型结构	括、代、树、撇、给
上下型	2	上中下型结构	其、杂、离、等、昔
杂合型	3	半包围、全包围、独体字	尾、圆、千、术、连

（2）汉字的结构分析

基本字根在组成汉字时，按照基本字根之间的位置关系也可以分为以下 4 种类型。

① 单：基本字根本身就单独成为一个汉字，键名字和成字根都属于此类。例如，口、木、山等。

② 散：组成汉字的基本字根之间保持一定的距离，如吕、足、困、汉、树、连等。

③ 连：指一个基本字根连一单笔画，例如，汉字“自”，是“丿”下连“目”。另一种情况是“带点结构”，如“勺”、“术”、“太”等。一个基本字根之间或之后的孤立的点，一律视作是和基本字根相连的关系。

④ 交：指几个基本字根交叉套叠之后构成的汉字。例如，“夷”是由“一”、“弓”、“人”等构成的。

（3）末笔字型交叉识别码

汉字在编制代码时，对于字根较少（不够 4 个字根）的汉字需要加此码。它是根据“末笔”代号加“字型”代号而构成的一个附加码，如表 1-4 所示。

表 1-4 末笔字型交叉识别码

汉字结构 / 笔划末笔	左右型	上下型	杂合型
横区 1	11 G	12 F	13 D
竖区 2	21 H	22 J	23 K
撇区 3	31 T	32 R	33 E
捺区 4	41 Y	42 U	43 I
折区 5	51 N	52 B	53 V

给汉字加末笔交叉识别码的前提条件是：凡键外汉字的字根个数少于 4 个时，则加交叉识别码。

方法是：根据其字的最后一笔笔画确定区，根据其字的结构确定位。例如，“等”字的最后一笔笔画为“丶”，末笔识别码为 4，该字是上下结构，字型码为 2，所以“末笔字型交叉识别码”为 42，即“U”，同样，“自”的“末笔字型交叉识别码”为 13，即“D”。

为了准确地确定汉字的识别码，对汉字的末笔做如下规定。

① 所有包围型汉字中的末笔，规定取被包围部分的末笔。例如，“国”字，其末笔取点，识别码为 43(I)，“连”字，其末笔取竖，识别码为 23(k)。

② 对于“刀、九、力、匕、七、乃”等之类的字，一律用“折笔”作末笔。例如，“仇”，识别码为“51”（N）。

③ 对于“我、戋、成、找、或”等字的“末笔”，遵从“从上到下”的原则，撇应为末笔。

（4）关于汉字的字型的规定

① 属于“散”的汉字才可以分左右型和上下型。

② 属于“连”与“交”的汉字，一律属于杂合型。

③ 不分左右、上下的汉字，一律属于杂合型。

（5）字根的键位特征

① 键盘分区表（见表 1-5）。

表 1–5　　键盘分区表

笔划名称	区号	字根数	所包括的字母键和键名				
横	1	27	G（11）王	F（12）土	D（13）大	S（14）木	A（15）工
竖	2	23	H（21）目	J（22）日	K（23）口	L（24）田	M（25）山
撇	3	29	T（31）禾	R（32）白	E（33）月	W（34）人	Q（35）金
捺	4	23	Y（41）言	U（42）立	I（43）水	O（44）火	P（45）之
折	5	28	N（51）已	B（52）子	V（53）女	C（54）又	X（55）纟

② 字根（见图 1-13）。

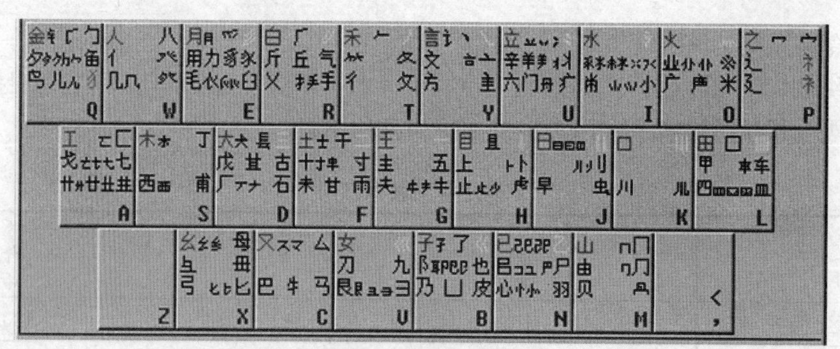

图 1-13　字根图

五笔字根口诀

横区:	竖区:	撇区:
G 王旁青头戋五一	H 目具上止卜虎皮	T 禾竹一撇双人立反文条头三一
F 土士二干十寸雨	J 日早两竖与虫依	R 白手看头三二斤
D 大犬三(羊)古石厂	K 口与川,字根稀	E 月衫乃用家衣底
S 木西丁	L 田甲方框四车力	W 人和八,三四里
A 工戈草头右框七	M 山由贝,下框几	Q 金勺缺点无尾鱼,犬旁留儿一点夕,氏无七(妻(衣)
捺区:		折区:
Y 言文方广在四一,高头一捺谁人去		N 已半已满不出己,左框折户心和羽
U 立辛两点六门病		B 子耳了也框向上
I 水旁兴头小倒立		V 女刀九臼山朝西
O 火业头,四点米		C 又巴马丢矢矣
P 之宝盖,摘衣示		X 慈母无心弓和匕,幼无力

③ 字根在键盘上的分布特点是：字母区第一行左边 5 个为撇区，右边 5 个为点区；第二行左边 5 个为横区，右边 4 个加下一行右边一个为竖区；第三行除左边一个“Z”外 5 个为折区。

（6）汉字的拆分及编码原则

① 拆分原则是：拆字依据，书写顺序；左右上下，分别拆取；取大优先，兼顾直观；能散不连，能连不交。

② 编码原则是：

五笔字型均直观，依照笔顺把码编；

键名汉字击四下，基本字根请照搬；

一二三末取四码，顺序拆分大优先；

不足四码要注意，交叉识别补后边。

（7）五笔字型的简码输入

① 一级简码：击一下所在的键，再按一下空格键即可，如表 1-6 所示。

表 1–6 一级简码

一区		二区		三区		四区		五区	
G	一	H	上	T	G	一	H	上	T
F	地	J	是	R	F	地	J	是	R
D	在	K	中	E	D	在	K	中	E
S	要	L	国	W	S	要	L	国	W
A	工	M	同	Q	A	工	M	同	Q

② 二级简码：从理论上说，二级简码有 25×25=625 个，但实际有 577 个，有些位置是空的。输入方法为：依次键入该字全码的前两码再加上空格键。

③ 三级简码：三级简码由汉字全编码的前 3 个字根码组成，约有 4400 个。输入方法为：依次键入该字全码的前三码再加空格键。

（8）词组输入

① 二字词组：分别取两个字全码中的前两个字根码，组合成四码。例如，“合同”的编码应为“wgmg”，“机器”的编码应为“smkk”。

② 三字词组：前两个字各取其第一码，最后一个字取其前两码，组合成四码。例如，“计算机”的编码为“ytsm”，“马克思”的编码应为“cdln”，“组织部”的编码应为“xxuk”。

③ 四字词组：取每一个字全码中的第一个码组合成四码。例如，“社会主义”的编码应为“pwyy”，“知识分子”的编码应为“tywb”。

④ 多字词组：分别取第一、二、三和最末一个汉字的首码组合成四码。例如，“中国人民解放军”的编码应为“klwp”，“中华人民共和国”的编码应为“kwwl”。

1.4 计算机的基本组成及其相互联系

计算机系统是由硬件系统和软件系统所组成的，如图 1-14 所示。

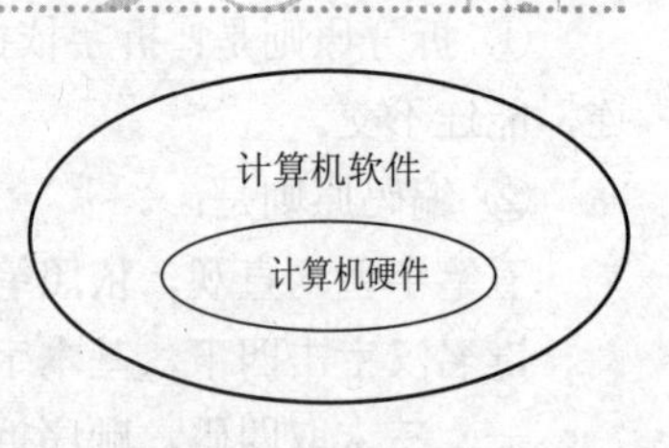

图 1-14 计算机组成

1.4.1 计算机的硬件系统

硬件系统由输入设备、输出设备、存储器、运算器和控制器组成，如图 1-15 所示。

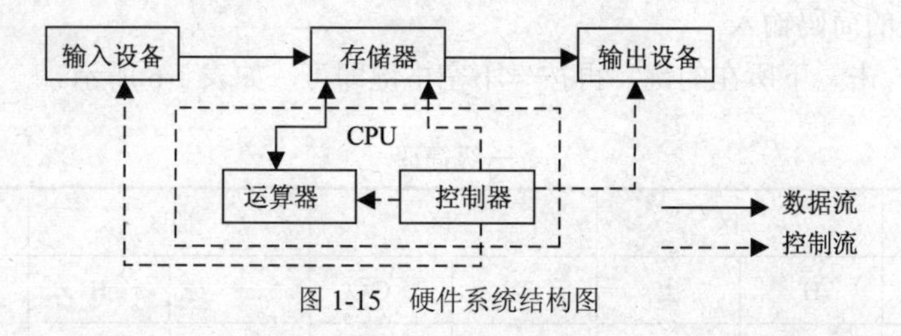

图 1-15 硬件系统结构图

微型计算机是目前应用最为广泛的计算机，从外观上进行划分，可以将其分为主机、显示器、键盘、鼠标、打印机和音箱等。

其中运算器和控制器结合在一起，称为中央处理器（CPU），CPU 和内存储器合称为主机。

输入设备：将外界信息输入到计算机的设备。常见的有键盘（Keyboard）——目前大多使用 104 或 107 键盘、鼠标（Mouse）——主要有机械型鼠标和光电型鼠标两种、手写笔、触摸屏、麦克风、扫描仪（Scanner）、视频输入设备、条形码扫描器、扫描仪等。

输出设备：将计算机处理的结果以人们所能识别的形式表现出来的设备。常见的有触摸屏、显示器——CRT（阴极射线管）显示器和 LCD 液晶显示器、打印机（针式、喷墨、激光）和绘图仪音箱等。

输入设备、输出设备和外存储器合称为外设。

1．主板

主板又称系统板或母板，是安装在机箱内的一块多层印制电路板。主板是计算机的核心部件，其类型和档次决定着整台计算机系统的性能。

主板主要包括 CPU 插座、显卡插槽、内存条插槽、总线插槽、I/O 接口以及控制主板各部件协调工作的芯片组等。主板外观如图 1-16 所示。

2．中央处理器

中央处理器：又称 CPU，它包括运算器、控制器和一些寄存器，是计算机的核心部分，主要功能是执行指令。CPU 的主要性能指标是主频和字长。主频是指 CPU 主时钟在一秒钟内发出时钟脉冲的数目，或者说在单位时间内完成的指令周期数，单位是兆赫兹（MHz）。字长是指 CPU 一次可以同时处理的二进制数据的位数。我们平时所说的 486、586、奔腾Ⅲ、奔腾Ⅳ指的是 CPU 的型号，而 PIV2.1G，这个 2.1G 指的是主频。目前，CPU 的生产厂家主要有 Intel 和 AMD 公司，

Intel 主要生产奔腾 Pentium（高端）、赛扬 Celeron（低端）及酷睿 2 双核处理器，如图 1-17 所示。AMD 主要生产 K 系列、Duron 钻龙、Sempron 闪龙、Athlon 64 速龙、Opteron 皓龙处理器，如图 1-18 所示。

图 1-16 微星 P35 Neo2-FR 主板外观

图 1-17 Intel Core2 Duo E6550 处理器

图 1-18 AMD Phenom 9750 处理器

运算器（ALU）：对信息进行加工处理的部件，它在控制器的控制下与内存交换信息，负责进行各类基本的算术运算和与、或、非、比较、移位等各种逻辑判断和操作。此外，在运算器中还有能暂时存放数据或结果的寄存器。

控制器：是计算机的指挥系统，它的操作过程是取指令——分析、判断，发出控制信号，使计算机的有关设备协调工作，确保系统自动运行。

3．龙芯 CPU

（1）龙芯基本资料

龙芯（Loongson，旧称 GODSON[1]）是中国科学院计算所自主开发的通用 CPU，采用简单指令集，类似于 MIPS 指令集。第一型的速度是 266MHz，最早在 2002 年开始使用。龙芯 2 号速度最高为1GHz，龙芯3号还未有成品，设计的目标是多核心的设计，如图1-19所示。

图1-19 龙芯CPU图片

（2）龙芯的发展

① 2001年5月，在中科院计算所知识创新工程的支持下，龙芯课题组正式成立。

② 2002年9月22日，龙芯1号通过由中国科学院组织的鉴定，9月28日龙芯1号发布会举行。全国人大常委会副委员长路甬祥、全国政协副主席周光召参加了龙芯1号发布会。

③ 2004年9月28日，经过多次改进后的龙芯2C芯片DXP100流片成功。

④ 2005年1月31日，由中国科学院组织的龙芯2号鉴定会举行，2005年4月18日由科技部、中科院和信息产业部联合举办的龙芯2号发布会召开在北京人民大会堂，人大常委会副委员长顾秀莲参加了龙芯2号发布会。

⑤ 2008年年末4核龙芯3号流片成功。

4．内部存储器

存储器：具有记忆功能的物理器件，用于存储信息，一般分为内存和外存。

内部存储器：内存又称为内部存储器或主存，一般指随机存取存储器（RAM），是计算机中重要的部件之一，它是CPU与其他设备沟通的桥梁。

中央处理器能直接访问的存储器称为内部存储器，它包括主存储器、高速缓冲存储器（cache）和虚拟内存，主存储器又分为只读存储器（ROM）和随机存储器（RAM）。ROM（一般固化在主板上）只可读出，不能写入，断电后内容还在；RAM（就是我们平时说的内存条，以下讲的内存都指的是RAM）可随意写入读出，但断电后内容不存在。根据制造原理不同，RAM又分为静态随机内存（SRAM）和动态随机内存（DRAM），DRAM比SRAM的集成度高，功耗低，成本也低，适于作大容量内存，故主存储器采用DRAM，而高速缓冲存储器则采用SRAM。

目前常用的主流内存是DDR2 SDAM，DDR2内存拥有两倍于上一代DDR内存的预读取能力。内存的容量通常有1GB、2GB等，如图1-20和图1-21所示。

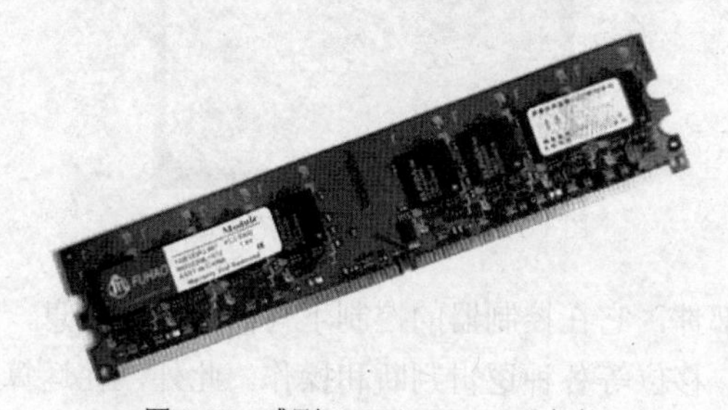

图1-20 威刚 1GB DDR2-667内存

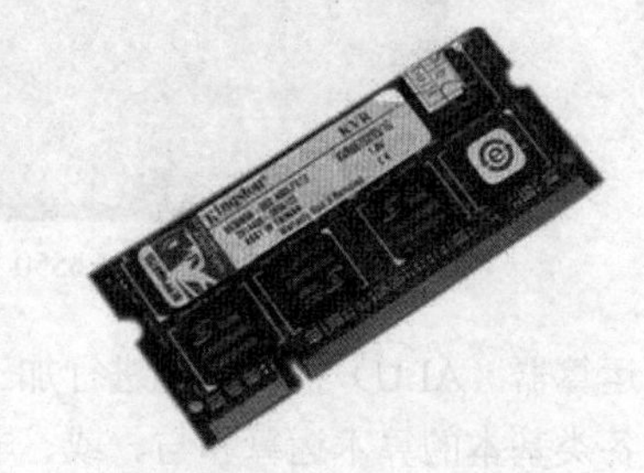

图1-21 金士顿1GB DDR2

根据其中信息的设置方式不同，可把ROM分为4类。普通ROM，又称掩膜ROM，一般由生产厂家把编好的程序固化在ROM中，其内容不能更改，适用于大批量生产；可编程ROM，简写为PROM，PROM出厂时没有写入内容，允许用户在特殊的仪器上把编好的程序写入，一旦写入，便再也不能更改了；可擦除PROM，简写为EPROM，这是一种由用户编程固化并可以擦除再写入的ROM，EPROM允许多次编程；电可擦除EPROM，简称EEPROM，这是另一种可擦除的PROM，是用电来擦除原来的内容，而不是用紫外线照射。

5．外部存储器

外存：中央处理器不能直接访问的存储器称为外部存储器，外部存储器中的信息必须调入内存后才能为中央处理器处理。一般有磁性存储器（软盘和硬盘）、光电存储器（光盘）、U 盘等，均可以作为永久性存储器。

（1）硬盘（Hard disk）

硬盘是计算机系统的主要硬件设备之一，是主要的存储设备。近几年发展很快，容量在不断增大，速度不断加快，可靠性不断增强，而价格在不断降低。硬盘的容量已达 500GB 以上，目前市场上主流的硬盘容量为 160GB 以上。常见的品牌有希捷、日立、西部数据等，如图 1-22 所示。

硬盘通常由重叠的一组盘片构成，每个盘片又被划分为多个磁道和扇区，具有相同编号的磁道形成一个圆柱，称为柱面。

硬盘容量的计算公式是：硬盘容量=磁头数×柱面数×每柱面扇区数×每扇区字节数

（2）软盘（Floppy Disk）

软盘上有写保护口，当写保护口处于保护状态（写保护口打开）时，只能读取盘中的信息，而不能写入，用于防止擦除或重写数据，也能防止病毒侵入，如图 1-23 所示。

图 1-22　硬盘

图 1-23　软盘

目前，软盘已经被市场所淘汰，取而代之的是 U 盘、移动硬盘等。

（3）光盘存储器（CD-ROM）

光盘是利用激光技术存储信息的存储器。目前，常用于计算机系统的光盘有 CD 和 DVD，CD 盘片的容量大约在 650MB，DVD 盘片容量大约在 4.7GB。其可分为以下几类：只读型光盘（CD-ROM 和 DVD-ROM）、一次写入光盘（CD-R 和 DVD-R）、反复多次写入光盘（CD-RW 和 DVD-RW）。光盘具有存储容量大、寿命长、成本低的特点，如图 1-24 和图 1-25 所示。

（4）U 盘

U 盘是一个 USB 接口的无需物理驱动器的微型高容量的新型移动存储器，它采用的存储介质是闪存。U 盘体积小，重量轻，携带方便，防潮防磁，耐高低温，安全可靠性好，寿命较长并支持热插拔技术，如图 1-26 所示。

存储器的两个重要指标是存取速度和存储容量。存取速度从快到慢依次为寄存器→缓存（cache）→内存（RAM）→硬盘→软盘。存储容量是存储的信息量，它用字节（Byte）作为基本单位，1 个字节用 8 位二进制数位表示，换算关系为：1KB=1024B，1MB=1024KB，1GB=1024MB。

图 1-24 DVD 光盘

图 1-25 CD 光盘

图 1-26 U 盘

6. 常用输入输出设备

（1）键盘与鼠标

键盘是计算机最常用、最主要的输入设备。用户通过键盘输入各种操作命令、程序或数据。鼠标是一种廉价而使用方便的指点设备，具有定位作用，因此也称为指向式输入设备。

（2）显卡与显示器

显卡是一块插在主板扩展槽上的电路板。如图 1-27 和图 1-28 所示，显卡又称显示适配器，作用是控制显示器的显示方式。在显示器里也有控制电路，但起主要作用的是显示卡。

图 1-27 七彩虹 Geforce 8800GT 512M 显卡

图 1-28 华硕 EAH3870 512MB 显卡

从总线类型分，显示卡有 ISA、VESA、PCI、AGP、PCI-E 5 种。PCI 显示卡已非常普遍，广泛应用于 486 和 586 电脑，比较高档一些的是 AGP 显示卡。显卡的作用是在 CPU 的控制下，将主机送来的显示数据转换为视频和同步信号送给显示器，最后再由显示器输出各种各样的图像。显卡作为电脑主机里的一个重要组成部分，对于喜欢玩游戏和从事专业图形设计的人来说显得非常重要。民用显卡图形芯片供应商主要包括 ATI 和 nVIDIA 两家。

显卡还有一个重要性能指标：显存。显存是显卡内存的简称，顾名思义，其主要功能就是暂时存储显示芯片要处理的数据和处理完毕的数据。图形核心的性能愈强，需要的显存也就越多。以前的显存主要是 SDR 的，容量也不大。而市面上基本采用的都是 DDR 规格的，在某些高端卡上更是采用了性能更为出色的 DDRII 或 DDRIII 代内存。

显卡有两大接口技术。

一种是 AGP 接口，是 Intel 公司开发的一个视频接口技术标准，是为了解决 PCI 总线的低带宽而开发的接口技术。它通过把图形卡与系统主内存连接起来，在 CPU 和图形处理器之间直接开辟了更快的总线。

另一种是 PCI Express，是新一代的总线接口，而采用此类接口的显卡产品，已经在 2004 年正式面世。理论速度达 10Gbit 以上，如此大的差距，AGP 已经被 PCIE 打击得差不多了，但是就像 PCI 取代 ISA 一样，它需要一定的时间，而且必须是 915 以上的北桥才支持 PCIE，所以，可以预见 PCIE 取代 AGP 还需好长时间。

目前专业显卡厂商有 3DLabs、NVIDIA 和 ATI 等几家公司，3DLabs 公司主要有“强氧（OXYGEN）”和“野猫（Wildcat）”两个系列的产品，是一家专注于设计、制造专业显卡的厂家。NVIDIA 公司一直是家用显卡市场的中坚力量，专业显卡领域近几年才开始涉足，但凭借其雄厚的技术力量，在专业市场也取得了很大的成功。

（3）显示器

如图 1-29 所示，市面上有 CRT 显示器和 LCD 显示器两种。随着液晶显示器的价格下降，其已经成为显示器的主流种类。

图 1-29 液晶显示器

常见的液晶显示器尺寸有 19 寸、21 寸、22 寸、24 寸等，价格不一，性能差别很大。可根据需要和价位而定。

显示器的性指标如下。

① 亮度\对比度：常用 500NIT,对比度 1000 左右。

② 可视角：IPS 屏水平和垂直都可达到 178 度。

③ 是否有亮点\坏点\全黑，是否有漏光。

④ 背光均不均匀。

⑤ 功耗：单屏功耗包括逻辑板部分和背光部分。

计算机的显示性能（色彩和清晰度）与显示器有关，但主要是由显卡性能决定。

显示器是计算机中最重要的输出设备，是计算机向人们传送信息的窗口。

（4）打印机和扫描仪

打印机是计算机系统中常用的输出设备，利用打印机可以打印出各种资料、文书、图形及图像等。

扫描仪是一种光机电一体化的设备，可用于图片、文稿的输入，进而对这些信息实现显示、编辑、存储和输出。

1.4.2 计算机的软件系统

软件系统一般分为系统软件和应用软件。计算机系统组成如图 1-30 所示。

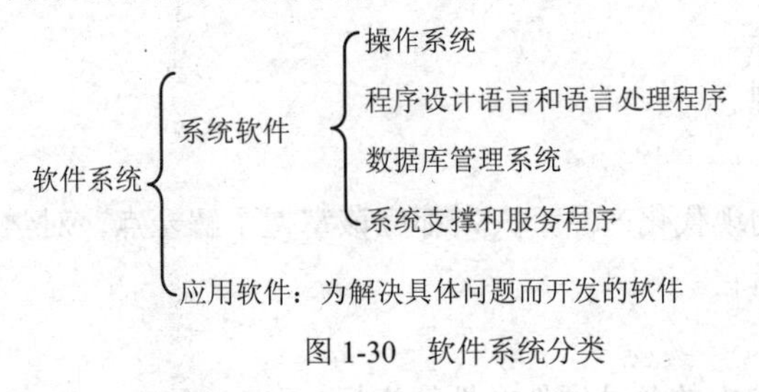

图 1-30 软件系统分类

1. 系统软件

系统软件是为了使用和管理计算机的软件，主要有以下几种。

① 操作系统(DOS、Windows)。

② 语言处理软件(Basic 语言、Cobol 语言、 Pascal 语言、c 语言)。

③ 数据库管理系统(dbase、FoxBASE、FoxPro、ACCESS、SQL Server、Oracle 以关系型数据库为主体结构)等。

2．应用软件

应用软件是为了某个应用目的而编写的软件，主要有辅助教学软件，辅助设计软件、文字处理软件（Word、WPS）、工具软件以及其他的应用软件(某单位的人事管理软件)。

1.4.3 多媒体技术与其他信息的数字化

1．图像信息的数字化

一幅图像可以看作是由一个个像素点构成的，图像的信息化就是对每个像素用若干个二进制数码进行编码。图像信息化后，往往还要进行压缩。

图像文件的后缀名有 bmp、gif、jpg、tiff、psd、pcx 等。

2．声音信息的数字化

自然界的声音是一种连续变化的模拟信息，可以采用 A/D 转换器对声音信息进行数字化。声音文件的后缀名有 wav、mp3、mid、mp4、aif、wma、voc 等。

3．视频信息的数字化

视频信息可以看成由连续变换的多幅图像构成，播放视频信息，每秒需传输和处理 25 幅以上的图像。视频信息数字化后的存储量相当大，所以需要进行压缩处理。

视频文件后缀名有 avi、mpg、mov、rm、dat 等。

4．动画格式（swf）、压缩格式(rar、zip)

动画格式文件是由一些动画制作软件形成的文件，压缩格式文件则是按照一定的压缩技术形成的文件。

任务一 配置一台计算机

任务提出

新的学期新的开始，许多学生用户想买一台性价比高、性能优越的 PC 都在到处了解掌握配置一台电脑需要哪些硬件。

本任务目标

配置一台电脑需要哪些硬件。

了解电脑硬件的性能指标。

了解硬件大多有哪些品牌。

任务分析

电脑是生活中不可缺少的现代化产品，人人都应该掌握了解一点。对学生用户来说，电脑的配置一定要性价比高，价格适宜。

任务实现

步骤一 了解和掌握电脑中的各种硬件及性能指标

关于电脑中的各种硬件及性能指标，在单元 1 的相关内容中已经有详细介绍。

步骤二 方案推荐。

新的学期新的开始，许多学生用户想买一台性价比高、性能优越的 PC 机。下面给各位同学推荐几款方案，报价为网上报价，实际价格需要到当地 IT 市场进行调查，如表 1-7、表 1-8 所示。

表 1–7 计算机配置方案 1

方案 1	配件型号价格（元）
CPUAMD5000+（双核散）	290
主板华擎 A785GM-LE/128M	370
内存金士顿 2GBDDR2800	320
硬盘希捷 1TB	560
散热器超频三红海 mini	49
显卡影驰 GTS250 加强版Ⅱ	695
显示器三星 E2220W	1199
机箱电源世纪之星飞扬-1D 黑色	149
光驱先锋 DVD-130D	110
键鼠雷柏（Rapoo）N1800	56
总计：	3797 元

表 1–8 计算机配置方案 2

方案 2	配件型号价格（元）
CPU 速龙 IIX4630(盒装四核)	730
散热器盒装自带-内存金士顿 GBDDR31333	350
硬盘希捷(Seagate)500GST3500418AS	330
主板技嘉 GA-MA770T-UD3P(rev.1.0)	639
显卡影驰 GTS250 加强版Ⅱ	695
显示器三星 E2220W	1199
机箱动力火车绝尘盾 i5	109
电源康舒智能 350300W 额定	169
光驱先锋 DVD-130D	110
键鼠雷柏（Rapoo）N1800	56
总计：	4387 元

任务小结

通过任务一，我们了解掌握了配置一台电脑都需要哪些硬件以及电脑各硬件的性能，让我们对如何配置一台电脑驾轻就熟。

任务二 组装一台计算机

任务提出

各个硬件都买回来了，需要开始安装了，我们一起动手实践一下吧！

本任务目标

系统掌握如何组装计算机。

任务分析

本任务让我们自给自足，学会组装一台计算机，为我们以后学习计算机提供许多便利。

任务实现

步骤一，组装前的准备。

1．环境准备

① 准备一张较宽敞的工作台。

② 微型计算机设备对防静电要求比较高，因此，组装前要检查市电电源是否是有接地线的三线插座。

③ 准备一张抗静电的海绵，在对主板进行跳线、安装 CPU 和内存条时使用。

2．工具准备

① 螺丝刀。

② 尖嘴钳。

③ 万用表。

④ 镊子。

⑤ 散热膏。

3．装机过程中的注意事项

① 防止静电。

② 防止液体进入计算机内部。

③ 不可粗暴安装。

④ 所有零件按照安装顺序排放。

步骤二，主机安装过程。

先了解主板上各个插槽的作用，主板主要包括 CPU 插槽、显卡插槽、内存条插槽、总线插槽、I/O 接口以及控制主板各部件协调工作的芯片组等，如图 1-31 所示。主板上各个接口的用途如表 1-9 所示。

图 1-31 主板示意图

表 1–9 主板内部接口

接口类型	版　本	接口速度	连接设备数量	主要用途
SCSI	Ultra 320	320MB/s	16 个	硬盘、光驱接口
ISA	16bit	8MB/s	1 个	旧式声卡、网卡
PCI	32bit	133MB/s	1 个	新式的声卡、网卡
AGP	8*	2100MB/s	1 个	显卡
IDE	Ultra 133	133MB/s	2 个	硬盘、光驱接口

总线是构成计算机系统的桥梁，是各个部件之间进行数据传输的公共通道。总线扩展槽又称为 I/O 插槽，是总线的延伸。

1. 安装电源

电源是计算机工作的动力源，电源的优劣对电脑有非常大的影响，电源的好坏直接影响着计算机的使用寿命。计算机电源从规格上主要分为 AT 电源和 ATX 电源，ATX 电源是目前的主流电源，如图 1-32 所示。

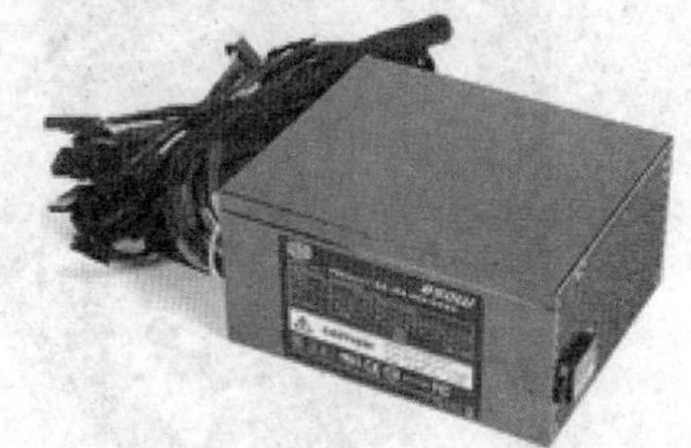

图 1-32 酷冷至尊电源，目前市面上价格超过千元

一般，机箱的整个机架由金属构成，正面的面板用塑料制成，可用十字螺丝刀将机箱盖螺丝拧开。

电源的位置通常位于机箱尾部的上端，电源末端 4 个角上各有一个螺丝孔，它们通常呈梯形排列，安装时要注意方向性。

2. 安装 CPU

以英特尔处理器安装为例，英特尔处理器有 Socket478、LGA 775 两种接口。

CPU 经过这么多年的发展，采用的接口方式有插卡式、触点式、针脚式等，对应到主板上就有相应的插座类型。目前常见的 CPU 插座有触点式和针脚插孔式两种。

安装 CPU 时先提起 CPU 插座上的把手，如图 1-33 所示，打开 LGA 775 插座如图 1-34 所示。

图 1-33 LGA 775 接口把手

图 1-34 打开后的 LGA 775 插座

将 CPU 按照插座上的方向放入，如果方向不对是放不进去的，如图 1-35 所示。

安装 CPU 散热器，将散热器的 4 个脚对准主板上的 4 个孔放入，如图 1-36 所示。

连接 CPU 散热器供电线，将散热器的电源线插到 CPU FAN 的引脚上，如图 1-37 所示。

3. 安装内存条

安装内存条前先要将内存插槽两端的卡子向两边扳，将其打开，内存条的凹槽必须直线对准内存插槽上的凸点（隔断），如图 1-38 所示。然后用两拇指按住内存两端轻微向下压，听到“啪”

的一声响后，即说明内存安装到位。

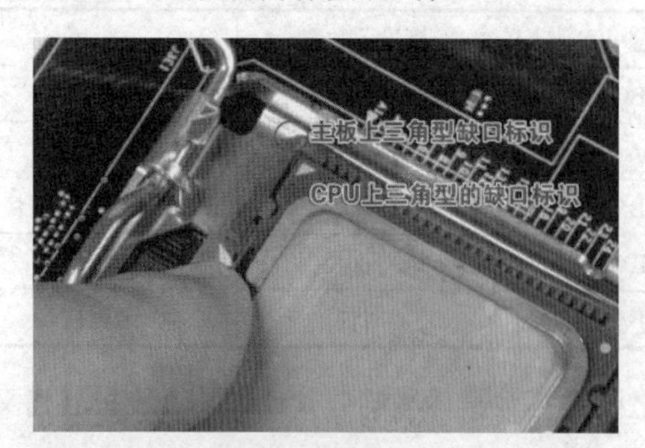

图 1-35　安装 CPU

图 1-36　安装 CPU 散热器

图 1-37　连接 CPU 散热器供电线路

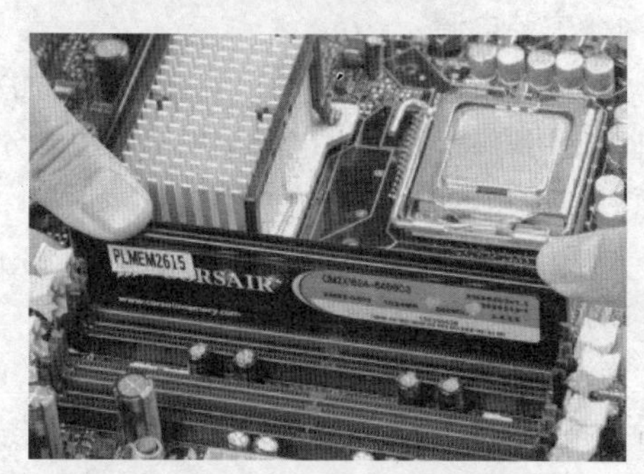

图 1-38　安装内存条

4．安装主板

主板上有一些安装孔，这些孔和机箱主板托板上的一些孔对应，用于固定主板，如图 1-39 所示。

然后把主板对好安装孔，用螺丝拧住主板。

5．安装主板供电接口及连接线

主板供电接口，如图 1-40 所示。

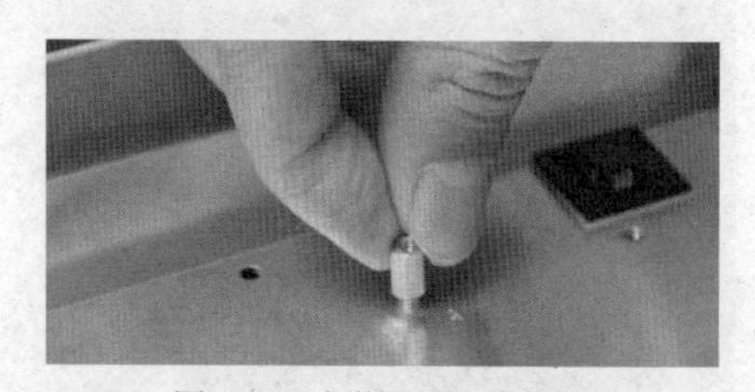

图 1-39　安装孔固定主板上

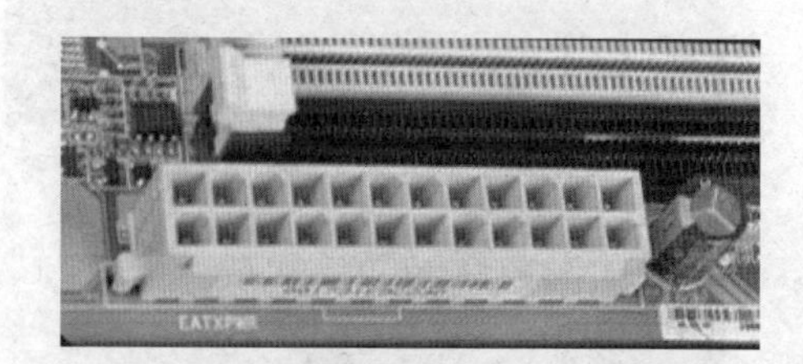

图 1-40　主板上 24PIN 的供电接口

扩展前置 USB 接口，安装如图 1-41 所示。

机箱前面板前置 USB 的连接线，如图 1-42 所示。

图 1-41　扩展前置 USB 接口安装

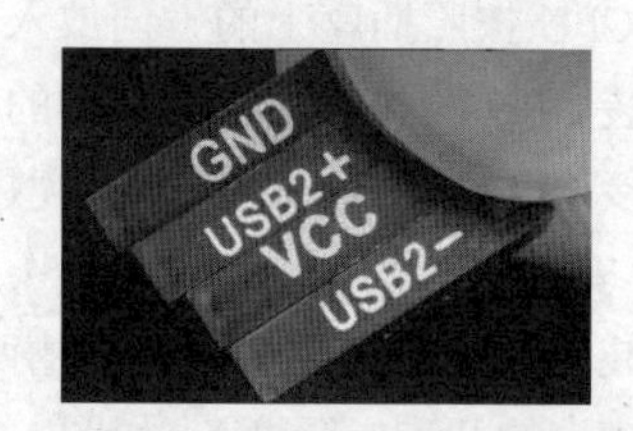

图 1-42　机箱前面板前置 USB 的连接线

连接面板开关和指示灯，机箱面板上开关和指示灯包括电源按钮、复位按钮和硬盘指示灯、电源指示灯及蜂鸣器，主板上对应的开关和指示灯插座如图 1-43 所示。

6. 安装硬盘

硬盘的接口分 SATA 和 IDE 两种。由于 IDE 接口硬盘基本下线，我们来学习安装 SATA 接口硬盘。

SATA 接口是采用防呆式的设计。安装硬盘时，将数据线的两头分边插在主板接口和硬盘接口，SATA 接口如图 1-44 所示。

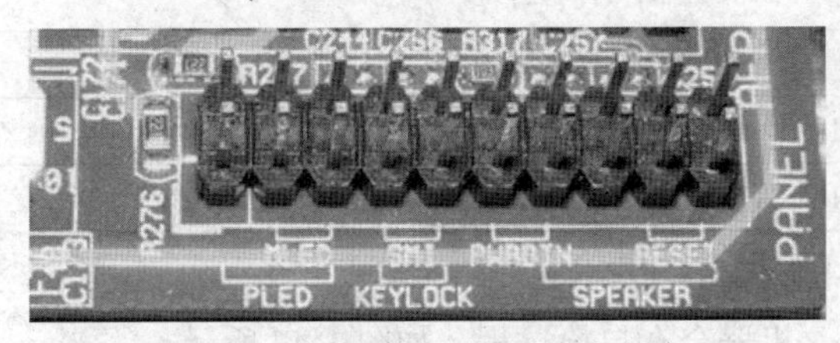

图 1-43 主机面板开关和指示灯插座

图 1-44 SATA 硬盘接口主板插槽

然后连接电源线，电源线硬盘接口如图 1-45 所示。

图 1-45 SATA 电源线接口

7. 安装光驱

光驱包括 CD-ROM、DVD-ROM 和刻录机，其外观与安装方法基本一样。

从机箱的面板上取下一个五寸槽口的塑料挡板，然后把光驱从前面放进去。为了散热，应尽量把光驱安装在最上面的位置。

在光驱的每一侧用两颗螺丝初步固定，先不要拧紧，待光驱面板与机箱面板调整平齐后再上紧螺丝。

8. 板载网卡芯片

板载网卡芯片是指主板所集成的网卡芯片，与之相对应，在主板的背板上有相应的网卡接口（RJ-45）。

9. 总线扩展槽

总线是构成计算机系统的桥梁，是各个部件之间进行数据传输的公共通道。总线扩展槽又称为 I/O 插槽，是总线的延伸。常见的总线有 PCI、AGP、PCI-Express，其对应的扩展槽有 PCI 及 AGP、PCI-Express 等扩展槽。

10. 显卡

显卡又叫显示适配器，它是显示器与主机通信的控制电路和接口。显卡的接口类型有 ISA.PCI、AGP 总线接口，目前主流接口是 AGP 总路接口。

将显卡插入 AGP 或 PCI-Express 插槽，听到“咔”一声，即可插牢，再用螺丝刀将显卡用螺丝钉固定到机箱后身。

11. 声卡

声卡是多媒体计算机系统的基本配件之一，随着音频采集、压缩以及还原技术的成熟，声卡在计算机中的应用也越来越广泛。

声卡主要用于计算机系统中声音信号的处理和输出，一块声卡主要由总线声音处理芯片、功率放大芯片以及输入输出端口 3 部分组成，目前，大多数声卡集成到主板上。

12. 连线

机箱内部安装完毕后，将各个外设的线连接到主机箱后面的各个相对应的插孔上，I/O 外设接口主要有 PS/2 接口、串行接口、并行接口、USB 接口及 IEEE 1394，见表 1-10。连接图如图 1-46 所示。

表 1-10 主板外部接口

接口名称	版本	速度	连接设备个数	主要用途
USB	1.1	12Mb/s	127	低速设备，鼠标键盘、打印机、扫描仪
USB	2.0	480Mb/s	127	高速设备
1394		400Mb/s		Digital video
COM		112.5Kb/s	1	Modem、鼠标等
LPT	ECP	128Kb/s	1	打印机、扫描仪等

13. 完成自检，计算机组装完成

将上述步骤全部完成后，即安装完机器之后，机器会有自检过程，如图 1-47 所示。

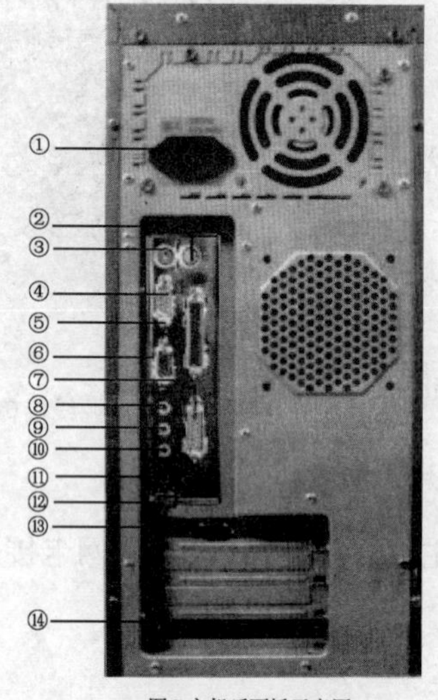

① 电源线插孔
② 鼠标插孔
③ 键盘插孔
④ 串口1
⑤ 并口
⑥ 串口2
⑦ 游戏摇杆接口
⑧ 线路输出
⑨ 线路输入
⑩ 麦克风输入
⑪ USB4
⑫ USB3
⑬ 显示器接口
⑭ MODEM卡

图 1-46 主机箱后面各个插孔与对应外设

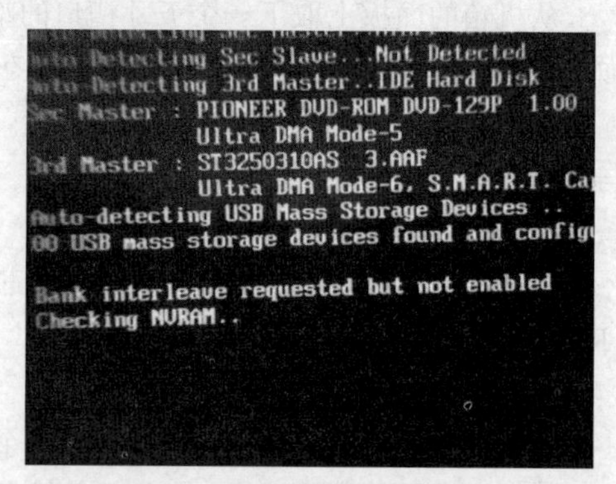

图 1-47 计算机硬件自检

任务小结

通过本任务的学习，我们系统掌握了组装一台计算机的过程，更加了解计算机的各硬件的用途，为我们今后的学习打下了良好的基础。

拓展练习

请通过调查了解当前市场上电脑的硬件配置，写出性价比最合适的一款机型的配置。

Windows XP 操作基础

2.1 Windows XP 概述

Windows XP 中文全称为“视窗操作系统体验版”，是微软公司发布的一款视窗操作系统。它发行于 2001 年 10 月 25 日，原来的名称是 Whistler。该操作系统微软最初发行了两个版本，家庭版（Home）和专业版（Professional）。家庭版的消费对象是家庭用户，专业版则在家庭版的基础上添加了新的为面向商业设计的网络认证、双处理器等特性。家庭版只支持 1 个处理器，专业版则支持 2 个。字母 XP 表示英文单词的“体验”（experience）。这个系统是使用最为普遍的系统。2009 年 4 月，微软宣布取消 Windows XP 主流技术支持，2011 年 7 月初，微软表示将于 2014 年 4 月 8 日起彻底取消对 Windows XP 的所有技术支持。Windows 7 将是 Windows XP 的继承者。

2.1.1 Windows XP 的优点

1. 稳定性

微软用了 10 年的时间修复 Windows XP 系统漏洞。尽管很多人会提起 XP SP2 发布前的时代，那时系统联网后最容易受到感染，但那个时代早已过去。使用任何一台 Windows 电脑，你都需要注意恶意软件，但多数用户仍然对这款 12 周岁的系统乐此不疲。

2. 廉价

由于 XP 从 2001 年发行到 2013 年已经 12 岁，很多用户都是在数年前购置的这款系统。如果你决定升级 Windows 7，你就需要购置一台新电脑，以适应 Windows 7 对硬件的要求。

科技网站 PCWorld 的很多读者就表示，他们仍然使用 XP 的原因就是不愿购置新电脑。

3. XP 仍然可以做很多事

即便你使用 XP，你仍可以使用新技术和新服务。Firefox 7、Chrome 15、Office 2010、Adobe Photoshop CS5、iTunes 和 Adobe Flash Player 11 等新版程序都支持 XP 系统。唯一感到有些不足的可能是你的硬件。但考虑到多数程序仅需 1GHz 处理器，所以你的老电脑仍然可以继续工作。

4. 兼容性

如果你习惯于使用某款旧程序，你可能会坚持在 XP 中使用这款程序，直到你查明旧程序能否支持新系统。很多 XP 用户就表示，升级 Windows 7 之后，他们所熟悉的旧版程序不见了。另外，购置新程序的费用也会很高。

2.1.2 Windows XP 的运行环境

许多用户都喜欢安装 Windows XP 中文版，因为它采用的是 WindowsNT/2000 的核心技术，运行可靠、稳定而且快速。它以安全正常高效运行，桌面风格清新明快、优雅大方，受到不少用户的青睐。

① CPU：PIII/800MHz 以上。

② 内存：128MB 以上。

③ 硬盘：至少 10GB 以上。

④ 显示器：SuperVGA(800×600)或更高分辨率的视频适配器和监视器。

⑤ 驱动器：光盘驱动器 CD-ROM（或 DVD 与刻录机）。

2.1.3 Windows XP 的安装

1．准备工作

① 准备好 Windows XP professional 简体中文版安装光盘，并检查光驱是否支持自启动。

② 可能的情况下，在运行安装程序前用磁盘扫描程序扫描所有硬盘，检查硬盘错误并进行修复，否则安装程序运行时如检查到硬盘错误即会很麻烦。

③ 系统要求输入系列号（CDKEY）时，如果光盘的包装壳没有标明，可在光盘的 SN.TXT 文件中找到，将它抄在一张纸上，以备输入。

④ 可能的情况下，用驱动程序备份工具将原 Windows XP 下的所有驱动程序备份到硬盘上。最好能记下主板、网卡、显卡等主要硬件的型号及生产厂家，预先下载驱动程序，作为备用程序。

⑤ 如果你想在安装过程中格式化 C 盘或 D 盘（建议安装过程中格式化 C 盘），请备份 C 盘或 D 盘有用的数据。

⑥ 安装方式有 3 种选择，即“典型安装”、“定制安装”、“便携式安装”，建议初学者选择“典型安装”（系统默认），以后需要添加或删除 Windows 组件时，在控制面板执行“添加/删除程序”即可。

⑦ 安装目录默认在 C:\Windows，可改变安装在其他盘符或目录中，一般按默认路径即可。

2．用光盘启动系统

重新启动系统，并把光驱设为第一启动盘，保存设置并重启，将 XP 安装光盘放入光驱，重新启动电脑。刚启动时，当出现如图 2-1 所示画面时快速按下回车键，否则不能启动 XP 系统光盘安装。

3．安装 Windows XP professional

光盘启动后，如无意外即可见到安装界面，将出现如图 2-2 所示画面。

全中文提示，“要现在安装 Windows XP，请按 Enter”键，按回车键后，出现如图 2-3 所示界面。

许可协议，这里没有选择的余地，按“F8”键后出现如图 2-4 所示“创建分区”界面。

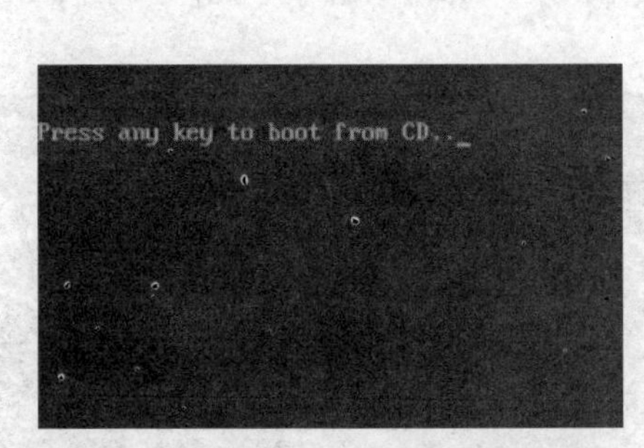

图 2-1 启动画面

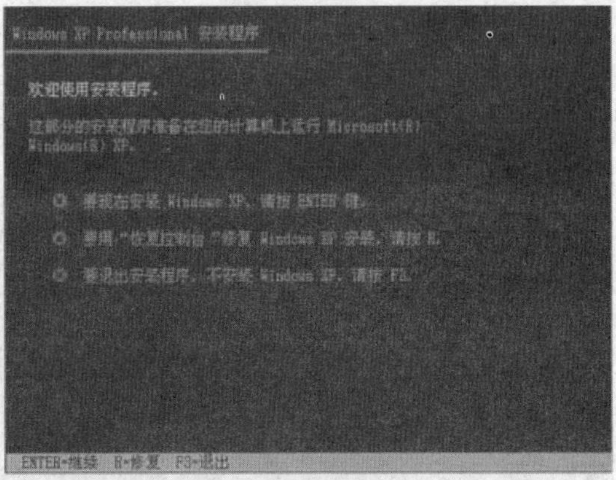

图 2-2 选择安装 Windows XP 界面

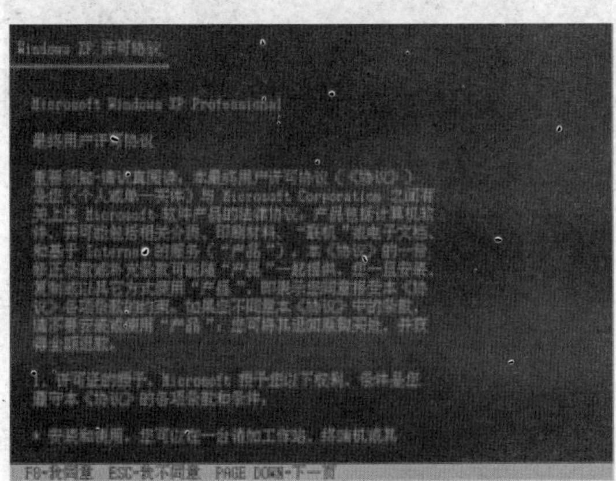

图 2-3 “Windows XP 许可协议”界面

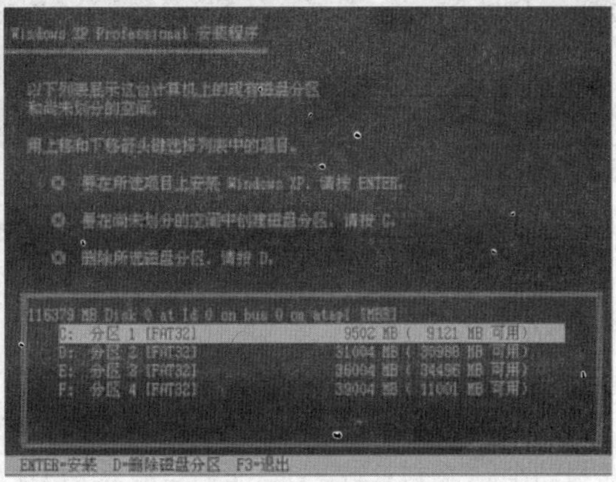

图 2-4 “创建分区”界面

这里用“向下或向上”方向键选择安装系统所用的分区，如果你已将 C 盘格式化，请选择 C 分区，选择好分区后按“Enter”键，出现如图 2-5 所示界面。

这里对所选分区可以进行格式化，从而转换文件系统格式，或保存现有文件系统。格式化有多种选择的余地，但要注意的是 NTFS 格式可节约磁盘空间，提高安全性和减小磁盘碎片，在这里选“用 FAT 文件系统格式化磁盘分区(快)”，按“Enter”键，出现如图 2-6 所示界面。

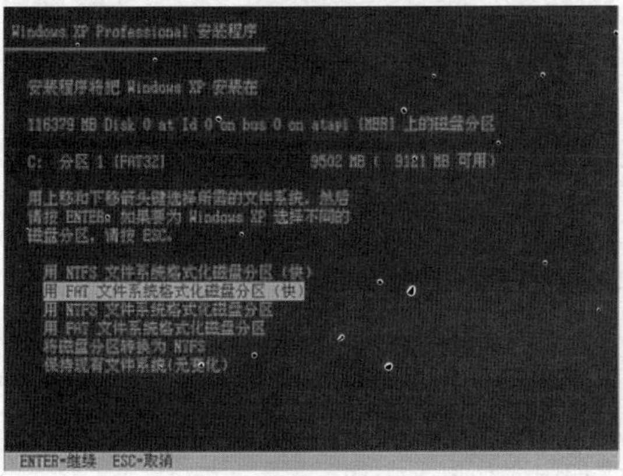

图 2-5 “格式化分区”界面

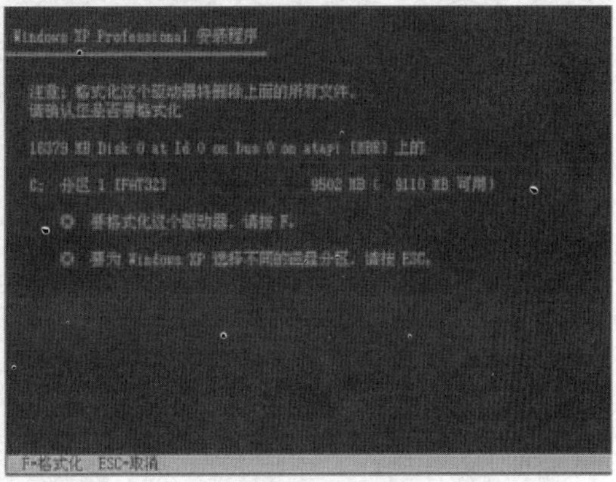

图 2-6 格式化 C 盘的警告界面

根据格式化 C 盘的警告，按 F 键将准备格式化 C 盘，出现如图 2-7 所示界面。

所选分区 C 的空间大于 2048MB，即 2GB，FAT 文件系统不支持大于 2048MB 的磁盘分区，所以安装程序会用 FAT32 文件系统格式对 C 盘进行格式化，按“Enter”键回车，出现如图 2-8 所示界面。

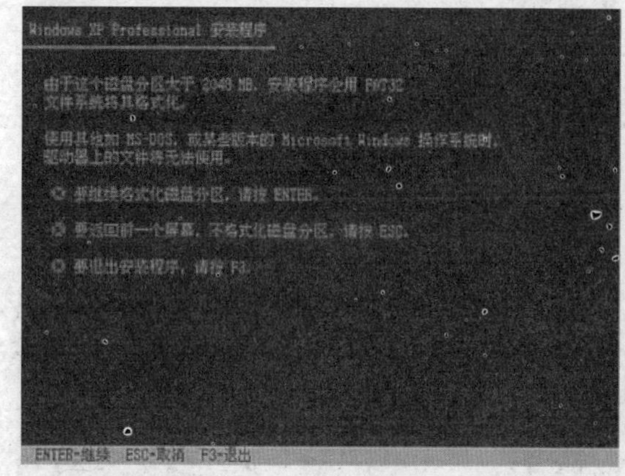

图 2-7 继续格式化

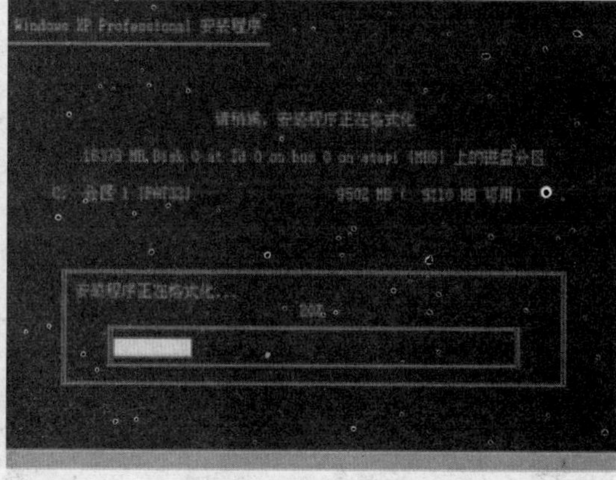

图 2-8 显示格式化进度

图 2-8 所示为正在格式化 C 分区，只有用光盘启动或安装启动软盘启动 XP 安装程序，才能在安装过程中提供格式化分区选项。如果用 MS-DOS 启动盘启动进入 DOS 下运行，运行 i386\winnt 进行安装 XP 时，没有格式化分区选项。格式化 C 分区完成后，出现如图 2-9 所示界面。

图 2-9 所示为开始复制文件，文件复制完后，安装程序开始初始化 Windows 配置。然后系统将自动在 15 秒后重新启动。重新启动后，出现如图 2-10 所示界面。

图 2-9 复制文件

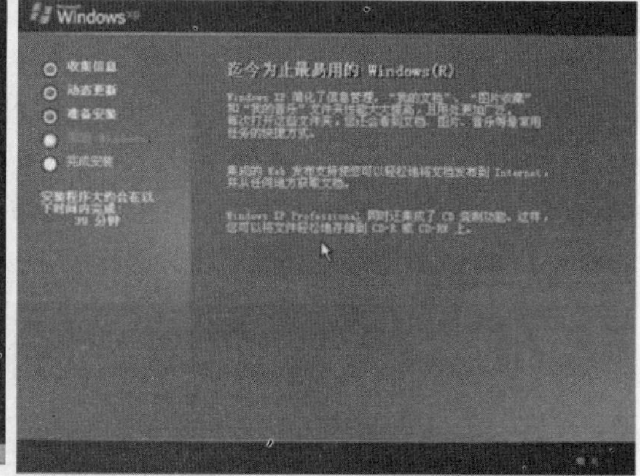

图 2-10 开始安装

过 5 分钟后，当提示还需 33 分钟时将出现如图 2-11 所示界面。

区域和语言设置选用默认值就可以了，直接单击“下一步”按钮，出现如图 2-12 所示界面。

输入用户的姓名和单位，这里的姓名是用户以后注册的用户名，单击“下一步”按钮，出现如图 2-13 所示界面。

输入安装序列号，单击“下一步”按钮，出现如图 2-14 所示界面。

图 2-11 区域和语言选项

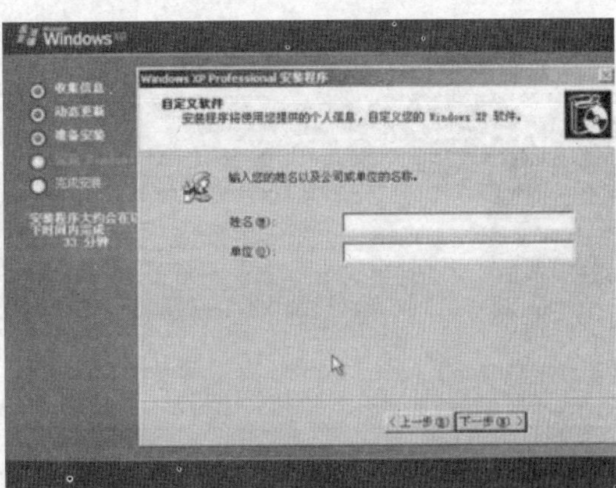

图 2-12 输入姓名和单位名称

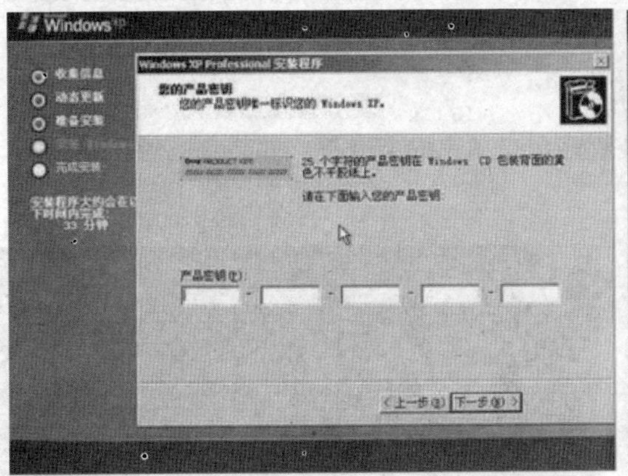

图 2-13 输入密钥

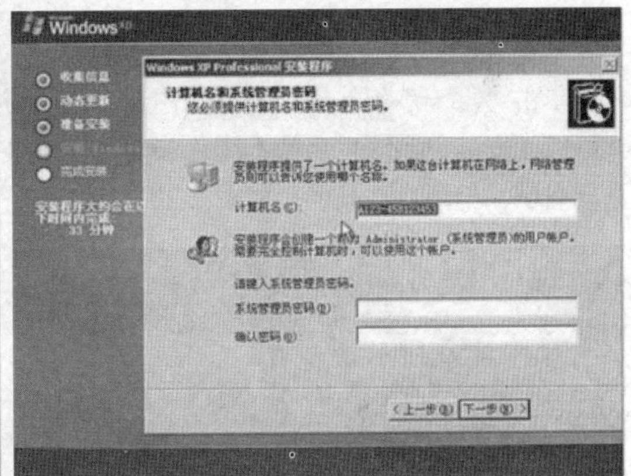

图 2-14 设置计算机名

安装程序自动为用户创建又长又难看的计算机名称，用户可任意更改，输入两次系统管理员密码，请记住这个密码，Administrator 系统管理员在系统中具有最高权限，平时登录系统不需要这个账号。接着单击“下一步”按钮，出现如图 2-15 所示界面。

日期和时间设置选北京时间，单击“下一步”按钮，出现如图 2-16 所示界面。

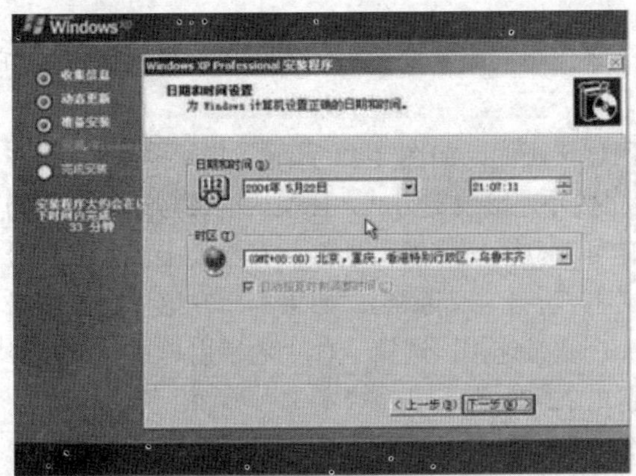

图 2-15 日期和时间设置

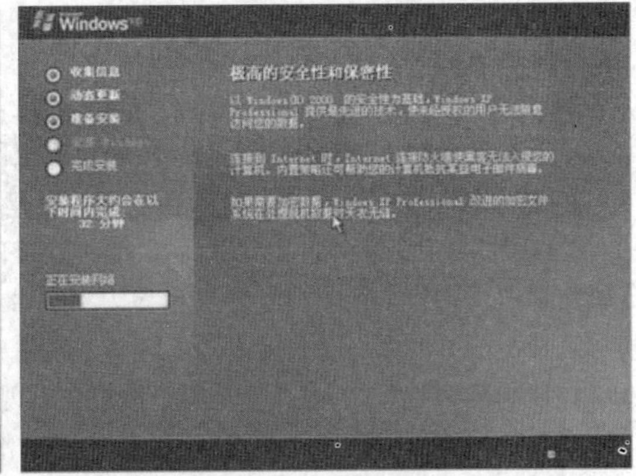

图 2-16 安装网络

开始安装，复制系统文件，安装网络系统，很快出现如图 2-17 所示界面。

选择网络安装所用的方式，选典型设置，单击“下一步”按钮，出现如图 2-18 所示界面。

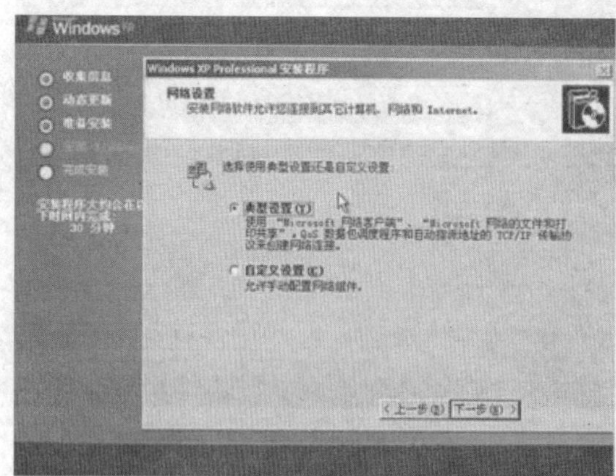

图 2-17 网络设置

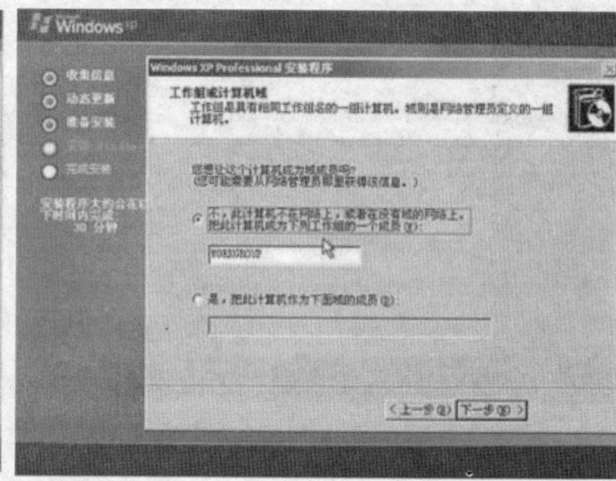

图 2-18 设置工作组或计算机域

单击“下一步”按钮，出现如图 2-19 所示界面。

继续安装，到这里后就不用你参与了，安装程序会自动完成全过程。安装完成后计算机自动重新启动，出现启动画面，如图 2-20 所示。

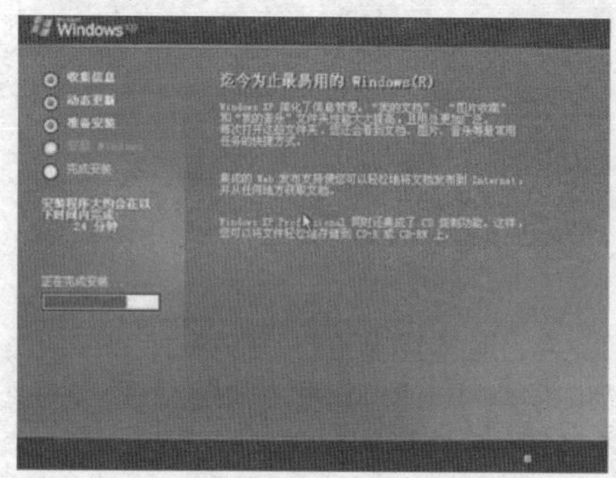

图 2-19 完成安装

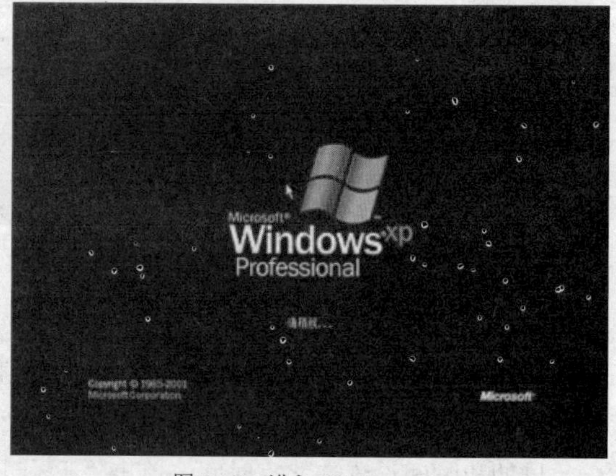

图 2-20 进入 Windows XP

第一次启动需要较长时间，请耐心等候，接下来出现的是欢迎使用画面，提示设置系统，如图 2-21 所示。

单击右下角的“下一步”按钮，出现设置上网连接画面，如图 2-22 所示。

在这里建立的宽带拨号连接,不会在桌面上建立拨号连接快捷方式，且默认的拨号连接名称为“我的 ISP”(自定义除外)。进入桌面后通过连接向导建立的宽带拨号连接，在桌面上会建立拨号连接快捷方式，且默认的拨号连接名称为“宽带连接”(自定义除外)。如果不想在这里建立宽带拨号连接，请单击“跳过”按钮。在这里先创建一个宽带连接，选第一项“数字用户线（ADSL）或电缆调制解调器”，单击“下一步”按钮，出现如图 2-22 所示“连接宽带”界面。

目前使用电信或联通（ADSL）的住宅用户都有账号和密码，所以选“是，使用用户名和密码连接”，单击“下一步”按钮，出现如图 2-23 所示“账号和密码设置”界面。

图 2-21　欢迎界面

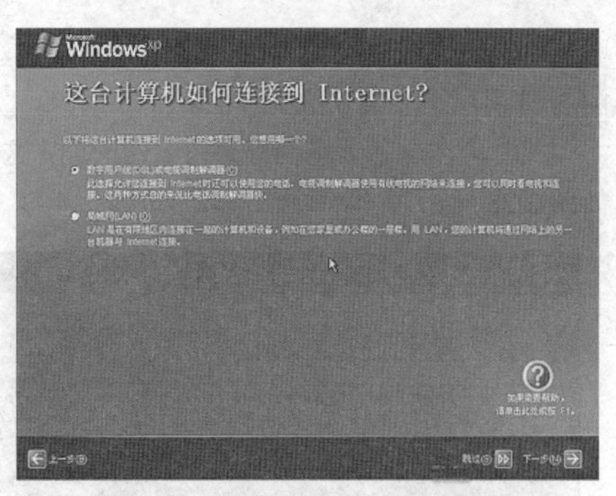

图 2-22 “连接宽带”界面

图 2-23 “账号和密码设置”界面

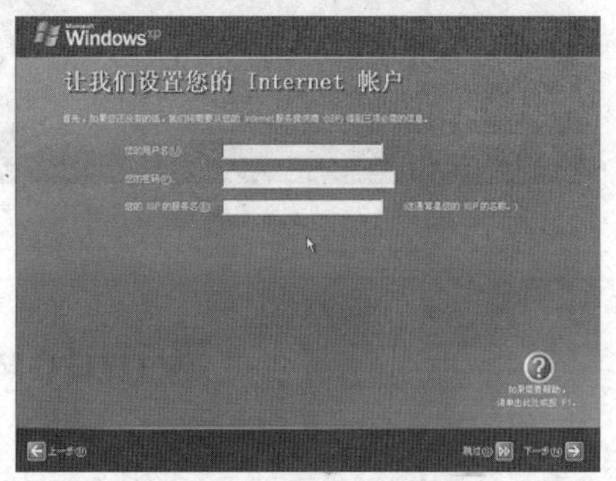

图 2-24 “设置用户名”界面

输入电信或联通提供的账号和密码，在“你的 ISP 的服务名”处输入喜欢的名称，该名称作为拨号连接快捷菜单的名称，如果留空系统会自动创建“我的 ISP”作为该连接的名称，单击“下一步”按钮，出现如图 2-24 所示“设置用户名”界面。

已经建立了拨号连接的用户，微软当然希望用户现在就激活 XP 啦，不过即使不激活也有 30 天的试用期，又何必急呢？选择“否，请等候几天提醒我”，单击“下一步”按钮，如图 2-25 所示。

输入一个你平时用来登录计算机的用户名，单击“下一步”按钮出现如图 2-26 所示“选择用户名”界面。

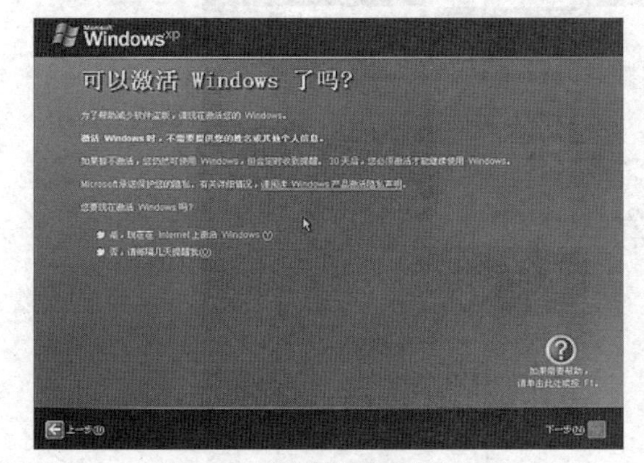

图 2-25 “系统激活设置”界面

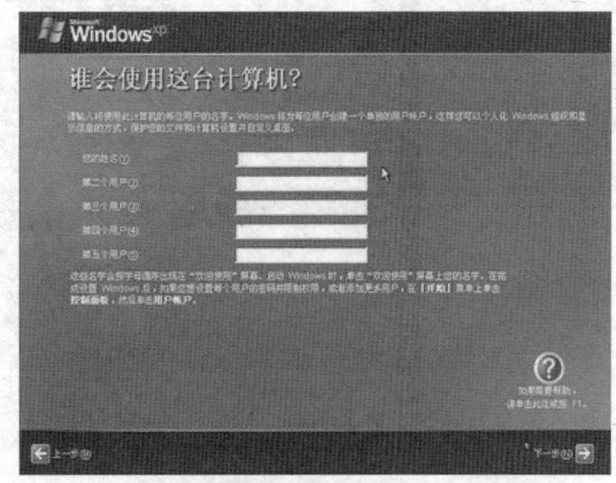

图 2-26 “选择用户名”界面

单击“完成”按钮，安装结束。系统将注销并重新以新用户身份登录。登录桌面后出现如图 2-27 所示“安装完成”界面。

此时可在屏幕上看到蓝天白云的画面，这就表明进入 Windows XP 系统了。Windows XP 桌面如图 2-28 所示。

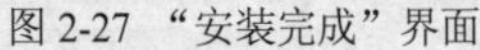

图 2-27 “安装完成”界面

图 2-28 Windows XP 桌面

2.2 Windows XP 的基本操作

图 2-29 所示就是 Windows XP 的桌面界面，整个屏幕就是一个电子桌面，而屏幕上的图标，就像摆放在桌面上的物品，可以通过鼠标的拖动操作改变各个图标在桌面上的位置。Windows XP 安装后默认的桌面上只有一个“回收站”图标，用户可以根据需要进行设置增加图标。Windows XP 界面包括桌面图标、背景窗口、开始按钮、快速启动栏、最小化任务窗口、任务栏、运行栏。

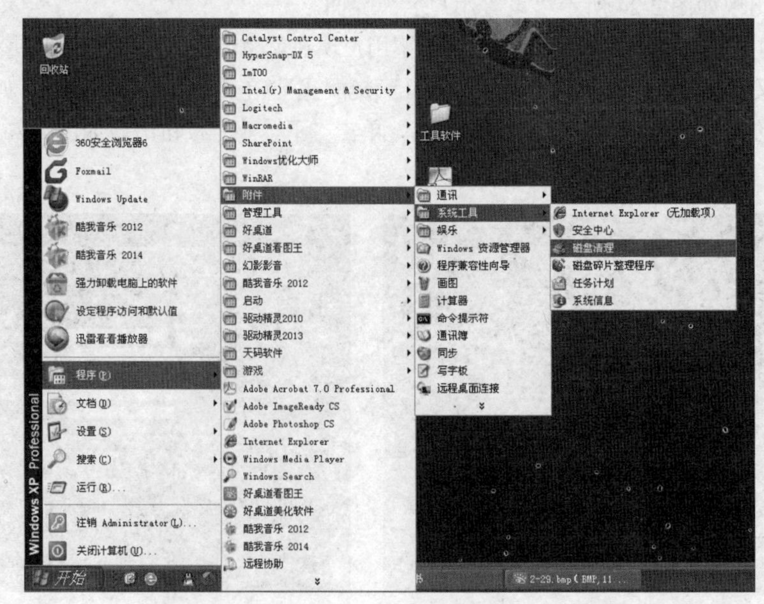

图 2-29 “开始”菜单

2.2.1 “开始”菜单

在 Windows XP 桌面左下角处有一个“开始”按钮，单击该按钮后，弹出一个菜单，也可以通过 Ctrl+Esc 快捷键来打开，如图 2-29 所示“开始”菜单。

1．所有程序

在系统中安装的程序，将会在该菜单里面创建一个程序组，使用户可以通过“开始”菜单更方便地运行所需要的程序。

2．注销

用户单击“注销”按钮，弹出“注销”Windows 的窗口，系统就会被注销；如选择“切换用户”按钮，会弹出切换用户界面；如果想重新进入当前用户使用的系统，需要重新进行密码验证。

3．关闭计算机

单击“关闭计算机”按钮，系统暂时停止当前所有的应用程序，而进入待机状态。在弹出的对话框中如果按“关闭”按钮应用程序，此时关闭系统；单击“重新启动”按钮，将关闭所有应用程序，系统自动重启。

4．常用程序列表

“常用程序列表”中包括用户可以自己定制的一些常用程序，系统自动将 Outlook 和 Internet Explorer 两个应用程序放在该列表中。

5．最近访问程序列表

最近访问过的程序名称会在“开始”菜单的“最近访问程序列表”中显示，系统自动列出最近访问过的应用程序。

6．系统文件夹及程序

在“开始”菜单的右上方，有一些系统文件夹，用户可以从“开始”菜单中快速打开相关程序及文件夹。例如，“我的文档”、“我的音乐”和“我的电脑”等。

7．搜索

“搜索”命令位于“运行”命令上边，选择该命令后，会弹出资源管理器的搜索界面，用户可以通过该界面查找需要的资源，如图 2-30 所示“搜索”命令窗口。

图 2-30 “搜索”命令窗口

8．运行

“运行”位于“开始”菜单的第二列最下边，单击后，会弹出一个对话框，用户可以在对话框中输入需要运行的文件名，然后按回车键就可以打开该程序。

9．帮助与支持

帮助与支持是系统的帮助功能，位于“搜索”命令上边，可以在“开始”菜单中快速打开。

2.2.2 窗口和对话框的基本操作

1．窗口

Windows 即窗口的意思，图形化操作离不开窗口，Windows XP 是多窗口操作系统，每运行一个程序或打开一个文件夹，就会出现一个窗口，而每个窗口的外框基本相同。按照开始→所有程序→附件→记事本的操作顺序即可调出此窗口，打开如图 2-31 所示“记事本”窗口。

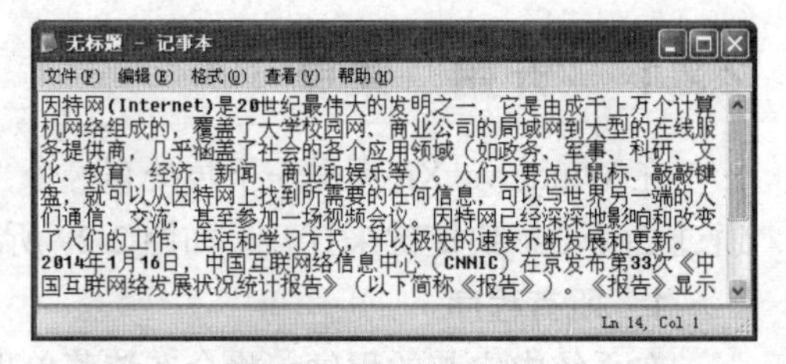

图 2-31 “记事本”窗口

① 标题栏：位于整个窗口最上面一行，默认呈蓝色，标题栏中包含控制菜单图标（无标题 - 记事本）、窗口名、最小化（）、最大化（）、向下还原（）、关闭（）按钮。

② 菜单栏：菜单栏（文件(F) 编辑(E) 格式(O) 查看(V) 帮助(H)）位于标题栏下面，由多个菜单组成，每个菜单又包含了许多菜单项，每个菜单项即对应一个操作命令。

③ 工具栏：工具栏（）一般位于菜单栏下面，由一组图标组成，功能与菜单栏中的菜单项一样，只是工具栏上对应的是常用操作命令，方便用户快速选择。

④ 状态栏：状态栏（要“帮助”，请按 F1　NUM）在大部分窗口最下面有一行状态栏，主要是显示正在运行程序的状态信息，当指针选择某一对象时，状态栏上一般会出现有关被选对象的相关信息。

⑤ 窗口大小调整区：窗口大小调整区（）在窗口的右上角，拖动此区可以较方便地上下和左右方向调整窗口大小。

⑥ 边界：窗口的四周是限定窗口大小的边界，可以用鼠标指针拖动边界改变窗口的大小。

⑦ 工作区：不同的窗口，工作区不一样。工作区是用户进行主要操作的地方。

2．窗口的基本操作

（1）最大化窗口

方法一：单击窗口右上角的最大化按钮。

方法二：双击标题栏。

（2）最小化窗口

方法：单击最小化按钮。

（3）任意调整窗口大小

方法一：鼠标指针移动到窗口边界上，指针变成上下或左右双箭头状。

方法二：上下或左右拖动边界即可。

（4）移动窗口位置

方法：用鼠标拖动标题栏空白处即可。

（5）关闭窗口

方法一：单击窗口右上角的关闭按钮。

方法二：双击窗口左上角的控制菜单图标。

方法三：按“Alt+F4”组合键。

2.2.3　菜单和工具栏

在 Windows XP 系统中，根据菜单操作是最常见的一种命令访问方式，菜单栏提供了在操作过程中要用到的访问途径。菜单栏上通常会有“文件”“编辑”和“查看”等菜单按钮，“菜单栏”窗口如图 2-32 所示。

1．菜单栏

①“文件”菜单：本菜单下包括打开、共享和安全、新建、删除、属性等命令，当颜色变成灰色时该操作不具备，属于失效菜单，当条件具备时颜色变为黑色。

②“编辑”菜单：本菜单下包含剪切、复制、粘贴等命令。

③“查看”菜单：该菜单中包括工具栏、状态栏、缩略图、列表、图标等命令，如图 2-33 所示。

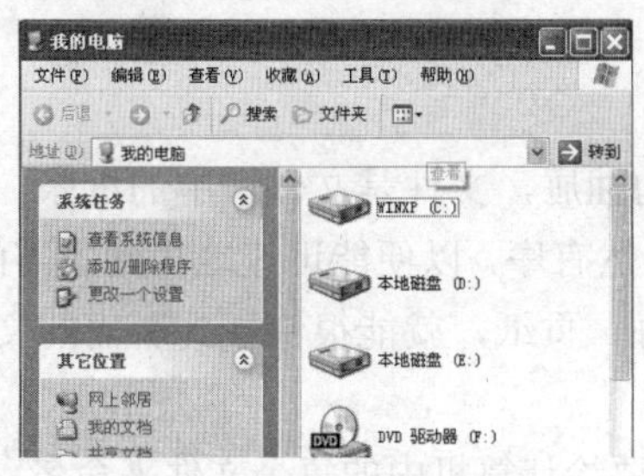

图 2-32 “菜单栏”窗口

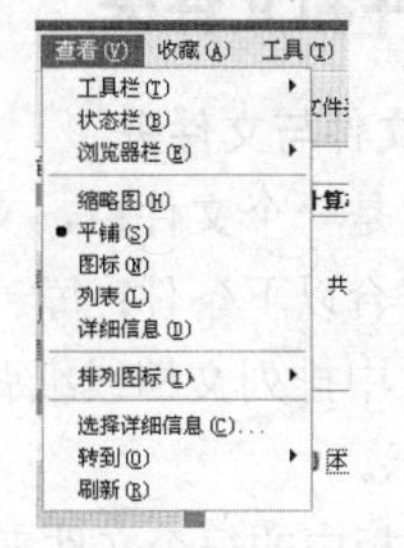

图 2-33 “查看”菜单

2．工具栏

工具栏如图 2-34 所示。

工具栏包括了一些常用的功能按钮，单击工具栏上的相应按钮，可完成与按钮对应的操作。

图 2-34 工具栏

①“后退”按钮。该按钮表示使窗口中的内容返回到前一次访问的内容，该按钮只有在第一次打开窗口时无效，即显示为灰色。

②“前进”按钮。该按钮与“后退”功能按钮所实现的功能正好相反，其作用是使右窗格中的内容重新回到单击“后退”按钮之前的那一次所显示的内容。只有单击“后退”按钮之后，该按钮状态才为有效状态。

③“向上”按钮。按下该按钮可访问当前文件夹中的上一层目录，该按钮可以连续使用。

④“搜索”按钮。它的功能是以“按下/弹起”状态来标识该功能键是否被选择的。

⑤“文件夹”按钮。该按钮主要是用来打开或关闭左窗格中的树形文件夹显示方式，该按钮在按下状态时，用户可以在左窗格中通过单击文件夹前的“+”字按钮来展开相应的目录，或者单击文件夹名称，使该文件夹中的相应内容显示到右窗格中。

⑥“查看”按钮。单击“查看”功能按钮之后，会弹出一个下拉菜单，该下拉菜单中包括一组单选菜单项，用来控制文件及文件夹的查看方式。

2.2.4 帮助系统

图 2-35 所示就是 Windows XP 系统中的帮助窗口，按下快捷键 F1 可打开此窗口。当操作中遇到问题的时候可以使用此功能。

剪贴板的打开方式是：单击“开始”→“程序”→“附件”→“系统”→“剪贴板查看程序”，则打开“剪贴板查看窗口”，窗口中显示的即为剪贴板上当前的内容。

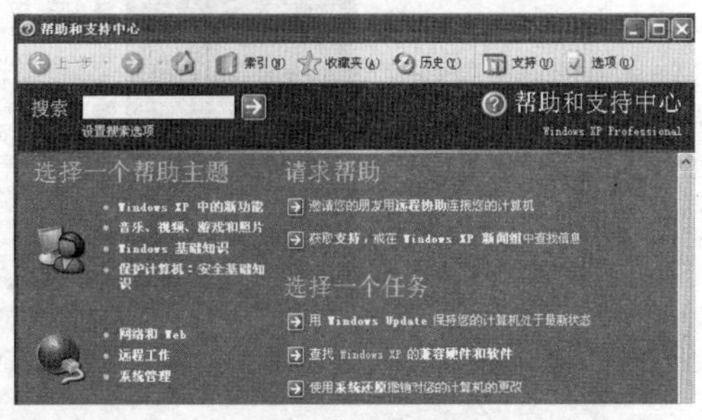

图 2-35 “帮助”窗口

2.3 Windows XP 的文件系统

2.3.1 文件和文件夹

1. 创建文件与文件夹

假设硬盘是一个文件柜，文件夹是文件柜上的抽屉，文件是文件柜中的纸张。组织文件柜的方式必须符合以下条件：每一样东西都放置得井然有序，以便能迅速地找到所需的任何文件。也可以在文件中排列文档或纸张，这样无需浏览每一页纸，就能很快找到所需的文件。文件夹如图 2-36 所示。

像给文件柜中的每个文件夹贴标签一样，也需要给计算机中的每个文件夹命名。硬盘中的文件夹通常按字母顺序排列。还可以在文件夹中创建文件夹，如图 2-37 所示。

图 2-36 “文件夹”窗口

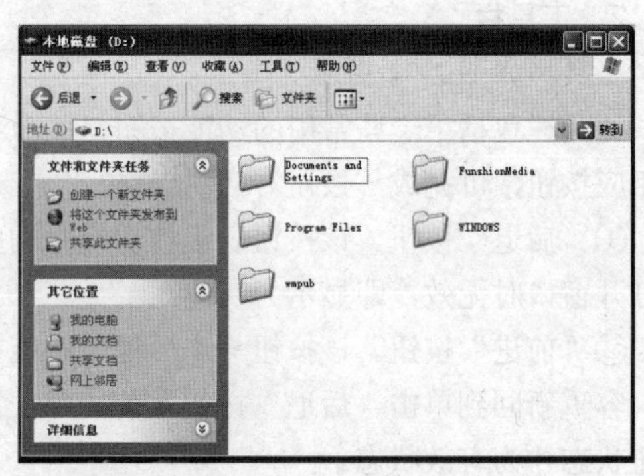

图 2-37 文件夹排列

2. 如何创建及更改文件夹名

① 右键单击“属性”→“新建”→“文件夹”，如图 2-38 所示，创建文件夹。

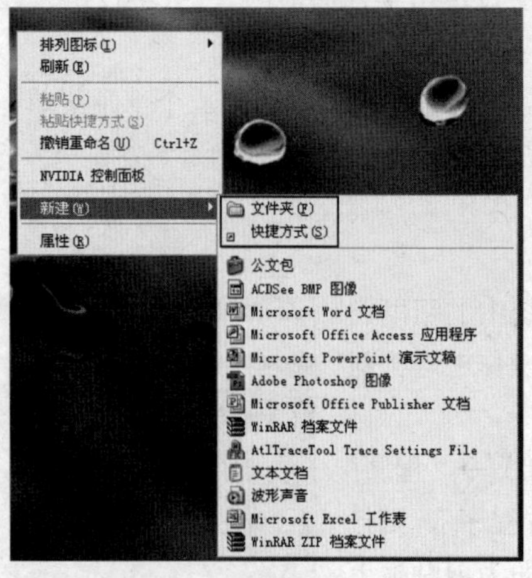

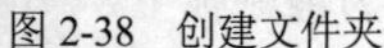
图 2-38 创建文件夹

② 文件夹创建好之后，系统默认为“新建文件夹”，同时文件夹的名字处于可编辑状态，用

户可以根据需要重新命名，输入所需的名字，按 Enter 键或单击旁边的空白处，则文件夹的名字就创建完毕。

3．文件的属性

Windows 中的文件共有 4 个属性，即存档、隐藏、系统、只读。

4．文件类型

（1）可执行文件

这类文件一般包括 EXE 和 COM 两种类型，可双击直接运行某些功能或启动软件。

（2）文本文件

它表示的是一种通用的格式文件，在 Windows 中的后缀是 txt，这种文件只保存字符内容，不保存任何格式。

（3）批处理文件

它的后缀名为 bat。文件的格式其实是纯文本的格式。

（4）脚本文件

常见的 Windows 脚本文件的后缀是 VBS 和 WSH。

（5）图像文件

这类文件主要是保存图像，常见的类型有 GIF、JPG、BMP 这 3 种。

（6）媒体文件

常见的媒体文件是 RM 文件，还有 AVI 格式的，还有一种最新的 RM 格式叫做 RMVB 格式，现在较为流行的一种音频格式是 WAV 格式。

（7）备份文件

这类型文件是以 BAK 形式出现的。

（8）压缩文件

常见的压缩文件有两种，即 ZIP 和 RAR。

2.3.2 资源管理器窗口

资源管理器是 Windows 用来管理系统资源（主要是文件和文件夹）的工具。

1．Windows 资源管理器窗口

Windows 资源管理器包括以下几个组成部分（见图 2-39）。

图 2-39 资源管理器

① 标题栏：标题栏 D:\ 用于显示当前文件夹名称。

② 菜单栏：菜单栏 文件(F) 编辑(E) 查看(V) 收藏(A) 工具(T) 帮助(H) 提供管理文件夹的选项。

③ 工具栏：工具栏 后退 · 搜索 文件夹 文件夹同步 提供可以在文件夹中执行的选项。

④ 窗格：窗口分为两个部分，每个部分就是一个窗格。在窗格称为“文件夹窗格”，右窗格称为“内容窗格”。

⑤ 状态栏：状态栏 22 个对象(可用磁盘空间: 47.0 GB) 0 字节 我的电脑 显示有关窗格中的选定对象的信息。

有两种方法可以启动 Windows 资源管理器。第一种方法是依次选择“开始”→“程序”→“附件”→“Windows 资源管理器”，另一种方法是右击“开始”菜单，然后单击“资源管理器”命令。

2．在资源管理器中创建文件夹

要新建一个文件夹，应执行下列步骤。

① 单击“文件”→“新建”→“文件夹”命令。

② 将出现一个“新建文件夹”的窗口，可以给这个文件夹重命名一个合适的名称。另一种新建文件夹的方法是：右击“资源管理器”内容窗格中的空白位置，并选择“新建”→“文件夹”命令。用同样的方式还可以新建具有特定扩展名的文件。

创建文件时，需要为其指定一个特定的名称。除了名称之外，文件还应有一个特定的扩展名。扩展名使文件与一个特定的应用程序相关联。这样，当打开文件时，特定的应用程序将启动，并使用此应用程序打开文件。以名为 text.txt 的文件为例，一般情况下，双击该文件，它将在“记事本”中打开。而一个名为 test.doc 的文件将在 Microsoft Word 中打开。

2.3.3 管理文件和文件夹的方式

文件和文件夹主要是利用资源管理器来进行的，主要操作包括以下几方面。

1．文件和文件夹的选择

（1）单个文件和文件夹的选择

在资源管理器窗口中单击目标文件或文件夹即可。选择之后，文件或者文件夹的图标会变暗。

（2）多个文件和文件夹的选择

可以利用鼠标进行框选，即按住鼠标左键不放，然后移动鼠标，直到被选择的文件都要被包括在框里面为止，再释放鼠标。

2．文件和文件夹的复制与粘贴

① 选择需要复制的文件和文件夹。

② 利用复制命令，将目标文件和文件夹的副本存入剪贴板。该过程通过以下几种方法实现。

- 在选择的文件或文件夹上面右击，在弹出的快捷菜单中选择“复制”命令。
- 利用快捷键“Ctrl＋C”进行复制。
- 选择资源管理器的菜单栏中的“编辑”→“复制”命令。

③ 选择新的文件夹，使它成为当前打开的文件夹，再将剪贴板中的副本粘贴到新的文件夹里面。用以下几种方法实现。

- 在快捷菜单中选择“粘贴”命令。
- 利用快捷键“Ctrl+V”进行粘贴。
- 选择资源管理器的菜单栏中的“编辑”→“粘贴”命令。

3．文件和文件夹的剪切与移动

剪切与复制操作类似，只是将“复制”命令换成“剪切”命令，快捷键是“Ctrl+X”。

① 选择需要移动的文件和文件夹。

② 利用剪切命令，对该文件和文件夹进行剪切操作。

③ 选择需要移动到的新文件夹，然后利用粘贴操作以最终完成文件和文件夹的移动。

4．文件和文件夹的删除

删除文件和文件夹过程类似，将“复制”命令换成“删除”命令即可。也可使用键盘上的 Delete 键，如想彻底删除可按住 Shift 键。

2.3.4 任务管理器及回收站的使用

1．任务管理器

任务管理器是用于启动或查看系统中各个进程、应用程序和系统性能的工具。右击任务栏中的空白处，会出现一个右键菜单，选择“任务管理器”命令，或按“Ctrl+Alt+Delete”组合键，系统会弹出“Windows 安全”对话框，选择“任务管理器”，这两种方式都可以启动任务管理器。

Windows 任务管理器中最常用的 3 个选项卡是“应用程序”选项卡、“进程”选项卡和“性能”选项卡。

①“应用程序”选项卡：该选项卡用于显示当前正在运行的应用程序，它在窗口底部，显示了正在运行的进程总数、CPU 使用情况和内存使用情况。可以单击“新任务”按钮并选择需运行的应用程序来启动新的应用程序。“应用程序”选项卡如图 2-40 所示。

②“进程”选项卡：该选项卡用于显示所有当前正在运行的进程，它还包括所有正在运行的系统进程，如图 2-41 所示。

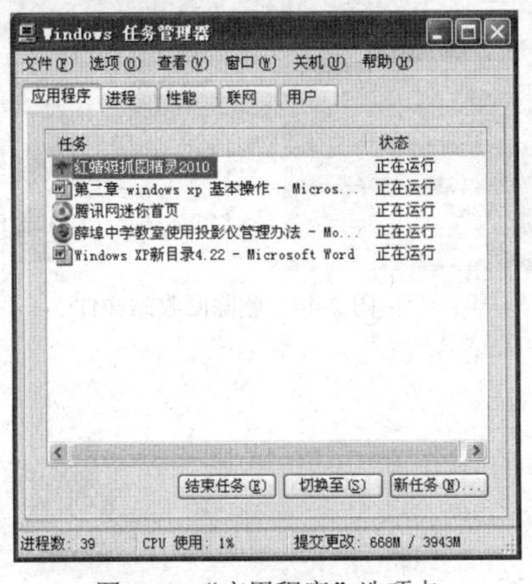

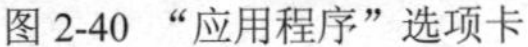
图 2-40 “应用程序”选项卡

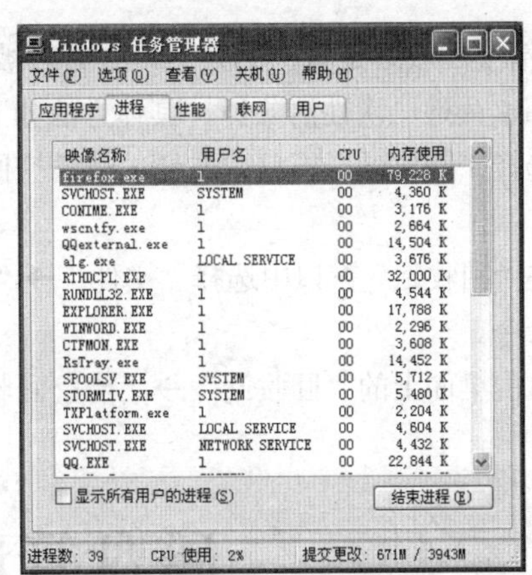

图 2-41 “进程”选项卡

③ “性能”选项卡：它以图形视图的方式显示 CPU 使用情况以及内存使用情况。在窗口底部，还显示了进程数以及 CPU 和内存使用的实际比例，如图 2-42 所示。

2．回收站

在桌面上有一个“回收站”，它就像办公室的垃圾篓专门收集废弃纸张一样，收集被删除的文件、文件夹和快捷方式。“回收站”对话框如图 2-43 所示。

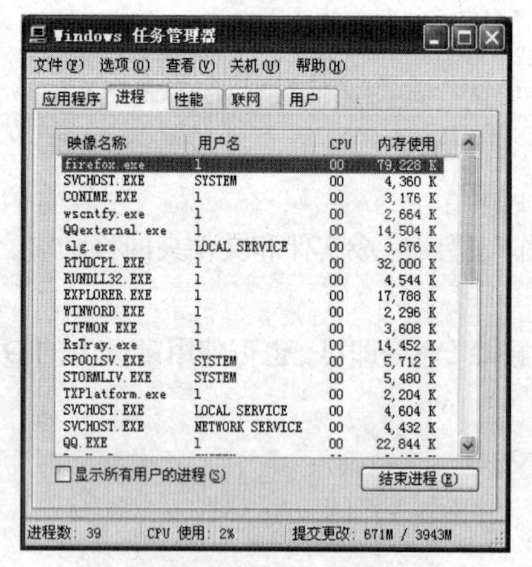

图 2-42 “性能”选项卡

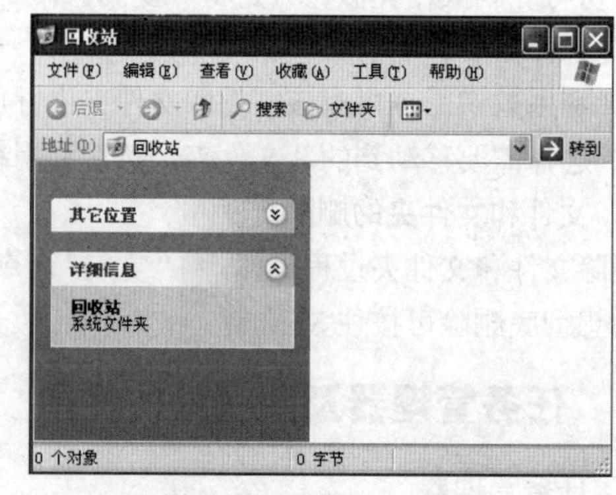

图 2-43 “回收站”对话框

（1）恢复被删除的文件/文件夹

① 双击桌面上的“回收站”图标。

② 选择要恢复的文件。

③ 选择“文件”→“还原”命令，即可恢复已删除的文件到原来的文件夹中。

（2）清除文件

① 清除部分文件。具体操作如下。

• 双击桌面上“回收站”图标，打开“回收站”窗口。

• 在“回收站”窗口中选择要清除的文件。

• 选择“文件”→“删除”菜单命令，如图 2-44 所示。

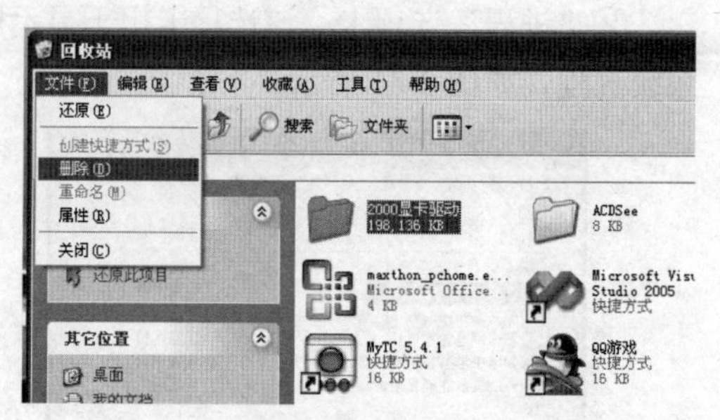

图 2-44 删除回收站文件

② 清空回收站是将“回收站”中暂时被删除的文件全部永久地一次性清除掉。具体方法如下。

• 选择“回收站”窗口中左侧的“清空回收站”命令。

• 在“回收站”窗口中选择“文件”→“清空回收站”命令。

• 右击桌面上的“回收站”→“清空回收站”。

2.4 磁盘管理

2.4.1 磁盘盘符及格式化

1. 盘符

在 Windows XP 操作系统中，磁盘驱动器是用字母来进行标识的，这就是磁盘盘符。一般情况下字母“A”和字母“B”被分配给软盘使用，从字母“C”开始一直到字母“Z”则分配给硬盘、移动硬盘、光驱以及其他类型的存储设备使用。磁盘盘符如图 2-45 所示。

2. 磁盘格式化

方法一：打开格式化对话框。打开资源管理器窗口，右击左工作区中需要格式化的磁盘盘符，在弹出的快捷菜单中选择“格式化”命令。

方法二：单击左工作区中的“我的电脑”超链接，然后右击右工作区中需要格式化的磁盘盘符，在弹出的快捷菜单中选择“格式化”命令。

方法三：在右工作区中选中需要格式化的磁盘，然后选择资源管理器的菜单栏中的“文件”→“格式化”命令。

以上 3 种方法，都可以得到如图 2-46 所示的格式化磁盘对话框。

图 2-45 磁盘盘符图

图 2-46 格式化磁盘对话框

在该对话框中设置文件系统、分配单元大小和格式化选项，并输入卷标名称。其中，“文件系统”下拉列表框中有两个选项，分别是“NTFS”和“FAT32”，它们与“分配单元大小”、“格式化选项”是互相对应的，对应规则如下。

① 如果在“文件系统”下拉列表框中选择了“NTFS”，则对应的“分配单元大小”中有 5 种选择，分别是“默认配置大小”“512 字节”“1024 字节”“2048 字节”和“4096 字节”。此时“格式化选项”中的前两项处于有效状态，用户可以根据需要进行勾选。

② 如果在“文件系统”下拉列表框中选择了“FAT32”，则对应的“分配单元大小”下拉列表框中只有一个选项，即“默认配置大小”。此时“格式化选项”下拉列表框中也只有第一个选项处于有效状态，用户可以根据需要进行勾选。

③ 配置完成后，单击对话框“开始”按钮开始进行格式化，同时该对话框上的进度条会显示格式化进度。

2.4.2 磁盘清理和碎片整理、扫描

1. 浏览磁盘设置

磁盘设置可以通过打开“计算机管理”窗口来查看，打开方法有两种。

方法一：打开资源管理器，在左工作区中，展开“我的电脑”，展开“控制面板”，再单击里面的“管理工具”，这时右工作区会出现一些图标，然后双击“计算机管理”图标，可打开“计算机管理”对话框。

方法二：选择“开始”菜单中的“运行”命令，在弹出的运行对话框中输入命令“compmgmt.msc”，再单击“确定”按钮，即可打开“计算机管理”对话框，如图 2-47 所示。

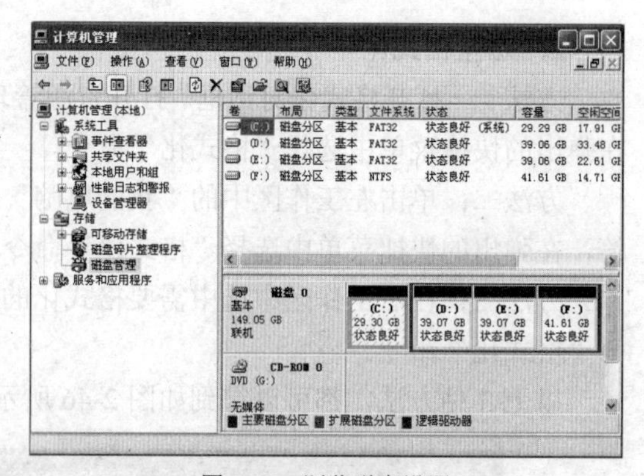

图 2-47 浏览磁盘设置

2．磁盘清理

计算机使用一段时间后磁盘上会产生垃圾文件，如果上网的话，将会留有更多的 Internet 缓冲文件。磁盘清理的功能就是清除磁盘上的这些不必要的文件，增加系统资源空闲空间。方法如下。

① 依次单击“开始”→“程序”→“附件”→“系统工具”→“磁盘清理”命令。

② 如图 2-48 所示，在“选择驱动器”对话框中选择需要清理的驱动器。

③ 单击“确定”按钮，经过一小段时间计算后弹出“磁盘清理”对话框，如图 2-49 所示。

④“磁盘清理”对话框中列出了要删除的文件，单击“确定”按钮。

⑤ 在弹出的确定对话框中选择“是”按钮。

图 2-48 “选择驱动器”对话框

3．磁盘碎片整理

文件存储在磁盘上往往不是连续地放在磁盘的某一个位置，而是根据当时的硬盘情况被分割成多个部分，东一块、西一块地存放，随着时间的推移磁盘上的碎片会越来越多，读取文件的速度就越来越慢。磁盘碎片整理程序就是将分散在磁盘不同地方的同一文件的碎片重新组合成一个整体，提高系统读取文件的速度。磁盘碎片整理方法如下。

① 先关闭所有运行程序。

② 依次单击“开始”→“程序”→“附件”→“系统工具”→“磁盘碎片整理程序”命令，弹出如图 2-50 所示“磁盘碎片整理”窗口。

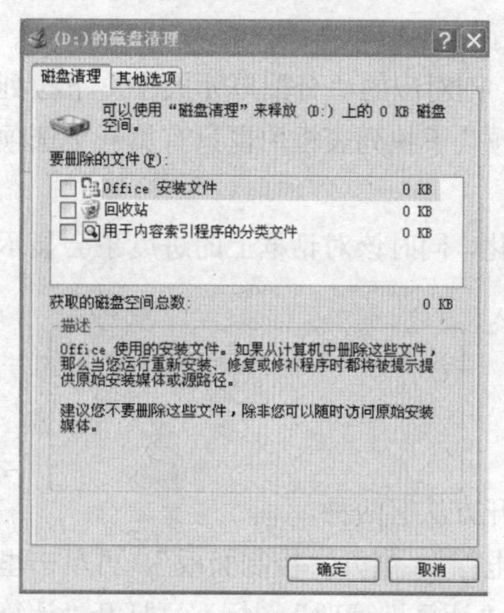

图 2-49 “磁盘清理”对话框

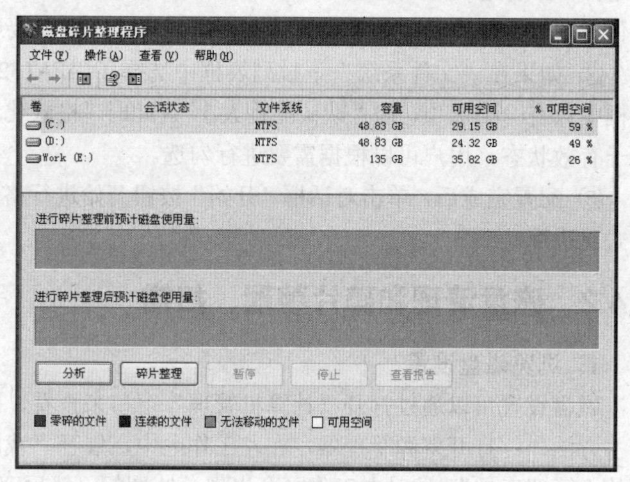

图 2-50 “磁盘碎片整理”窗口

③ 选择需要整理的磁盘驱动器。

④ 可以先单击“分析”按钮，系统经过一小段时间分析后提示是否需要进行碎片整理。

⑤ 单击“碎片整理”按钮，开始进行碎片整理。

2.4.3 系统还原

当我们的计算机系统受到破坏，系统是不是一定要重新安装呢？答案是否定的。Windows XP 的“系统还原”功能很好地解决了这方面的问题。“系统还原”是在不破坏用户数据文件的前提下使系统还原到以前的某个时间点状态，从而能正常工作。

1. 设置还原点

所谓“还原点”是某个特定时间点，并将此特定时间点的状态信息保存下来，分两种情况。

（1）系统自动创建

在发生以下情况时系统自动创建还原点：一是更改系统文件；二是更改某些应用程序文件；三是发生重大系统事件，如安装应用程序或驱动程序。

（2）用户根据需要自己手动创建

用户在更改或安装某个不稳定的应用程序，担心会破坏系统，但又不能肯定 Windows XP 系统是否能自动创建还原点时，可以在更改或安装程序前自己手动创建还原点，方法如下。

① 单击“开始”→“程序”→“附件”→“系统工具”→“系统还原”命令。

② 选择“创建一个还原点”选项后单击“下一步”按钮。

③ 在“还原点描述”文本框中输入“还原点描述”，即输入一个还原点名称。单击“创建”按钮即可。

2. 还原系统

在计算机系统出现问题时，用户可以还原系统，将系统恢复到还原点时的状态，方法如下。

① 单击“开始”→“程序”→“附件”→“系统工具”→“系统还原”命令。

② 单击“恢复我的计算机到一个较早的时间”单选按钮后单击“下一步”按钮。

③ 在左侧日历中选择要还原到的日期，在右侧选择还原点名。

④ 单击“下一步”按钮，如图 2-51 所示。

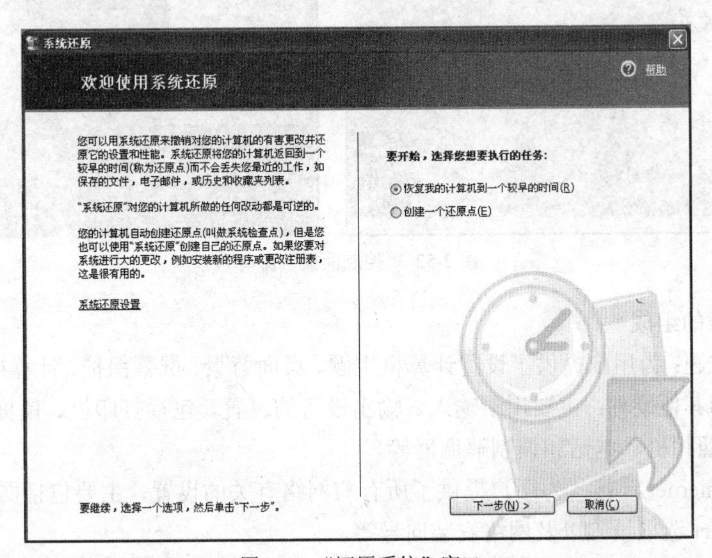

图 2-51 “还原系统”窗口

3．只保留最近的还原点

随着时间的推移，还原点越来越多，并占据大量的硬盘空间，用户可以利用“磁盘清理”功能删除其他的还原点，只保留最近的还原点，方法如下。

① 单击“开始”→“程序”→“附件”→“系统工具”→“磁盘清理”命令。

② 在“选择驱动器”对话框中选择需要清理的驱动器后，单击“确定”按钮。

③ 打开“其他选项”选项卡，在系统还原栏中单击“清理”按钮。

2.5 Windows XP 系统中的控制面板

Windows XP 有一个系统设置工具控制面板。用户利用它进行各种个性化设置，如添加/删除硬件，以及输入法、键盘与鼠标设置等。

2.5.1 控制面板的简介

1．打开方法

调出“控制面板”窗口有如下几种方法，“控制面板”窗口如图 2-52 所示。

① 依次单击“开始”→“控制面板”。

② 在资源管理器窗口中单击左侧文件夹窗格的“控制面板”选项。

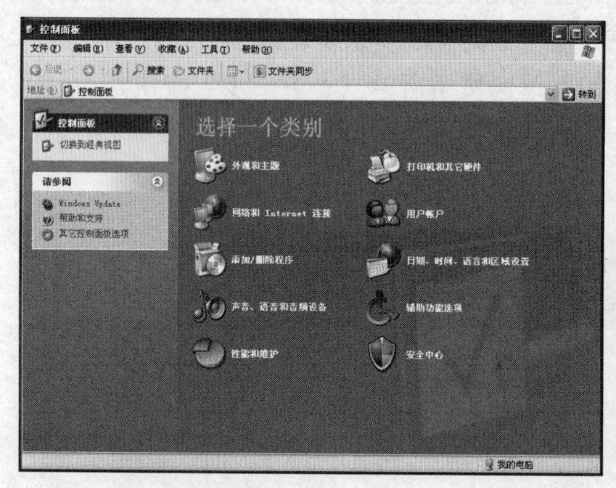

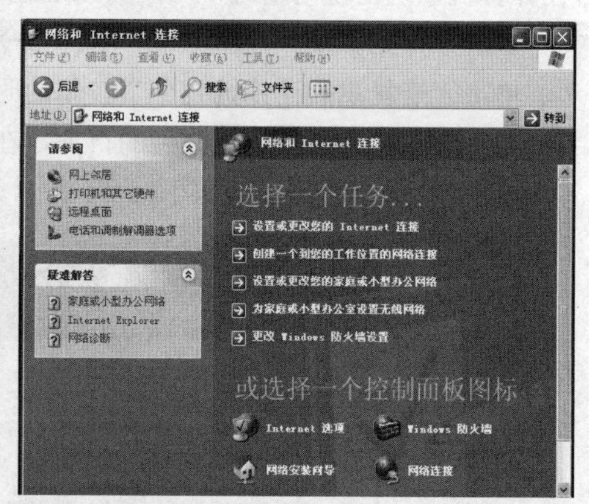

图 2-52 “控制面板”窗口

2．控制面板的组成

① 外观和主题：为用户提供了设置计算机主题、桌面背景、屏幕保护、计算机分辨率等功能。

② 打印机和其他硬件：主要用于输入、输出设备的设置，包括打印机、鼠标、键盘、游戏控制器、扫描仪、照相机、电话和调制解调器等。

③ 网络和 Internet 连接：为用户提供了所有与网络有关的设置，主要包括网络连接设置、防火墙设置、Internet 选项设置以及网络安装向导等。

④ 用户账户：主要是提供给用户进行账户相关设置的接口，包括账户的创建、密码设置、权限设置、用户切换和注销等。

⑤ 添加/删除程序：为用户提供了管理应用程序的接口。

⑥ 日期、时间、语言和区域设置：为用户提供了区域及语言相关选项、日期与时间的设置、格式设定等方面的接口工具。

⑦ 声音、语音和音频设备：为用户提供了所有与音频有关的设置接口。

⑧ 辅助功能选项：提供了包括键盘、声音、显示、鼠标以及常规方面的设置选项。

⑨ 性能和维护：主要针对计算机的性能及维护提供了若干接口工具。

⑩ 安全中心：主要为用户提供了 3 个类别的安全设置，分别是防火墙、自动更新与病毒防护。

2.5.2　添加/删除硬件

单击控制面板中的“管理工具”→“性能和维护”→“计算机管理”，在其左工作区中展开“系统工具”，再单击其中的“设备管理器”，可以得到如图 2-53 所示的界面，该界面的右工作区即为“设备管理器”。它列出了计算机的所有硬件设备，用户可以根据需要对这些设备进行管理。

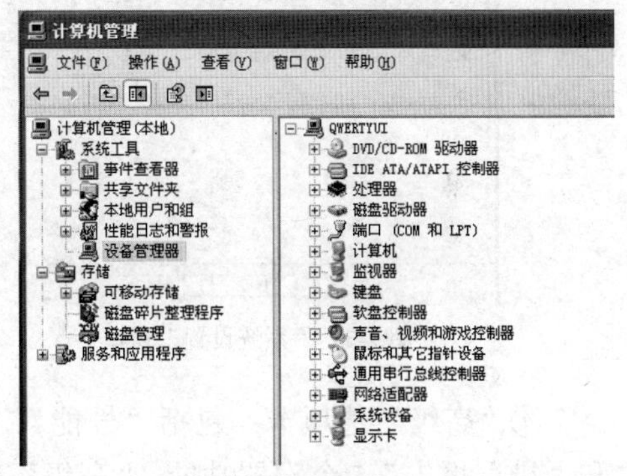

图 2-53　“硬件管理”窗口

1.添加新硬件

通常情况下，机器安装了新硬件，启动计算机后，系统会自动搜索到新硬件，并自动安装驱动程序，使硬件可以正常工作。如找不到合适的驱动程序，则会弹出“硬件安装向导”对话框提示用户插入硬件的驱动程序光盘，使系统能为该硬件安装正确的驱动程序。这样，新硬件就可以正常工作了。具体操作如下。

① 选择菜单栏中的“操作”→“扫描检测硬件改动”命令，系统就可以自动检测到未自动安装好的硬件设备，如图 2-54 所示。

更新驱动程序(P)...
扫描检测硬件改动(A)
属性(R)

图 2-54　硬件设备右键快捷菜单

② 在该设备上右击，弹出“更新驱动程序”。

③ 将会弹出“硬件更新向导”对话框，按向导提示，单击“下一步”按钮，然后利用向导一步一步往下操作，直到驱动程序更新成功为止。

2. 删除硬件

删除步骤如下。

① 从硬件设备上单击鼠标右键，弹出硬件快捷菜单。

② 在该硬件设备上单击鼠标右键，单击“卸载”命令，弹出“确认设备删除”对话框。单击该对话框中的“确定”按钮即可完成硬件设备的删除。

2.5.3　系统设置

1. 系统属性

系统设置的打开方式有以下两种，“系统设置”窗口如图 2-55 所示。

①“控制面板”→“性能和维护”→“系统”图标→“系统属性”。

②“资源管理器”→右击“我的电脑”→“属性”。

该对话框包括以下 7 项选项卡。

①“常规”选项卡：用于显示系统的信息，包括系统版本、内存等相关信息。

②“计算机名”选项卡：主要包括“计算机描述”、“网络 ID”、“更改”。

③“硬件”选项卡：该选项卡有“设备管理器”、“驱动程序”和“硬件配置文件”3 个选项区，如图 2-56 所示。

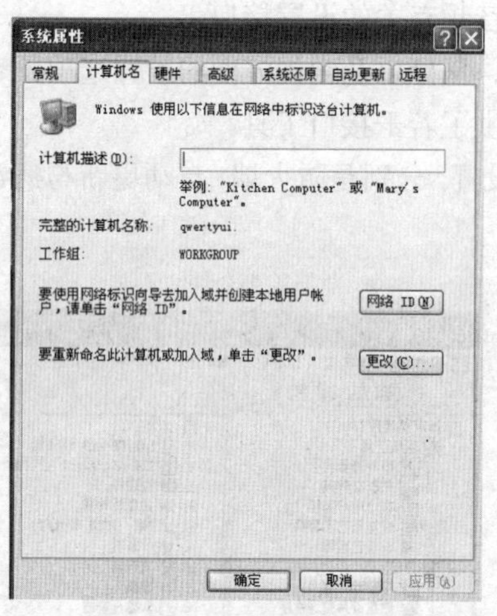

图 2-55 “系统设置”窗口

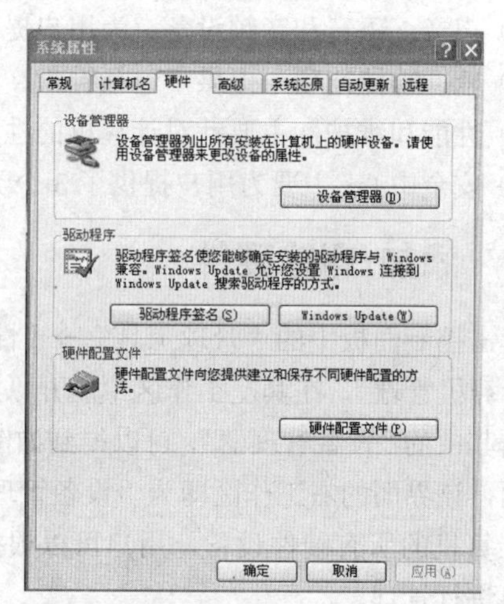

图 2-56 “硬件”选项卡

④“高级”选项卡：包括“性能”、“用户配置文件”、“启动和故障恢复”、“环境变量”和“错误报告”5 个设置功能，“高级”选项卡 1 如图 2-57 所示，“高级”选项卡 2 如图 2-58 所示。

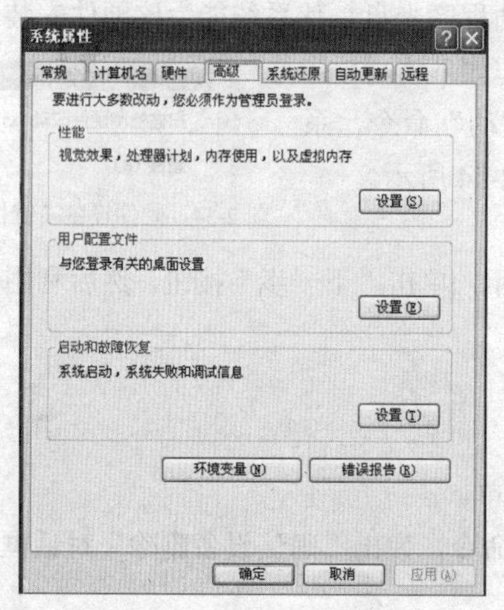

图 2-57 “高级”选项卡 1

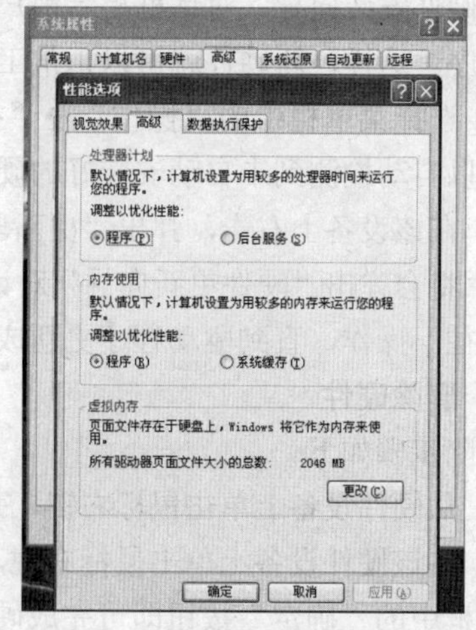

图 2-58 “高级”选项卡 2

⑤“系统还原”选项卡：主要是为系统还原功能服务的，可分别对每个驱动器进行设置，同时还可以决定是否开启或者关闭还原功能。

⑥“自动更新”选项卡：该选项卡主要是用来设置系统从 Internet 上下载自动更新的，可以设置为“自动推荐”或“下载更新，但由我来决定什么时候安装”以及“有可用下载时通知我，但不要自动下载或安装更新”和“关闭自动更新”4 项中的一项。

⑦“远程”选项卡：主要包括“远程协助”和“远程桌面”两大功能，用户可以根据需要进行设置，通常采用默认设置。

2．显示属性

Windows XP 桌面是预先设置好的一套桌面背景、窗口样式、图标、色彩等个性化元素的集合，如图 2-59 所示，可在“设置”选项卡中进行屏幕分辨率和颜色质量的设置。

（1）设置屏幕分辨率和颜色质量

① 屏幕分辨率：左右拖动其中的“▯”滑块，可提高或降低显示器的分辨率，一般用户将分辨率设置为像素 1440×900 像素即可，分辨率越高显示出的图标和字符越小。

② 颜色质量：从中选择一种色彩，如果计算机用于图片处理，颜色倍数越高越好，否则选择 16 位即可满足用户要求，并能减少系统资源的开销。

（2）设置屏幕保护程序

屏幕保护是指当用户一段时间内没有使用鼠标和键盘时，系统将自动运行屏幕保护程序，“屏幕保护程序”选项卡如图 2-60 所示。

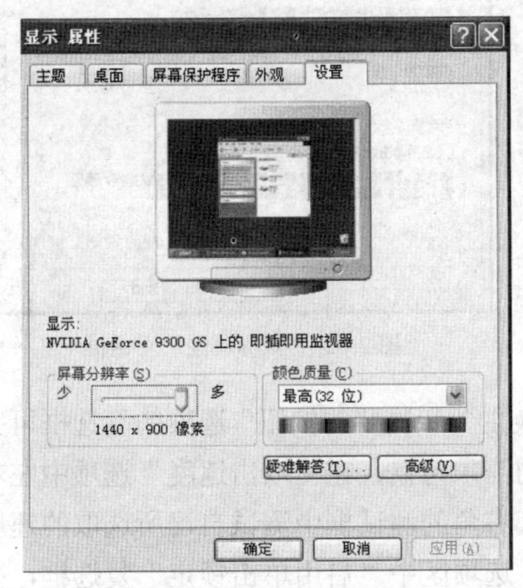

图 2-59 “设置”选项卡

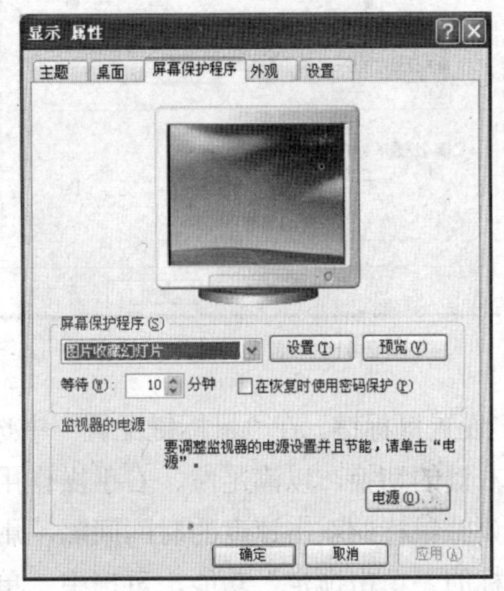

图 2-60 “屏幕保护程序”选项卡

①“屏幕保护程序”下拉列表框：该列表框中列出了可供选择的屏幕保护程序，用户可从中选择一个。

②“设置”按钮：设置屏幕保护程序的参数。

③“预览”按钮：预览屏幕保护程序的效果。

④“等待”数字框：在其中设置时间，在设置的时间内用户一直没有操作键盘和鼠标，则系统自动启动屏幕保护程序。

⑤ 在恢复时使用密码保护：若选中该复选框，在启动屏幕保护程序后，用户按任意键或鼠标，程序回到登录窗口，需要输入密码才能恢复屏幕保护前的状态；若没有选中该复选框，用户按任意键或鼠标，系统直接回到屏幕保护前的状态。

3．键盘与鼠标设置

（1）键盘设置

双击“控制面板”窗口中的“键盘”图标，打开“键盘属性”对话框，如图 2-61 所示。

该对话框包括以下 3 方面。

① 重复延迟：指按住某一个键后，屏幕上出现一个字符后再到出现的第二个该字符需要的延迟时间。

② 重复率：指按下一个键后，重复同一个字符的速率。同样左右拖动其中的“滑块”,用于调节速率的快慢。

③ 光标闪烁频率：调节光标闪烁频率。

（2）设置鼠标

设置鼠标，选择“开始”→“控制面板”→“鼠标”命令，打开“鼠标属性”对话框如图 2-62 所示。

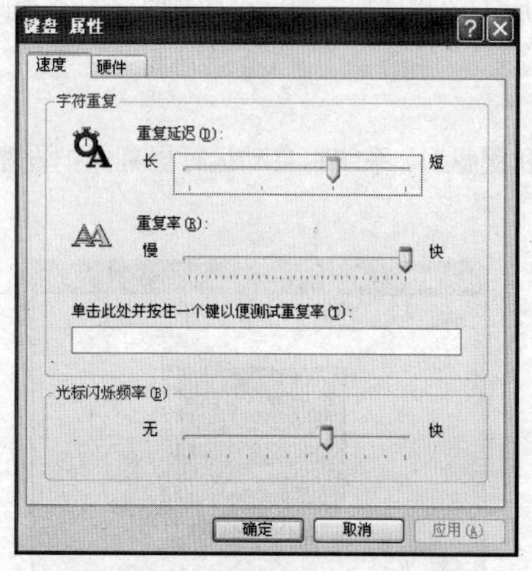

图 2-61 “键盘属性”对话框

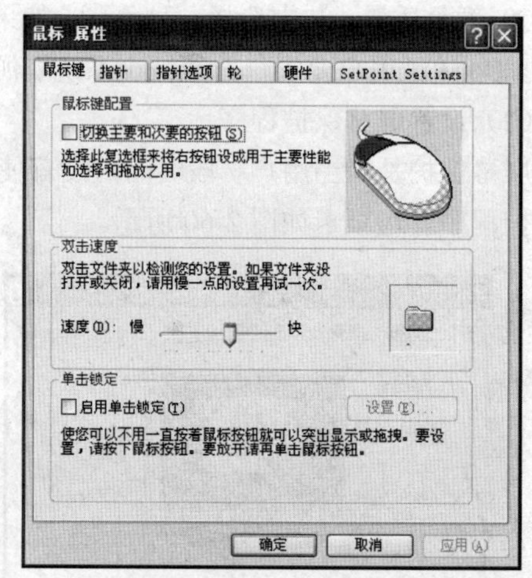

图 2-62 “鼠标属性”对话框

① 设置鼠标键。在“鼠标键配置”中选中“切换主要和次要的按钮”选项的复选框可完成鼠标左、右键的切换，以满足左、右手操作用户的不同需求习惯，在“双击速度”选项中左右拖动滑块可调整鼠标的双击速度的时间间隔，用户可在其右角的测试框中测试自己所选取的速度。要启用鼠标的“单击锁定”功能，可选中“单击锁定”选项区中“启用单击锁定”复选框，并单击“设置”按钮调整在单击处于“锁定”状态之前按住鼠标的时间，以方便用户无需按住鼠标按钮即可进行高亮显示或拖动操作。

② 设置鼠标指针。此选取项可改变鼠标的形状外观以满足不同用户的喜好。在“鼠标属性”对话框中单击“指针”标签，打开“指针”选项卡，“鼠标属性”对话框如图 2-63 所示。

在“指针”选项卡的“方案”下拉列表框中选择自己喜欢的指针方案。如不满意，可在“自定义”列表框中选择，然后单击“浏览”对话框，为当前选定的指针操作方式指定一种新的外观。此时，如用户单击“使用默认值”，则可恢复到鼠标改变前的外观状态。如用户单击“另存为”按钮，则打开“保存方案”对话框，如图 2-64 所示，在“将光标方案另存为”文本框中输入名称，然后单击“确定”按钮，新的外观方案将出现于“方案”列表框中。

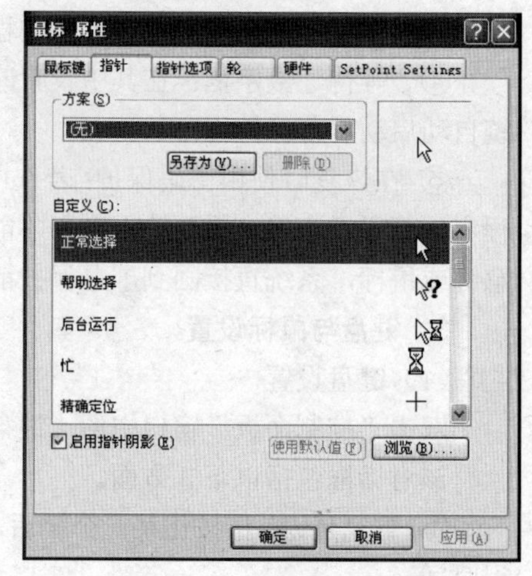

图 2-63 “鼠标属性”对话框

③ 设置指针选项。Windows XP 在默认情况下，用户在桌面或窗口移动鼠标时，鼠标移动过程中轨迹是不显示的，用户可通过在“鼠标属性”中打开“指针选项”，调整鼠标的移动速度，显示轨迹，“指针选项”对话框

如图 2-65 所示。

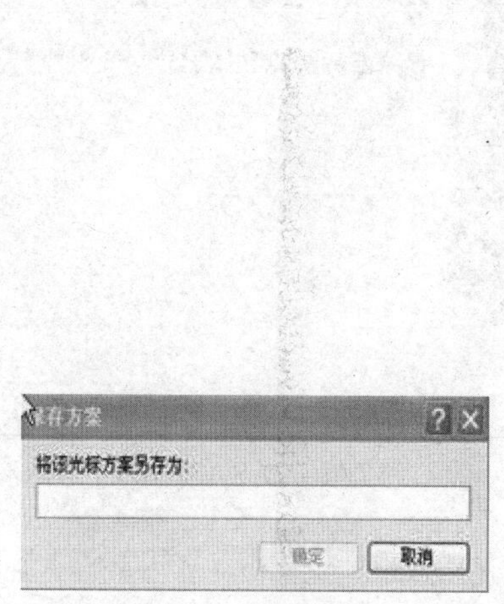

图 2-64 “指针”选项卡

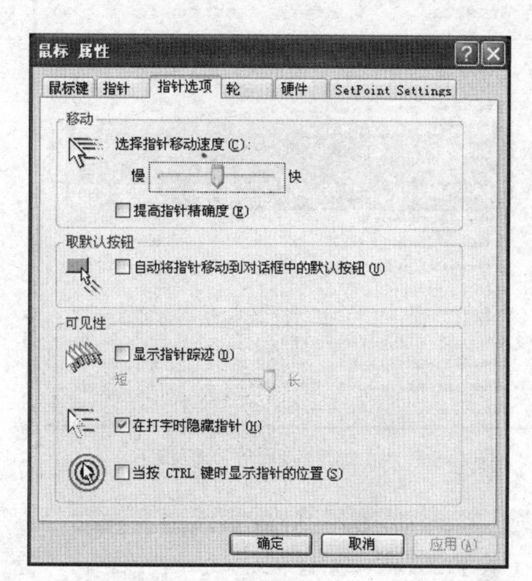

图 2-65 “指针选项”对话框

在“移动”选项中，拖动滑块可调整鼠标移动速度的快慢，若用户对鼠标操作不熟练，可将移动速度降低，一般设为中间。系统默认状态下是启用“提高指针精确度”复选框的，若取消该复选框，则 Windows XP 会降低鼠标的精确度，借此进一步提高鼠标的移动速度。

在“取默认按钮”选项区中应用“自动将指针移动到对话框中默认的按钮”复选框，则在用户操作过程中鼠标会自动出现在默认的操作位置。

在“可见性”选项区中，启用“显示指针轨迹”复选框，并调整滑块，可显示鼠标拖动时的移动轨迹，启用“在打字时隐藏指针”复选框，则用户在字符输入时隐藏指针，启用“当按 Ctrl 键时显示指针位置”复选框，当用户按下 CTRL 键时，Windows XP 会提示用户当前的鼠标位置。

2.5.4 添加、删除应用程序

从“控制面板”中单击“添加/删除程序”类别，则可以弹出该对话窗口。“添加/删除程序”窗口 1，如图 2-66 所示。

该窗口有 4 个按钮，各按钮功能如下。

1．更改或删除程序

当用户选定更改或者删除的应用程序时，它右边会出现两个按钮，分别是“更改”和“删除”。如单击“更改”按钮时，会弹出该应用程序的安装界面，用户可以重新安装或增删其中一些模块。单击“删除”按钮时，会弹出一个删除确认对话框，如果想删除，单击“是”，不删除单击“否”。

2．添加新程序

单击“添加新程序”时，窗口右工作区提供了两种添加新程序的方式，即从光盘或软盘安装。另外一种是从网站上添加新的 Windows 功能。

① 从光盘或软盘安装，“添加/删除程序”窗口 2 如图 2-67 所示。

② 从 Microsoft 公司网站上添加，“添加/删除程序”窗口 3 如图 2-68。

3．添加/删除 Windows 组件

单击“添加/删除 Windows 组件”时，系统会自动搜索系统已经安装的 Windows 组件。“添加/删除 Windows 组件”窗口如图 2-69 所示。

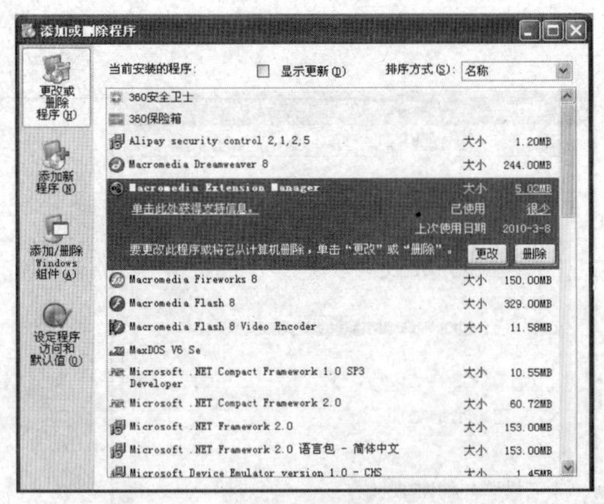

图 2-66 “添加/删除程序”窗口 1

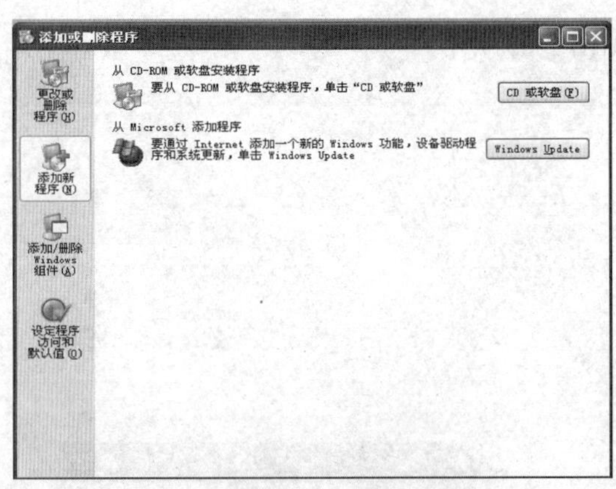

图 2-67 “添加/删除程序”窗口 2

图 2-68 “添加/删除程序”窗口 3

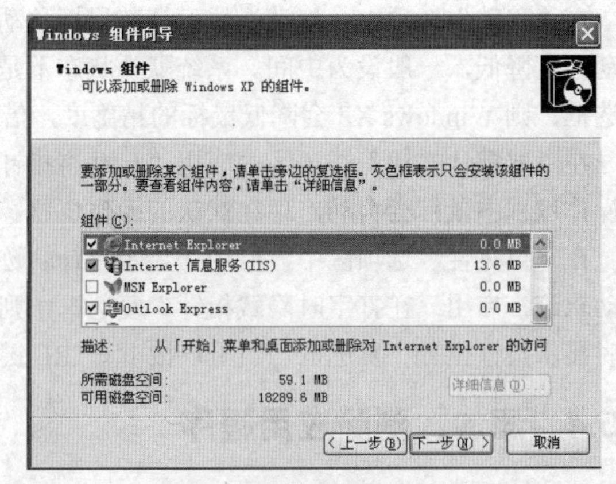

图 2-69 “添加/删除 Windows 组件”窗口

用户可以在该对话框中的“组件”列表框中选择需要添加或者删除的组件，方法是：在要添加的组件前选中该项的复选框，在要删除的组件前，将原来的已经选中的复选框取消选中。如果某个组件还包含更多可选的程序组，可以单击“详细信息”按钮，在弹出的对话框中以同样的方法添加/删除组件。

4．设定程序访问和默认值

系统提供了 3 种配置方式，分别是“Microsoft Windows”、“非 Microsoft 程序”和“自定义”，用户可以从中选择一种配置。

2.6 Windows XP 附件的使用

在 Windows XP 系统中为使用者提供许多附件程序，常用的有“画图”、“记事本”、“程序”、“多媒体”等程序。

2.6.1 “画图”程序

1．认识画图程序

“画图”程序是最常用的图片编辑软件之一，它的打开方式是：“开始”→“程序”→“附件”→“画图”。“画图”程序窗口如图 2-70 所示。

此程序主要由工具箱、菜单栏、调色板、背景/前景颜色框、画图区以及状态栏组成。工具箱包括任意形状选择框、矩形选择框、橡皮擦、油漆桶、取色器、放大镜、画笔、画刷、喷枪、文字、直线、曲线、矩形、多边形、椭圆以及圆角矩形共 16 种基本工具。

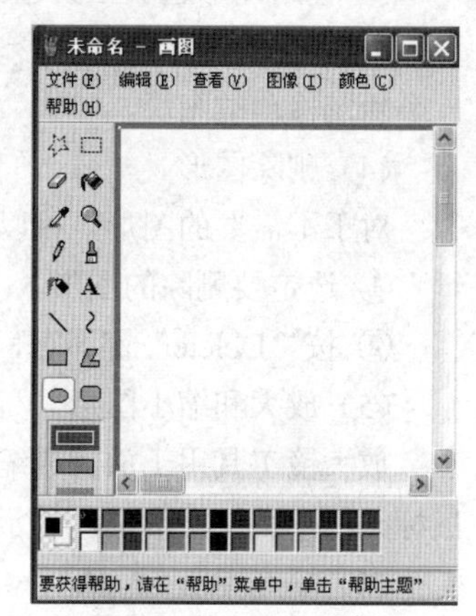

图 2-70 “画图”程序窗口

2．绘制线条与几何图形

通过在“画图”程序中使用相关的工具可以绘制线条和几何图形。

（1）绘制线形图形

在“画图”程序中可以通过直线工具、点线工具和铅笔工具等绘制线形图形。

（2）绘制多边形图形

在画图中除了可以绘制线条外，还可以使用多边形工具绘制矩形、椭圆、多边形等图形。

3．创建文字

在画图程序中使用文字工具可输入文字信息，文本的颜色由前景颜色定义。要使文本的背景透明，可单击图标。要使背景不透明并定义背景颜色，可单击图标。

要在图片中添加文字，其具体操作如下。

① 单击工具箱中的工具，鼠标光标移至绘图区时变为形状。

② 按住鼠标左键拖动出一个矩形区域，这就是文字编辑区，释放鼠标左键后即可输入文字。

③ 在“字体”工具栏中可设置文字字体和大小等属性，然后输入文字即可。

4．编辑文字

在输入文字的过程中，要更改文本颜色，只需单击颜色盒中的相应颜色即可。

在输入文字的过程中，要将文字编辑区变大或变小，只需将光标移到文字编辑区的任意一个控制点上，当光标变成双向箭头时，拖动鼠标即可。

在输入文字的过程中，要将文字编辑区进行移动，只需将光标移到文字编辑区的任意一条边上，当光标变为十字花时，拖动鼠标即可。

5．编辑和修改图形

编辑和修改图形主要是指对图像的选取、移动、复制、删除、放大、缩小、填充颜色和提取图像颜色等操作。

（1）图像的选取

“画图”程序有两种选取图形的工具：选取任意形状的裁剪工具和矩形选定工具。

（2）移动图形

移动图形是指将选取的图形从画图区的一个位置移动到另一个位置。其具体操作如下。

① 使用图形选取工具选取需要复制的图形。

② 将鼠标光标移至矩形框内时，鼠标光标变为形状。

③ 按住鼠标拖动可移动的图形至合适的位置，然后释放鼠标即可。

（3）复制图形

复制图形是指在画图区的另一个位置上产生一个与选取图形一模一样的图形。其具体操作如下。

① 使用图形选取工具选取需要复制的图形。

② 将鼠标光标放于图形之上，按住“Ctrl”键的同时按下鼠标左键不放并拖动，屏幕上出现一个随之移动的图块。

（4）删除图形

对于不需要的图形，可以将其删除，其具体操作如下。

① 选定要删除的图形。

② 按“Delete”键即可，这时将以背景色填充被删除的部分。

（5）放大和缩小图形

放大镜工具用于放大或缩小绘图区的显示。单击工具，鼠标光标移至绘图区时变为形状，在鼠标光标外有一矩形框，表示将放大的绘图区，单击鼠标放大绘图区。

（6）填充图形

可使用填充工具对图形进行填充。

（7）提取图像的颜色

取色工具可提取绘图区中的任意颜色，以方便填充相应区域，取色完成后自动变为填充状态。

6．自定义填充色

在使用画图程序的过程中，如果对颜料盒的颜色不满意，可通过“编辑颜色”对话框进行调整。

7．保存作品

当绘制好图形后，需要将其保存在计算机中，方便以后使用或再次打开进行编辑。

2.6.2 多媒体

要具备多媒体功能，在计算机系统中首先要安装相应的多媒体设备用于处理各种媒体的信息。多媒体需要的基本硬件设备包括显卡、声卡、音箱/耳机和麦克风等。在“控制面板”中选择“系统”，在“硬件”选项卡中单击“设备管理器”可以查看已经安装在你的计算机上的硬件设备，可以找到“声音、视频和游戏控制器”及“显示卡”等。

1．音量控制

想调节各项音频输入输出的音量，单击“设备音量”区域中的“高级”按钮，在弹出的“音量控制”对话框里调节即可。这里列出了从总体音量到 CD 唱机、PC 扬声器等单项输入输出的音量控制功能。你也可以通过选择“静音”来关闭相应的单项音量，如图 2-71 所示。

2．音频属性的设置

在“声音及音频设备属性”对话框中，单击“音频”标签，打开“单频”选项卡（见图 2-72)。在该选项卡中，你可以看到与“声音播放”、“录音”和“MIDI 音乐播放”有关的默认设备。当你的计算机上安装有多个音频设备时，就可以在这里选择应用的默认设备，并且还可以调节其音量及进行高级设置。

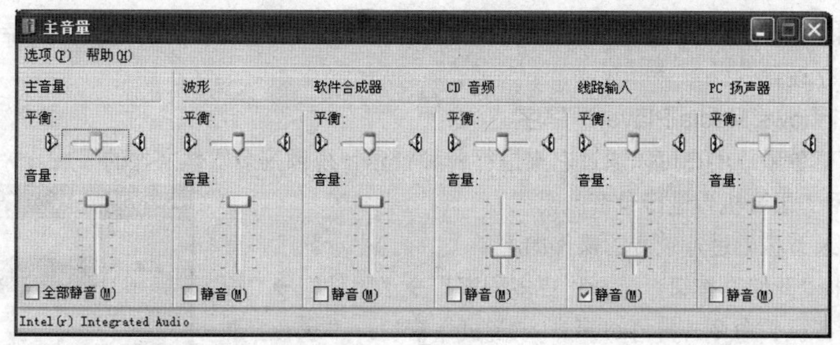

图 2-71 音量控制

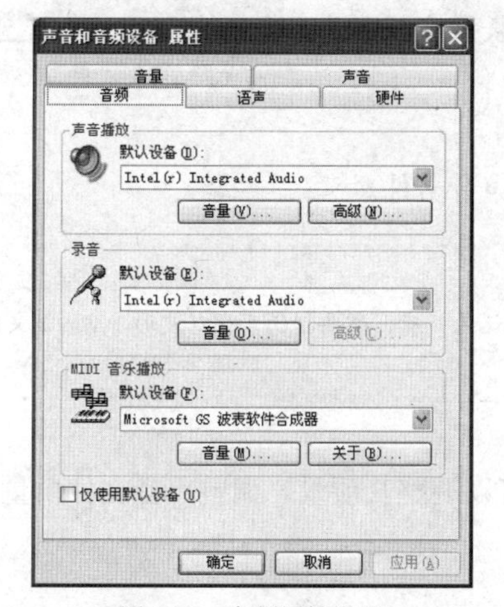

图 2-72 音频属性设置

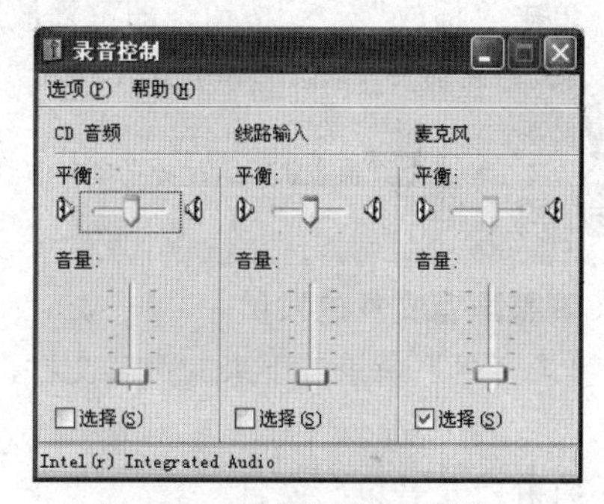

图 2-73 “录音控制”对话窗口

进行音频设置的操作步骤如下。

① 在“声音播放”选项组中，从“默认设备”下拉列表中选择声音播放的首选设备，一般使用系统默认设备。

② 用户如果希望调整声音播放的音量，可以单击“音量控制”窗口，在该窗口中，将音量控制滑块上下拖动即可调整音量大小。

③ 在该窗口中，用户可以为不同的设备设置音量。例如，当用户在播放 CD 时，调节“CD 音频”选项组中的音量控制滑块，可以改变播放 CD 的音量；当用户播放 MP3 和 WAV 等文件时，用户还可以在“音量控制”窗口进行左右声道的平衡、静音等设置。

④ 用户如果想选择扬声器或设置系统的播放性能，可以单击“声音播放”选项组中的“高级”按钮，打开“高级音频属性”对话框，在“扬声器”和“性能”选项卡中可以分别为自己的多媒体系统设定最接近你的硬件配置的扬声器模式及调节音频播放的硬件加速功能和采样率转换质量。

⑤ 在“录音”选项组中，可以从“默认设备”下拉列表中选择录音默认设备。单击“音量”按钮，打开“录音控制”对话窗口（见图 2-73）。用户可以在该窗口中改变录音左右声道的平衡状态以及录音的音量大小。

⑥ 在“MIDI 音乐播放”选项组中，从“默认设备”下拉列表中选择 MIDI 音乐播放默认设备。单击“音量”按钮，打开“音量控制”窗口调整音量大小。

⑦ 如果用户使用默认设备工作，可启用“仅使用默认设备”复选框。设置完毕后，单击“应用”按钮保存设置。

3．“Windows Media Player”程序

单击此菜单项，用户可以通过它来进行各种音乐、视频等多媒体文件的播放。

4．使用“录音机”进行录音

使用“录音机”进行录音的操作如下。

① 单击“开始”按钮，选择“更多程序”→“附件”→“娱乐”→“录音机”命令，打开“声音-录音机”窗口，“录音”对话框如图 2-74 所示。

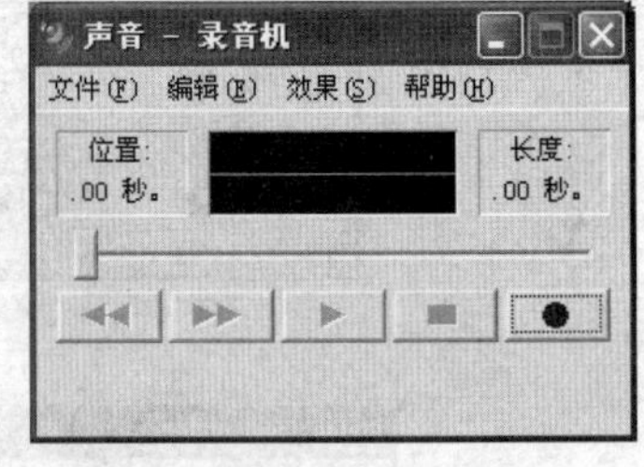

图 2-74 “录音”对话框

② 单击“录音”按钮，即可开始录音，最长录音长度为 60 秒。

③ 录制完毕后，单击“停止”按钮即可。

④ 单击“播放”按钮，即可播放所录制的声音文件。

“录音机”通过麦克风和已安装的声卡来记录声音，所录制的声音以波形（.wav）文件保存。

5．调整声音文件的质量

用“录音机”所录制下来的声音文件，用户还可以调整其质量。调整声音文件质量的具体操作如下。

① 打开“录音机”窗口。

② 选择“文件”→“打开”命令，双击要进行调整的声音文件。

③ 单击“文件”→“属性”命令，打开“声音文件属性”对话框，如图 2-75 所示。

④ 在该对话框中显示了该声音文件的具体信息，在“格式转换”选项组中单击“选自”下拉列表，其中各选项功能如下。

- 全部格式：显示全部可用的格式。
- 播放格式：显示声卡支持的所有可能的播放格式。
- 录音格式：显示声卡支持的所有可能的录音格式。

⑤ 选择一种所需格式，单击“立即转换”按钮，打开“声音选定”对话框，如图 2-76 所示。

⑥ 在该对话框的“名称”下拉列表中可选择“无题”、“CD 质量”、“电话质量”和“收音质量”选项。在“格式”和“属性”下拉列表中可选择该声音文件的格式和属性。注意“CD 质量”、“收音质量”和“电话质量”具有预定义的格式和属性（例如，采样频率和信道数量），无法指定其格式及属性。如果选定“无题”选项，则能够指定格式及属性。

⑦ 调整完毕后，单击“确定”按钮即可。

“录音机”不能编辑压缩的声音文件。更改压缩声音文件的格式可以将文件改变为可编辑的未压缩文件。

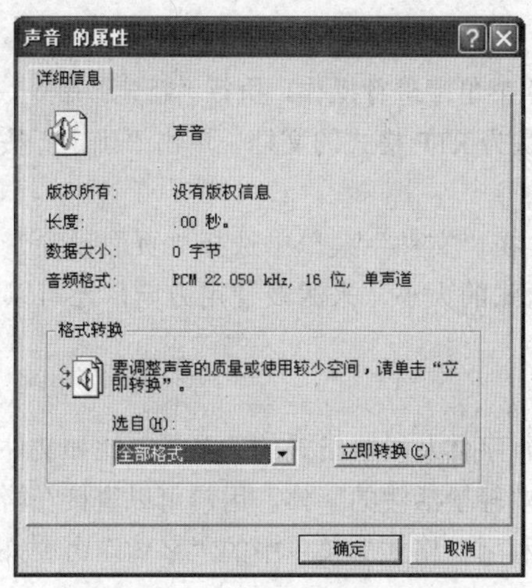

图 2-75 “声音文件属性”对话框

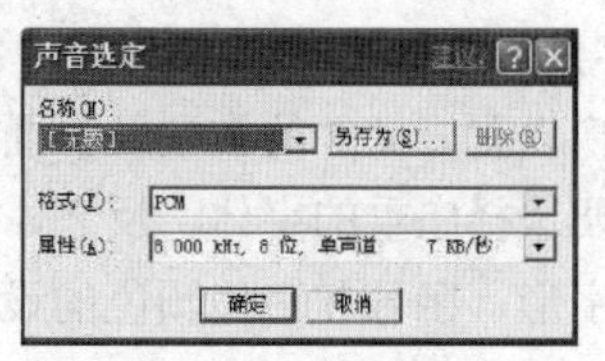

图 2-76 “声音选定”对话框

2.6.3 “写字板”程序

“写字板”是一个使用简单，但却功能强大的文字处理程序，用户可以利用它进行日常工作中文件的编辑。它不仅可以进行中英文文档的编辑，而且还可以图文混排，插入图片、声音、视频剪辑等多媒体资料。

1. 认识写字板

当用户要使用写字板时，可执行以下操作。

在桌面上单击“开始”按钮，在打开的“开始”菜单中执行“程序” → “附件” →“写字板”命令，这时就可以进入“写字板”界面，如图 2-77 所示。

从图 2-77 中用户可以看到，它由标题栏、菜单栏、工具栏、格式栏、水平标尺、工作区和状态栏几部分组成。

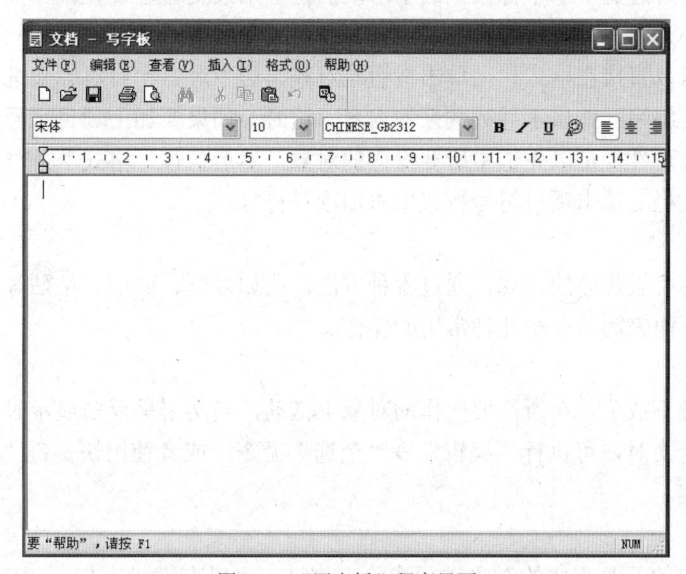

图 2-77 “写字板”程序界面

2. 新建文档

当用户需要新建一个文档时，可以在“文件”菜单中进行操作，执行“新建”命令，弹出“新建”对话框，用户可以选择新建文档的类型，默认为 RTF 格式的文档。单击“确定”按钮后，即可新建一个文档进行文字输入。

设置好文件格式后，还要进行页面的设置，在“文件”菜单中选择“页面设置”命令，弹出“页面设置”对话框，在其中用户可以选择纸张的大小、来源及使用方向，还可以进行页边距的调整。

3. 字体及段落格式

当用户设置好文件的类型及页面后，就要进行字体及段落格式的选择了，比如文件用于正式的场合，要选择庄重的字体，反之，可以选择一些轻松活泼的字体。用户可以直接在格式栏中进行字体、字形、字号和字体颜色的设置，也可以利用“格式”菜单中的“字体”命令来实现，选择这一命令后，出现“字体”对话框。

① 在“字体”的下拉列表框中有多种中英文字体可供用户选择，默认为“宋体”，在“字形”中用户可以选择常规、斜体等，在字体的大小中，字号是用阿拉伯数字标识的，字号越大，字体就越大，而用汉语标识的，字号越大，字体反而越小。

② 在“效果”中可以添加删除线、下画线，用户可以在“颜色”的下拉列表框中选择自己需要的字体颜色，“示例”中显示了当前字体的状态，它随用户的改动而变化。在用户设置段落格式时，可选择“格式”菜单中的“段落”命令，这时弹出一个“段落”对话框，缩进是指用户输入段落的边缘离已设置好的页边距的距离，可以分为 3 种。

- 左缩进：指输入的文本段落的左侧边缘离左页边距的距离
- 右缩进：指输入的文本段落的右侧边缘离右页边距的距离。
- 首行缩进：指输入的文本段落的第一行左侧边缘离左缩进的距离。在“段落”对话框中，输入所需要的数值，它们都是以厘米为单位的。确定后，文档中的段落会发生相应的改变。调整缩进时，用户也可通过调节水平标尺上的小滑块的位置来改变缩进设置。

在“段落”中，有 3 种对齐方式：左对齐、右对齐和居中对齐。

当然，用户可以直接在格式栏上单击按钮左对齐、居中对齐和右对齐来进行文本的对齐。

有时，用户会编写一些属于并列关系的内容，这时，如果要加上项目符号，可以使全文简洁明了，更加富有条理性。可以先选中所要操作的对象，然后执行“格式” → “项目符号样式”命令，或者在格式栏上单击项目符号按钮来添加项目符号。

4. 编辑文档

编辑功能是写字板程序的灵魂，通过各种方法，比如复制、剪切、粘贴等操作，使文档能符合用户的需要，下面来简单介绍几种常用的操作。

（1）选择

按下鼠标左键不放手，在所需要操作的对象上拖动，当文字呈反白显示时，说明已经选中对象。当需要选择全文时，可执行“编辑”→“全选”命令，或者使用快捷键“Ctrl+A”即可选定文档中的所有内容。

（2）删除

当用户对选定的不再需要的对象进行清除工作时，可以在键盘上按下“Delete”键，也可以在“编辑”菜单中执行“清除”或者“剪切”命令，删除内容，所不同的是，“清除”是将内容放入到回收站中，而“剪切”是把内容存入了剪贴板中，还可以进行还原粘贴。

（3）移动

先选中对象，当对象呈反白显示时，按下鼠标左键将其拖到所需要的位置再放手，即可完成移动的操作。

（4）复制

用户如要对文档内容进行复制时，可以先选定对象，使用“编辑”菜单中的“复制”命令，也可以使用快捷键“Ctrl+C”来进行。移动与复制的区别在于进行移动后，原来位置的内容不再存在，而复制后，原来的内容还存在。

（5）查找和替换

有时，用户需要在文档中寻找一些相关的字词，如果全靠手动查找，会浪费很多时间，利用“编辑”菜单中的“查找”和“替换”就能轻松地找到想要的内容，这样，会提高用户的工作效率。在进行“查找”时，可选择“编辑”→“查找”命令，弹出“查找”对话框，用户可以在其中输入要查找的内容，单击“查找下一个”按钮即可。在该页还有两个选项。

- 全字匹配：主要针对英文的查找，选择此选项后，只有找到完整的单词后，才会出现提示，而其缩写则不会被查找到。
- 区分大小写：当选择此选项后，在查找的过程中，会严格地区分大小写。

这两项一般都默认为不选择，用户如需要，可选择其复选框。

在“查找内容”中输入原来的内容，即要被替换掉的内容，在“替换为”中输入要替换后的内容，输入完成后，单击“查找下一处”按钮，即可查找到相关内容，单击“替换”只替换一处的内容，单击“全部替换”则在全文中都替换掉。为了提高工作效率，用户可以利用快捷键或者在选定对象上右击后所产生的快捷菜单中进行操作，同样也可以完成各种操作。

5．插入菜单

用户在创建文档的过程中，常常要进行时间的输入，利用“插入”菜单可以方便地插入当前的时间而不用逐条输入，而且可以插入各种格式的图片以及声音等。用户在使用时，先选定将要插入的位置，然后选择“编辑”→“日期和时间”命令，弹出“日期和时间”对话框，该对话框为用户提供了多种格式的日期和时间，用户可随意选择。

在写字板中用户可以插入多种对象，当选择“插入”→“对象”命令后，即可弹出“插入对象”对话框，用户可以选择要插入的对象，在“结果”中显示了对所选项的说明，单击“确定”按钮后，系统将打开所选的程序，用户可以选择所需要的内容插入。

2.6.4 “计算器”程序

计算器主要用于进行简单的计算，其功能基本可以代替现实生活中的计算器。打开程序如下：“开始”→“程序”→“附件”→“计算器”。“计算器”程序窗口如图 2-78 所示。

图 2-78 “计算器”程序窗口

计算器分为“标准型”和“科学型”两种。

1．标准型计算器

标准型计算器可以进行一些比较简单的数学运算，主要包括加、减、乘、除、取倒数以及取平方根等，同时还可以进行记忆操作。

2．科学计算器

它的功能更贴近实际生活中的计算器。除了具备标准型计算器的所有计算功能外，它还能进行数制转换计算、三角函数运算、指数运算、对数运算、阶乘运算、统计运算、逻辑运算等。

任务三　掌握安装 Windows 的几种方法

任务提出

王小利的计算机系统突然用不了了，小王是个菜鸟，他不知道如何安装 Windows XP，那么现在介绍几种常见安装 Windows XP 的方式，主要针对独立式、并列式、覆盖式及 Ghost XP 介绍。

任务目标

学会独立式安装 Windows XP 系统。

学会并列式安装 Windows XP 系统。

学会 Ghost Windows XP 系统（简单易学）。

任务分析

Windows XP 系统是现在应用主流系统之一，学会安装系统很重要，因为计算机是很多同学将来工作时离不开的工具之一，掌握了系统的安装对以后的工作及学习都有很大的帮助。

任务设计

安装 Windows XP 系统的方式主要由独立式、并列式、覆盖式及 Ghost XP 这几种形式组成，这里分别给出几种安装系统形式。

任务实现

[独立式]

见单元 2 中相关内容。

[升级式]

此种方式适用于将低版本 Windows 升级为高版本 Windows，例如，将 Windows 2000 升级为 Windows XP，安装过程与“独立式”大同小异，注意安装过程中系统会提示是否保留 Windows 2000，如果你对 Windows 2000 情有独钟，建议将其保留，以备将来在卸载 Windows XP 后继续使用。

[覆盖式]

此种方式适应在系统崩溃后，以覆盖方式修复遭到破坏的 Windows 文件，还能保留以前安装的软件。注意安装过程中系统会提示“重新安装系统”还是“覆盖安装”，此时应选择“覆盖安装”，否则，以前安装的软件就只能再安装一遍了。

[并列式]

此种方式适用于不同操作系统同时存在，如 Linux 与 Windows、Windows 2000/2003 与 Windows NT 等。目前有几种多系统引导，可实现多操作系统共存，“多系统”界面如图 2-79 所示。

```
我的Windows 2000服务器系统
Microsoft Windows XP Professional
Microsoft Windows XP Recovery Console

使用 ↑ 键和 ↓ 键来移动高亮显示条到所要的操作系统。
按 Enter 键做个选择。
正在数秒，归零后高亮显示条所在的操作系统将自动启动。剩下的秒数：28
```

图 2-79 “多系统”界面

图 2-79 所示就是并列式的窗口，一般用在实验教学当中，有的软件在 Windows 2000/2003 中安装可以使用，例如 MAYA 这个软件在 Windows 2000/2003 中就不能使用，所以必须安装 Windows XP 系统，这样就出现了多系统，也就是现在我们所说的并列式。

此安装方法与独立式安装方法一样，需要注意的是先安装 Windows 2000 后安装 Windows XP 系统，而且必须分别安装在不同的分区，不可以两个系统装在同一个分区上，比如 Windows 2000 装在 C 盘，Windows XP 系统装在 D 盘。否则装在同一个分区中，只会显示最后一个安装的系统。如果系统是 Windows2003 和 Windows XP，要先安装 Windows XP 再安装 Windows2003。

[用 GHOST XP 安装]

在使用独立式安装系统之后，将所需的硬件驱动与软件安装完，如果想以后在系统出现问题时还原系统不太麻烦，就可以利用 GHOST 工具软件进行系统的备份与还原。这个方法也是目前用得最多的一种方法，其优点是：速度特快，同时备份的文件也集成了本机的硬件驱动和所需的软件，也可以将 XP 优化后的补丁一起进行备份，而且这个方法几乎是一键完成所用的程序安装，不需要为安装驱动、软件而费神费时间。缺点是：Ghost XP 是属于傻瓜型的安装方法，事先需要将原系统进行备份，这也是用 GHOST 这个工具进行的，在一台机器上做的备份在另一台机器上进行还原时也会出现一些问题。

[备份系统过程]

可以在网上下载 GHOST 工具软件，如 MAXDOS 等。MaxDos 是一款系统备份和还原的软件，这款软件基本上可以说是全智能的系统还原和备份软件。这是一个 Ghost 版的系统，它能在短短十多分钟的时间就为您把 XP 系统安装好。下面一起来了解一下系统的备份过程及这个系统的优点所在。

把电脑的 C 盘格式化，全新安装 Windows XP SP3 操作系统，在线升级系统到最新版，装上所需的常用软件，进行一番优化设置后，用 Maxdos 自带的 Ghost 工具制作一个系统盘的镜像文件，作为将来的系统备份备用。这个过程一定注意保证系统的纯净。备份完成后把镜像文件复制到教师机备用。

① 将下载的 MAXDOS 软件保存到硬盘上，图 2-80 所示是 MaxDos8 的安装文件。

图 2-80　MaxDos8 安装文件

② 运行 MaxDos8 安装文件之后的图片如下列各图（见图 2-81 至图 2-87）所示。

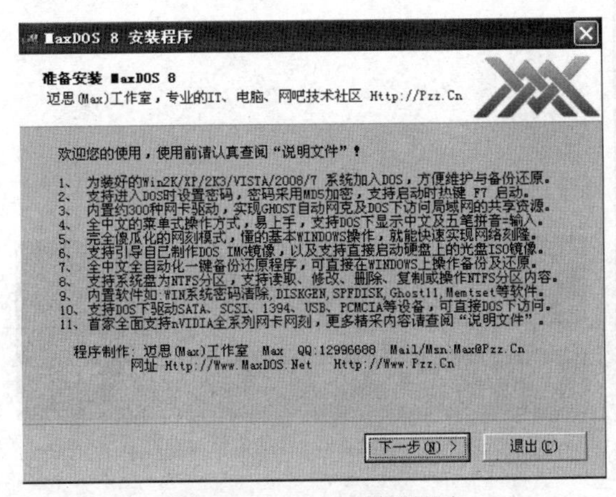

图 2-81　MaxDos8 说明界面

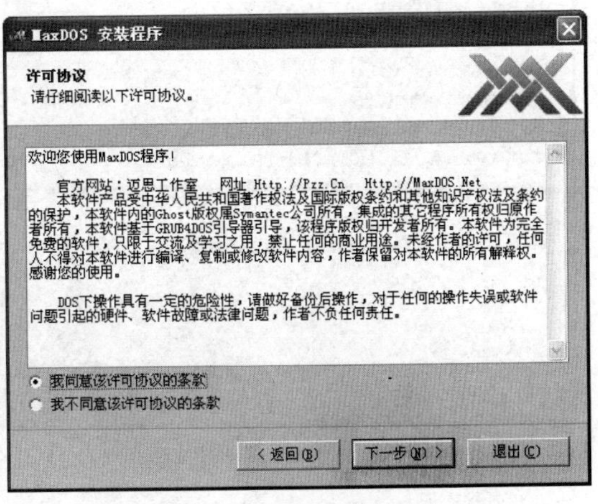

图 2-82　MaxDos8 许可协议

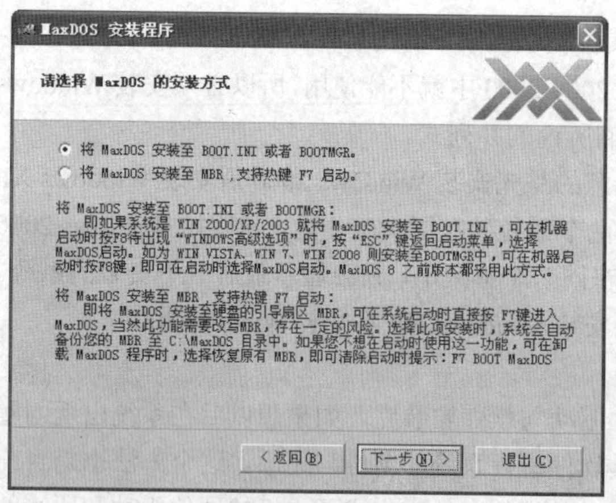

图 2-83 MaxDos8 安装方式的选择

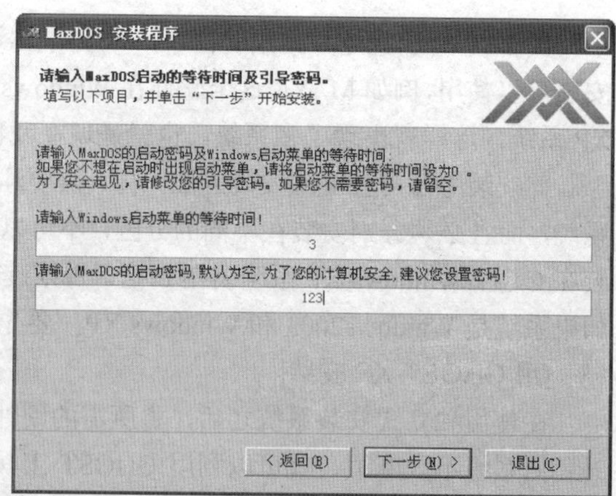

图 2-84 MaxDos8 启动的等待时间（3 秒）与引导密码（123）

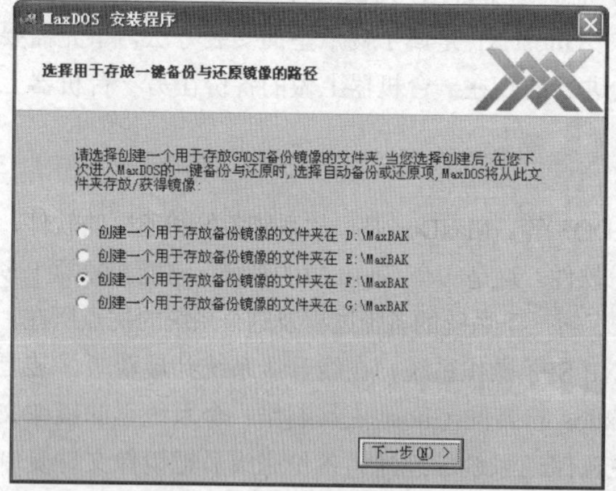

图 2-85 备份文件的存放路径

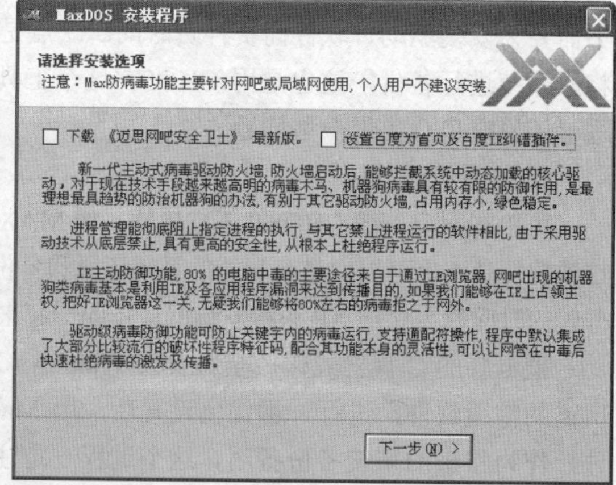

图 2-86 MaxDos8 安装选项

③ 重新启动机器后，在系统启机界面上会出现 MAXDOS 的菜单，用光标上、下键选择 MAXDOS 功能，如图 2-88 所示。

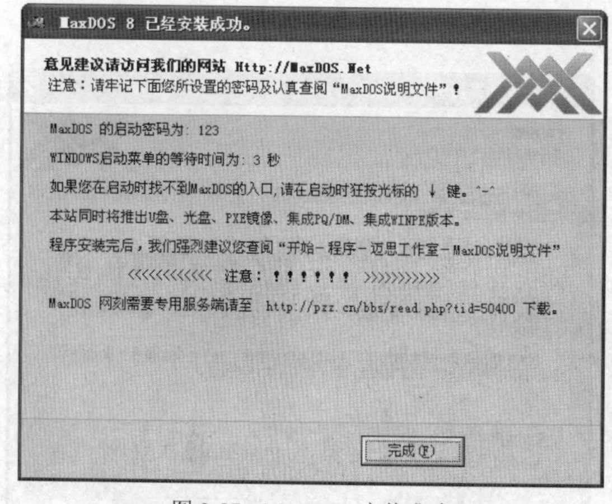

图 2-87 MaxDos8 安装成功

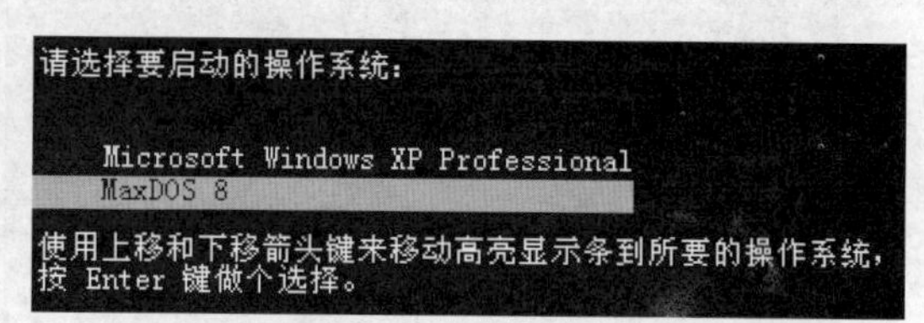

图 2-88 启动菜单

④ 选择 MaxDOS8 之后，则会出现如图 2-89 所示界面。

选择启动模式 1 之后，进入图 2-90 所示的界面要求输入安装时所设的密码。

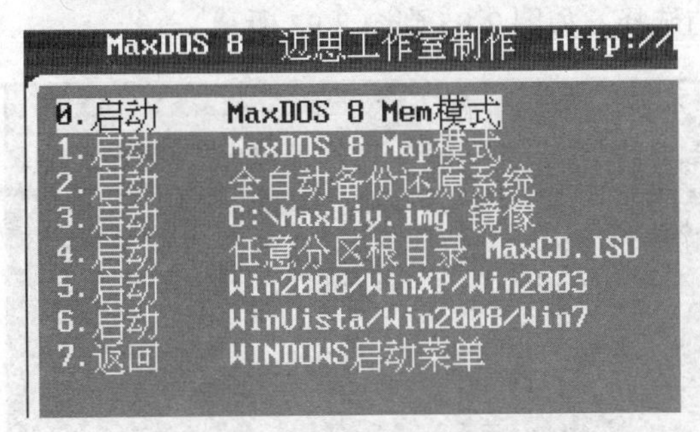

图 2-89 MAXDOS8 主菜单选择界面之一

图 2-90 输入密码

输入的密码如果是正确的，则会进入下一个主菜单界面，如图 2-91 所示。

选择第一行运行 MAXDOS 工具箱，回车后，又会出现如图 2-92 所示的选择，您可以按自己的情况进行选择。如没有特殊情况，我们都是选择启动 GHOST 操作。

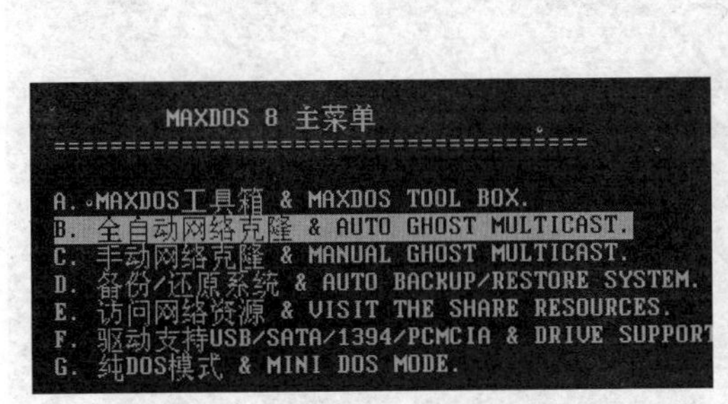

图 2-91 “MAXDOS8”主菜单界面之二

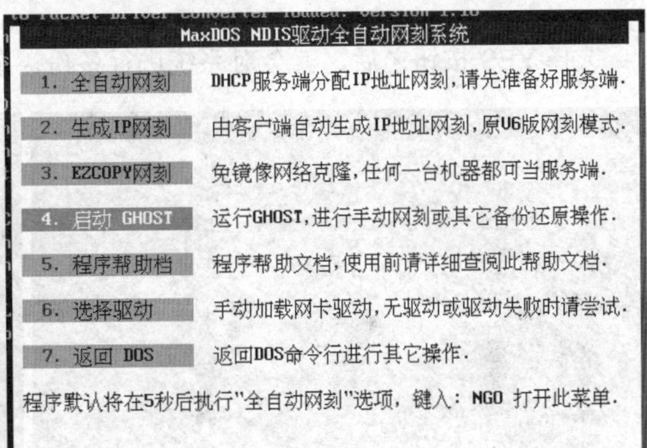

图 2-92 “MAXDOS”一键备份/恢复菜单界面

选择手动操作后，进入如图 2-93 所示“Ghost 版”界面。

按回车键之后，进入 GHOST 界面，如图 2-94 所示。

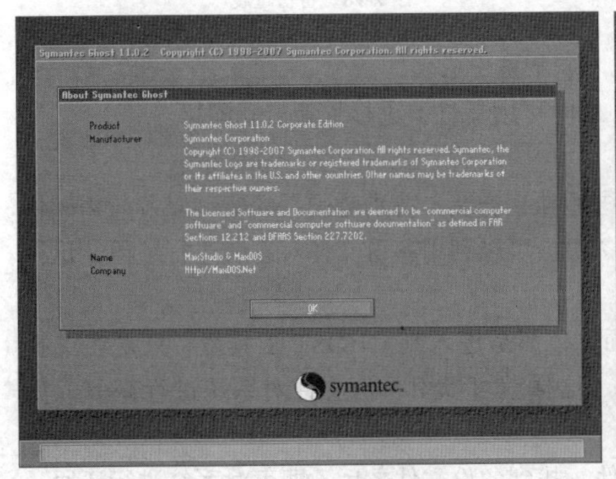

图 2-93 MAXDOS 自带的 GHOST 工具

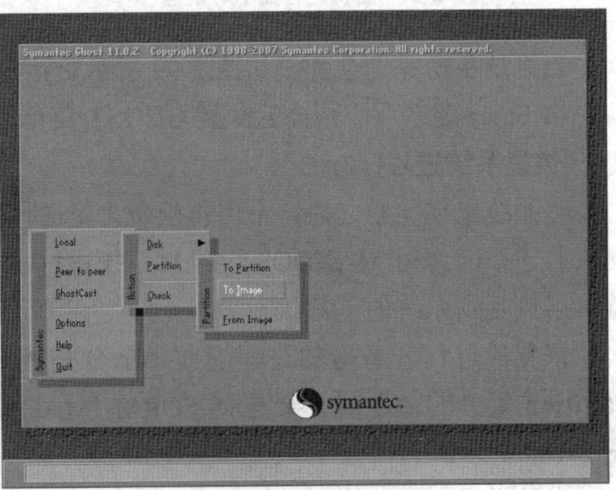

图 2-94 GHOST 菜单

在 GHSOT 菜单中选择“load”→“partition”→“TO IMAGE”，这个功能是将系统进行备份，此后将进行系统分区的选择与备份文件存放路径的选择，如图 2-95 到图 2-97 所示。

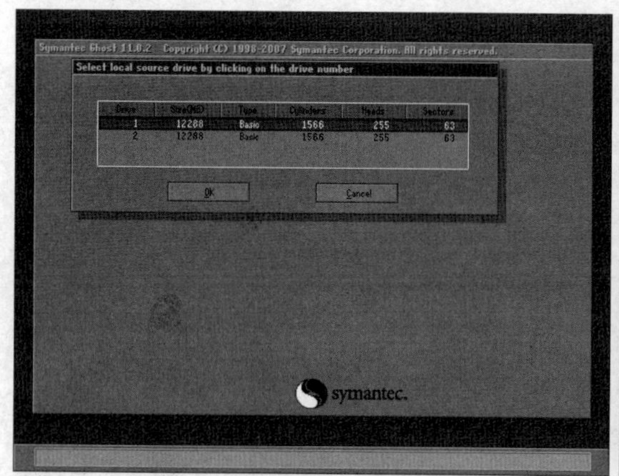

图 2-95 所需备份系统分区的选择

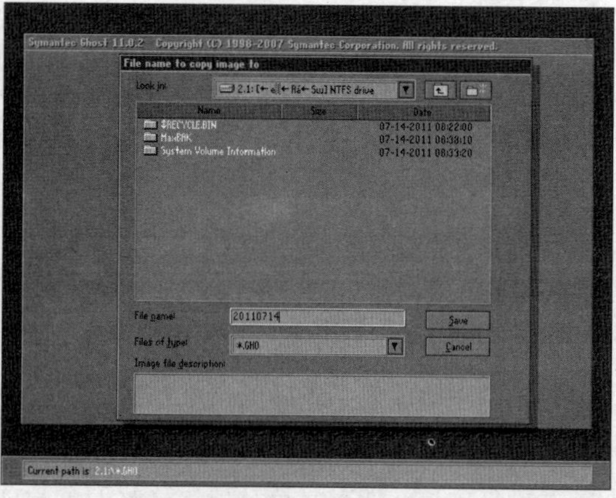

图 2-96 备份文件路径与文件名的确定，扩展名为.GHO

选择 YES 按钮之后，就会对系统进行备份，备份状态如图 2-98 所示。

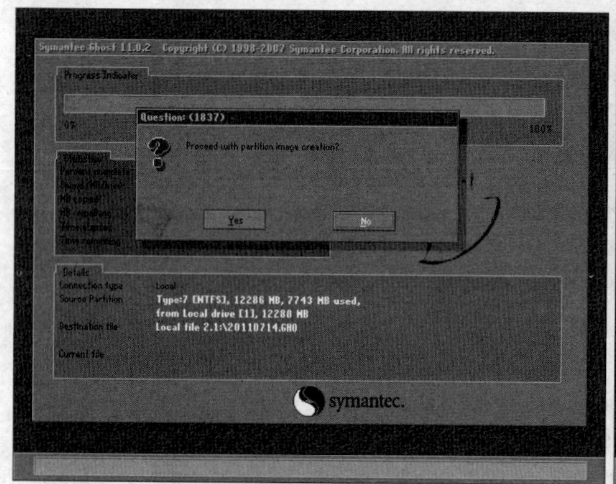

图 2-97 备份进行提示对话框

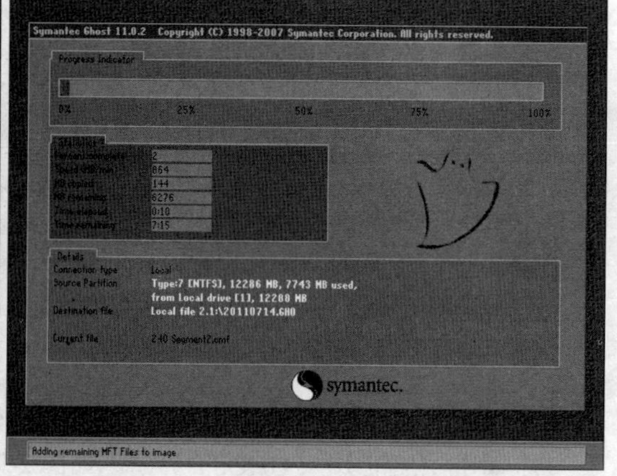

图 2-98 备份进度

当系统备份完则会弹出如图 2-99 所示对话框，表示备份成功。

按 Enter 键之后，则会返回到 GHOST 菜单，此时可用复位键进行重新启动即可。

[恢复系统过程]

当系统出现问题之后，不用再浪费大量时间进行独立安装，特别是硬件的驱动以及所需软件的安装了，因为用 MAXDOS 已经对系统进行了备份，可以利用备份文件对系统进行还原，这样就可以恢复到系统的正常状态了。

恢复的过程和备份的过程的前半部分是相同的，都是进入到 GHOST 工具里，只是在选择 Partition 菜单的命令时，要选择 FORM IMAGE，这样就可以用备份文件对系统进行恢复，如图 2-100 所示。

在选择完 FORM IMAGE 之后，选择备份文件，找到备份文件之后，即可对系统进行还原，如图 2-101 至图 2-108 所示。

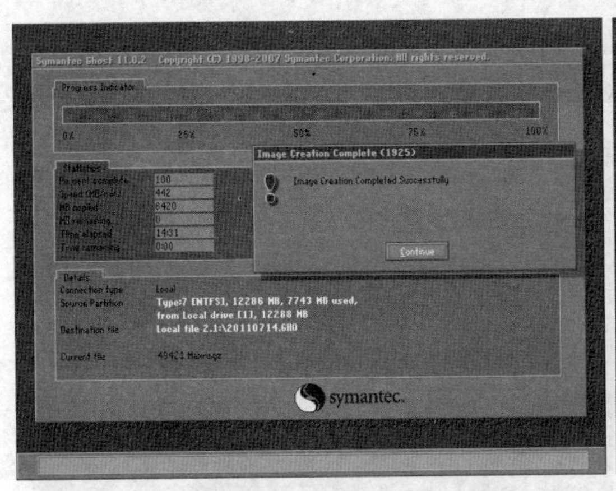

图 2-99　完成对话框

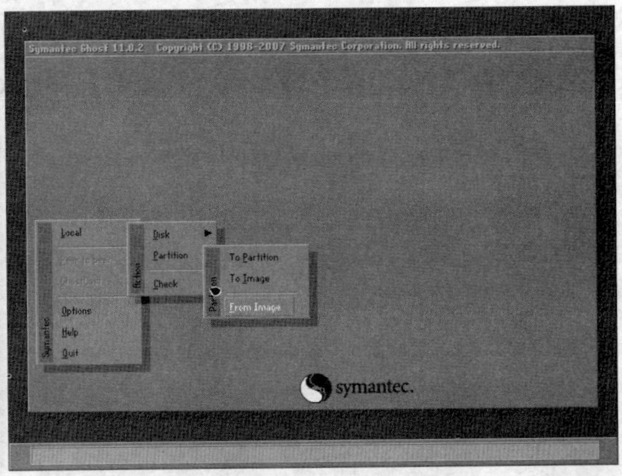

图 2-100　菜单选择

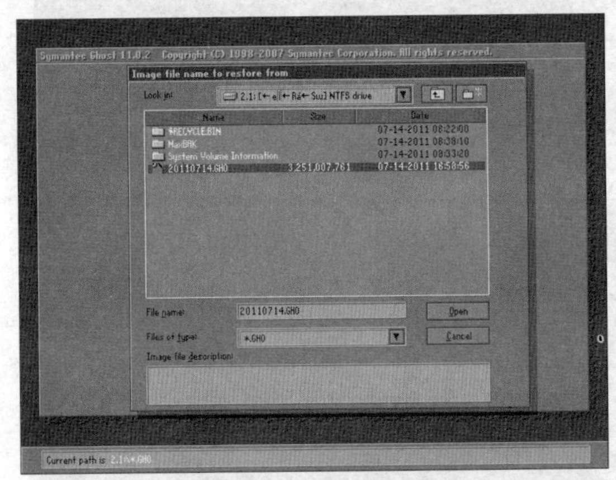

图 2-101　查找已备份的镜像文件

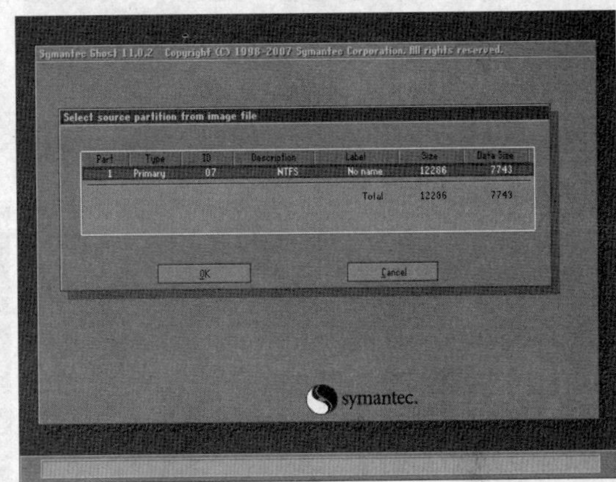

图 2-102　核对镜像文件所备份的原分区

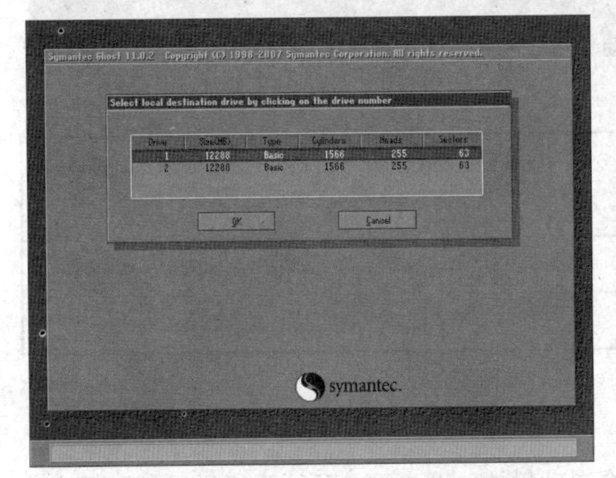

图 2-103　查找要恢复的目的分区所在的磁盘

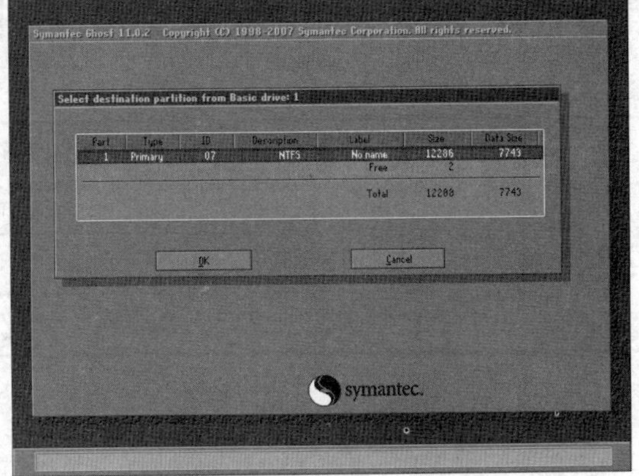

图 2-104　选择要恢复的目的分区

重启后，即可重现原系统的启机界面，至此，系统完全还原好了。

任务小结

以上几个实例分别应用了独立式、并列式和 Ghost XP3 种方法来安装 Windows XP 系统。这 3 种方法的不同点是：独立式，这种安装方法是最常用的方法，安装时间长，并且按要求提示一步一步来进行安装，有点繁琐；并列式，也就是我们常说的双系统，在教学中应用此系统比较多；Ghost XP 是一种傻瓜式安装系统，只要光盘中有 Ghost 软件就可以使用。

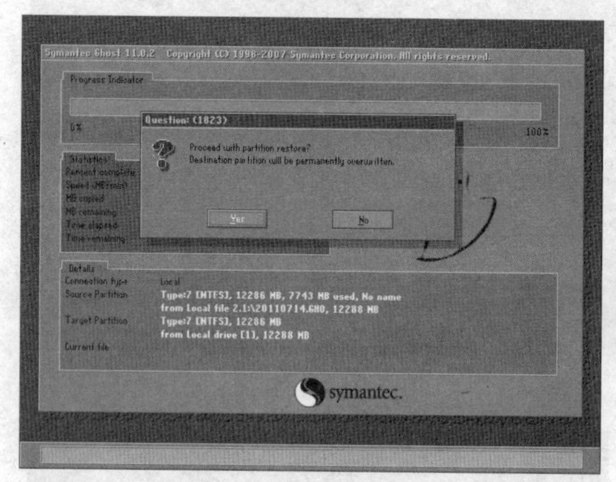

图 2-105 恢复确认对话框

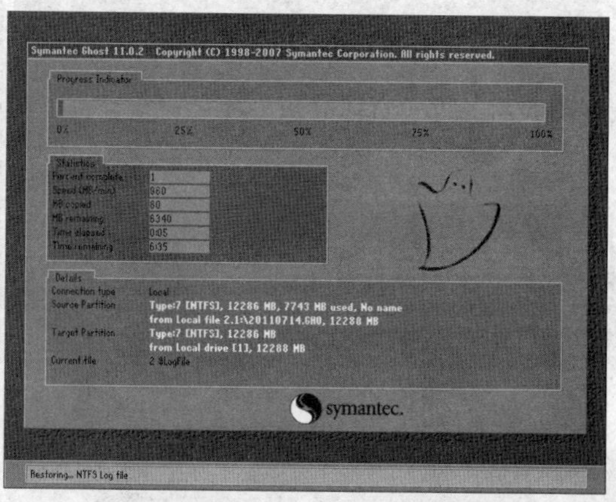

图 2-106 恢复进度

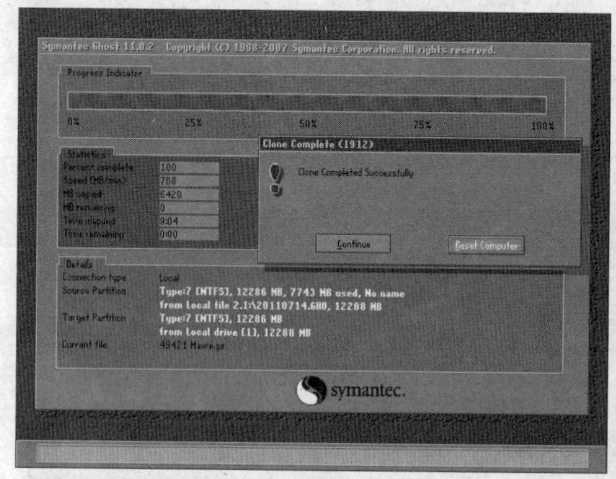

图 2-107 完成对话框

图 2-108 系统还原界面

自评	要多次实践安装 Windows XP 系统，做到熟练安装系统，至少掌握一种方法。如果还是不明白，可以请教任课老师指导。
互评	与同学进行交流，取长补短。
师评	教师在学生上交作业后给予评价。

举一反三

[显卡驱动识别与安装]

以七彩虹 GF5200 为例。放入驱动光盘，其会自动播放，图 2-109 所示为“显示卡”驱动对话框 1。

打开光盘，显示如图 2-110 所示“显示卡”驱动对话框 2。

再打开 NVIDIA，选择版本最高的驱动，显示如图 2-111 所示“显示卡”驱动对话框 3。

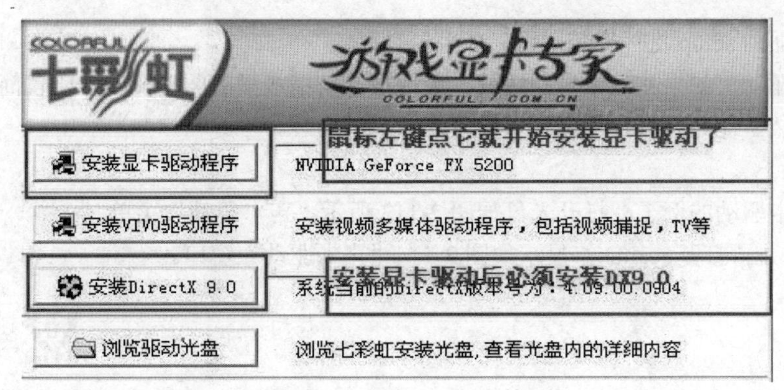

图 2-109 “显示卡”驱动对话框 1

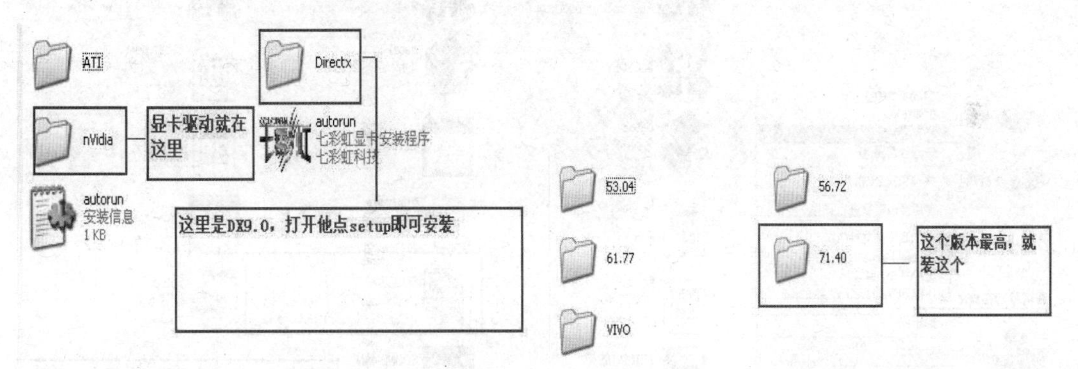

图 2-110 “显示卡”驱动对话框 2　　　　图 2-111 “显示卡”驱动对话框 3

双击 setup 就可以开始安装了，“安装显示驱动程序”对话框如图 2-112 所示。

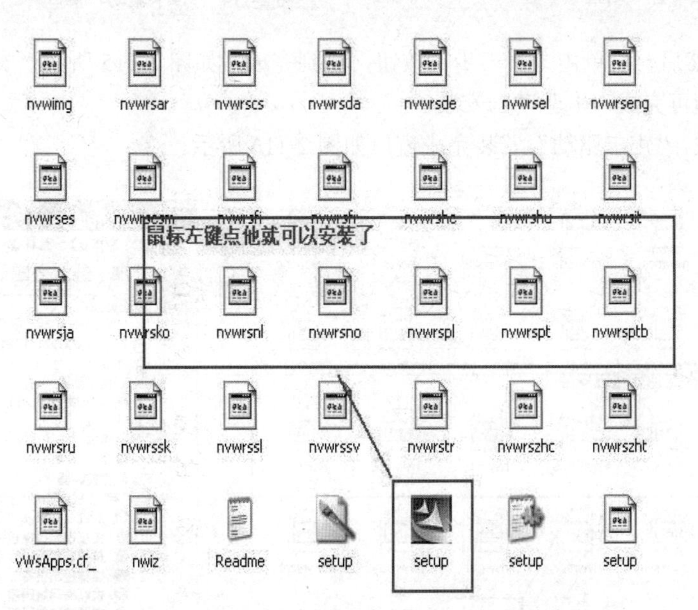

图 2-112 “安装显卡驱动程序”对话框

如果是打开光盘盘符进行安装的，这里需要注意你的系统是 Windows 2000 还是 Windows XP，如果打开的是 Windows 2000 就找 WIN2K 文件夹，如果打开的是 Windows XP 就找 WINXP 的文件夹，双击里面的 setup 进行安装即可。

新手安装驱动，如果光盘带自动播放，最好按自动播放里的驱动安装，比较简单，而打开盘符里的驱动安装是在光盘本身不带自动播放的情况下安装。

［声卡驱动］

举一个声卡驱动的例子，打开光盘如图 2-113 所示“声卡驱动”菜单。

打开 audio，再打开 realtek，显示如图 2-114“声卡驱动”窗口。

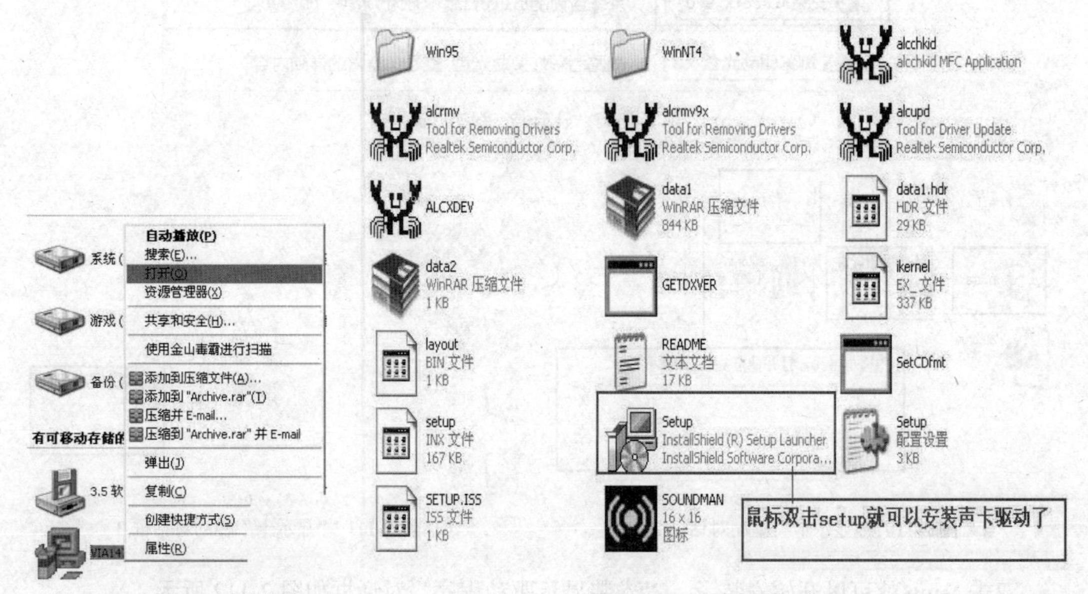

图 2-113 “声卡驱动”菜单　　　　图 2-114 “声卡驱动”窗口

双击 setup，然后一直单击“下一步”按钮，直到完成，如图 2-115 所示“安装声卡驱动”窗口），重启电脑即可完成声卡驱动的安装。

声卡安装完成，“声卡驱动”安装完成窗口如图 2-116 所示。

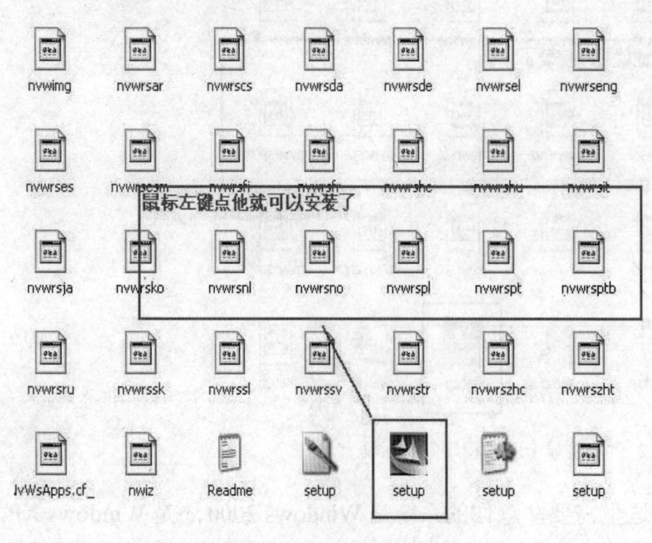

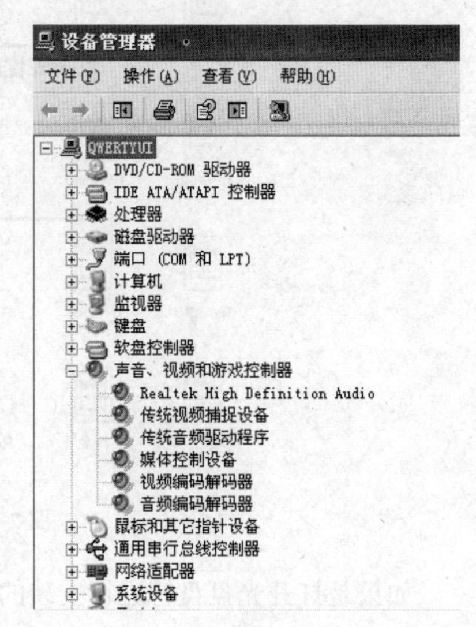

图 2-115“安装声卡驱动”窗口　　　　图 2-116“声卡驱动”安装完成窗口

任务四 让 Windows 为你服务

任务提出

经过一段时间 Windows 安装方法的学习，同学们已经掌握了最基本的安装方法，那么在 Windows 操作系统下一些软件又怎样安装呢？附件下的应用程序是如何使用的呢？别着急，下面我们就来学习这方面的知识。

任务分析

首先，要知道你所安装的软件是图形软件，还是应用软件。例如，Photoshop 是应用软件，Vb.net 是系统软件。然后，再看软件是要求安装在 Windows XP 下，还是在别的系统下。最后再开始安装。

最后，掌握附件中"画图"工具、"写字板"工具的使用等。

任务设计

本任务主要是针对常用软件的安装及 Windows 组件中常用工具的使用方法。

任务实现

步骤一，收集素材。

① 找到需要安装的软件。

② 找到"画图"工具、"写字板"等工具的位置。

步骤二，安装过程。

1. 安装 Dreamweaver 8 简体中文正式版

首先，把光盘放入光驱，打开 Dreamweaver 8 简体中文正式版，"Dreamweaver 8 简体中文"软件如图 2-117 所示。

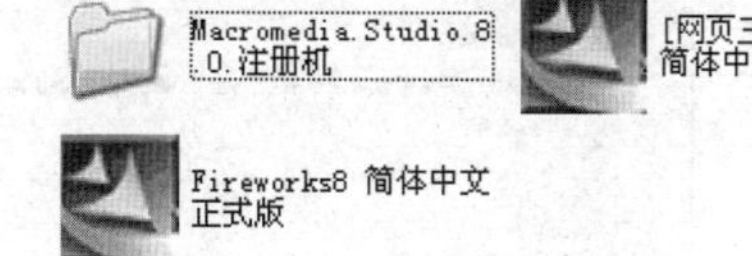

图 2-117 "Dreamweaver 8 简体中文"软件

正在读取软件包的内容，如图 2-118 所示解压缩文件 1。

正在解压缩，如图 2-119 解压缩文件 2 所示。

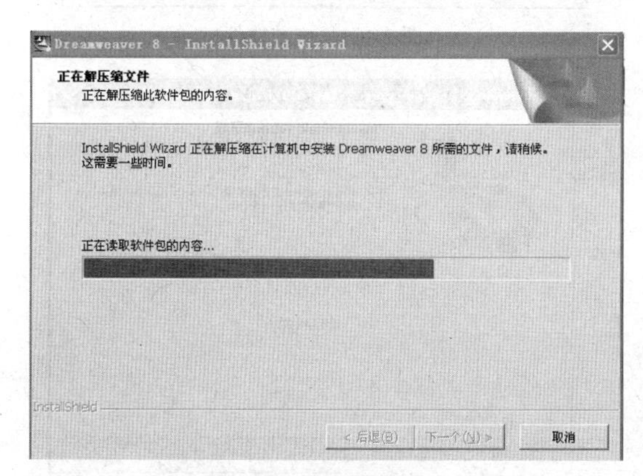

图 2-118 解压缩文件 1

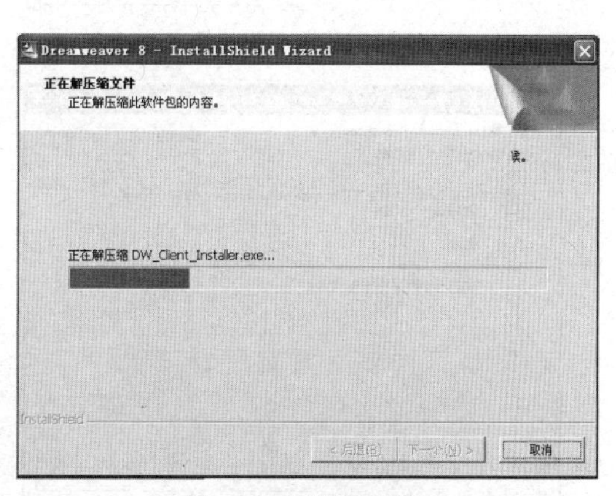

图 2-119 解压缩文件 2

解压缩完软件包后，弹出如图 2-120 所示开始安装“Dreamweaver 8 简体中文版”软件窗口。

是否接受许可协议，选择“接受许可协议中的条款”，单击“下一步”按钮，安装协议如图 2-121 所示。

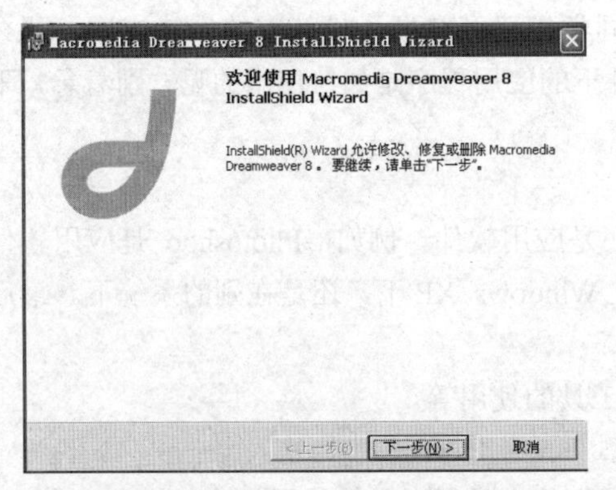

图 2-120　安装“Dreamweaver 8 简体中文”

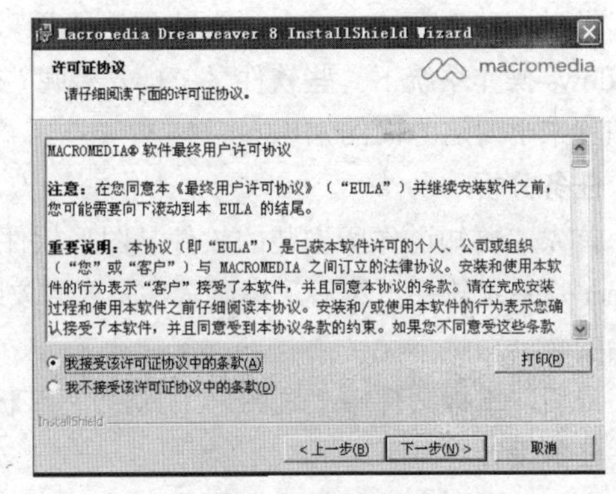

图 2-121　安装协议

是否创建快捷方式在桌面或快速启动栏，如选择“√”，单击“下一步”按钮，如图 2-122 所示。

向导准备开始安装，单击“安装”按钮，如图 2-123 所示。

正在安装 Dreamweaver 8 简体中文正式版，请稍候，此时需等待几分钟的时间，“安装软件”界面如图 2-124 所示。

等待几分钟后，出现如图 2-125 所示界面，单击“完成”按钮。

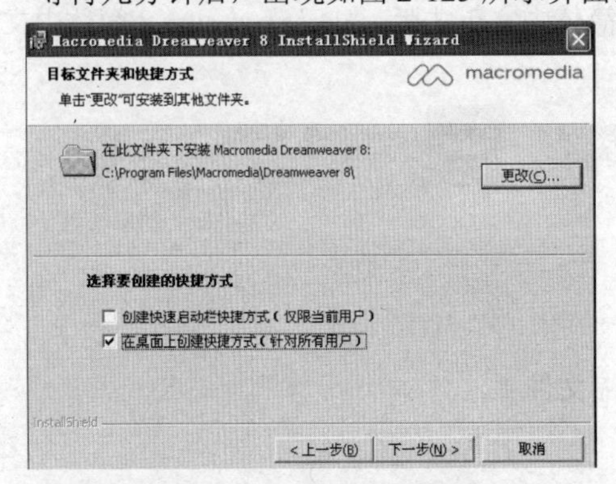

图 2-122　创建桌面快捷方式

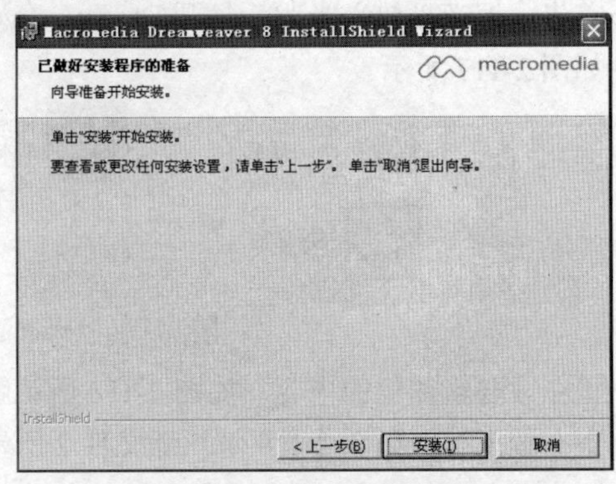

图 2-123　安装软件

图 2-124 “安装软件”界面

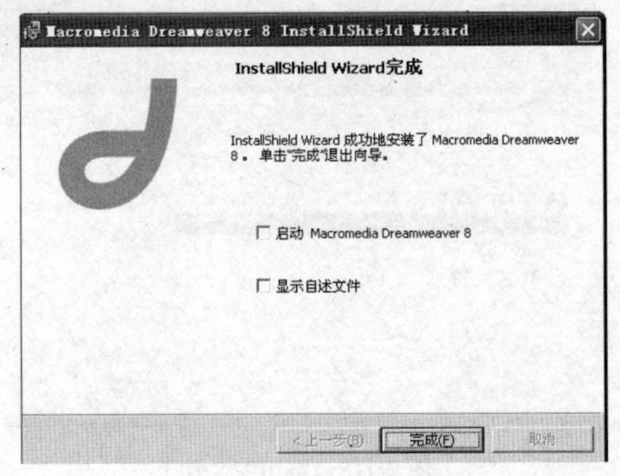

图 2-125　软件安装完成

打开 Dreamweaver 8 简体中文正式版的界面，如图 2-126 所示。

如果是第一次安装 Dreamweaver 8 简体中文正式版，还需要输入产品密钥，如图 2-127 所示。

现在，我们可以在 Dreamweaver 8 中随便“遨游”，实现你的网页制作了。

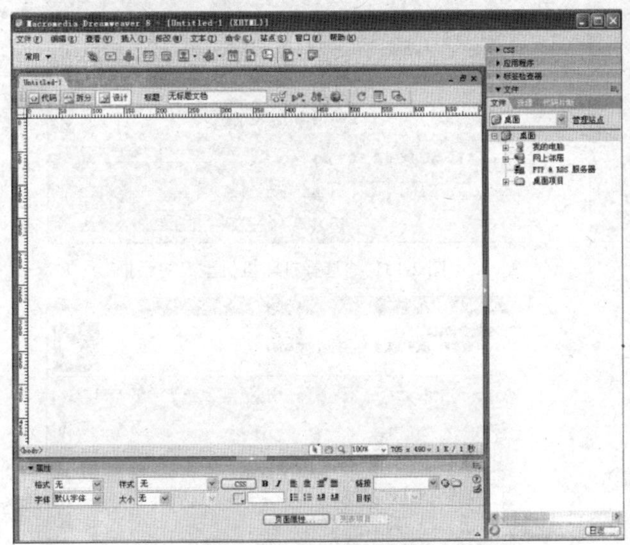

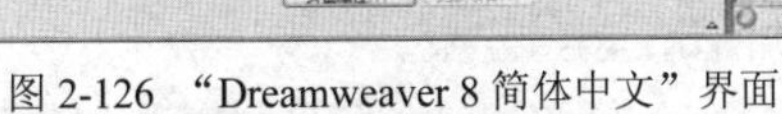

图 2-126 “Dreamweaver 8 简体中文”界面

图 2-127 “密钥”界面

2．安装打印机的步骤

单击“开始”→“设置”→“打印机和传真”，出现添加打印机对话框。

单击打印任务中“添加打印机”出现如图 2-128 所示对话框。

单击“下一步”按钮，选择本地或网络打印机，默认即可，“连接打印机”对话框如图 2-129 所示。

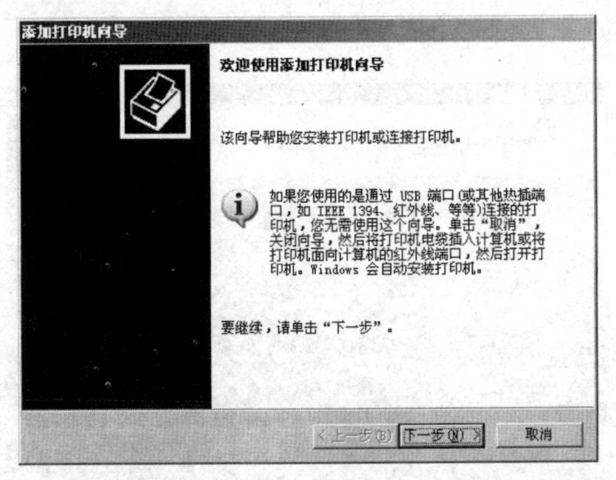

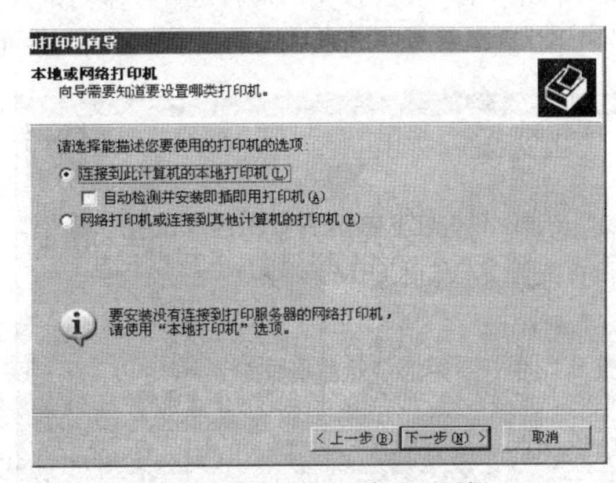

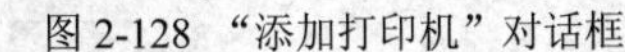

图 2-128 “添加打印机”对话框

图 2-129 “连接打印机”对话框

单击“下一步”按钮，选择打印机端口，“选择打印机端口”对话框如图 2-130 所示。

在此选择创建新端口，在端口类型处选择“Standard TCP/IP Port”，单击“下一步”按钮出现安装向导，选择“从磁盘安装”，“选择打印机机型”对话框如图 2-131 所示，打印机驱动对话框如图 2-132 所示。

选择对应的打印机型号，如图 2-133 所示。

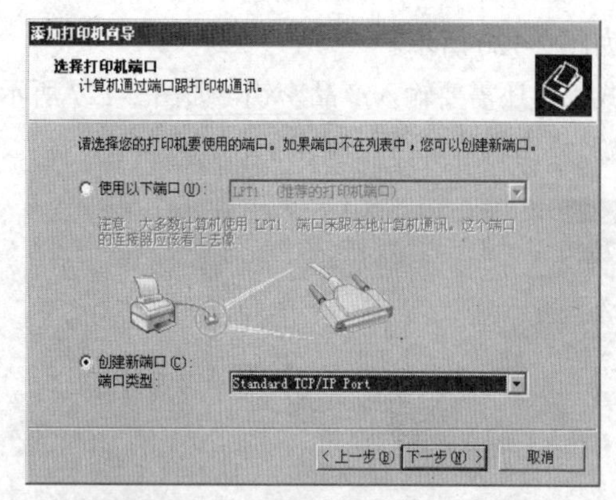

图 2-130 “选择打印机端口”对话框

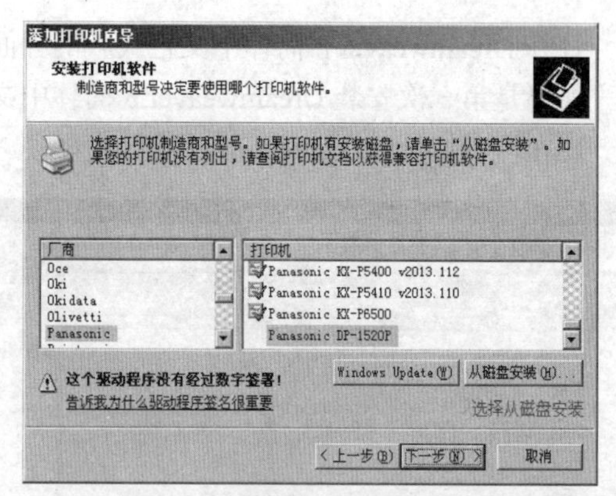

图 2-131 “选择打印机机型”对话框

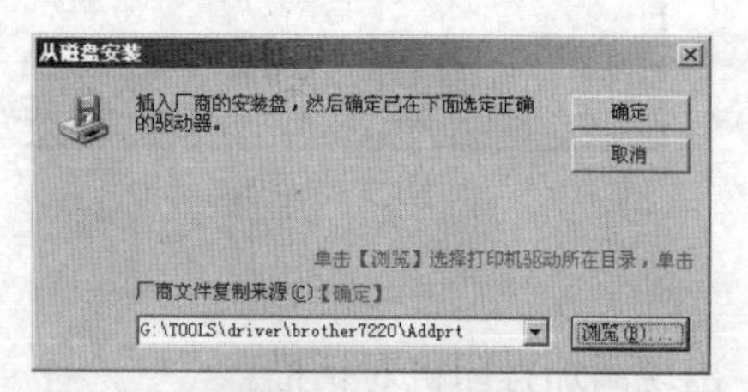

图 2-132 打印机驱动

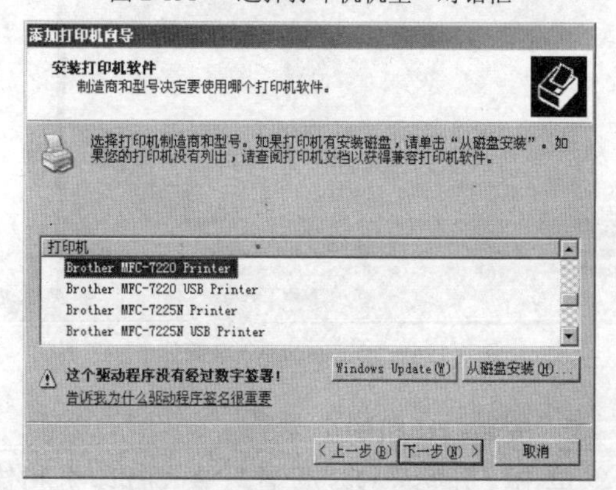

图 2-133 选择对应的打印机型号

单击“下一步”按钮可以选择是否为默认打印机，默认选“是”，如图 2-134 所示开始安装驱动。

单击“下一步”按钮，询问是否打印测试页，如果打印选“是”，不打印选“否”。然后，单击“下一步”确认，安装完成。“打印测试”界面如图 2-135 所示。

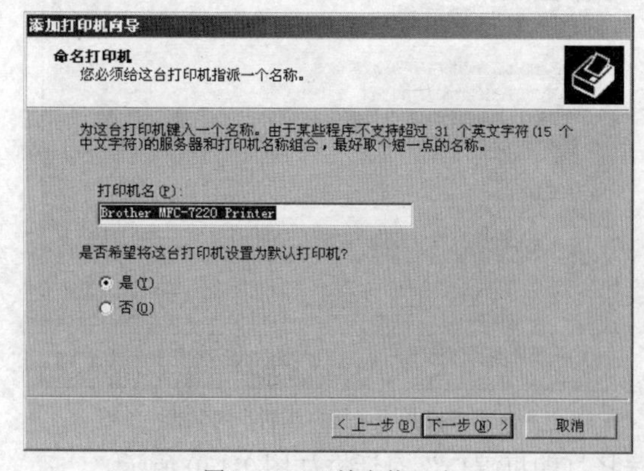

图 2-134 开始安装驱动

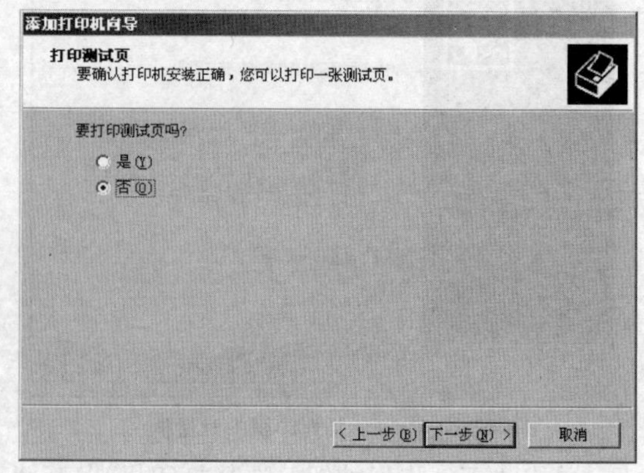

图 2-135 “打印测试”界面

3. “画图”程序

“画图”程序是最常用的图片编辑软件之一，它的打开方式是：单击“开始”→“程序”→“附件”→“画图”。“画图”程序界面如图 2-136 所示。

此程序主要由工具箱、菜单栏、调色板、背景/前景颜色框、画图区以及状态栏组成。工具箱包括任意形状选择框、矩形选择框、橡皮擦、油漆桶、取色器、放大镜、画笔、画刷、喷枪、文字、直线、曲线、矩形、多边形、椭圆以及圆角矩形共 16 种基本工具。

图 2-136 “画图”程序界面

图 2-137 “页面设置”对话框

（1）页面设置

用户在使用画图程序之前，首先要根据自己的实际需要进行画布的选择，也就是要进行页面设置，确定所要绘制的图画大小以及各种具体的格式。用户可以通过选择“文件”菜单中的“页面设置”命令来实现，“页面设置”对话框如图 2-137 所示。

在“纸张”选项组中，单击向下的箭头，会弹出一个下拉列表框，用户可以选择纸张的大小及来源，可从“纵向”和“横向”复选框中选择纸张的方向，还可进行页边距及缩放比例的调整，当一切设置好之后，用户就可以进行绘画的工作了。

（2）文字工具

可采用文字工具在图画中加入文字“A”，单击此按钮，“查看”菜单中的“文字工具栏”便可以用了，执行此命令，这时就会弹出“文字工具栏”，用户在文字输入框内输完文字并且选择后，可以设置文字的字体、字号，给文字加粗、倾斜、加下划线，改变文字的显示方向等，“设置字体”窗口如图 2-138 所示。

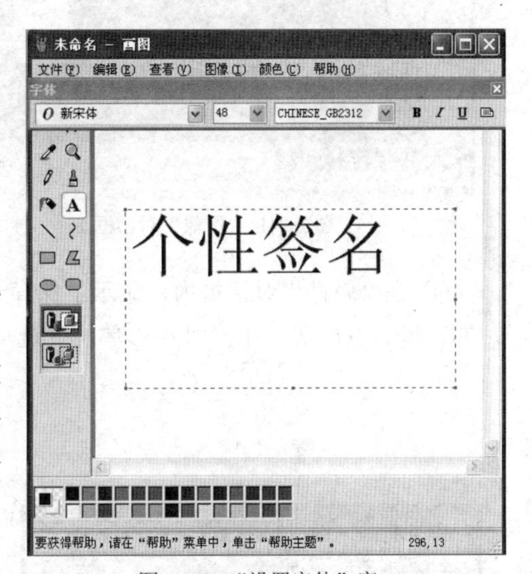

图 2-138 “设置字体”窗口

（3）多边形

利用此工具用户可以绘制多边形，选定颜色后，单击“工具”按钮，在绘图区拖动鼠标左键，当需要弯曲时松开，如此反复，到最后时双击鼠标，即可得到相应的多边形。在画图工具栏的“图像”菜单中，用户可对图像进行简单的编辑，下面来学习相关的内容。

① 在“翻转和旋转”对话框内，有 3 个复选框，即水平翻转、垂直翻转及按一定角度旋转，用户可以根据自己的需要进行选择，“翻转和旋转”对话框如图 2-139 所示。

② 在“拉伸和扭曲”对话框内，有拉伸和扭曲两个选项组，用户可以选择水平和垂直方向拉

伸的比例和扭曲的角度，“拉伸和扭曲”对话框如图 2-140 所示。

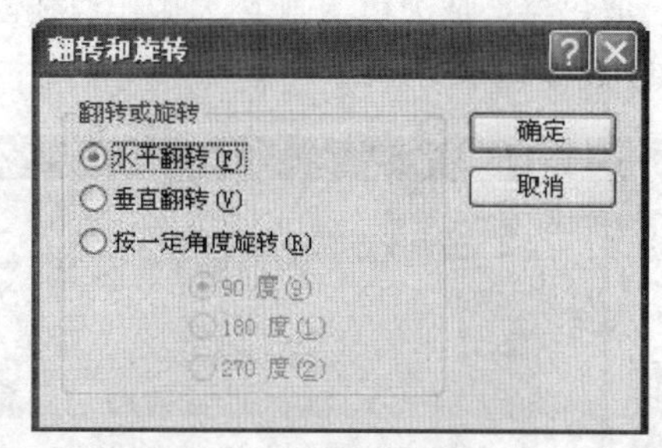

图 2-139 “翻转和旋转”对话框

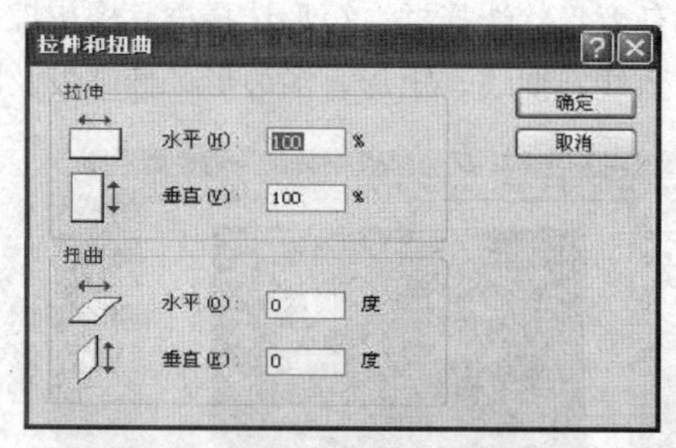

图 2-140 “拉伸和扭曲”对话框

③ 选择“图像”下的“反色”命令，图形即可呈反色显示，“图像”对话框如图 2-141 所示，图 2-142 所示是执行“反色”命令后的两幅对比图。

图 2-141 “图像”对话框 1

图 2-142 “图像”对话框 2

④ 在“属性”对话框内，显示了保存过的文件属性，包括保存的时间、大小、分辨率以及图片的高度、宽度等，用户可在“单位”选项组下选用不同的单位进行查看，如图 2-143 所示。

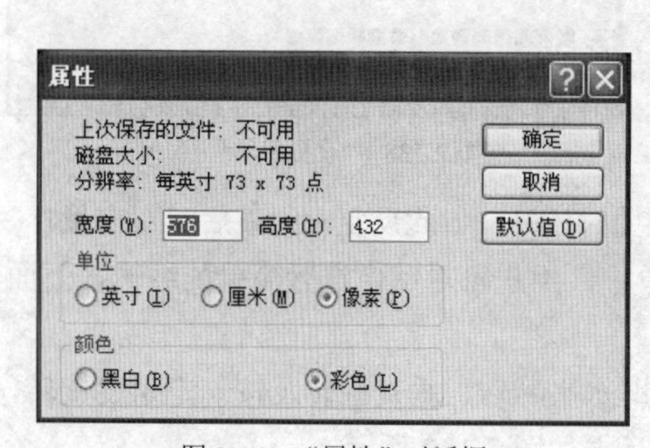

图 2-143 “属性”对话框

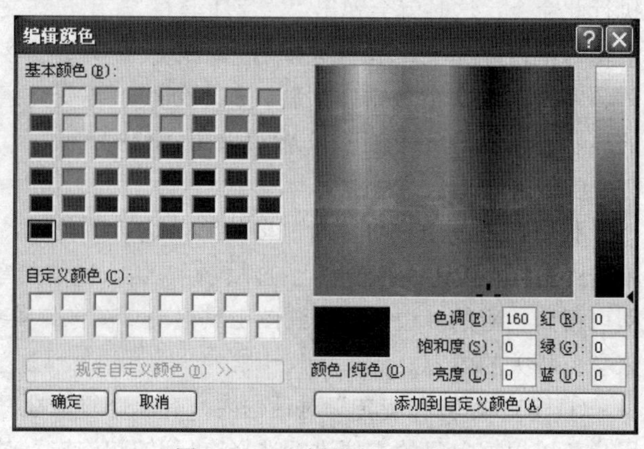

图 2-144 “编辑颜色”对话框

在生活中颜色是多种多样的，颜料盒中提供的色彩也许远远不能满足用户的需要，“颜色”菜单为用户提供了选择的空间，执行“颜色”→“编辑颜色”命令，弹出“编辑颜色”对话框，用户可在“基本颜色”选项组中进行色彩的选择，也可以单击“规定自定义颜色”按钮自定义颜色，然后再添加到“自定义颜色”选项组中，如图 2-144 所示。

当用户的一幅作品完成后，可以将其设置为墙纸，还可以打印输出，具体的操作都是在“文件”菜单中实现的，用户可以直接执行相关的命令根据提示操作，这里不再过多叙述。

4．写字板

（1）创建文档

用户启动“写字板”程序后，将自动新建一个文档，用户也可以选择“文件”→“新建”命令创建新文档。

（2）保存文档

对于编辑完的文档，应该将其保存在计算机中。

（3）编辑和格式化文档

当启动“写字板”程序后，最主要的就是如何编辑文档。当向文档空白处输入文字后，用户可以随时对它们进行修改，如图 2-145 所示。

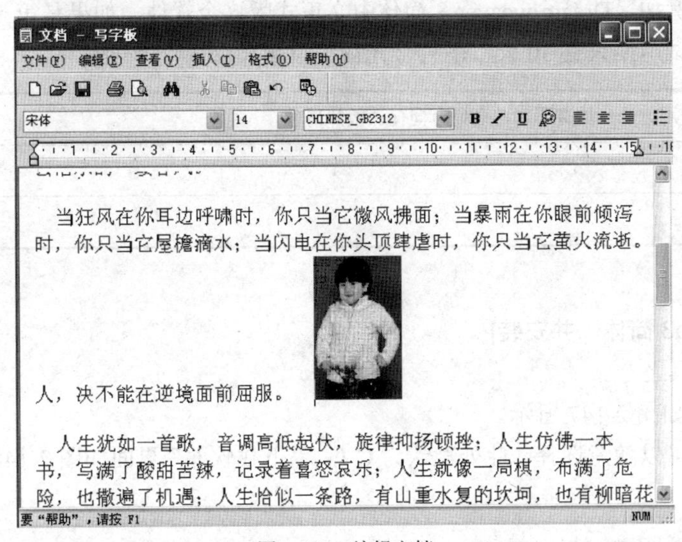

图 2-145　编辑文档

图 2-146 “计算器”对话框

（4）在文档中插入图片

在编辑文档时，常需将相关的图片资料插入到文档中，如图 2-145 所示编辑文档。

5．计算器

Windows XP 操作系统自带了一个功能较完善的“计算器”，其操作和使用与使用生活中普通计算器的方法是一样的。

打开程序如下：“开始”→“程序”→“附件”→“计算器”。“计算器”对话框如图 2-146 所示。

现将“计算器”部分功能键的使用方法列出。

① MR：将存储的数据调到显示栏中。

② MS：存储当前显示栏中的值。

③ M+：将当前显示栏中的数与存储的数据相加，结果作为新的存储数据保存。
④ C：清除除存储器内容外的所有数值和计算符号。
⑤ Backspace：显示栏中的值后退一位。
⑥ m+：加存。
⑦ m-：减存。
⑧ mc：清除存数。
⑨ mr：取出存数。
⑩ ms：存入数据。
⑪ CE：清除显示栏中的数据，不清除寄存器和存储器中的数据。
⑫ %：百分号。
⑬ 1/x：倒数。
⑭ sqrt：平方根。

任务小结

本次任务的特点是如何正确的安装软件及 Windows 组件工具的使用方法。要结合所学应用到实践当中，不断创新，学以致用。例如，Dream weaver 8 简体中文正式版这个软件，如果是第一次安装，一定要激活，如不激活，试用期只有 30 天，序列号光盘中自带（—）。

自评	认识系统软件的安装及组件的使用方法，如有不明白之处可向任课教师请教
互评	与同学进行相互交流，取长补短
师评	教师在学生上交作业后给予评价

举一反三

[从腾讯官网下载 QQ2010 Beta3 简体，并安装]

腾讯 QQ 是国内常用的聊天工具之一。

从腾讯官网下载 QQ5.5 简体，如图 2-147 所示。

软件保存在 C 盘还是其他盘，可以随意选择，此处默认为 C 盘，“下载软件”界面如图 2-148 所示，开始下载，如图 2-149 所示。

图 2-147 “腾讯官网”界面

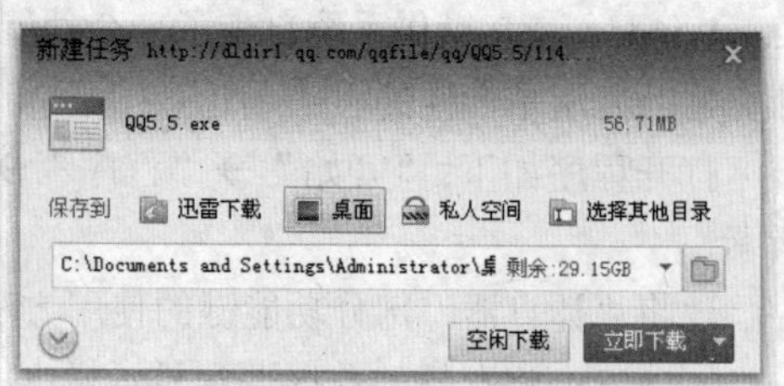

图 2-148 “下载软件”界面

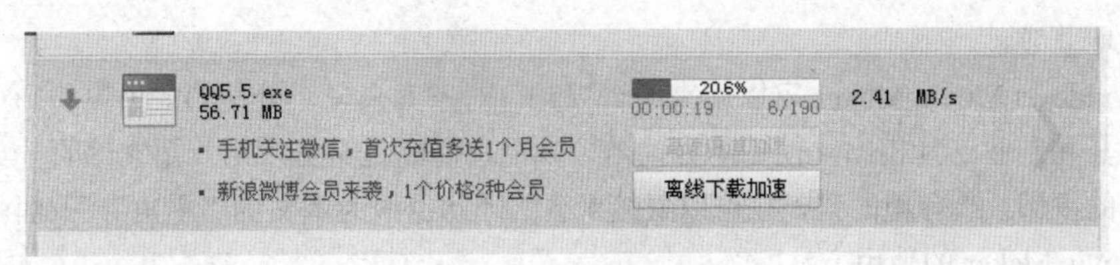

图 2-149 “开始下载软件”对话框

是否接受协议，默认为“接受”，单击“下一步”，“添加协议”界面如图 2-150 所示。

稍后开始安装，如图 2-151 所示。

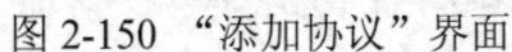

图 2-150 “添加协议”界面

图 2-151 安装“QQ 工具栏”界面

安装完成后单击“完成安装”按钮即可，如图 2-152 所示。

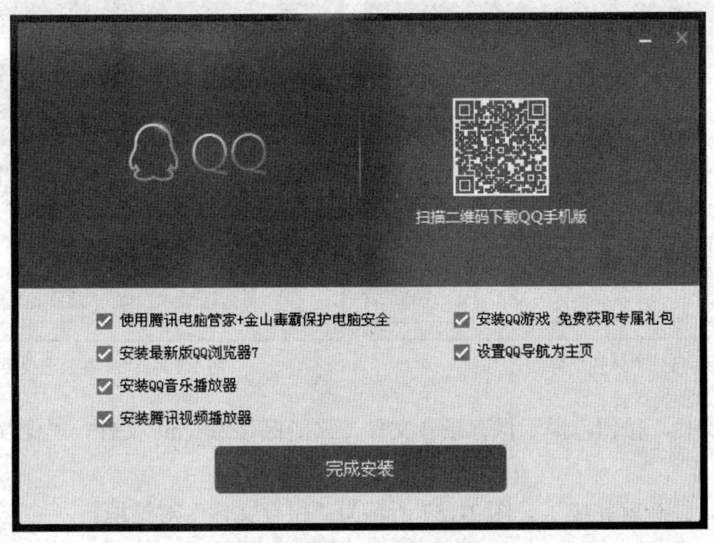

图 2-152 “选择安装路径”界面

[利用系统自带的 Windows Movie Maker 来录音]

Windows XP 自带的录音功能相信使用者都已经熟悉，因为录音时间太短，只有一分钟的录音长度，所以许多人想方设法增加它的录音时间，但是都比较麻烦。是不是录音只能借助第三方工具来完成呢？答案是否定的。因为我们有 Windows XP，它集成了许多多媒体，可以和许多数码设备很好地兼容。

其中 Windows Movie Maker 可以用来编辑视频，对家庭来说，处理 DV 拍摄的影片是完全可以胜任的。其和专业工具相比，使用十分简单，功能也能满足常见应用。用它编辑一部电子相册是简单快乐的事情。最有趣的是，它可以直接录音，因此也成为本文的“主角”。下面就介绍一下 Windows Movie Maker 的使用方法。

从“开始”→“程序”下运行 Windows Movie Maker。软件界面如图 2-153 所示。

单击“工具”菜单下的“旁白时间线”(见图 2-154)。下面我们录制一旁白，因为旁白可以单独保存为一个音频文件，所以完全可以当成录音机来用。

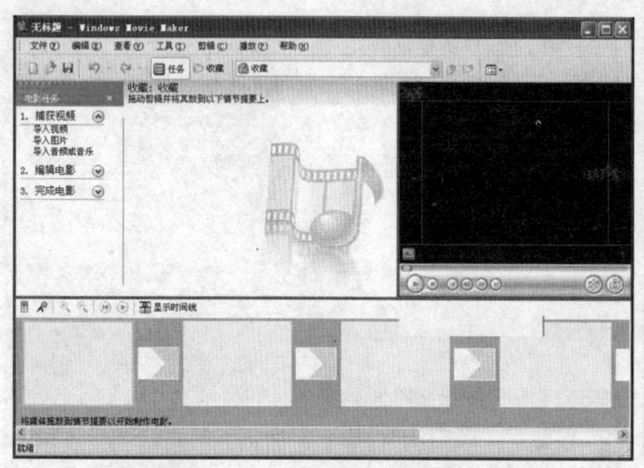

图 2-153 “Windows Movie Maker”界面

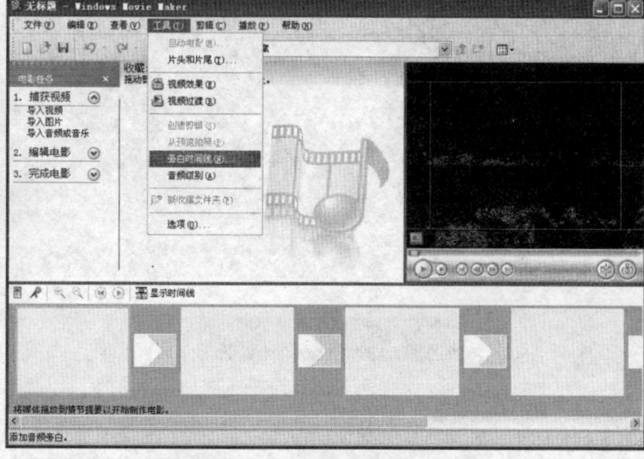

图 2-154 “录制旁白”界面

单击“开始”按钮，开始录音，时间会被自动记录，“录音”界面如图 2-155 所示。

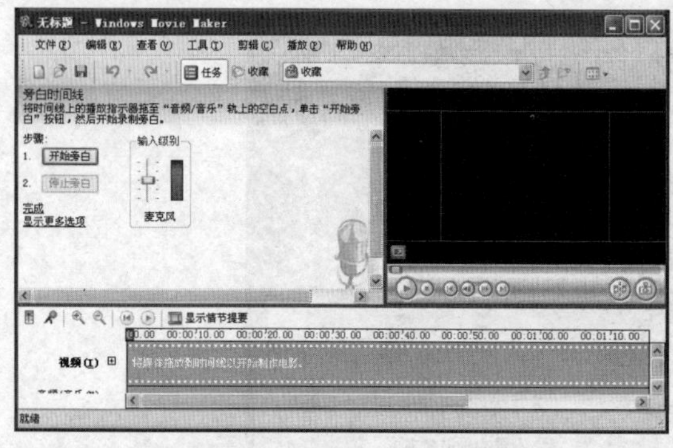

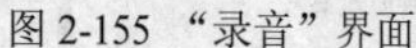

图 2-155 “录音”界面

图 2-156 “保存录音文件”界面

单击“停止旁白”按钮，提示保存录音文件，只能保存为 wma 文件，“保存录音文件”界面如图 2-156 所示。

保存好文件，录音就完成了。图 2-157 所示为“保存文件”对话框。

[用 XP 附件“画图”制作考试所需的电子照片]

现在，公务员考试、执业资格考试等许多考试都是网上报名，需要上传电子照片，很多考友并不会使用如 Photoshop 等比较专业的图像软件，现介绍一种利用 XP 自身所带的“画图”工具制作电子照片的简便方法。

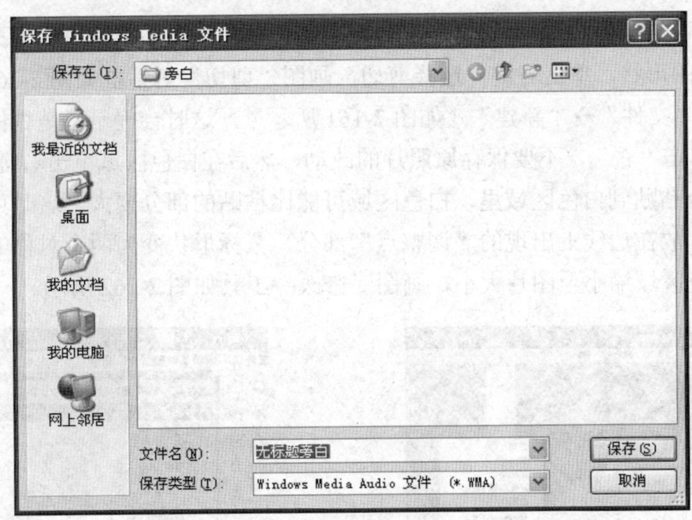

图 2-157 “保存文件”对话框

例如，考试要求是免冠白底彩色证件照，JPG 格式，照片的宽和高比例为 1:1.4，照片文件大小应为 10～20KB 之间，并且不大于 200 像素×280 像素，不小于 80 像素×110 像素，其他考试要求可能与此不一样，但都大同小异，可以照此制作。

① 左键单击“开始”→“程序”→“附件”→“画图”，打开画图工具，如图 2-158 所示。

② 左键单击菜单栏“文件”→“打开”，寻找所要修改的照片文件所在目录，找到所需文件后单击“打开”，然后看一下照片的宽度和高度是多少，左键单击“图像”→“属性”，出现如图 2-159 所示画图“属性”对话框，图片宽度为 350 像素，高度为 350 像素，与系统要求的 1：1.4 的比例不符。

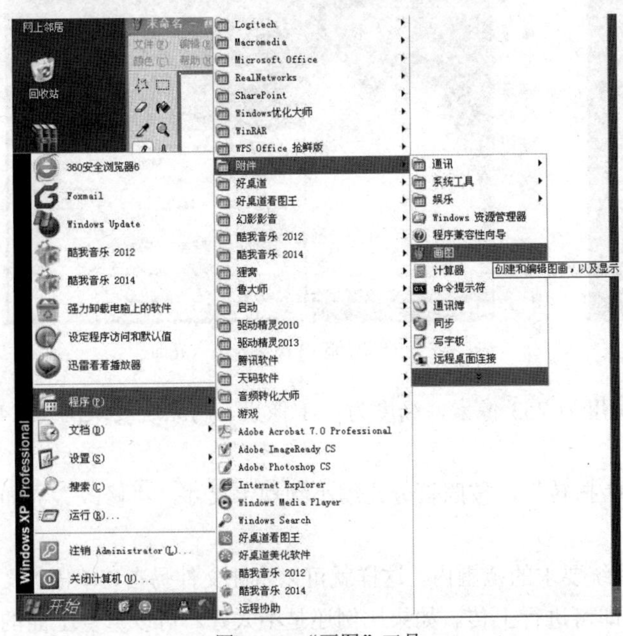

图 2-158 “画图”工具

图 2-159 画图“属性”对话框

③ 由于比例不符，需要进行裁切。进行以下操作：左键单击左边工具栏的第一排的右边的虚

线长方形框，用鼠标在照片上拉出长方形把需要的部分框住，以头部为主，根据目测，把矩形框调整到大致 1:1.4 的形状，单击右键，选择剪切，画图“剪切”对话框如图 2-160 所示。

④ 左键单击“文件”→“新建”（如图 2-161 所示），这时会提示“是否保存对原来文件的修改”提示框，单击“否”，不要保存原照片的改动，然后在白色区域单击右键，选择“粘贴”，把刚才剪切的部分粘贴到白色区域里，白色区域可能比粘贴的部分要大，这时可以单击白色区域边线部分，把鼠标放在边线上出现的“调整点”部分，鼠标形状变为两个对称的箭头，按住左键进行拖动，使白色区域缩小至图片大小，画图“修改”工具如图 2-162 所示。

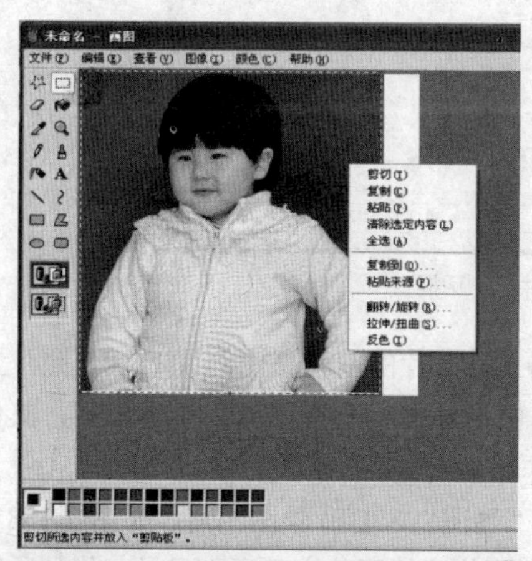

图 2-160　画图“剪切”对话框

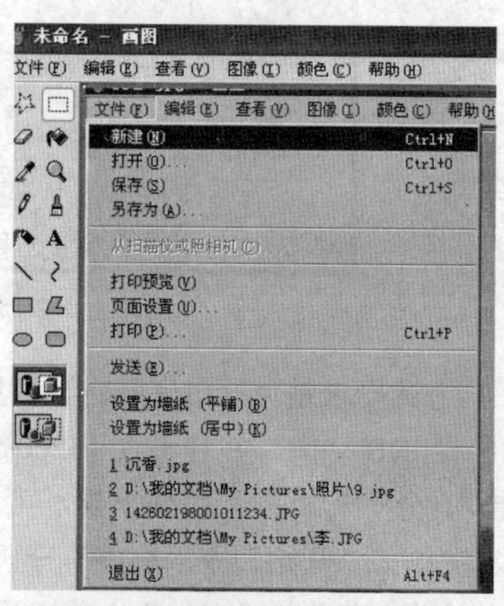

图 2-161　画图“修改”工具

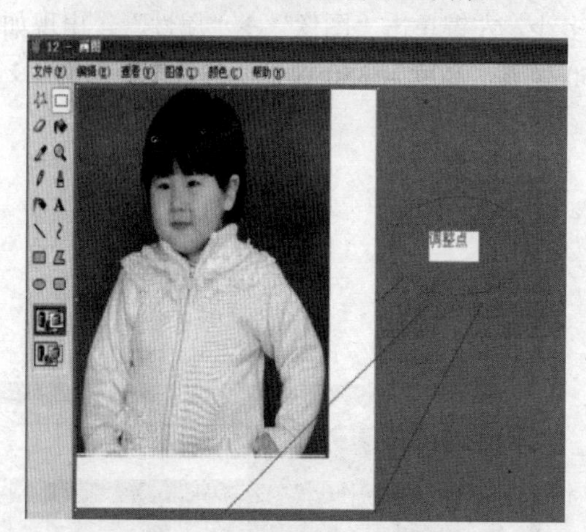

图 2-162 “调整点”工具栏

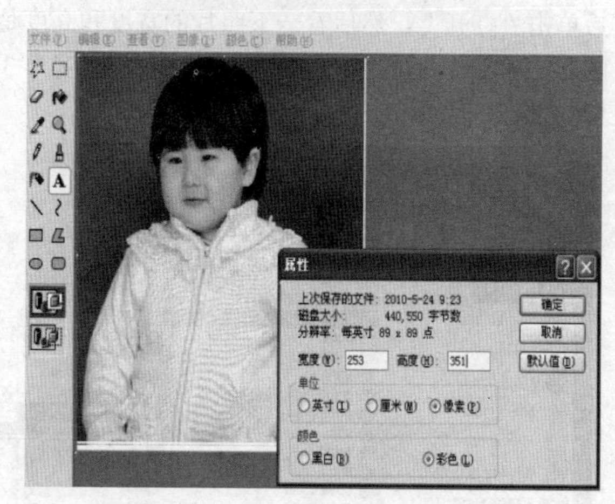

图 2-163 “图像大小”界面

⑤ 单击“图像”→“属性”，图片宽度为 253 像素，高度为 351 像素，与系统要求的 1:1.4 的比例相符，如图 2-163 所示。

⑥ 比例相符，单击“图像”→“拉伸/扭转”，按照百分比缩小到规定尺寸，“修改”界面如图 2-164 和图 2-165 所示。

⑦ 可以看到比例、宽度和高度都在系统要求的范围内，这样就可以将此文件另存，单击“文件”→“另存为”，保存在相应的目录下即可进行上传。如果比例还是不太好，可以重复上面的步骤进行微调，直到满意为止。“保存图像”界面如图 2-166 所示。

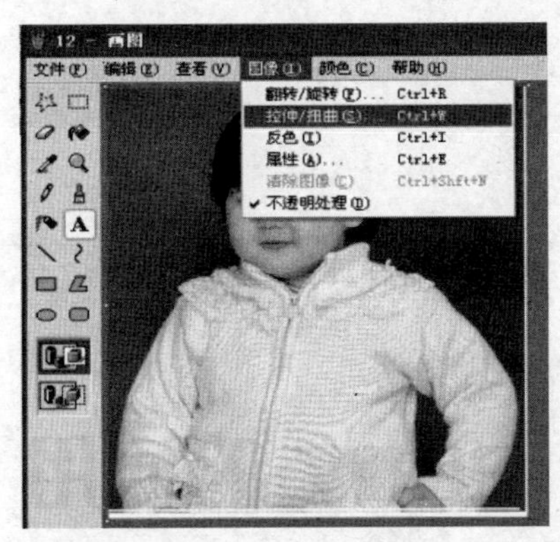

图 2-164 “修改”界面 1

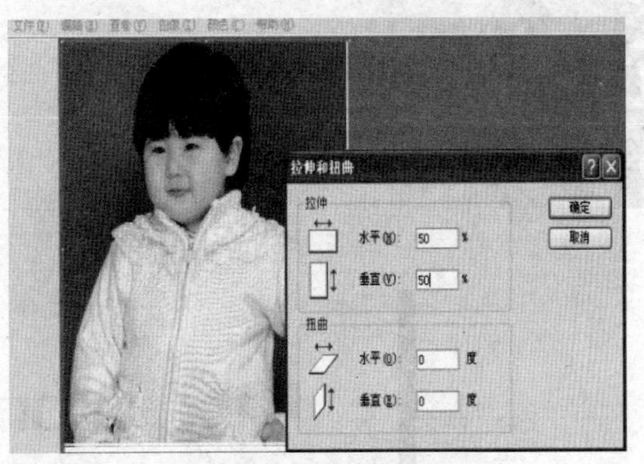

图 2-165 “修改”界面 2

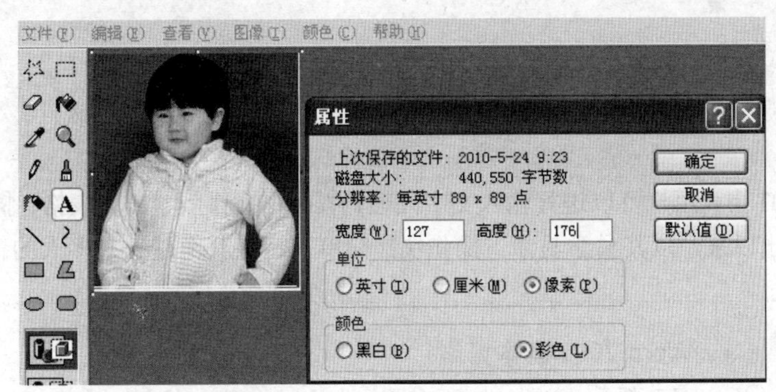

图 2-166 “保存图像”界面

拓展练习

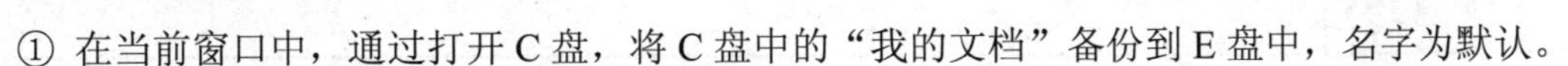

① 在当前窗口中，通过打开 C 盘，将 C 盘中的“我的文档”备份到 E 盘中，名字为默认。

② 利用开始菜单打开磁盘备份程序，将磁盘 E 盘做一次磁盘备份，将其备份到 D 盘下，名字为 DCH。

③ 在控制面板中打开日期/时间设置，将计算机的日期更改为 2010 年 5 月 28 日上午 8:00 整。

④ 利用“画图”工具、“写字板”工具制作一个小板报。

⑤ 安装 Photoshop CS3 软件在 Windows XP 系统上。

⑥ 把本机上的显卡、声卡、网卡驱动程序分别安装上。

单元 3

中文 Word 2007 的使用

Word 2007 是 Microsoft Office 套装软件中的一个功能强大的字处理软件，它内置了强大的功能。

在 Word 2007 中，用户可以进行输入文字处理、版面图文排版、制作表格、插入图片等操作。Word 2007 自推出以来，以其易学易懂、操作快捷简单等特点获得越来越多人的青睐。

本单元主要内容

- Word 2007 基本操作
- 文本编辑
- 文档的基本操作
- 插入图形、文本框和艺术字
- 排版文档
- 制作表格
- 文档打印

3.1 Word 2007 基本操作

在使用 Word 2007 之前，要先来了解熟悉 Word 2007 的基本操作。本节主要介绍的内容包括：如何启动 Word 2007、了解 Word 2007 窗口及怎样退出 Word 2007。

3.1.1 如何启动 Word 2007

启动 Word 2007，常用的方法有两种。

1. 利用“开始”菜单

单击“开始”→“程序”→Microsoft Office→Microsoft Office Word 2007（见图 3-1），即可打开开始菜单。

2．桌面快捷方式

在使用 Word 2007 之前，首先在桌面上创建 Microsoft Office Word 2007 快捷图标，用户只需双击该图标即可启动 Word 2007 软件。创建桌面快捷图标操作步骤如下。

① 单击“开始”按钮，鼠标指向“程序”菜单中的 Microsoft Office 中的 Microsoft Office Word 2007 命令。

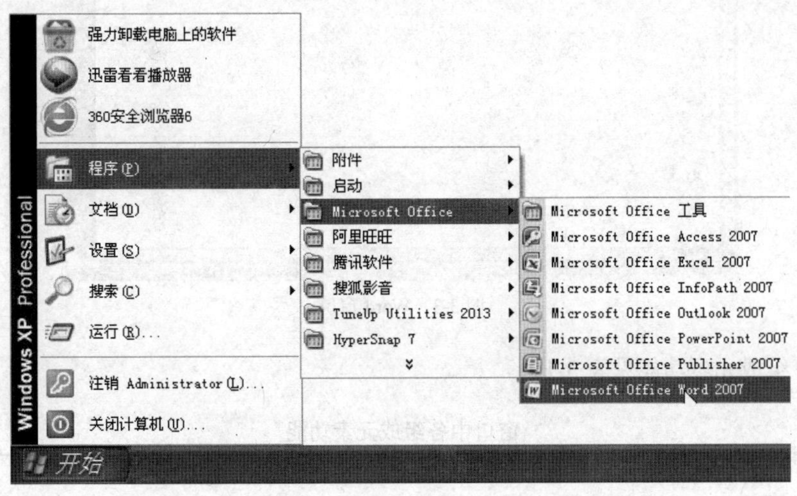

图 3-1 从“开始”菜单下启动 Microsoft Office Word 2007

② 单击鼠标右键选择“发送到”→“桌面快捷方式”，即可在桌面上创建启动 Word 的快捷图标，如图 3-2 所示。

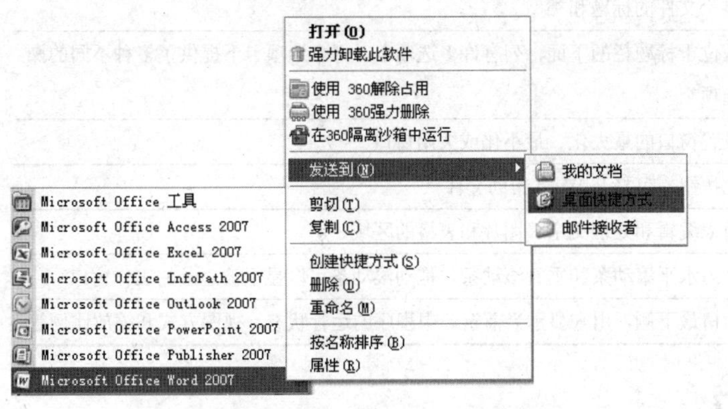

右键单击 Microsoft Office Word 2007 并发送到桌面

桌面上出现启动 Microsoft Office Word 2007 的快捷图标

图 3-2 创建快捷图标

3.1.2 了解 Word 2007 窗口

当启动 Word 2007 软件后，系统将会自动打开一个名为“文档 1”的 Word 文档，如图 3-3 所示。

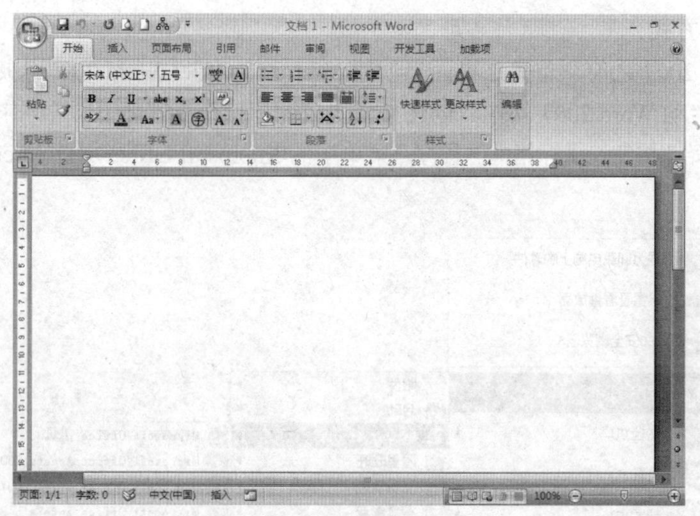

图 3-3 Word 窗口

窗口中各组成元素功能见表 3-1。

表 3–1 窗口中各组成元素功能

序号	名称	功能
1	Office 按钮	单击此按钮，在弹出的下拉菜单中可以对文档进行新建、保存、打印等各项操作
2	快速访问工具栏	集成了多个常用的按钮，单击其中的按钮可快速执行操作。用户可根据需要进行添加和修改
3	标题栏	用于显示文件的标题和类型
4	功能区	功能区位于标题栏的下面，列有许多选项卡，每个选项卡下提供了多种不同的操作设置选项
5	窗口操作按钮	用于设置窗口的最大化、最小化或关闭窗口
6	帮助按钮	单击此按钮，可打开 Word 帮助文件
7	文档编辑区	主要用来编辑和处理文字、图片和表格的区域
8	滚动区	一般分为水平滚动条和垂直滚动条，拖动滚动条可以显示被遮蔽的工作窗口
9	状态栏	位于窗口最下侧，用来显示当前窗口中程序的运行状态、视图方式和缩放比例等

3.1.3 如何退出 Word 2007

用户退出 Word 2007 的方法有多种，可使用以下几种方法中的一种。

① 选择“Office 按钮”菜单中的“退出 word(x)”命令。

② 选择“Office 按钮”菜单中的关闭按钮。

③ 直接单击 Word 标题栏右上角的“×”按钮。

如果用户在退出 Word 2007 时并未对文档进行过保存，系统就会出现一个消息询问对话框，提示用户是否想保存文档。单击“是”按钮，保存当前文档；单击“否”，则表示不保存当前文档，这样系统会直接退出 Word2007；而单击“取消”按钮，则表示即不保存文档也不退出 Word 2007。

3.2 文本编辑

在 Word 的强大功能中，编辑文本是最常使用的，为了能让文字内容看上去简洁、美观、漂亮，就需要用户掌握更好、更快的文本编辑方法。

3.2.1 输入文本

用户在 Word 中，一般常使用的文本包括文字、数字，以及插入的一些特殊符号。

当我们打开 Word 窗口后，窗口区会有一个闪动的黑竖线，称其为插入点。用户可以从插入点开始进行文字的输入，插入点也会随着输入的内容而改变位置，文字输入到行末时，Word 会自动换行。如果在输入一行的一半时就需要手动换行，可以按下键盘上的 Enter（回车）键来转到下一行，这时即另起一段。

【例 3–1】在 Word 中输入一段文字，并使用一些特殊符号。

① 输入一段文字，如图 3-4 所示。

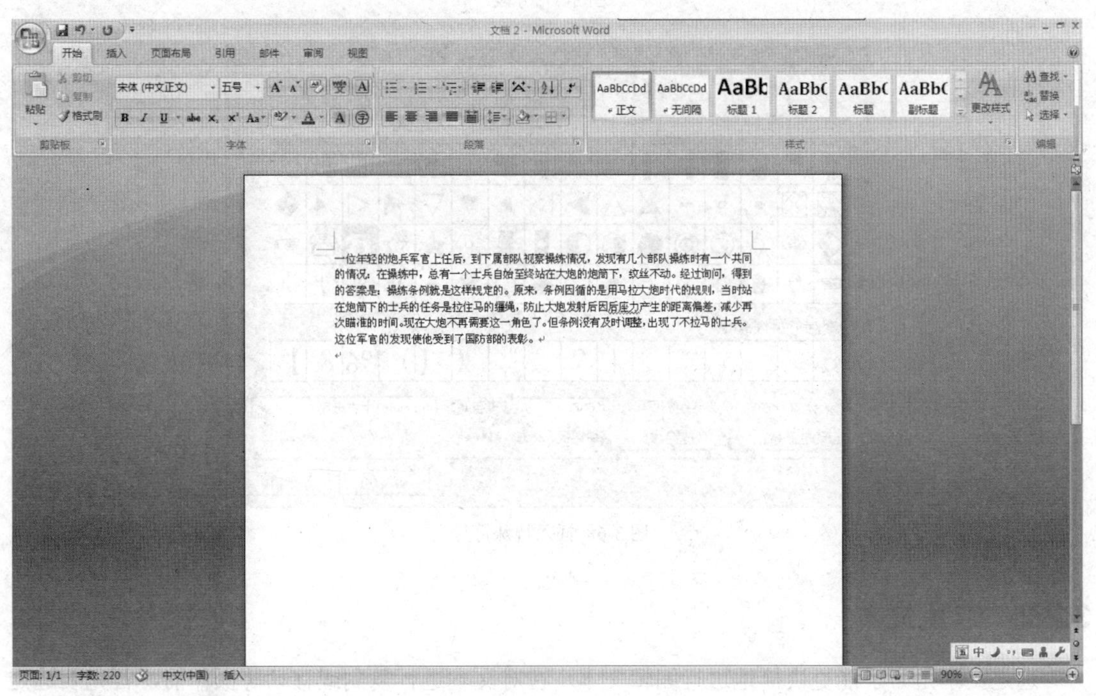

图 3-4 输入的文字

② 按 Enter 键，将段落分为两段，如图 3-5 所示。

③ 单击“插入”菜单中的“符号”中的“其他符号”命令，打开“符号”对话框，如图 3-6 所示。

④ 单击“插入”按钮，关闭对话框。

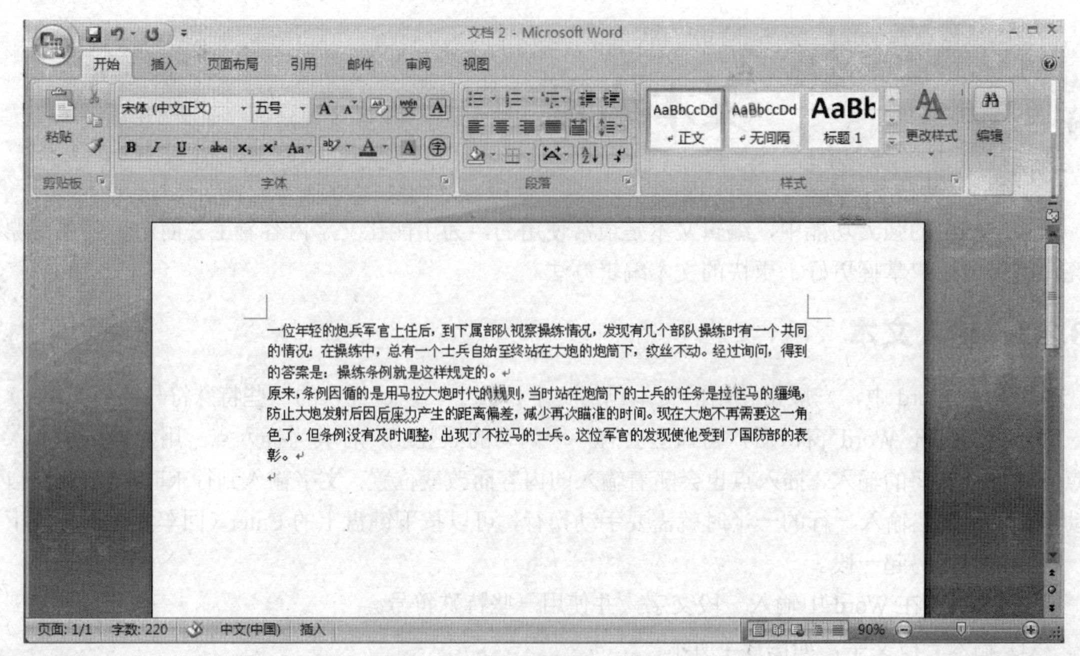

图 3-5　分段

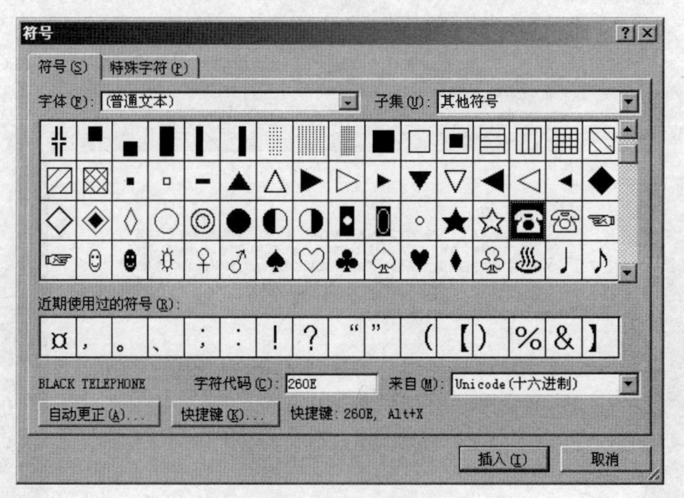

图 3-6　插入特殊符号

3.2.2　选定文本

选定文本是为了能更快捷地进行编辑文本，在对文本进行复制或移动等操作前，首先要选定文本。在 Word 中，可以选定一个字、一个词、一句话，也可以对整行选定，包括一个段落、一块不规则区域中的文本的选定，下面介绍几种选定文本的方法。

（1）拖动选择文本

在窗口工作区中，有一个“I”形光标。在 Word 中，用户可以通过这个光标来选定文本。

首先将“I”形光标放到要选定的文本的前面，按下鼠标左键，此时插入点出现在选定文本的前面，水平拖动“I”形光标到要选定文本的末端（注意，要水平拖动）。选定的文本会以黑色显示，如图 3-7 所示。

（2）选定一个词

如果要选定一个词，可将鼠标放在这个词（一句话必须要连贯）中，然后双击即可，如图 3-8 所示。

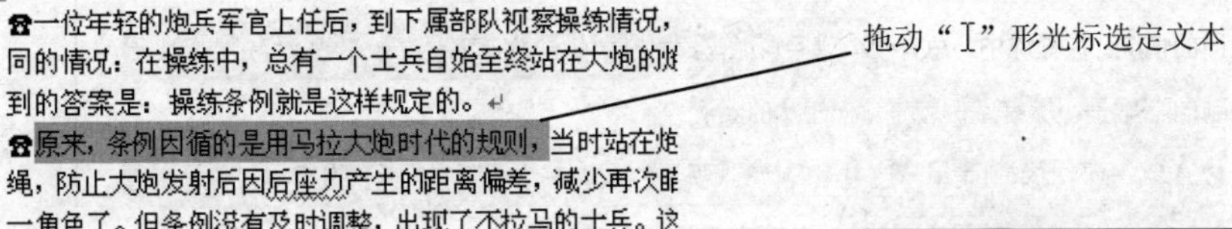

图 3-7 用拖动的方法选定文本

图 3-8 选定一个词

（3）选定一行文本

要选定一行，将鼠标移到窗口的最左端，不能跨过标尺的位置，当鼠标指针变成向右上方指的形状时，如图 3-9 所示，此时单击鼠标，就会选定一整行。

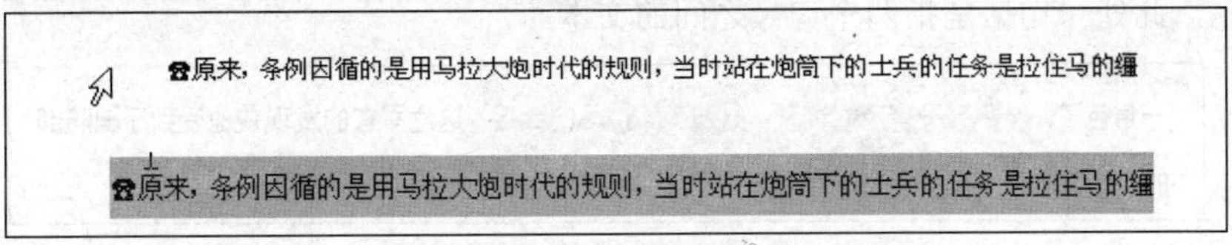

图 3-9 选定一行

（4）选定整段文本

将光标放在段落中的任意位置，然后在该段落上连续 3 击鼠标左键，这样整个段落即可被全部选中，如图 3-10 所示。

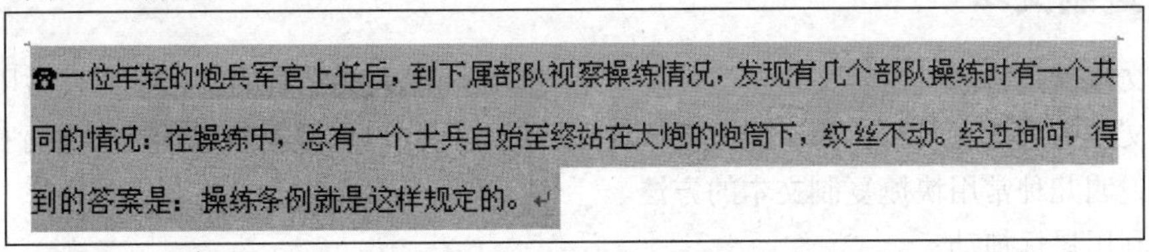

图 3-10 选定整段文本

（5）使用 Alt+鼠标选定一块文本

如果要选定一块文本，单用鼠标来选择是不能完成的。选定一块文本需要 Alt 键从旁协助。首先将光标放在文本的起始位置，然后按下键盘上的 Alt 键，之后按住鼠标左键，拖动到要选定的位置。这样就选定了矩形的一块了，如图 3-11 所示。

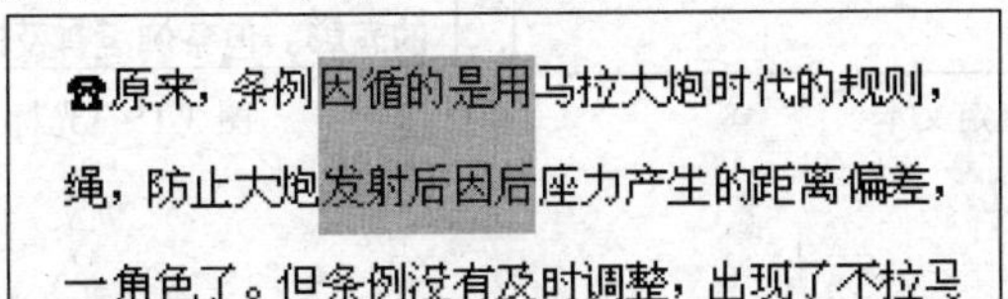

图 3-11 选定一块文本

（6）使用 Shift+鼠标选定任意文本

利用键盘上的 Shift 键与鼠标结合，可以选定任意文本。将光标放到要选定文本的起始位置，然后按下键盘上的 Shift 键，并且一直按住，然后用鼠标单击要选定文本的末尾位置。这样 Word 就将两个光标之间的规则或不规则的文本选定，如图 3-12 所示。或者用户也可以在按住 Shift 键的同时，按上、下、左、右方向键来选定任意文本。

同的情况：在操练中，总有一个士兵自始至终站在大炮的炮筒下，纹丝不动。经过询问，得到的答案是：操练条例就是这样规定的。

原来，条例因循的是用马拉大炮时代的规则，当时站在炮筒下的士兵的任务是拉住马的缰绳，防止大炮发射后因后座力产生的距离偏差，减少再次瞄准的时间。现在大炮不再需要这一角色了。但条例没有及时调整，出现了不拉马的士兵。这位军官的发现使他受到了国防部

图 3-12　使用 Shift 键和鼠标选定任意文本

（7）选定一句话

按住键盘上的 Ctrl 键，然后在要选定的一句话中的任意位置单击，即可将整句话都选定，如图 3-13 所示，此处一句话是指两个句号之间的文本。

一角色了。但条例没有及时调整，出现了不拉马的士兵。这位军官的发现使他受到了国防部的表彰。

图 3-13　选定一句话

（8）全选文本

若要将文档中所有的文本都选定，可按“Ctrl+A”组合键。

3.2.3　复制文本

复制文本就是将同一内容文本多次使用。此操作在处理大文字量的文档中比较常用。在 Word 中，复制文本的方法有多种，为了能方便快捷地应用，用户可以根据自己的习惯进行操作。

举例说明几种常用快捷复制文本的方法。

（1）利用鼠标拖动

①选定要复制的内容，如图 3-14 所示。

②按下 Ctrl 键不放，同时拖动选定的内容。

③拖到目标位置后，松开鼠标，如图 3-15 所示。

一角色了。但条例没有及时调整，出现了不拉马的士兵。

的表彰。

图 3-14　选定文本

一角色了。但条例没有及时调整，出现了不拉马的士兵。

的表彰。但条例没有及时调整，出现了不拉马的士兵。

图 3-15　光标位置出现复制的内容

（2）利用快捷键

① 选定要复制的内容。

② 按“Ctrl+C”组合键。

③ 将光标放到目标位置。

④ 按“Ctrl+V”组合键。

3.2.4 移动文本和删除文本

移动文本是将选定的文本移动到另外一个位置，从始至终只有一个被移动的内容，原内容位置文本将不在保留。

举例说明几种常用快捷的方法。

（1）利用鼠标拖动

① 选定要移动的内容。

② 在选定的内容上按住鼠标并拖动，鼠标变成形状。

③ 拖到目标位置后，松开鼠标。

（2）利用快捷键

① 选定要复制的内容。

② 按“Ctrl+X”组合键。

③ 将光标放到目标位置。

④ 按“Ctrl+V”组合键。

输入文本后，按“Back Space”键，可以删除光标前面的字符，按“Delete”键，可以删除光标后面或已经选中的字符。这是最简单删除少量字符的方法。

如果用户要删除大量的字符，首先要选定字符，之后选择“编辑”菜单中的“消除”或“剪切”命令，也可以按“Back Space”键或“Delete”键。

3.2.5 设置文字格式

在 Word 中输入文本内容时，系统默认格式为五号宋体。其实在 Word 的系统中并非只有五号宋体格式的字体，还有如初号、一号、二号等字体，字体有楷体、隶体、舒体、华文行楷或安装其他字体库中的字体等。

在 Word2007 中，修改文字格式最方便的方法就是通过“开始”功能区中的下拉列表。

1. 设置字体

① 选定文本。

② 单击“开始”按钮，选择字体组中的相关按钮进行设置，如图 3-16 所示。

③ 选择一种字体，选定的文本即可变成该字体，如图 3-17 所示。

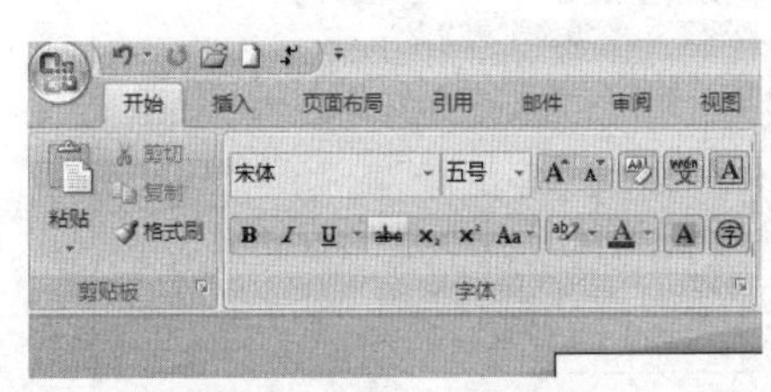

图 3-16 字体下拉列表

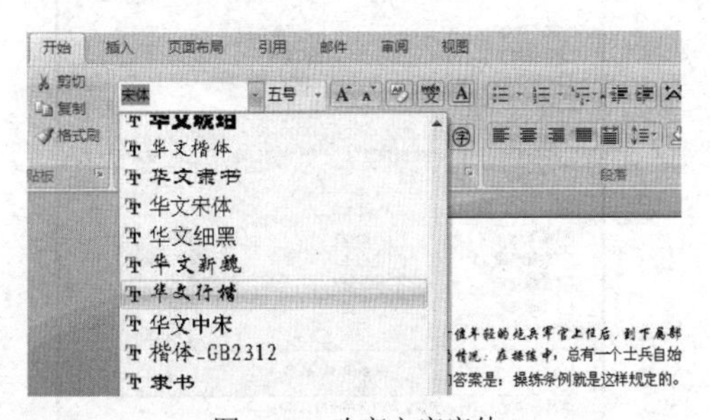

图 3-17 改变文字字体

2. 设置字号

字号指的就是文字的大小。

① 选定文本。

② 单击“开始”按钮功能区中字号右端的下拉按钮，打开下拉列表，从中选择一种字号，即可调整文字的大小，如图3-18所示。

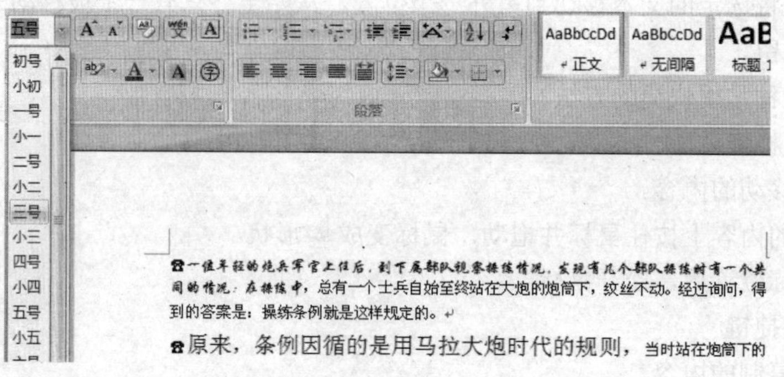

图3-18 调整文字大小

3．修改字形

字形是指附加给文本的一种属性，如加粗、下画线、斜体、加边框等。

① 选定文本。

② 单击B按钮（快捷键“Ctrl+B”），可以使选定的文本加粗显示。

③ 单击I按钮（快捷键“Ctrl+I”），可以使选定的文本倾斜显示。

④ 单击U按钮（快捷键“Ctrl+U”），可以为文本加下画线。

⑤ 单击A按钮，可以为文本加边框。

⑥ 单击A按钮，可以为文本加底纹。

效果图如图3-19所示。

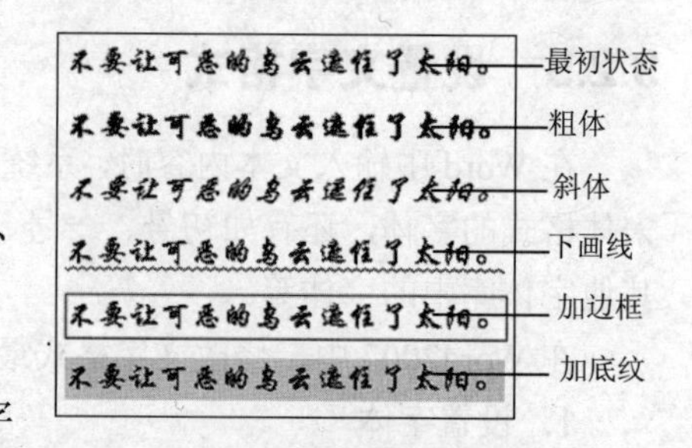

图3-19 修改文本字形的效果图

另外，用户可以利用“字体”对话框，同时修改字体、字形和字号。具体操作步骤如下。

① 选定文本。

② 单击“开始”功能区中的“字体”命令，打开“字体”对话框，如图3-20所示。

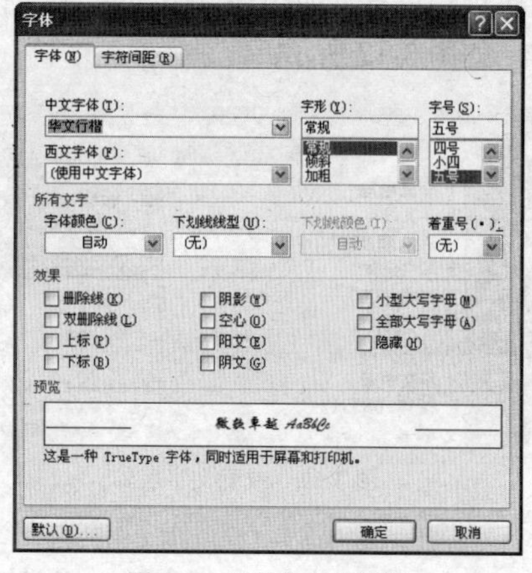

图3-20 “字体”对话框

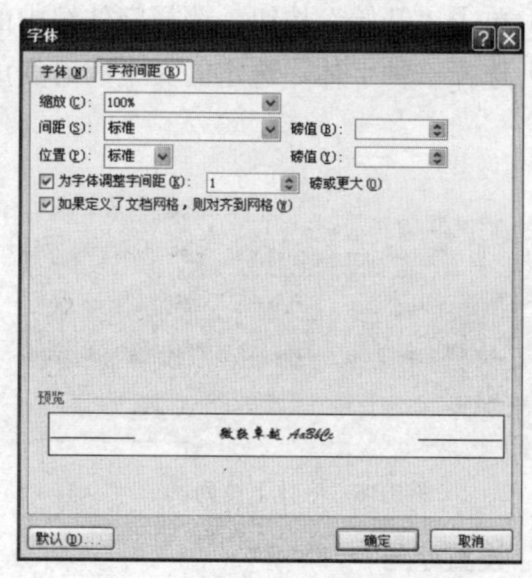

图3-21 “字符间距”选项卡

③ 单击“中文字体”右端的下拉按钮，打开下拉列表，从中可以选择字体。

④ 在“字形”框中可以选择文字的字体。

⑤ 在“字号”框中可以选择文字的字号。

⑥ 单击“下画线”框右端的下拉按钮，打开下拉列表，从中可以选择下画线类型。

⑦ 单击“颜色”框右端的下拉按钮，打开下拉列表，从中可以选择文字的颜色。

⑧ 在“效果”框中可以设置文字的效果，如上标、下标、阳文等。

⑨ 在“预览”框中可以预览到设置的效果。设置完成后，单击“确定”按钮。

单击“字体”对话框中的“字符间距”标签，打开“字符间距”选项卡，如图 3-21 所示。

在此选项卡的“缩放”框中输入数值，可以设置文字的缩放比例；选择“间距”框中的选项，如加宽、紧缩，可以设置文字间的距离；在“位置”框中，可以设置选定文本的位置，如提升或降低。

3.2.6 设置段落格式

输入一段内容后，用户可以对整段内容进行编辑。单击“开始”功能区中的“段落”按钮，打开“段落”对话框，如图 3-22 所示。通过该对话框，用户可以设置段落缩进、段间距、行距及对齐方式等属性。

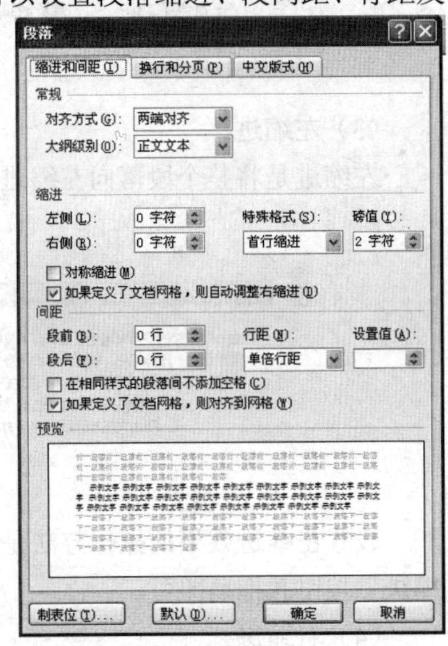

图 3-22 “段落”对话框

1. 设置段落缩进

段落缩进是指将段落中的首行或其他行向内缩进一段距离，以使文档看上去更加清晰美观。

在 Word 中，用户可以设置首行缩进、悬挂缩进、左缩进及右缩进。

设置段落缩进，用户可以通过“段落”对话框中的“缩进”来完成，也可以通过“标尺”上的段落缩进按钮来缩进文本。

标尺上共有 4 个缩进按钮，如图 3-23 所示。

（1）首行缩进

首行缩进是将段落的第一行向内缩进。用户可以在“段落”对话框上的“缩进”框中输入缩进的数值，之后单击“确定”按钮。

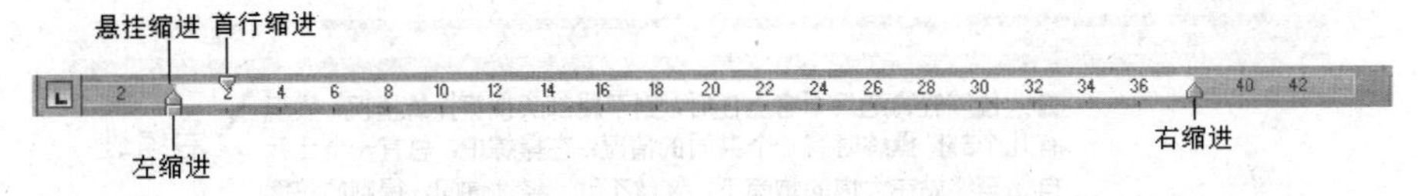

图 3-23 缩进按钮

利用标尺上的缩进按钮设置首行缩进的具体操作步骤如下。

① 首先将光标放到要首行缩进的行中。

② 单击“首行缩进”按钮并拖动，即可设置首行缩进，如图 3-24 所示。

按住“Alt”键的同时拖动首行缩进按钮，可以进行微调。

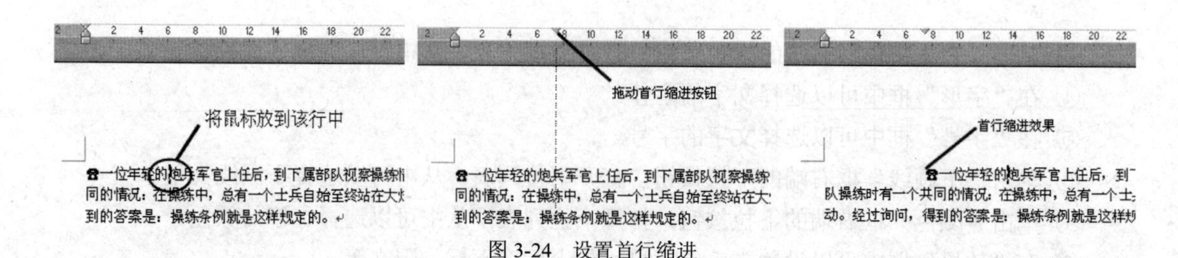

图 3-24　设置首行缩进

（2）悬挂缩进

悬挂缩进是指除了段落的第一行外其他行都向内缩进一定的距离。

设置悬挂缩进效果的具体操作步骤如下。

① 将光标放到要设置悬挂缩进的段落中。

② 单击标尺上的“悬挂缩进”按钮并拖动，效果如图 3-25 所示。

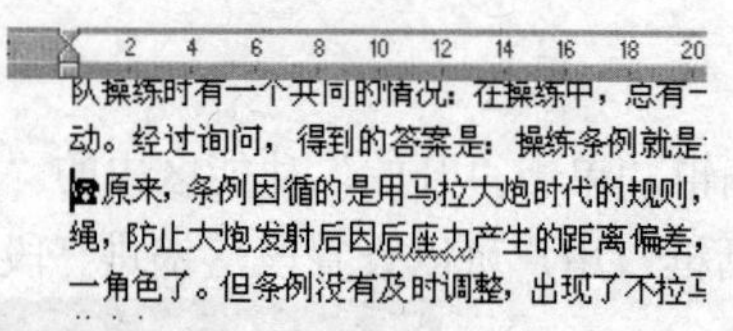

图 3-25　悬挂缩进效果图

（3）左缩进

左缩进是将整个段落向左缩进一定的距离，效果图如图 3-26 所示。

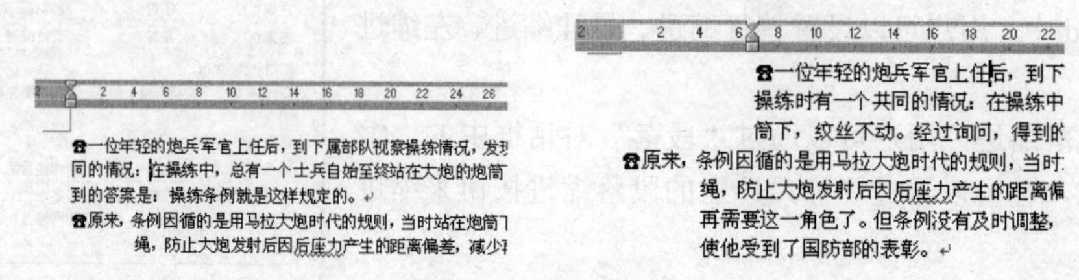

图 3-26　左缩进效果图

设置左缩进效果的操作方法是：将光标放到要设置左缩进的段落中，然后单击标尺上的“左缩进”按钮并拖动即可。

（4）右缩进

右缩进是将整个段落向右缩进一定的距离，效果图如图 3-27 所示。

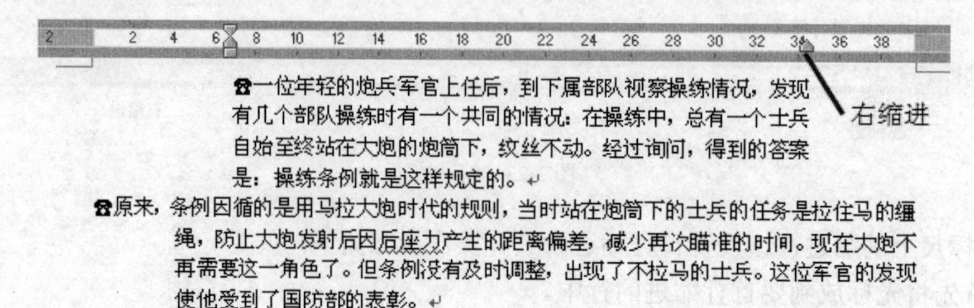

图 3-27　右缩进效果图

2．设置段间距

段间距是指段落与段落之间的距离，防止用户在对文本编辑时易乱、混淆，让段落清晰明了。设置段间距的具体操作步骤如下。

① 将光标放到要调整段间距的段落。

② 单击“格式”菜单中的“段落”命令，打开“段落”对话框。

③ 在“段前”、“段后”框中输入数值，即可调整段间的距离，如图 3-28 所示。

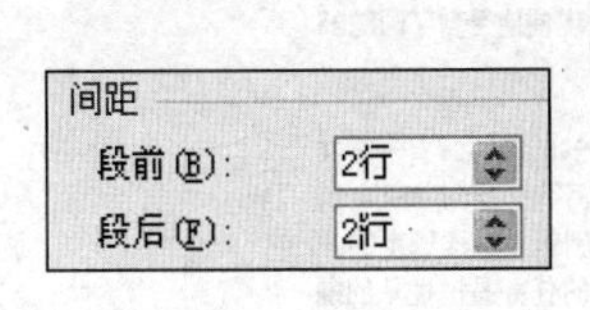

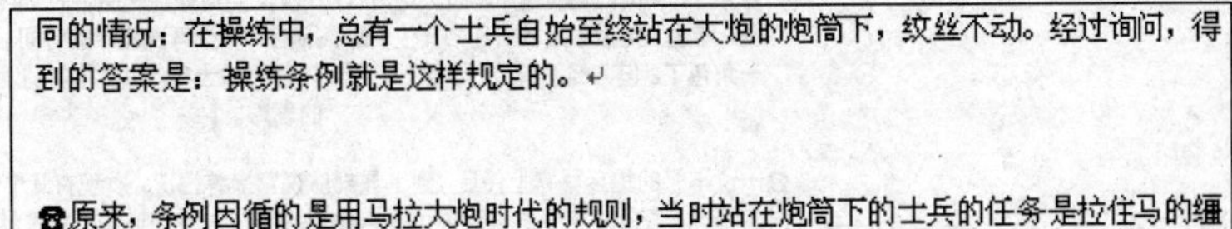

同的情况：在操练中，总有一个士兵自始至终站在大炮的炮筒下，纹丝不动。经过询问，得到的答案是：操练条例就是这样规定的。↵

☎原来，条例因循的是用马拉大炮时代的规则，当时站在炮筒下的士兵的任务是拉住马的缰绳，防止大炮发射后因后座力产生的距离偏差，减少再次瞄准的时间。现在大炮不再需要这

图 3-28 设置段间距效果图

3．设置行距

行距是指段落中行与行之间的距离。

设置行距的具体操作步骤如下。

① 将光标放到要设置行距的段落中。

② 单击“开始”功能区中的“段落”按钮，打开“段落”对话框。

③ 单击“行距”框右端的下拉按钮，打开下拉列表，如图 3-29 所示。

④ 从中选择一种行距，单击“确定”按钮，“行距”效果图如图 3-30 所示。

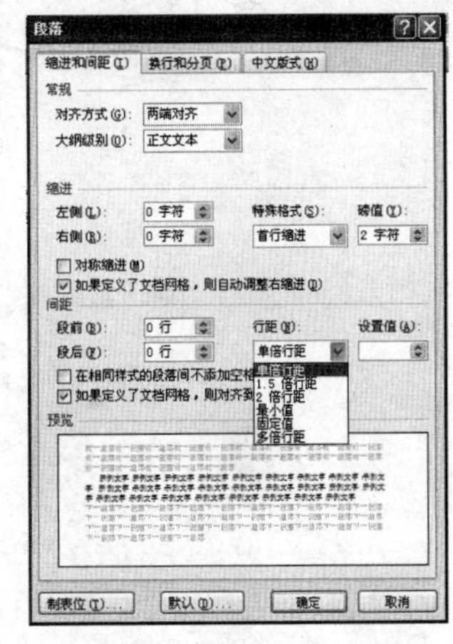

图 3-29 “行距”下拉列表

4．设置对齐方式

对齐方式在 Word 排版过程中起到了非常重要的作用。通过对齐方式，可以使文档看上去更加整齐。

☎原来，条例因循的是用马拉大炮时代的规则，当时站在炮筒

绳，防止大炮发射后因后座力产生的距离偏差，减少再次瞄准

一角色了。但条例没有及时调整，出现了不拉马的士兵。这位

的表彰。

图 3-30 行距效果图

Word 为用户提供了 5 种对齐方式：左对齐、居中对齐、右对齐、两端对齐和分散对齐。设置对齐方式，用户可以通过选择“段落”对话框中的“对齐方式”框来完成。

另外，还有一种更简单的对齐文本的方法，就是通过单击“对齐”按钮来完成。在“开始”功能区的“段落”组中，有 5 个按钮也是用来设置文本对齐方式的，它们是：（左对齐）、（居中对齐）、（右对齐）、（两端对齐）和（分散对齐）。选定文本后，单击相应的段落对齐按钮即可。

对齐效果图如图 3-31 所示。

左对齐

一位年轻的炮兵军官上任后，到下属部队视察操练情况，发现有几个部队操练时有一个共同的情况：在操练中，总有一个士兵自始至终站在大炮的炮筒下，纹丝不动。经过询问，得到的答案是：操练条例就是这样规定的。

原来，条例因循的是用马拉大炮时代的规则，当时站在炮筒下的士兵的任务是拉住马的缰绳，防止大炮发射后因后座力产生的距离偏差，减少再次瞄准的时间。现在大炮不再需要这一角色了。但条例没有及时调整，出现了不拉马的士兵。这位军官的发现使他受到了国防部的表彰。

居中对齐

一位年轻的炮兵军官上任后，到下属部队视察操练情况，发现有几个部队操练时有一个共同的情况：在操练中，总有一个士兵自始至终站在大炮的炮筒下，纹丝不动。经过询问，得到的答案是：操练条例就是这样规定的。

原来，条例因循的是用马拉大炮时代的规则，当时站在炮筒下的士兵的任务是拉住马的缰绳，防止大炮发射后因后座力产生的距离偏差，减少再次瞄准的时间。现在大炮不再需要这一角色了。但条例没有及时调整，出现了不拉马的士兵。这位军官的发现使他受到了国防部的表彰。

右对齐

一位年轻的炮兵军官上任后，到下属部队视察操练情况，发现有几个部队操练时有一个共同的情况：在操练中，总有一个士兵自始至终站在大炮的炮筒下，纹丝不动。经过询问，得到的答案是：操练条例就是这样规定的。

原来，条例因循的是用马拉大炮时代的规则，当时站在炮筒下的士兵的任务是拉住马的缰绳，防止大炮发射后因后座力产生的距离偏差，减少再次瞄准的时间。现在大炮不再需要这一角色了。但条例没有及时调整，出现了不拉马的士兵。这位军官的发现使他受到了国防部的表彰。

两端对齐

一位年轻的炮兵军官上任后，到下属部队视察操练情况，发现有几个部队操练时有一个共同的情况：在操练中，总有一个士兵自始至终站在大炮的炮筒下，纹丝不动。经过询问，得到的答案是：操练条例就是这样规定的。

原来，条例因循的是用马拉大炮时代的规则，当时站在炮筒下的士兵的任务是拉住马的缰绳，防止大炮发射后因后座力产生的距离偏差，减少再次瞄准的时间。现在大炮不再需要这一角色了。但条例没有及时调整，出现了不拉马的士兵。这位军官的发现使他受到了国防部的表彰。

分散对齐

一位年轻的炮兵军官上任后，到下属部队视察操练情况，发现有几个部队操练时有一个共同的情况：在操练中，总有一个士兵自始至终站在大炮的炮筒下，纹丝不动。经过询问，得到 的 答 案 是 ： 操 练 条 例 就 是 这 样 规 定 的 。

原来，条例因循的是用马拉大炮时代的规则，当时站在炮筒下的士兵的任务是拉住马的缰绳，防止大炮发射后因后座力产生的距离偏差，减少再次瞄准的时间。现在大炮不再需要这一角色了。但条例没有及时调整，出现了不拉马的士兵。这位军官的发现使他受到了国防部的 的 表 彰 。

图 3-31 几种不同方式的对齐效果

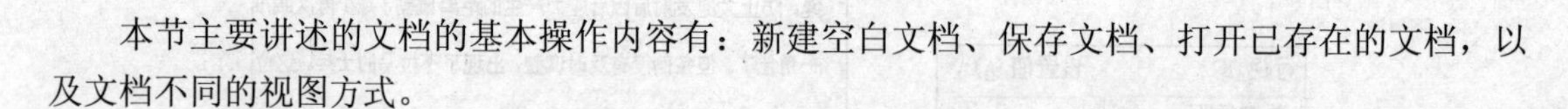

3.3 文档的基本操作

本节主要讲述的文档的基本操作内容有：新建空白文档、保存文档、打开已存在的文档，以及文档不同的视图方式。

3.3.1 新建文档

在进行文本输入与编辑之前，我们所要做的就是新建一个文档。用户在每次启动 Word 时，系统就自动地为用户创建一个名为“文档 1”的空白文档。此时用户即可直接输入内容。

在已有文档的基础上，用户可以建立新的文档，方法有多种，比较常用的有以下几种。

① 单击“Office 按钮”中的“新建”命令，将会打开“新建”对话框，如图 3-32 所示。选择“空白文档”，单击“创建”按钮即可。

② 按“Ctrl+N”组合键。

③ 通过快速访问工具栏创建文档。

通过这 3 种方法，可以直接创建出空白文档。

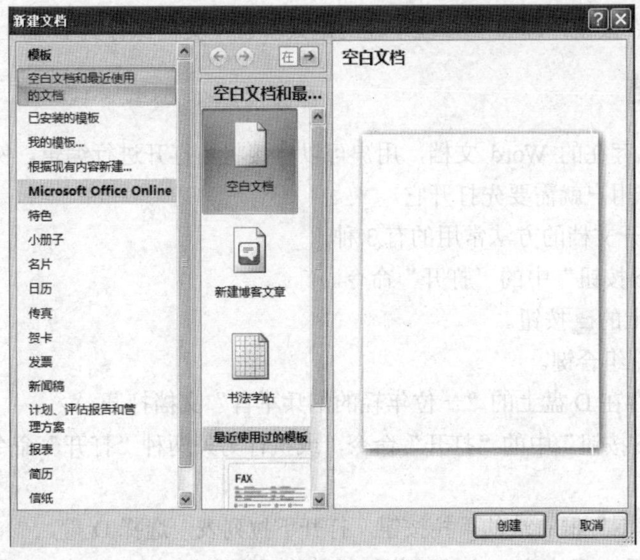

图 3-32 “新建”对话框

3.3.2 保存文档

设置好的文档，用户可以将其保存起来，以后可以再次打开进行编辑。保存文档是将编辑好的文档保存到硬盘上，保存之后，可以随时打开进行编辑。

保存的方法也有多种，比较常用的有下面几种。

① 单击“Office 按钮”中的“保存”命令。

② 单击工具栏上的保存按钮。

③ 按“Ctrl+S”组合键。

【例 3-2】将图 3-33 所示的文档保存在 D 盘上。

① 按“Ctrl+S”组合键，或执行其他的保存命令，打开“另存为”对话框。

② 单击“保存位置”右端的下拉按钮，选择 D 盘。

③ 在“文件名”框中输入保存名称，此例的保存名称为“一位年轻的炮兵军官”，如图 3-34 所示。

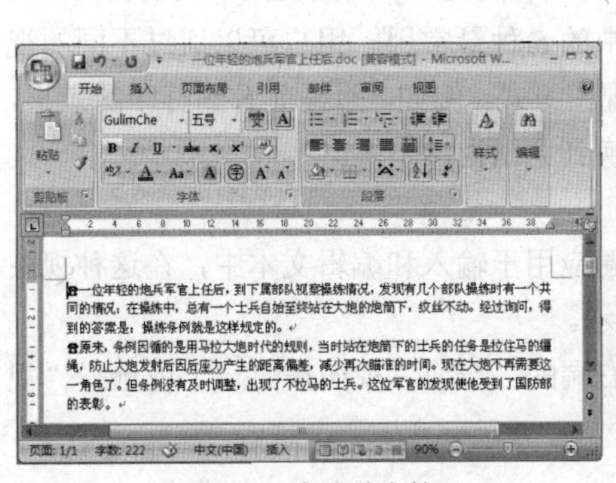

图 3-33 保存该文档

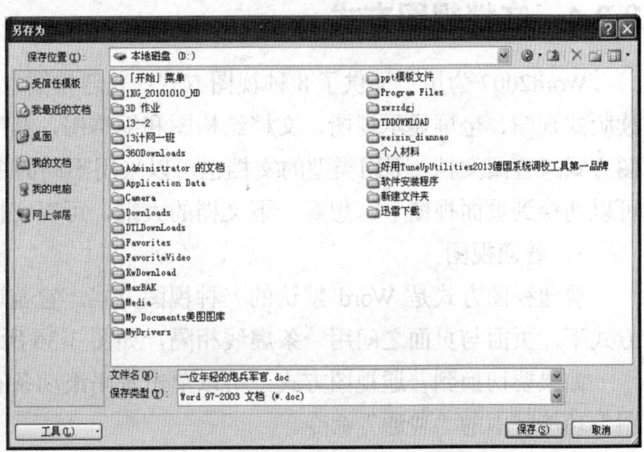

图 3-34 “另存为”对话框

④ 单击“保存”按钮，即将“一位年轻的炮兵军官”文档保存到 D 盘上。

3.3.3 打开文档

如果系统中有已存在的 Word 文档，用户可以直接将其打开进行编辑，例如，要对刚保存过的文件进行再编辑，用户就需要先打开它。

在 Word 中，打开文档的方法常用的有 3 种。

① 单击“Office 按钮”中的“打开”命令。

② 单击工具栏上的按钮。

③ 按“Ctrl+O”组合键。

【例 3-3】将保存在 D 盘上的“一位年轻的炮兵军官”文档打开。

① 单击“Office 按钮”中的“打开”命令，或执行另外两种“打开”命令，屏幕上出现“打开”对话框。

②单击“查找范围”框右端的下拉按钮，打开下拉列表，选择 D 盘。

③ 这时我们发现 D 盘中有一个“一位年轻的炮兵军官”Word 文档，如图 3-35 所示。

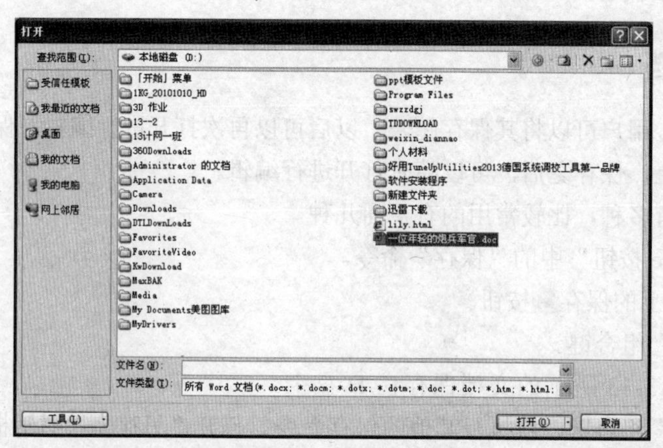

图 3-35 “打开”对话框

④ 选定文档，单击“打开”按钮，即可打开该文档。

3.3.4 文档视图方式

Word2007 为用户提供了 8 种视图方式：普通视图、Web 版式视图、页面视图、大纲视图、阅读版式视图、全屏显示视图、文档结构图和缩略图，其中的 5 种最常用。用户可以通过不同的视图方式来查阅文档。不同类型的文档也可以采用不同的视图方式。例如，想提前看到打印的效果，可以切换到页面视图下，想看一下文档的大纲，可以切换到大纲视图下等。

1. 普通视图

普通视图方式是 Word 默认的一种视图方式。它普遍应用于输入和编辑文本中，在这种视图方式下，页面与页面之间用一条虚线相隔，如图 3-36 所示。

如果要切换到普通视图方式，可以单击水平滚动条右端的“普通”视图按钮，或选择“视图”功能区中的“普通”命令。

2．页面视图

在页面视图方式下，用户看到的样子与打印效果相同。另外，在此视图下可以显示含有页眉、页脚等复杂格式的内容。它与普通视图方式不同的是：在页面视图下，可以看到页面的边缘，如图 3-37 所示。

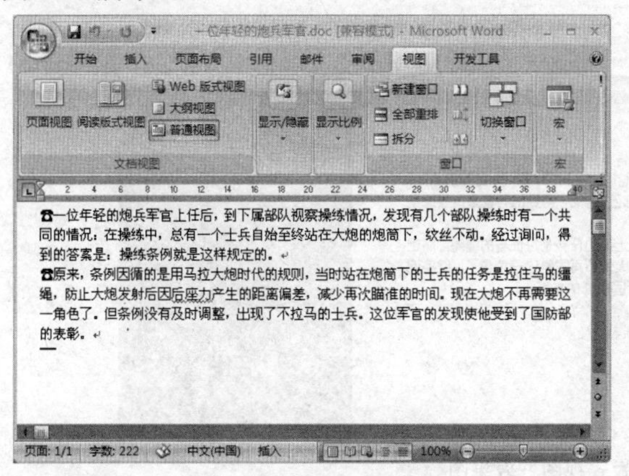

图 3-36 普通视图方式

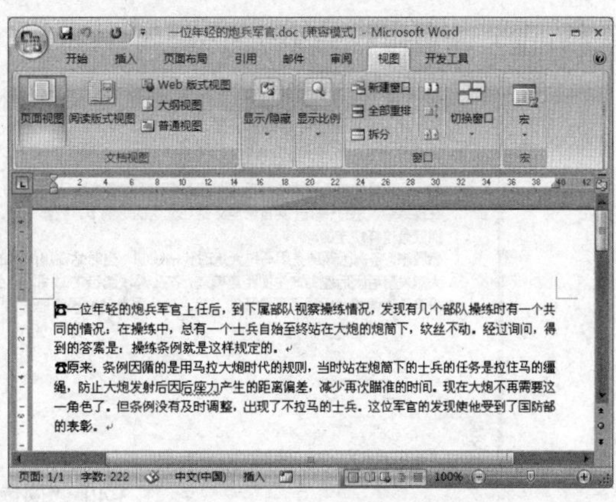

图 3-37 页面视图方式

要切换到页面视图方式，可单击水平滚动条右端的“页面”视图按钮，或单击“视图”功能区中的“页面视图”按钮。

3．大纲视图

在大纲视图方式下，可以只查看标题。在此视图方式下，将会显示出“大纲”工具栏，如图 3-38 所示。通过它可以更全面、更具体地查看大纲的详细内容。单击大纲工具栏上的 1、2、3……按钮，可查看不同的层级。

如果要切换到大纲视图，可以单击水平滚动条右端的“大纲”视图按钮，或选择“视图”菜单中的“大纲”选项。

4．Web 版式视图

Web 版式视图是显示文档在 Web 浏览器中的外观图形。用户可以看到背景和为适应窗口而换行显示的文本，且图形位置与在 Web 浏览器中的位置一致，如图 3-39 所示。

如果要切换到 Web 版式视图，可以单击水平滚动条右端的“Web 版式”按钮，或选择“视图”菜单中的“Web 版式”选项。

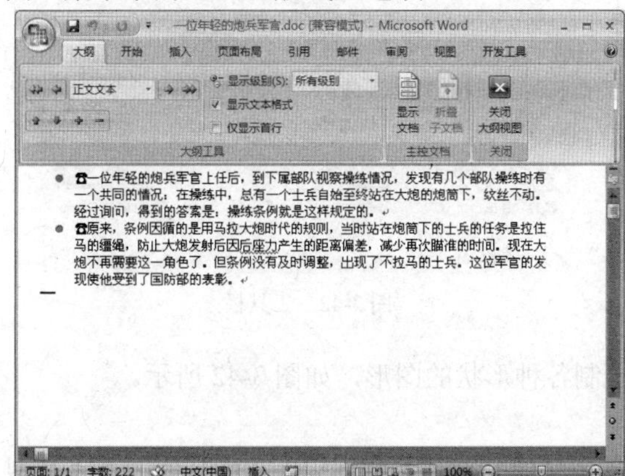

图 3-38 大纲视图

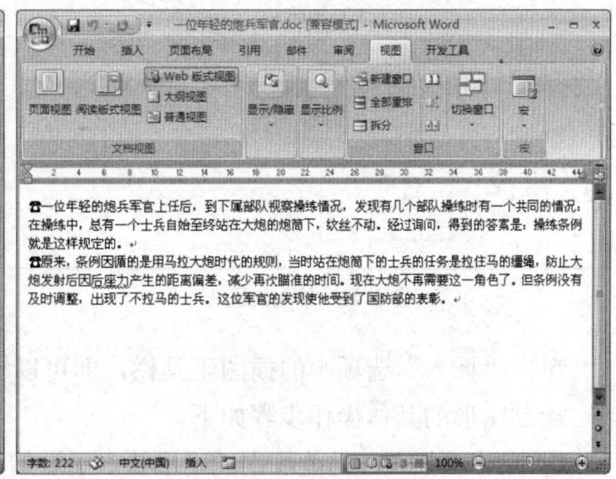

图 3-39 Web 版式视图

5．阅读版式视图

“阅读版式视图”是 Word 的一种视图显示方式，阅读版式视图以图书的分栏样式显示 Word 文档，“文件”按钮、功能区等窗口元素被隐藏起来。在阅读版式视图中，用户还可以单击“工具”按钮选择各种阅读工具。选择“视图”菜单中的“阅读版式视图”命令，可以切换到“阅读版式视图”下，如图 3-40 所示。

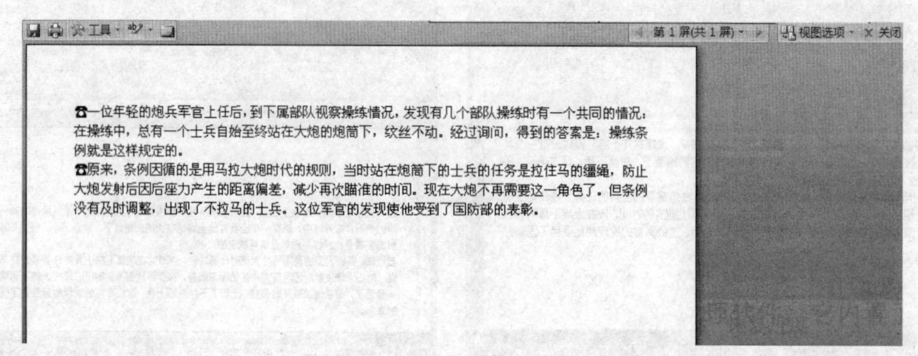

图 3-40 “阅读版式视图”效果图

如果要退出“阅读版式视图”，可单击窗口中出现的“关闭”按钮，或按键盘上的“Esc”键。

3.4 插入图形、文本框和艺术字

为了使文章内容更丰富多彩，避免出现枯燥乏味的冗长文字。用户可以在文档中插入一些相关图片信息，此外用户还可以在文档中插入文本框和艺术字。

3.4.1 绘制图形

在 Word 中，用户可以绘制不同的图形，如直线、曲线、流程图及各种标注等，如图 3-41 所示的各种图形。

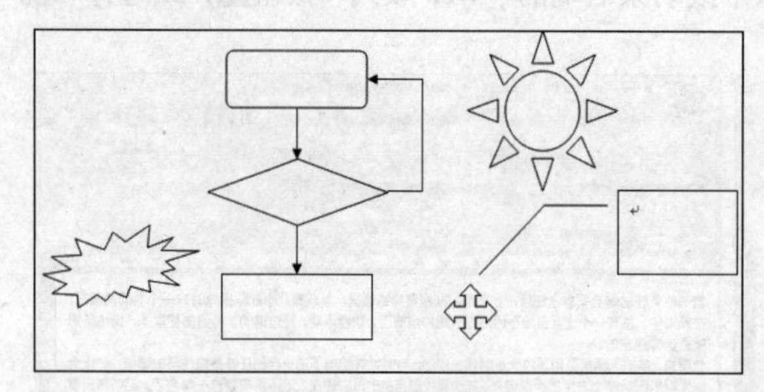
图 3-41 绘制的图形

图 3-42 工具栏

单击“插入”选项中的插图工具栏，即可以绘制各种形状的图形，如图 3-42 所示。

绘制图形的具体操作步骤如下。

① 单击“插入”功能区中的“形状”下端的下拉按钮，打开下拉列表，其中列出的图表类型

有：线条、基本形状、箭头总汇、流程图、星与旗帜和标注等。用鼠标指向其中的某个类型，会出现相应的“形状”下拉列表，如图 3-43 所示。

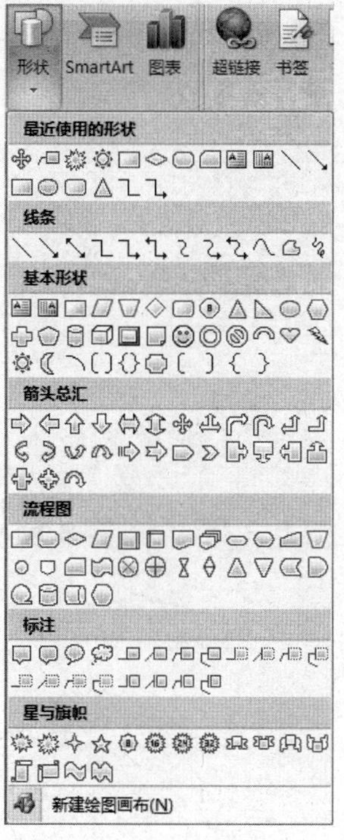

图 3-43 “形状”下拉列表

② 选择一种图形，在空白处单击鼠标左键并拖动，即可绘制出图形。

3.4.2 插入图片

在 Word 中，系统自带了一些剪贴画，用户可以插入到文档中使用。另外，也可以从电脑中保存在文件夹中的图片选择一些需要的进行插入。

1．插入剪贴画

① 将光标放到要插入图片的位置，单击“插入”选项中的“插图”命令，选择“剪贴画”命令，打开如图 3-44 所示的“插入剪贴画”对话框。

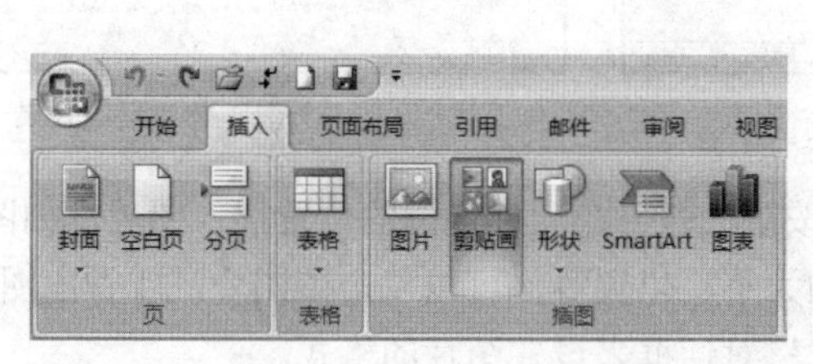

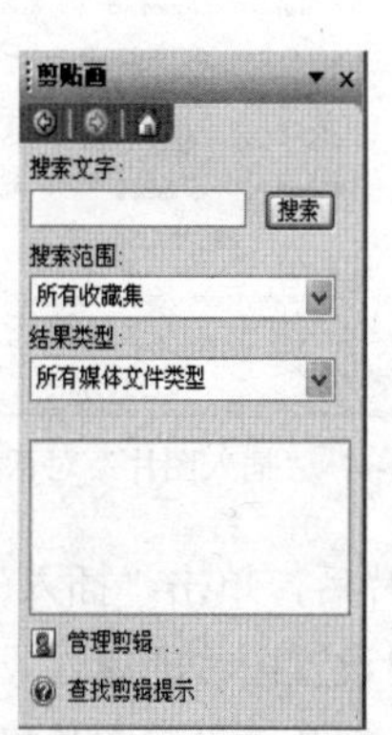

图 3-44 “插入剪贴画”对话框

② 单击“搜索”，即可打开所包含的剪贴画，如图 3-45 所示。

③ 单击要插入的剪贴画，就可在光标处看到该图片了，如图 3-46 所示。

图 3-45 插入剪贴画

图 3-46 在光标处插入图片

2. 插入文件中的图片

① 将光标放到要插入图片的位置。

② 单击“插入”功能区中的“图片”按钮，打开“插入图片”对话框，可找到想要插入图片的文件夹，如图 3-47 所示。

③ 选定文件夹中的图片，在对话框上可以使用预览效果方式查看要插入的图片，如图 3-48 所示。

图 3-47 “插入图片”对话框

图 3-48 预览效果

④ 选定图片后，单击“插入”按钮，即可在光标定位的位置插入图片，如图 3-49 所示。

如果用户要设置图片的属性，如大小、位置等，可以双击该图片，或右击图片选择“设置图片格式”命令，打开“设置图片格式”对话框来设置图片的格式。

图 3-49 插入来自文件的图片

3.4.3 插入文本框

我们在使用 Word 的过程中，有时需要在文档中插入文本框，文本框有很多用处，比如插入文字、更改文字方向、文本框的链接等，在我们日常的工作和学习中文本框的用处很大。所谓文本框，就是用来输入文字的一个矩形方框，用户可以插入横排文本，即文本横向显示，也可以插入竖排文本，即文本竖向显示。

插入文本框的具体操作步骤如下。

① 单击“插入”功能区中的文本工具栏上的文本框命令即可插入（横排文本）、（竖排文本）。

② 在需要添加文本框的位置单击或拖动鼠标，就可出现一个空文本框，如图 3-50 所示。

③ 在插入文本框后，就可在文本框的光标处输入文字了。两种效果如图 3-51 所示。

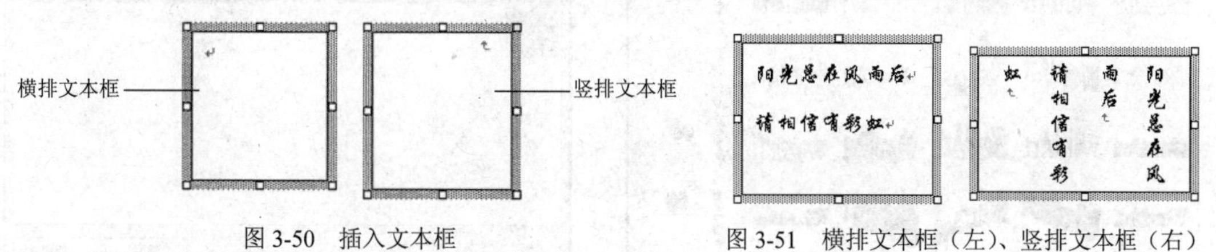

图 3-50 插入文本框　　图 3-51 横排文本框（左）、竖排文本框（右）

如果插入的文本框大小不合适，或者插入的字显示不出来，就可通过拖动其 8 个控制点调整即可。

此外，用户还可设置文本框的属性，只需将鼠标在文本框上双击即可在弹出的“设置文本框格式”对话框中进行设置，如图 3-52 所示。

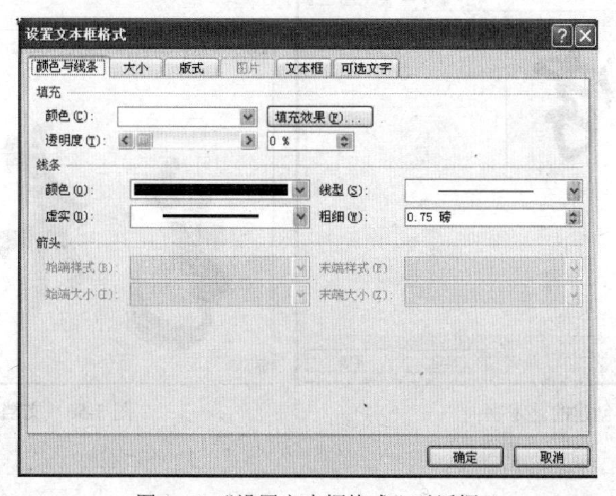

图 3-52 “设置文本框格式”对话框

3.4.4 插入艺术字

在 Word 2007 中所插入的艺术字其实是一种图片化了的文字。艺术字可以产生一种立体感的视觉效果，插入艺术字在优化版面方面起到了非常重要的作用。

插入艺术字的具体操作步骤如下。

① 选择“插入”菜单中的“文本”命令，选择其子菜单中的“艺术字”命令，打开如图 3-53 所示的“艺术字库”对话框。

② 在“艺术字库”对话框中单击一种艺术字的样式，然后单击“确定”按钮，这时就会出现如图 3-54 所示的“编辑艺术字文字”对话框。

③ 在“文字”框内输入想要创建的文字。此处我们输入“艺术字”。

④ 在“字体”下拉列表中选择艺术字的字体。此处选择“华文行楷”。

⑤ 在“字号”下拉列表中选择艺术字的字号。此处选择 80，效果如图 3-55 所示。

⑥ 设置完成后，单击“确定”按钮，如图 3-56 所示。

图 3-53 “艺术字库”对话框

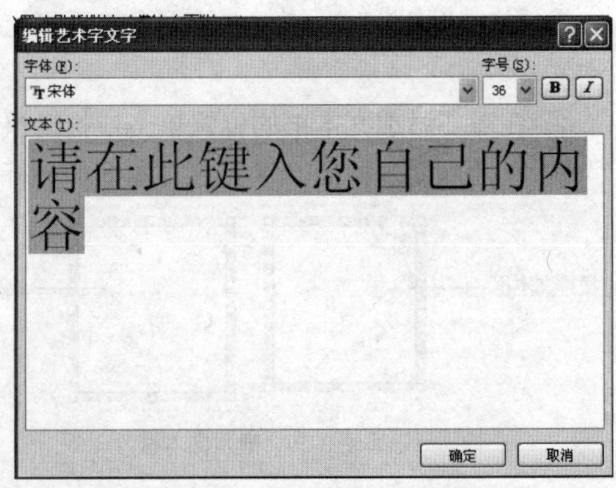

图 3-54 “编辑艺术字文字”对话框

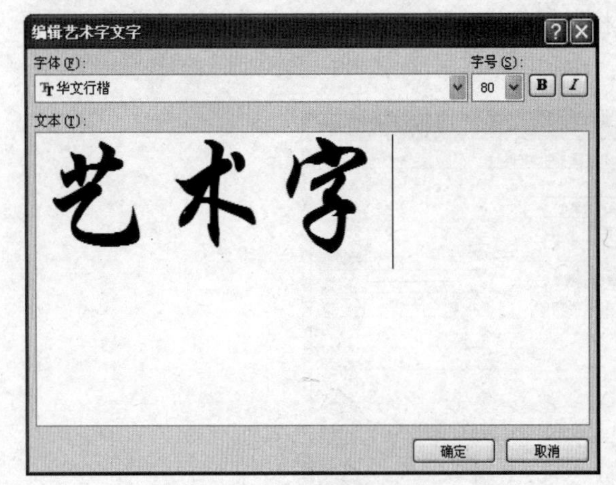

图 3-55 创建的艺术字

图 3-56 文档中艺术效果

3.5 排版文档

文档输入完以后，还要对文档进行格式的设置，包括页面格式化、字符格式化和段落格式化等，以使其美观和便于阅读。例如设置首字下沉、分栏排版文档，以及图文混排等操作。

3.5.1 设置首字下沉

首字下沉是在报刊或杂志中所常见的，首字下沉起到了使文档醒目的作用，从而达到强化的特殊效果。

在 Word 中，将首字下沉的方法很简单，其操作步骤如下。

① 将光标插入要设置首字下沉的段落中，如图 3-57 所示。

② 单击“插入”功能区中“文本”组里的“首字下沉”按钮，系统将弹出如图 3-58 所示的“首字下沉”对话框。

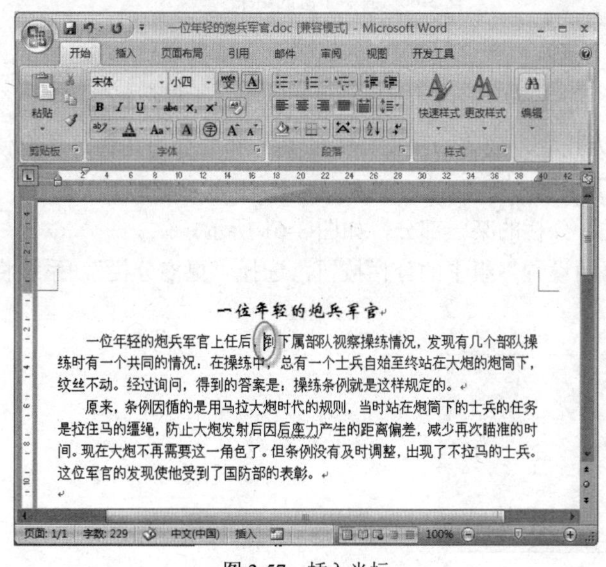

图 3-57 插入光标

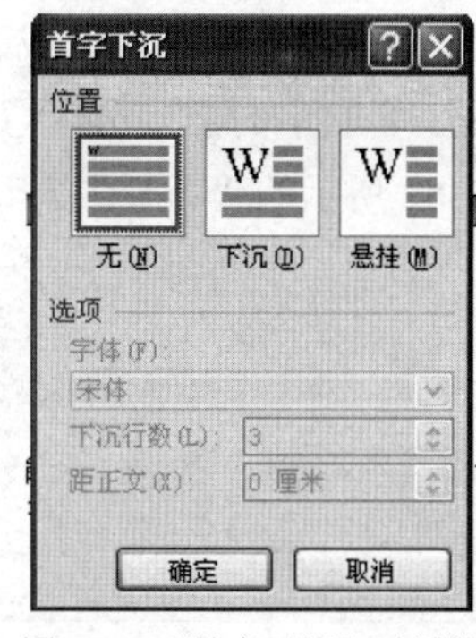

图 3-58 “首字下沉”对话框

③ 在对话框中的“位置”组合框中选择首字下沉的方式，如“无”、“下沉”、“悬挂”等。在此选择“下沉”，“选项”组合框将被激活。

④ 单击“字体”右边的下拉按钮，从弹出的下拉列表中选择首字的字体，如图 3-59 所示。

⑤ 在“下沉行数”框中选择或输入首字下沉的行数，系统默认为 3 行。

⑥ 在“距正文”框中选择或输入首字与正文的距离。

⑦ 设置完毕后，单击“确定”按钮即可，结果如图 3-60 所示。

如果想取消段落中的首字下沉效果，单击“格式”菜单中的“首字下沉”命令，在出现的“首字下沉”对话框中，单击“位置”组合框中的“无”选项，然后单击“确定”按钮即可取消首字下沉。

图 3-59 选择首字的字体

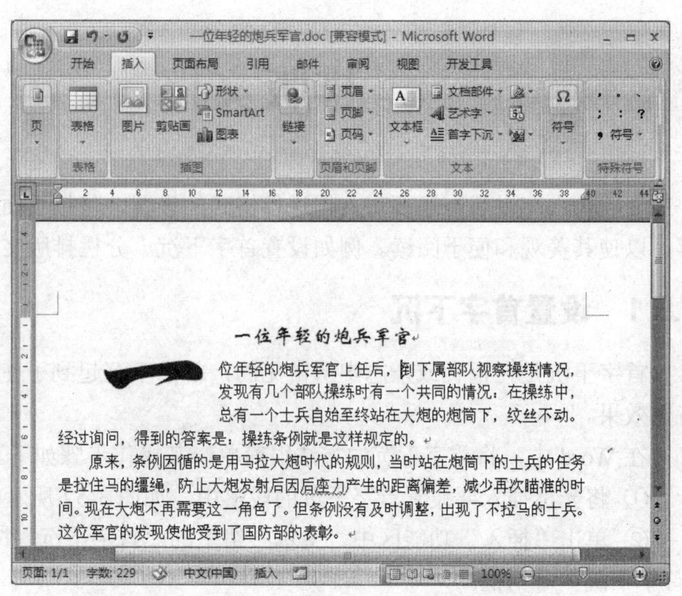

图 3-60 首字下沉的结果

3.5.2 分栏排版

在 Word 中，用户可以将一页文档分为几栏，或将一页文档中的某一部分分为几栏，从而使整个文档具有不同的分栏效果。其操作步骤如下。

① 单击要进行分栏的页，或选中要进行分栏的某一部分，如图 3-61 所示。

② 单击“页面布局”功能区中的“页面设置”组中的分栏按钮，选择“更多分栏”，系统将弹出如图 3-62 所示的“分栏”对话框。

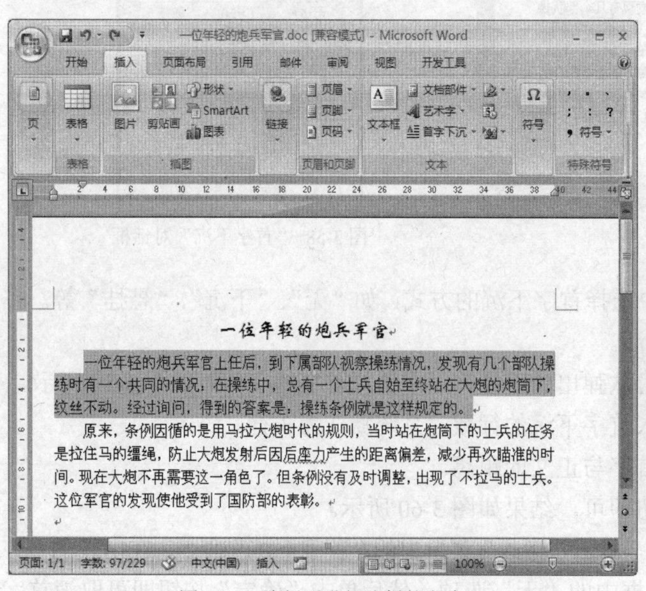

图 3-61 选择要进行分栏的文本

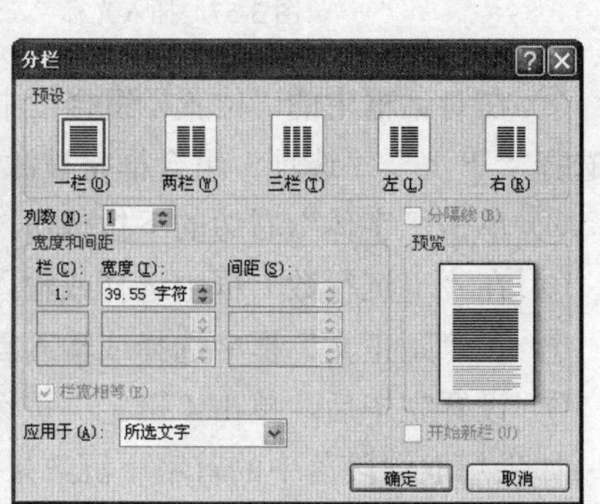

图 3-62 “分栏”对话框

③ 在对话框的“栏数”框中输入或选择所需的栏数，同时用户还可以单击“预设”组合框中的“一栏”、“二栏”、“三栏”选项。

④ 如果用户想进行不等宽栏的设置，请单击“预设”组合框中的“偏左”或“偏右”选项。

⑤ 勾选“分栏”对话框中的“分隔线”选项，系统将会使栏与栏之间出现分隔线。

⑥ 如果想改变间距和栏宽，请在相应的“间距”与“栏宽”选项下进行设置。

⑦ 一切设置完毕后，单击“确定”按钮即可，分栏效果如图 3-63 所示。

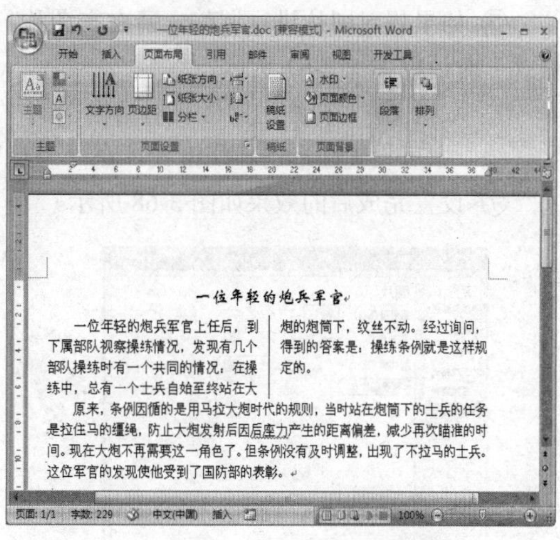

图 3-63 文本的分栏效果

3.5.3 图文混排

在一些报刊中，图片是不可缺少的元素之一，Word 2007 是一个支持图文混排的文字处理软件，通过它来进行图文混排操作一定不会令您失望，以下就是在 Word 2007 中进行图文混排的操作步骤。

① 将光标置于文档中，单击“插入”选项中插图命令中的“图片”命令，用户如果想插入的是 Word 中的剪贴画，请单击“插图”子菜单下的“剪贴画”命令，弹出如图 3-64 所示的“插入剪贴画”对话框。

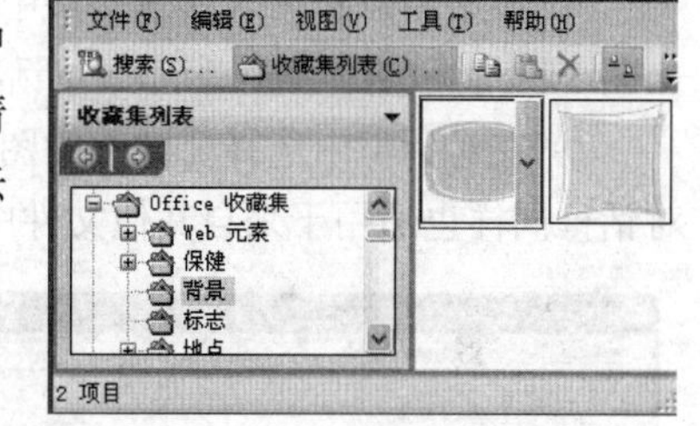

图 3-64 “插入剪贴画”对话框

② 在该对话框中的“图片”选项卡上选择一种图片类型，然后单击，即可打开该类型中所包含的剪贴画。

③ 在出现的剪贴画中，单击所要插入的图片，如图 3-65 所示。

④ 右击剪贴画，复制该剪贴画，到文中的适当位置中粘贴即可，得到的效果如图 3-66 所示。

图 3-65 插图工具栏

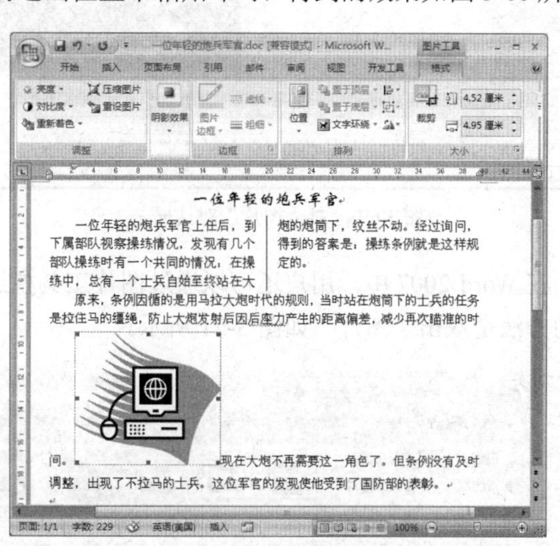

图 3-66 插入剪贴画

⑤ 如果想对图片进行调整，请右击图片，选择 “设置图片格式”命令，弹出的“设置图片格式”对话框如图 3-67 所示。

⑥ 双击图片，在弹出的格式对话框中的“大小”选项卡下，用户可以调整图片的大小，在“文字环绕”中可设置图形的环绕方式，在“调整”选项框中用户可以设置图片的颜色及亮度等。

⑦ 设置完成后的效果如图 3-68 所示。

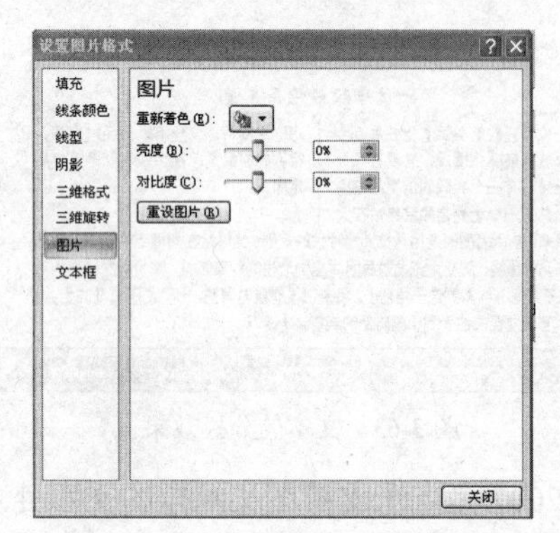

图 3-67 “设置图片格式”对话框

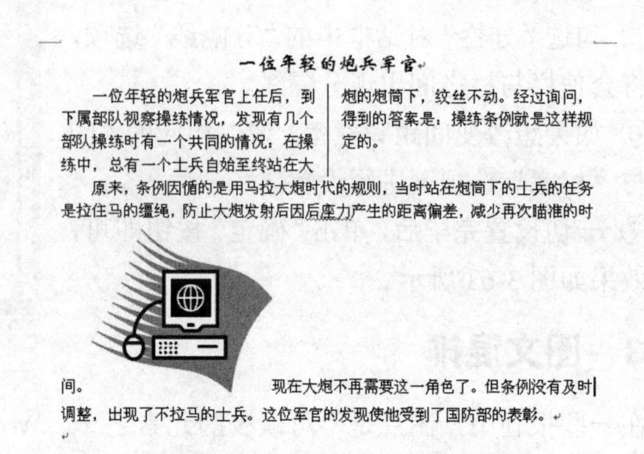

图 3-68 设置插入图片后的效果图

⑧ 如果用户想插入其他文件中的图片，请单击“插入”菜单下的“图片”命令，系统将打开如图 3-69 所示的“插入图片”对话框。

⑨ 在对话框中选择要插入的图片，然后单击“插入”按钮即可。在 Word 中“设置图片格式”对话框同样也适用于来自其他文件中的图片，设置后的其他文件图片如图 3-70 所示。

图 3-69 “插入图片”对话框

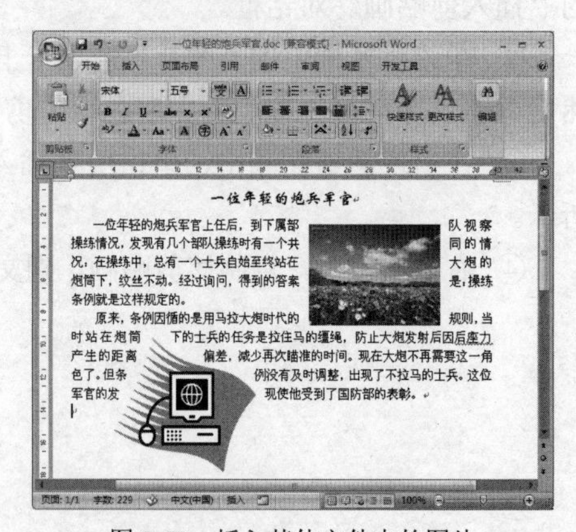

图 3-70 插入其他文件中的图片

在 Word 2007 中，用户还可以通过图片工具栏进行插入图片与设置图片操作。调出图片工具栏的方法是双击“图片”如图 3-71 所示。

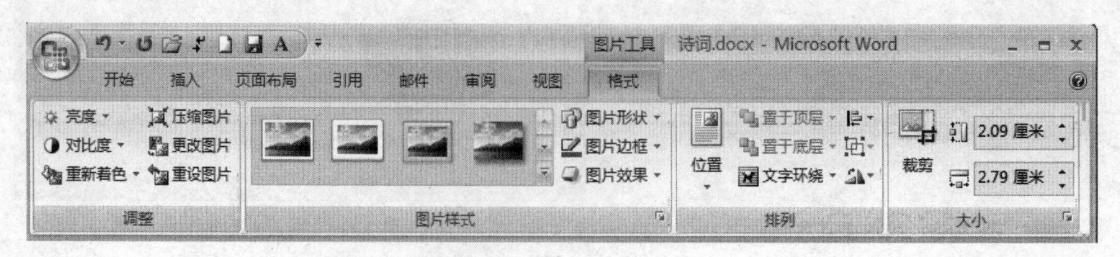

图 3-71 图片工具栏

3.6 制作表格

表格通常以严谨、直观、快速而又清楚地描述了各类数据的指标而深受人们的喜爱，因此表格广泛地应用于科技、经济等学术性书刊中。

3.6.1 创建表格

在 Word 2007 中，创建表格是非常容易的事情，其创建的方法也多种多样，以下是创建表格的操作步骤。

① 将光标插入要建立表格的位置。

② 单击“插入”选项卡，单击“表格”按钮下的下拉菜单按钮，选择“插入表格”，系统将弹出如图 3-72 所示的“插入表格”对话框。

③ 在“行数”与“列数”数字框中输入或选择插入表格的行数与列数。

④ 在“固定列宽”选项中输入或选择每一列的宽度，系统默认情况下的模式是“自动”模式。

⑤ 如果想套用 Word 中自设的表格，请单击“快速表格”按钮，弹出如图 3-73 所示的系统中为用户提供的表格格式。选中某一样式后单击即可。

⑥ 设置完毕后，单击“确定”按钮即可生成表格，如图 3-74 所示。

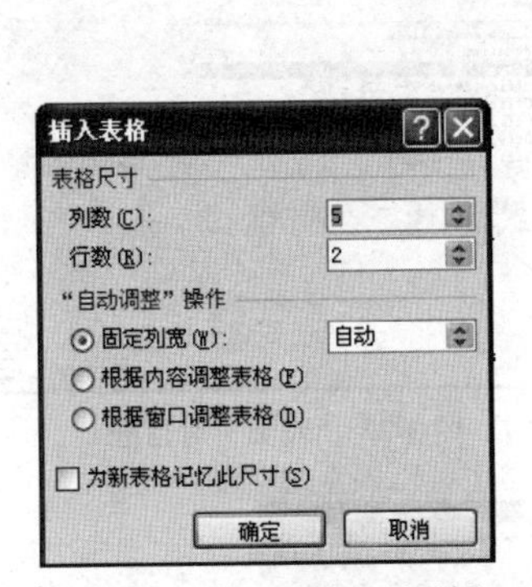

图 3-72 “插入表格”对话框

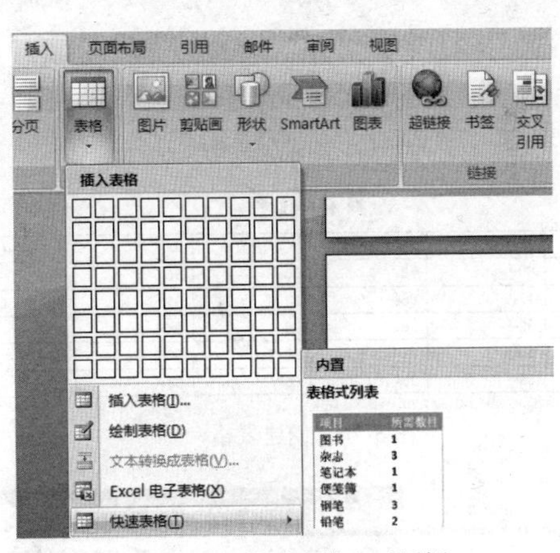

图 3-73 “快速表格”对话框

图 3-74 生成表格

⑦ 该表格左上角的“⊞”用来移动表格，右下角的“□”用来缩放表格。

⑧ 如果想增加或删除表格中的行或列，请单击“表格工具”菜单中的“布局”命令即可完成插入行和删除行操作，如图 3-75 所示。

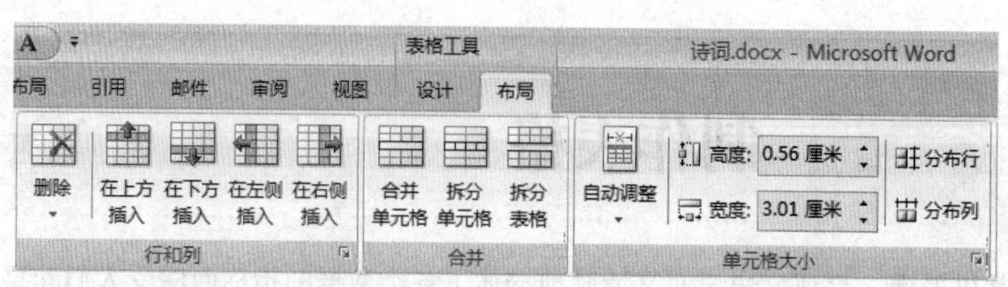

图 3-75 表格工具中的“布局”窗口

3.6.2 将表格生成图表

在 Word 2007 中，系统提供了图表软件——Graph，它可以创建一个图表，并将图表插入到文档中，同时也可以将用户所创建的表格或电子表格的数据转换成图表。

将表格生成图表的操作步骤如下。

① 创建一个表格，如图 3-76 所示。

② 选中该表格，然后单击“插入”功能区“文本”组中的“对象”按钮，弹出如图 3-77 所示的“对象”对话框。

③ 单击“新建”选项卡，从该选项卡的“对象类型”列表框中选择“Microsoft Graph 图表”选项。

④ 单击“确定”按钮，此时屏幕上会显示出图表编辑窗口，同时还会出现一个“数据表”对话框，如图 3-78 所示。

期末成绩单

姓名	高数	大学英语	大学语文	体育	专业课
白森	80	78	70	96	95
李风	77	66	87	92	90
刘洋洋	92	90	79	94	89
冯琳	68	73	90	90	88
李哲宇	88	89	86	91	79

图 3-76 创建表格

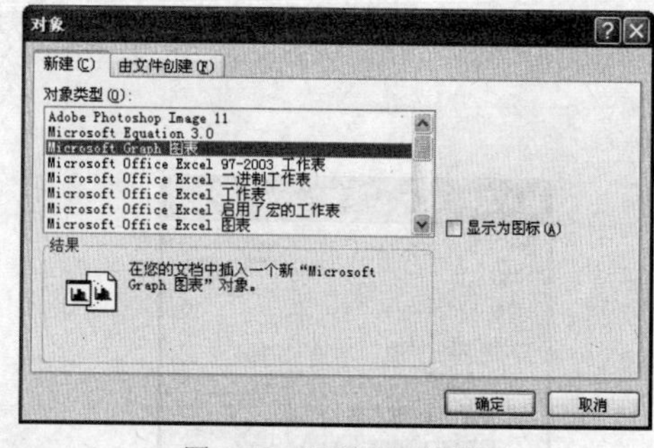

图 3-77 “对象”对话框

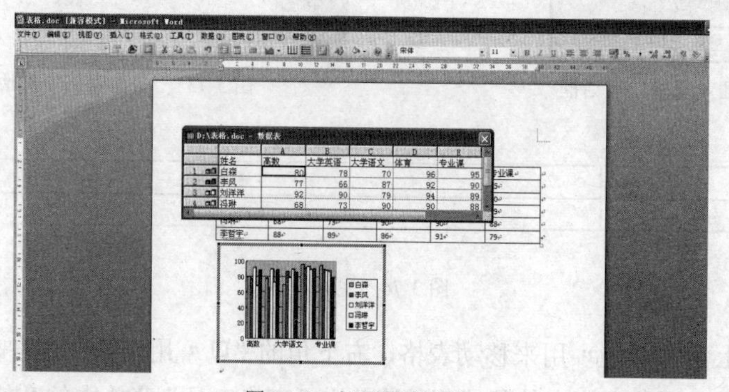

图 3-78 打开图表程序

⑤ 单击“图表”菜单的“图表类型”命令，在弹出如图 3-79 所示的“图表类型”对话框中

选择所需的图表类型。

⑥ 单击工具区中“数据表”的关闭按钮，关闭“数据表”后，用鼠标单击图表以外的任意区域，此时一个图表就建立好了，如图 3-80 所示。

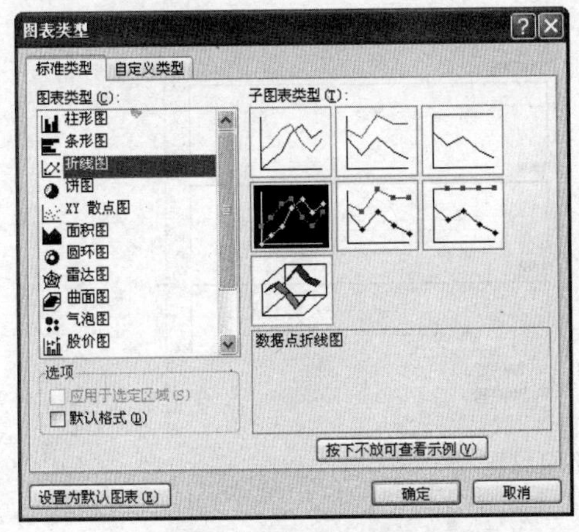

图 3-79 “图表类型”对话框

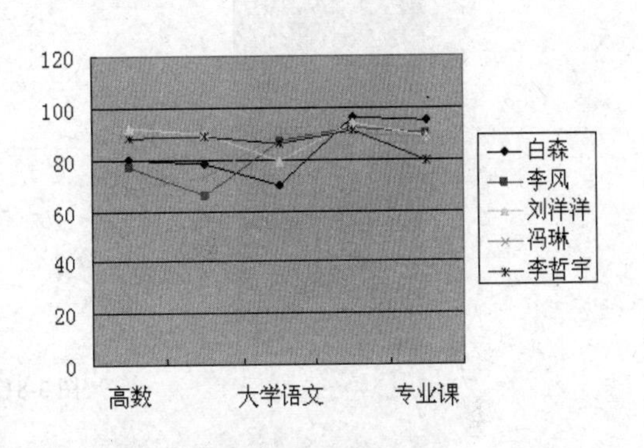

图 3-80 创建好的图表

如果用户想对图表进行修改的话，双击该图表，即可启动图表编辑窗口。如果想改变数据，就请在“数据表”上的单元格中输入新的数据；如果想改变图表类型，就请单击“图表”菜单下的“图表类型”命令，从弹出的“图表类型”对话框中单击新的图表类型即可。

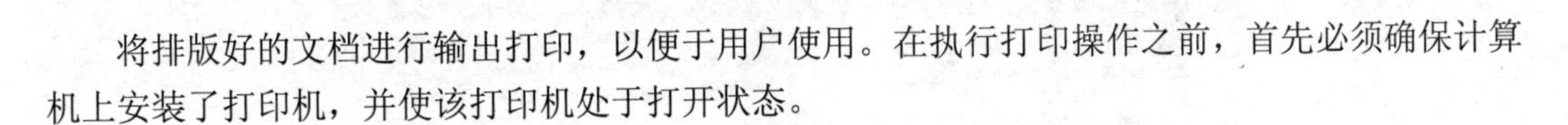

3.7 文档的打印

将排版好的文档进行输出打印，以便于用户使用。在执行打印操作之前，首先必须确保计算机上安装了打印机，并使该打印机处于打开状态。

3.7.1 插入页眉和页脚

页眉和页脚通常显示文档的附加信息，常用来插入时间、日期、页码、单位名称等。它们通常打印在文档每一页的上页边区和下页边区，其中，页眉在页面的顶部，页脚在页面的底部。当然也可利用文本框技术将它们设置在文档中的任何位置。

插入页眉和页脚的具体操作步骤如下。

① 将光标放到需要添加页眉和页脚的节中。

② 单击“插入”选项中的“页眉”，选择“页眉”则会出现如图 3-81 所示界面。

③ 选择下拉菜单中的一种类型即可对页眉进行编辑。在出现的页眉区输入文本并进行格式设置，如图 3-82 所示。

④ 如果要创建一个页脚，可单击“转至页脚”按钮，然后重复步骤③。

⑤ 如果想在页眉区或页脚区移动插入点，请按下 Tab 键可插入点为迅速移到下一个制表位处。

⑥ 输入完毕后，单击“关闭”按钮，退出“页眉/页脚”工具栏，图 3-83 所示的是插入了页眉的效果图。

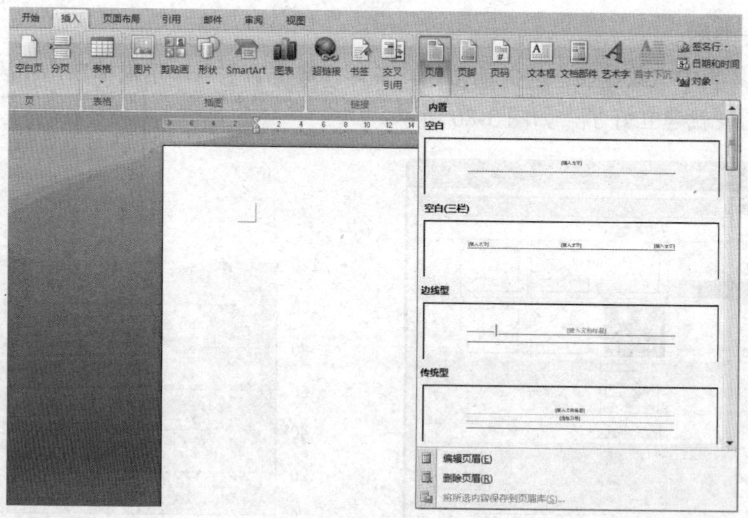

图 3-81　插入页眉

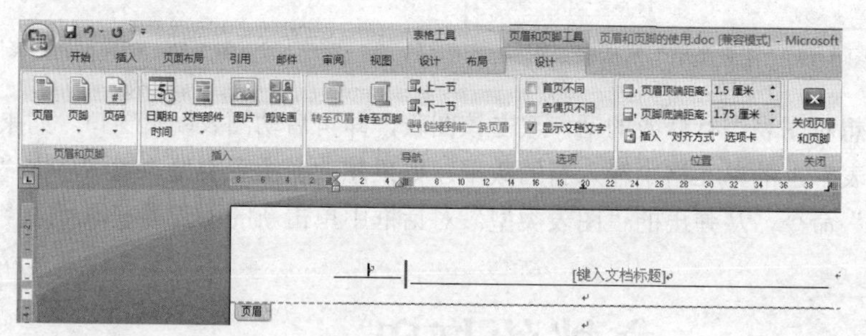

图 3-82　编辑页眉

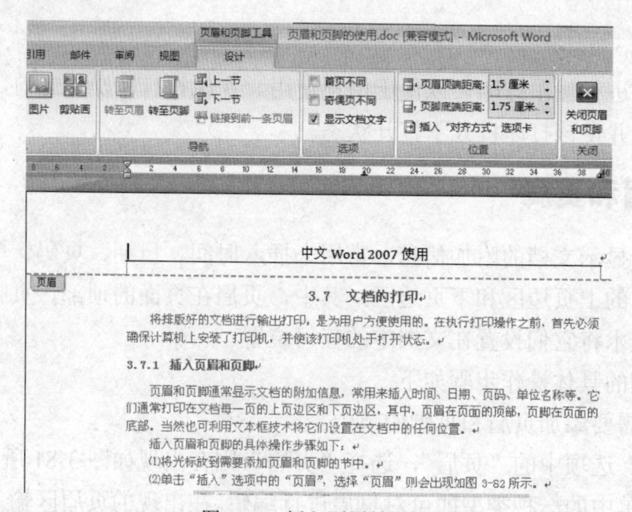

图 3-83　插入页眉效果图

3.7.2　预览文档

在执行打印工作当中，可以先预览一下文档，这样就可查看整个文档的结构，另外如果文档的版面有不恰当的地方，可以随时修改。在 Word 中，预览文档的方法有以下两种。

1．页面视图预览

将文档切换到页面视图下，然后设置常用工具栏上的显示比例，图 3-84 所示比例为 35%的整页，在该显示方式下用户可以很清楚地看到该页中文本与图片的排列。

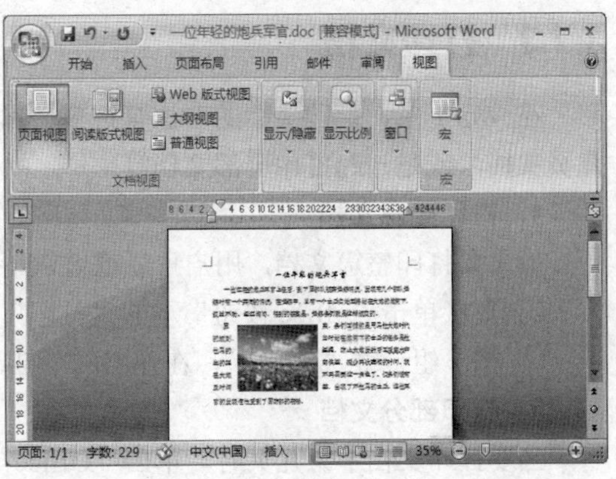

图 3-84 页面视图预览

2．打印预览

单击“Office 按钮”，选择“打印”子菜单下的“打印预览”命令，或单击快速工具栏上的“打印预览”按钮，都可以进入打印预览显示模式，如图 3-85 所示。

在打印预览下，鼠标会变成一个放大镜的样子（），此时用鼠标单击页面，即可将当前页以 100%的方式显示出来，鼠标也由原来的带加号的放大镜样子变成带减号的样子（），再次单击时即可恢复原状。

此外，用户还可以选择多页的显示方式来预览文档。在预览模式下，单击工具栏上的“多页”按钮。例如用户选择的是 3 页，那么系统将文档以 3 页显示在预览模式中，如图 3-86 所示。

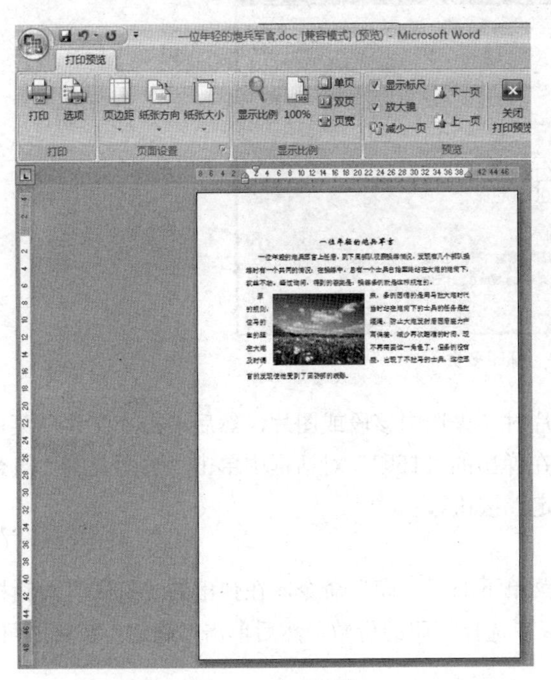

图 3-85 打印预览

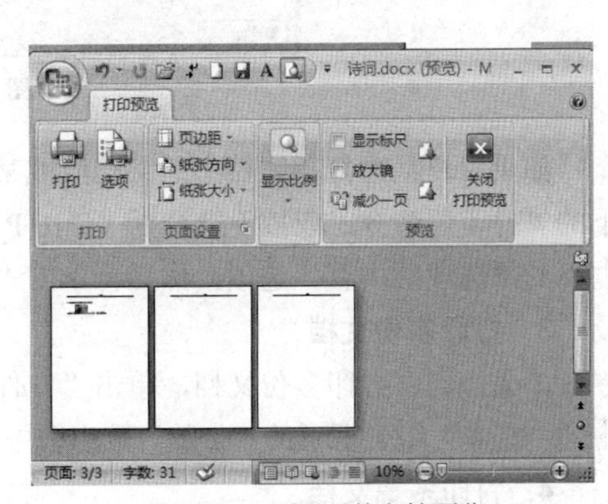

图 3-86 3 页显示的文档预览

在 Word 2007 中，除了用菜单与单击按钮进入打印预览模式中的方法以外，还可使用快捷键“Ctrl+F2”。

没有打印机一样可以设置打印，在没有安装打印机的电脑上单击“打印”按钮后，就会提示没有安装打印机。其实，只要单击“开始”→“设置”→“打印机”，然后双击“添加打印机”项目，再随便安装一个打印机的驱动程序，就会发现已经可以打印页面了。

3.7.3 打印文档

在 Word 中，打印文档的方法有很多，用户可以单独打印一页文档，也可以打印文件中间的几页文档，或是一起打印全部文档等。

1．打印整篇文档

如果要打印整篇文档，用户可以通过以下几种方法来实现。

① 直接单击“office 按钮”下的“打印”按钮。

② 按下组合键“Ctrl+P”，在弹出的“打印”对话框中，直接单击“确定”按钮。

2．打印部分文档

当要打印文档中某几页时，单击“Office 按钮”下的“打印”按钮，在出现的“打印”对话框中，选择“页面范围”组合框下的“页码范围”选项，在该文本框内输入要打印的页码。如果是打印一页，直接输入该页的页码即可；如果打印的是连续的几页，只需要，起始页与尾页之间加一连字符（-）即可；如果打印的不是连续的页，则需要在两页之间加逗号（,），如图 3-87 所示。

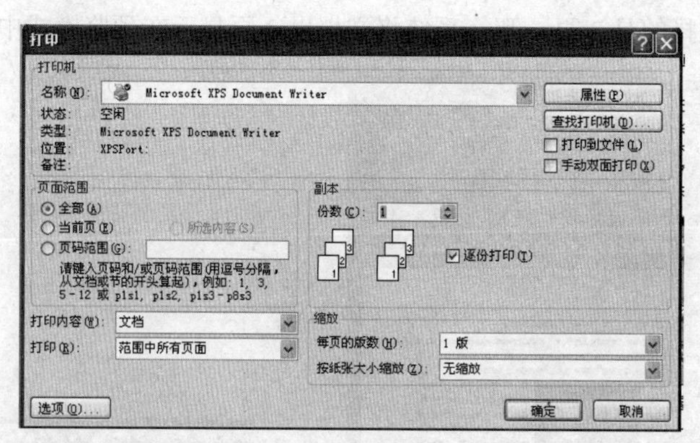

图 3-87 打印多页

如果用户只想打印文档中的某一段或某图片时，先选中该段或图片，然后单击“文件”菜单下的“打印”命令，或按下组合键“Ctrl+P”，在弹出的“打印”对话框中单击“页面范围”组合框下的“选项的内容”选项，然后再单击“确定”按钮。

3．打印多份文档

如果想同时打印多份文档，单击“文件”菜单下的“打印”命令，在弹出的“打印”对话框中的“副本”组合框下的“份数”数字框中输入或选择打印的份数，然后单击“确定”按钮即可。

4．打印多篇文档

在 Word 2007 中，支持一次性打印多个不同的文档，具体操作步骤如下。

① 单击“Office 按钮”中的“打开”命令，或单击快速工具栏上的“打开”按钮，也可通过按下组合键“Ctrl+O”来调出“打开”对话框。

② 在出现的“打开”对话框中，通过按下 Ctrl 键来选择多份文档，然后再单击“工具”下拉按钮，如图 3-88 所示。

③ 单击“工具”下拉菜单中的“打印”命令即可将所选文档按次序打印出来。

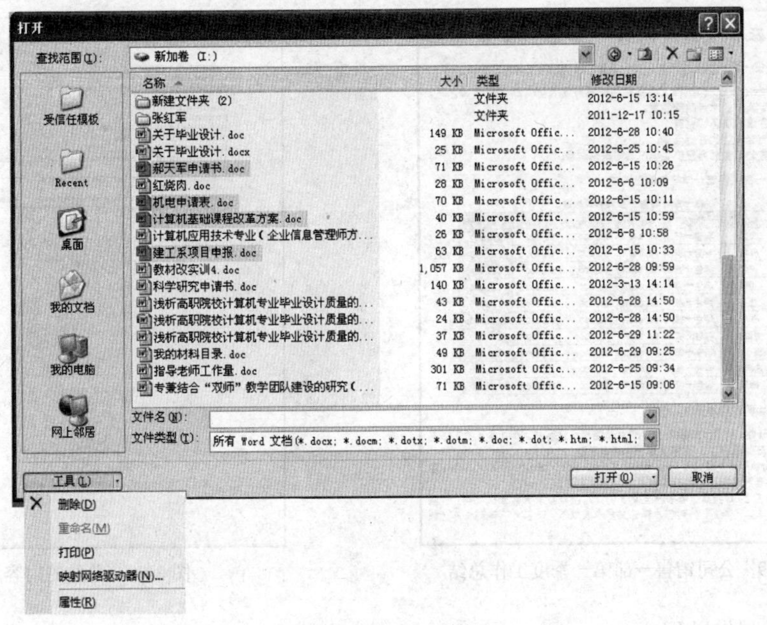

图 3-88 “打开”对话框

任务五 制作工作总结

任务提出

总结是工作中重要的一项内容，是为了更好地体现工作成果，也是企事业实际工作中经常使用的一种文档形式，比如个人总结、学习总结、工作总结等。要做一名有能力的员工，能够使用文字处理软件 Word 撰写并能够正确排版、保存和打印文档是非常重要的。本任务将重点介绍使用 Microsoft Office Word 2007 制作总结时会使用到的一些相关的知识要点。

任务分析

学会新建、删除、移动、复制、重命名文件夹；学会打开、关闭、保存 Word 文档；理解会议通知的格式设计，能够对文字、数据进行校正；能够正确输入文字、项目符号及特殊符号，并进行文字与段落格式的正确设置；能够正确进行页面设置及打印。

任务设计

本任务是某公司销售一部第一季度的工作总结，针对于销售一部的销售人员每月的销售额的展示，如图 3-89 所示。

任务实现

步骤一 收集素材

① 总结的标题。

② 总结的时间、部门、人员、内容。

③ 前期计划、后期完成情况。

④ 总结内容细化。

⑤ 存在不足及改进。

图 3-90 所示为工作总结中文字部分,纯文字，未加修饰的文本。

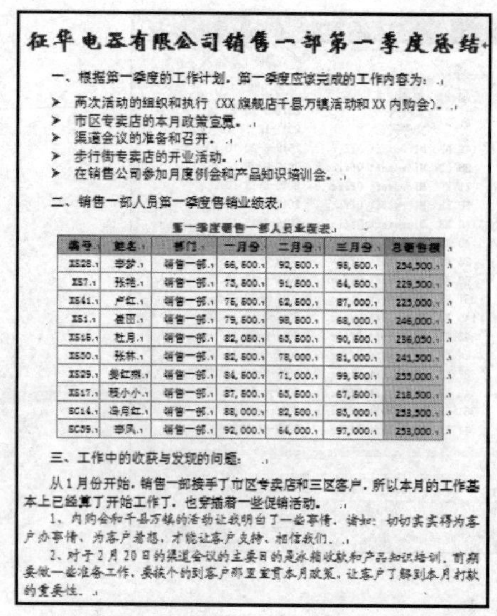

征华电器有限公司销售一部第一季度总结

一、根据第一季度的工作计划，第一季度应该完成的工作内容为：

- 两次活动的组织和执行（XX 旗舰店千县万镇活动和 XX 内购会）。
- 市区专卖店的本月政策宣贯。
- 渠道会议的准备和召开。
- 步行街专卖店的开业活动。
- 在销售公司参加月度例会和产品知识培训会。

二、销售一部人员第一季度售销业绩表

第一季度销售一部人员业绩表

编号	姓名	部门	一月份	二月份	三月份	总销售额
XS28	李梦	销售一部	66,500	92,500	95,500	254,500
XS7	张艳	销售一部	73,500	91,500	64,500	229,500
XS41	卢红	销售一部	75,500	62,500	87,000	225,000
XS1	崔丽	销售一部	79,500	98,500	68,000	246,000
XS15	杜月	销售一部	82,050	63,500	90,500	236,050
XS30	张林	销售一部	82,500	78,000	81,000	241,500
XS29	樊红霞	销售一部	84,500	71,000	99,500	255,000
XS17	赖小小	销售一部	87,500	63,500	67,500	218,500
SC14	冯月红	销售一部	88,000	82,500	83,000	253,500
SC09	李风	销售一部	92,000	64,000	97,000	253,000

三、工作中的收获与发现的问题：

从 1 月份开始，销售一部接手了市区专卖店和三区客户，所以本月的工作基本上已经算了开始工作了，也穿插着一些促销活动。

1、内购会和千县万镇的活动让我明白了一些事情，诸如：切切实实得为客户办事情、为客户着想，才能让客户支持、相信我们。

2、对于 2 月 20 日的渠道会议的主要目的是冰箱收款和产品知识培训，前期要做一些准备工作，要挨个的到客户那里宣贯本月政策，让客户了解到本月打款的重要性。

图 3-89 公司销售一部第一季度工作总结

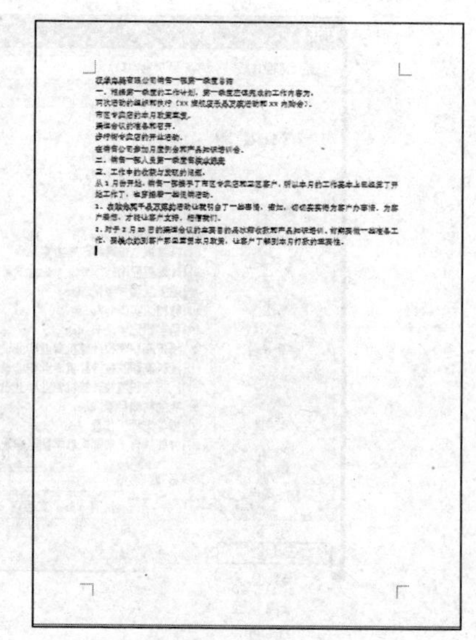

图 3-90 总结的内容

步骤二 制作过程

1．新建“季度总结.docx”文档

① 打开“资源管理器”。

② 在 D 盘中新建一个文件夹，将其命名为你的姓名。

③ 打开此文件夹，在此文件夹中新建一个 Word 2007 文档，命名为“季度总结.docx”，如图 3-91 所示。

2．输入季度总结的内容

只是单纯的文本录入，没有进行格式的编排和文字的修饰，所有文本默认为宋体五号字，文档看上去重点不明，内容显得十分杂乱，层次不清，如图 3-90 所示。

3．对文字进行格式设置

① 季度总结的标题要醒目：选中标题文字将其设为“二号”字、“华文新魏”、“深蓝色”、“加粗”显示。

提示：如果要选中一个段落，将光标放在要选中的段落上，连续 3 击鼠标左键即可。

② 设置字体颜色：选中文字，在“开始”菜单中单击“字体颜色”右侧的下三角按钮，打开其下拉菜单，从中选择所需的颜色。

提示：

• 在“字体颜色”下拉菜单中单击“其他颜色”链接，打开“颜色”对话框。在“颜色”对话框的“标准”选项卡中，每个小六边形就是一种可供选择的颜色。当选中某种颜色时，会在对话框右下角的“新增”框中显示出来，与下面的“当前”使用的颜色形成对比，方便用户的选择。选中文字，单击鼠标左键“开始菜单”→“字体颜色”→“其他颜色”链接，打开“颜色”对话框。

图 3-91 新建“季度总结.docx”文档

• 单击“自定义”标签，打开“自定义”选项卡，在此可以看到一个颜色选择区域，显示了各种颜色的渐变，其右侧的长方形黑白渐变区域是用来选择灰度的，只要用鼠标直接拖动黑色箭头即可。

• 单击“颜色模式”下拉列表右侧的下三角按钮，从中选择“HSL”色彩模式，它所对应的是色调、饱和度和亮度，取值范围是在 0～255 之间，可以根据需要进行设置。

（3）使用“开始”菜单的工具栏上其他按钮，还可对文字进行如下的设置。

• “加粗”按钮（组合键 Ctrl＋B）：为了能够使标题文字更清晰，使标题文字加粗显示。

• “倾斜”按钮：将字体设置为倾斜显示。

• “下画线”按钮：为文字添加下画线，从而使文本更加醒目。单击其右侧的下三角按钮，即可打开下画线列表，选择线形，并且可以为下画线设置颜色。

• “字符边框”按钮：为文字添加边框。

• “字符底纹”按钮：为文字添加灰色底纹。

• “字符缩放”按钮：对文字进行缩放显示，打开“字符缩放”下拉菜单，可以选择缩放的比例。

• “拼音指南”按钮：单击该按钮，可以打开“拼音指南”对话框，为选中的文字添加汉语拼音。

• “带圈字符”按钮：单击该按钮，打开“带圈字符”对话框，将选中的文字设置为带圈字符。

④ 按照同样的方法，选中正文前两段内容并将其“加粗”。

⑤ 选中第三点中的最后两段文字，为了突出收获与发现，因为总结中除了要体现出完成的，往往也会体现存在的不足，所以最后两段文字要加以强调，将其设置为“楷体”，颜色为“蓝色”。

⑥ 按图 3-92 所示完成其余文字的设置。

上述功能也可以在“字体”对话框中完成，执行“开始”菜单栏中的“字体”按钮命令，即可打开“字体”对话框。

4．合理安排段落布局

总结与其他的一些文档排版也不太一样，除强调的文字需修饰，段落改变较少，如通知、宣传单等段落样式变化较大。

① 标题居中显示：选中标题，单击“开始”菜单下的“段落”工具栏上的“居中”按钮。将“段前”和“段后”均设置为“0.5 行”，且“行距”为“单倍行距”。

② 设置标题间距：选择“开始”→“段落”命令，打开“段落”对话框。在“缩进和间距”选项卡中的“间距”选项区域中，将“段前”和“段后”均设置为“0.5 行”，且“行距”为“单倍行距”。

③ 设置正文：选中正文，选择“开始”→“段落”，打开“段落”对话框，在“特殊格式”下拉列表中选择“首行缩进”，在“度量值”下拉列表中选择“2 字符”，在“常规”选项区域中，将“对齐方式”设置为“两端对齐”，然后单击“确定”按钮。

④ 完成其他内容的段落设置，如图 3-93 所示。

提示：对于格式相同的段落，可以利用“开始”→“剪贴板”工具栏上的“格式刷”按钮将其刷新。

“格式刷”的使用：在设置好的段落上单击鼠标左键，然后单击“格式刷”按钮，再在准备设置段落的段落前单击鼠标左键即可。

在上面的操作步骤中双击“格式刷”按钮，可使用多次，要取消格式刷时，再次单击“格式刷”按钮即可。

5．添加项目符号

在总结的前期应阐明要总结的几点主要内容，为了让主题更加明确，可以项目符号的形式罗列出来，可以发言时让主题看起来更加清晰而美观。

（1）添加一般的项目符号

选中文本，单击“开始”→“段落”工具栏上的“项目符号”按钮。

征华电器有限公司销售一部第一季度总结

一、根据第一季度的工作计划，第一季度应该完成的工作内容为：
两次活动的组织和执行（XX 旗舰店千县万镇活动和 XX 内购会）。
市区专卖店的本月政策宣贯。
渠道会议的准备和召开。
步行街专卖店的开业活动。
在销售公司参加月度例会和产品知识培训会。

二、销售一部人员第一季度售销业绩表

三、工作中的收获与发现的问题：

从 1 月份开始，销售一部接手了市区专卖店和三区客户，所以本月的工作基本上已经算了开始工作了，也穿插着一些促销活动。

1、内购会和千县万镇的活动让我明白了一些事情，诸如：切切实实得为客户办事情、为客户着想，才能让客户支持、相信我们。

2、对于 2 月 20 日的渠道会议的主要目的是冰箱收款和产品知识培训。前期要做一些准备工作，要挨个的到客户那里宣贯本月政策，让客户了解到本月打款的重要性。

图 3-92　其余文字的设置

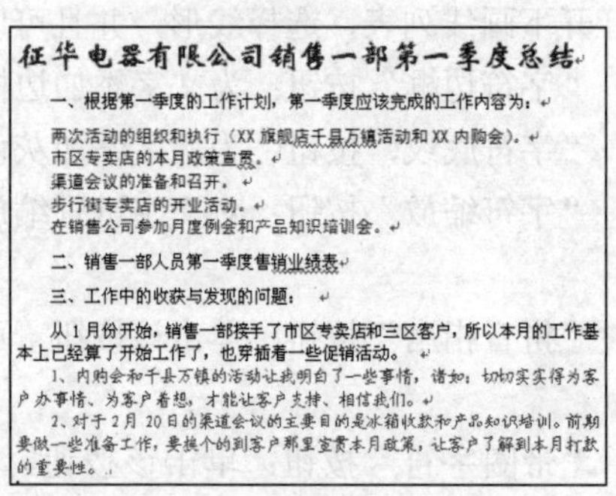

征华电器有限公司销售一部第一季度总结

一、根据第一季度的工作计划，第一季度应该完成的工作内容为：

两次活动的组织和执行（XX 旗舰店千县万镇活动和 XX 内购会）。
市区专卖店的本月政策宣贯。
渠道会议的准备和召开。
步行街专卖店的开业活动。
在销售公司参加月度例会和产品知识培训会。

二、销售一部人员第一季度售销业绩表

三、工作中的收获与发现的问题：

从 1 月份开始，销售一部接手了市区专卖店和三区客户，所以本月的工作基本上已经算了开始工作了，也穿插着一些促销活动。

1、内购会和千县万镇的活动让我明白了一些事情，诸如：切切实实得为客户办事情、为客户着想，才能让客户支持、相信我们。

2、对于 2 月 20 日的渠道会议的主要目的是冰箱收款和产品知识培训。前期要做一些准备工作，要挨个的到客户那里宣贯本月政策，让客户了解到本月打款的重要性。

图 3-93　其他内容的段落设置

（2）添加个性化的项目符号（改变项目符号的外观）

① 选择开始菜单栏中的“段落”→“项目符号”命令，单击“项目符号”按钮，进入“项目符号库”。

② 在此显示的项目符号是系统默认的几种样式，若要创建新的项目符号，可以单击“定义新项目符号”按钮，打开“定义新项目符号列表”对话框。

③ 在“项目符号字符”选项区域中，可以看到有 6 个项目符号字符选项，这 6 个项目符号字符是可以自定义的。在“缩进位置”框中，可以直接输入要缩进的大小，可在“预览”区域中看到其变化。

④ 如果要选择“字符”作为项目符号，可以单击“字符”按钮，在打开的“符号”对话框中选择所需的项目符号后，单击“确定”按钮即可。

⑤ 如果要选择“图片”作为项目符号，可以单击“图片”按钮，打开“图片项目符号”对话框。

⑥ 在该对话框中有多种图片可供选择，可以利用该对话框中的“搜索文字”的搜索引擎来帮助查找。比如，希望在会议通知中加入一些方形的项目符号，那么就可以在“搜索文字”的文本框内输入“Square”，然后单击“搜索”按钮。这时，会在“图片项目符号”对话框中看到所有方形的项目符号。选中所需的项目符号后，单击“确定”按钮即可。如果对话框中没有满意的项目符号，可以单击“导入”按钮，打开“将剪辑添加到管理器”对话框。

⑦ 选中适当的图片，单击“添加”按钮，即可将选中的图片添加到“图片项目符号”对话框中作为项目符号使用了。

⑧ 选中导入的项目符号，单击“确定”按钮返回“自定义项目符号列表”对话框，此时便可以看到自己定义的项目符号了。

⑨ 单击“确定”按钮完成添加操作，效果如图 3-94 所示。

提示：如果想还原回系统默认的项目符号，先选中自定义的项目符号，然后在“项目符号和编号”对话框中，单击“重新设置”按钮即可。

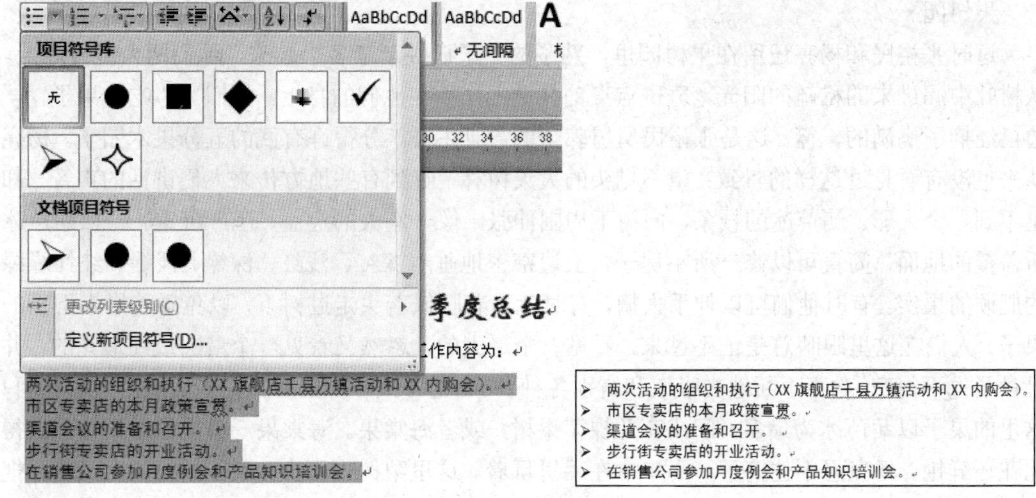

图 3-94 添加项目符号

任务小结

1. 学生自检、教师检查

① 对于整个工作流程是否清楚？

② 会对文件夹进行创建、重命名、移动、删除操作吗？

③ 会打开、保存、关闭 Word 2007 文档吗？

④ 会使用输入法输入字符吗，速度怎样？

⑤ 能够实现对文字或段落进行移动与复制吗？

⑥ 会设置字符的字体、字号、字形吗？

⑦ 会设置文字效果吗？

⑧ 能够设置段落的对齐方式及缩进方式吗？

⑨ 会设置和改变行间距吗？

⑩ 会插入特殊符号吗？

⑪ 会使用项目符号吗？

⑫ 在文档中是否会应用样式？

⑬ 是否会进行页面设置？

⑭ 是否能够将文档打印输出？

2. 个人评价、组内互评、教师评价

自评	仔细观察自己所制作的季度总结，是否符合模板要求
互评	与同学进行相互交流，取长补短
师评	教师在学生上交作业后给予评价

举一反三

【任务实践一】

文字内容：

果树园

这时张裕民和杨亮还留在果树园里，熟了的果子已经渐渐多了起来，他们两人慢慢地走。从树叶中漏进来的稀疏的阳光，斑斑点点铺在地上，洒在他们的身上。他们一边吃着果子，一边已经摘了满满的一篮。这是张裕民舅舅郭全的，他在去年分得许有武的五分果木园子。杨亮从来也没有看见过这样的景致：望不见头的大果树林，听到有些地方传来人们讲话的声音，却见不到一个人影。葫芦冰的枝条，向树干周围伸张，像一座大的宝盖，庄严沉重。一棵葫芦冰所盖覆的地面，简直可以修一所小房子，上边密密地垂着深红、浅红、深绿、淡绿、红红绿绿的肥硕的果实。有时他们可以伸手去摘，有时就弯着腰低着头走过树下，以免碰着累累下垂的果子。人们在这里眼睛总是忙不过来，看见一个最大的，忽然又看见一个最圆最红最光的。并且鼻子也不得空，欢喜不断地去吸取和辨别各种香味，这各式各样的香味是多么的沁人心脾呵！这里的果子以葫芦冰为最多，间或有几棵苹果树，或者海棠果。海棠果一串串的垂下来，红得比花还鲜艳，杨亮忍不住摘了一小串拿在手里玩着。这里梨树也不少，梨子结得又重又密，把枝条都倒拉下来了。

杨亮每走过一棵树，就要问这是谁家的。当他知道又是属于穷人的时候，他就禁不住喜悦。那葫芦冰就似乎更闪耀着胜利的红润，他便替这些树主计算起来了，他问道：

“这么一株树的果子，至少有二百斤吧？”

“差太远了。像今年这么个大年，每棵树至少也有八九百，千来斤呢。要是火车通了，价钱就还要高些。一亩果子顶不上十亩水地，也顶上七八亩，坡地就更说不上了。”

项目任务要求：

1．设置字体

第1段（果树园)，20号字，隶书，右对齐，字符间距加宽5磅；第2段第1句(这时张裕民和杨亮还留在果树园里。)加下画线，文字颜色红色。

2．段落设置

第2段开始所有段首行缩进2字符。第2段（这时张裕民....)左缩进1.5个字符，对齐方式为两端对齐，1.5倍行距。

3．首字下沉

第3段设置首字下沉，字体为隶书，下沉行数2，距正文1厘米。

4．边框与底纹

第4段段落边框为方框，实线，绿色，1.5磅，底纹填充颜色为棕黄色。

5．分栏

最后一段分为2栏，栏宽相等，加分隔线。

6．插入操作

在适当位置插入一幅自选图形，版式为浮于文字上方，填充颜色为红色，线条颜色为蓝色。

7．页眉设置

在页眉处键入文字“果树园”，红色，左对齐。

【任务实践二】

文字内容：

我觉得，人生的意义与价值就在于工作。工作必须有健康的体魄，但更重要的是，必须有时间。好多人都问我："有没有什么长寿秘诀。如果非要让我讲出一个秘诀不行的话，那么我的秘诀是：千万不要让脑筋懒惰，脑筋要永远不停地思考问题。

金钱本身是没有什么善与恶的。善与恶决定于：金钱是怎样获得的?金钱又是怎样使用的?来的道路光明正大，使用的方式又合情合理，能造福人类，这就是善。

天底下的事情是非常奇怪的，真正的内行"司空见惯浑无事"，对于一些最常谈的总是习以为常，熟视无睹；而外行则怀着一种难免幼稚但却淳朴无比的新鲜的感觉，看出一些门道来。我希望，我就是这样的外行人。

我们自己应该避免两个极端，一不能躺在光荣的历史上，成为今天的阿 Q；二不能只看目前的情况，成为今天的贾桂。

项目任务要求：

① 请将第 1 段"我觉得……思考问题。"段后间距设置为"12 磅"。

② 请将第 1 段"我觉得……思考问题。"行间距设置为"2 倍行距"。

③ 请将第 2 段"金钱本身……这就是善。"字符缩放比例设置为"200%"。

④ 请将第 4 段"我们自己应该……成为今天的贾桂。"文本移动到第 5 段"我赞成唐人的……帮他们一下。"之后。

⑤ 请将第 3 段"天底下……这样的外行人。"文字的字体设为"隶书"，字号为"四号"。

⑥ 设置所有段落的缩进格式为"首行缩进"，度量值为"28.35 磅"。

⑦ 设置纸张宽度为"595.35 磅"，高度为"822.15 磅"。

⑧ 在第三段末尾插入任意一幅图片，设置图片的环绕方式为"四周型"。

【任务实践三】

文字内容：

wore97 提供了一套丰富的自动功能，使您可以轻轻松松地完成日常工作。

自动更正

wore 能在您键入的同时自动更正以下错误：

误按 Caps Lock 键所造成的错误。例如，Word 会将句首的"tHESE"替换为"These"，然后关闭 CapsLock 键。

相同的复数和所有格形式。例如，如果有一个在键入"SL"时替换为："Sweet Lil"的"自动更正"项，那么 Word 也会自动地将"SL's"改成"Sweet Lil's"。

一般性的单词组合拼写错误。例如，Word 会将"int he"改成"in the"。

虽然拼写正确，但同时使用会导致语法错误的常用词组。例如，Word 会将"your a"改成"you're a"。

自动设置

如果以数字或星号导引一列表时，Word 会创建编号列表和项目符号列表。

在同一行中，如果连续键入三个或更多的连字符(—)并按 Enter 键，Word 将会以单线边框线代替这些字符，如果是等号(＝)，Word 将会插入双线边框。

项目任务要求：

① 在文档中查找“wore”并全部替换为“Word”。

② 将第2段“自动更正”字号为“18”，字形为“加粗”，字体颜色为“红色”。

③ 设置第2段“自动更正”的段前间距为“6磅”，段后间距为“6磅”。

④ 将第2段“自动更正”项目符号设置为“项目符号和编号”的“项目符号”的第一行第二列的类型。

⑤ 将第8段“自动设置”项目符号设置为“项目符号和编号”的“项目符号”的第一行第二列的类型。设置第8段，字号为“18”，字形为“加粗”，字体颜色为“红色”。

⑥ 设置每行字符数为“35”，每页行数为“45”。

【任务实践四】

文字内容：

屯门大车祸导致68人受伤，涉嫌肇事者是一位保险公司高级女经纪，事后不顾而去，但两位俗称“的士佬”的仗义之士，却倾力救人。高级保险女经纪，据云不定期有秘书，肯定是专业人士了。至于的士司机，如以“中国社会各阶级分析”的标准必划入劳动人员行列。

当世界已跨向电脑化和资讯化之时，今天的劳动人民，早已一改传统的苦力形象，从而显得专业化和知识化了，但由劳动大众承担社会金字塔的沉重基础和底盘这一形象，始终一如既往。鲁迅的《一件小事》中的人力车夫，是我从文学作品中领略到的最深刻的劳动人民的伟大形象，远远较解放后出版的一些文学作品中的劳动人民形象具震撼力，是真正从生活中认识劳动人民的伟大，正如《圣经》中伯所感叹的：上帝呀，在苦难和绝望中，我终于看到了你的光辉!

项目任务要求：

① 将第1段文字“屯门大车祸……划入劳动人员行列。”字体设为“宋体”。字号为“14”，字形为“加粗”，字体颜色为“深蓝”，下画线类型为“单下画线”。

② 设置第1段“屯门大车祸……划入劳动人员行列。”首字下沉，下沉行数为“2行”。

③ 设置第2段文字“当世界已跨向电脑化……看到了你的光辉!”的字号为“14”。

④ 将第2段文字“当世界已跨向电脑化……看到了你的光辉!”分为2栏。

⑤ 设置页脚的样式为“时间祥式”。

⑥ 设置页脚距边界的距离为“56.7磅”。

⑦ 设置第2段“当世界已跨向电脑化……看到了你的光辉!”的段前间距为“12磅”，段后间距为“12磅”。

任务六 制作会议日程表格

任务提出

表格通常使会议通知的日程清晰直观，所以要做一名普通的员工，能够熟练使用文字处理软件Word制作表格，并能够正确格式化表格也是非常重要的。

任务分析

本次任务需要掌握新建表格，以及单元格的边框、表格的底纹、单元格对齐方式的设置等。

任务设计

本任务是某公司第一季度销售一部人员业绩表，如图3-95所示。

第一季度销售一部人员业绩表

编号	姓名	部门	一月份	二月份	三月份	总销售额
XS28	李梦	销售一部	66,500	92,500	95,500	254,500
XS7	张艳	销售一部	73,500	91,500	64,500	229,500
XS41	卢红	销售一部	75,500	62,500	87,000	225,000
XS1	崔丽	销售一部	79,500	98,500	68,000	246,000
XS15	杜月	销售一部	82,050	63,500	90,500	236,050
XS30	张林	销售一部	82,500	78,000	81,000	241,500
XS29	姜红燕	销售一部	84,500	71,000	99,500	255,000
XS17	程小小	销售一部	87,500	63,500	67,500	218,500
SC14	冯月红	销售一部	88,000	82,500	83,000	253,500
SC39	李风	销售一部	92,000	64,000	97,000	253,000

图3-95 业绩表

任务实现

步骤一 准备素材（见图3-95）

步骤二 创建一个会议安排的日程表

① 执行菜单栏中“插入”→“表格”→“插入表格”命令，打开“插入表格”对话框。

② 根据实际情况选择需要插入表格的列数和行数，在此选择的“列数”为“7”，“行数”为“11”。

③ 单击“确定”按钮，即可在会议通知中插入一个7列11行的表格。

④ 根据要求输入表格内文字内容。

⑤ 进一步修饰表格。

选中整个表格：将鼠标移到表格的左上角，当出现一个小十字时，单击它即可选中整个表格；或者在表格的任意位置单击，出现“表格工具”，选择“布局”菜单，然后执行“选择表格”命令。

在表格的任意位置单击，出现“表格工具”，在“设计”菜单中有“边框”和“底纹”命令，单击“边框”后的下拉菜单按钮，选中“边框和底纹”命令，在“样式”中选择“单实线”，在“颜色”下拉列表中选择“橙色”，在“宽度”下拉列表中选择“2.25磅”。

⑥ 单击“确定”按钮使设置应用于表格。

⑦ 为使表格更美观，可以为表格设置底纹。

选中表格的第1行：拖动鼠标左键选中第1行，或者将光标定位在第1行的任何位置，然后执行“布局”栏中的“表”里的“选择”→“选择行”命令。

选中表格的第1行后，单击鼠标右键，从弹出的快捷菜单中执行“表格属性”，在“表格属性”对话框中单击“边框和底纹”按钮，打开“边框和底纹”对话框中的“底纹”选项卡，在“填充”下拉菜单中选择“紫色”，单击“确定”按钮。

⑧ 同样，将表格中第7列的底纹设置成“橙色”。

提示：若要在表格中同时选择多个不相邻的行，可以在按住Ctrl键的同时依次选择所选行。

⑨ 改变表格的边框线颜色。

选中表格依次打开“设计”、“边框”、“边框和底纹”命令，设置边框颜色为“橙色”，即可看到“预览”区域中的表格变成了“橙色”，单击“确定”按钮完成设置。

⑩ 再次选中表格的 7 列，然后单击“开始”功能区上的“居中”按钮，将表格的文字全部居中显示。

为了使表格与上下文的内容有一段距离，因此将表格与上下文之间的段落间距设置为“0.5 行”。

步骤三 保存工作总结

单击“Office 按钮”中的“保存”命令，如果是第一次保存，则出现“另存为”对话框，在对话框中选择所要保存到的路径，单击“保存”即可。

若需以另外一个文件名或路径保存文件，则单击“Office 按钮”→“另存为”命令，在出现的“另存为”对话框中执行与上面相同的操作。

提示：为了叙述方便，本例在制作完毕之后才讲述保存文件的方法，在实际操作过程中，读者应该注意随时保存文件，以避免断电、死机、程序非法操作等带来的损失。

步骤四 打印工作总结

① 单击“Office 按钮”→“打印”命令，打开“打印”对话框。

② 在“名称”下拉列表中选择打印机。如果计算机中安装了不只一个打印机驱动程序，需要选择当前使用的打印机。

③ 只想打印其中的某一页，可以在“页面范围”选项区域中，选中“页码范围”单选项，在后面的文本框内填写所要打印的页码。

④ 在“副本”选项区域中，可以设置打印的份数。

⑤ 在正式打印之前可以先预览一下，确定效果是否满意。

预览的方法是执行菜单栏中的“文件”→“打印预览”命令。

单击“Office 按钮”→“打印”命令按钮即可完成打印工作。

任务小结

1．学生自检、教师检查

① 对于整个工作流程是否清楚？

② 会上网搜索并下载图片吗？

③ 会在文档中插入来自文件的图片、剪贴画、艺术字、文本框吗？

④ 会设置艺术字、图片及其与文档文字的混排吗？

⑤ 能够设置图片的格式，并设置水印吗？

⑥ 能够插入分页吗？

⑦ 能够按照要求设置首字下沉吗？

⑧ 能够按照要求准确分栏吗？

⑨ 能够使用组织结构图、自选图形绘制图形吗？能够将各种图形组合吗？

⑩ 能够将自选图形进行旋转吗？

⑪ 能够给艺术字或图形填充颜色和设置线条、阴影、三维效果吗？

⑫ 能够手工绘制表格，并能插入行、列，删除行、列吗？

⑬ 能够合并、拆分单元格，利用自动调整表格平均分布行、列吗？

⑭ 能够使用表格属性进行行高和列宽的调整吗？

⑮ 能够为文档加页码、背景、艺术边框吗？

⑯ 是否能够将文档打印输出？

2．个人评价、组内互评、教师评价

自评	仔细观察自己所制作的会议日程表，各种设置是否正确
互评	与同学进行相互交流，取长补短
师评	教师在学生上交作业后给予评价

举一反三

[毕业生自荐表]

任务提出

作为一名当代的大学生，能够使用文字处理软件 Word 制作毕业生自荐表并能够进行图文混排和手工绘制表格是必须掌握的技能。

任务分析

① 能够插入图片，正确设置图片格式。

② 能够正确使用自选图形、文本框，合理使用艺术字、图形，达到较好的设计效果。

③ 能够对文档内容进行首字下沉、分栏，实现图文混排。

④ 能够将多个图形组合在一起。

⑤ 能够手工绘制表格，学会插入行、列，删除行、列。

⑥ 学会合并、拆分单元格，自动调整表格。

⑦ 能够设置表格属性。

⑧ 学会为文档加页码、背景、艺术边框。

任务设计

本任务是为某同学制作的毕业生自荐表，如图 3-96 至图 3-99 所示。

黑龙江农垦科技职业学院

毕业生就业自荐表

姓　　名：

专　　业：

填表日期：

黑龙江农垦科技职业学院

招生就业指导中心

图 3-96　毕业生自荐表

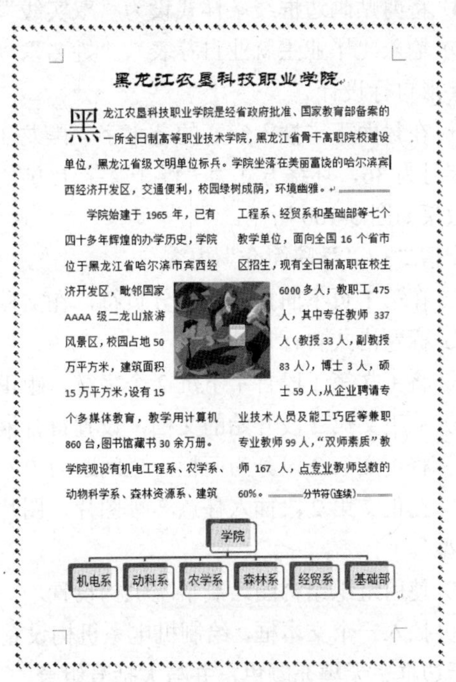

黑龙江农垦科技职业学院

黑龙江农垦科技职业学院是经省政府批准、国家教育部备案的一所全日制高等职业技术学院，黑龙江省骨干高职院校建设单位，黑龙江省级文明单位标兵。学院坐落在美丽富饶的哈尔滨宾西经济开发区，交通便利，校园绿树成荫，环境幽雅。

学院始建于 1965 年，已有四十多年辉煌的办学历史，学院位于黑龙江省哈尔滨市宾西经济开发区，毗邻国家 AAAA 级二龙山旅游风景区，校园占地 50 万平方米，建筑面积 15 万平方米，设有 15 个多媒体教育，教学用计算机 860 台，图书馆藏书 30 余万册。学院现设有机电工程系、农学系、动物科学系、森林资源系、建筑工程系、经贸系和基础部等七个教学单位，面向全国 16 个省市区招生，现有全日制高职在校生 6000 多人；教职工 475 人，其中专任教师 337 人（教授 33 人，副教授 83 人），博士 3 人，硕士 59 人，从企业聘请专业技术人员及能工巧匠等兼职专业教师 99 人，“双师素质”教师 167 人，占专业教师总数的 60%。

图 3-97　毕业生自荐表内容一

2009 年 10 月 30 日

个 人 简 历

姓　　名		性别		出生日期		
政治面貌		民族		学　　历		
毕业学校				身体状况		
语种及水平：						
计算机水平：						
主修专业：						
辅修专业：						
家庭详细地址：						
通讯地址： 联系电话：　E-mail:						
就业意向：						
是否同意学校推荐						
项　　目			优	良	一般	差

图 3-98　毕业生自荐表内容二

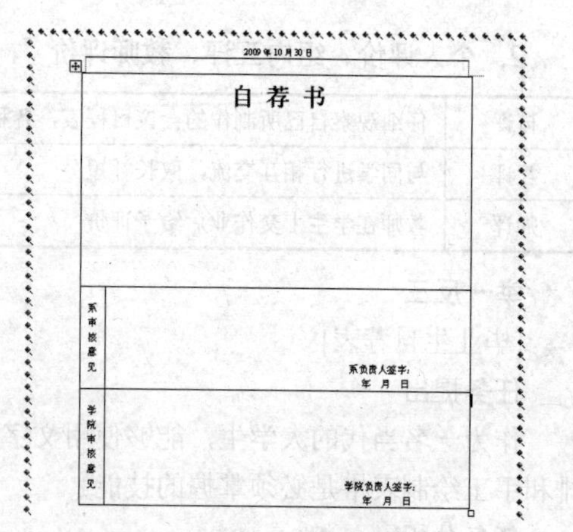

2009 年 10 月 30 日

自 荐 书	
系审核意见	系负责人签字： 年　月　日
学院审核意见	学院负责人签字： 年　月　日

图 3-99　毕业生自荐表内容三

任务实现

步骤一　新建“毕业生自荐表.docx”文档

① 新建一个 Word 文档，文档名称为“自荐表.docx”，第 1 页为自荐书的封面。

② 在封面上方插入第 1 行第 3 列的艺术字“黑龙江农垦科技职业学院”，字体为隶书，字号为 44，选中艺术字，依次打开“艺术字工具”中的“格式”→“艺术字样式”中的“更改艺术字样式”，将艺术字形状设置为“细上弯弧”，在艺术字处单击鼠标右键，选择“设置艺术字格式”，在“版式”选项卡中将环绕方式设置为“浮于文字上方”，双击艺术字，在“艺术字工具”的“格式”中执行“三维效果”→“三维效果”，将艺术字的三维效果设置为三维效果样式 7。

③ 插入图片“校标”，将图片的环绕方式设为“浮于文字上方”型，叠放次序设为“置于顶层”。

④ 将剪贴画边框线条样式设为“双实线”，粗细为“3 磅”，线条填充颜色设为“红色”。

⑤ 输入“毕业生就业自荐表”、“姓名”、“专业”、“填表日期”，对齐方式为居中，字体、字号、字形自行设计。

⑥ 在封面下方插入空心的艺术字“黑龙江农垦科技职业学院招生就业指导中心”，字体为宋体，字号为 36，环绕方式为“浮于文字上方”，阴影样式 4。

效果如图 3-100 所示。

步骤二　“学院简介”内容

① 在第 1 页下面插入一个分页符，在文档第 2 页输入学院简介内容。

② 标题格式自行设计。

③ 将正文第 1 段首字下沉 2 个字符，距正文 1 磅。

④ 从正文第 2 段开始的文档，设置首行缩进两个字符。

⑤ 将正文第 2 段分为两栏，栏间距为“2 个字符”。

⑥ 在正文第 2 段插入任意一幅图片，图片的宽度为“60 磅”，高度为“60 磅”，环绕方式为“四周型”。

⑦ 使用组织结构图绘制学院机构设置。

⑧ 插入一个文本框，绘制机电系机构设置，使用自选图形中的大括号，调整位置，设置文本框为无边框、无填充颜色，并与大括号组合。

⑨ 在此页面插入页眉，页眉内容为当前日期，页眉距上边距“25 磅”。

效果如图 3-101 所示。

黑龙江农垦科技职业学院

毕业生就业自荐表

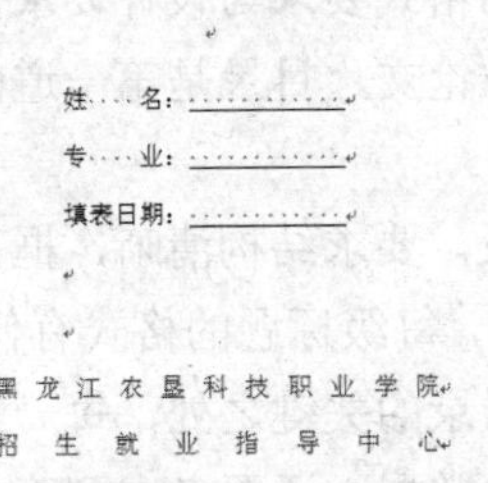

图 3-100 新建“毕业生自荐表.doc”文档

图 3-101 “学院简介”内容

步骤三 “毕业生自荐表”表格

① 用手工的方法绘制个人简历表、自荐书等。

② 输入相关信息，插入照片。

③ 设置照片的高度为“3cm”，宽度为“2cm”，文字环绕方式为“浮于文字上方”。

④ 学会合并、拆分单元格。

⑤ 学会插入、删除行、列、单元格。

⑥ 使用自动调整功能平均分布行，平均分布列。

⑦ 使用表格属性调整行高 1cm 和列宽 1.5cm。

⑧ 给“自荐表.docx”加背景。

⑨ 设置页面边框艺术型为“红气球”，应用范围为“整篇文档”。

⑩ 给“自荐表”加页码，封面不显示页码。

⑪ 多页打印预览“自荐书.DOCX”，如果设计满意，打印整篇文档。

效果如图 3-102 和图 3-103 所示。

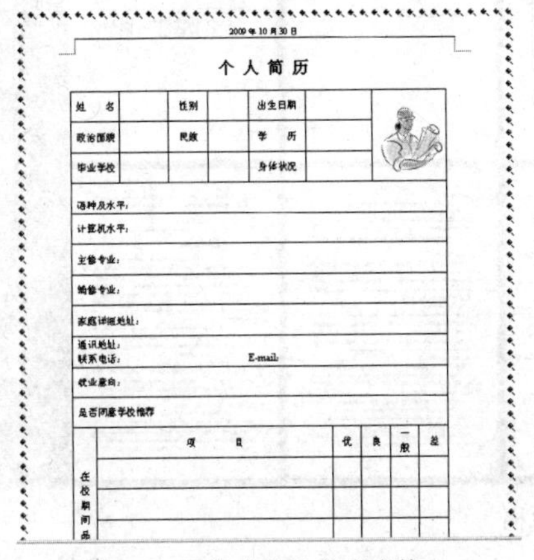

图 3-102 毕业生自荐表表格一

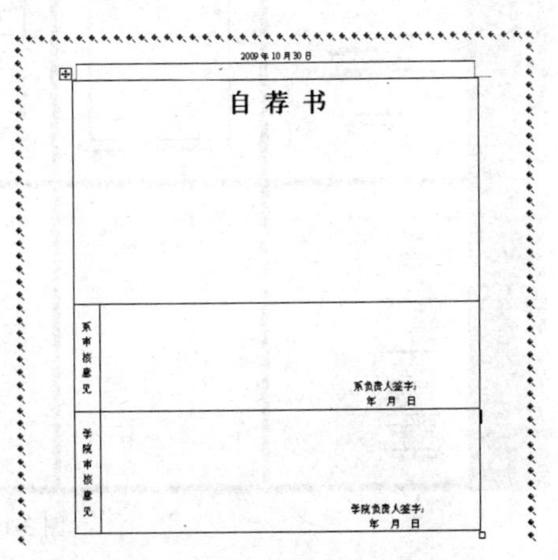

图 3-103 毕业生自荐表表格二

任务七 毕业论文的编排

任务提出

每个高校学生在毕业前夕，面临的一个重要问题就是毕业答辩，毕业设计是每个同学在学校期间的最后一个环节，能否顺利毕业也在此一举了，毕业论文也是每个同学在校期间上交的最后一份作业了。

毕业论文的排版也是非常重要的，每个学院都有不同的格式要求与设计要求，但重要的一个环节就是目录的编排，如果想让其他人一眼就喜欢你的毕业论文，目录是第一道门。

任务分析

毕业论文的内容要按照学院的要求进行格式设计与排版，要求结构清晰，框架明了，这就要求每个同学将论文的标题设计清楚，如论文要求有三级标题，每级标题的格式有什么不同，字体、字号有什么要求，特别是标题的大纲级别，这才是关系到目录的关键之处，每一级标题设有不同的大纲级别，如一级标题设为大纲 1 级等，这些都要细细地掌握。还要考虑到正文的页码是单独编排的，不能和目录混在一起，这就要求在目录后插入一个分节符，将目录与正文分开，正文从 1 开始插入页码。在标题设计好之后，利用“插入”菜单中的“引用”子菜单中的“索引和目录”功能，就可以非常迅速地生成目录了。

任务设计

按照各个学院相关的毕业论文设计要求与论文排版要求，将如图 3-104 所示的论文目录设计成如图 3-105 所示的目录。

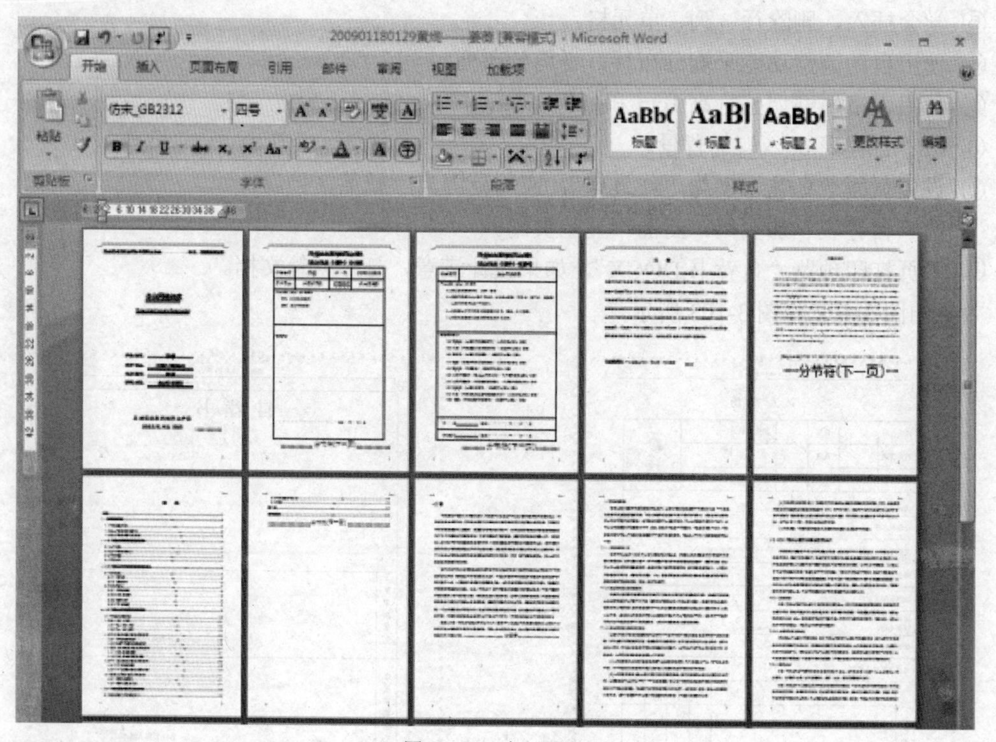

图 3-104 论文原稿

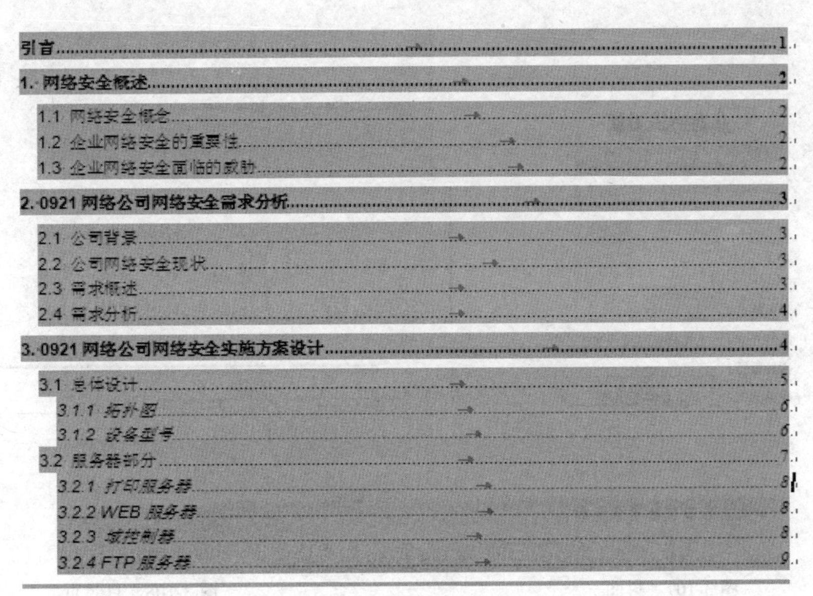

目 录

引言......1
1. 网络安全概述......2
1.1 网络安全概念......2
1.2 企业网络安全的重要性......2
1.3 企业网络安全面临的威胁......2
2. 0921 网络公司网络安全需求分析......3
2.1 公司背景......3
2.2 公司网络安全现状......3
2.3 需求概述......3
2.4 需求分析......4
3. 0921 网络公司网络安全实施方案设计......4
3.1 总体设计......5
3.1.1 拓扑图......6
3.1.2 设备型号......6
3.2 服务器部分......7
3.2.1 打印服务器......8
3.2.2 WEB 服务器......8
3.2.3 域控制器......8
3.2.4 FTP 服务器......9

图 3-105 目录效果

任务实现

1. 新建一个 Word 文档

保存到一个文件夹中，命名为“×××毕业论文.docx”，如图 3-106 所示。

图 3-106 毕业论文文件

2. 自行组织文件内容

要求有文字、图片、表格、图表，如图 3-104 所示。

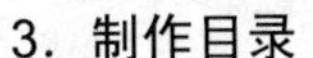

3. 制作目录

（1）插入封皮

将光标定位到第一页第一行行首，在“页面布局”菜单中“页面设置”选项卡中的“分隔符”中选“分节符类型”中的“下一页”，则会将当前页内容串到下一页，当前页则为空白页，这是将封面与后面的内容分为两节，目的是为了插入页码不会影响封皮。在当前页输入封皮要求的内容，如图 3-107 所示。

（2）插入目录页

在“摘要”页页尾，在“页面布局”菜单中“页面设置”选项卡中的“分隔符”中选“分节符类型”中的“下一页”，则会将当前页内容串到下一页，当前页则为空白页，将摘要页与目录页分为两节，是为了插入页码不会相互影响。在当前页首输入“目录”两个字，两个字之间空几个空格，选中这两个字，设置字号、字体及居中，如图 3-108 所示。

在目录页页尾，在“页面布局”菜单中“页面设置”选项卡中的“分隔符”中选“分节符类型”中的“下一页”，则会将当前页内容串到下一页，当前页则为空白页，将目录页与正文页分为两节，是为了插入页码不会相互影响。该空白页可用“Delete”键删除，如图 3-109 所示。

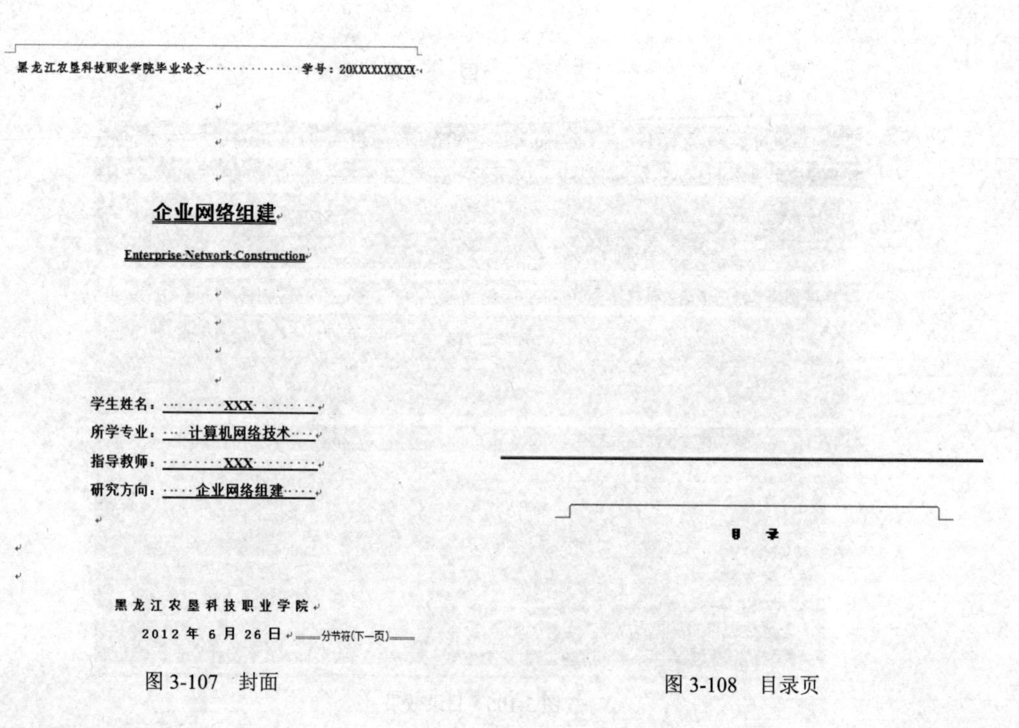

图 3-107　封面　　　　图 3-108　目录页

（3）设置页码

① 封皮：没有页码，双击页脚区，弹出“页眉和页脚工具”，在“选项”中选中“首页不同”，将首页的页码删除，首页的页码就不再出现，如图 3-110 所示。

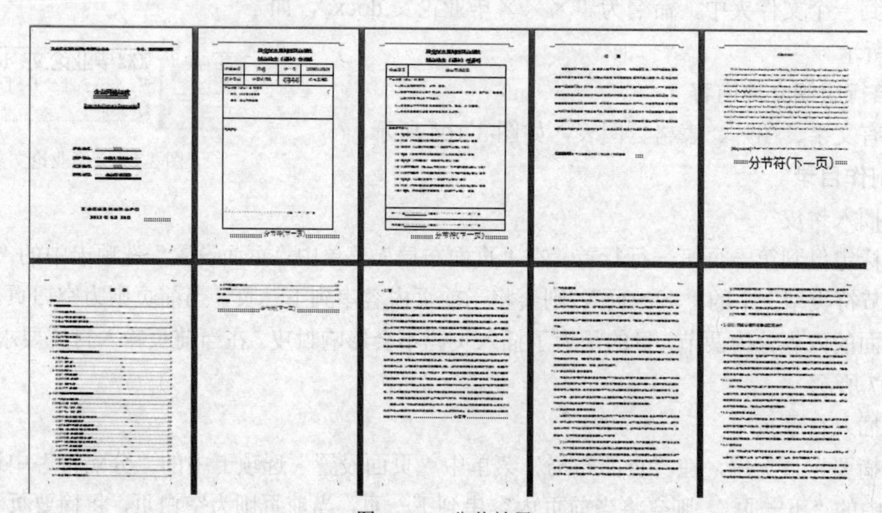

图 3-109　分节效果

② 摘要：双击页脚区，在“插入”功能区中单击“页码”下拉菜单，将位置设置在“页面底端”→“普通数字 1”，将对齐方式设为“居中”，页码的数字格式设为“1，2，3，…”，一定要注意起始页码为“1”，如图 3-111 所示。

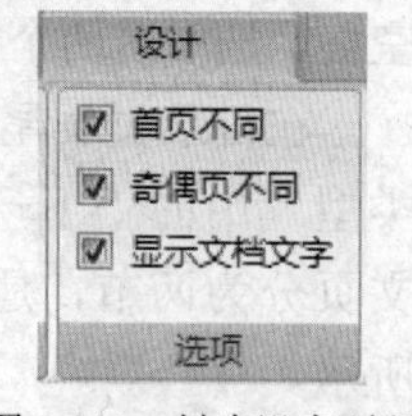

图 3-110　封皮没有页码

③ 目录：基本同摘要的设置方式一致，如果分奇偶页，则可以设置“奇偶页不同”，位置为“页面底端（页脚）”，格式为“居中”，页码的数字格式

设为“Ⅰ、Ⅱ、Ⅲ……”，一定要注意起始页码为“2”，如图 3-112 所示。

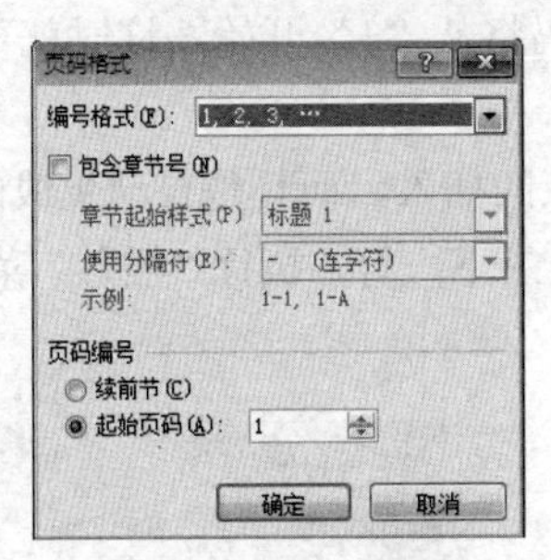

页码格式
编号格式(F): 1, 2, 3, …
包含章节号(N)
章节起始样式(P) 标题 1
使用分隔符(E): - (连字符)
示例: 1-1, 1-A
页码编号
续前节(C)
起始页码(A): 1
确定
取消

图 3-111 摘要页码

页眉和页脚工具
设计
首页不同
奇偶页不同
显示文档文字
选项

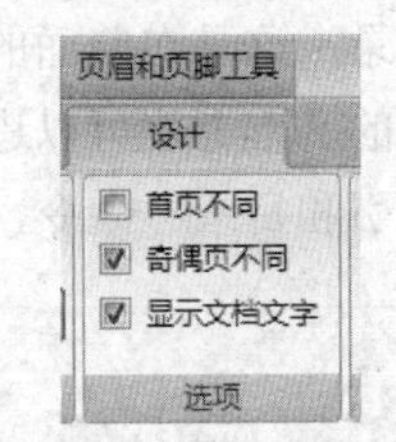

图 3-112 目录奇偶页不同

④ 设置标题格式与级别：正文中标题的格式与级别的设置，这是极为关键的一步，也是决定目录能否正确生成的关键所在。按照要求分别将一级标题、二级标题、三级标题等（一般最多到三级标题）各级标题设为不同的格式，如一级标题设为宋体加粗四号字，大纲级别为 1 级，二级标题设为宋体加粗小四号字，大纲级别为 2 级，三级标题设为宋体加粗五号字，大纲级别为 3 级，这里要求将字体格式与大纲级别一起设置，可以节省时间，如图 3-113 所示。

此时可将“视图”功能区中的“文档结构图”选中，会在窗口左侧出现一个窗格，为“文档结构图”的结构框架，如图 3-114 与图 3-115 所示。该文档结构图可以辅助文档的编排与格式设计，利于目录的生成。

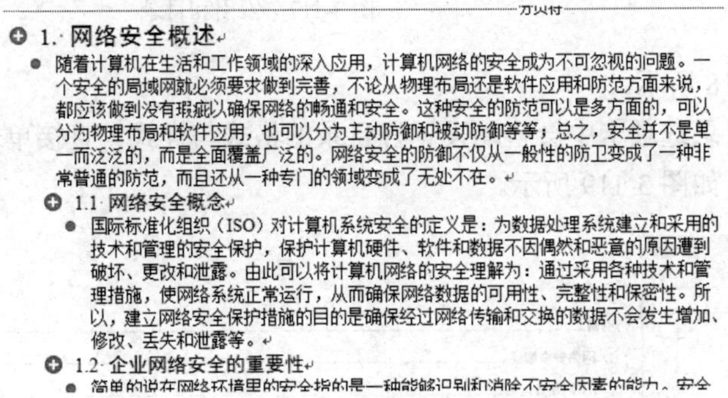

分页符
1. 网络安全概述
随着计算机在生活和工作领域的深入应用，计算机网络的安全成为不可忽视的问题。一个安全的局域网就必须要求做到完善，不论从物理布局还是软件应用和防范方面来说，都应该做到没有瑕疵以确保网络的畅通和安全。这种安全的防范可以是多方面的，可以分为物理布局和软件应用，也可以分为主动防御和被动防御等等；总之，安全并不是单一而泛泛的，而是全面覆盖广泛的。网络安全的防御不仅从一般性的防卫变成了一种非常普通的防范，而且还从一种专门的领域变成了无处不在。
1.1 网络安全概念
国际标准化组织（ISO）对计算机系统安全的定义是：为数据处理系统建立和采用的技术和管理的安全保护，保护计算机硬件、软件和数据不因偶然和恶意的原因遭到破坏、更改和泄露。由此可以将计算机网络的安全理解为：通过采用各种技术和管理措施，使网络系统正常运行，从而确保网络数据的可用性、完整性和保密性。所以，建立网络安全保护措施的目的是确保经过网络传输和交换的数据不会发生增加、修改、丢失和泄露等。
1.2 企业网络安全的重要性

图 3-113 设置完标题格式后在“大纲视图”下效果

引用
邮件
审阅
视图
标尺
文档结构图
网格线
缩略图
消息栏
显示
显示/隐藏

图 3-114 文档结构图命令

文档结构图
1. 网络安全概述
1.1 网络安全概念

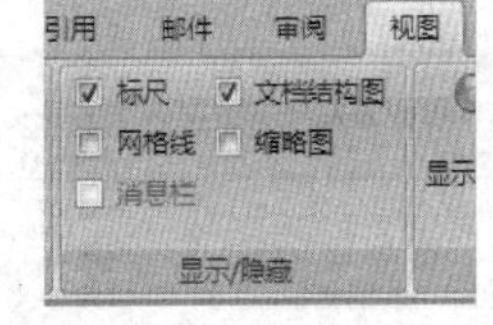

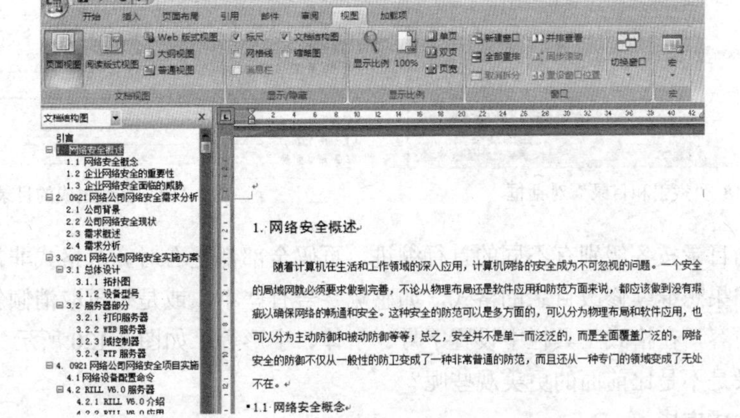

图 3-115 文档结构图

⑤ 正文的页码：将光标定位在正文第一页，即目录后一页，执行“插入”功能区中的“页码”命令，插入页码，如图 3-116 所示。此时正文页码将从“1”开始，这时就可以执行插入目录命令了。

（4）插入目录：这是在前面的基础上真正实现目录的插入，而且是自动生成的目录，但是记住一定是在前面的基础上才可以进行。将光标定位于目录下一行，执行“插入”菜单中的“引用”子菜单中的“索引和目录”命令，如图 3-117 所示。

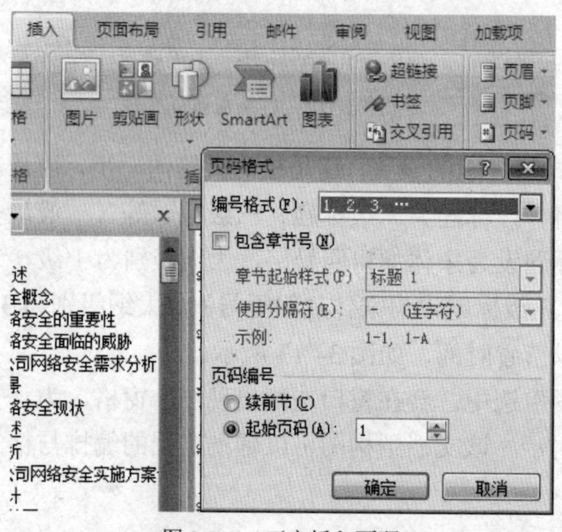

图 3-116　正文插入页码

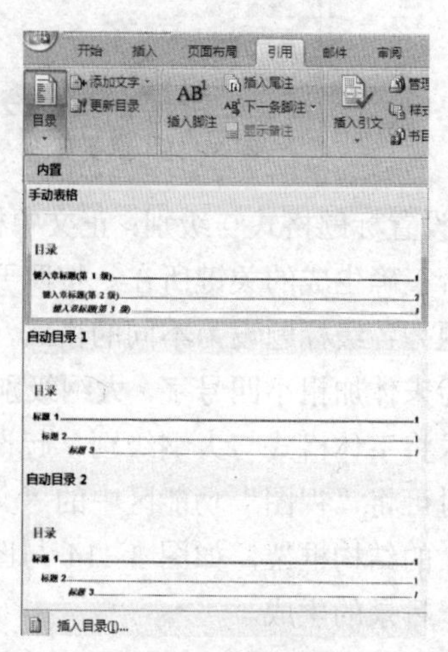

图 3-117　索引和目录

此时会弹出一个对话框，如图 3-118 所示。

如果前面工作做得非常好的话，目录选项卡中会自动设置好目录的格式与样式，直接单击确定就可以在当前页自动出现目录内容，如图 3-119 所示。

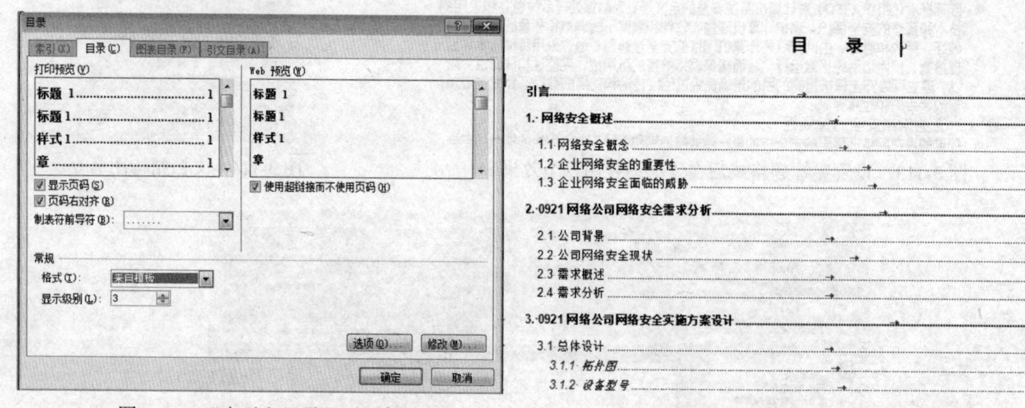

图 3-118　“索引和目录”对话框　　　　图 3-119　自动生成的目录

此时生成的目录按各级别有不同的首行缩进，页码全部都是右对齐，格式非常统一，样式非常美观，此时如果想继续修改目录的格式，如感觉字号有些小，或是想再取消倾斜的字形，则可选中这些目录内容，在格式工具栏中设置字号、字体、字形等，如图 3-120 所示。

此时的目录是不是比前面的更美观些呢？

目录就此生成完毕。

图 3-120　修改格式之后的目录

任务小结

1. 学生自检、教师检查

① 页眉内容是否正确，即奇偶页不同，封面无页眉？

② 页码格式是否正确，即目录页和正文页码不同，封面无页码？

③ 正文大纲级别设置是否正确？

④ 目录是否正确，即可以随时更新，目录样式正确？

2. 个人评价、组内互评、教师评价

自评	仔细观察自己所制作毕业论文的编排，各种设置是否正确
互评	与同学进行相互交流，取长补短
师评	教师在学生上交作业后给予评价

拓展练习

操作题

按要求制作如图 3-121 所示的宣传单。

① 学会文本格式的设置。

② 对版面进行布局分栏。

③ 学会段落、底纹设置。

④ 会使用文本框。

⑤ 插入艺术字，并进行设置。

⑥ 插入图片，并对图片进行裁剪、排列，设置图片格式。

⑦ 插入自选图形，设置自选图形格式。

⑧ 会打印宣传单。

图 3-121　设置宣传单

单元4

4

中文版 Excel 2007 的使用

本单元学习目标：

本章将介绍 Office 2007 中的专业表格制作软件——中文版 Excel 2007，通过本章的学习，读者应该能够熟练地使用中文版 Excel 2007 制作出精美的表格。

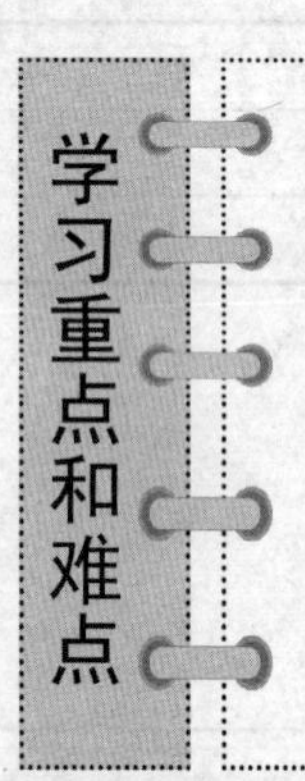

- 中文版 Excel 2007 的新增功能
- Excel 2007 单元格的基本操作
- Excel 2007 工作表的基本操作
- Excel 2007 工作表的格式设置
- Excel 2007 公式与函数的使用
- Excel 2007 管理数据
- Excel 2007 图表的应用

4.1 中文版 Excel 2007 的工作环境

中文版 Excel 2007 是 Excel 系列的较新版本，也是目前功能较强的电子表格软件。它不仅能够处理一般的表格，还具有进行表格公式计算等多种复杂的表格处理功能。与前面的版本相比，Excel 2007 采用了全新的 Microsoft office Fluent 界面，操作界面更加美观、友好，功能更加强大、完善。

4.1.1 中文版 Excel 2007 新增功能概述

Excel 2007 中文版是微软公司推出的电子表格软件，它在 Excel 2003 中文版的基础上，将工作界面进一步优化整合，并增加了一系列新的功能。下面介绍其主要的新增功能。

1. 面向结果的用户界面

Excel 2007 的用户界面用直观明了的单一机制取代了 Excel 早期版本中的菜单、工具栏和大部分任务窗格。其功能区是菜单和工具栏的主要替代控件，功能区包含若干个围绕特定方案或对象进行组织的选项卡。而且，每个选项卡的控件又细化为几个组。功能区能够比菜单和工具栏承载更加丰富的内容，包括按钮、库和对话框内容。其提供了描述性的工具提示或示例预览来帮助用户选择正确的选项。

无论用户在新的用户界面中执行什么活动，不管是格式化还是分析数据，Excel 都会显示成功完成该任务最合适的工具。

2. 更多行和列以及其他新增特性

为了使用户能够在工作表中浏览大量数据，Excel 2007 支持每个工作表最多有 100 万行和 16000 列。与 Excel 2003 相比，它提供的可用行增加了 15 倍，可用列增加了 63 倍。用户可以在同一个工作簿中使用无限多的格式类型，而不再仅限于 4000 种；每个单元格的单元格引用数量从 8000 增长到了任意数量。列现在以 XFD 而不是 IV 结束。唯一的限制就是用户的可用内存，已从 Microsoft Office Excel 2003 中的 1GB 内存增加到 Office Excel 2007 中的 2GB。为了改进 Excel 的性能，将其内存管理增加到 2GB，而且支持双处理器和多线程芯片集，支持最多 1600 万种颜色。

3. Office 主题和 Excel 样式

在 Office Excel 2007 中，可以通过应用主题和使用特定样式在工作表中快速设置数据格式。主题可以与其他 Office 2007 发布版程序（例如 Microsoft Office Word 和 Microsoft Office PowerPoint）共享，而样式只用于更改特定于 Excel 的项目（如 Excel 表格、图表、数据透视表、形状或图）的格式。

4. 丰富的条件格式

在 Office Excel 2007 中，用户可以使用条件格式直观地注释数据以供分析和演示使用。若要在数据中轻松地查找例外和发现重要趋势，可以实施和管理多个条件格式规则，这些规则以渐变色、数据柱线和图标集的形式将可视性极强的格式应用到符合这些规则的数据。条件格式也很容易应用，只需单击几下鼠标，即可看到可用于分析的数据中的关系。

5. 轻松编写公式

编辑栏会自动调整以容纳长而复杂的公式，从而防止公式覆盖工作表中的其他数据。与 Excel 早期版本相比，用户可以编写的公式更长，使用的嵌套级别更多，使用函数记忆式键入，可以快速写入正确的公式语法。它不仅可以轻松检测到用户要使用的函数，还可以获得完成公式参数的帮助，从而使用户在第一次使用时以及今后的每次使用中都能获得正确的公式。除了单元格引用，例如 A1 和 R1C1，Office Excel 2007 还提供了在公式中引用命名区域和表格的结构化，通过使用 Office Excel 2007 命名管理器，用户可以在一个中心位置来组织、更新和管理多个命名区域，这有助于任何需要使用用户的工作表的人理解其中的公式和数据。

6. 新的 OLAP 公式和多维数据集函数

当用户在 Office Excel 2007 中使用多维数据库（例如 SQL Server Analysis Services）时，可以使用 OLAP 公式建立复杂的、任意形式的 OLAP 数据绑定报表。新的多维数据集函数可用来从 Analysis Services 中提取 OLAP 数据（数据集和数值）并将其显示在单元格中。当用户将数据透视表公式转换为单元格公式时，或者当用户在键入公式时对多维数据集函数参数使用记忆式键入时，可以生成 OLAP 公式。

7．改进的排序和筛选功能

在 Office Excel 2007 中，用户可以使用增强了的筛选和排序功能，快速排列工作表数据以找出所需的信息。例如，现在可以按颜色和 3 个以上（最多为 64 个）级别来对数据排序，用户还可以按颜色或日期筛选数据，在“自动筛选”下拉列表中显示 1000 多个项，选择要筛选的多个项，以及在数据透视表中筛选数据。

8．Excel 表格的增强功能

在 Office Excel 2007 中，用户可以使用新用户界面快速创建、格式化和扩展 Excel 表格（在 Excel 2003 中称为 Excel 列表）来组织工作表上的数据，以便更容易使用这些数据。下面列出了针对表格的新功能或改进功能。

① 可以打开或关闭表格标题行，如果显示表格标题，则当用户在长表格中移动时，表格标题会替代工作表标题，从而使表格标题始终与表列中的数据出现在一起。

② 计算列使用单个公式调整每一行，它会自动扩展以包含其他行，从而使公式立即扩展到这些行，用户只需输入公式一次，而无需使用“填充”或“复制”命令。

③ 默认情况下，表中会启用“自动筛选”以支持强大的表格数据排序和筛选功能。

④ 这种类型的引用允许用户在公式中使用表列标题名称代替单元格引用，例如 A1 或 R1C1。

⑤ 在汇总行中，用户现在可以使用自定义公式和文本输入。

⑥ 可以应用表样式对表快速添加设计师水平的专业格式。如果在表中启用了可选行样式，Excel 将通过一些操作保持可选样式规则，而这些操作在过去会破坏布局，例如筛选、隐藏行或者对行和列手动重新排列。

9．共享的图表

包含图表数据的 Excel 工作表可存储在 Word 文档或 PowerPoint 演示文稿中，或者存储在一个单独文件中以减小文档大小。

用户可以轻松地在文档之间复制和粘贴图表，或将图表从一个程序复制和粘贴到另一个程序。将图表从 Excel 复制到 Word 或 PowerPoint 时，图表会自动更改以匹配 Word 文档或 PowerPoint 演示文稿，用户也可以保留 Excel 图表格式。Excel 工作表数据可嵌入 Word 文档或 PowerPoint 演示文稿中，用户也可以将其保留在 Excel 源文件中。

在 PowerPoint 中，可以使用动画强调基于 Excel 图表中的数据，可使整个图表或图例项和轴标签具有动画效果。在柱形图中，甚至可以让个别柱形具有动画效果，从而可以更好地阐明某个要点，可以更轻松地找到并更好地控制动画功能。

10．易于使用的数据透视表

在 Office Excel 2007 中，数据透视表比在 Excel 的早期版本中更易于使用。使用新的数据透视表用户界面时，只需单击几下鼠标即可显示关于要查看的数据信息，而不再需要将数据拖到并非总是易于定位的目标区域。现在，用户只需在新的数据透视表字段列表中选择要查看的字段即可。

创建数据透视表后，可以利用许多其他新功能或改进功能来汇总、分析和格式化数据透视表数据，可以撤销创建或重排数据透视表所执行的大多数操作。加号和减号明细指示器用来指示是否可以展开或折叠部分数据透视表以显示更多或更少的信息。在 Office Excel 2007 中，更改数据透视图时会保留所应用的图表格式，这是对 Excel 早期版本工作方式的一个改进。

11．快速连接到外部数据

在 Office Excel 2007 中，不再需要了解公司数据源的服务器名称或数据库名称。现在，用户可以使用“快速启动”从管理员或工作组专家提供的可用数据源列表中选择。Excel 中的连接管理器使用户可查看工作簿中的所有连接，并且重新使用连接或用一种连接替代另一种连接更加容易。

12．新的文件格式

在 Microsoft Office 2007 system 中，Microsoft 为 Word、Excel 和 PowerPoint 引入了新的称为“Office Open XML 格式”的文件格式。这些新文件格式便于与外部数据源结合，还减小了文件大小并改进了数据恢复功能。在 Office Excel 2007 中，Excel 工作簿的默认格式是基于 Office Excel 2007 XML 的文件格式(.xlsx)。其他可用的基于 XML 的格式是基于 Office Excel 2007 XML 和启用了宏的文件格式(.xlsm)且用于 Excel 模板的 Office Excel 2007 文件格式(.xltx)，以及用于 Excel 模板的 Office Excel 2007 启用了宏的文件格式(.xltm)。安装了加载项之后，能在 Microsoft Office 2007 system 程序中将文件另存为 PDF 或 XPS 文件。

13．更佳的打印体验

除了“普通”视图和“分页预览”视图之外，Office Excel 2007 还提供了“页面”视图。用户可以使用该视图来创建工作表，同时关注打印格式的显示效果。在该视图中，可以使用位于工作表中右侧的页眉、页脚和边距设置，以及将对象（例如图表或形状）准确放置在所需的位置。在新的用户界面中，还可轻松访问“页面布局”选项卡上的所有页面设置选项，以便快速指定选项，例如页面方向。查看每页上要打印的内容也很方便，这有助于避免多次打印尝试和在打印输出中出现截断的数据。

4.1.2 中文版 Excel 2007 的启动

启动中文版 Excel 2007 的常用方法有以下几种。

① 单击“开始”→“所有程序”→“Microsoft Office”→“Microsoft Office Excel 2007”命令（见图 4-1），即可启动中文版 Excel 2007，并新建一个空白文档。

② 双击桌面上中文版 Excel 2007 的快捷方式图标，可以启动 Excel 2007。

③ 双击计算机中已保存的 Excel 2007 文档，可以打开 Excel 2007 的编辑窗口。

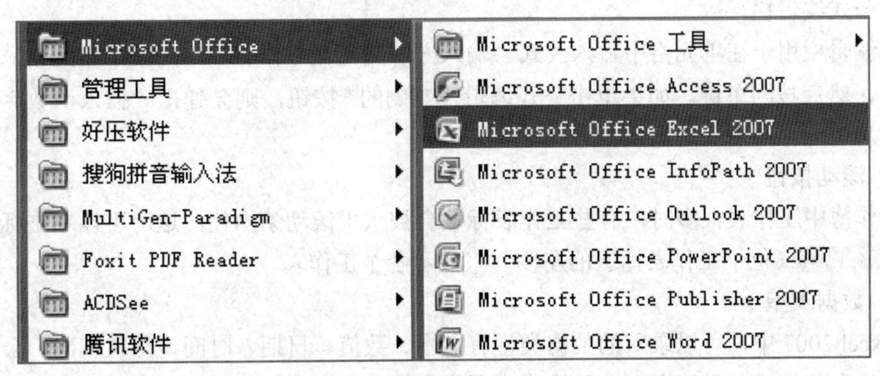

图 4-1 启动中文版 Excel 2007

4.1.3 中文版 Excel 2007 的基本概念

在学习 Excel 2007 之前有必要先讲一下 Excel 中的一些名词，因为这些名词涉及学习 Excel 的部分内容。

（1）工作簿

Excel 是以工作簿为单元来处理工作数据和存储数据的。在 Excel 中，数据和图表都是以工作表的形式存储在工作簿文件中的。工作簿文件是 Excel 存储在磁盘中的最小独立单位。工作簿窗口是 Excel 打开的工作簿文档窗口，它由多个工作表组成。

（2）工作表

每组密切相关的资料存放在一个二维表格中，称为工作表。其主要用于录入原始资料、存储统计信息、图表等。使用工作表可以显示和分析资料。

（3）工作表标签

工作簿窗口底部的工作表标签上显示了工作表的名称。如果要在工作表间进行切换，单击相应工作表标签即可。默认工作表标签为 SheetX，X 为数字。

（4）单元格

每张工作表都是由多个长方形的“存储单元”构成的，这些长方形的“存储单元”被称为“单元格”，是组成工作表的基本元素。

（5）单元地址

每个单元格都有固定的地址，比如 A3 就代表了 A 列第 3 行的单元格。

（6）单元格区域

单元格区域是指一组被选中的单元格。它们既可以是相邻的，也可以是彼此分离的。对一个单元格区域的操作就是对该区域中的所有单元格进行相同的操作。

（7）活动单元格

活动单元格是指正在使用的单元格，其周围有一个黑色的方框，输入的资料会被保存在该单元格中。

（8）名称框

名称框中显示的是当前正在操作的单元格的名称，也可以选定某区域后在名称框内自定义该区域的名称。

（9）公式编辑栏

公式编辑栏用于在单元格中输入公式。输入方法是先在工作表中单击某个单元格，在此栏中输入公式，然后按回车键。如果单击公式编辑栏左侧的 按钮，则会弹出“插入函数”对话框，用户可以从中选择要插入的函数。

（10）滚动按钮

当工作簿中工作表很多时，有些工作表标签会被水平滚动条挡住，这时可以单击标签滚动箭头按钮 （位于工作表标签的左侧）来显示各个工作表。

（11）数据类型

在 Excel 2007 中，可以录入的数据类型有文本、数值、日期、时间、邮政编码、公式。其中日期有二十余种格式，时间有十余种格式，数值有数十种格式。

图 4-2 所示为 Excel 2007 工作界面，其中标出了 Excel 界面中的部分元素。

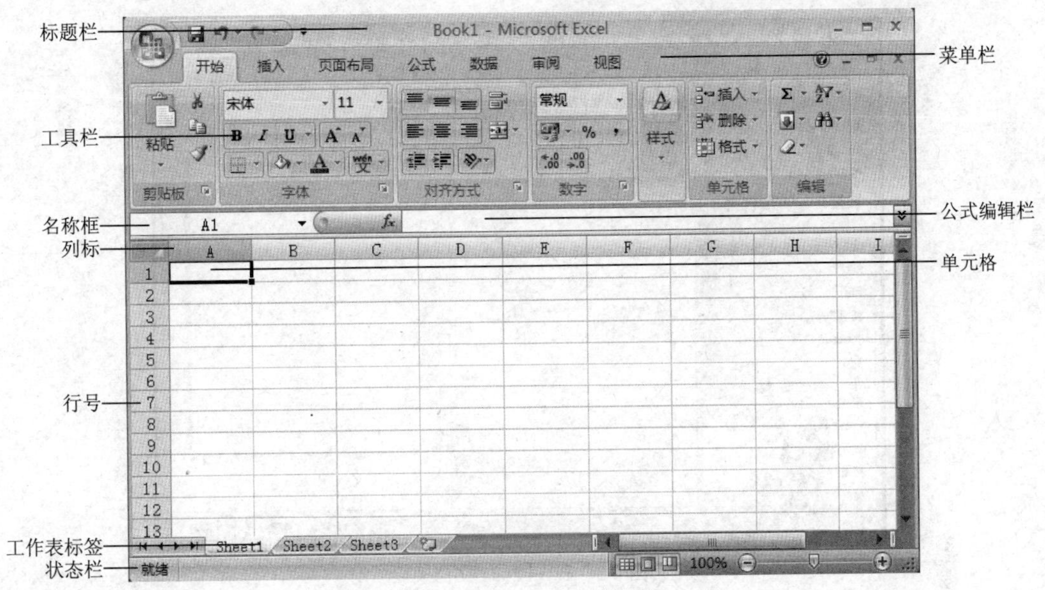

图 4-2 Excel 2007 工作界面

4.1.4 中文版 Excel 2007 的退出

退出中文版 Excel 2007 有以下常用的 3 种方法。

① 单击右上角的“关闭”按钮 。

② 单击“文件”→“退出”命令。

③ 双击 Excel 2007 窗口左上角的控制图标 。

4.2 工作簿的基本操作

上一节介绍了什么是工作簿，那么怎样创建、保存、打开工作簿呢？本节将对 Excel 2007 中的工作簿的基本操作进行介绍。

4.2.1 建立新的工作簿

启动 Excel 2007 时系统将自动创建一个新的工作簿，并在新建工作簿中新建 3 个空白工作表 Sheet1、Sheet2、Sheet3。如果用户需要创建一个新的工作簿，可以使用下面的几种方法。

① 单击 按钮中的“文件”→“新建”命令，打开“新建工作簿”对话框，选择“空白工作簿”选项。

② 单击“快速访问”工具栏中的“新建”按钮。

③ 如果需要创建一个基于模板的工作簿，可以在“新建工作簿”窗口中的“模板”选项区中单击选择需要的模板，选定后单击“下载”按钮即可。

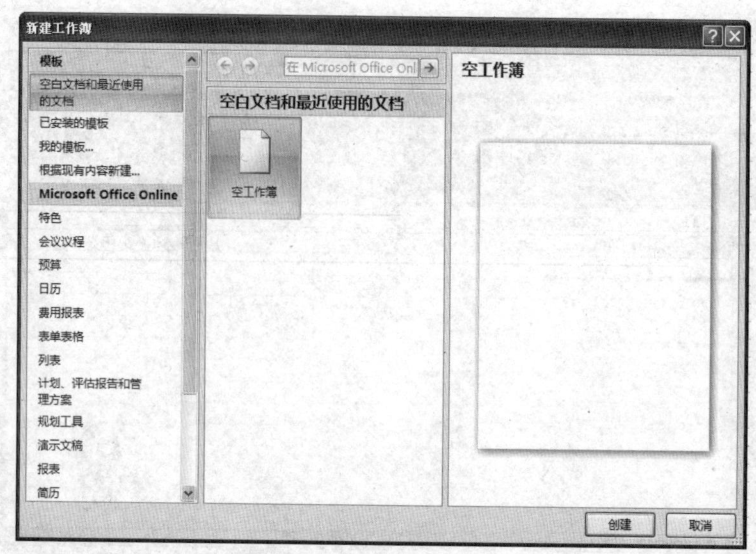

图 4-3 Excel 2007 文档模板

4.2.2 保存 Excel 工作簿

任何文档进行编辑后都需要保存，Excel 也不例外。

1. 使用“保存”命令

如果是首次保存工作簿，当用户执行“保存”操作时，将首先弹出一个“另存为”对话框，这与 Word 是一样的。

具体操作步骤如下。

① 单击“快速访问”工具栏上的“保存”按钮，或者单击按钮中的“保存”命令，或者按下“Ctrl+S”快捷键。

② 此时会打开“另存为”对话框，在“文件名”下拉列表框中选择，或直接输入文件名，如图 4-4 所示。

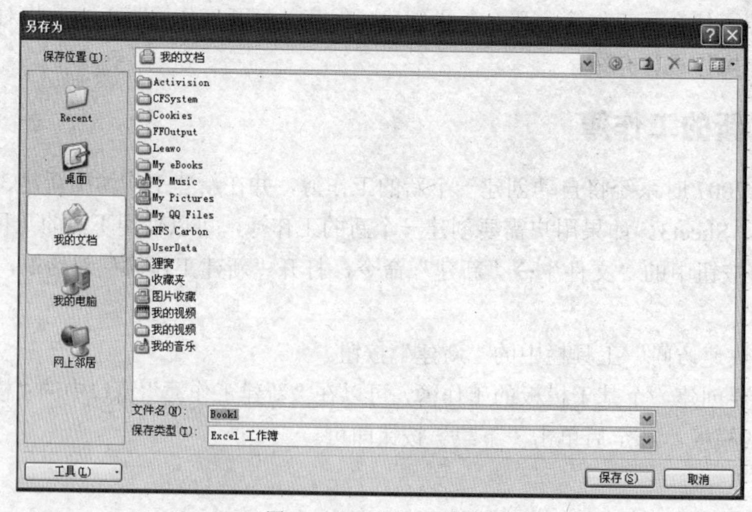

图 4-4 “另存为”对话框

③ 在“保存类型”下拉列表框中选择保存的文件类型。

④ 按下回车键或者单击对话框中的“保存”按钮即可。

2. 使用“另存为”命令

使用“另存为”命令可以将一个已经保存了的工作簿的内容保存到其他文件或者文件夹中。操作步骤如下。

① 单击按钮中的“另存为”命令。

② 在打开的“另存为”对话框中指定保存的文件名，如果需要把它保存到另一目录中，还应指定保存的路径。

③ 按下回车键或者单击对话框中的“保存”按钮即可。

4.2.3 打开工作簿

打开旧的工作簿文档与在 Word 中打开已有文档的操作一样简单，操作步骤如下。

① 单击按钮中的“打开”命令，或者单击“快速访问”工具栏上的“打开”按钮，或者按下快捷键“Ctrl+O”。

② 打开“打开”对话框，如图 4-5 所示。在该对话框中选择目标文档所在的文件夹，双击该文档即可在主窗口中打开该文档。

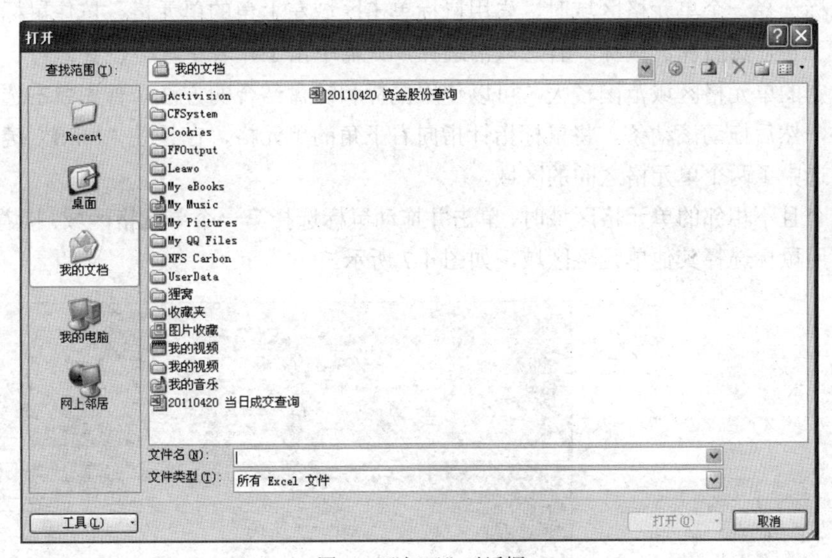

图 4-5 “打开”对话框

用户也可以在“新建工作簿”任务窗格里打开已有文档。

4.3 单元格的基本操作

建立好一个工作表后，还需要对其进行编辑，Excel 要处理的数据全部存储在单元格中，所以编辑工作表实际上就是编辑单元格中的内容。下面将进行详细介绍。

4.3.1 选定单元格

像在 Word 中编辑文本之前先选定文本一样，在 Excel 中也需要先选定单元格或单元格区域才能进行编辑，被选定后单元格会以不同的颜色显示。

1. 选定一个单元格

下面将详细介绍选定单元格的方法。

① 用鼠标选择单元格：首先将鼠标指针移到要选定的单元格上，单击鼠标左键，该单元格即为当前单元格。如果要选定的单元格没有显示在窗口中，可以通过移动滚动条使其显示在窗口中，然后再选取。

② 使用键盘选择单元格：只需移动上、下、左、右方向键，直到光标置于要选定的单元格。

③ 使用“定位”命令选定单元格：单击“开始”→“查找和选择”→“转到”命令，这时会弹出“定位”对话框，如图 4-6 所示。在“引用位置”文本框中输入要选定的单元格地址，例如“B5”，单击“确定”按钮，这时“B5”单元格就成为当前单元格。

2. 选择单元格区域

在 Excel 2007 中使用鼠标和键盘结合的方法，可以选择一个单元格区域和多个不相邻的单元格区域。

使用鼠标选择一个单元格区域时，先用鼠标单击区域左上角的单元格，按住鼠标左键并拖动到区域的右下角，然后释放鼠标。若想取消选择，只需单击工作表中任一位置即可。

如果指定的单元格区域范围较大，可以使用鼠标和键盘结合的方法。首先单击选取区域左上角的单元格，然后拖动滚动条，将鼠标指针指向右下角的单元格，在按住“Shift”键的同时单击鼠标左键即选中了两个单元格之间的区域。

选择多个且不相邻的单元格区域时，单击并拖动鼠标选择第一个单元格区域，接着按住“Ctrl”键，然后使用鼠标选择其他单元格区域，如图 4-7 所示。

图 4-6 “定位”对话框

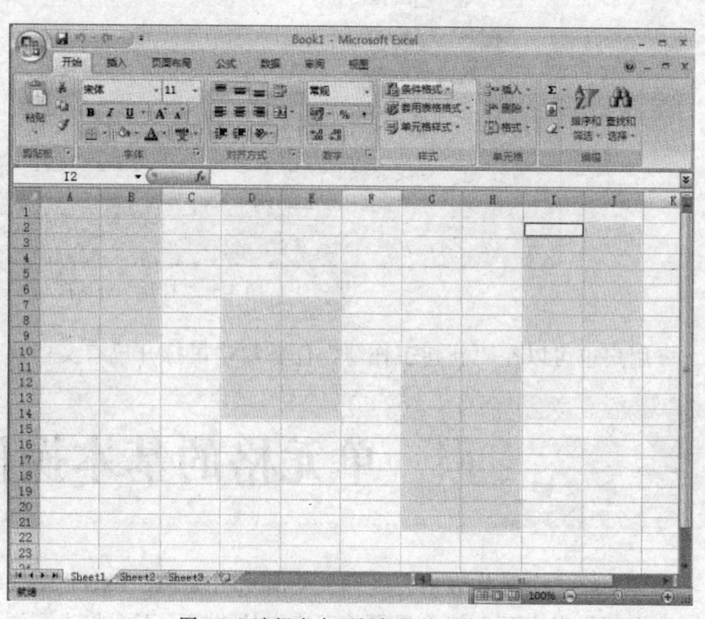

图 4-7 选择多个不相邻的单元格区域

此外，在一个工作表中经常需要选择一些特殊的单元格区域，操作方法如下。

① 整行：单击工作表中的行号。

② 整列：单击工作表中的列标。

③ 相邻的行或列：用鼠标单击并拖动工作表行号或列标。

④ 不相邻的行或列：单击第一个行号或列标，按住“Ctrl”键，再单击其他行号或列标。

⑤ 全部选定：单击行号和列标相交处的按钮，可以选定当前工作表的所有数据。选定后的情况如图 4-8 所示。

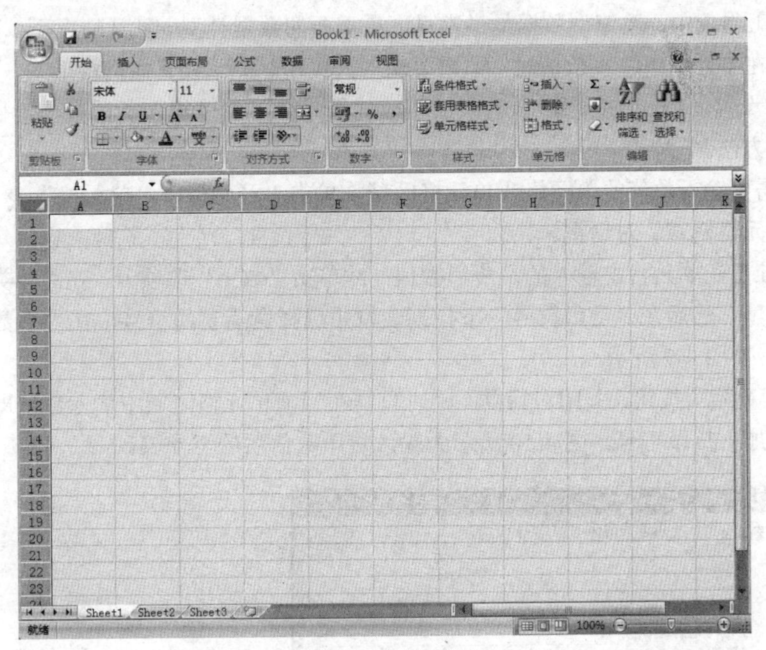

图 4-8 全部选定

4.3.2 在单元格中输入数据

设置好单元格后，即可向其中输入内容。下面主要介绍输入文本、日期时间以及数字的方法，用户可采用以下两种方法对单元格进行输入。

① 直接单击单元格，完成选择，然后输入数据，按下“Enter”键确认。

② 用鼠标选定单元格，然后用鼠标在编辑栏中的内容框中单击，并在其中输入数据，然后通过单击“输入”按钮或按“Enter”键，单击“取消”按钮或按“Esc”键决定取舍。

1. 在单元格中输入文本

Excel 2007 中的文本通常是指字符或者是任何数字和字符的组合。输入到单元格内的任何字符集，只要不被系统解释成数字、公式、日期、时间或者逻辑值，则 Excel 2007 一律将其视为文本，一个单元格中最多可以输入 3200 个字符。在 Excel 2007 中输入文本时，系统默认的对齐方式是单元格内靠左对齐，如果要改变单元格的对齐方式，可以对单元格格式进行设置，这在后面的内容中要讲到。具体输入方法如下。

① 单击想要输入文本的单元格。

② 直接输入文本，如果需要将电话号码等数字当作字符串来输入，可以在前面加上英文半角

单引号“′”，如“′5189168”。

③ 如果需要把文本分隔成多个单独的行，则按下“Alt+Enter”组合键，在行与行之间输入回车换行符。

④ 当输入完文本后，按下“Enter”键确认文本的输入。

在数字的两侧加上双引号，并在双引号的前面加上等号“=”，例如，在单元格中输入“="13837206857"”，Excel 将把它当作字符串输入。

2. 在单元格中输入数字

在 Excel 工作表中，数值型数据是最常见、最重要的数据类型。默认情况下，Excel 将其沿单元格右对齐。在单元格中输入数值时，如果要输入人民币、美元或其他货币形式，不必一一输入，可以预先进行设置，Excel 就能够自动添加相应的符号。下面以输入货币数值为例介绍在 Excel 中输入数值的方法。

① 单击需要输入数值的单元格或单元格区域，单击“开始”→“单元格”→“格式”命令，打开“设置单元格格式”对话框。

② 由于准备在单元格中输入的是货币数值，故单击“数字”选项卡，在“分类”列表框中选择“货币”选项，然后在“货币符号”下拉列表框中选择所需要的符号，在“小数位数”数值框中输入“2”，如图 4-9 所示。

③ 单击“确定”按钮，关闭对话框。此时只需在当前单元格区域中输入数值即可，输入后的数值前会自动加上货币符号。图 4-10 所示为输入货币数值后的工作表。

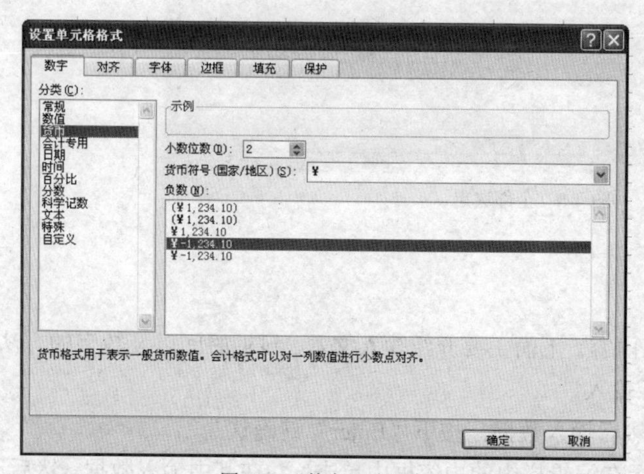

图 4-9 “数字”选项卡

¥54.00
¥45.00
¥4,856.00
¥15.00
¥7,856.00
¥444.00

图 4-10 输入货币数值后的工作表

3. 在单元格输入日期和时间

在中文版 Excel 2007 中，当在单元格中输入系统可识别的时间和日期数据时，单元格的格式就会自动转换为相应的“时间”或者“日期”格式，而不需要去设定单元格为“时间”格式或者“日期”格式。输入的日期在单元格内采取右对齐的方式。如果不能识别输入的日期或时间格式，输入的内容将被视为文本，并在单元格中左对齐。按“Ctrl+；”组合键可输入当前日期。

系统默认输入的时间是按 24 小时制的方式输入的，所以若要以 12 小时制的方式输入时间，就要在输入的时间后键入一个空格，并且输入“AM”或“A”（上午），如果为下午，输入“PM”或字母“P”。例如，输入“9:00 P”，按“Enter”键后在编辑栏中显示的结果是“21:00:00”。

如果只输入时间数字，Microsoft Excel 将按 AM（上午）处理。如果要输入当前的时间，按“Ctrl+Shift+；”组合键即可。

4．快速输入数据

（1）在单元格中输入相同的内容

在输入数据时，如果有一批单元格需要输入相同的内容，用户可以选取这些单元格，在编辑栏中输入需要的内容后，按下“Ctrl+Enter”组合键，这时，所有被选取的单元格中都将具有相同的内容，如图 4-11 所示。

（2）在同一行或列中填充数据

对于一些能构成序列的内容，比如星期、数列、月份等，Excel 在填充时能自动按序列依次填充。自动填充的步骤如下。

① 选定需要自动填充数据的单元格列或行的首个单元格，在编辑栏中输入需要的内容。

② 将鼠标指针指向首个单元格边框，当鼠标指针变成黑色十字（称这时的鼠标指针为“填充柄”）时，用鼠标拖动填充柄经过需要填充数据的单元格，然后释放鼠标按键。这时鼠标所经过的单元格就会按该序列的内容填充。图 4-12 所示为按序列填充的效果。

软件技术			
软件技术			
软件技术	软件技术		软件技术
软件技术	软件技术		软件技术
软件技术	软件技术	软件技术	软件技术
软件技术	软件技术	软件技术	软件技术
软件技术		软件技术	软件技术
		软件技术	软件技术
		软件技术	
		软件技术	

图 4-11 在多个单元格中输入相同的内容

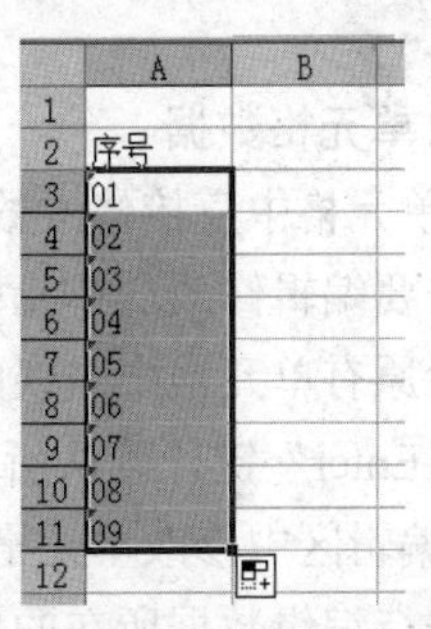

图 4-12 自动填充效果

③ 如果要在一活动单元格之下的单元格中填充与该单元格相同的内容，可以按“Ctrl+D”组合键。若要在活动单元格右边的单元格中填充与该单元相同的内容，可以按“Ctrl+R”组合键。

可以单击“自动填充选项”按钮来选择所选单元格的方式。例如，可以选择“仅填充格式”或“不带格式填充”。

（3）创建序列

如果用户要用到的序列不是以上所述的常见序列，那么用户可以自己创建序列，具体操作步骤如下。

① 在序列的第一个单元格中输入第一个数据，然后在序列的第二个单元格中再输入第二个数据。

② 用鼠标选中这两个单元格，将鼠标指针移到单元格区域右下角，当鼠标指针变为填充柄形状时，按住鼠标左键不放，拖动鼠标到目标单元格区域中的最后一个单元格。

③ 释放鼠标，数据将自动根据序列和步长值进行填充，结果如图 4-13 所示。

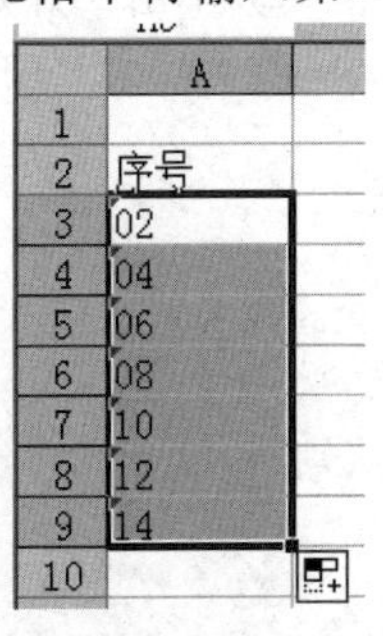

图 4-13 创建序列

如果要指定序列类型，则在上述的第②步中，按住鼠标右键不放并拖动填充柄，当到达目标单元格区域中的最后一个单元格时，释放鼠标右键，此时会弹出快捷菜单，在快捷菜单中选择所需的填充方式即可。在填充数据时，如果被填充的单元格区域中已有数据，则已有数据将被新填充的数据所替代。

4.3.3 编辑单元格数据

在单元格中输入数据后，用户可以对其进行编辑、修改和清除。

1．编辑单元格数据

在进行编辑操作之前，必须选定编辑范围，选定后用户便可编辑单元格中的数据。选定编辑范围分两种情况。

① 当要编辑某个单元格的所有数据时，应先单击该单元格，接着输入新的数据，新数据会将旧数据覆盖，再按“Enter”键或单击编辑栏中的“输入”按钮即可。

② 当要编辑某个单元格中的部分数据时，应双击该单元格，也可以首先单击该单元格，然后按“F2”键，将光标置入该单元格中，此时在状态栏的最左端显示“编辑”字样。这时可在单元格中移动光标，以编辑数据。

如果要删除光标左侧的字符，可按“Backspace”键；如果要删除光标右侧的字符，则可按“Delete”键。

2．修改单元格数据

（1）在单元格中直接修改数据

① 双击要编辑修改的单元格，这时光标将在该单元格中闪动。

② 删除原有单元格中错误的内容，将其改为正确内容。

③ 按“Enter”键，确认所做的改动。若用户按下“Esc”键，将取消所做的改动。

（2）在编辑区中修改单元格数据

① 单击待编辑数据所在的单元格，使单元格变为活动单元格，此时，该单元格中的数据将自动显示在编辑区。

② 单击编辑区并对其中的内容进行修改。

③ 若确认所做的修改，则单击✓按钮或按“Enter”键；如果要取消所做的修改，则单击×按钮或按“Esc”键。

3．清除单元格数据

在 Excel 2007 中，清除单元格数据仅删除该单元格中的内容，如数据和数据格式，而该单元格本身不会删除，所以不会影响工作表中其他单元格的布局。删除单元格数据的操作步骤如下。

① 选定要清除数据的单元格或单元格区域。

② 单击“开始”→“编辑”→“清除”命令，将自动弹出其子菜单，如图 4-14 所示。

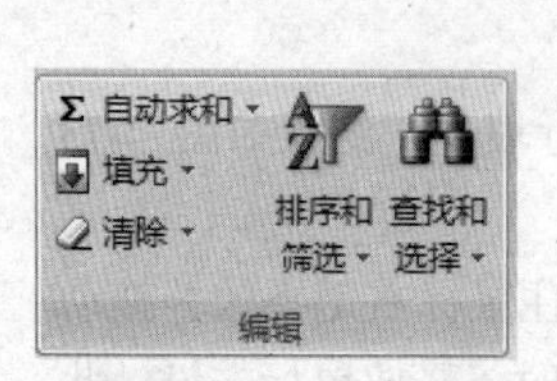

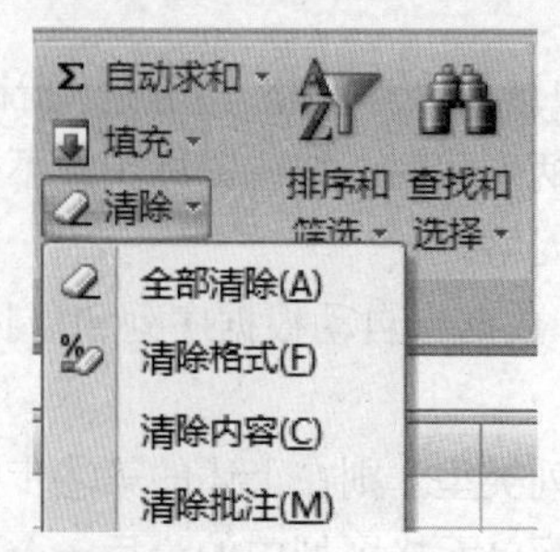

图 4-14 “清除”子菜单

该子菜单中各选项的意义如下。

- 选择“全部”选项，则清除单元格中的数据、格式、批注等全部内容。
- 选择“格式”选项，则只清除单元格中的格式。
- 选择“内容”选项，则只清除单元格中已有的数据。
- 选择“批注”选项，则只清除单元格中的批注。

③ 根据需要，选择相应的选项即可。

4．移动和复制单元格数据

移动和复制单元格数据有多种方法，下面介绍使用鼠标来移动和复制单元格数据的方法。

（1）使用鼠标移动单元格中的数据

①选定要移动的单元格或单元格区域。

② 将鼠标指针（形如✥）移动到所选定单元格或单元格区域的粗线边框上，当鼠标指针变成✥形状时，按住鼠标左键并拖动到目标单元格即可完成移动。

（2）使用鼠标复制单元格中的数据

① 选定要复制的单元格或单元格区域。

② 将鼠标指针（形如✥）移动到所选定单元格或单元格区域的粗线边框上，当鼠标指针变成✥形状时，在按住“Ctrl”键的同时再按住鼠标左键不放，此时鼠标指针上方会显示一个“+”号，表示是复制，再将其拖动到目标单元格即可完成复制。

5．单元格及整行、整列的插入与删除

前面介绍了单元格中数据的插入和删除。这里主要介绍单元格以及整行、整列插入、删除的操作方法。

（1）插入整行或整列和单元格

如果需要在已输入数据的工作表中插入一行，可先选定要插入行的任一单元格，或者单击行号选择整行，然后单击“开始”→“单元格”→“插入”→“插入工作表行”命令，Excel 在当前位置插入一行，原有的行自动下移。

同样地，如果单击“插入”→“插入工作表列”命令，可在已输入数据的工作表中插入一列。Excel 在当前位置插入一整列，原有的列自动右移。

在 Excel 中，还可以在工作表中插入多行或多列，只需先选定需插入行或列的单元格区域，或选定区域所在的所有行或列，然后单击“插入”→“插入工作表行”或“插入工作表列”命令，即可在当前区域位置插入多个空行或空列，原来区域所在的所有行或列自动下移或右移。

如果需要在工作表中插入单元格或单元格区域，可按如下方法操作。在要插入单元格的位置选定单元格区域，然后单击“插入”→“插入单元格”命令，打开如图 4-15 所示的“插入”对话框。其中各选项的含义如下。

- 选中“活动单元格右移”单选按钮，插入的单元格出现在所选择单元格的左边。
- 选中“活动单元格下移”单选按钮，插入的单元格出现在所选择单元格的上方。
- 选中“整行”单选按钮，在选定的单元格上面插入一行，如果选定的是单元格区域，则选定单元格区域包括几行就插入几行。
- 选中“整列”单选按钮，在选定的单元格左面插入一列，如果选定的是单元格区域，则选定单元格区域包括几列就插入几列。

（2）删除单元格以及整行、整列单元格

① 选定要删除的单元格、整行或整列。

② 单击“开始”→ “单元格”→“删除”→“删除单元格”命令，弹出如图 4-16 所示的“删除”对话框。

③ 根据删除单元格的不同要求，执行下列操作之一。

• 选中“右侧单元格左移”单选按钮，可将选定的单元格删除，即把右侧的单元格向左移动，来覆盖被删除的单元格区域。

• 选中“下方单元格上移”单选按钮，将删除选定的单元格区域，这时把下方的单元格向上移，来覆盖被删除的单元格区域。

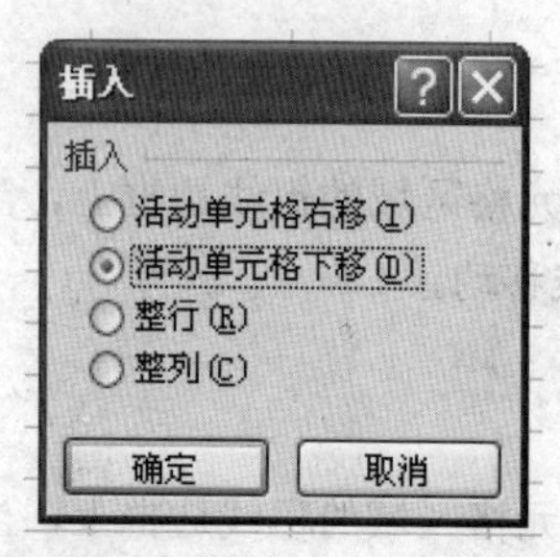

图 4-15 “插入”对话框

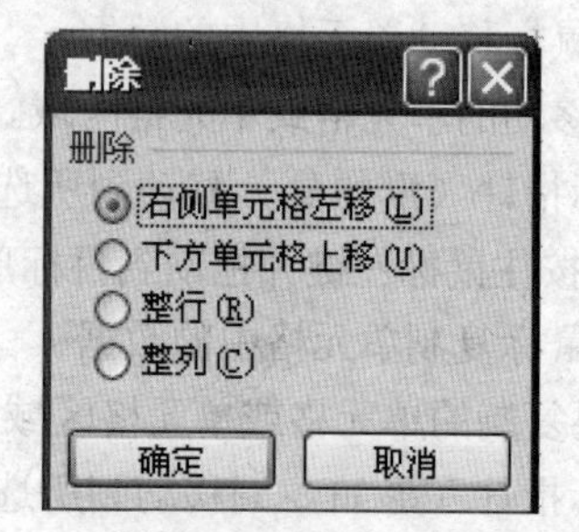

图 4-16 “删除”对话框

• 选中“整行”单选按钮，则删除整行。

• 选中“整列”单选按钮，则删除整列。

④ 最后单击“确定”按钮，完成删除操作。

4.3.4 合并相邻单元格

在 Excel 中，可以将跨越几行或几列的多个单元格合并成为一个大的单元格，合并之后的单元格中将只保留选定区域左上角的数据。可以将区域中的所有数据复制到区域内的左上角单元格中，合并后的单元格中包括所有数据。可以合并一行中的单元格，或者将某个单元格中的内容设为居中。还可以合并选定的几个连续的单元格，但并不更改其中数据的对齐方式，如图 4-17 所示。

图 4-17 调整单元格列宽

选中 B1 到 F2 的单元格区域，单击“开始”→“对齐方式”→工具栏上的“合并后居中”按钮，就可以合并所选的单元格，并将单元格中的数据居中显示。这样做有利于设置表格的标题。

合并单元格后，还可以将该单元格重新拆分。选择要拆分的单元格，然后单击“合并及居中”按钮，这时，该单元格就会恢复为原来的状态，拆分成几个单元格。用户也可以在选中要拆分的单元格后单击开始”→ “对齐方式”→工具栏上的“合并后居中”按钮。

4.4 工作表的基本操作

如果要对某个工作表中的数据进行编辑、复制、移动和删除等操作，必须先选定该工作表。

4.4.1 工作表的基本操作

在进行这些操作的过程中，用户可以根据需要选定一个工作表，也可以同时选定多个工作表。

1．选定一个工作表

选定一个工作表的方法非常简单，只要单击该工作表对应的标签，使之成为活动的工作表即可。被选定的工作表标签以白底显示，而没有被激活的工作表标签以灰色显示。

如果工作表标签栏中的标签有很多，则可单击工作标签栏左边的标签滚动按钮来显示所需的工作表标签，然后单击该标签，即可选定该工作表。当单击标签滚动按钮时，工作表标签向左滚动；当单击标签滚动按钮时，工作表标签向右滚动。

2．选定多个工作表

如果要在当前工作簿的多个工作表中同时输入相同的数据或执行相同的操作，可以先同时选定这些工作表。这样，用户随后的操作将应用于所有已选定的工作表。

在选定多个工作表时，用户可以根据需要选定多个相邻的工作表，也可以选定多个不相邻的工作表，或者选定工作簿中所有的工作表。

（1）选定多个相邻的工作表

选定多个相邻工作表的具体操作步骤如下。

① 单击要选定的多个相邻工作表中的第一个工作表的标签。

② 在按住“Shift”键的同时，单击最后一个工作表的标签。

③ 释放“Shift”键，即可选定多个相邻的工作表。

（2）选定多个不相邻的工作表

选定多个相邻工作表的具体操作如下。

单击其中一个工作表的标签，按住“Ctrl”键的同时，分别单击要选定的工作表的标签。释放“Ctrl”键，即可选定多个不相邻的工作表。

（3）选定工作簿中所有的工作表

选定工作簿中所有工作表的具体操作如下。

用鼠标右键单击工作表标签栏，弹出一个快捷菜单，在其中选择“选定全部工作表”选项即可。

当用户选定了多个或所有的工作表后，在工作簿窗口的标题栏中会显示“工作组”字样。

3．取消选择工作表

当用户要取消对多个相邻或不相邻工作表的选定，只需单击工作表标签栏中的任意一个没有被选定的工作表标签即可。

如果要取消选定所有的工作表，可进行如下操作。

用鼠标右键单击工作表标签栏，在弹出的快捷菜单中选择“取消组合工作表”选项。

4．重命名工作表

在 Excel 2007 中默认的工作表以 Sheet1、Sheet2、Sheet3……方式命名，在完成对工作表的编辑之后，如果要继续沿用默认的名称，则不能直观地表示每个工作表中所包含的内容，也不利于用户对工作表进行查找、分类等工作。因此，用户有必要重命名工作表，使每个工作表的名称都能形象地反映其中的内容。

重命名工作表的方法有两种，即直接重命名和使用快捷菜单重命名。

（1）直接重命名

直接重命名工作表的具体操作步骤如下。

① 双击需要重命名的工作表标签。

② 输入新的工作表名称，按“Enter”键确认即可。

（2）使用快捷菜单重命名

使用快捷菜单重命名工作表的具体操作步骤如下。

① 用鼠标右键单击需要重命名的工作表标签，在弹出的快捷菜单中选择“重命名”选项。

② 输入新的工作表名称，按“Enter”键确认即可。

5．插入和删除工作表

当工作簿中的工作表不够用或不需要时，可以进行插入和删除工作表的操作。

（1）插入工作表

当工作簿中的工作表不够用时，可以插入新的工作表。在工作簿中插入工作表的操作步骤如下。

① 选择要插入新工作表的位置，例如，本例选定 Sheet3 工作表。

② 单击“开始”→“单元格”→“插入”→“插入工作表”按钮。此时，一个名为“Sheet4”的新工作表将被插入到 Sheet3 之前，同时，该工作表成为当前活动工作表，如图 4-18 所示。

（2）删除工作表

如果不再需要某个工作表，可将其删除，具体操作步骤如下。

① 单击要删除的工作表的标签，使其成为当前活动工作表。

② 单击“开始”→“单元格”→“删除”→“删除工作表”按钮。

在删除了一个工作表之后，例如，删除 Sheet10 工作表，如果再插入一个新的工作表，则该工作表将以 Sheet11 命名，其原因是 Sheet10 已被永久删除。

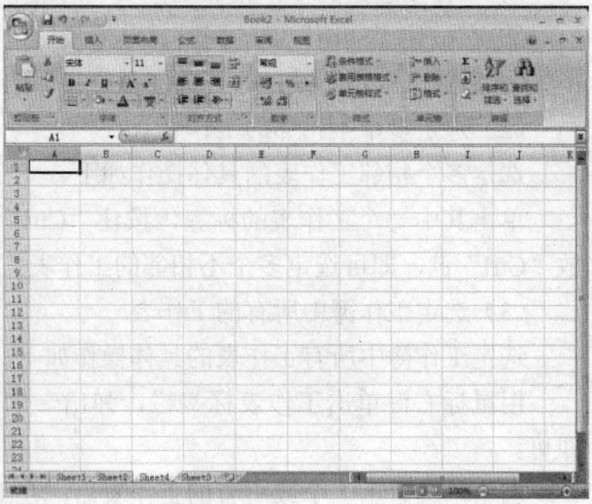

图 4-18 插入工作表

6．移动或复制工作表

移动或复制工作表有两种方法，即使用菜单命令和使用鼠标拖动。

（1）使用菜单命令

使用菜单命令移动或复制工作表的操作步骤如下。

① 单击要移动的工作表标签，使其成为当前活动工作表，例如选中“工资表”工作表。

② 在“开始”选项卡上的“单元格”组中单击“格式”，然后在“组织工作表”下单击“移

动或复制工作表”，如图 4-19 所示。

③ 如果要将“工资表”移动或复制到 Sheet2 工作表的前面，则在列表中先选中 Sheet2，然后单击“确定”按钮，即可将“工资表”移动到 Sheet2 的前面。如果要复制工作表，则先要选中“建立副本”复选框，然后单击“确定”按钮，即可将“工资表”复制到 Sheet2 工作表的前面，并自动命名为“工资表(2)”。

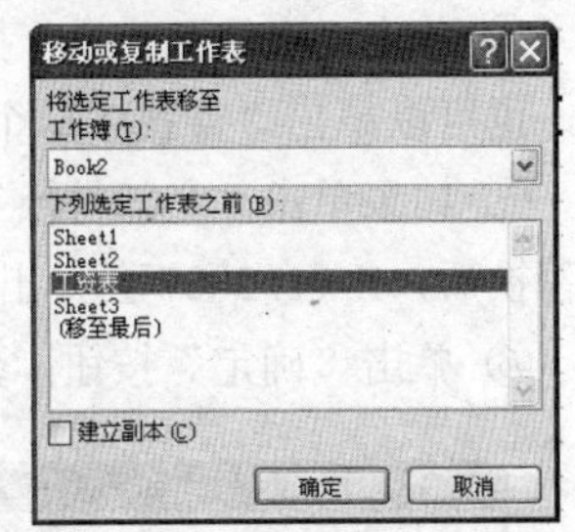

图 4-19 “移动或复制工作表”对话框

（2）使用鼠标拖动

使用鼠标拖动的方法移动或复制工作表的操作步骤如下。

① 将鼠标指针指向要移动的工作表标签。

② 按住鼠标左键并拖动工作表标签到指定的位置，然后释放鼠标，即可将工作表移动到新的位置上。

如果要复制工作表，则在按住鼠标左键的同时按住“Ctrl”键，拖动工作表到指定的位置后先释放鼠标，再释放“Ctrl”键即可，注意，拖动时鼠标指针上方会显示一个“+”号，表示是复制。

4.4.2 查找与替换

“查找”与“替换”是一组类似的命令。前者负责实现在指定范围内快速查找用户所指定的单个字符或一组字符串；后者负责先查找指定的单个字符或一组字符串，然后将其替换为另一个字符或一组字符串，从而简化用户对工作表的编辑操作。

1. 查找

在进行查找操作之前需先选定一个搜索区域。如果只选定了当前工作表内的某个单元格，则对当前工作表中的该单元格进行搜索；如果选定了当前工作表中的某个单元格区域，则在该单元格区域内进行搜索；如果选定了当前工作簿中的多个工作表，则在选定的多个工作表中进行搜索。执行查找操作的具体操作步骤如下。

① 先选定搜索区域，在“开始”选项卡上的“编辑”组中单击“查找和选择”命令中的“查找”，或按“Ctrl+F”组合键，打开“查找和替换”对话框，如图 4-20 所示。

② 在“查找内容”下拉列表框中输入所要查找的内容。

③ 如果要详细设置查找选项，则单击“选项”按钮，扩展“查找”选项卡。在扩展后的选项卡中可以进行各项设置，设置完成后单击“查找全部”按钮，即可查找文档中所有符合搜索条件的内容。如果单击“查找下一个”按钮，则搜索下一个符合搜索条件的内容。

图 4-20 “查找”选项卡

④ 关闭“查找和替换”对话框，光标会自动定位到工作表中最后一个符合查找条件的位置。

用户可以在“查找内容”下拉列表框中输入带通配符的查找内容，通配符“？”代表单个任意字符，而“*”则代表一个或多个任意字符。如果要查找前一个符合条件的内容，可以按住“Shift”键，然后单击“查找下一个”按钮。

2. 替换

替换工作表中数据的具体操作步骤如下。

① 选定要查找数据的区域，单击 “开始”选项卡上“编辑”组中的“查找和选择”命令中的“替换”，或按“Ctrl+H”组合键，打开“查找和替换”对话框，在“替换”选项卡中单击“选

项”按钮，会弹出如图 4-21 所示的对话框。

② 在“查找内容”下拉列表框中输入要查找的内容。

③ 在“替换为”下拉列表框中输入要替换为的内容。

④ 单击“查找下一个”按钮开始搜索。当找到相应的内容时，单击“替换”按钮即可进行替换，也可以单击“查找下一个”按钮跳过此次查找的内容，继续进行搜索。

⑤ 如果单击“全部替换”按钮，则把所有和“查找内容”相符的内容全部替换成新内容。完成替换后，Excel 2007 会弹出信息提示框，如图 4-22 所示。

⑥ 单击“确定”按钮，然后单击“查找和替换”对话框中的“关闭”按钮，将其关闭。

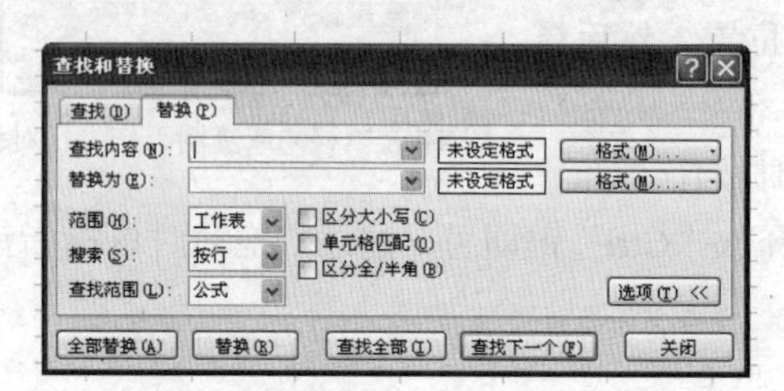

图 4-21 扩展后的“替换”选项卡

图 4-22 替换结果信息提示框

4.4.3 工作表间的切换

一本工作簿可以拥有多张工作表，但它们不能同时显示在一个屏幕上，所以要经常不断地在工作表之间进行切换，来完成不同的工作。在 Excel 2007 中可以利用工作表标签快速地在不同工作表之间进行切换。

如果工作表的名字在工作表标签中可见，则在该标签上单击鼠标左键，即可激活该工作表；如果要切换的工作表名字没有显示在工作表标签上，可以通过单击标签滚动按钮将其显示出来，也可以改变标签分隔条的位置，以便显示更多的工作表，如图 4-23 所示。

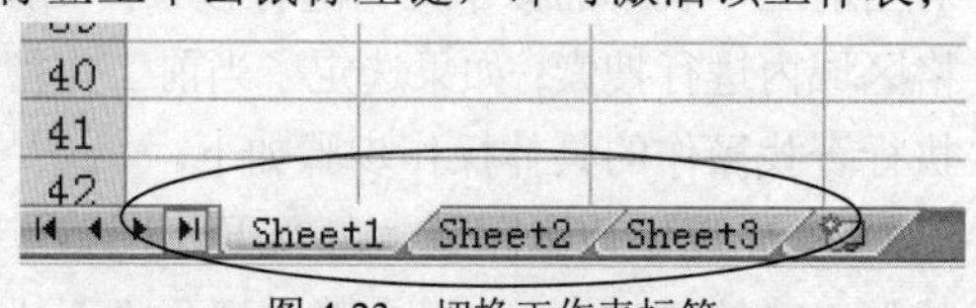

图 4-23 切换工作表标签

4.4.4 隐藏和恢复工作表

当工作簿中的工作表数量较多时，可以将部分工作表隐藏起来，这样不但可以减少屏幕上的工作表数量，还可以防止工作表中重要数据因错误操作而丢失。工作表被隐藏后，如果想对其编辑，还可以恢复显示。

1. 隐藏工作表

隐藏工作表的操作为先选定需要隐藏的工作表，单击“开始”选项卡上“单元格”组中的“格式”命令，在可见性中单击“隐藏和取消隐藏”命令即可隐藏行、列、工作表。

2. 恢复工作表

要显示被隐藏的工作表的操作为单击“开始”选项卡上“单元格”组中的“格式”命令中的“隐藏和取消隐藏”命令（见图 4-24），即可取消隐藏行、列、工作表。

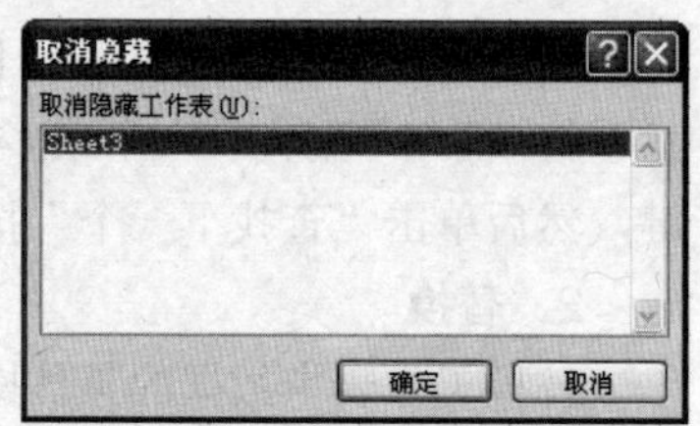

图 4-24 “取消隐藏”对话框

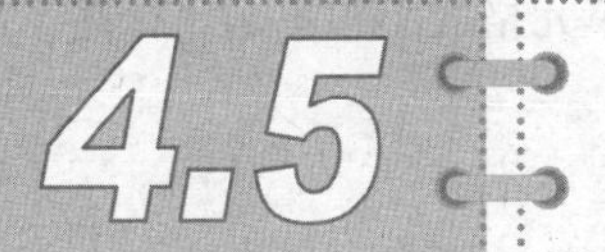

4.5 工作表的格式设置

表格制作完成后，在打印之前还需要设置表格的格式，这样才能得到一份符合要求的表格。

4.5.1 工作表的自动格式化

Excel 2007 内置了大量的工作表格式，这些格式中组合了数字、字体、对齐、边框、图案、列宽和行高等属性，用户只需要简单快捷地操作就可以利用这些自动化格式制作出美观、个性的工作表。用户在制作时只需选择要格式化的区域，然后单击“开始”选项卡上“样式”组中的“套用表格格式”命令（见图 4-25），从中选择需要的格式单击即可。

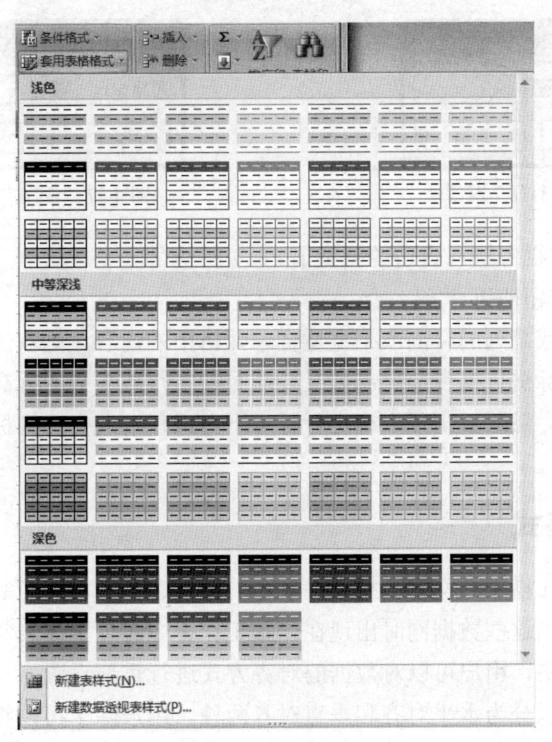

图 4-25 套用表格格式

4.5.2 改变行高和列宽

在默认状态下，Excel 2007 工作表的每一个单元格具有相同的行高和列宽，但是输入到单元格中的数据却是多种多样的。因此，用户可以设置单元格的行高和列宽，以便能更好地显示单元格中的数据。

1．设置行高

设置行高的方法有两种，即使用鼠标和使用菜单命令。使用鼠标只能粗略地设置行高，而使用菜单命令则可以进行精确的设置。使用菜单命令设置行高的具体操作步骤如下。

① 在要设置行高的行中单击任意单元格。

② 单击“开始”选项卡上“单元格”组中的“格式”命令，在单元格大小中单击“行高”命令，打开“行高”对话框，如图 4-26 所示。

③ 在“行高”文本框中输入所需的行高值。

④ 单击“确定”按钮即可。

2. 设置列宽

设置列宽的方法也有两种，即使用鼠标和使用菜单命令。和设置行高一样，使用鼠标也只能粗略地设置列宽，而使用菜单命令则可以进行精确的设置。使用菜单命令设置列宽的具体操作步骤如下。

① 在要设置列宽的列中单击任意单元格。

② 单击“开始”选项卡上“单元格”组中的“格式”命令，在单元格大小中单击“列宽”命令，打开“列宽”对话框，如图 4-27 所示。

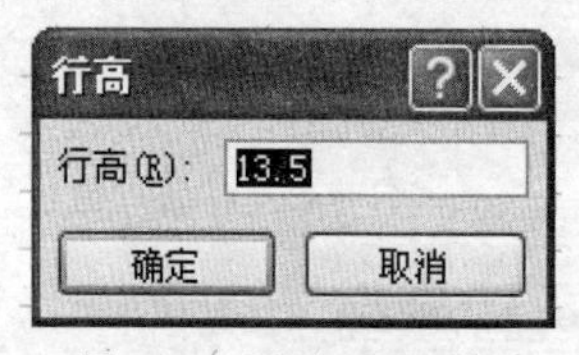

图 4-26 “行高”对话框

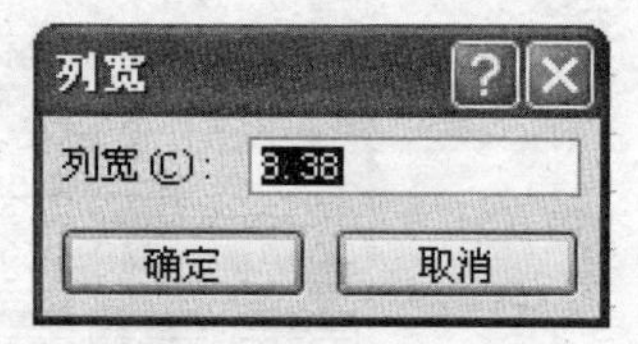

图 4-27 “列宽”对话框

③ 在“列宽”文本框中输入合适的列宽值。

④ 单击“确定”按钮即可。

如果用户要使某行或某列的行高或列宽适合单元格中的内容，则双击该行行号下方或该列列标右边的分隔线，用鼠标进行拖曳即可；如果要同时使多行或多列的行高或列宽适合单元格中的内容，则应先选定它们，然后双击任一选定行行号下方或任一选定列列标右边的分隔线，进行拖曳即可。

4.5.3 设置数据格式

在默认状态下，单元格中的文本数据靠左对齐，数字、日期和时间等数据靠右对齐，而逻辑值和错误值居中对齐。当这些数据同时出现在一张工作表中时，工作表常显得参差不齐，影响美观。为了制作精美的表格，用户可以对数据的对齐方式进行重新设置。

数据的对齐方式可以分为水平对齐和垂直对齐两种。用户除了可以将数据的对齐方式设置为这两种方式外，还可以根据需要设置文本数据的排列方向。

1. 设置对齐方式

（1）设置水平对齐

单元格中最常用的数据水平对齐方式有“左对齐”、“右对齐”和“居中对齐”3 种。Excel 2007 的“格式”工具栏提供了 4 个水平对齐工具按钮，即“左对齐”按钮、“居中”按钮、“右对齐”按钮和“合并后居中”按钮。如果用户要设置单元格中数据在水平方向上对齐的方式，单击这些工具按钮最为快捷。

要使用这 4 个按钮来设置数据的水平对齐方式，可进行如下操作。

① 选定需要设置水平对齐方式的单元格或单元格区域。

② 单击“开始”选项卡上的“对齐方式”组中的相应按钮，如“左对齐”按钮、“右对齐”

按钮、“居中”按钮或“合并后居中”按钮。

在 4 个水平对齐工具按钮中，“合并后居中”按钮是一个常用于标题的按钮。在工作表中输入标题后，为使标题美观、整洁，常常需要使用该按钮。

（2）设置垂直对齐

单元格中常用的数据垂直对齐方式也有 3 种，即“顶端对齐”、“垂直居中”和“底端对齐”。要设置数据在单元格中的垂直对齐方式，可进行如下操作。

① 选定需要设置垂直对齐方式的单元格或单元格区域。

② 单击“开始”选项卡上“对齐方式”组中的相应按钮，如“顶端对齐”按钮、“垂直居中”按钮、“底端对齐”按钮，或单击“开始”选项卡上“对齐方式”组中右下角的按钮，打开“设置单元格格式”对话框。

③ 单击“对齐”选项卡，如图 4-28 所示。

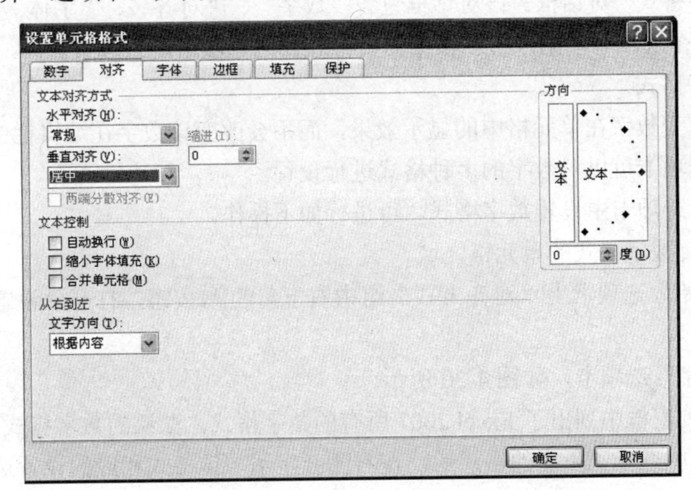

图 4-28 “对齐”选项卡

④ 在“垂直对齐”下拉列表框中选择所需的对齐方式。

⑤ 单击“确定”按钮即可。

（3）设置单元格文本的排列方向

在 Excel 2007 中，用户可以根据需要将单元格中的文本旋转任意角度。其具体操作步骤如下。

① 选定需要设置文本方向的单元格或单元格区域。

② 单击“开始”选项卡上“对齐方式”组中右下角的按钮，打开“设置单元格格式”对话框，单击“对齐”选项卡，如图 4-28 所示。

③ 在“度”数值框中输入需要旋转的角度。

④ 单击“确定”按钮即可。

在设置完文本的排列方向之后，如果单元格的高度不足以显示单元格中的文本，还需要调整单元格的高度。

2. 设置数据格式

单元格中的数据包括文本、数字、日期和时间等各种类型的数据。针对不同的数据，可以进行不同的设置，以达到某种特定的应用效果。

简单的格式化操作可以直接通过“格式”工具栏上的按钮来进行，如设置常规字体、对齐方式、设置数字格式等。操作方法比较简单，选定要设置格式的单元格或单元格区域，单击“开始”选项卡上“字体”、“对齐方式”、“数字”组中的相应按钮即可，如图 4-29 所示。

图 4-29　格式化操作按钮

比较复杂的格式化工作，则需要通过“设置单元格格式”对话框来完成。选定要设置格式的单元格或单元格区域，然后单击“开始”选项卡上“对齐方式”组中右下角的 按钮，打开“设置单元格格式”对话框或者单击鼠标右键，在弹出的快捷菜单中选择“设置单元格格式”选项，打开“设置单元格格式”对话框。该对话框包含“数字”、“对齐”、“字体”、“边框”、“填充”及“保护”6 个选项卡，用户可以根据需要打开相应选项卡进行设置。

（1）设置数字格式

数字格式只改变数字在单元格中的显示效果，而不会改变该数字在编辑栏中的显示效果。用户利用“数字”选项卡可以对数字的多种格式进行设置。

要在“数字”选项卡中设置数字格式，可进行如下操作。

① 选定要设置数字格式的单元格区域。

② 单击“开始”选项卡上“对齐方式”组中右下角的 按钮，打开“设置单元格格式”对话框。

③ 单击“数字”选项卡，如图 4-30 所示。

④ “分类”列表框中列出了 Excel 2007 所有的数字格式，默认的数字格式为“常规”类型。当用户在该列表框中选择了所需的格式后，在右侧会显示与该格式相应的设置选项。

⑤ 设置完成后，单击“确定”按钮即可。

（2）设置日期和时间格式

Excel 2007 提供了许多内置的日期和时间格式，用户可以根据需要来设置日期和时间的显示方式。

① 设置日期格式。要设置日期格式，只需在“数字”选项卡的“分类”列表框中选择“日期”选项，然后在其右侧的“类型”列表框中选择所需的日期格式（见图 4-31），最后单击“确定”按钮即可。

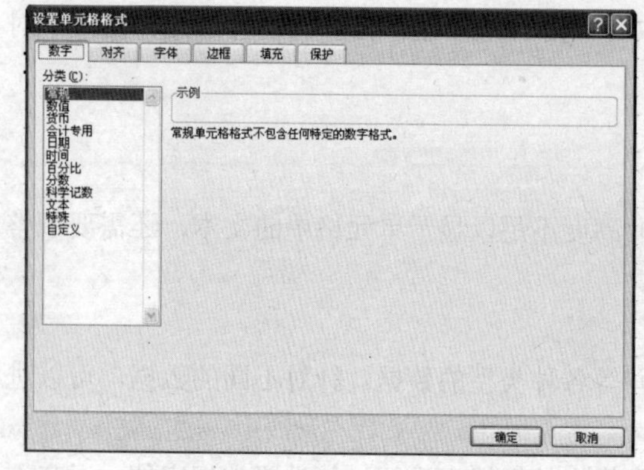

图 4-30 “数字”选项卡

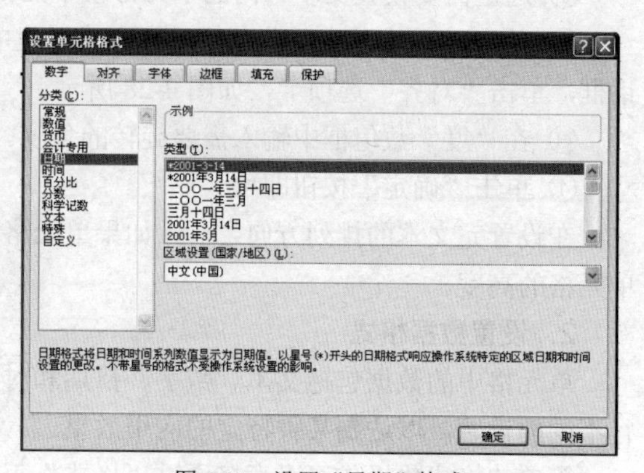

图 4-31　设置“日期”格式

② 设置时间格式。要设置时间格式，只需在“数字”选项卡的“分类”列表框中选择“时间”选项，然后在其右侧的“类型”列表框中选择所需的时间格式（见图 4-32），最后单击“确定”按钮即可。

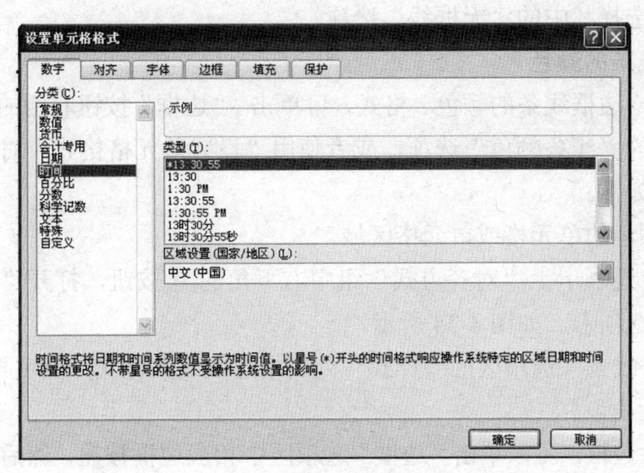

图 4-32 设置“时间”格式

4.5.4 设置边框和背景

在 Excel 2007 中，可以任意添加或删除单元格的整个外框或某一边框，并且可以选用各种不同的线型，如单实线、双实线及虚线等。

1. 设置单元格边框

选中要添加边框的单元格区域，然后单击“开始”选项卡上“字体”组中的田按钮，可添加边框，单击田中的小黑三角，可打开边框的下拉按钮，如图 4-33 所示。

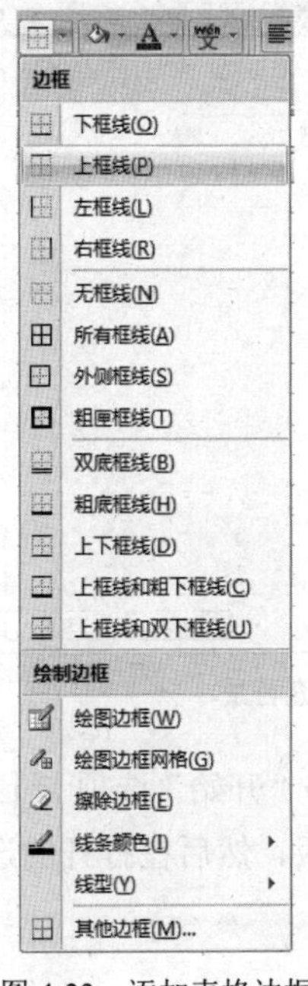

图 4-33 添加表格边框

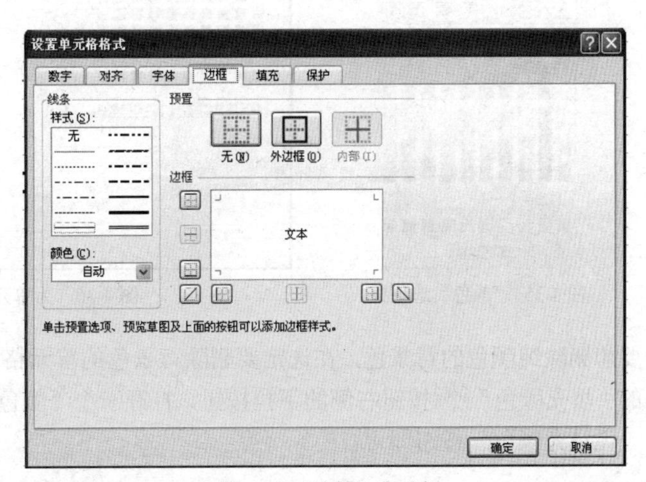

图 4-34 “边框”选项卡

从图 4-33 中可以看出，Excel 2007 提供了各种不同的边框样式，单击所需的边框样式即可应用。最近选用过的边框样式将显示为“边框”按钮，直接单击“边框”按钮即可应用该样式。

若要删除单元格的边框，可以选定要删除边框的单元格，单击“边框”按钮右侧的下拉按钮，打开边框项目菜单，选择其中的“无框线”选项。

2．设置单元格线条的颜色

如果要改变单元格边框线条的颜色、格式，可单击 “边框”按钮右侧的下拉按钮，打开边框项目菜单，选择其中的“线条颜色”选项，或者使用“设置单元格格式”对话框中的“边框”选项卡。具体操作步骤如下。

① 选中要设置颜色的单元格或单元格区域。

② 单击“开始”选项卡上“对齐方式”组中右下角的按钮，打开“设置单元格格式”对话框，单击“边框”选项卡，如图 4-34 所示。

③ 可以首先在“线条”选项区的“样式”列表中选取线条样式，然后再选择边框的“预置”样式。

④ 要添加或删除边框，可以单击“边框”选项区中相应边框按钮，然后在预览框中查看边框应用的效果。

3．设置底纹

若要为单元格设置纯色的背景色，首先应选中要填充颜色的单元格区域，然后单击“开始”选项卡上“字体”组中的“填充颜色”按钮，单击按钮右侧的下拉按钮，打开一个“颜色”选项板，如图 4-35 所示。用户可以直接从中选择要填充的颜色。

若要用图案设置单元格背景，则在选定要设置背景的单元格后，单击“开始”选项卡上“对齐方式”组中右下角的按钮，打开“设置单元格格式”对话框。然后单击“填充”选项卡，打开“填充”下拉列表框（见图 4-36），在其中进行适当的设置即可。

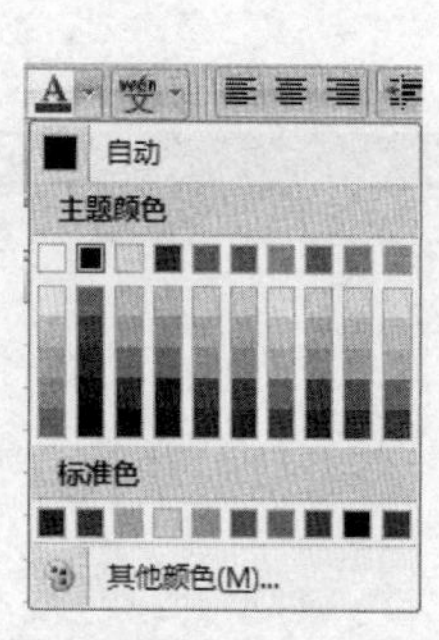

图 4-35 “颜色”选项板

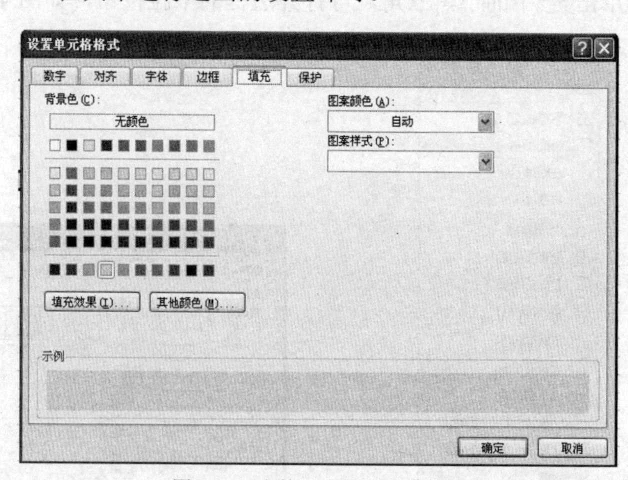

图 4-36 为单元格设置填充背景

要想删除纯颜色的背景色，在选定要删除背景色的单元格后，单击“开始”选项卡上“字体”组中的“填充颜色”按钮右侧的下拉按钮，打开一个“颜色”选项板，然后在打开的选项板中单击“无填充颜色”按钮即可。

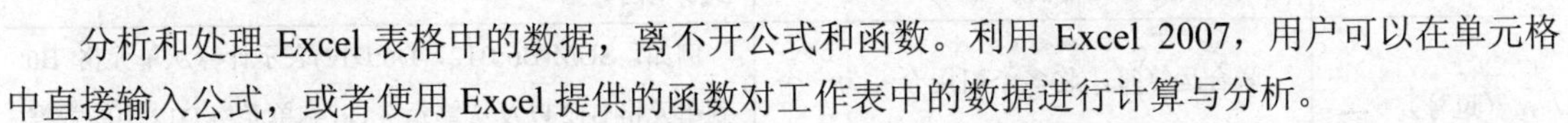

4.6 公式与函数的使用

分析和处理 Excel 表格中的数据，离不开公式和函数。利用 Excel 2007，用户可以在单元格中直接输入公式，或者使用 Excel 提供的函数对工作表中的数据进行计算与分析。

公式就是对工作表中的数值进行计算的等式。利用公式可以进行简单的加、减、乘、除计算，也可以完成复杂的财务统计及科学计算。

函数是预定义的公式，它通过使用一些称为参数的特定数值来按特定的顺序或结构执行简单或复杂的计算。

4.6.1 公式中的运算

1. 运算符

Excel 2007 包含 4 种类型的运算符，即算术运算符、比较运算符、文本运算符和引用运算符。下面分别对每种类型的运算符进行说明。

（1）算术运算符

算术运算符用来完成基本的数学运算，如加法、减法和乘法等，并且可用它来连接数字和产生数字结果。表 4-1 列出了 Excel 2007 中可用的算术运算符及其含义。

表 4–1 算术运算符及其含义

算术运算符	含 义	示 例
+（加号）	加法运算	6+6
-（减号或负号）	减法运算或负数	7-4 或-6
^（插入符号）	乘幂	4^2
*（星号）	乘法运算	4*3
/（斜杠）	除法运算	6/2
%（百分号）	百分比	900-/。

（2）比较运算符

比较运算符可用来比较两个值，当用比较运算符比较两个值时，结果是一个逻辑值，不是 TRUE（真）就是 FALSE（假）。Excel 2007 中可以使用的比较运算符有=、>、<、>=、<=、<>。

（3）文本运算符

文本运算符用来加入或连接一个或更多文本字符串，以产生一串文本。要连接文本字符串，必须使用文本运算符“&”，例如，“我爱”&“北京”这个表达式的结果是“我爱北京”。

（4）引用运算符

使用引用运算符可以将单元格区域合并计算，表 4-2 列出了 Excel 2007 中可以使用的引用运算符及其含义。

表 4-2 引用运算符及其含义

引用运算符	含 义	示 例
：（冒号）	区域运算符，产生对包括在两个引用之间的所有单元格的引用	例如，B4:B10 表示引用从单元格 B4 一直到单元格 B10 中的数据
，（逗号）	联合运算符，将多个引用合并为一个引用	例如，SUM(B6:B12，D6:D12)表示计算从单元格 B6 到单元格 B12 以及从单元格 D6 到单元格 D12 中的数据总和
（空格）	交叉运算符，表示几个单元格区域所共有的那单元格	例如，B7:D7，C6:C8 表示这两个单元格区域的共有单元格为 C7

2．运算顺序

如果在公式中同时使用了多个运算符，那么在运算时就存在一个运算优先级问题，Excel 2007 将按表 4-3 所列的顺序从上到下进行运算。其中算术运算符的优先级是先乘幂运算，再乘除运算，最后加、减运算。相同优先级的运算符按从左到右的次序进行运算。

如果公式中出现不同类型的运算符混用时，运算次序是：引用运算符→算术运算符→文本运算符→比较运算符。如果要改变运算次序，可把公式中要先计算的部分加上括号。

表 4-3 公式中运算符的顺序

运 算 符	说 明
：（冒号）	引用运算符
（单个空格）	
，（逗号）	
-	负号（如-3）
%（百分比）	
^（乘幂）	
*和 /（乘和除）	
+和一（加和减）	
&（文本运算符）	
=、<、>、<=、>=、<>(比较运算符)	

4.6.2 编辑公式

1．输入公式

了解了以上基本知识后，就可以输入公式进行简单计算了。输入公式的操作类似于输入文本，用户既可以在编辑栏中输入公式，也可以在单元格中直接输入公式。在编辑栏中输入公式的具体操作步骤如下。

① 单击要输入公式的单元格，在编辑栏中输入等号“=”，接着输入公式的内容及运算符，例如，在 E3 单元格的编辑栏中输入“=B3+C3+D3”，如图 4-37 所示。

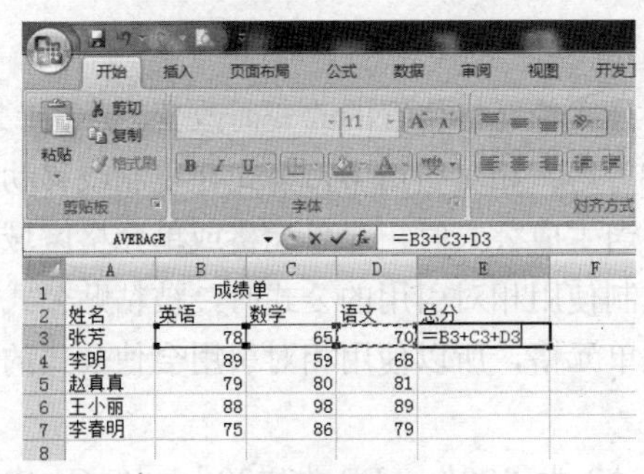

图 4-37 在编辑栏中输入公式

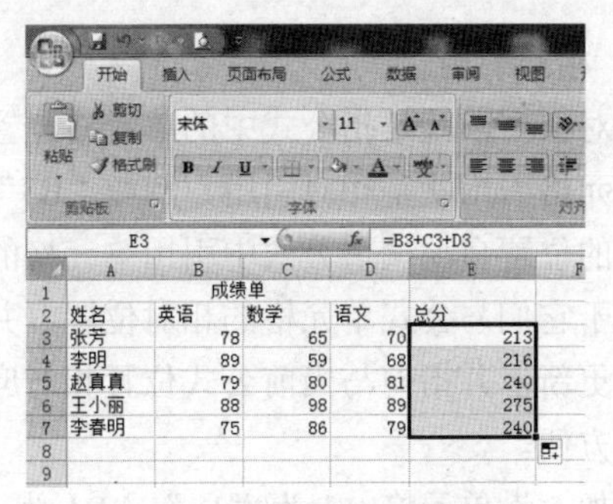

图 4-38 利用填充柄复制公式

② 输入完毕后，按“Enter”键或单击编辑栏中的“输入”按钮结束操作，这时单元格中的公式显示在编辑栏中，而计算结果显示在单元格内。

如果需要重新输入，可在按“Enter”键之前单击编辑栏左边的“取消”按钮，如果已经按了“Enter”键，请先选中该单元格，然后按“Delete”键，在其中输入新的公式即可。

2．编辑公式

当发现某个公式有错误时，用户可对其进行编辑，其具体操作步骤如下。

① 双击包含要修改公式的单元格，此时被公式引用的所有单元格都以彩色显示在公式单元格中。

② 对公式中有错误的地方进行修改。

③ 编辑完成后，按“Enter”键即可。

3．移动和复制公式

前面介绍了输入、编辑公式的方法，但对于同类问题，如果每个单元格都单独进行计算就显得很麻烦，下面将介绍如何使用移动和复制公式的方法来解决这一问题。

在图 4-37 所示表格中，E3 为 B3、C3、D3 几个单元格数值之和，要把 E3 的公式应用到 E4、E5 几个单元格中，可以使用填充柄进行。方法是：选定包含公式的单元格，再拖动填充柄，使之覆盖需要填充的区域。操作结果如图 4-38 所示。

此外，还可以选定包含待移动或复制公式的单元格，指向选定区域的边框，如果要移动单元格，则把选定区域拖动到粘贴区域左上角的单元格中，Excel 2007 将替换粘贴区域中所有的现有数据和公式。如果要复制单元格，可在拖动单元格时按住“Ctrl”键。

当移动公式时，公式中的单元格引用并不改变。当复制公式时，单元格绝对引用也不改变，但单元格相对引用将会改变。

4.6.3 单元格引用

引用单元格，就是在公式和函数中使用引用来表示单元格中的数据。例如，在前面的例子中，在单元格 E3 中得到 B3、C3、D3 几个单元格数值的和，可以用公式“=B3+C3+D3”来实现。当改变 B3、D3 或 C3 中的任意一值时，E3 的值也会发生相应的改变，这样就用到了单元格的引用。单元格引用，可以在公式中使用不同的单元格中的数据，或在多个公式中使用同一个单元格数据。在 Excel 2007 中，根据处理的需要可以采用“相对引用”、“绝对引用”和“混合引用”3 种方法。

1．相对引用

相对引用，就是指公式中的单元格位置将随着公式单元格位置的改变而改变。Excel 2007 默认的单元格引用就是相对引用，例如“B3”、“C3”等。相对引用中，公式在复制或移动时会根据移动的位置自动调节公式中引用单元格的地址。当生成公式时，对单元格或单元格区域的引用通常基于它们与公式单元格的相对位置，并且当复制使用相对引用的公式时，被粘贴公式中的引用将被更新，并指向与当前公式位置相对应的其他单元格，所以使用相对引用会使公式的应用更加灵活方便。

例如，设单元格 A1 为“13”，B1 为“12”，A2 为“20”，B2 为“30”，在 C1 中输入公式“=A1+B1”，将公式复制到 C2，那么 C2 中得到的值是“50”，而不是“25”，同时在编辑栏中显示出“=A2+B2”，这种结果读者在前面的例子中也可以看到，原因就是相对引用在起作用。

2．绝对引用

用户在使用公式复制的时候，有时不希望所引用的值发生改变，这时可以使用绝对引用。单元格绝对引用是指不论包含公式的单元格处于什么位置，公式中引用的单元格位置都是其在工作表中的确切位置。如果公式中的引用是绝对引用，那么不管公式被复制到哪个单元格中，公式的结果都不会改变。绝对引用是在列字母和行数字之前都加上美元符号“$”，对于上例，若 C1 中输入的公式为“=$A$1+$B$1”，将公式复制到 C2 时，C2 的值将是“25”，而不是“50”了。这时如果 C2 处于选中的状态，编辑栏中将显示“=$A$1+$B$1”。

3．混合引用

混合引用是指在一个单元格引用中，既有绝对引用，也包含相对单元格引用，即混合引用具有绝对列和相对行，或是绝对行和相对列。绝对引用列采用$AI、$B1 等形式，绝对引用行采用 A$1、B$1 等形式。如果公式所在单元格的位置改变，则相对引用改变，而绝对引用不变。如果多行或多列地复制公式，相对引用自动调整，而绝对引用不做调整。例如，单元格地址“$A5”就表明保持“列”不发生变化，但“行”会随着新的拷贝位置发生变化。同理，单元格地址“A$5”表明保持“行”不发生变化，但“列”会随着新的位置发生变化。

4.6.4　使用函数

函数是一些预定的公式，它主要以参数作为运算对象。在函数中，参数可以是数字、文本、逻辑值、数组、错误值或单元格引用，也可以是常量、公式或其他函数。函数的语法以函数名称开始，后面依次是左括号、以逗号隔开的参数和右括号。如果函数要以公式形式出现，只需在函数名称前面输入等号“=”即可。

1．常用函数

Excel 2007 提供了数百种函数，但只有少数函数比较常用，现在将一些较常用的函数及其作用在表 4-4 中列出来，以供用户参考使用。

表 4–4　Excel 2007 中常用的函数及其作用

函　数	语　法	作　用
SUM	SUM(numberl,number2,⋯)	返回某一单元格区域中所有数据的和
PMT	PMT(rate,nper,pv,fv,type)	基于固定利率及等额分期付款方式，返回贷款的每期付款额

续表

函 数	语 法	作 用
STDEV	STDEV(valuel,value2,…)	估算基于给定样本的标准偏差
AVERAGE	AVERAGE(numberl,number2,…)	返回参数的算术平均值
SUMIF	SUMIF (range,criteria,sum_range)	根据指定条件对若干单元格求和
COUNT	COUNT(value1 ,value2,…)	计算参数列表中的数字参数和包含数字的单元格个数
HYPERLINK	HYPERLINK(link_location,friendly_name)	创建一个超级链接，用来打开存储在网络服务器、Intranet 或 Intemet 中的文件
IF	IF(logical_test,value if true,value if false)	执行真假判断，根据逻辑计算的真假值，返回不同结果
SIN	SIN (number)	返回给定角度的正弦值
MAX	MAX (numberl,number2,--)	返回一组值中的最大值
MIN	MIN (numberl,number2,--)	返回一组值中的最小值

2．输入函数

输入函数有两种方法，直接输入函数和使用“函数”下拉列表框输入函数。前者要求用户对函数及其语法非常熟悉，否则将很难保证函数的正确性；后者相对来说要简单些。

（1）直接输入函数

用户可以在单元格中直接输入函数，其具体操作步骤如下。

① 双击要输入函数的单元格。

② 输入一个等号“=”。

③ 输入函数名（如 SUM）和左括号。

④ 选定要引用的单元格或区域，此时所引用的单元格或区域名称会出现在左括号的后面。

⑤ 输入右括号，然后按“Enter”键，完成函数的输入。

（2）使用“函数”下拉列表框输入函数

使用“函数”下拉列表框输入函数是一种更为简便的方法，其具体操作步骤如下。

① 双击要输入函数的单元格。

② 在单元格中输入等号“=”。

③ 单击“开始”选项卡上“编辑”组中的 Σ 自动求和 · 下拉按钮，从打开的下拉列表中选择要输入的函数名，如图 4-39 所示。

④ 如果在下拉列表中没有所需的函数，可选择下拉列表中的“其他函数”选项打开“插入函数”对话框，如图 4-40 所示。

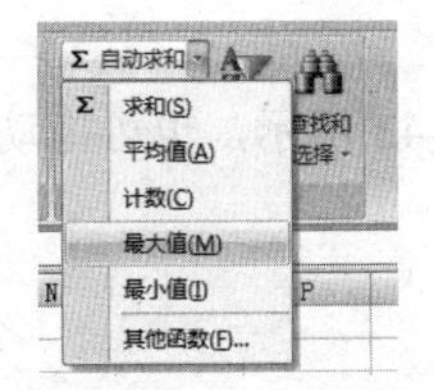

图 4-39 利用“自动求和”按钮选择函数

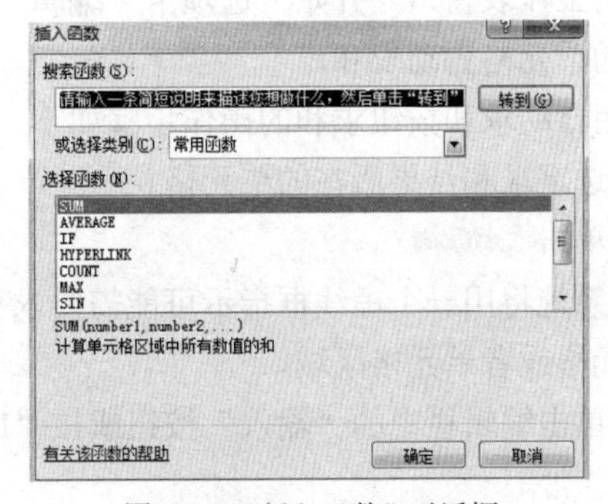

图 4-40 “插入函数”对话框

⑤ 在该对话框中，可在“搜索函数”文本框中直接输入所需函数名，然后单击“转到”按钮，也可以在“或选择类别”下拉列表框中选择所需的类别，然后在“选择函数”列表框中选择所需的函数。

⑥ 单击“确定”按钮，打开“函数参数”对话框，如图 4-41 所示。

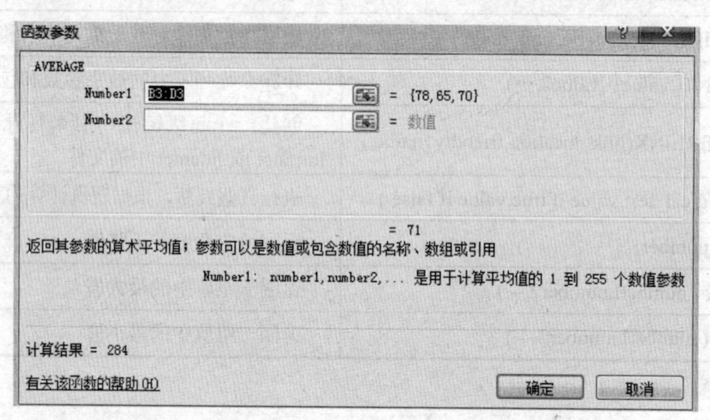

图 4-41 “函数参数”对话框

⑦ 在函数的参数文本框中直接输入参数值、引用的单元格或单元格区域，也可用鼠标单击“函数参数”对话框中的按钮，在工作表中选定单元格区域。

⑧ 单击“确定”按钮即可。

3．编辑函数

输入一个函数后，用户可以像编辑文本一样编辑它，其具体操作步骤如下。

① 选定含有函数的单元格。

② 单击“开始”选项卡上“编辑”组中的 Σ 自动求和 · 下拉按钮，选择下拉列表中的“其他函数”选项，打开“插入函数”对话框。

③ 在该对话框中根据需要对参数进行修改。

④ 单击“确定”按钮即可。

4．求和计算

求和计算是一种常用的公式计算，因此，Excel 提供了快捷的自动求和方法。另外，在实际工作当中，不仅仅要求对整个列、行或单元格区域求和，还要对其中一部分求和，或者进行条件求和。

（1）利用工具栏中的求和按钮

单击工作表窗口“开始”选项卡“编辑”组中的 Σ 自动求和 · 按钮，利用该按钮可以对工作表中所设定的单元格自动求和。

使用自动求和按钮求和的操作步骤如下。

① 选定求和结果所在的单元格。

② 单击 Σ 自动求和 · 。

③ 系统将用一个虚线框指示可能需要求和的区域，如图 4-42 所示，也可拖动鼠标选择要求和的单元格或者单元格区域。

④ 单击编辑栏中的“输入”按钮或按“Enter”键即可。

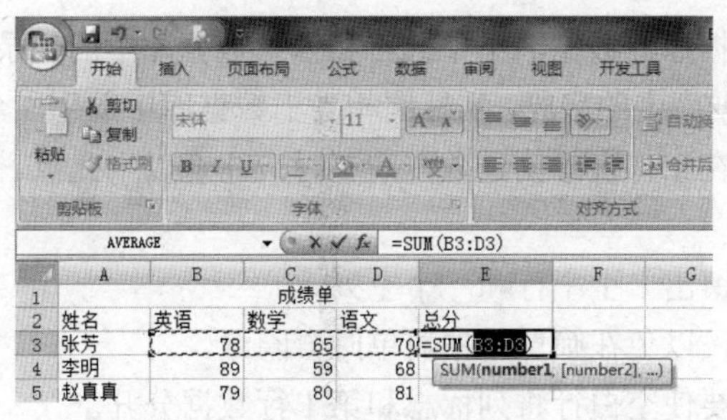

图 4-42 自动求和示例

	A	B	C	D	E
1			成绩单		
2	姓名	英语	数学	语文	总分
3	张芳	78	65	70	213
4	李明	89	59	68	216
5	赵真真	79	80	81	240
6	王小丽	88	98	89	275
7	李春明	75	86	79	240
8					
9					

图 4-43 成绩表

（2）条件求和

条件求和就是根据指定的条件对若干单元格求和。例如，对某班成绩单中英语成绩大于 80 分的值进行求和。

条件求和的语法如下：

SUMIF(range,criteria,sum_range)

其中，range 为用于条件判断的单元格区域；criteria 是确定哪些单元格将被相加求和的条件，其形式可以为数字、表达式或文本；sum_range 是需要求和的实际单元格，只有在区域中相应的单元格符合条件的情况下，sum_range 中的单元才求和，如果忽略了 sum_range，则对区域中的单元格求和。

【例 4-1】对如图 4-43 所示的成绩单中英语成绩大于 80 分的值进行求和。

① 选择求和结果的单元格 B8。

② 单击 Σ 自动求和 下拉按钮，选择下拉列表中的“其他函数”选项，打开“插入函数”对话框。

③ 在“插入函数”对话框中选择“SMUIF”函数，单击“确定”按钮，弹出如图 4-44 所示的 SUMIF 函数参数对话框。

④ 在 Range 的文本框中输入求和区域，或者利用按钮对求和区域进行选择，在 Criteria 文本框中输入“>80”。

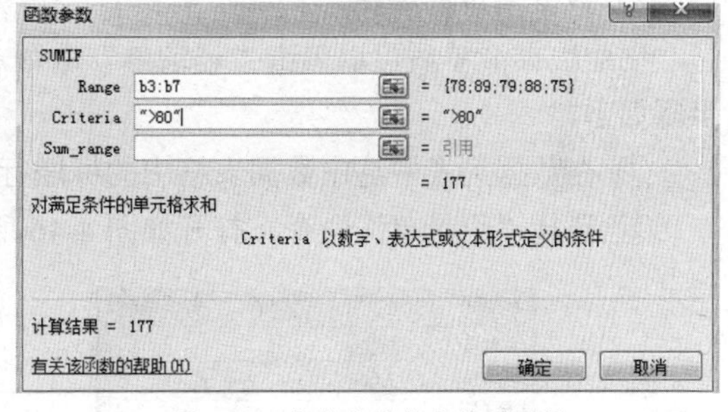

图 4-44 条件求和的参数对话框

⑤ 单击“确定”按钮，就会得到大于 80 分的总成绩。

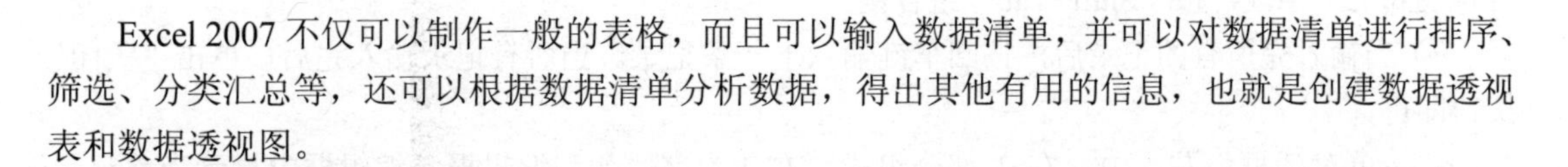

4.7 数据管理

Excel 2007 不仅可以制作一般的表格，而且可以输入数据清单，并可以对数据清单进行排序、筛选、分类汇总等，还可以根据数据清单分析数据，得出其他有用的信息，也就是创建数据透视表和数据透视图。

4.7.1 数据清单

在 Excel 2007 中，数据清单是指包含一组相关数据的一系列工作表数据行。Excel 在对数据清单进行管理时，一般把数据清单看作是一个数据库。数据清单中的行相当于数据库中的记录，行标题相当于记录名；数据清单中的列相当于数据库中的字段，列标题相当于数据库中的字段名。这样数据清单中的每列应包含同一类型的数据。在工作表中创建数据清单时应注意以下几点。

- 每个工作表仅使用一个数据清单。
- 在工作表中的数据清单与其他数据间至少留出一个空行和一个空列。
- 避免将关键数据放到数据清单的左右两侧，以免在筛选数据清单时会隐藏。
- 数据清单中的第 1 行要含有列标志，但不要使空白行将列标志和第 1 行数据分开。
- 单元格的开始和结尾处不要插入非数据空格，否则会影响排序和查找。
- 在更改数据清单之前，确保隐藏的行或列也被显示。

已符合上述条件的工作表 Excel 会把它识别为数据清单，并支持对它实行编辑、排序、筛选、分类汇总和分级显示等数据管理操作。

1．创建数据清单

在一个工作表中创建数据清单的操作可以通过直接在工作表中输入数据来完成，也可以通过菜单创建数据清单。通过菜单创建数据清单的操作步骤如下。

① 在工作表中选中要定义名称的单元格区域，包括清单列名称在内，再单击“公式”选项卡上“定义的名称”组中的“定义名称”命令，这时会弹出如图 4-45 所示的“新建名称”对话框。

② 在“新建名称”对话框的“名称”文本框中会自动显示清单名称，如“成绩单”。

③ 单击“确定”按钮即可。

2．数据清单的编辑

创建数据清单后可以单击“记录单”命令，在打开的对话框中编辑数据清单中的数据。操作步骤如下。

① 在数据列表中选中数据表格中的标题行。

② 选择“记录单”命令，打开如图 4-46 所示的对话框。

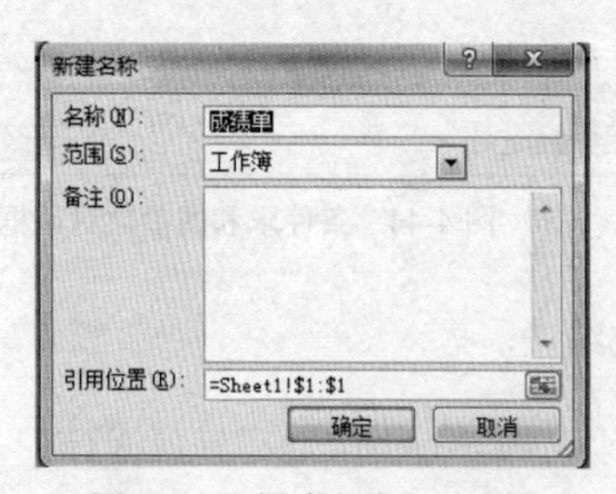

图 4-45 “新建名称”对话框

图 4-46 记录单对话框

③ 单击“新建”按钮，在各个字段中输入新记录的值。若移动到下一个字段，按“Tab”键。若移动到上一字段，按“Shift+Tab”组合键。

④ 当输入完所有的记录后，按回车键输入下一条记录。当所有记录输入完后，单击“关闭”按钮即可。

记录单对话框由左、中、右 3 部分组成。左边为字段名和编辑框，编辑框中显示当前记录值，可对它进行修改。中间为滚动条，可利用滚动条改变当前记录。右边显示当前记录的位置和一些命令按钮。若需修改记录，找到需要修改的记录后在记录中修改信息；若需删除记录，可通过滚动条或单击“上一条”、“下一条”按钮选择所需删除的记录，然后单击“删除”按钮，系统立即显示一个信息提示框确认是否删除，若单击“确定”按钮，记录中显示的记录将从列表中删除。

4.7.2　排序与筛选工作表中的数据

排序是查看数据库中数据的一种方法。排序的字段名通常称为关键字。Excel 2007 最多允许同时对 3 个关键字进行排序。

1．根据单列进行排序

根据单列数据进行排序的操作为：选中要排序的列标题，单击“数据”选项卡上“排序和筛选”组中的“升序排序”按钮或者“降序排序”按钮,该列数据就会自动按这列数据的类型升序或降序排序。

2．按多列进行排序

在 Excel 中，除了可以按单列数据进行排序，还可以对多列数据进行排序。如果要排序的列是相邻的，可以首先选中相邻的列，然后单击“数据”选项卡下的 “排序和筛选”组中的“升序排序”按钮或“降序排序”按钮即可。

这种排序方法是按照选择区域中最左边的列数据先对清单中的数据进行主排列，再按该列中相同的数据在右边的一列进行次排序，依此类推，直到排序结束。如果需要指定主排列和次排列，则需要单击按钮，在打开的“排序”对话框中进行设置。

3．使用自动筛选

筛选数据清单可以快速寻找和使用数据清单中的数据记录，并且可以隐藏其他的行而只筛选结果。

Excel 2007 提供了“自动筛选”和“高级筛选”功能。一般情况下“自动筛选”能够满足大部分的需要，而当需要利用复杂条件来筛选列表时，则使用“高级筛选”功能才行。下面列举了一个使用“自动筛选”实例。

【例 4–2】查找图 4-43 所示成绩单中数学成绩在 60 分至 80 分之间的记录。

① 单击列表中的任一单元格。

② 单击“数据”选项卡上“排序和筛选”组中的“筛选”按钮，这时在每一列的列标题下都会有一个下拉按钮。

③ 单击“数学”下的筛选箭头，在其下拉列表中选择“自定义筛选”选项，这时会出现如图 4-47 所示的“自定义自动筛选方式”对话框。

④ 在“显示行”的第一个下拉列表框中选择“大于”，然后在右边的下拉列表框中输入 60，在第二个下拉列表框中选择“小于”，然后在其右边的下拉列表框中输入 80。

⑤ 单击“确定”按钮即可显示筛选结果，如图 4-48 所示。

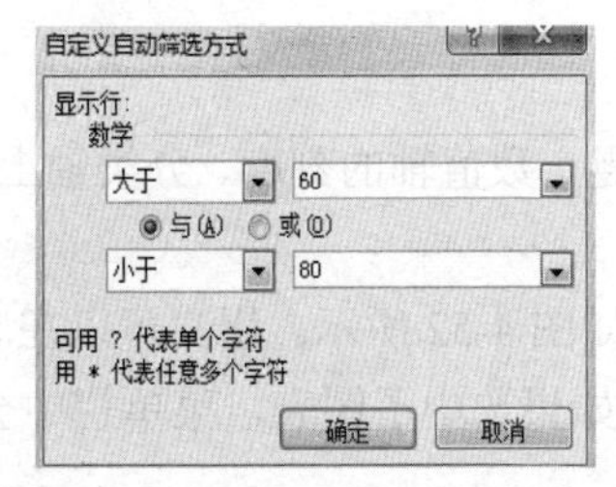

图 4-47　“自定义自动筛选方式”对话框

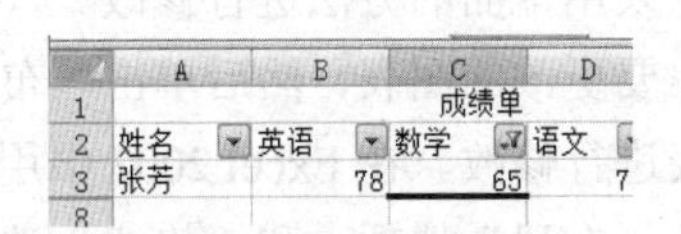

图 4-48　筛选结果

4. 恢复显示全部记录

如果要取消对数据所进行的筛选而恢复全部记录的显示，可以单击任一列标题栏的筛选下拉按钮，在下拉列表中选择“全部”选项。

与排序不同的是筛选并不重排数据清单，只是暂时隐藏不必显示的行。用户可以对筛选结果进行编辑、格式设置、图表制作和打印，而不必重新排列或移动。

4.8 图表的应用

在实际工作中，仅有数据清单形式的数据是不够的，有时需要将数据清单中的数据形象化地表现出来，这时，就可以使用 Excel 2007 提供的图表功能。图表具有很好的视觉效果，可方便用户查看图案和数据的差异趋势等。

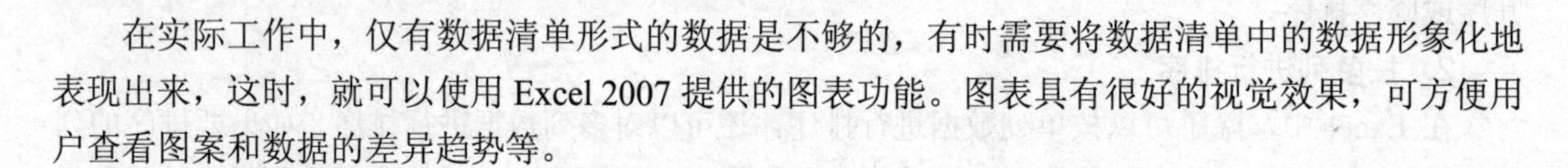

4.8.1 创建图表

用户要创建图表，可以利用“插入”选项卡中“图表”工具栏的各个命令来创建。

使用“图表”工具栏不但可以创建出多种类型的图表，还可以对已有的图表进行修改。具体操作步骤如下。

① 单击“插入”选项卡中“图表”工具栏的命令，如图 4-49 所示。

② 选择要制作图表的某工作表中的数据区域，如选择如图 4-50 所示的工作表，在“图表”工具栏的“图表类型”下拉列表框中选择“柱形图”选项。一张彩色的柱形图就制作好了，效果如图 4-51 所示。

图 4-49 “图表”工具栏

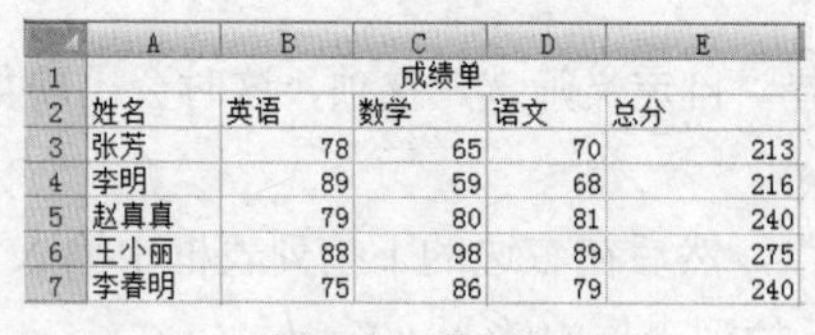

	A	B	C	D	E
1			成绩单		
2	姓名	英语	数学	语文	总分
3	张芳	78	65	70	213
4	李明	89	59	68	216
5	赵真真	79	80	81	240
6	王小丽	88	98	89	275
7	李春明	75	86	79	240

图 4-50 数据表

图 4-51 柱形图

4.8.2 修改图表

图表创建好以后，用户可能会对图表不太满意，如标题、数值轴的刻度、分类轴上的文字等，那么用户可以采用下面的方法进行修改。

首先选中要更改的图表，然后单击“布局”选项卡，如图 4-52 所示。用户可以在“布局”选项卡中对图表进行修改。在 Excel 2007 中用户可以发现，如果选中了图表，菜单栏中会出现“设计”选项卡、“布局”选项卡和“格式”选项卡。

图 4-52 “布局”选项卡

4.8.3 更改图表类型

图表被创建后，如果效果不理想，想要更换成另一种类型的图表，可以进行如下操作。选定要更改的图表，单击“设计”选项卡中“类型”组中的“更改图表类型”按钮，打开“更改图表类型”对话框，用户可以在该对话框中选择任意一种图表类型的子图表类型。最后单击“确定”按钮，即可更改图表的类型。

4.9 工作表的打印

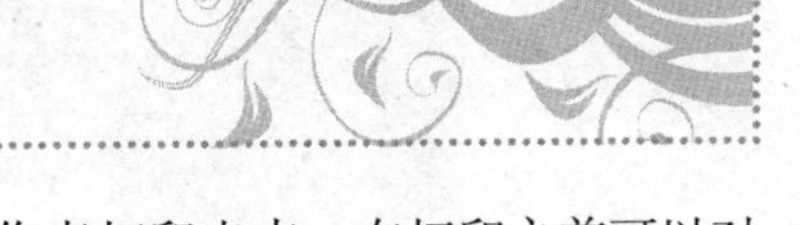

完成工作表的编辑、修改和格式化等任务后，就可以将工作表打印出来。在打印之前可以对工作表进行设置，还可以进行打印预览。满意后，再将数据发送到打印机进行打印。

4.9.1 页面设置

页面设置选项能够体现各种不同的打印效果。通过对页面进行设置，可以使工作表具有一个合乎规范的整体外观。设置页面的具体操作步骤如下。

① 在打开工作表的情况下，单击“页面布局”选项卡，在“页面设置”组中单击 按钮，将会打开“页面设置”对话框。系统默认的是“页面”选项卡，如图 4-53 所示。

② 在“方向”选项区中选中“横向”按钮。

③ 调整“缩放”选项区中“缩放比例”数值框中的数值，以设置打印尺寸。

④ 在“纸张大小”下拉列表框中选择 A4 选项。

⑤ 单击“确定”按钮，页面设置完毕。

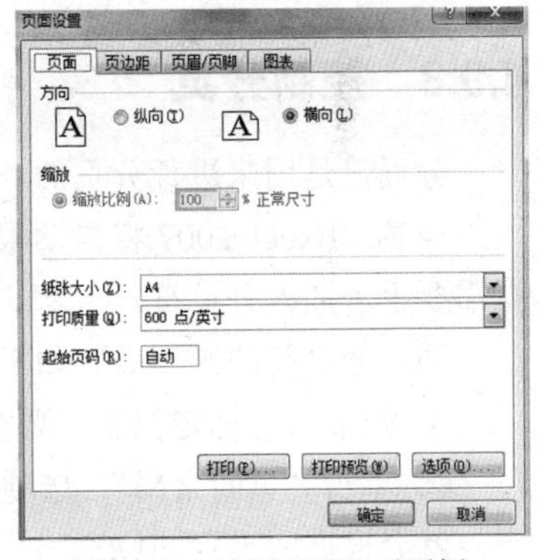

图 4-53 “页面设置”对话框

4.9.2 打印预览

要想在打印之前准确查看每页的打印效果，可以单击“快速访问工具栏”中的“打印预览”按钮，切换到“打印预览”视图中进行预览，如图 4-54 所示。

在“打印预览”视图中，各工具按钮的主要功能如下。

- “下一页”按钮：显示要打印的下一页。
- “上一页”按钮：显示要打印的上一页。
- “显示比例”按钮：在全页视图和放大视图之间进行切换，“显示比例”功能并不影响实际打印时的效果。

- “打印”按钮：设置打印选项，然后打印所选工作表。
- “页面设置”按钮：设置用于控制打印工作表外观的选项。
- “关闭打印预览”按钮：关闭打印预览窗口，并返回活动工作表的以前显示状态。

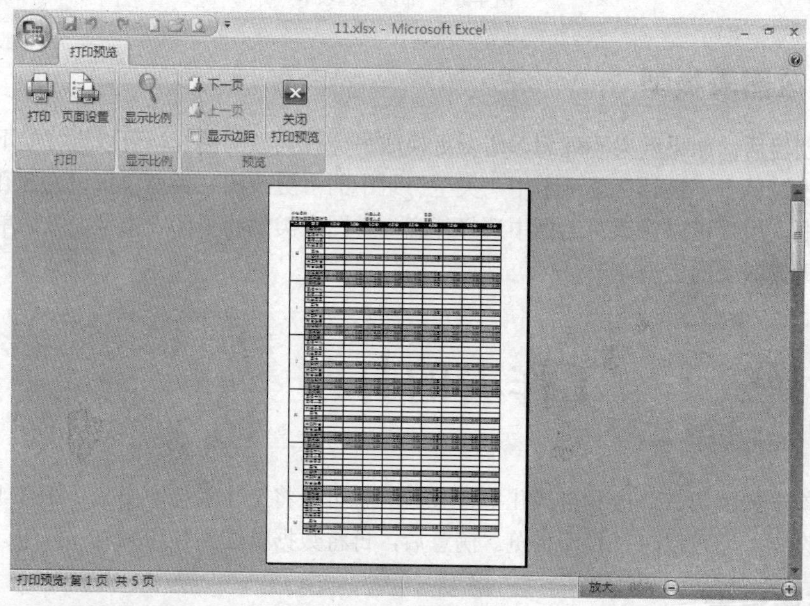

图 4-54　打印预览状态

4.9.3　控制分页

分页符是用来进行分页的。分页是指将工作表中的数据分配在不同的页面上。如果要打印多页工作表，Excel 2007 将自动根据纸张大小和页边距等设置安排每一页要打印的内容，也可以根据需要手工插入分页符。

插入分页符的操作步骤如下。

① 把插入光标定位于需要分页的位置（列、行或单元格）。

② 单击“页面布局” 选项卡，在 “页面设置”组中单击“分隔符”中的“插入分页符”命令，就会根据所设置的位置强行分页。

如果光标定位在第 1 行中除第一个单元格以外的任一单元格中，Excel 2007 将只插入垂直分页符；如果定位在 A 列中除第一个单元格以外的任一单元格中，则 Excel 2007 将只插入水平分页符；如果定位在工作表的其他位置的单元格中，将同时插入水平分页符和垂直分页符。总之，不能在第 1 行第 1 列的单元格中插入分页符。

如果要删除工作表中所有人工设置的分页符，可单击“页面布局” 选项卡，在 “页面设置”组中单击“分隔符”中的“重置所有分页符”命令即可。如果要删除人工设置的分页符，可单击水平分页符下方或垂直分页符右侧的单元格，然后单击“页面布局” 选项卡，在 “页面设置”组中单击“分隔符”中的“删除分页符”命令即可。

4.9.4 打印工作表

打印预览工作表后，如果满意，就可以打印输出了。单击按钮中的“打印”按钮后将打开“打印内容”对话框。Excel 2007 会默认按照前面的设置将工作表打印 1 份。如果要将当前的工作表打印多份或打印整个工作簿，则可以在“打印内容”对话框中进行一些打印设置，如图 4-55 所示。设置好所有的选项后，单击“确定”按钮，即可开始按要求进行打印。

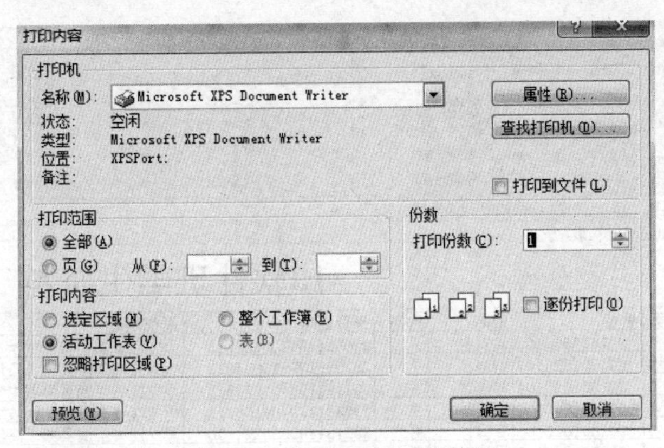

图 4-55 “打印内容”对话框

任务八 学生信息表的录入

任务提出

作为一名老师，经常需要对学生的个人信息表、成绩单等内容进行统计，如果想要做一个合格的教师，首先要学会如何进行这些基本表格的制作。

任务目标

对学生信息表进行设计，包括标题、表头、记录的格式及填充方法。

对信息表中数据的格式进行设计。

对信息表中数据的有效性进行设定。

掌握数据录入的技巧。

任务分析

一个班级学生的基本信息应该包括的内容应该有序号、学号、姓名、性别、身份证号、家庭住址，其中所有的信息都应该是文本格式。

学号和身份证号在进行录入时要注意录入的方法。

任务设计

图 4-56 所示为基本的表格状况。

任务实现

步骤一：填写标题和字段

直接在 A1 中填写标题内容，然后在下一行中依次填写序号、学号、姓名、性别、身份证号、通信地址。然后拖选 A1：F1 区域，合并单元格区域。设置此合并区域中的文字为宋体、24 号、加粗格式、居中显示，第二行中的文字设置为宋体、12 号、加粗格式、居中显示。

步骤二：填写记录信息

其中序号部分留做最后添加，学号的位数应该是固定的、有序的，因此要用数据填充的方式填写。

① 输入第一个人的学号后按回车确认，此时数字为科学计数法显示。

② 将鼠标放置到该单元格的控制柄上，按住 Ctrl+鼠标左键向下拖动。将数据填充，但是所有的数据都显示为科学计数的形式，因此要正确显示就要做相关调整，如图 4-57 所示。

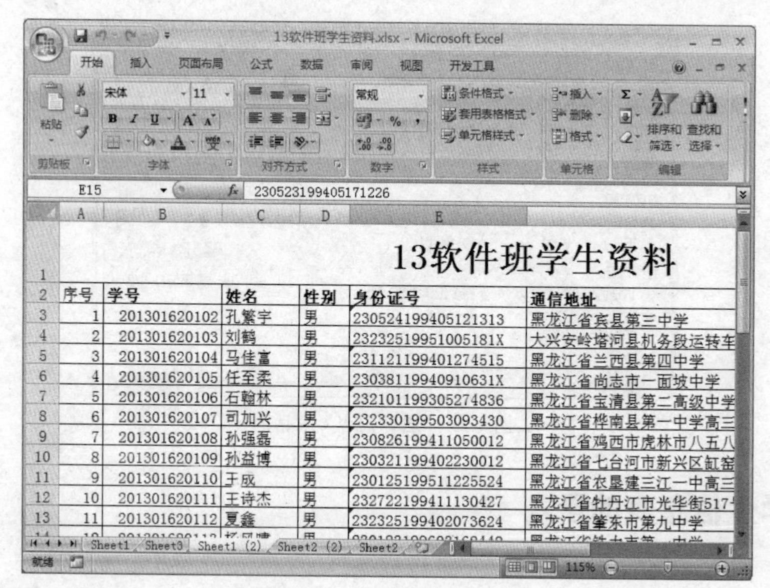

图 4-56 学生基本情况表

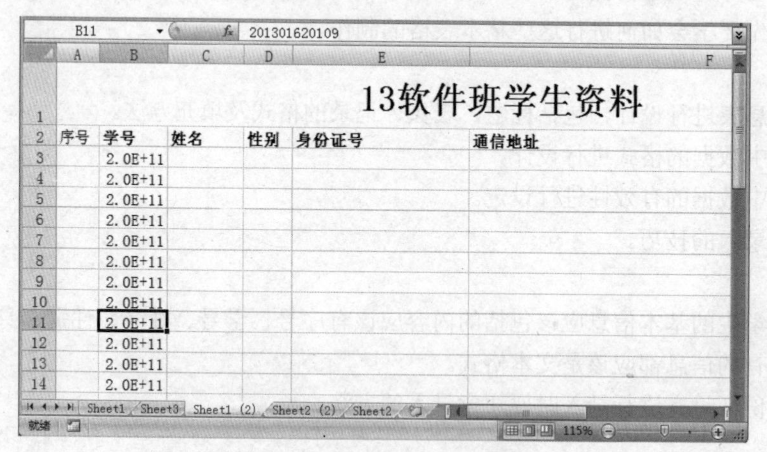

图 4-57 输入学号以记数法显示

③ 选中所有的学号，选择“数据”→“分列”，在调出的对话框中选择，如图 4-58 所示，然后单击下一步，进入到下一个窗口。

④ 在此窗口中建立分列线。如图 4-59 所示，然后再单击下一步。

⑤ 在“列数据格式”下选择“文本”后单击“完成”，即可得到正确的显示结果，如图 4-60 和图 4-61 所示。

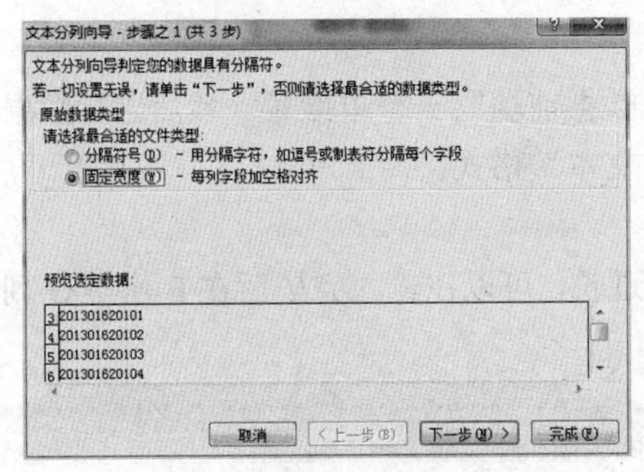

图 4-58 文本分列向导-3 步骤之 1

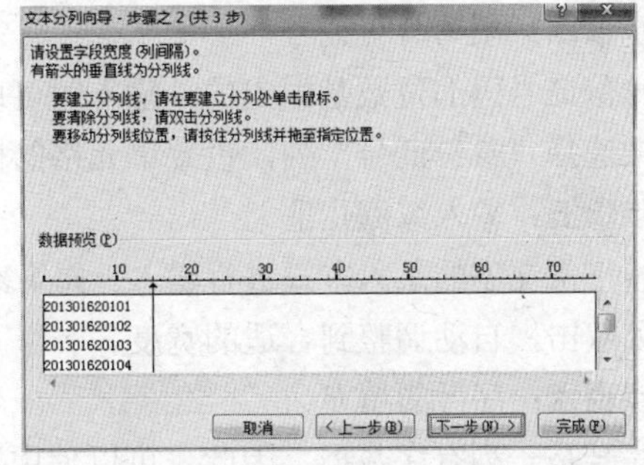

图 4-59 文本分列向导-3 步骤之 2

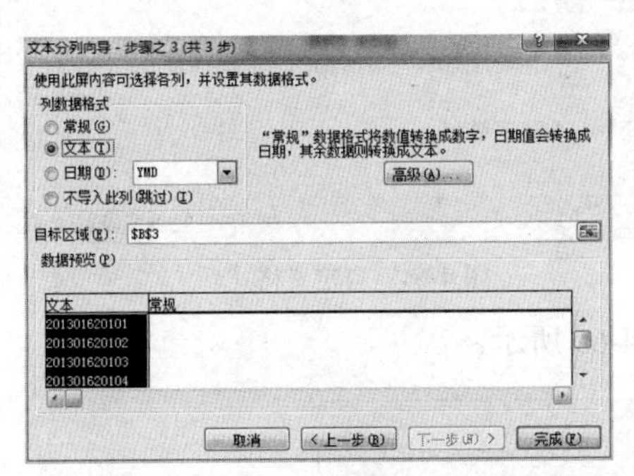

图 4-60 文本分列向导-3 步骤之 3

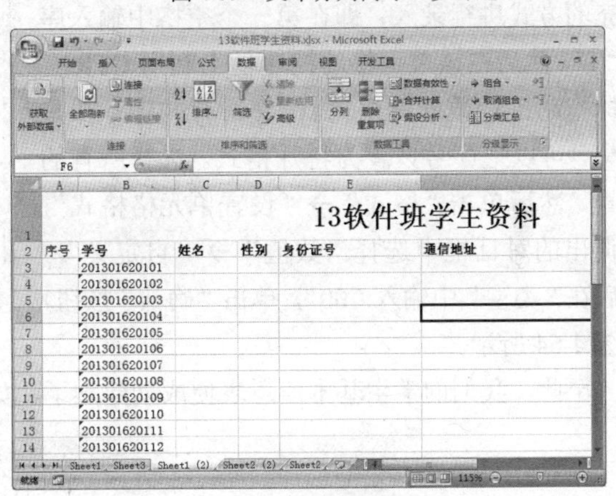

图 4-61 学号输入完成

步骤三：性别的输入

在一般的表格中有些数据交替出现，如本表格中的“性别”列，只有“男”、“女”两个选择。填写这样的数据时，我们可以设置数据的有效性方法如下。

① 选择性别列的空区域，选择“数据”→“有效性”，在调出的“数据有效性”对话框中设置如图 4-62 所示内容。

② 在“允许”列中选择“序列”，在来源中输入“男，女”，然后单击“确定”按钮，得到如图 4-63 所示结果。在“性别”列中的空格中每选择一个单元格都会出现一个下拉列表，给出两个选项。

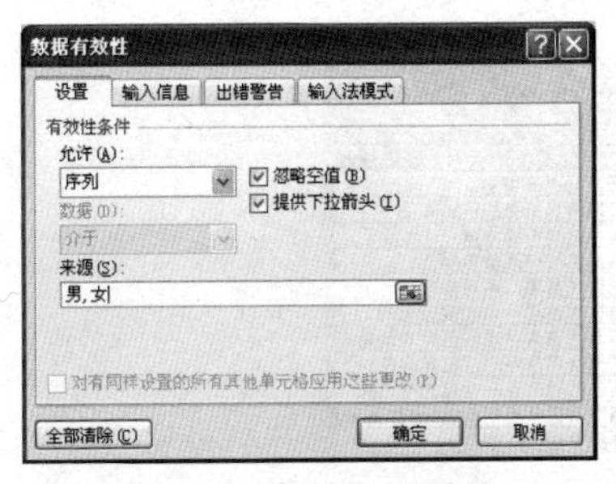

图 4-62 设置数据有效性

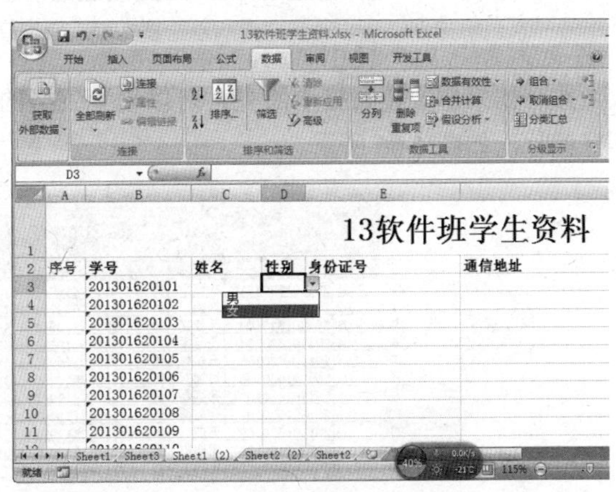

图 4-63 列表结果

步骤四：填写身份证号

身份证号码的位数是固定的，输入时可以在输入数据前填写一个单撇号，然后进行数据的填写，或选择“身份证号”列，设置单元格的格式为“文本”格式。

步骤五：输入家庭住址

按正常文字的录入方式进行输入。如果家庭住址过长，可以在输入完毕后在 F 列与 G 列交界的线处双击，自动调整到合适的宽度。

步骤六：序号的填充

序号是一列有序数据，因此，可以使用数据填充的方式进行录入，即在第一个空格中输入序号“1”，然后在该单元格的控制柄上利用 CTRL+鼠标拖动进行数据填充。为了使所有的序号都是两位，可以把序号设置为特殊格式。选择所有的序号，然后单击“格式”→“设置单元格格式”，在调出的对话框中选择“数值”→“自定义”，然后在“类型”中输入“00”，单击“确认”按钮，如图 4-64 所示。

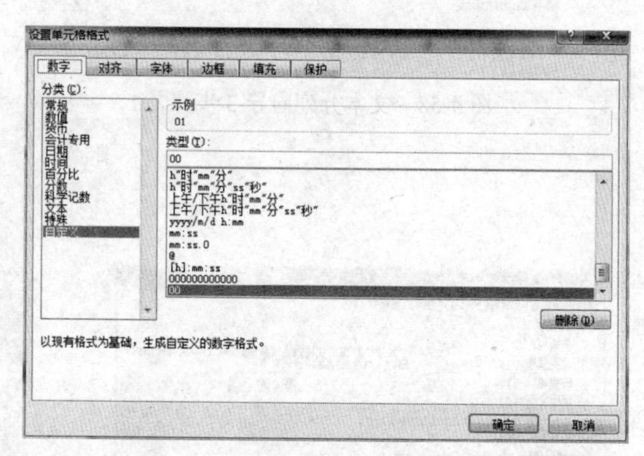

图 4-64　自定义格式

至此，我们的学生基本信息表便成功建立了，如图 4-65 所示。

13软件班学生资料

序号	学号	姓名	性别	身份证号	通信地址
1	201301620101	孔繁宇	男	230524199405121313	黑龙江省宾县第三中学
2	201301620102	刘鹤	男	23232519951005181X	大兴安岭塔河县机务段运转车
3	201301620103	马佳富	男	231121199401274515	黑龙江省兰西县第四中学
4	201301620104	任至柔	男	23038119940910631X	黑龙江省尚志市一面坡中学
5	201301620105	石翰林	男	232101199305274836	黑龙江省宝清县第二高级中学
6	201301620106	司加兴	男	232330199503093430	黑龙江省桦南县第一中学高三
7	201301620107	孙强磊	男	230826199411050012	黑龙江省鸡西市虎林市八五八
8	201301620108	孙益博	男	230321199402230012	黑龙江省七台河市新兴区缸窑
9	201301620109	王成	男	230125199511225524	黑龙江省农垦建三江一中高三

图 4-65　学生信息表

当然，如果想要使表格更漂亮，可以设置表格的边框与底纹的样式，这是可选的，依据个人的喜好就行，如图 4-66 所示。

13软件班学生资料

序号	学号	姓名	性别	身份证号	通信地址
01	201301620101	孔繁宇	男	230524199405121313	黑龙江省宾县第三中学
02	201301620102	刘鹤	男	23232519951005181X	大兴安岭塔河县机务段运转车间
03	201301620103	马佳富	男	231121199401274515	黑龙江省兰西县第四中学
04	201301620104	任至柔	男	23038119940910631X	黑龙江省尚志市一面坡中学
05	201301620105	石翰林	男	232101199305274836	黑龙江省宝清县第二高级中学
06	201301620106	司加兴	男	232330199503093430	黑龙江省桦南县第一中学高三七班
07	201301620107	孙强磊	男	230826199411050012	黑龙江省鸡西市虎林市八五八农场晨光
08	201301620108	孙益博	男	230321199402230012	黑龙江省七台河市新兴区缸窑沟街道五
09	201301620109	王成	男	230125199511225524	黑龙江省农垦建三江一中高三十六班
10	201301620110	王诗杰	男	232722199411130427	黑龙江省牡丹江市光华街517号教育学
11	201301620111	夏鑫	男	232325199402073624	黑龙江省肇东市第九中学

图 4-66　加边框样式的学生信息表

任务小结

在这个实例中，我们利用 Excel 进行了学生基本信息表的制作，在制作过程中主要学习了数据的填写方式，如序列的填充、数据的有效性设置、特殊数据的处理等。这些是我们在今后制作表格时最常用的操作技巧，因此需要大家熟练掌握。

自评	仔细观察自己所制作的基本信息表是否填充正确，所用的方法中哪些是最简便的
互评	与同学进行相互交流，取长补短
师评	教师在学生上交作业后给予评价

举一反三

① 制作一张学生的报名表包括的字段有序号、学号、姓名、性别、身份证号、报考专业、报考科目，把表格进行相应的美化和修饰。学生报名表如图 4-67 所示。

② 制作一张本班学生的成绩单，包括的字段如图 4-68 所示，并且要求填写 20 条相关记录。

学生报名表.xlsx

13软件班学生资料

序号	学号	姓名	性别	身份证号	报考专业	报考科目
01	201401620111	王小红	女	230523199405171226	软件技术	计算机

图 4-67 学生报名表

12图形图像 2012-2013第二学期成绩排名1.xlsx

12图形图像 2012-2013第二学期成绩单

学号	姓名	性别	photoshop	coreldraw	造型基础	设计基础	应用能力实训	体育	职业规划
201201190112	刘克楠	男	90	90	89	87	77	90	78
201201190111	杨雪迪	男	88	90	90	83	77	90	81
201201190101	李志杰	男	80	92	80	78	83	92	79
201201190104	刘海峰	男	87	93	80	85	70	88	79
201201190125	王雪	女	97	90	98	97	73	84	86
201201190126	曾繁雪	女	91	90	90	91	77	89	81
201201190129	李志远	女	89	92	95	82	76	87	85
201201190134	唐艳香	女	92	90	85	91	76	83	85
201201190131	林卫丹	女	89	92	87	88	78	84	82
201201190133	李月鑫	女	84	92	90	80	75	90	87
201201190115	王冬	女	92	91	90	91	69	83	81

Sheet1 Sheet2 Sheet3

图 4-68 学生成绩单

任务九 学生成绩单的汇总与分析

任务提出

作为一名教师每学期都需要为学生计算成绩，还要进行排名，因此，成绩单的制作汇总与分析便成了我们必须掌握的一项技能。

任务目标

学习使用公式与函数进行数据计算。

学习条件格式的设置。

学习数据的排序方法。

学习数据的筛选方法。

学习数据图表的制作。

任务分析

学生成绩单的制作，在上一任务的练习中我们已经做了安排，相信大家已经制作完成了一个学生的成绩单。

对学生的成绩要进行汇总与分析，这就涉及了一些操作方面的要求，即公式与函数的使用、条件格式的设置、数据的排序、数据的筛选、数据图表的制作等。

任务设计

对以上录入的成绩单表格进行相关操作后表格与图表的最终结果如图 4-69 和图 4-70 所示，下面我们来一起实现这些相关操作。

12图形图像 2012-2013第二学期成绩排名.xlsx

	A	B	C	D	E	F	G	H	I	J	L	M	N	O
1	12图形图像 2012-2013第二学期成绩单													
2	学号	姓名	性别	photoshop	coreldraw	造型基础	设计基础	应用能力实训	体育	职业规划	选修1	选修2	总成绩	名次
3	201201190125	王雪	女	97	90	98	97	73	84	86	5	4	634	1
4	201201190126	曾繁雪	女	91	90	90	91	77	89	81	5	4	609	2
5	201201190129	李志远	女	89	92	95	82	76	87	85	5	4	606	3
6	201201190134	唐艳香	女	92	90	85	91	76	83	85	5	4	602	4
7	201201190112	刘克楠	男	90	90	89	87	77	90	78	5	4	601	5
8	201201190131	林卫丹	女	89	92	87	88	78	84	82	5	4	600	6
9	201201190111	杨雪迪	男	88	90	90	83	77	90	81	5	4	599	7
10	201201190133	李月鑫	女	84	92	90	80	75	90	87	5	4	598	8
11	201201190115	王冬	女	92	91	90	91	69	83	81	5	4	597	9
12	201201190127	代明翾	女	84	91	95	79	76	86	83	5	4	594	10
13	201201190137	陈洪	女	85	90	96	83	75	80	84	5	4	593	11
14	201201190124	陈悦	女	90	89	91	94	60	85	81	5	4	590	12
15	201201190114	李晓菲	女	87	93	96	80	71	83	80	5	4	590	12
16	201201190101	李志杰	男	80	92	80	78	83	92	79	5	4	584	14
17	201201190135	张万秋	女	87	90	81	85	74	83	84	5	4	584	14
18	201201190117	田玉竹	女	86	90	90	85	67	75	91	5	4	584	14
19	201201190104	刘海峰	男	87	93	80	85	70	88	79	5	4	582	17
20	201201190121	龙鑫	女	91	92	86	90	64	75	84	5	4	582	17
21	201201190118	尹佳伟	女	84	90	89	81	58	83	85	5	4	570	19
22	201201190122	关鑫	女	93	88	85	92	72	56	81	5	4	567	20

Sheet1 Sheet2 Sheet3

图 4-69 处理后的表格样式

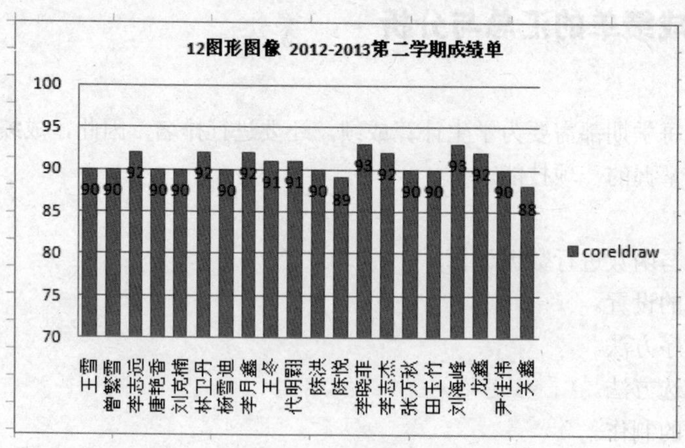

图 4-70 处理后的图表样式

任务实现

打开已经建立好的成绩表，然后进行如下操作。

步骤一：设置成绩单格式

成绩单格式如图 4-71 所示。

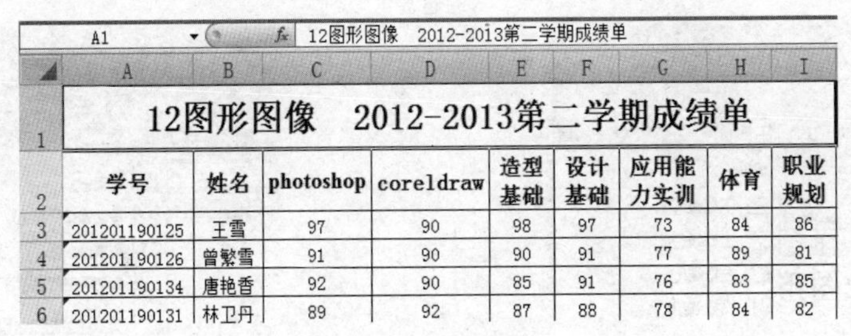

	A	B	C	D	E	F	G	H	I
1	12图形图像　2012-2013第二学期成绩单								
2	学号	姓名	photoshop	coreldraw	造型基础	设计基础	应用能力实训	体育	职业规划
3	201201190125	王雪	97	90	98	97	73	84	86
4	201201190126	曾繁雪	91	90	90	91	77	89	81
5	201201190134	唐艳香	92	90	85	91	76	83	85
6	201201190131	林卫丹	89	92	87	88	78	84	82

图 4-71　成绩单表头

① 主标题为宋体，加粗，20 号，合并 A1：I1 单元格区域，如图 4-72 所示。

② 列标题为宋体，加粗，12 号，并设置自动换行，如图 4-73 所示。

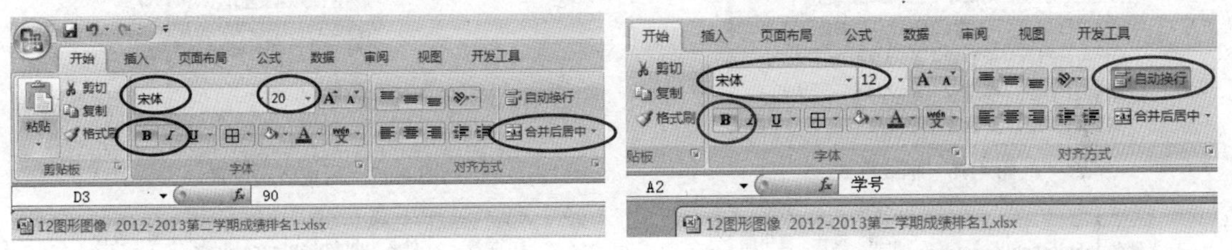

图 4-72　格式工具栏

图 4-73　字体、字号、加粗及自动换行设置

③ 学号和姓名列数字为文本格式，其余为数值并保留零位小数。

• 选择学号和姓名列，单击“对齐方式”选项栏右下方的小箭头打开“设置单元格格式”对话框，然后进行如图 4-74 所示设置。

• 选择其余各列，单击“对齐方式”工具栏右下方的小箭头打开“设置单元格格式”对话框，然后进行如图 4-75 所示设置。

④ 对 A2：I22 加边框，设置 C 列至 G 列的列宽为 6.25，3 行到 22 行行高为 20。

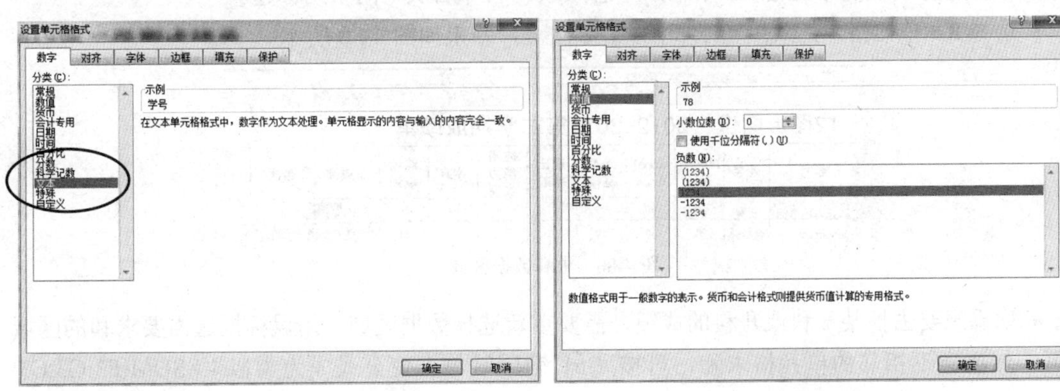

图 4-74　单元格数字格式对话框

图 4-75　单元格数字格式对话框

• 选择 A2：I22 单元格区域，然后单击田·上的黑色三角，选择如图 4-76 所示设置。

• 选择 C 列至 I 列，单击“单元格”工具栏中的格式→列宽如图 4-77 所示，在如图 4-78 所示的列宽对话框中输入 6.25。

• 选择 3 行至 22 行，单击“单元格”工具栏中的格式→行高，在出现的如图 4-79 所示的行高对话框中输入 20。

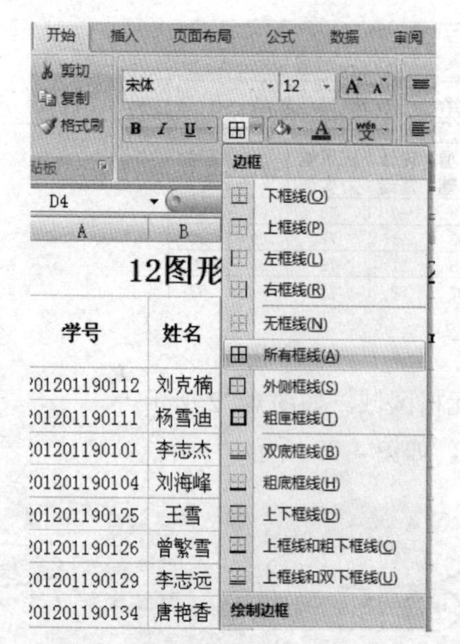

图 4-76　框线格式

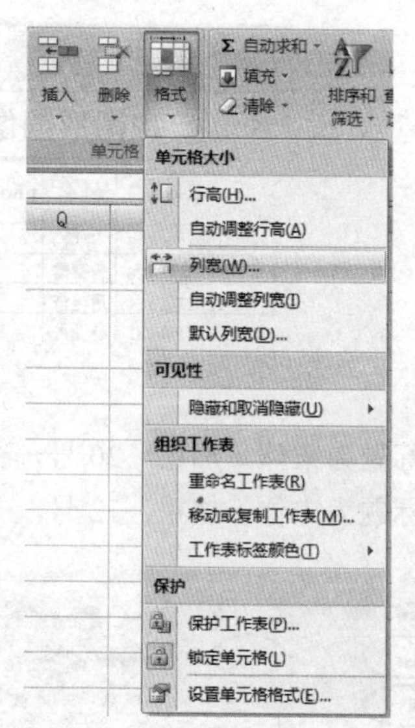

图 4-77　列宽格式设置

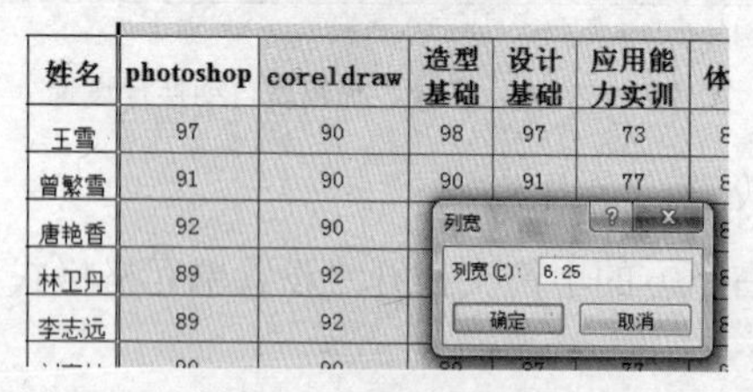

图 4-78　列宽格式设置

图 4-79　行高格式设置

⑤ 计算“总成绩”，总成绩为学生所有科目的总和（用公式计算）。

• 在标题行的后面单元格 K2 中输入“总成绩”和“名次”两个列标题。

• 选择 K3 单元格，然后单击求和函数 Σ 自动求和 ，结果如图 4-80 所示。

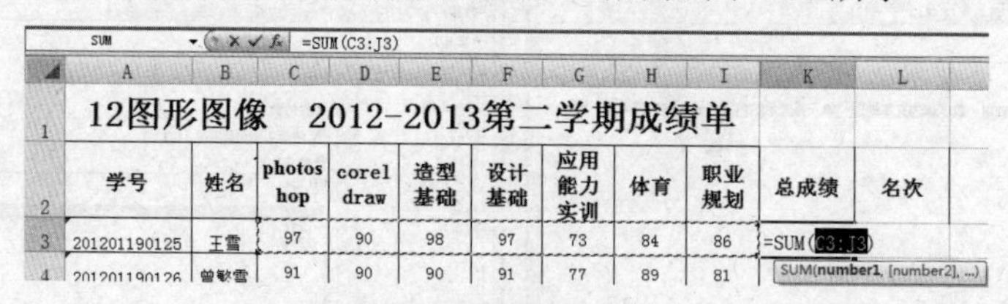

图 4-80　求和数据区域

• 如果想要去掉某一科或几科的成绩，需要重新选择数据区域，用鼠标拖选需要求和的区域即可，如选择不相邻的单元格求和，可按 Ctrl 键同时单击使公式成为类似“=SUM(F3:G3,C3:D3,I3,E4)”的形式，然后回车确认。

• 将鼠标放置在 K3 单元格的控制柄上，按住鼠标不放向下拖动至 J22 单元格，计算出所有人的总成绩。

• 将“总成绩”和“名次”两列进行边框格式化，并将总标题重新合并单元格。

⑥ 添加两个“选修课”字段。

在总成绩前加入两列，分别给出字段名为“选修 1”、“选修 2”两个字段。选修课的成绩按 5 分满分、3 分合格的要求进行填写。

• 鼠标单击总成绩和其后的一列，整列选中后在选择区域内右击鼠标，在出现的下拉列表中选择“插入”→“整列”即可插入两列空列。

• 在相应的字段位置输入“选修 1”、“选修 2”两个字段，并且按要求添加相关的 1 成绩。

⑦ 保存本工作簿文件

单击“Office 按钮”→“另保存”，调出“另存为”对话框，选择要存储的位置，然后单击“确定”按钮。

步骤二：条件格式的应用

对成绩单中的单科成绩进行条件格式的应用。

选中所有的单科成绩数据区域 C3：I22，在开始选项卡的样式工具栏中选择“条件格式”→“突出显示单元格规则”→“大于”选项，如图 4-81 所示。

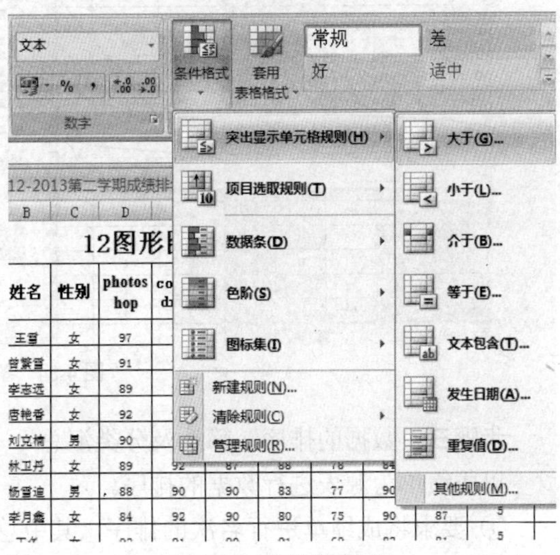

图 4-81 条件格式设置

在弹出的条件格式对话框中进行如下设置。

① 条件一：挑选出成绩大于 90 分的单科成绩，要求将成绩的文字变为红色加粗显示，如图 4-82 所示。

② 条件二：在菜单栏中选择“格式”→“条件格式”→“突出显示单元格规则”→“小于”选项，挑选出成绩小于 60 分的单科成绩，要求将成绩的文字加上绿填充色深绿色文本，如图 4-83 所示。

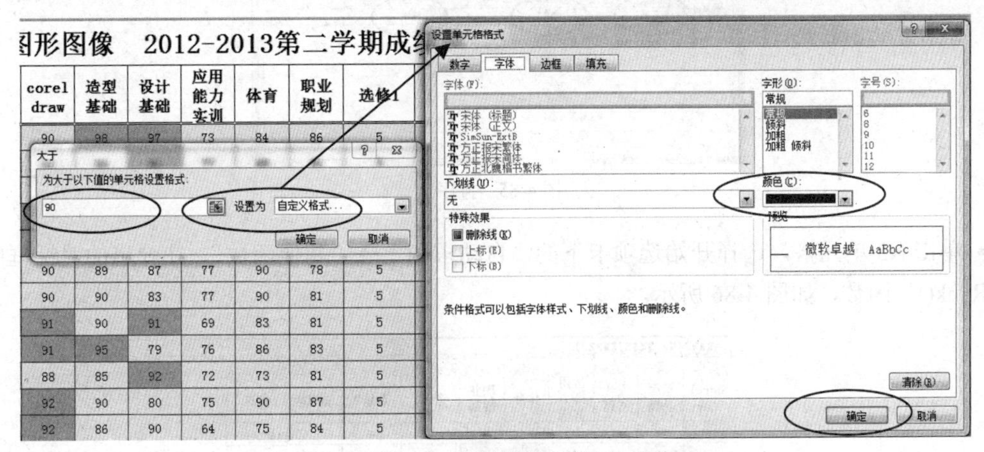

图 4-82 条件格式选项设置

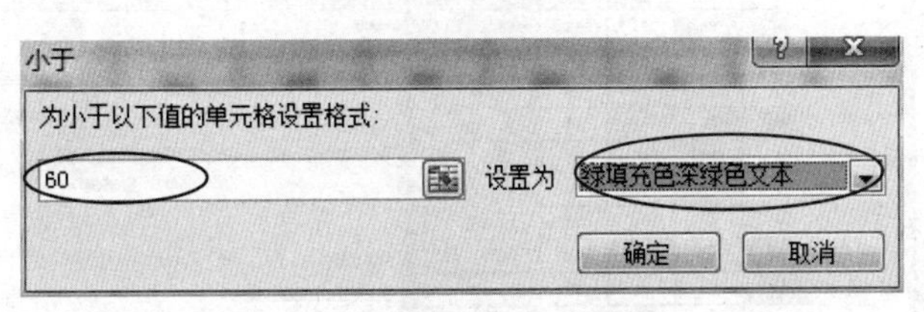

图 4-83 条件格式二设置

③ 条件三：挑选出成绩在 80～90 之间的，要求将成绩的文字加蓝色图案，如图 4-84 所示。

图 4-84 条件格式三设置

步骤三：数据的排序、筛选及分类汇总

以成绩单为源表进行数据的排序。

① 要求将成绩单进行名次的排序，其中总成绩相同的应该（利用 Rank()函数）进行相同名次排序。

• 选择表格中除标题外的所有数据，单击“数据”→“排序”，在弹出的对话框中进行选择，如图 4-85 所示。

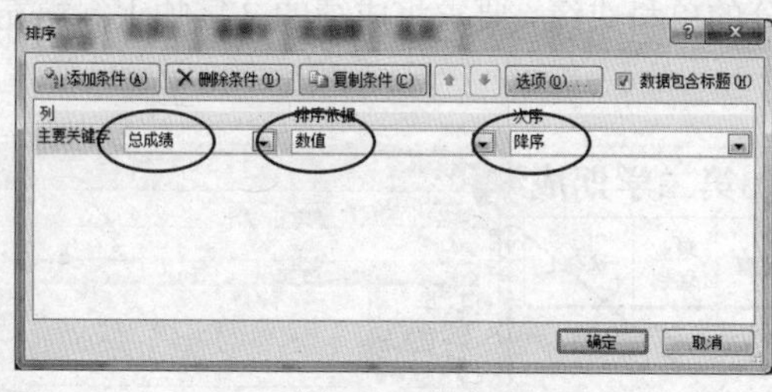

图 4-85 排序

• 单击 N3 单元格，选择开始选项卡下的“自动求和”→“其他函数”，在弹出的对话框中选择“Rank()”函数，如图 4-86 所示。

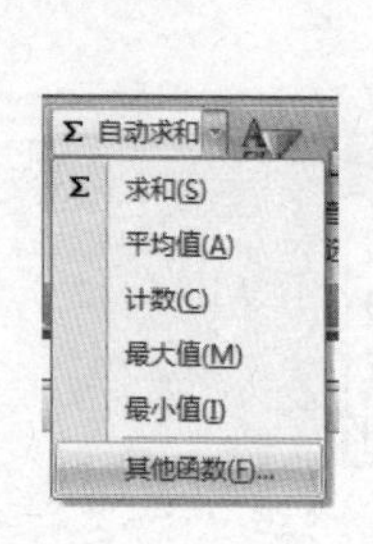

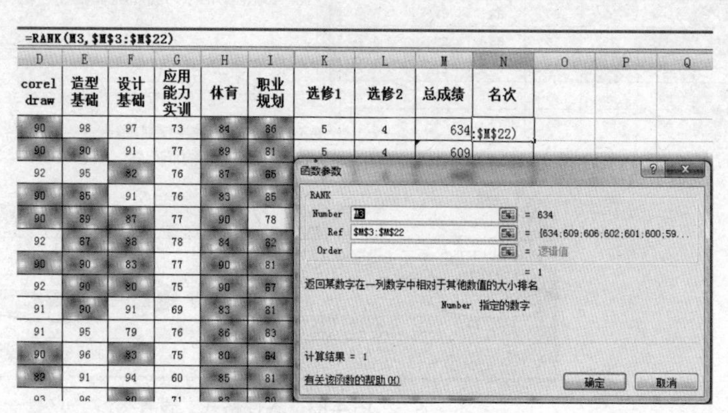

图 4-86 公式输入

为了得到正确结果，要求更改 J3：J27 为绝对引用。更改如下格式：$J$3:$J$27，更改完毕后单击“确定”按钮即可。

• 进行公式填充，将其他名次求出。

② 选取“名次”单元格，然后选择“数据”→“筛选”进行前 10 名学生记录的筛选，在“名次”下拉列表中选择“小于或等于”，在后面的文本框中输入“10”，单击“确定”按钮，如图 4-87 所示。

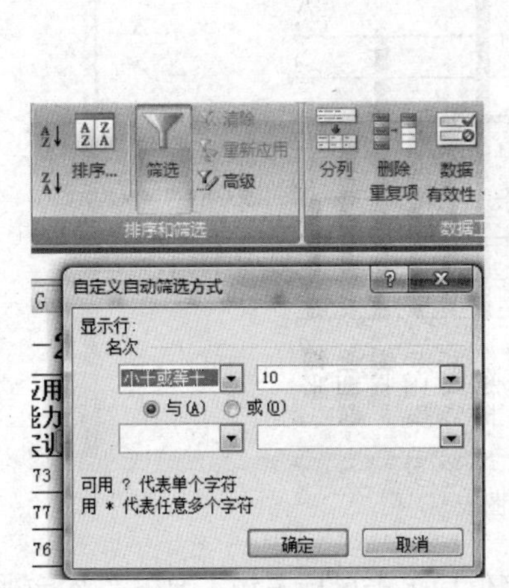

排序... 筛选 清除 重新应用 高级 分列 删除重复项 数据有效性 合并计算 假设分析
排序和筛选 数据工具

-2013第二学期成绩单

应用能力实训	体育	职业规划	选修1	选修2	总成绩	名次
73	84	86	5	4	634	1
77	89	81	5	4	609	2
76	87	85	5	4	606	3
76	83	85	5	4	602	4
77	90	78	5	4	601	5
78	84	82	5	4	600	6
77	90	81	5	4	599	7
75	90	87	5	4	598	8
69	83	81	5	4	597	9
76	86	83	5	4	594	10

图 4-87　筛选条件

③ 进行数据的分类汇总，首先在姓名字段后加入一列，将其命名为“性别”，输入相应数据，然后将数据表中的数据依据“性别”列进行升序或降序排列。其次，选择“数据”→“分类汇总”，其中数据按图 4-88 所示进行选择。汇总结果如图 4-89 所示。

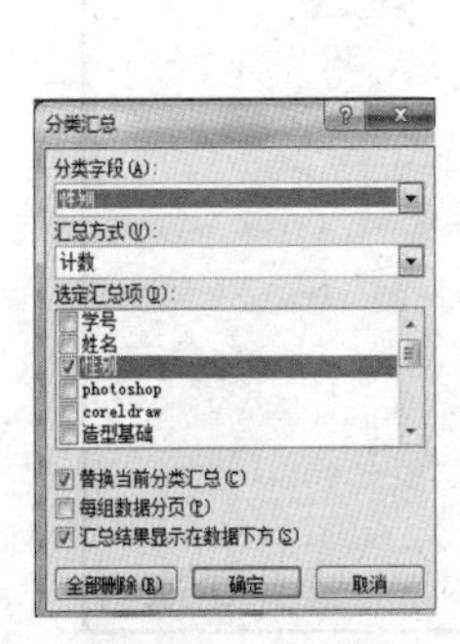

图 4-88　汇总设置

A2 学号

12图形图像　2012-2013第二学期成绩单

学号	姓名	性别	photoshop	coreldraw	造型基础	设计基础	应用能力实训	体育	职业规划	选修1	选修2	总成绩	名次
201201190112	刘文楠	男	90	90	89	87	77	90	78	5	4	601	5
201201190111	杨留迪	男	88	90	90	83	77	90	81	5	4	599	7
201201190101	李志杰	男	80	92	80	78	83	92	79	5	4	584	14
201201190104	刘海峰	男	87	93	80	85	70	88	79	5	4	582	17
	男 计数	4											4
201201190125	王晋	女	97	90	98	97	73	84	86	5	4	634	1
201201190126	曾繁留	女	91	90	90	91	77	89	81	5	4	609	2
201201190129	李志远	女	89	92	95	82	76	87	85	5	4	606	3
201201190134	唐艳春	女	92	90	85	91	76	83	85	5	4	602	4
201201190131	林卫丹	女	89	92	87	88	78	84	82	5	4	600	6
201201190133	李月鑫	女	84	92	90	80	75	90	87	5	4	598	8
201201190115	王冬	女	92	91	90	91	69	83	81	5	4	597	9
201201190127	代明朝	女	84	91	95	79	76	86	83	5	4	594	10
201201190137	陈洪	女	85	90	96	83	75	80	84	5	4	593	11
201201190124	陈悦	女	90	89	91	94	60	85	81	5	4	590	12
201201190114	李晓菲	女	87	93	96	80	71	83	80	5	4	590	12
201201190135	张万秋	女	87	90	81	85	74	83	84	5	4	584	14
201201190117	田玉竹	女	86	90	90	85	67	75	91	5	4	584	14
201201190121	龙鑫	女	91	92	86	90	64	75	84	5	4	582	17
201201190118	尹佳伟	女	84	90	89	81	58	83	85	5	4	570	19
201201190122	关鑫	女	93	88	85	92	72	56	81	5	4	567	20
	女 计数	16											16
	总计数	20											20

图 4-89　汇总结果显示

步骤四：制作简单图表

① 删除分类汇总，选择源数据中的姓名和高等数学成绩两列数据。

② 单击“插入”→“柱状图”→“二维柱形图”→“簇状柱形图”，即可插入图表。

③ 图表类型为“簇状柱形图”，数据显示在列的下方，图表的标题为“12 图形图像　2012-2013 第二学期成绩单”，分类轴 X 为“学生姓名”，数值轴 Y 为“coreldraw”，生成的图表作为新表插入到当前工作簿中，如图 4-90 所示。

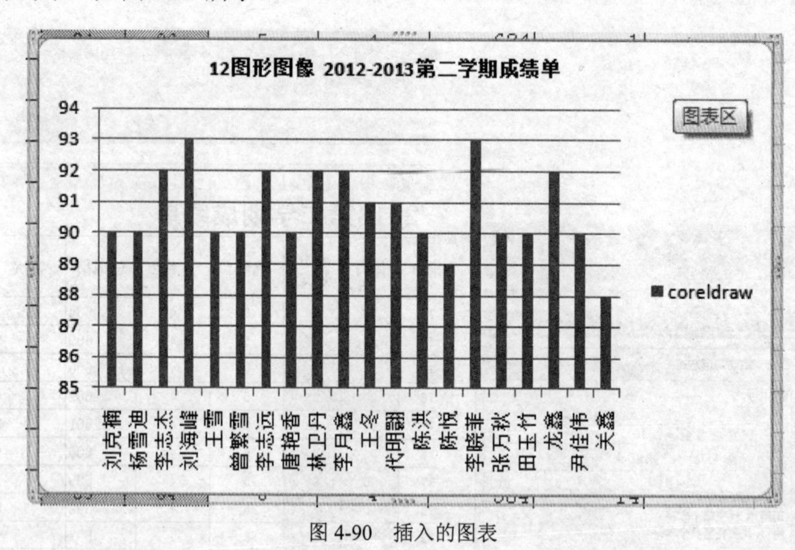

图 4-90　插入的图表

④ 对当前的图表进行修改，单击数值轴上的刻度值后单击鼠标右键，弹出“坐标轴格式”对话框（见图 4-91），然后更改最小值和最大值分别为 70、100 后，单击“确定”按钮，图表中数值轴上的刻度最高值显示为 100。

⑤ 双击图表区中的柱状图形，弹出“数据系列格式”对话框，将“边框颜色”→“实线”的单选框勾选上，进行如图 4-92 所示的设置。在图表布局选项中选取添加相关成绩值的图表样式，得到最终结果如图 4-93 所示。

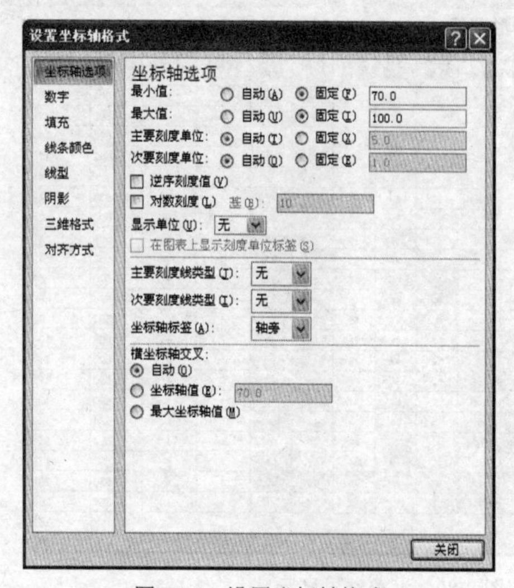

图 4-91　设置坐标轴格式

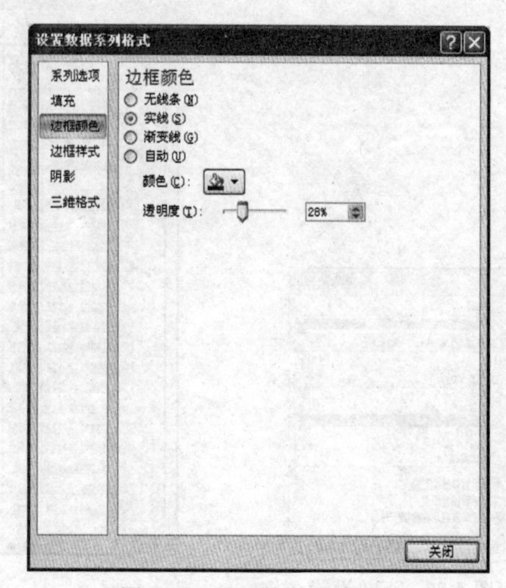

图 4-92　设置数据系列格式

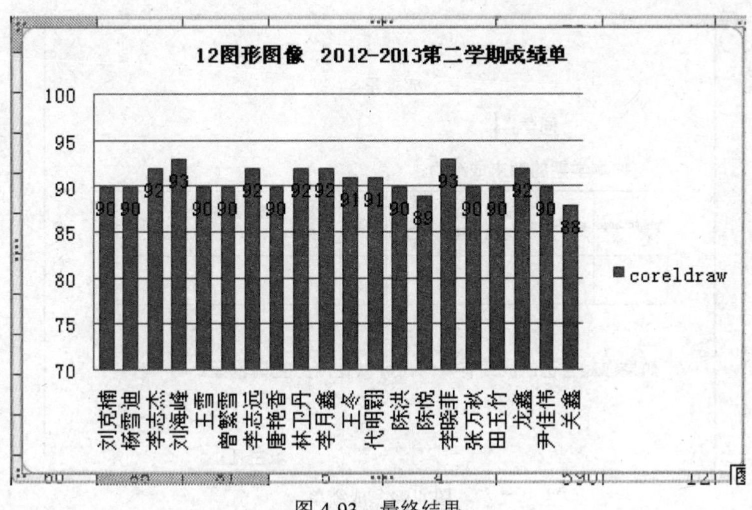

图 4-93 最终结果

以上便是对成绩单的一个汇总分析过程。

任务小结

在这个实例中，我们利用 Excel 提供的一些数据操作分析功能进行了学生成绩单的数据分析，在制作过程中主要学习了公式与函数的应用、条件格式的设置、数据的排序操作、数据的汇总、数据图表的添加等。这些是我们在今后进行表格数据分析时常用的工具，因此需要大家熟练掌握。

自评	仔细检验表格中的数据是否按照要求进行了计算，并且分析成绩单在各种处理过程中，所用的方法是否都掌握了
互评	与同学进行相互交流，取长补短
师评	教师在学生上交作业后给予评价

任务十 学生成绩单的分发

任务提出

学期末，学生的成绩已跃然纸上，但是应该如何进行成绩单的分发呢？每个学生都想知道自己的成绩如何，如果是手写会很累，如何才能既快捷又有效地进行成绩单的分发。

任务目标

建立成绩单源数据。

建立个人成绩单（利用 Word）。

合并表格中的数据与 Word 源文件。

任务分析

总成绩单是我们的源数据，不允许有错误。

在 Word 制作的源文件中要留出所需要的字段的位置。

任务实现

① 建立一个成绩单源数据，可以使用上一任务中的成绩单。

② 建立一个 Word 源文件，如图 4-94 所示。

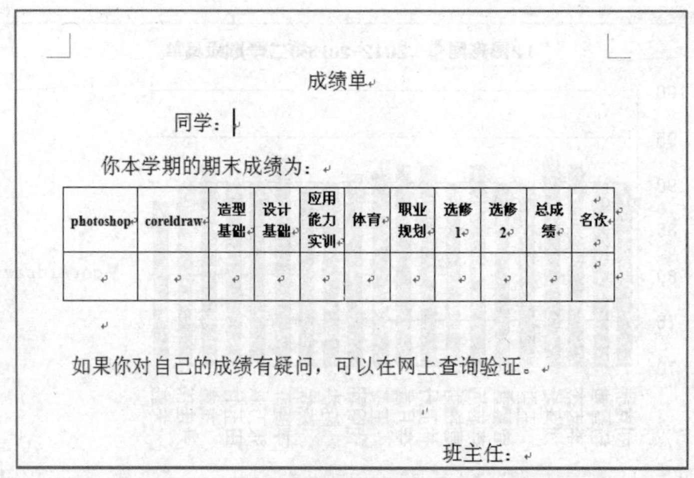

成绩单

同学：

你本学期的期末成绩为：

photoshop	coreldraw	造型基础	设计基础	应用能力实训	体育	职业规划	选修1	选修2	总成绩	名次

如果你对自己的成绩有疑问，可以在网上查询验证。

班主任：

图 4-94　成绩单

③ 在 Word 界面下进行选择，如图 4-95 所示。

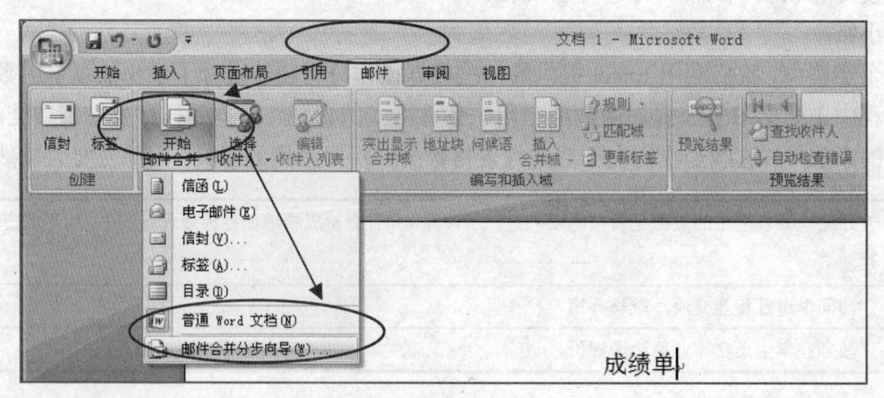

图 4-95　邮件合并

④ 在任务窗格中选择，如图 4-96 所示。

⑤ 单击“下一步”后，在“步骤 2/6”中进行如图 4-97 所示的设置。

⑥ 单击“下一步”后，在“步骤 3/6”中进行如图 4-98 所示的设置。

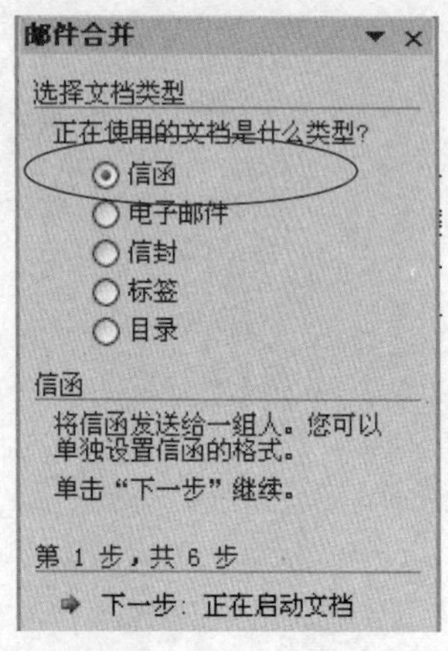

图 4-96　邮件合并第 1 步

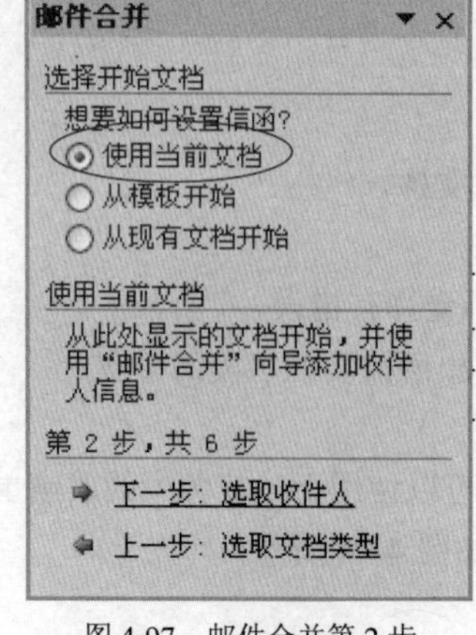

图 4-97　邮件合并第 2 步

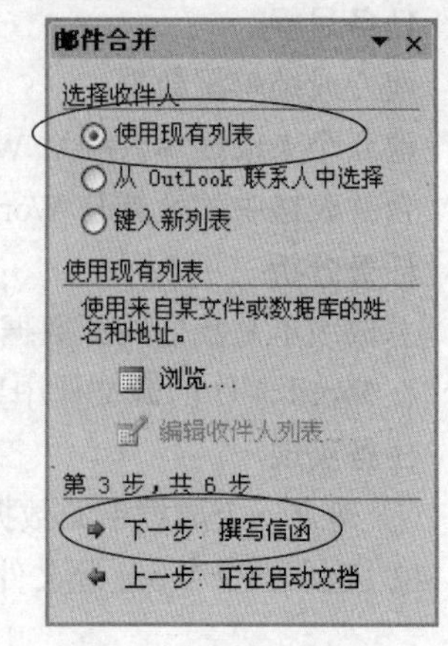

图 4-98　邮件合并第 3 步

单击“浏览”后，在出现的对话框中进行源数据表的选取，如图 4-99 所示。单击打开后得到如图 4-100 所示的表格，选择整张电子表格。

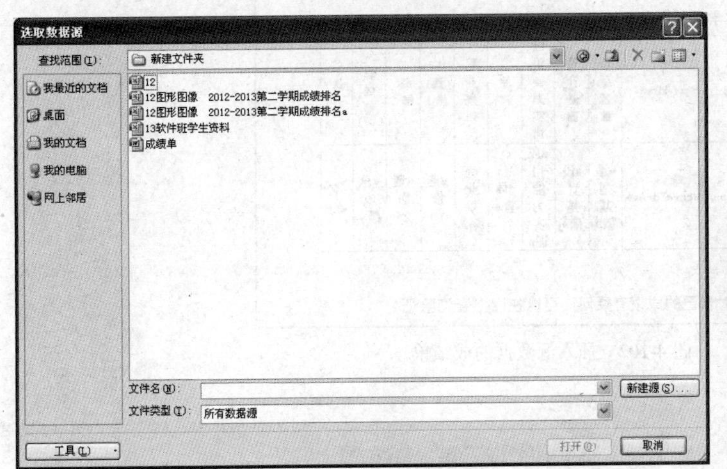

图 4-99 选择源数据

图 4-100 选择 EXCEL 表

⑦ 单击下一步后，在“步骤 4/6”中进行如图 4-101 所示的设置。将光标置于“同学”前，单击“其他项目”，在调出的插入合并域中选择“姓名”，在相应的表格中插入相关字段，同样方法将其他几个字段插入到相应位置，得到如图 4-102 所示的结果。

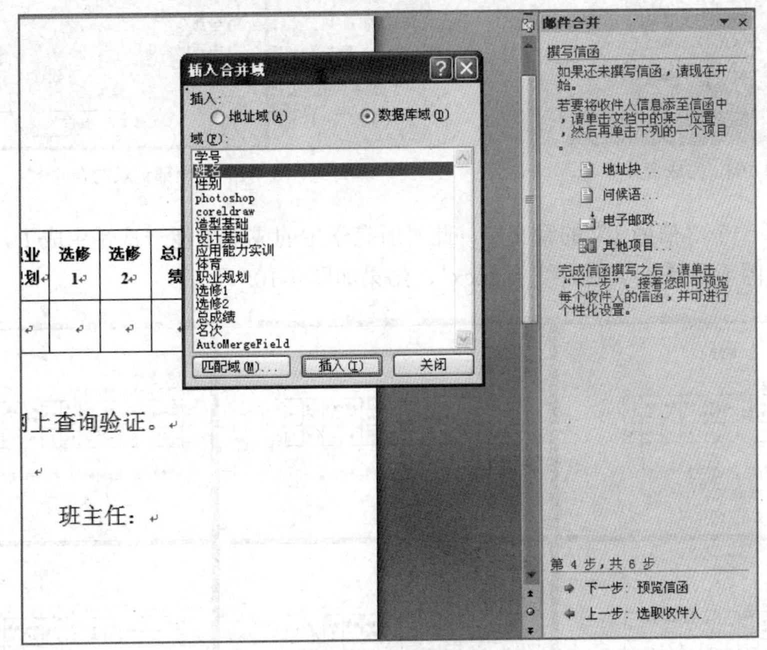

图 4-101 选择合并域

⑧ 单击“预览信函”看结果是否正确，正确的情况下选择“完成合并”，如图 4-103 所示。

⑨ 单击“编辑个人信函”，调出“合并到新文档”，选择“全部”后确定，如图 4-104 所示。

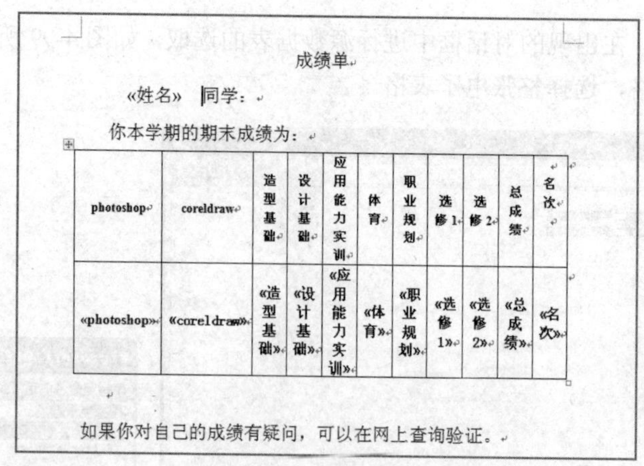

图 4-102　插入源数据的成绩单

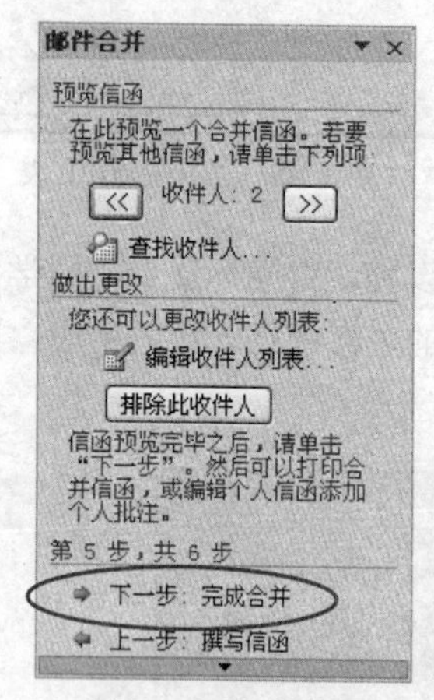

图 4-103　完成合并

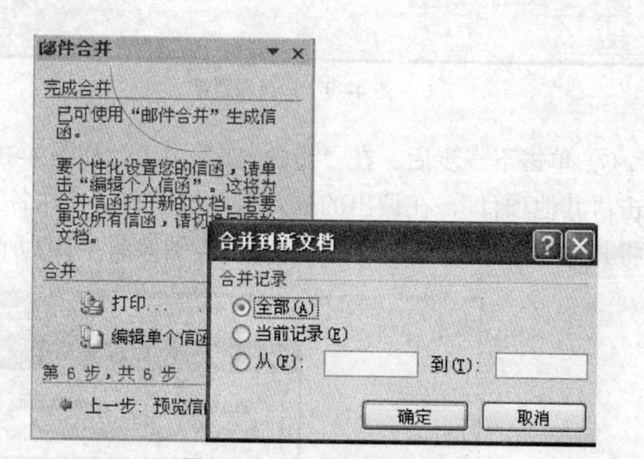

图 4-104　全部记录的合并

⑩ 生成了一个“信函 1”的新文档，此时所有学生的成绩单便一次性生成了，将“信函 1”文件改成“12 图形图像班学生成绩单.docx”，结果如图 4-105 所示。

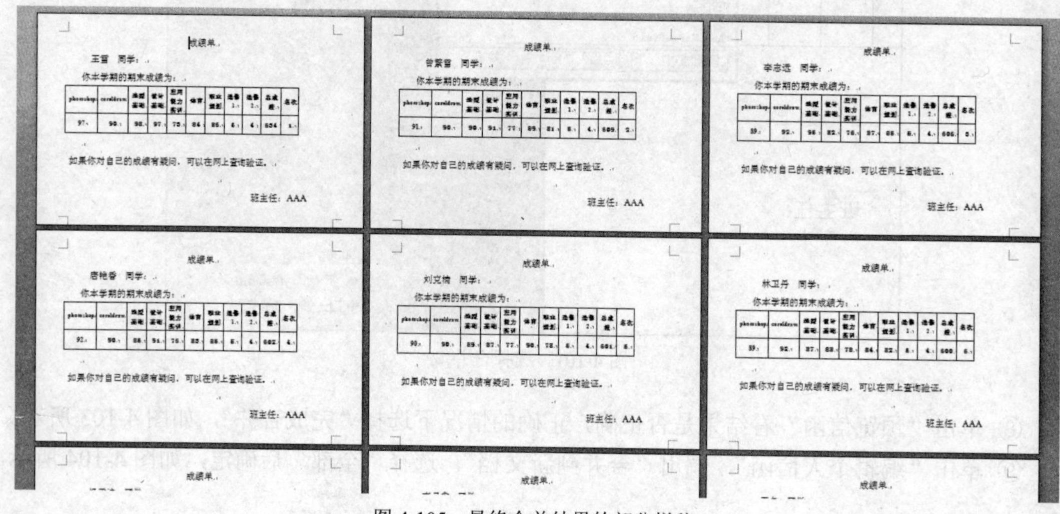

图 4-105　最终合并结果的部分样稿

任务小结

在这个实例中，我们利用 Excel 和 Word 提供的邮件合并功能，进行多张同格式不同内容的信件的生成，主要利用了 Excel 中的源数据和 Word 中提供的邮件合并功能。

自评	仔细检验生成的成绩单看是否有错误
互评	与同学进行相互交流，取长补短
师评	教师在学生上交作业后给予评价

拓展练习

操作题

练习一.建立如图所示表格完成如下操作。

G6

	A	B	C	D	E	F	G
1	部门	姓名	姓别	基本工资	奖金		
2	计算机	左巍宁	男	2100	200		
3	园林	庞瑞	男	1900	150		
4	财务部	白瑞雪	女	2200	300		

① 设置工作表中 B2 到 F4 单元格的底纹图案样式为“细 水平 条纹”，图案颜色为淡紫。

② 选择整个第二行。

③ 删除选中的列。

④ 为选中的单元格范围应用“文本”格式。

⑤ 为选中的单元格范围应用淡黄色底纹。

⑥ 为选中的单元格范围应用自动换行。

⑦ 为选中的单元格范围应用“古典 3”自动套用格式。

练习二.建立如图所示表格，完成如下操作。

H21

	A	B	C	D	E	F
1	北半球三地全年各月平均气温					
2	月份	A地温度		B地温度		C地温度
3	1	27		-5		-26
4	2	27.5		-3		-26
5	3	28		5		-25.5
6	4	29		13		-18
7	5	29.2		21		-8
8	6	29.3		24.5		0.5
9	7	29.9		26		3
10	8	27.8		24.5		2.5
11	9	26		20		-0.6
12	10	26.5		13.5		-9
13	11	26		4		-19
14	12	25		-3		-23
15						

① 在工作表中的 A15 单元格中输入文本：平均温度。

② 在工作表中利用公式 AVERAGE()求出 A 地全年的平均温度，填充到 B15 单元格。

③ 在工作表中利用公式 AVERAGE()求出 B 地全年的平均温度，填充到 C15 单元格。

④ 在工作表中利用公式 AVERAGE()求出 C 地全年的平均温度，填充到 D15 单元格。

练习三.建立如图所示表格，完成如下操作。

J12

	A	B	C	D	E	F	G	H
1	部门	姓名	姓别	基本工资	奖金	实发工资		
2	计算机	张磊	男	2000	50	2050		
3	计算机	左巍宁	男	2100	200	2300		
4	园林	庞瑞	男	1900	150	2050		
5	园林	杨辰	男	2050	150	2200		
6	财务部	白瑞雪	女	2200	300	2500		
7	人事部	柏惠	女	2100	150	2250		
8	人事部	邓海静	女	1950	150	2100		

将“性别”列（C 列）删除，在 sheet1 中插入一数据透视表，插入起始区域为 A9，数据选定区域为 A1 到 E8，在行上数据字段为“部门”，在列上数据字段为“姓名”。数据区为“基本工资”和“奖金”，“奖金”字段为“计数”，“基本工资”字段为“求和”。

练习四.建立如图所示表格，完成如下操作。

K13

	A	B	C	D	E	F	G	H
1								
2								
3								
4								
5								
6		姓名	专业	法律	思政	英语	计算机	总分
7		马成	园林工程	97	90	98	97	382
8		齐士磊	会计	91	90	90	91	362
9		吴爽	水利水电	89	92	95	82	358
10		王野	图形图像	92	90	85	91	358
11		马珺玮	三维动画	90	90	89	87	356
12		程晓亭	软件技术	89	92	87	88	356
13		刘爽	计算机网络	88	90	90	83	351
14		夏薇薇	酒店管理	84	92	90	80	346
15		于洋洋	室内设计	92	91	90	91	364
16			平均分					

① 设置 B 列宽度为 10，表 6～16 行高度为 15。

② 为单元格“专业”（C6 单元格）添加批注，内容为“专业”。

③ 以“总分”为关键字，按升序排序。

④ 将“姓名”列的所有单元格的水平对齐方式设置为“居中”并添加单下画线。

⑤ 利用公式计算数值各列的平均分，结果填入相应单元格中。

⑥ 利用条件格式化功能将“法律成绩”列中介于 60.00 至 90.00 之间的单元格底纹颜色设为红色显示。

⑦ 利用“四种学科成绩”和“姓名”列中的数据制作图表，新图表作为对象插入 Sheet1，图表标题为“成绩统计表”，图表类型为“簇状条形图”。

PowerPoint 演示文稿的制作

PowerPoint 2007 是微软公司推出的 Microsoft Office 2007 办公套件中的一个组件，是一个专门用于制作演示文稿（俗称幻灯片）的软件，它是一种用来表达观点、演示成果、传达信息的强有力工具，它首先引入了“演示文稿”（Presentation）这个概念，改变了过去幻灯片零散杂乱的缺点，利用它能够生成生动的幻灯片，并达到最佳的现场演示效果。当需要向人们展示一个计划，做一个汇报，或者进行电子教学（已流行于各个级别的学校中各门课程的教学中）等工作时，最好的办法就是制作一些带有文字和图表、图像以及动画的幻灯片，用于阐述论点或讲解内容，因此用 PowerPoint 制作的幻灯片可以包含有视频、声音等多媒体对象，已经广泛运用于各种会议、产品演示、学校教学。

本章主要介绍 PowerPoint2007 的软件界面、普通演示文稿的制作流程，并通过一个实例制作过程帮助大家快速上手做出自己的演示文稿。

5.1 PowerPoint 2007 的功能

相对于上一个版本，PowerPoint 2007 有了很大的改善，其具有更加优越的特性。

1．经过更新的播放器

经过改进的 Microsoft Office PowerPoint Viewer 可进行高保真输出，并支持 PowerPoint 2007 图形、动画和媒体，新的播放器无需安装。默认情况下，新的“打包成 CD”功能将演示文稿文件与播放器打包在一起，也可以从网站下载新的播放器。此外，播放器支持查看和打印。经过更新的播放器可在 Microsoft Windows 98 或更高版本上运行。后面将详细介绍 Microsoft Office PowerPoint Viewer 软件的使用方法。

2．“打包成 CD”功能

“打包成 CD”是发布演示文稿的新增功能，可用于制作演示文稿 CD，以便在运行 Microsoft Windows 操作系统的计算机上播放。使用 Windows XP 内置的刻录功能可以直接从 PowerPoint 中刻录 CD，或者将一个或多个演示文稿打包到文件夹中。

3．更新的“幻灯片放映”工具栏

新的精巧而典雅的“幻灯片放映”工具栏可以在播放演示文稿时方便地进行幻灯片放映导航，如图 5-1 所示。

此外，常用幻灯片放映任务也被简化，在播放演示文稿期间，利用“幻灯片放映”工具栏，可以方便地使用墨迹注释工具、笔和荧光笔以及“幻灯片放映”菜单，如图 5-2 所示。

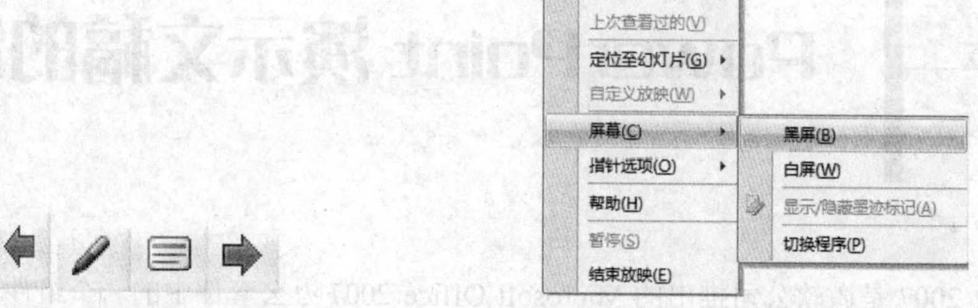

图 5-1 “幻灯片放映”工具栏　　图 5-2 “幻灯片放映”工具栏与菜单

4．经过改进的墨迹注释

在播放演示文稿时使用墨迹在幻灯片上进行标记，或者使用 PowerPoint 2007 中的墨迹功能审阅幻灯片，不仅可在播放演示文稿时保存所使用的墨迹，也可将墨迹标记保存在演示文稿中，在结束放映时会提示是否保留墨迹。墨迹注释工具及其在幻灯片中的应用分别如图 5-3 和图 5-4 所示。

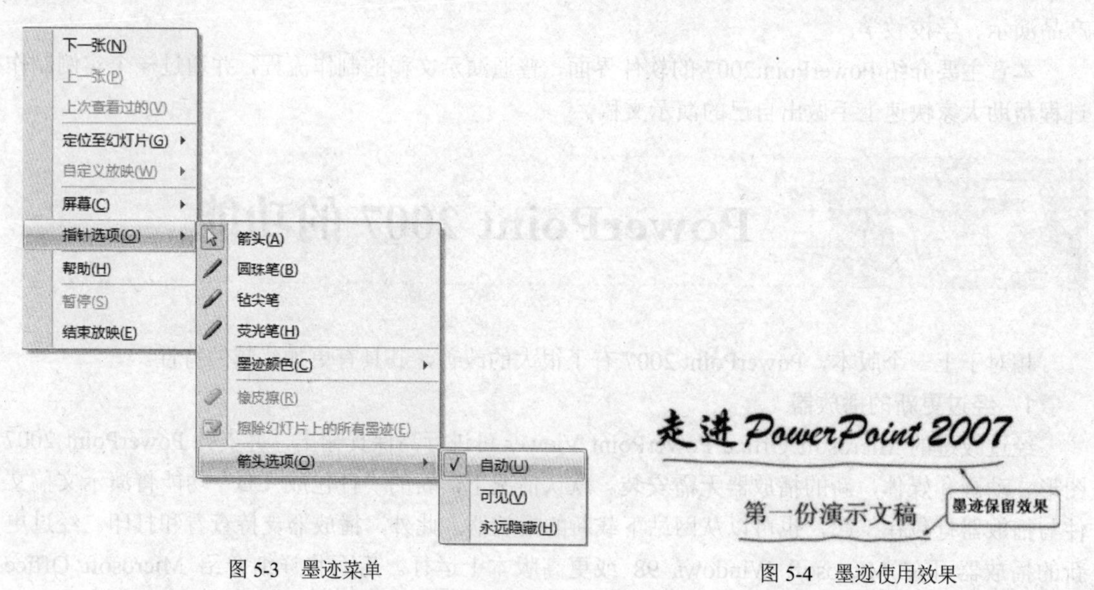

图 5-3 墨迹菜单　　图 5-4 墨迹使用效果

5．对媒体播放的改进

使用 Microsoft Office PowerPoint 2007 在全屏演示文稿中查看和播放影片，可用鼠标右键单击影片，在快捷菜单上单击“编辑影片对象”命令，然后选中“缩放至全屏”复选框。当安装了 Microsoft Windows Media Player 版本 8 或更高版本时，PowerPoint 2007 对媒体播放的改进可支持其他媒体格式，包括 ASX、WMX、M3U、WVX、WAX 和 WMA。如果未显示所需的媒体编解码器，PowerPoint 2007 将通过使用 Windows Media Player 技术尝试下载它。

5.2 PowerPoint 界面与流程

5.2.1 熟悉 PowerPoint 的工作界面

要想用 PowerPoint 制作出好的演示文稿，首先要熟悉它的工作界面。

1. 启动 PowerPoint

双击桌面上的 PowerPoint 图标，或从“开始”菜单中找“程序”，再找“Microsoft Office”，再找“Microsoft Office PowerPoint 2007”，单击该图标，则可以启动 PowerPoint 软件，此时一个同 Word 很接近的窗口就呈现在面前了，如图 5-5 所示。

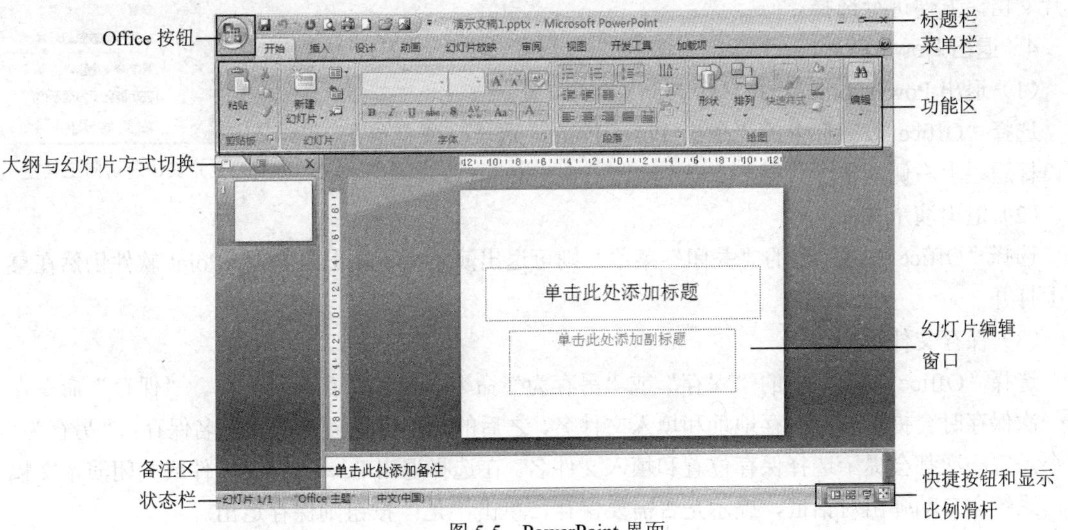

图 5-5 PowerPoint 界面

2. PowerPoint 界面介绍

① 标题栏：显示出软件的名称（Microsoft PowerPoint）和当前文档的名称（演示文稿 1），在其右侧是常见的“最小化、最大化/还原、关闭”按钮，用来控制软件的状态，在编辑状态的窗口显示的是蓝色标题栏。

② 菜单栏：通过选择每一条菜单，在功能区选择相应的功能选项，完成演示文稿的所有编辑操作。

③ 功能区：此区域会根据菜单栏中选择菜单选项的不同显示具体的功能参数。

④ 幻灯片编辑窗口：编辑幻灯片的工作区，制作出一张张图文并茂的幻灯片。

⑤ 备注区：用来编辑幻灯片的一些“备注”文本。

⑥ 大纲与幻灯片方式切换区：在本区中，通过“大纲视图”或“幻灯片视图”可以快速查看整个演示文稿中的任意一张幻灯片。

⑦ 状态栏：在此处显示出当前文档相应的某些状态要素。

⑧ 快捷按钮和显示比例滑杆：包括视图切换按钮、幻灯片浏览和放映按钮以及控制视力窗口

显示比例的调节滑杆。

通过单击“快速访问工具栏”右侧的下拉按钮（见图 5-6），选定相应选项，即可在相应的选项前面添加或清除“√”号，从而让相应的工具栏显示在 PowerPoint 窗口中，方便随机调用其中的命令按钮。

3. 打开演示文稿

如果想打开一个已经制作好的演示文稿，可以利用 Office 按钮进行打开操作。

单击“Office 按钮”，选择“打开”菜单可以打开“打开”对话框，在“查找范围”里找到文件所在的路径，在“文件名显示栏”中选择所需要打开的文件，再单击“打开”按钮。如果单击之前将鼠标停留在“打开”按钮上，PowerPoint 2007 会显示最近使用的幻灯片文档，方便进行选择。

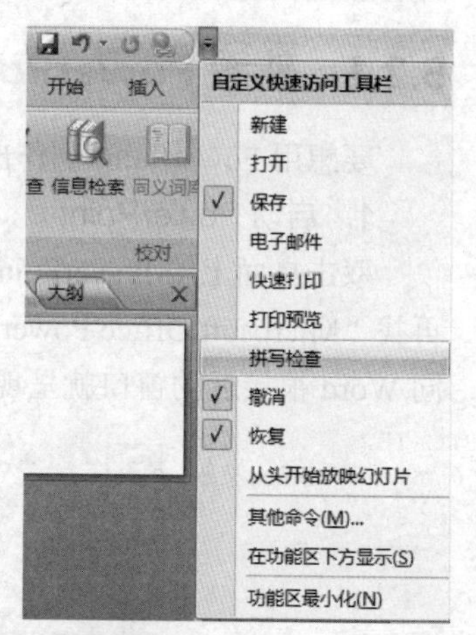

图 5-6 自定义快速访问工具栏

4. 退出 PowerPoint

（1）退出 PowerPoint 软件

选择“Office 按钮”中的“退出 PowerPoint”选项，或是单击窗口标题栏上右侧的☒关闭按钮，则可退出 PowerPoint 软件。

（2）退出演示文稿

选择“Office 按钮”中的“关闭”菜单，则可退出演示文稿，但是 PowerPoint 软件仍然在桌面上打开。

（3）保存文件

选择“Office 按钮”中的“保存”或“另存为”命令，可以保存演示文稿。“保存”命令在第一次保存时会提示选择保存地址和填入文件名，之后的功能则是原地原文件名保存；“另存为”命令是每一次都会提示选择保存位置和填入文件名。在选择退出 PowerPoint 软件或关闭演示文稿时，系统会自动弹出对话框，提示是否需要保存，单击“是”按钮则保存退出。

（4）不保存文件并退出

在选择退出 PowerPoint 软件或关闭演示文稿时，系统会自动弹出对话框，提示是否需要保存，单击“否”按钮则不保存退出。

5. 使用帮助信息

选择“PowerPoint 2007 帮助”按钮可使用 Office 2007 提供相应的帮助信息，如图 5-7 所示。

Microsoft Office PowerPoint 帮助功能键是 F1，执行此命令时会弹出 Office PowerPoint 帮助窗口，如图 5-8 所示。

在搜索栏中输入要搜索的信息，单击后面的“搜索”按钮即可搜索到相关资料，如图 5-9 所示。

还可以通过登录微软中国官方网站寻求在线帮助，如图 5-10 所示。

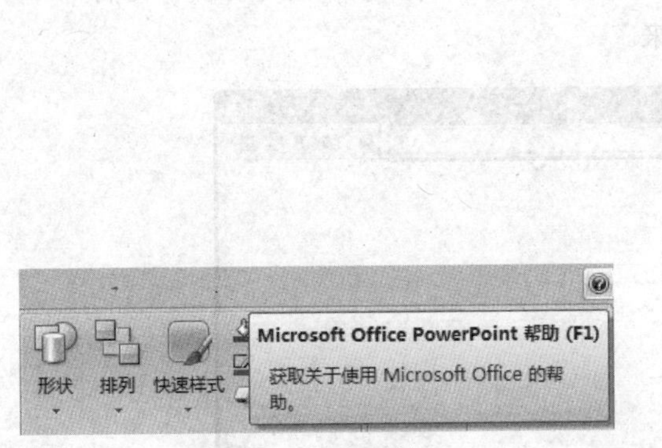

图 5-7 “帮助”按钮

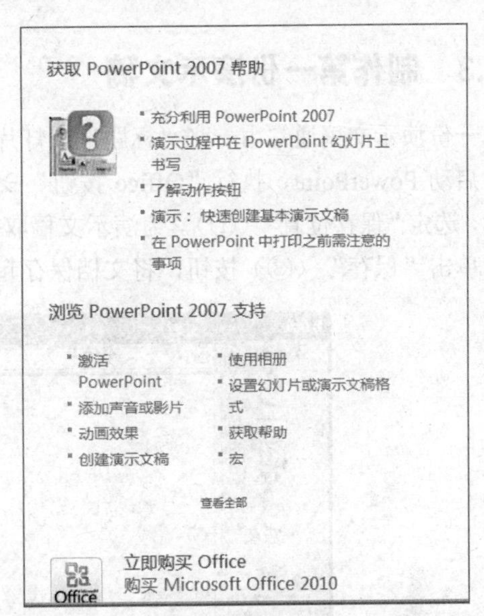

图 5-8 “帮助”窗口

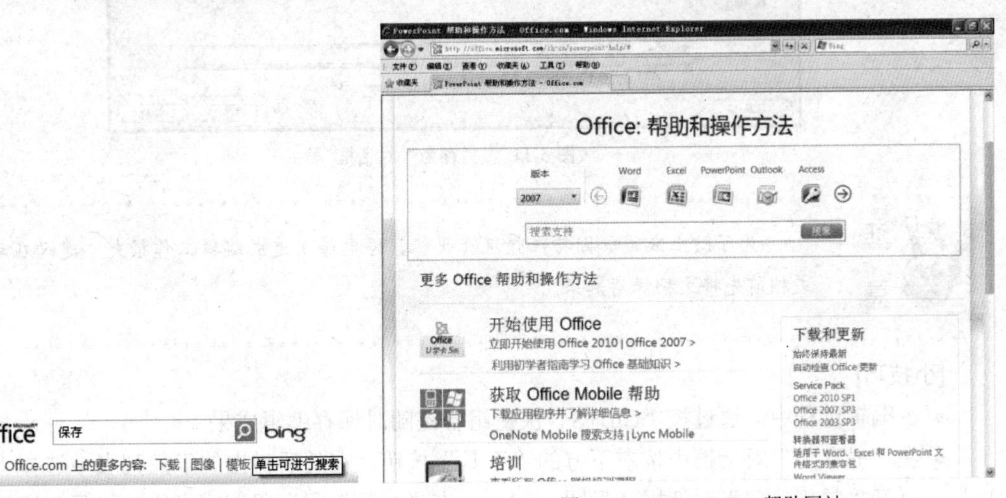

图 5-9 搜索选项

图 5-10 Office Online 帮助网站

帮助信息可为用户提供很大帮助，能够让使用者更容易地完成任务。

5.2.2 演示文稿的制作过程

演示文稿的制作，一般有以下几个步骤。

① 准备素材：主要是准备演示文稿中所需要的一些图片、声音、动画等文件。

② 确定方案：对演示文稿的整个构架做一个设计。

③ 初步制作：将文本、图片等对象输入或插入到相应的幻灯片中。

④ 装饰处理：设置幻灯片中相关对象的要素（包括字体、大小、动画等），对幻灯片进行装饰处理。

⑤ 预演播放：设置播放过程中的一些要素，然后播放查看效果，满意后正式输出播放。

5.2.3 制作第一份演示文稿

一份演示文稿通常由一张“标题”幻灯片和若干张“普通”幻灯片组成。

启动 PowerPoint，执行“Office 按钮”→“保存”命令，打开“另存为”对话框，如图 5-11 所示，选定“保存位置”（①），为演示文稿取一个便于理解的名称，如“第一份演示文稿”（②），然后单击“保存”（③）按钮，将文档保存起来。

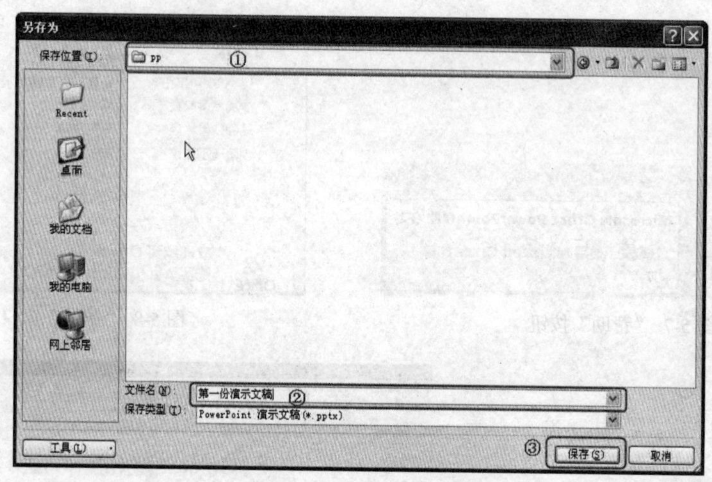

图 5-11 “另存为”对话框

为了防止或减少因特殊情况（死机、停电等）造成编辑工作损失，建议在动手编辑文档前先将文档保存起来。

[小技巧]

- 在编辑过程中，通过按“Ctrl+S”快捷组合键随时保存编辑成果。
- 在“另存为”对话框中按左下方的“工具”按钮，在随后弹出的下拉列表中选择“常规选项”，打开“常规选项”对话框（见图 5-12），在“打开权限密码”或“修改权限密码”中输入密码，确定返回，再保存文档，即可对演示文稿进行加密。

另外设置了“打开权限密码”，在打开相应的演示文稿时，需要输入正确的密码；设置了“修改权限密码”，可以打开浏览或演示相应的演示文稿，但是不能对其进行修改。两种密码可以设置为相同，也可以设置为不相同。

1．标题幻灯片的制作

① 启动 PowerPoint 以后，系统会自动为空白演示文稿新建一张“标题”幻灯片。

② 在工作区中单击“单击此处添加标题”文字，输入标题字符，如“走进 PowerPoint 2007”等，并选中输入的字符，利用“开始”功能区上的“字体”、“字号”、“字体颜色”按钮，设置好标题的相关要素，或是利用“格式”功能区中艺术字样式进行艺术字设置，用鼠标左键选择每一个需要设置的选项，设置好之后单击“确定”按钮进行保存。

③ 再单击“单击此处添加副标题”文字，输入副标题字符，如“第一份演示文稿”等，仿照上面的方法设置好副标题的相关要素。

④ 标题幻灯片制作制作完成，效果如图 5-13 所示。

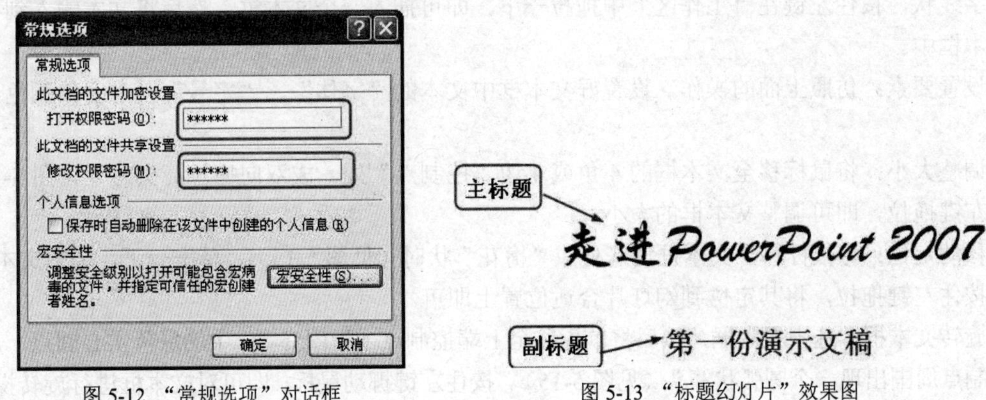

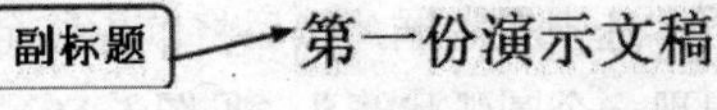

图 5-12 “常规选项”对话框　　图 5-13 “标题幻灯片”效果图

注意

在标题幻灯片中不输入“副标题”字符，并不影响标题幻灯片的演示效果。

[小技巧]

如果在演示文稿中还需要一张标题幻灯片，可以这样添加：执行“开始”→“新建幻灯片”命令，或直接按“Ctrl+M”快捷组合键，新建一个普通幻灯片，此时“编辑窗口”智能化地切换到“插入模式”，如图 5-14 所示，在“插入模式”下面选择一种插入类型即可。

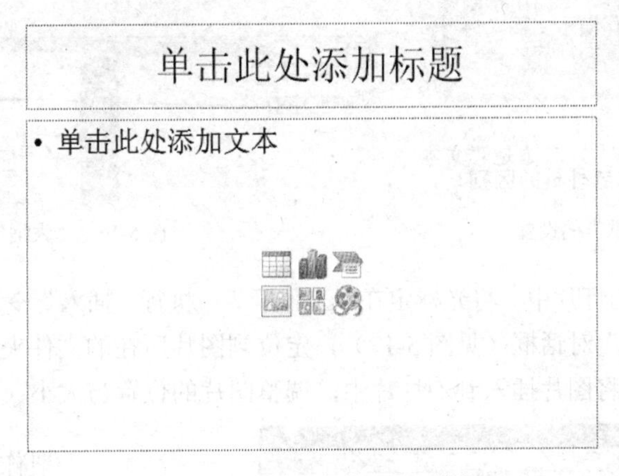

图 5-14 “新建幻灯片”插入模式

2．普通幻灯片的制作

① 在“开始功能区”新建幻灯片下单击下拉按钮，在 Office 主题内容所列的幻灯片样式中选择一种，例如这里选择“空白”样式。

[小技巧]

单击左侧的“大纲”区标签，切换到“幻灯片”标签下，然后按一下“Enter”键，或按“Ctrl+M”组合键，即可快速新建一张幻灯片。

② 将文本添加到幻灯片中。

输入文本：执行“插入”→“文本框”→“横排文本框 / 垂直文本框”命令，此时鼠标变成细十字线状，按住左键在“工作区”中拖拉一下，即可插入一个文本框，然后将文本输入到相应的文本框中。

设置要素：仿照上面的操作，设置好文本框中文本的“字体”、“字号”、“字体颜色”等要素。

调整大小：将鼠标移至文本框的 4 角或 4 边“控制点”处，成双向拖拉箭头时（见图 5-15）按住左键拖拉，即可调整文本框的大小。

移动定位：将鼠标移至文本框边缘处成“梅花”状时（见图 5-15），单击一下，选中文本框，然后按住左键拖拉，将其定位到幻灯片合适位置上即可。

旋转文本框：选中文本框，然后将鼠标移至上端控制点（见图 5-15 中的绿色实心圆点），此时控制点周围出现一个圆弧状箭头（见图 5-15），按住左键挪动鼠标，即可对文本框进行旋转操作。

[小技巧]

• 在按住 Alt 键的同时用鼠标拖拉文本框，或者在按住 Ctrl 键的同时，按动光标键，均可以实现对文本框的微量移动，达到精确定位的目的。

• 将光标定在左侧“大纲区”中，切换到“大纲”标签下，然后直接输入文本，则输入的文本会自动显示在幻灯片中（见图 5-16）。

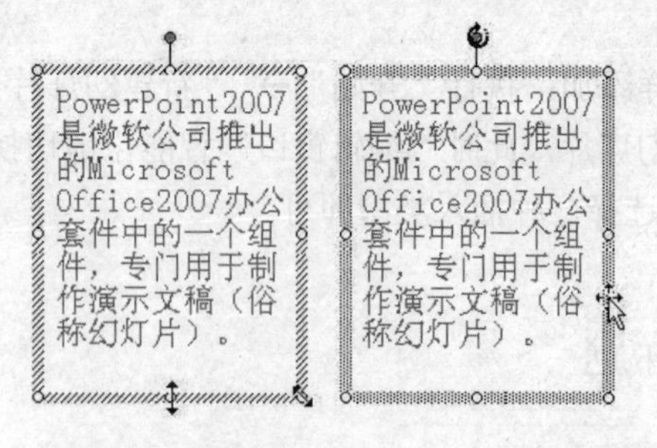

图 5-15 “文本框”的设置

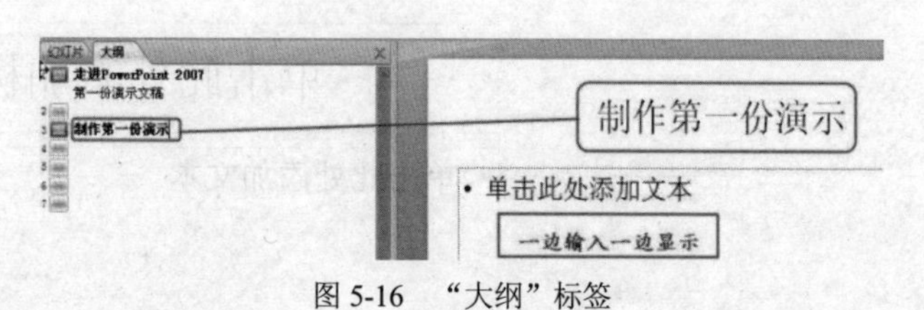

图 5-16 “大纲”标签

③ 将图片插入到幻灯片中。将光标定在“工作区”，执行“插入”→“图片”→“插入图片”命令，打开“插入图片”对话框（见图 5-17），定位到图片所在的文件夹，选中需要的图片，按下“插入”按钮，即可将图片插入到幻灯片中，调整图片的位置与大小（见图 5-18）。

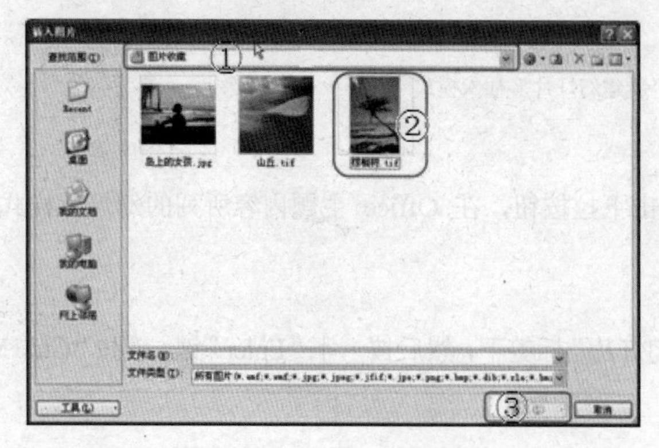

图 5-17 插入图片

图 5-18 图片插入后

④ 将艺术字插入到幻灯片中。将光标定在“编辑窗口”，执行“插入”→“艺术字”命令，如图 5-19 所示。

从中选择一种艺术字样式，会出现这种样式的提示信息，如图 5-20 所示。

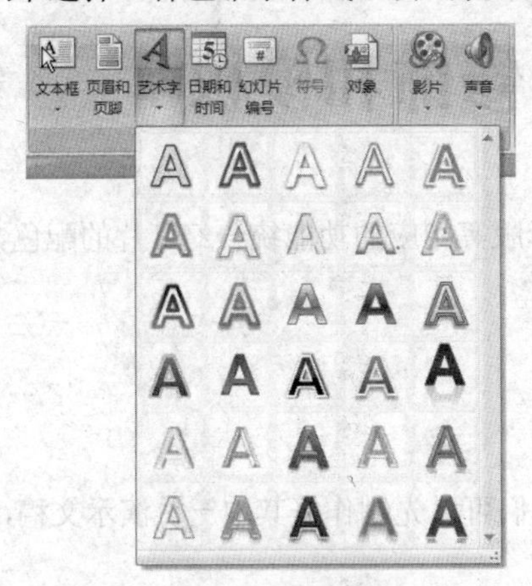

图 5-19 插入艺术字

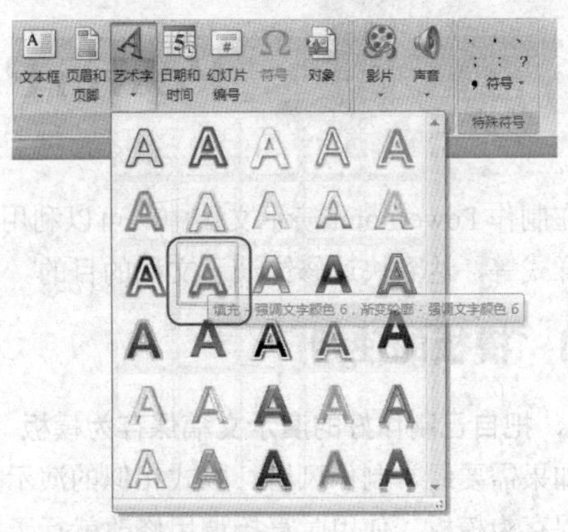

图 5-20 “艺术字”字库

单击选择的样式之后，编辑窗口会出现“请在此键入您自己的内容”对话文本，在“文字”区中输入要添加的艺术字，如图 5-21 所示。

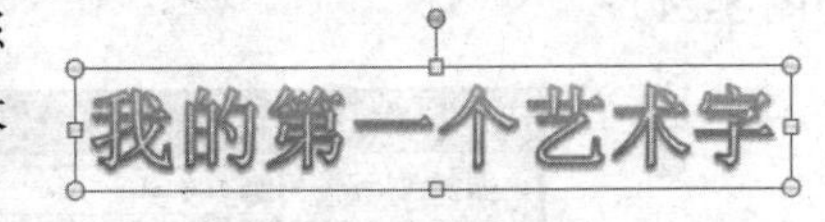

图 5-21 编辑“艺术字”文字输入区

对于艺术字的加工修改，可以单击“格式”功能区下“艺术字样式”右下角的设置按钮，出现艺术字“设置文本效果格式”对话窗口，在这个窗口里可以对艺术字进行填充、边框、样式、阴影、三维效果等方面的设置，如图 5-22 所示。

在上面的对话窗口里完成后续幻灯片艺术字的设置，然后保存，第一份演示文稿就制作完成了。

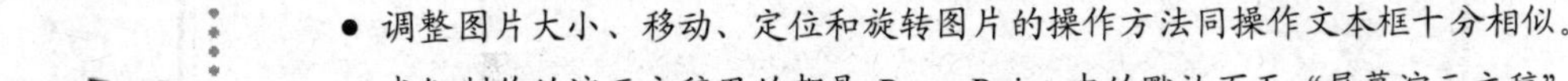

- 调整图片大小、移动、定位和旋转图片的操作方法同操作文本框十分相似。
- 我们制作的演示文稿用的都是 PowerPoint 中的默认页面“屏幕演示文稿”，如果想修改幻灯片的页面，执行“设计”功能区中的“页面设置”命令，在此对话框中可以设置幻灯片大小、宽度、高度、幻灯片编号起始值、幻灯片方向以及备注讲义和大纲的方向等，如图 5-23 所示。

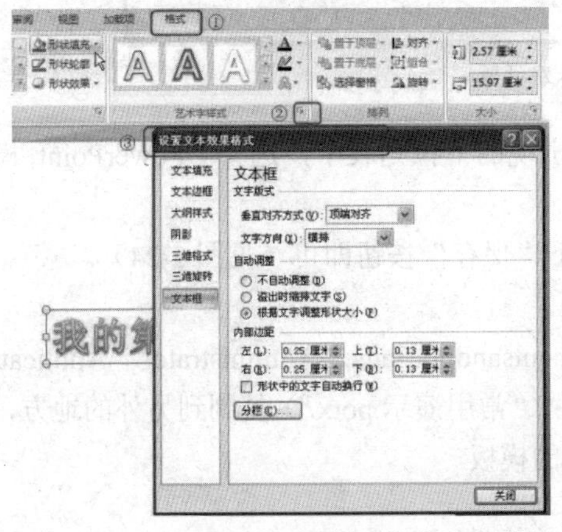

图 5-22 艺术字“设置文本效果格式”对话框

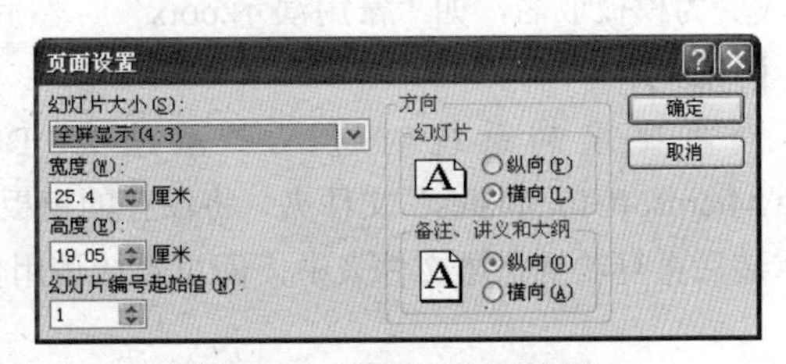

图 5-23 “页面设置”对话框

按要求将上述内容设置好之后，单击“确定”按钮，返回到幻灯片界面就可以继续制作演示文稿了。

5.3 PowerPoint 修饰和模板

在制作 PowerPoint 演示文稿中，可以利用模板、母版等相应的功能统一幻灯片的配色方案、排版样式等，达到快速修饰演示文稿的目的。

5.3.1 模板的使用

1. 把自己制作好的演示文稿保存为模板

如果需要经常制作风格、版式相似的演示文稿，我们可以先制作好其中一份演示文稿，然后将其保存为模板，使用时直接调用修改就行了。

① 制作好演示文稿后，执行“Office 按钮”→“另存为”命令，打开“另存为”对话框（见图 5-24）。

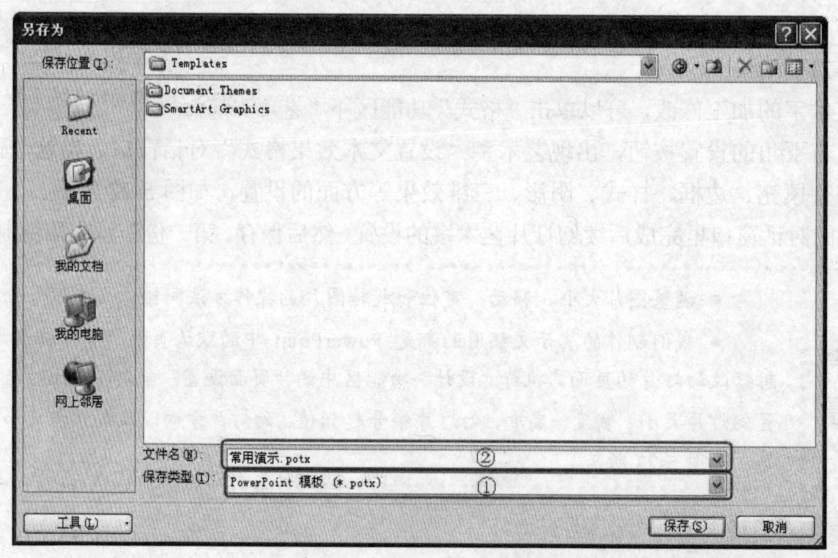

图 5-24 “另存为”对话框

② 单击“保存类型”右侧的下拉按钮，在随后出现的下拉列表中，选择“PowerPoint 模板（*.potx）”选项。

③ 为模板取名，如“常用演示.potx”，然后按下“保存”按钮即可（见图 5-24）。

[小技巧]

当需要重装系统时进入“系统盘:\DocumentsandSettings \Administrator \Application Data\Microsoft\Templates”文件夹，将保存的模板文件（“常用演示.potx”）复制到另外的地方，系统重装后再复制到上述文件夹中，即可直接使用保存的模板。

●上述操作是在 Windows XP 系统下进行的，其他系统请仿照操作。

● ApplicationData”文件夹是隐藏属性的，需要将其显示出来，才能对其进行操作。

●单击“保存类型”右侧的下拉按钮，在随后出现的下拉列表中选择“PowerPoint 模板（*.potx）”选项。

④ 为模板取名，如“常用演示.potx”，然后按下“保存”按钮即可（见图 5-24）。

2．模板的调用

① 启动 PowerPoint2007，执行“Office 按钮”→“新建”命令，展开“新建演示文稿”任务窗格（见图 5-25）。

② 单击其中的“我的模板”选项，打开“新建演示文稿”对话框（见图 5-26），选中需要的模板，单击“确定”按钮。

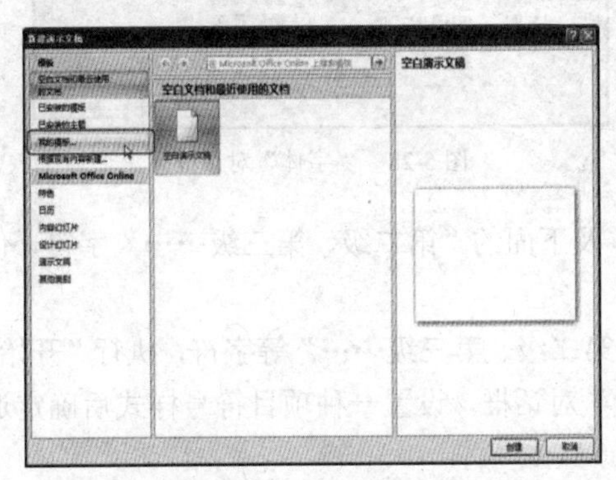

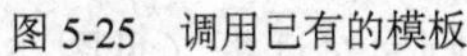

图 5-25 调用已有的模板

图 5-26 调用模板

③ 根据制作的演示的需要，对模板中相应的幻灯片进行修改设置后，保存一下，即可快速制作出与模板风格相似的演示文稿。

如果在“新建演示文稿”对话框中切换到“设计模板”或“演示文稿”标签下，可以选用系统自带的模板来设计制作演示文稿。

5.3.2 母版的使用

所谓“母版”就是一种特殊的幻灯片，它包含了幻灯片文本和页脚（如日期、时间和幻灯片编号）等占位符，这些占位符控制了幻灯片的字体、字号、颜色（包括背景色）、阴影和项目符号样式等版式要素。

母版通常包括幻灯片母版、标题母版、讲义母版、备注母版 4 种形式。下面我们来学习“幻灯片母版”和“标题母版”的建立和使用。

1．建立幻灯片母版

幻灯片母版通常用来统一整个演示文稿的幻灯片格式，一旦修改了幻灯片母版，则所有采用这一母版建立的幻灯片格式也随之发生改变，快速统一演示文稿的格式等要素。

① 启动 PowerPoint2007，新建或打开一个演示文稿。

② 执行“视图”→“幻灯片母版”命令，进入“幻灯片母版视图”状态，此时“幻灯片母

版”功能区工具条也随之被展开（见图 5-27）。

③ 右击“单击此处编辑母版标题样式”字符，在随后弹出的快捷菜单中勾选“字体”选项，打开“字体”对话框（见图 5-28），设置好相应的选项后单击“确定”返回。

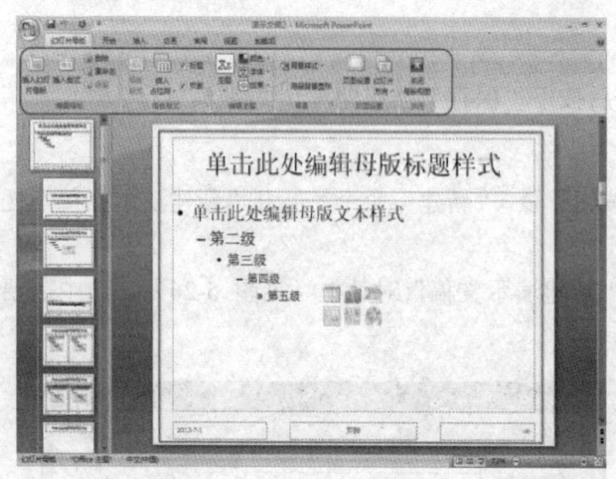

图 5-27 “幻灯片母版”视图

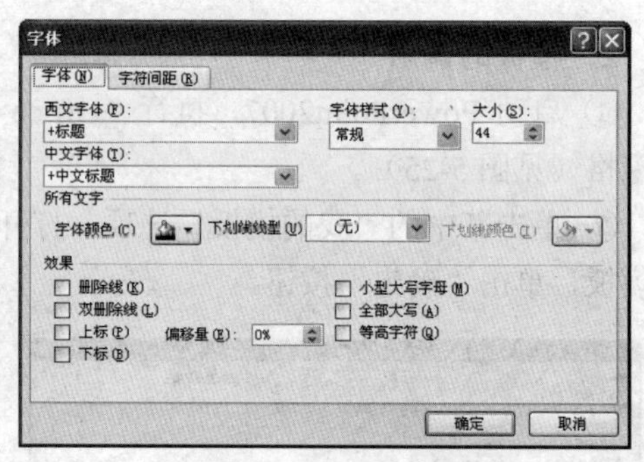

图 5-28 “字体”对话框

④ 然后分别右击“单击此处编辑母版文本样式”及下面的“第二级、第三级……”字符，仿照上面第③步的操作设置好相关格式。

⑤ 分别选中“单击此处编辑母版文本样式”、“第二级、第三级……”等字符，执行“开始”→“项目符号 / 编号”命令，打开“项目符号和编号”对话框，设置一种项目符号样式后确定退出，即可为相应的内容设置不同的项目符号样式。

⑥ 执行“插入”→“页眉和页脚”命令，打开“页眉和页脚”对话框（见图 5-29），切换到“幻灯片”标签下，即可对日期区、页脚区、数字区进行格式化设置。

⑦ 执行“插入”→“图片”命令，打开“插入图片”对话框，定位到事先准备好的图片所在的文件夹中，选中该图片将其插入到母版中，并定位到合适的位置上。

⑧ 全部修改完成后，单击“幻灯片母版”功能区上的“重命名”按钮，打开“重命名模板”对话框（见图 5-30），输入一个名称（如“演示母版”）后，单击“重命名”按钮返回。

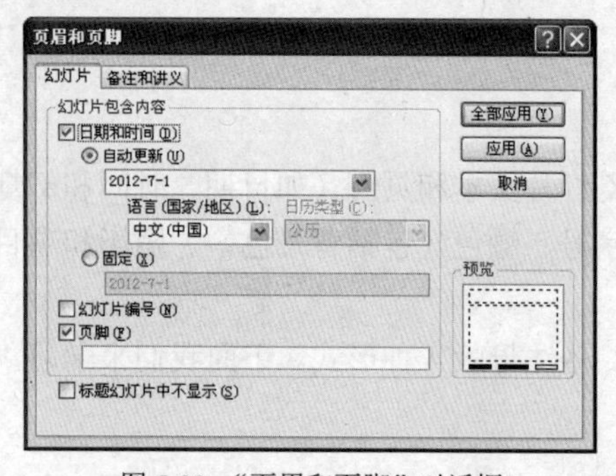

图 5-29 “页眉和页脚”对话框

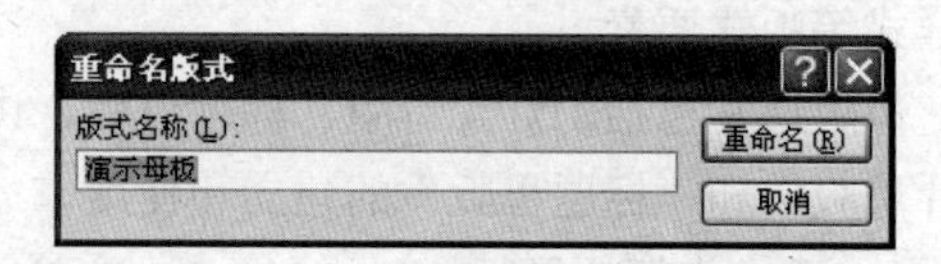

图 5-30 “重命名母版”对话框

⑨ 单击“幻灯片母版”功能区上的“关闭模板视图”按钮退出，“幻灯片母版”制作完成。

2. 建立标题母版

前面提到演示文稿中的第一张幻灯片通常使用“标题幻灯片”版式。现在我们就为这张相对独立的幻灯片建立一个“标题母版”，用以突出显示演示文稿的标题。

① 在“幻灯片母版视图”状态下按“幻灯片母版”功能区上的“插入版式”按钮，进入“母版编辑”状态（见图 5-31）。

② 仿照上面“建立幻灯片母版”的相关操作，设置好“标题母版”的相关格式。

③ 设置完成后，退出“幻灯片母版视图”状态即可。

母版修改完成后，如果是新建文稿，请仿照上面的操作，将当前演示文稿保存为模板（“演示母版.potx”），供以后建立演示文稿时调用，如果是打开的已经制作好的演示文稿，则可以仿照下面的操作，将其应用到相关的幻灯片上。

[小技巧]

如果想为某一个演示文稿使用多个不同的母版，可以在“幻灯片母版视图”状态下，单击功能区上的“插入幻灯片母版”按钮，新建母版，此时，大纲区又增加了一组母版缩略图，如图 5-32 所示，并仿照上面的操作进行编辑修改，进行“重命名”，如“演示母版之二”等。

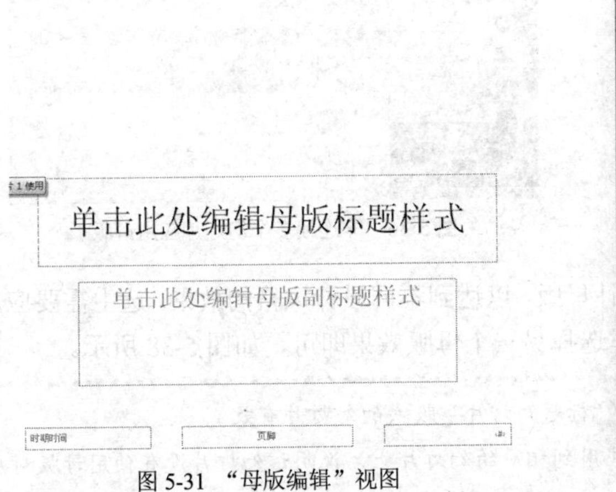

图 5-31 “母版编辑”视图

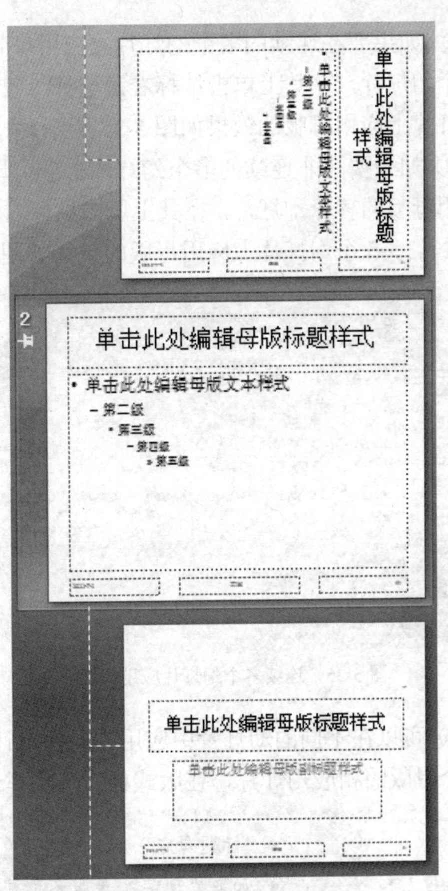

图 5-32 幻灯片母版大纲区

3. PPT 母版的应用

PPT 母版建立好了以后，就可以将其应用到演示文稿上。

① 启动 PowerPoint 2007，新建或打开某个演示文稿，并执行“开始”→“版式”命令，展开“母版列表窗口”（见图 5-33）。

② 在母版列表窗口选择任意一种母版类型，所选中的幻灯片即为应用该母版的效果（见图 5-34）。

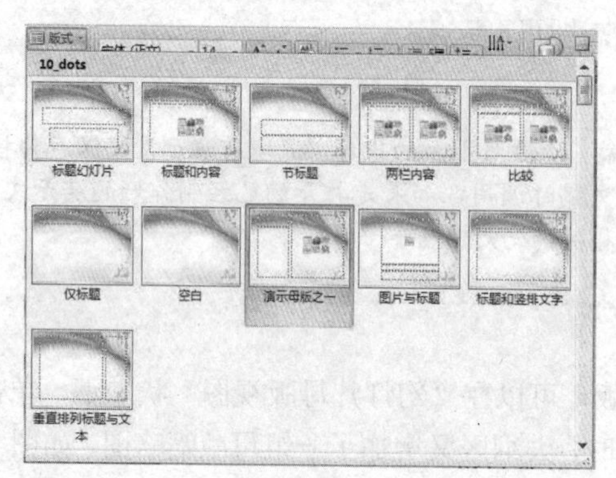

图 5-33 母版列表窗口

修饰演示文稿
• 模板的使用
–把自己制作好的演示文稿保存为模板
–模板的调用
• 母版的使用
–建立幻灯片母版
–建立标题母版
–母版的应用

图 5-34 母版应用效果

③ 如果要在连续的多个幻灯片上应用母版，则应在“幻灯片视图”中按住“shift”键单击首尾两个幻灯片，在其上单击鼠标右键选择“版式”选项，选择所需要的母版应用即可，在第 2～4 个幻灯片上应用母版的效果如图 5-35 所示。

④ 如果要在非连续的多个幻灯片上应用母版，则应在“幻灯片视图”中按住“Ctrl”键单击要应用母版的各个幻灯片，在其上单击鼠标右键选择“版式”选项，选择所需要的母版应用即可，在第 1、3、5 个幻灯片上应用母版的效果如图 5-36 所示。

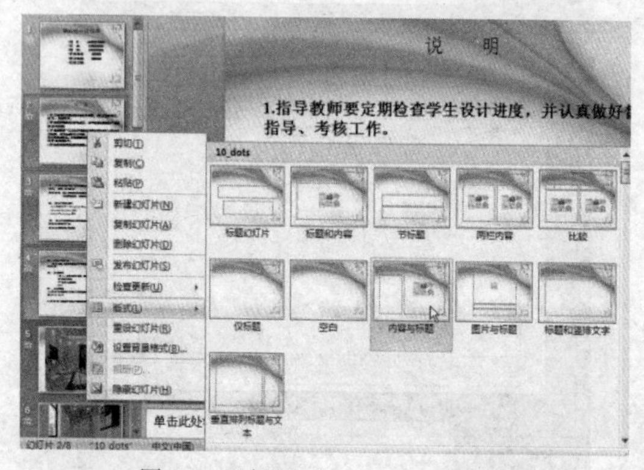

图 5-35 连续多个幻灯片应用母版

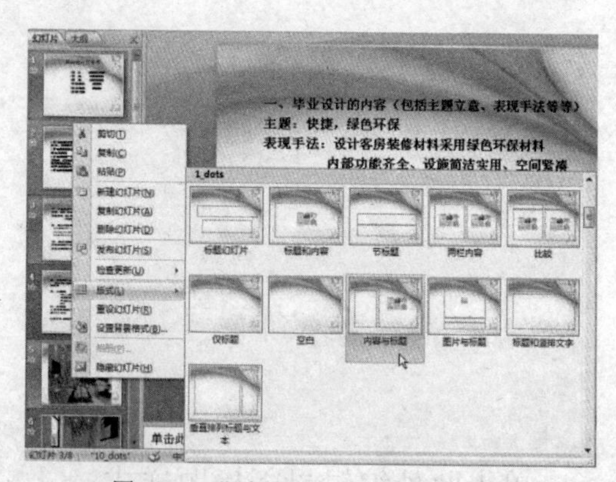

图 5-36 非连续多个幻灯片应用母版

⑤ 可以在不同的幻灯片中应用不同的设计母版，以达到不同设计风格的效果。选中需要应用第二个母版的相应幻灯片，在版式样式选项里选择另一个母版效果即可，如图 5-38 所示。

● “标题母版”只对使用了“标题幻灯片”版式的幻灯片有效。

● 如果发现某个母版不能应用到相应的幻灯片上，说明该幻灯片没有使用母版对应的版式，请修改版式后重新应用。

● 如果对应用的母版的格式不满意，可以仿照上面建立母版的操作对母版进行修改，或者直接手动修改相应的幻灯片来美化和修饰演示文稿。

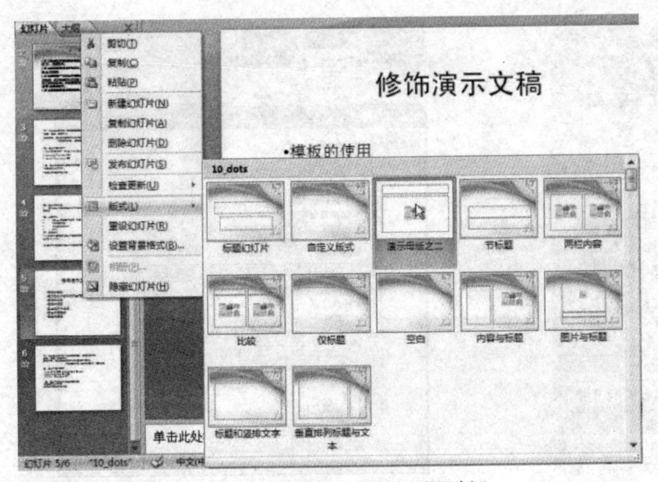

图 5-37 选择另一个“幻灯片母版”

修饰演示文稿

• 模板的使用
  ➢把自己制作好的演示文稿保存为模板
  ➢模板的调用
• 母版的使用
  ➢建立幻灯片母版
  ➢建立标题母版
  ➢母版的应用

图 5-38 应用“幻灯片模板”效果

5.3.3 设计主题的使用

通过设计主题可以将色彩单调的幻灯片重新修饰一番。

① 在“设计”功能区中单击其中的“主题方案”右下角设置选项，展开内置的主题方案，如图 5-39 所示。

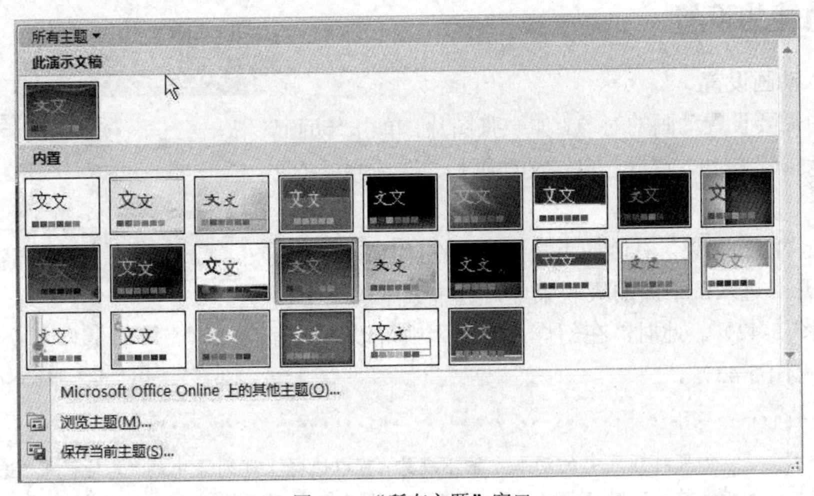

图 5-39 “所有主题”窗口

② 选中一组应用了某个母版的幻灯片中任意一张，单击相应的主题方案，即可将该主题方案应用于此组幻灯片，效果如图 5-40 所示。

注意

如果对内置的某种配色方案不满意，可以对其进行修改。选中相应的配色方案，单击“颜色”、“字体”、“效果”、“背景样式”右下角的下拉按钮，按照需要选择相应的选项，或者单击“背景”右下角的设置按钮，打开“设置背景格式”对话窗口重新编辑“填充”和“图片”样式，然后单击“全部应用”即可，如图 5-41 所示。

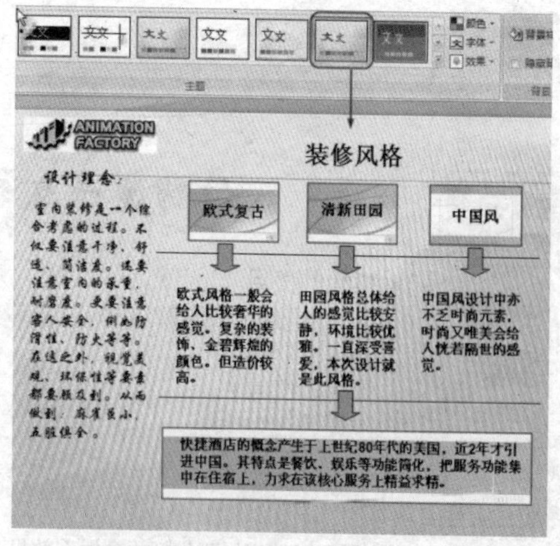

图 5-40 应用主题方案的效果

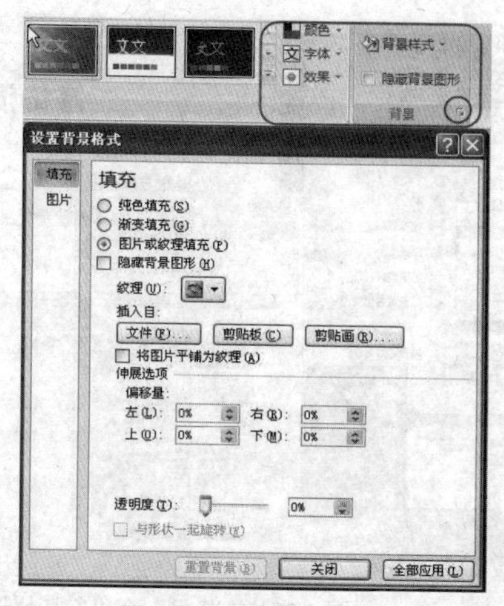

图 5-41 编辑主题方案

5.4 PowerPoint 插入多媒体

5.4.1 动画的设置

1．进入动画设置

① 选中需要设置动画的对象，如一张图片，单击“动画”→“自定义动画”按钮，展开“自定义动画片”选项面板（见图 5-42）。

② 单击“添加效果”右侧的下拉按钮，在随后出现的下拉列表中展开“进入”下面的级联菜单，选中其中的某个动画方案（见图 5-42）。此时，在幻灯片编辑区中可以预览动画的效果（见图 5-43）。

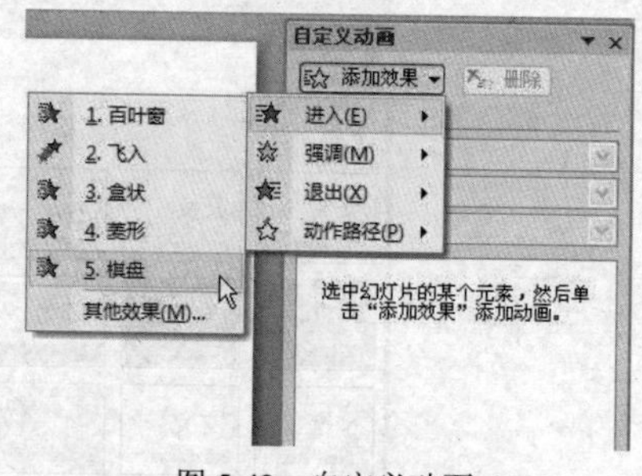

图 5-42 自定义动画

如果对列表中的动画方案不满意，可以选择上述列表中的“其他效果”选项，打开“添加进入效果”对话框（见图 5-44），选择合适的动画方案，确定返回即可。

2．退出动画的设置

如果我们希望某个对象在演示过程中退出幻灯片，就可以通过设置“退出动画”效果来实现。

选中需要设置动画的对象，仿照上面“进入动画”的设置操作，为对象设置退出动画。

如果用户对设置的动画方案不满意，可以在任务窗格中选中不满意的动画方案，然后单击下拉菜单中的“删除”按钮即可。

图 5-43 “棋盘”动画设置效果

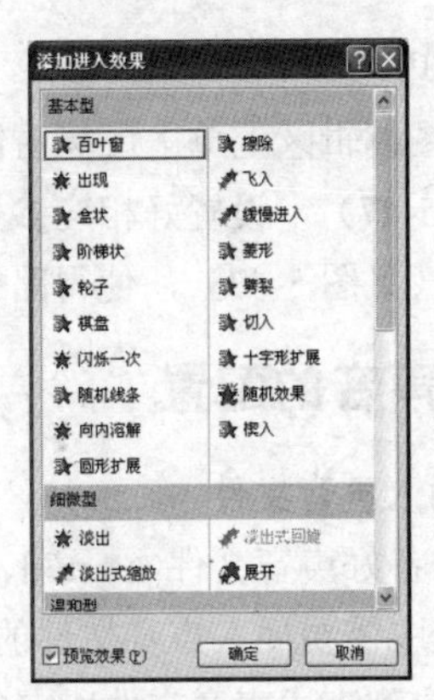

图 5-44 “添加进入效果”动画选择对话框

3. 自定义动画路径

如果用户对系统内置的动画路径不满意，可以自定义动画路径。

① 选中需要设置动画的对象，如一张图片，单击“添加效果”右侧的下拉按钮，依次展开“动作路径、绘制自定义路径”下面的级联菜单，选中其中的某个选项，如“曲线”，如图 5-45 所示。

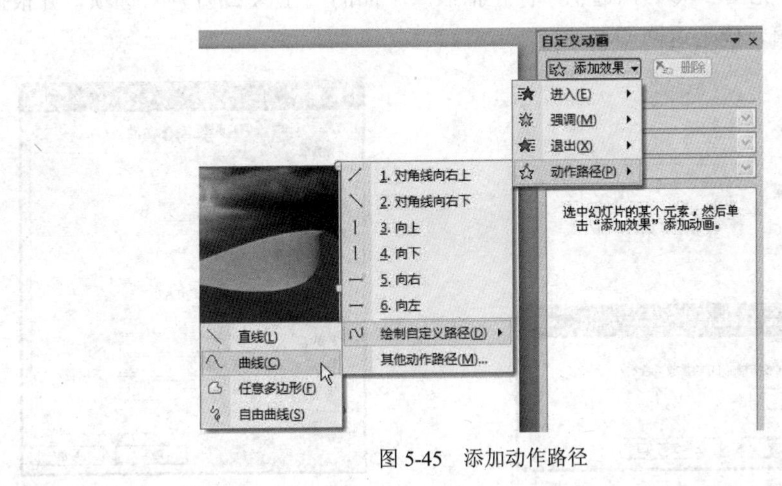

图 5-45 添加动作路径

② 此时，鼠标变成细十字线状（见图 5-46），根据需要在工作区中描绘，在需要变换方向的地方单击一下鼠标。

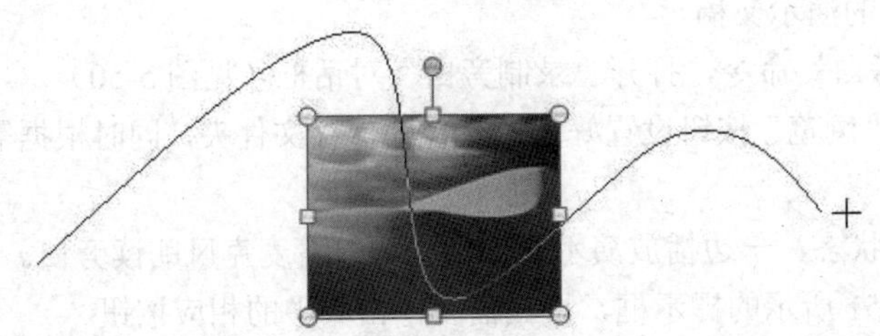

图 5-46 绘制动作路径

图 5-47 “网格线和参考线”对话框

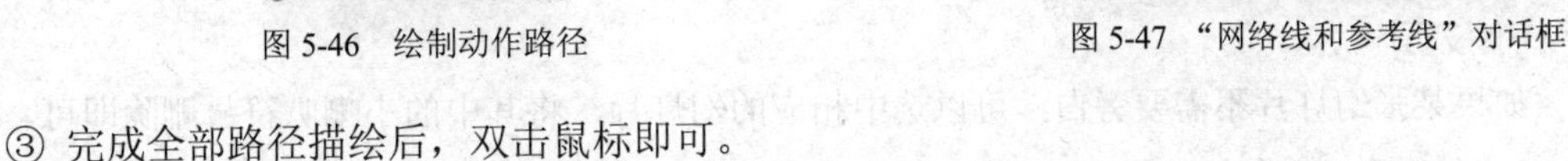

③ 完成全部路径描绘后，双击鼠标即可。

[小技巧]

在视图编辑区上单击鼠标右键，选择“网格和参考线”命令，打开“网格线和参考线”对话框（见图 5-47），设置好相应参数，并选中“屏幕上显示网格”选项，确定返回，在工作区上添加上网格（见图 5-47），使得路径描绘更加准确。

5.4.2 声音的配置

1．插入声音文件

① 准备好声音文件（*.mid、*.wav 等格式）。

② 选中需要插入声音文件的幻灯片，单击“插入”→“声音”按钮，打开“插入声音”对话框，定位到上述声音文件所在的文件夹，选中相应的声音文件，确定返回。

③ 此时，系统会弹出如图 5-48 所示的提示框，根据需要单击相应的按钮，即可将声音文件插入到幻灯片中（幻灯片中显示出一个小喇叭符号）。

[小技巧]

如果想让上述插入的声音文件在多张幻灯片中连续播放，可以这样设置：在第一张幻灯片中插入声音文件，选中小喇叭符号，在“自定义动画”任务窗格中双击相应的声音文件对象，打开“播放声音”对话框（见图 5-49），选中“停止播放”下面的“在 X 幻灯片”选项，并根据需要设置好其中的“X”值，确定返回即可。

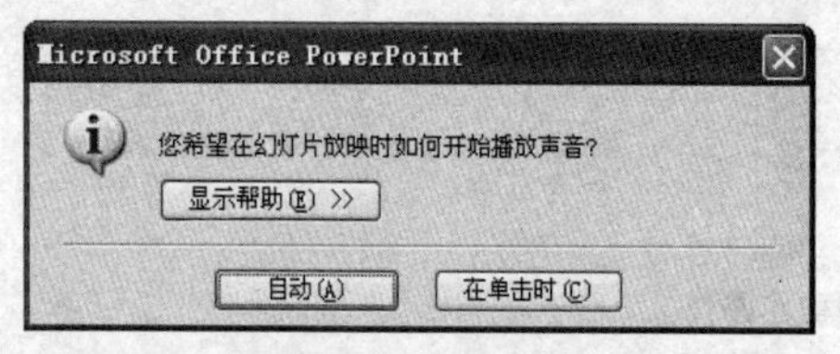

图 5-48 “如何开始播放声音”设置对话框

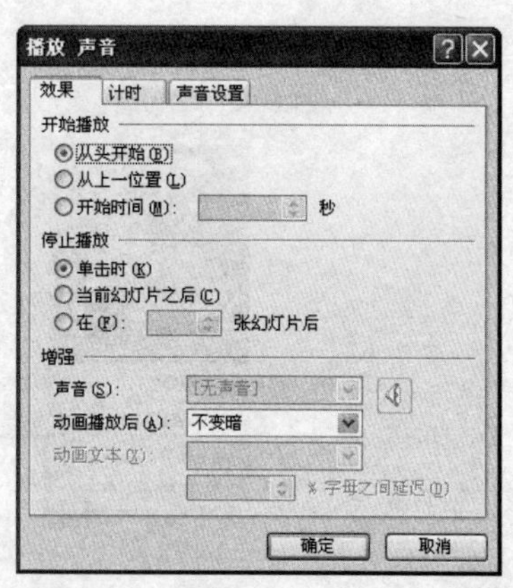

图 5-49 “播放声音”设置对话框

2．为幻灯片配音

① 在电脑上安装并设置好麦克风。

② 启动 PowerPoint 2007，打开相应的演示文稿。

③ 执行“幻灯片放映”→“录制旁白”命令，打开“录制旁白”对话框（见图 5-50）。

④ 选中“链接旁白”选项，并通过“浏览”按钮设置好旁白文件的保存文件夹，同时根据需要设置好其他选项。

⑤ 单击确定按钮，进入幻灯片放映状态，一边播放演示文稿，一边对着麦克风朗读旁白。

⑥ 播放结束后，系统会弹出如图 5-51 所示的提示框，根据需要单击其中的相应按钮。

[小技巧]

如果某张幻灯片不需要旁白，可以选中相应的幻灯片，将其中的小喇叭符号删除即可。

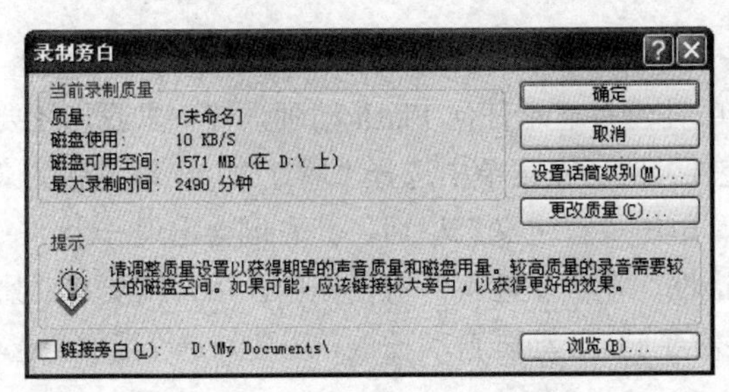

图 5-50 “录制旁白”对话框

图 5-51 保存旁白

5.4.3 添加影片

1. 插入视频文件

准备好视频文件，选中相应的幻灯片，单击“插入”→“影片”按钮，然后仿照上面“插入声音文件”的操作，将视频文件插入到幻灯片中。

2. 添加 Flash 动画

（1）开启“开发工具”选项卡

默认情况下，在 PowerPoint 2007 现有菜单中是无法找到“控件工具箱”这个工具的，要想调用它，还需进行一番设置。用鼠标单击 PowerPoint 2007 主界面左上角的“Microsoft Office 按钮”，然后单击“PowerPoint 选项”,在“常用”中找到“PowerPoint 首选使用选项”，选中“在功能区显示‘开发工具’选项卡”复选框，单击“确定”按钮完成，如图 5-52 所示。

（2）插入 Flash 控件

现在 PowerPoint 2007 主界面功能区中就增加了一个“开发工具”选项卡，Office 2007 有关宏、调用外部应用程序的操作均归类在“开发工具”中，我们在任意 Office 组件中开启了“开发工具”选项卡，因此在其他 Office 组件，如 Word、Excel 中也能都找到它了。

单击“开发工具”选项卡，在其中的“控件”组中，单击“其他控件”按钮，进入“其他控件”对话框，在控件列表中选择“Shockwave Flash Object”对象（控件列表内容很多，用户可以按“s”键，快速定位控件），单击“确定”按钮完成，如图 5-53 所示。

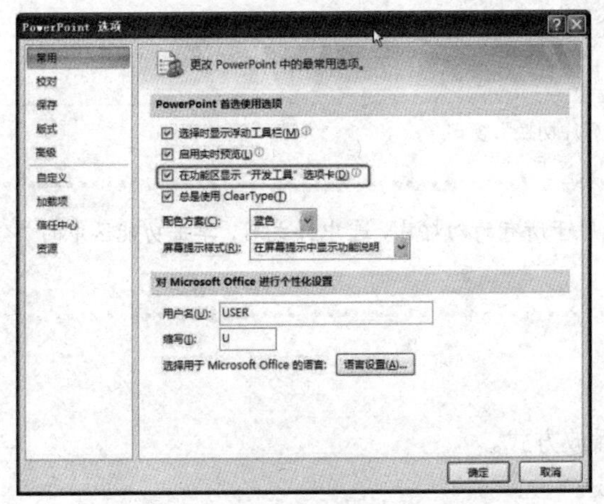

图 5-52 使用“开发工具”选项卡

图 5-53 选择 Flash 控件

（3）进行 Flash 参数设置

现在虽然控件被插入了，但是 PowerPoint 中并没有显示任何 Flash 动画，接下来我们还要进行 Flash 参数设置。用鼠标右键单击刚插入的控件，然后在菜单中选择“属性”，出现了新的“属性”对话框，用鼠标单击其中的“自定义”栏。单击“自定义”栏后，其右侧会出现一个“…”按钮，单击该按钮，进入中文的“属性页”对话框，在“属性页”对话框中，用户需要在“影片 URL”中键入 Flash 动画的完整本地路径，如果需要 Flash 动画自动播放，还要勾选“播放”选项。

5.5 PowerPoint 播放技巧

5.5.1 设置幻灯片切换方式

启动 PowerPoint 2007，打开相应的演示文稿，选择“动画”→“切换到此幻灯片”中的切换选项，或者是单击右下角的“设置”按钮，然后选中一种幻灯片切换样式（如“随机”）即可，如图 5-54 所示。

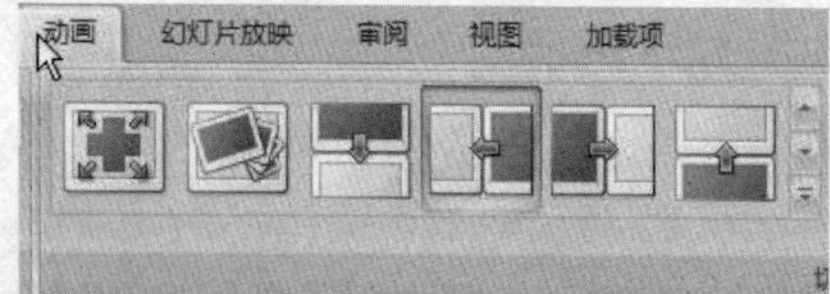

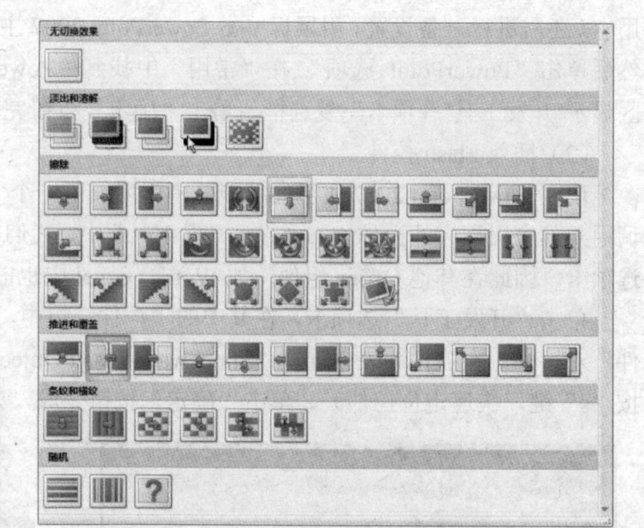

图 5-54 “幻灯片切换”窗口

如果需要将所选中的切换样式用于所有的幻灯片，选中样式后，单击功能区中的“全部应用”按钮即可。

5.5.2 设置适当的播放方式

根据演示文稿的播放形式可以设置不同的播放方式。

1. 自动播放文稿

演示文稿大多数情况下是由演示者手动操作进行播放的，如果想让其自动播放，需要进行排练计时。

① 启动 PowerPoint 2007，打开相应的演示文稿，执行“幻灯片放映”→“排练计时”命令，进入“排练计时”状态。

② 此时，单张幻灯片放映所耗用的时间和文稿放映所耗用的总时间显示在“预演”对话框中（见图 5-55）。

③ 手动播放一遍文稿，并利用“预演”对话框中的“暂停”和“重复”等按钮控制排练计时过程，以获得最佳的播放时间。

④ 播放结束后，系统会弹出一个提示是否保存计时结果的对话框（见图 5-56），单击其中的“是”按钮即可。

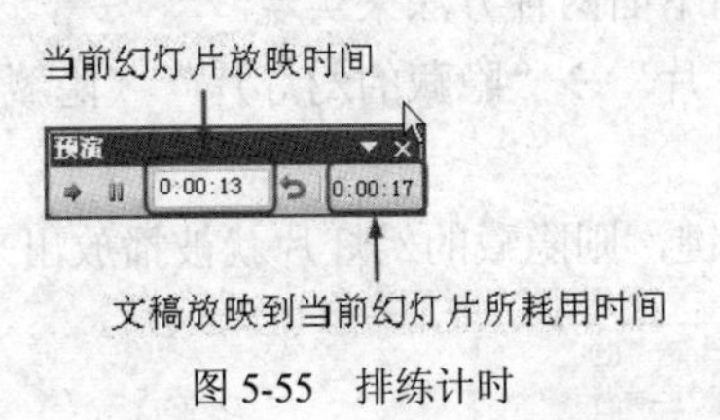

图 5-55 排练计时

图 5-56 保存排练时间

注意

• 在前面学习“录制旁白”时，系统也出现了一个相似的提示框，如果选择其中的“是（Y）”按钮，同样可以保存放映时间。

• 进行了排练计时后，如果播放时需要手动进行，可以这样设置：单击“幻灯片放映”→“设置幻灯片放映”按钮，打开“设置放映方式”对话框（见图 5-57），选中其中的“手动”选项，确定退出就行了。

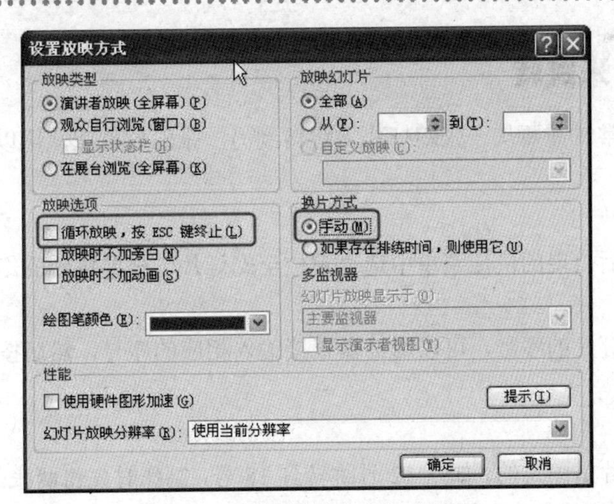

图 5-57 “设置放映方式”对话框

2．循环放映文稿

如果在公共场所播放文稿，通常需要设置成循环播放的方式。

进行了排练计时操作后，打开“设置放映方式”对话框（见图 5-57），选中“循环放映，按 ESC 键终止”和“如果存在排练时间，则使用它”两个选项，确定退出。

3．隐藏部分幻灯片

如果文稿中某些幻灯片只提供给特定的对象，我们不妨先将其隐藏起来。

① 执行“视图”→“幻灯片浏览”命令，切换到“幻灯片浏览”视图状态下。

② 选中需要隐藏的幻灯片，右击鼠标，在随后弹出的快捷菜单中选“隐藏幻灯片”选项，此时该幻灯片序号处出现一个斜杠，如图 5-58 所示，在一般播放时，该幻灯片不能显示出来。

如果再执行一次这个命令，则取消隐藏。

[小技巧]

在进行放映时，如果要让隐藏的幻灯片播放出来，可用下面两种方法来实现。

- 右击鼠标，在随后出现的快捷菜单中选“定位至幻灯片”→“隐藏的幻灯片”（隐藏的幻灯片序号有一个括号，见图 5-59）即可。
- 在播放到隐藏幻灯片前面一张幻灯片时，按下“H”键，则隐藏的幻灯片就被播放出来。

图 5-58 隐藏幻灯片

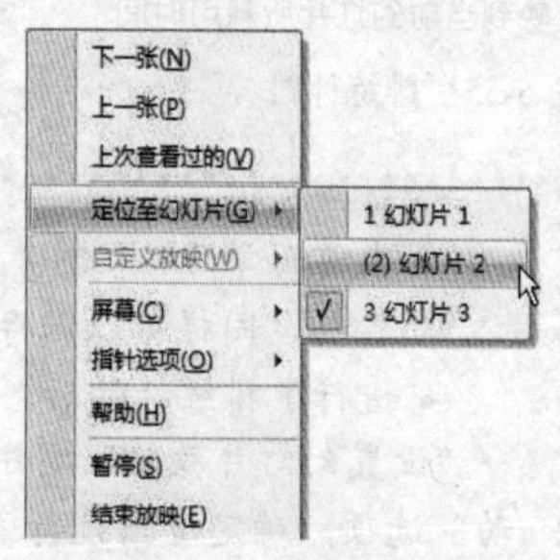

图 5-59 显示隐藏的幻灯片

5.5.3 轻轻松松来跳转

在放映文稿时，常常需要从一张幻灯片上跳转到另一张幻灯片上，可以根据需要，选择下面的方法来实现。

1. 定位法

右击鼠标，在随后出现的快捷菜单中选“定位至幻灯片”→要跳转的幻灯片即可。

2. 序号法

如果知道跳转幻灯片的序号，可以用键盘直接输入相应的序号，然后按下“Enter”键即可跳转过去。

3. 链接法

如果跳转的幻灯片是固定的，如从 12 号跳转到 18 号，制作时先将两张幻灯片超级链接起来，即选中 12 号幻灯片中的某个任意对象（图片、文本框，或者插入一个图形等），单击鼠标右键，选择超链接命令（或直接按“Ctrl+K”组合键），打开“插入超链接”对话框（见图 5-60），在右侧选中“本文档中的位置”选项，然后在中间选中 18 号幻灯片（见图 5-60），确定返回。

以后播放到 12 号幻灯片时，如果要跳转到 18 号幻灯片上，只要单击一下前面选中的对象就行了。

仿照上面的操作，将 18 号幻灯片与 12 或 13 号幻灯片链接起来，即可快速跳转回来。

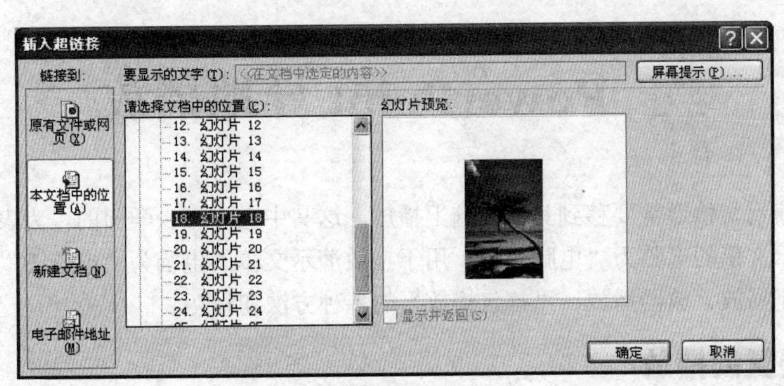

图 5-60 插入超链接

5.5.4 放映技巧

1. 及时指出文稿重点

在放映过程中，我们可以在文稿中画出相应的重点内容。在放映过程中，右击鼠标，在随后出现的快捷菜单中选择“指针选项”→“圆珠笔”选项，此时，鼠标变成一支“圆珠笔”，可以在屏幕上随意绘画（见图 5-61）。

• 演示文稿的制作过程
• 制作第一份演示文稿
➢标题幻灯片的制作:
➢普通幻灯片的制作:

图 5-61 画笔的效果

可以通过选择快捷菜单中的“指针选项”→“墨迹颜色”→“颜色”选项，如图 5-62 所示，来指定画笔的颜色（默认为红色）。

2. 用好快捷键

在文稿放映过程中按“B”或“.”使屏幕暂时变黑（再按一次恢复），按“W”或“,”使屏幕暂时变白（再按一次恢复），按“E”清除屏幕上的画笔痕迹，按“Ctrl+P”组合键切换到“画笔”（按“ESC”键取消），按“Ctrl+H”组合键隐藏屏幕上的指针和按钮，同时按住左、右键 2 秒钟，快速回到第 1 张幻灯片上。

[小技巧]

在文稿放映过程中，按下 F1 功能键，上述快捷键即刻显示在屏幕上（见图 5-63）。

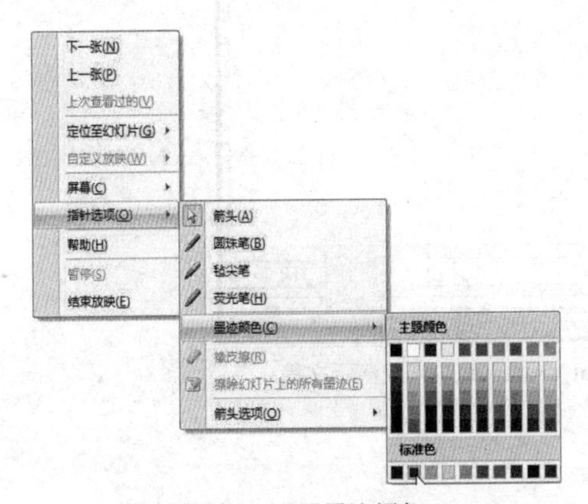

图 5-62 设置墨迹颜色

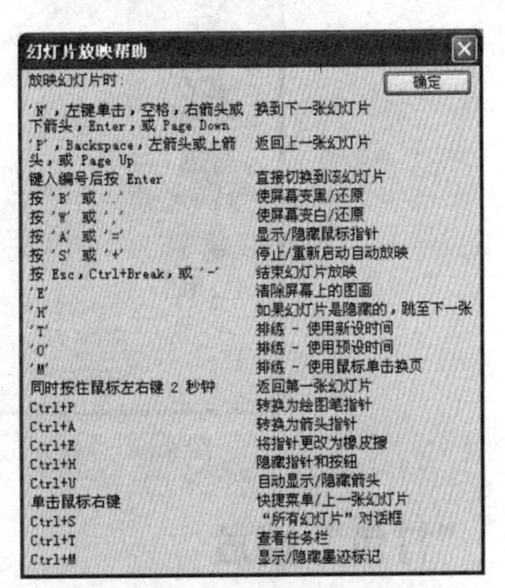

图 5-63 幻灯片放映帮助

5.6 PowerPoint 异地播放

制作好的演示文稿通常要移到其他电脑上播放，这其中也有不少学问的。为表达方便，我们称用于制作演示文稿的电脑为“电脑 A”，用于播放演示文稿的电脑为“电脑 B”。这里我们分别介绍直接复制播放、放器播放、“打包播放”的各种方法和技巧。

5.6.1 直接复制播放

如果“电脑 B”上安装了 PowerPoint 2007，操作就简单了。将制作好的演示文稿直接拷贝到“电脑 B”中，双击打开，或者启动 PowerPoint 2007，然后将其打开，执行“幻灯片放映”→“观看放映”命令即可。

[小技巧]

- 打开了演示文稿后按下 F5 功能键，也可以快速进入播放状态。
- 将演示文稿“另存为”PowerPoint 放映格式（*.pps），双击相应的文件，即可直接进入播放状态。

5.6.2 用播放器播放

如果“电脑 B”上没有安装 PowerPoint 2007，我们可以通过安装播放器 Microsoft PowerPoint Viewer 2007，来播放演示文稿。

下载 Microsoft PowerPoint Viewer 2007 并安装后，启动软件，进入程序窗口（见图 5-64），单击“查找范围”右侧的下拉按钮，定位到演示文稿所在的文件夹，选中相应的演示文稿，然后单击“显示”按钮即可播放相应的显示文稿。

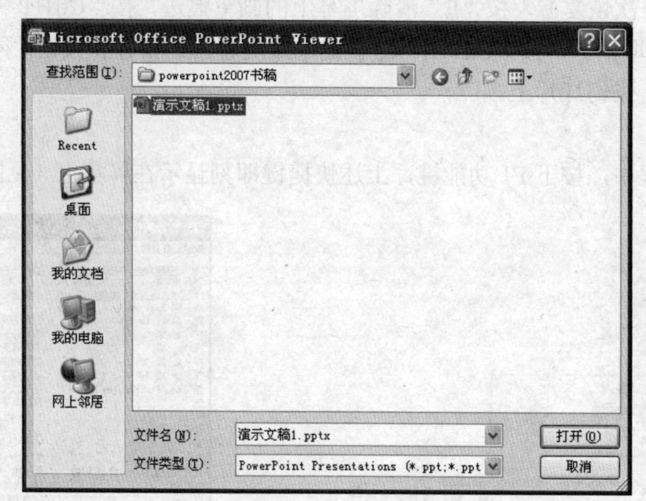

图 5-64 Microsoft PowerPoint Viewer 2007 查找演示文稿

5.6.3 “打包”播放

如果“电脑 B”中既没有安装 PowerPoint 2007，又没有安装播放器，我们可以在“电脑 A”

上将演示文稿的播放器一并打包，然后拷贝到“电脑 B”中解压播放。

① 在“电脑 A”上启动 PowerPoint 2007，打开相应的演示文稿。

② 执行“Office 按钮”→“发布”→“CD 数据包”命令，启动“打包成 CD”对话框（见图 5-65）。

③ 单击“添加文件”按钮，进入“添加文件”界面（见图 5-66）。

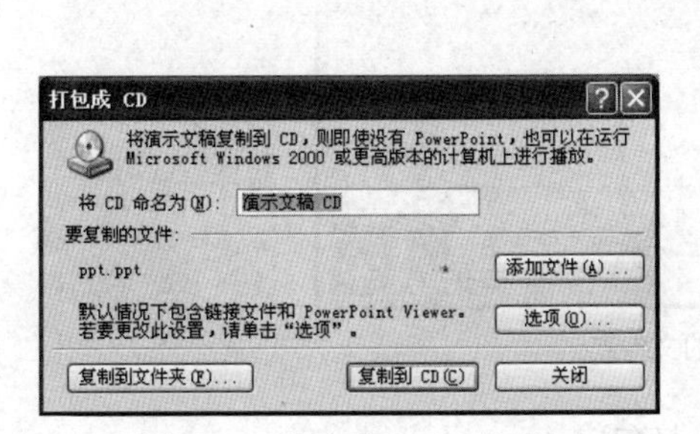

图 5-65 “打包成 CD”对话框

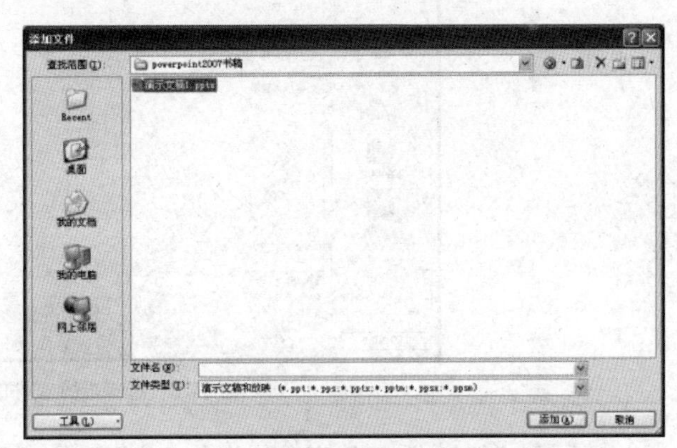

图 5-66 “添加文件”对话框

④ 选中“选项”按钮，可以进入选项对话框（见图 5-67）。

选中“链接的文件”选项，可以将链接的文件一并打包，选中“嵌入的 TrueType 字体”选项后，若“电脑 B”中无“电脑 A”中的相关字体，演示文稿也能保持原有字体播放出来。

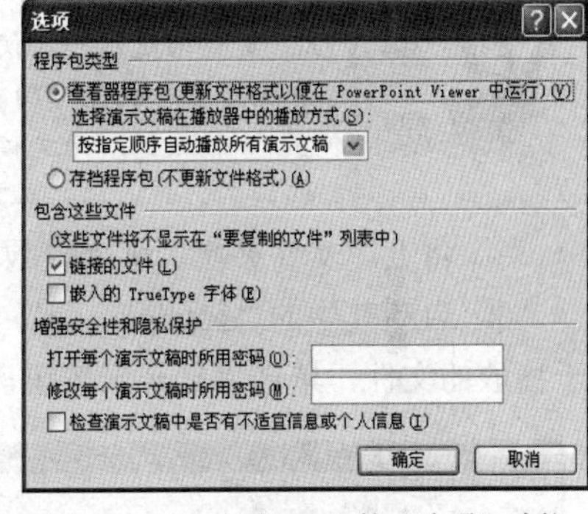

图 5-67 “打包成 CD”的“选项”功能

⑤ 选择好要添加的文件后，进入“打包成 CD”界面（见图 5-68），选中“选择目标”选项，然后单击“浏览”按钮，选定一个用于存放打包文件的文件夹。

⑥ 此时仍可通过“添加”按钮添加文件，单击“复制到文件夹”按钮，进入复制到文件夹窗口，可以修改文件夹名称，如图 5-69 所示。

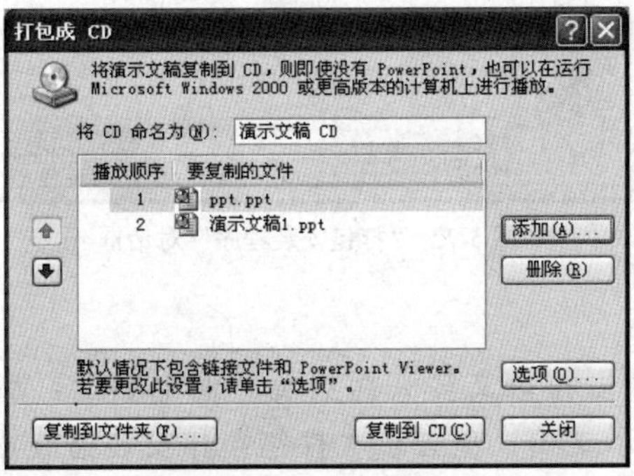

图 5-68 “打包成 CD”界面

图 5-69 复制到文件夹

⑦ 单击“浏览”按钮，进入“选择位置”界面（见图 5-70），选择存放文件夹的位置后单击“选择”按钮，回到“复制到文件夹”窗口，单击“确定”按钮，即刻完成打包。

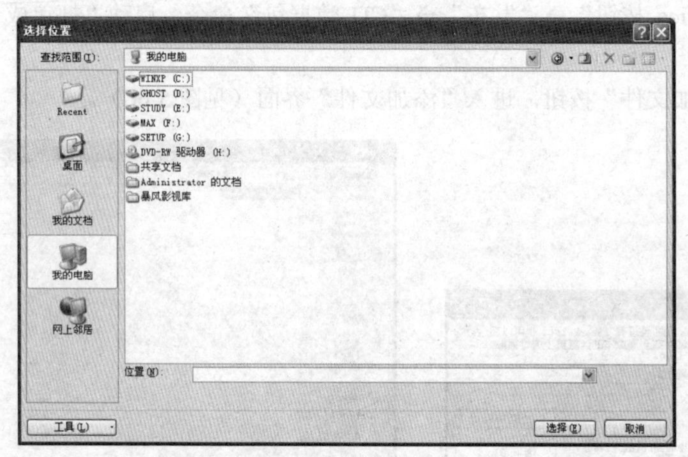

图 5-70 选择放置文件的文件夹

⑧ 回到“打包成 CD”窗口，单击“关闭”按钮，打包完毕。

- 如果是第一次使用“打包”功能，请将 Microsoft Office 2007 安装光盘插入光驱，系统需要加载这一功能，或者在安装 Office 2007 时选择完全安装。
- 插入到演示文稿中的 Flash 动画不能被打包。

⑨ 将上述文件夹拷贝至“电脑 B”上，找到 pptview.exe 文件（见图 5-71）。

⑩ 启动其中的“pptview.exe”文件，打开“打包安装程序”对话框（见图 5-72），并选定用于播放的文件，单击“打开”按钮，开始播放演示文稿。

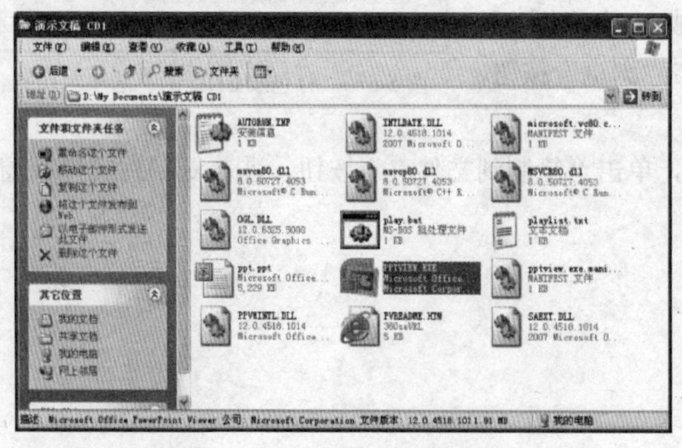

图 5-71 制作好的演示文稿 CD

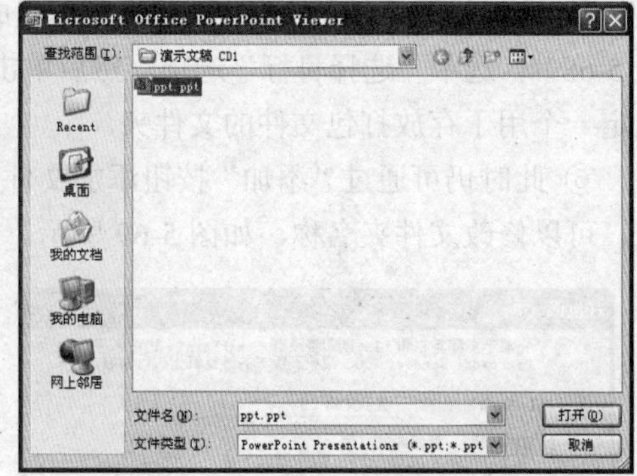

图 5-72 “打包安装程序”对话框

[小技巧]

以后只要将演示文稿拷贝到上述文件夹中，然后将该文件夹拷贝至其他电脑上，启动 PPTVIEW.EXE 程序，即可播放后来拷贝而来的演示文稿，免去了“打包”和安装播放器的过程。

5.7 PowerPoint 打印

演示文稿也可以打印输出，在使用电脑不方便的时候，可以事先将演示文稿打印在纸上，或是携带到他处查看。在打印之前需要先对幻灯片的页面进行设置，然后才能打印。

5.7.1 演示文稿的页面设置

对演示文稿的页面设置包括纸张大小、幻灯片方向和起始序号等，这些功能的设置均在“文件”菜单的“页面设置”对话框中。

① 单击“设计”功能区中的“页面设置”按钮，打开“页面设置”对话框，如图 5-73 所示。

② 在幻灯片大小下拉列表框中可以选择纸型，也可以根据需要选择自定义大小，此时则需要设置幻灯片的高度和宽度。

③ 可在幻灯片编号起始值处输入起始页码的序号。

④ 在方向中可以设置幻灯片的打印方向为纵向或横向。

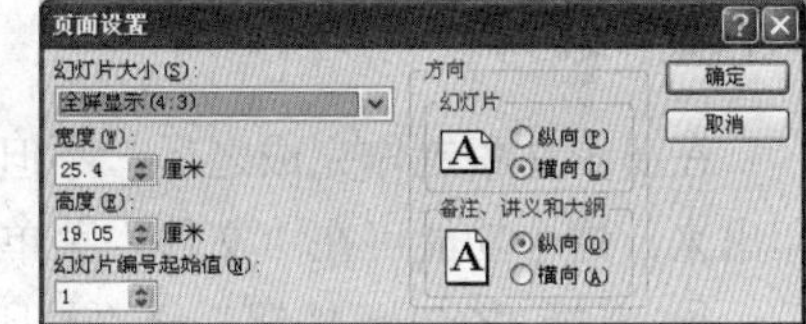

图 5-73 “页面设置”对话框

⑤ 在备注、讲义和大纲中可以设置这些内容的方向为纵向或横向。

上述这些问题设置完之后，单击“确定”按钮退出该对话框，回到幻灯片界面。

5.7.2 打印预览

在打印之前可在电脑上查看一下要打印的效果，即打印预览。

① 选择“Office 按钮”→“打印”→“打印预览”命令，弹出打印预览的窗口，如图 5-74 所示。

② 在打印预览窗口中有一行为打印预览的功能区，具体功能如图 5-75 所示。

图 5-74 打印预览窗口

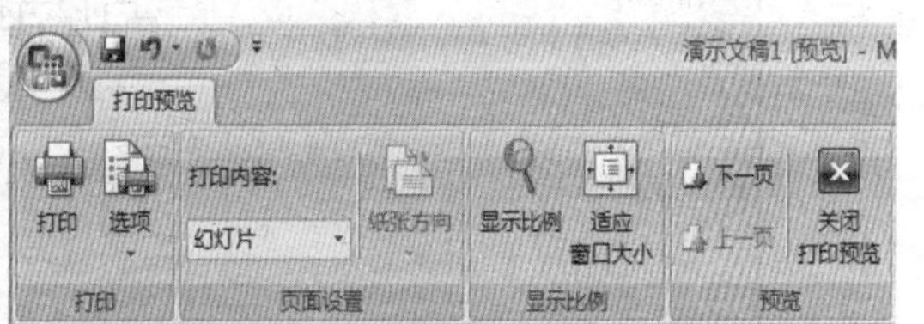

图 5-75 打印预览功能区上的按钮

其中：

- 打印按钮：弹出“打印”对话框，该问题将在下一个内容中讲到。

- 打印内容：如图 5-76 所示，可以选择打印的页面安排内容。
- 显示比例：如图 5-77 所示，可以选择当前窗口中幻灯片的显示比例。
- 选项按钮：如图 5-78 所示，可以在当前窗口下对幻灯片进行一些设置。

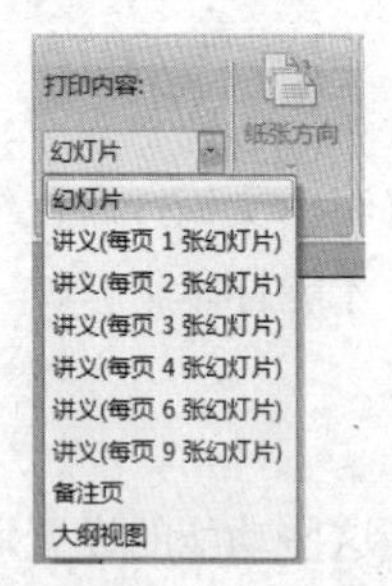

图 5-76 打印内容下拉列表框

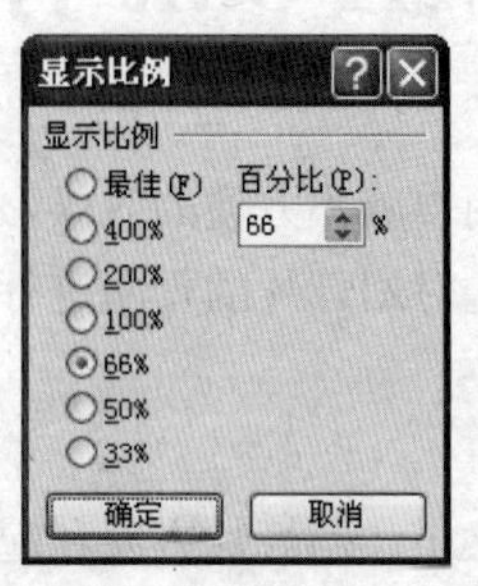

图 5-77 显示比例对话窗口

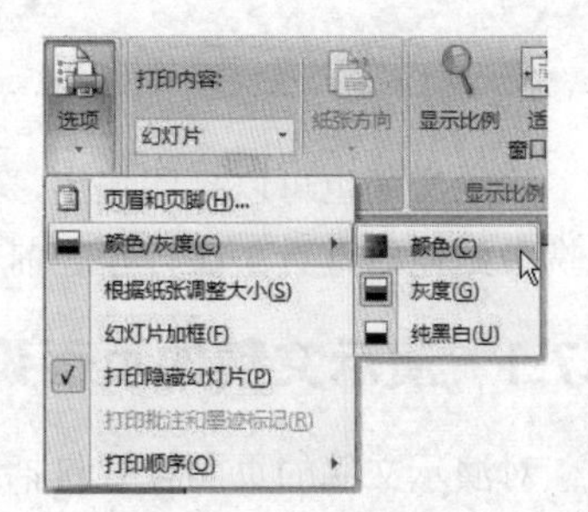

图 5-78 选项按钮内容

5.7.3 打印

在演示文稿制作完成之后，不但可以在电脑上进行幻灯片的放映，也可以将需要的幻灯片打印出来，这个功能可在“文件”菜单的“打印”对话框中进行，但需要电脑上安装打印机设备。

① 选择“Office 按钮”→“打印”→“打印”命令，弹出“打印”对话框，如图 5-79 所示。

② 打印机名称下拉列表列出了当前默认的打印机名称，可以单击这个下拉列表框进行其他的选择，后面的“属性”按钮为打印机的属性设置，“查找打印机”可以对没有在打印机名称列表框中列出的打印机进行查找，“打印到文件”复选框为将当前打印的幻灯片输出到文件中。

③ 在打印范围中可以选择全部、当前幻灯片、选定幻灯片、自定义放映、幻灯片（在后面的文本框中输入幻灯片的页码）等选项，打印所需要的幻灯片。

④ 在“份数”中可以设置打印的份数以及是否需要逐份打印，逐份打印即为一份一份地打印，非逐份打印则为一页一页地打印。

⑤ 打印内容如图 5-80 所示。

图 5-79 “打印”对话框

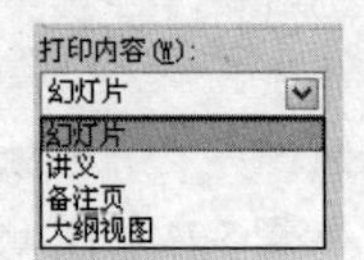

图 5-80 打印内容

当选择幻灯片时打印幻灯片，选择讲义时打印讲义，选择备注页时打印备注页，选择大纲视图时打印大纲视图。

当选择“讲义”时后面的“讲义”设置才有效，可以设置打印讲义每页的幻灯片数、顺序、讲义的内容，如图 5-81 所示。

⑥ 颜色/灰度的内容如图 5-82 所示。

⑦ 其他的 4 个复选框则为：是否根据纸张调整大小，是否打印隐藏幻灯片，幻灯片是否要加框，是否打印批注和墨迹标记。

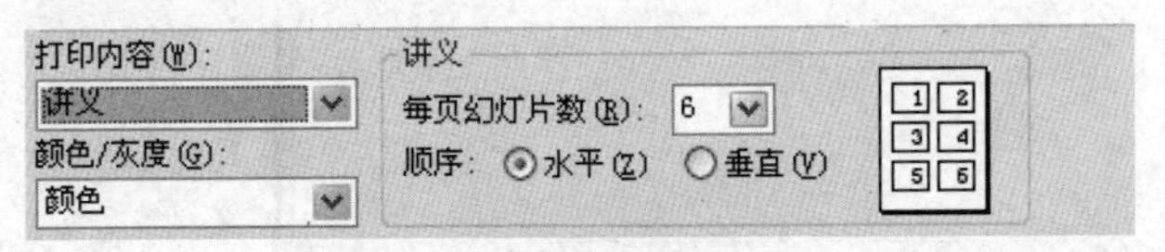

图 5-81 打印内容选择讲义

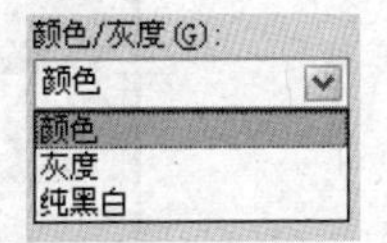

图 5-82 颜色/灰度内容

任务十一 给老师送一张贺卡

任务提出

教师节要到了，每个学生都有给老师送一张贺卡的想法，虽然网上有许多现成的电子贺卡，但如果是将自己动手制作的贺卡送给老师，则能充分体现出一个学生对老师的浓浓深情。

本任务目标

学会为幻灯片设置背景。

学会绘制并组合自选图形，并为自选图形设置背景。

学会在幻灯片上使用“艺术字”或文本框。

学会自定义幻灯片的动画效果。

任务分析

电子贺卡要体现学生对老师的尊敬之情，贺卡中要有赞美教师的语句，要添加适当元素，要能够表达学生对老师的尊敬之情，这些元素有图片、文字、音乐等。

任务设计

在贺卡制作之前先将 PPT 的幻灯片进行版式设计，将各个元素进行安排摆放。设计结果如图 5-83 所示。

任务实现

步骤一 收集素材

可以上网找一些图案与颜色淡雅的图片和背景音乐，也可以用 Photoshop 自己制作背景图片，资料收集完毕后就可以启动 PowerPoint 2007 开工制作了。

步骤二 制作过程

制作步骤如下：新建一个演示文稿→设置贺卡背景→输入祝福字符→添加个性图片→设置背景音乐。

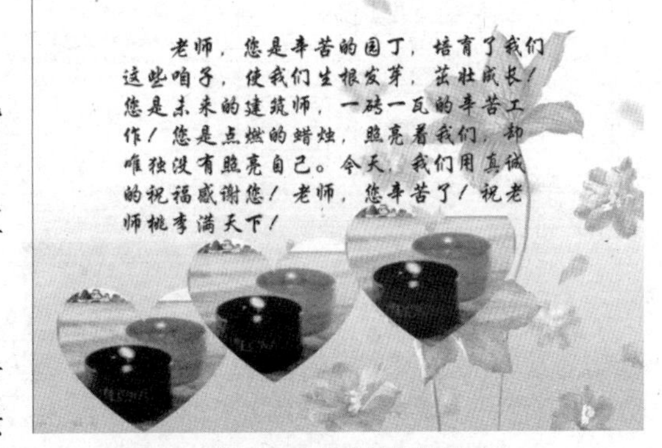

图 5-83 贺卡最终效果

1. 新建一个演示文稿

启动 PPT，新建一个演示文稿，将当前演示文稿保存在指定文件夹下，文件名设为“电子贺卡”，如图 5-84 所示。

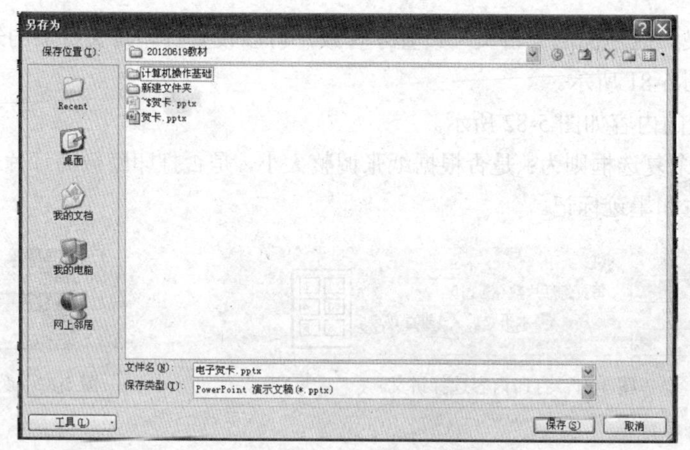

图 5-84 保存文件

2．设置贺卡背景

[提示]

我们制作的演示文稿用的都是 PowerPoint 中的默认页面“屏幕演示文稿”，如果想修改幻灯片的页面，执行“设计”功能区中的“页面设置”组里的“页面设置”命令，在此对话框中可以设置幻灯片大小、宽度、高度、幻灯片编号起始值、幻灯片方向以及备注讲义和大纲的方向等。

① 将当前演示文稿中的幻灯片设为“空白”版式，在当前幻灯片空白处单击右键，选择“版式”中的空白版式，如图 5-85 所示。

② 在幻灯片空白处单击右键，选择“设置背景格式”命令，打开“背景”对话框，如图 5-86 所示。

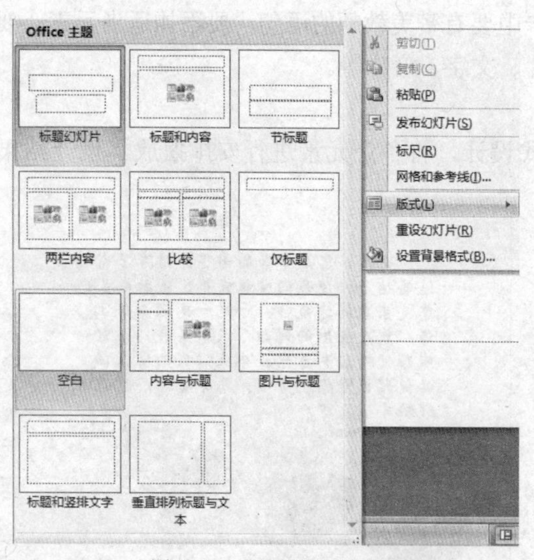

图 5-85 设置幻灯片版式

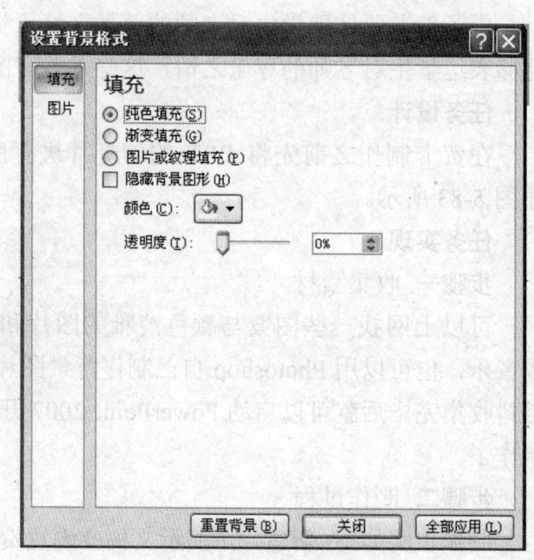

图 5-86 “背景”设置对话框

③ 打开的“背景”对话框默认显示“填充”选项卡，选中“填充”选项里的“图片或纹理填充”，如图 5-87 所示。

④ 单击“插入自”后的“文件”按钮，弹出如图 5-88 所示的对话框。

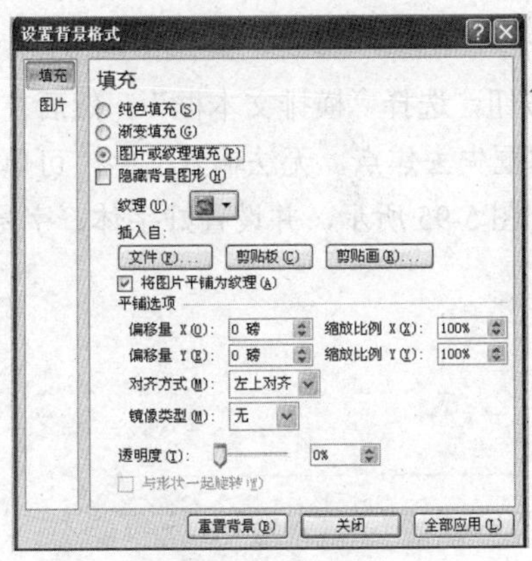

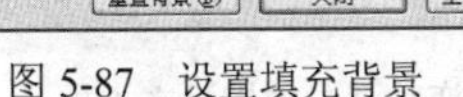
图 5-87 设置填充背景

图 5-88 选择文件对话框

⑤ 将路径切换到存放所需文件的文件夹里，如图 5-89 所示。

⑥ 单击所需文件按钮，再单击插入按钮，回到“设置背景格式”对话框，此时背景已经换成所需的图片，如图 5-90 所示。

图 5-89 图片所在文件夹

⑦ 单击“关闭”或“全部应用”按钮返回到幻灯片界面，如图 5-91 所示。

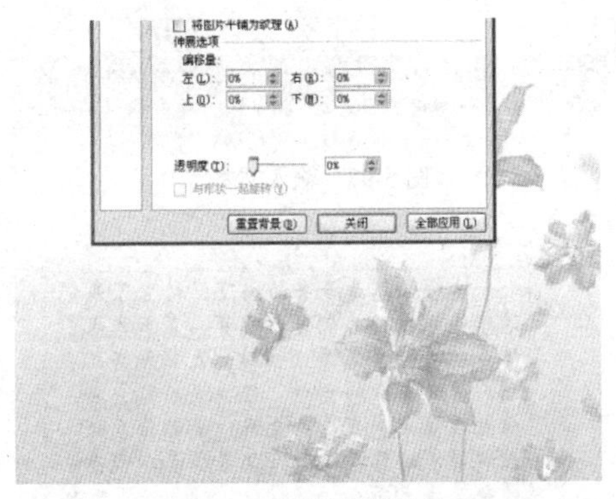

图 5-90 设置好的背景

图 5-91 设置完背景效果

3. 输入祝福字符

① 单击“插入”功能区中“文本”组下的“文本框”按钮，选择“横排文本框”，然后在页面上拖拉出一个文本框，并输入相应的祝福字符，如果文本框失去焦点，无法输入文字，可单击鼠标右键，在弹出的菜单中选择“编辑文字”，如图 5-92～图 5-95 所示，并设置好字体、字号、字符颜色等。

图 5-92 横排文本框

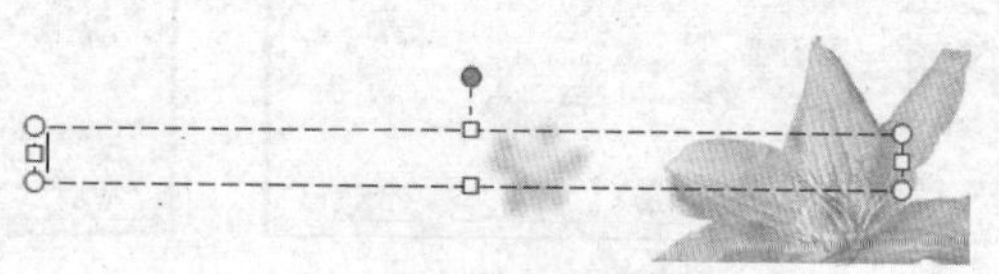

图 5-93 鼠标拖动画出的横排文本框

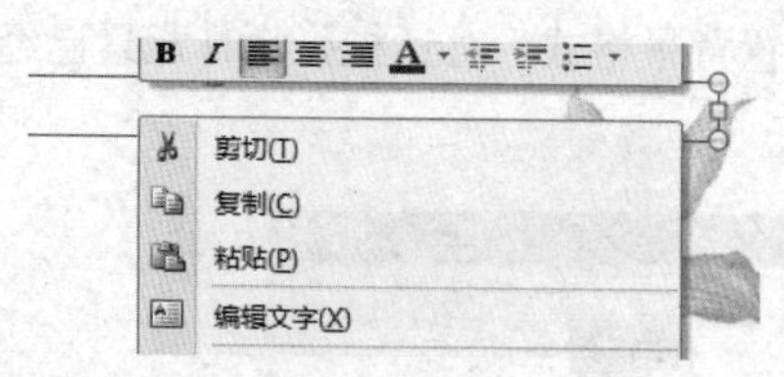

图 5-94 编辑文字

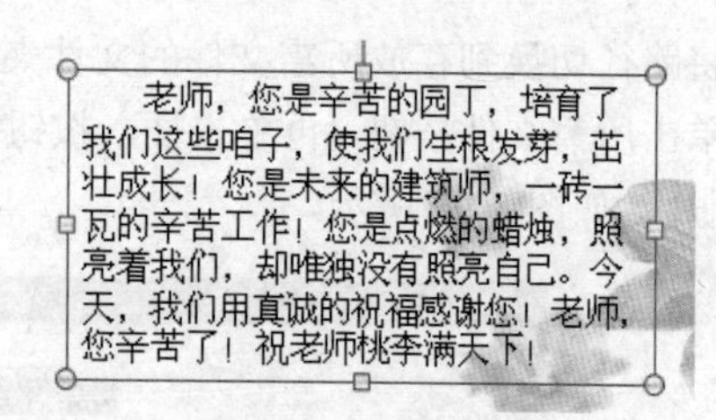

图 5-95 添加祝福文字

这个步骤产生的文字也可以用艺术字来实现，在“插入”功能区“文本”组中单击“艺术字”按钮，在弹出的“艺术字库”中选择一种艺术字样式，如图 5-96 所示。

单击所需艺术字形状，在弹出的文本框中输入要送给老师的句子，如图 5-97 所示。

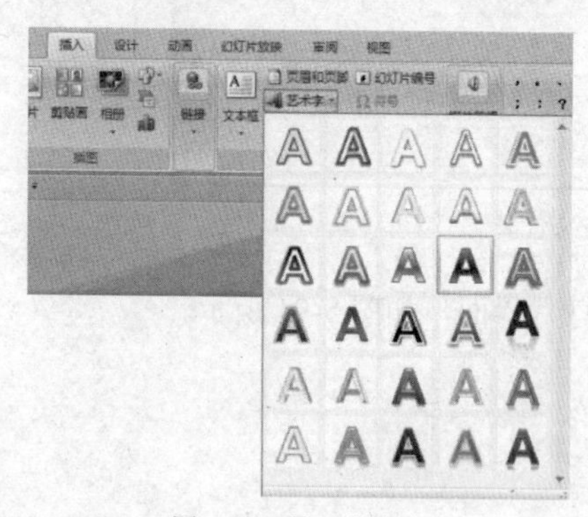

图 5-96 插入艺术字

图 5-97 输入文本

图 5-98 添加艺术字效果

图 5-99 设置好的文本格式

输入所需文字，文字的格式和选取的艺术字格式一致，也可利用“开始”功能区中的字体组进行重新设定，如图 5-98 所示。

② 将祝福文字设置好格式，就可以进行动画的设置了，如图 5-99 所示。

③ 选中“文本框”，单击“动画”功能区中的“自定义动画”按钮，展开“自定义动画”任务窗格。单击其中的“添加效果”按钮，在随后展开的下拉菜单中选择“进入”→ “其他效果”选项，如图 5-100 所示。

④ 单击“其他效果”，打开“添加进入效果”对话框，如图 5-101 所示，选择一种合适的动画方案，如“百叶窗”，确定退出。

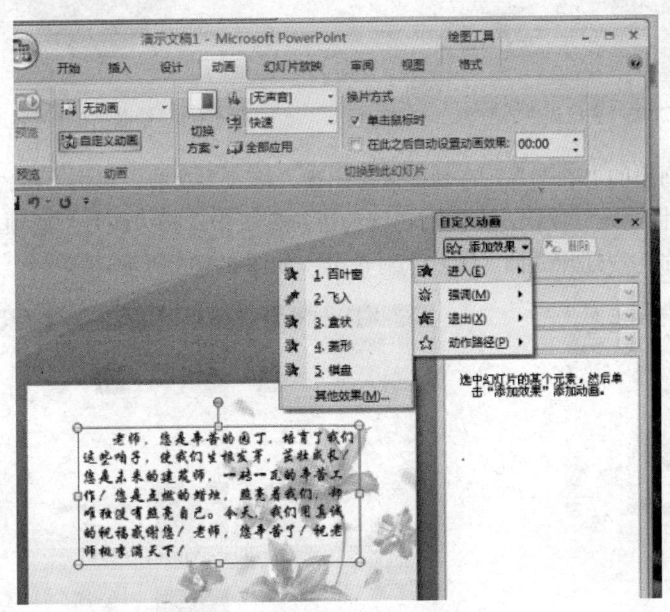

图 5-100 设置自定义动画

⑤ 回到幻灯片界面中，直接在“自定义动画”任务窗格中将“速度”选项设置为“中速”，如图 5-102 所示。

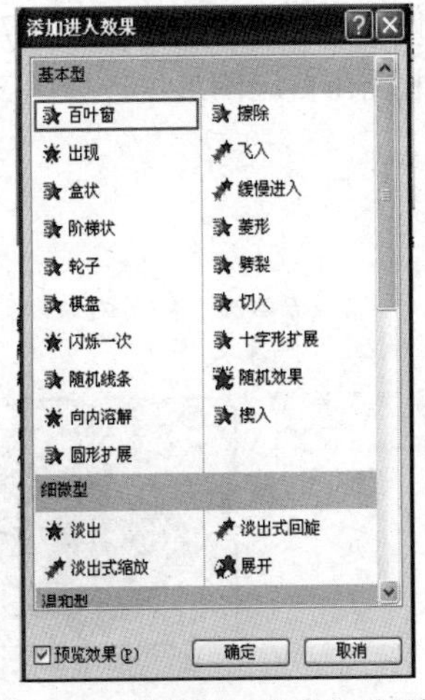

图 5-101 “添加进入效果”对话框

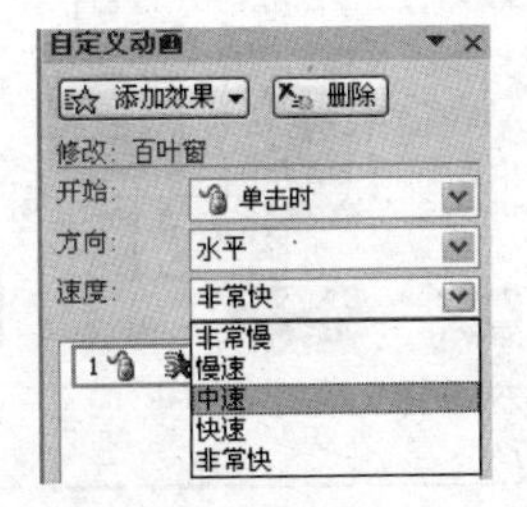

图 5-102 设置“动画效果”中的“速度”

4. 添加个性图片

① 单击“插入”功能区中的“形状”按钮，将会出现系统提供的各种形状，如图 5-103 所示。

② 在系统提供的形状中选择“心形”，在幻灯片空白处用鼠标拖动画出图案，如图 5-104 所示。

图 5-103 系统提供的形状

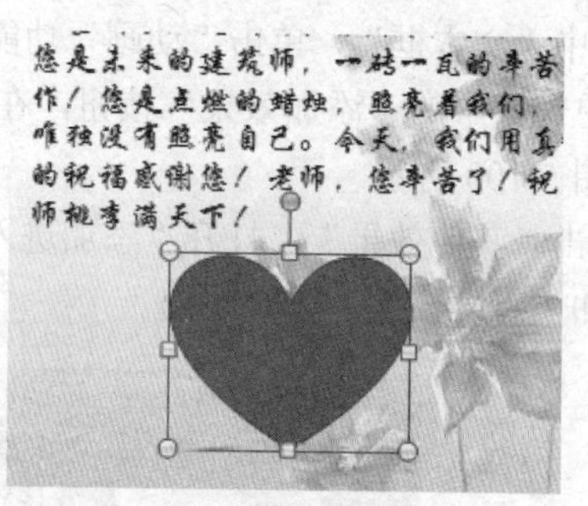

图 5-104 绘制“心形”自选图形

③ 双击刚才画出的“心形”，在功能区会出现“格式”功能，单击“格式”功能区中的“形状样式”里的“形状填充”按钮，在随后出现的下拉列表中选择“图片”选项，如图 5-105 所示。

④ 单击“图片”，打开“插入图片”对话框，如图 5-106 所示。

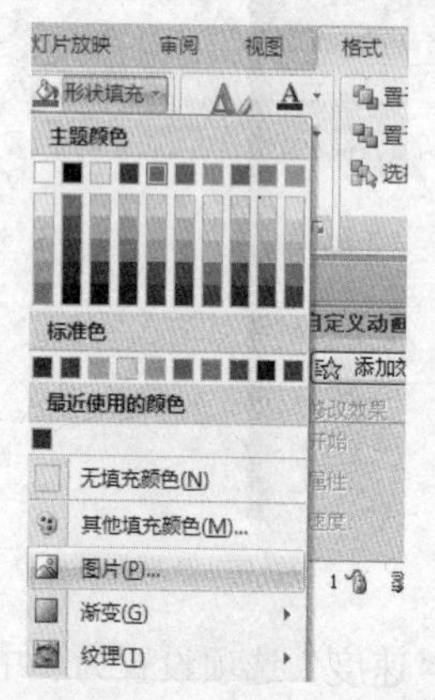

图 5-105 设置“自选图形”填充效果

图 5-106 “插入图片”对话框

⑤ 将路径切换到所需图片存放的文件夹，选择事先准备好的图片，如图 5-107 所示。

⑥ 单击“插入”，返回幻灯片，此时被选图片已经出现在自选图形里，如图 5-108 所示。

图 5-107 “选择图片”对话框

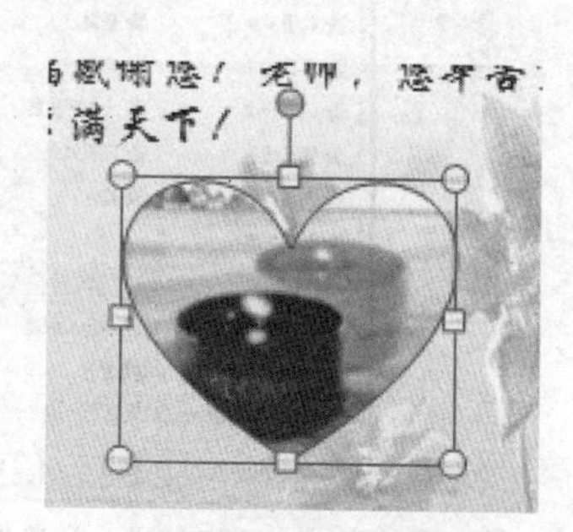

图 5-108 填充效果

⑦ 再双击该自选图形，在出现的“格式”功能区里的“形状轮廓”里设置“无轮廓”，如图 5-109 所示。

⑧ 设置好自选图形的“无轮廓”结果如图 5-110 所示。

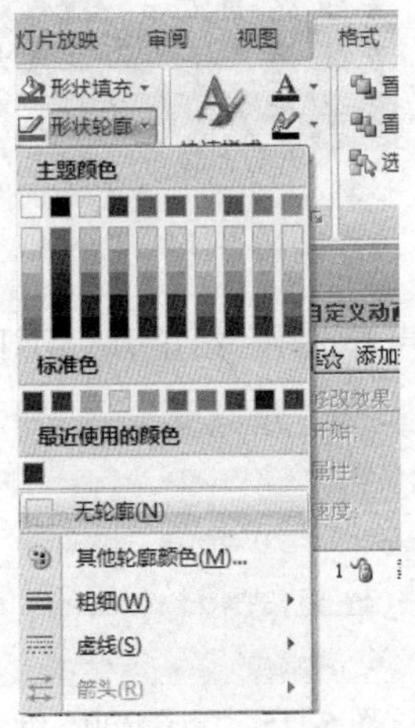

图 5-109 设置自选图形的无轮廓

图 5-110 绘制心形蜡烛效果

⑨ 调整好图形大小，将其定位在贺卡合适的位置上。

⑩ 仿照为文本框添加动画的操作，为心形蜡烛图形添加上动画。

注意

根据贺卡页面的需要，仿照上面的操作，再为贺卡多添加几张个性化的图片。

5．设置背景音乐

① 在“插入”功能区中单击“媒体剪辑”，在级联菜单下选择“声音”，再单击“文件中的声音”，如图 5-111 所示。

② 随后弹出“插入声音”对话框，选择合适的声音文件，单击“确定”按钮，如图 5-112 所示。

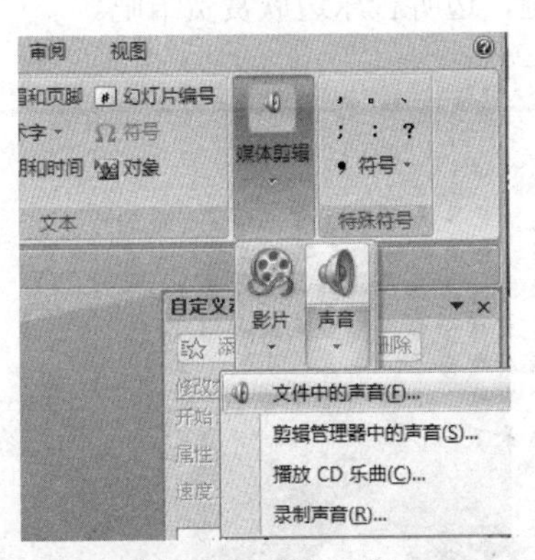

图 5-111 插入声音

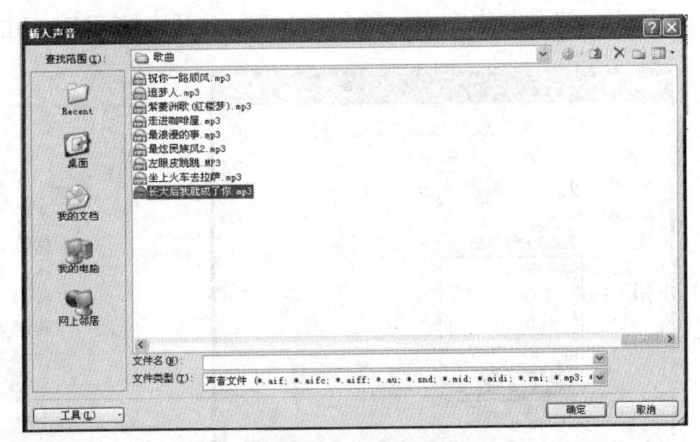

图 5-112 选择声音文件

③ 随后弹出一个对话框，设置何时开始播放声音，如图 5-113 所示。

④ 选择“自动”或“在单击时”之后，此对话框退出，在幻灯片中间出现一个小喇叭，即为

添加的声音，如图 5-114 所示。

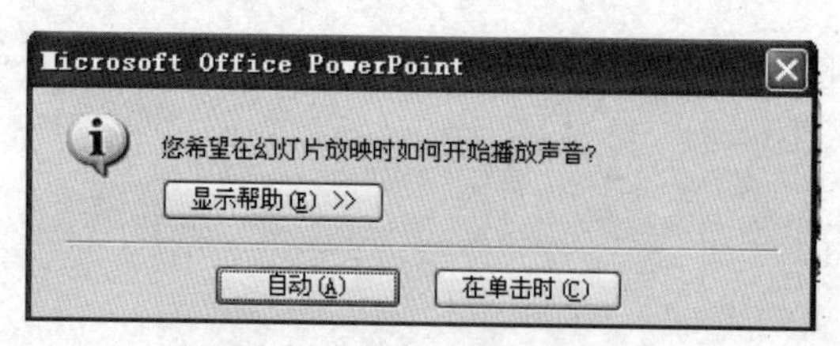

图 5-113 设置何时开始播放声音

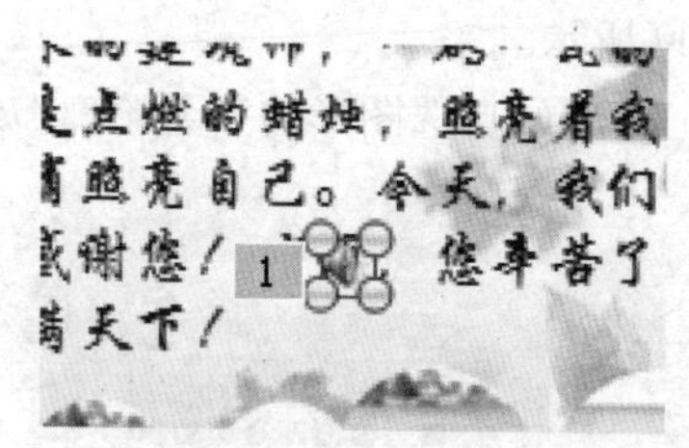

图 5-114 “小喇叭”

⑤ 双击“小喇叭”，在功能区出现“声音工具”，在“声音选项”组里有“幻灯片放映音量”、“放映时隐藏”、“循环播放，直到停止”等选项，如图 5-115 所示。

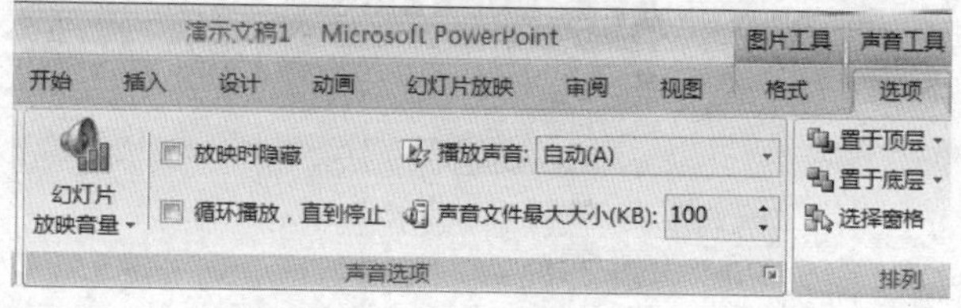

图 5-115 “声音选项”组

⑥ 插入声音文件后，在“自定义动画”任务窗格出现一个声音动画选项，按住左键将其拖动到第一项，在一开始放映幻灯片时就会播放音乐。

注意

也可以采取用鼠标拖动的方法随意调整各动画的播放顺序。

⑦ 再双击该动画方案，打开“播放声音”对话框（见图 5-116），切换到“计时”标签下，单击“重复”右侧的下拉按钮，在随后弹出的下拉菜单中选择“直到幻灯片末尾”选项，单击“确定”返回。

注意

也可以通过执行“插入”→“媒体剪辑”→“影片”→“文件中的影片”命令将一些视频文件插入到幻灯片中。

至此，贺卡制作完成（见图 5-117），赶快按下 F5 功能键，边听音乐边欣赏贺卡吧。

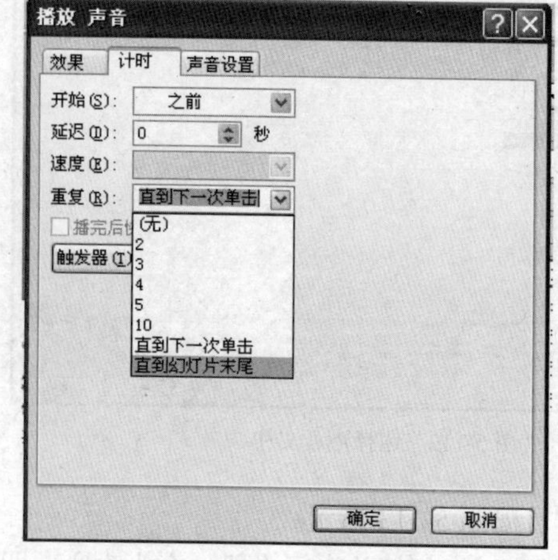

图 5-116 “计时”选项卡

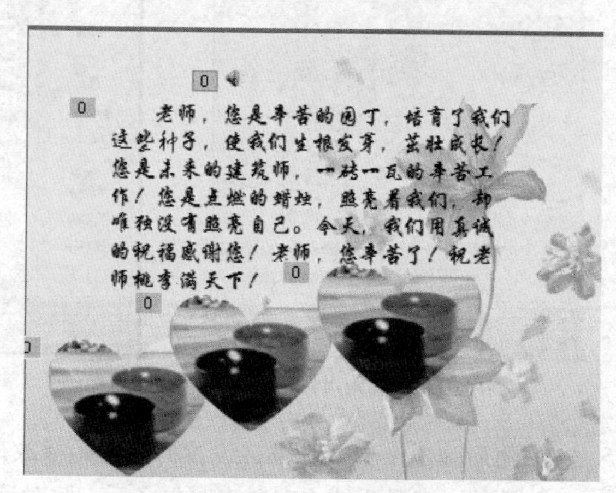

图 5-117 贺卡最终效果

任务小结

在这个实例中，我们利用 PowerPoint 制作了教师节日贺卡。通过使用艺术字，绘制自选图形和文本框，并在文本框中添加文字来组成幻灯片的画面。利用自定义幻灯片的动画效果进一步完善生日贺卡。在制作一个节日贺卡后还可以将它“打包”，用电子邮件的形式将“打包”的生日贺卡发送出去。

自评	仔细观察自己所制作的电子贺卡是否按照原来的设计理念进行了制作，是否实现了任务目标，如有不足可反复修改
互评	与同学进行相互交流，取长补短
师评	教师在学生上交作业后给予评价

举一反三

[光芒四射的背景]

欣赏别人的演示文稿时，会发现幻灯片中某些形状采用了光芒四射的填充效果，煞是好看。下面就以 PowerPoint2007 为平台，介绍在 PowerPoint 中如何制作这种效果，图 5-118 所示是这个任务的结果。

图 5-118　案例效果图

① 运行 PowerPoint，选择新建空演示文稿，在幻灯片空白处单击右键，选择“版式”下的“标题幻灯片”版式，如图 5-119 所示。

② 将幻灯片中的副标题文本框用“剪切”方法，或选中后按“Delete”键去掉。

③ 双击正标题文本框，在弹出的“格式”功能区中左端的“插入形状”中单击“插入形状”，在弹出的菜单里的“更改形状”中选择“星与旗帜”里的“爆炸型 1”，如图 5-120 所示，此时正标题文本框则会变成该形状边框，如图 5-121 所示。

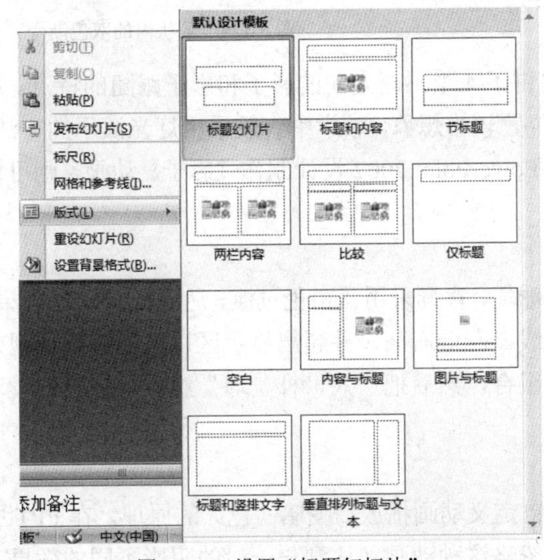

图 5-119　设置“标题幻灯片”

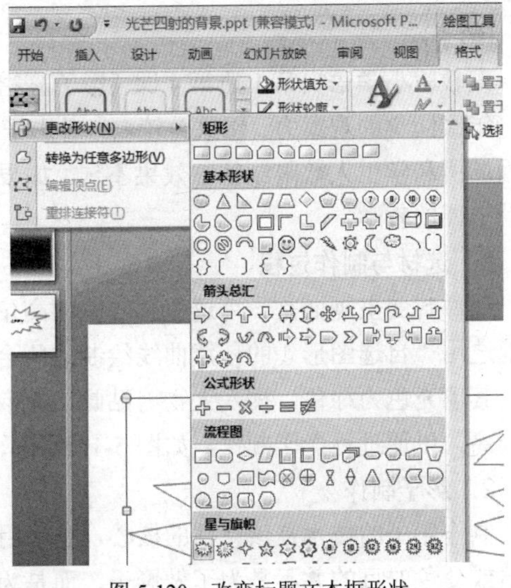

图 5-120　改变标题文本框形状

④ 在标题文本框外任意处单击右键，在弹出的快捷菜单中选择“设置背景格式”，弹出“设置背景格式”对话框，如图 5-122 所示。

⑤ 在“填充”选项卡里选中“渐变填充”，在“预设颜色”中选择一种颜色方案，在“类型”中选择“路径”，如图 5-123 所示。

图 5-121 正标题形状

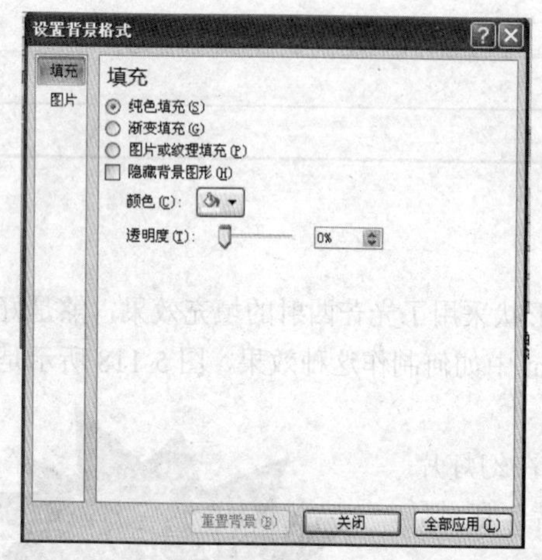

图 5-122 设置背景

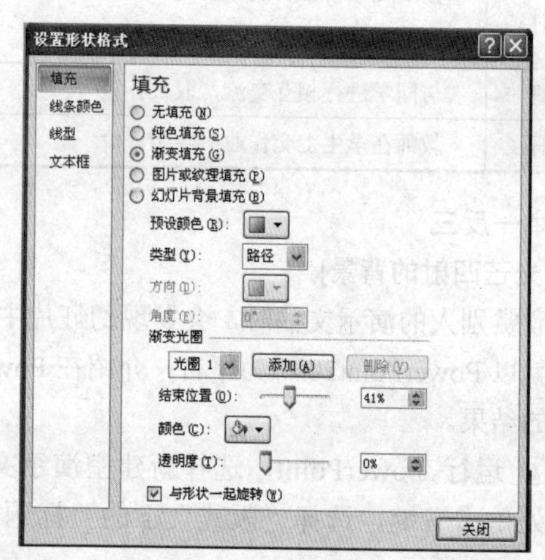

图 5-123 渐变效果

⑥ 单击“关闭”按钮，则幻灯片中的形状会显示如图 5-124 所示的效果。

⑦ 在幻灯片正标题文本框的大致位置处任意单击左键，出现正标题文本框，利用文本框上的句柄进一步调它的形状和大小，从而获得更满意的效果。至此，用户想要的背景效果就出来了。

图 5-124 形状内的双色渐变

[影子]

人教版小学语文第 1 册第 4 课《影子》，主要讲了 4 个不同方向的影子和影子跟随的特点。小学一年级同学的观察力、想象力较弱，对影子的位置较难想象，教学中一般采用灯光演示的方法，但因场所和学生人数限制往往效果不佳。如果用 PowerPoint 2007 设计制作《影子》动画，则可以辅助该课的教学。

1. 选材与制作过程

课件封面主画面是一个透视感较强的高尔夫球场，背景采用蓝白色过渡，达到天空视觉效果。草地选用“自选图形”的任意曲线绘制成闭合曲线，左低右高，并超出显示区以达到立体透视效果，其填充色为绿色。插入人物剪贴画，先取消组合，然后把“人、杆、球”组合，使得与发球区分离，以便进行影子制作，如图 5-125 所示。

2. 影子制作

制作影子的技术是该课件的核心，是利用了自定义动画播放后变暗（色）的原理。在 PPT 中变暗或变色的目的并不是为了做影子，而是为了忽略这种动画，达到与一般的阴影不同的效果，实现了倒影。

3．制作步骤

（1）背景设置

① 先将幻灯片版式设为“空白”版式，在幻灯片任意处单击右键，在弹出的快捷菜单中选择“设置背景格式”，弹出“设置背景格式”对话框，如图 5-126 所示。

图 5-125 影子效果图

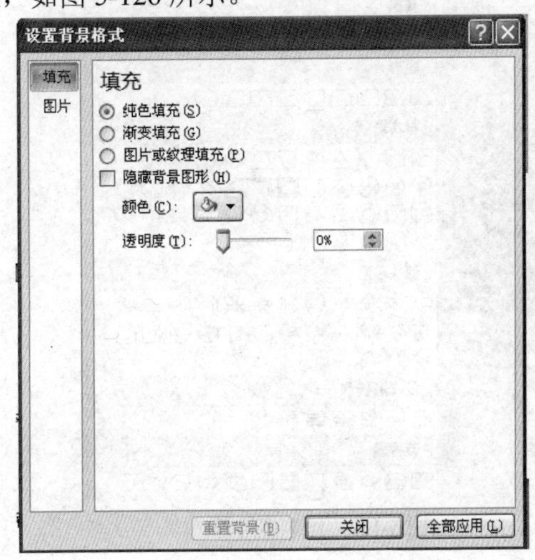

图 5-126 “设置背景格式”对话框

② 在“填充”选项卡中选中“渐变填充”，在“预设颜色”里选择“雨后初晴”，单击“关闭”按钮，如图 5-127 所示。

图 5-127 设置“预设颜色”

图 5-128 设置背景的双色渐变

③ 设置好的背景如图 5-128 所示。

（2）草地模拟

① 在“插入”中选择“形状”，单击“流程图”类中的“手工输入”，模拟倾斜的草地，如图 5-129 和图 5-130 所示。

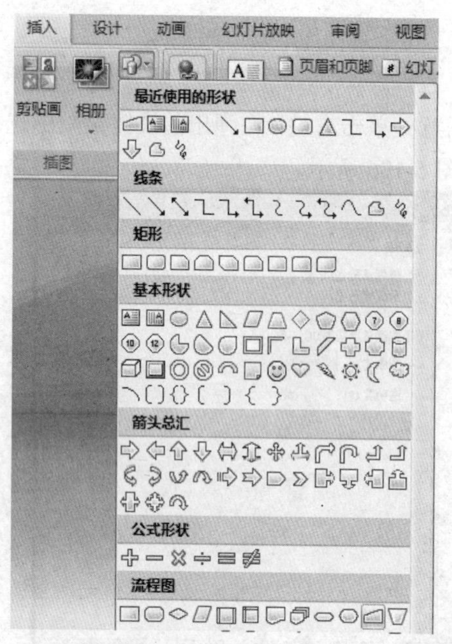

图 5-129　绘制多边形

图 5-130　绘制草地

② 双击画出的多边形，在“格式”里的“形状填充”中选择“绿色”，如图 5-131 所示。

③ 设置好的草地与蓝天如图 5-132 所示。

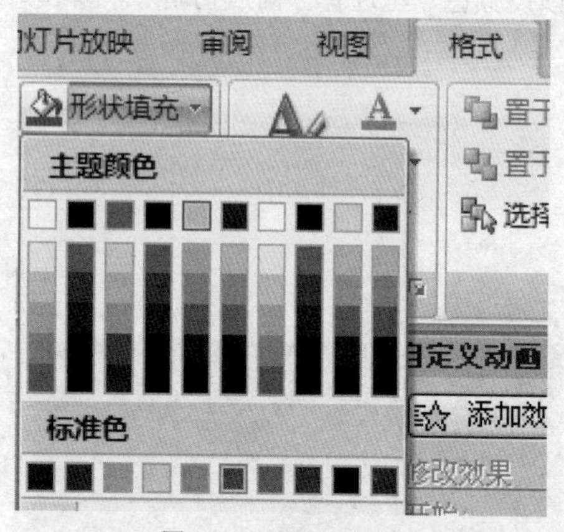

图 5-131　设置绿草地

图 5-132　草地效果图

（3）插入打球人图片

① 单击“插入”中的“剪贴画”，在弹出的右侧任务空格中的下方单击“管理剪辑”，如图 5-133 所示。

② 在弹出的“Microsoft 剪辑管理器”的左侧“收藏集列表”中找“OFFICE 收藏集”，在级联菜单中找“运动”→“运动员”，单击所需剪贴画右侧的按钮，在弹出的级联菜单中单击“复制”，如图 5-134 所示。

③ 回到幻灯片界面，单击右键，选择“粘贴”命令，即可将“打球人”图片粘贴到幻灯片中，调整粘贴到幻灯片中的“打球人”图片大小和位置，在“打球人”图片上单击右键，在弹出的快捷菜单中选择“组合”子菜单下的“取消组合”命令，如图 5-135 所示。

此时将弹出一个对话框，如图 5-136 所示，单击“是”按钮，则将图片转为 Microsoft Office 图形对象。

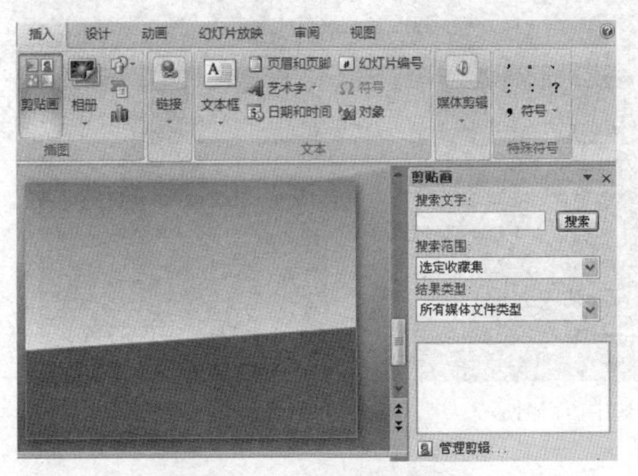

图 5-133 插入剪贴画窗格

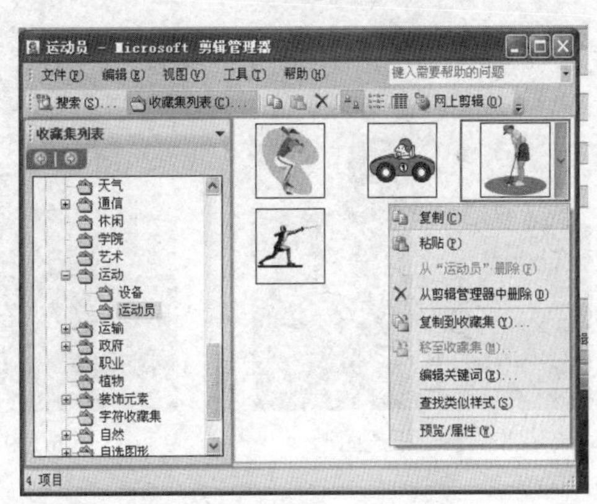

图 5-134 插入打球人剪贴画

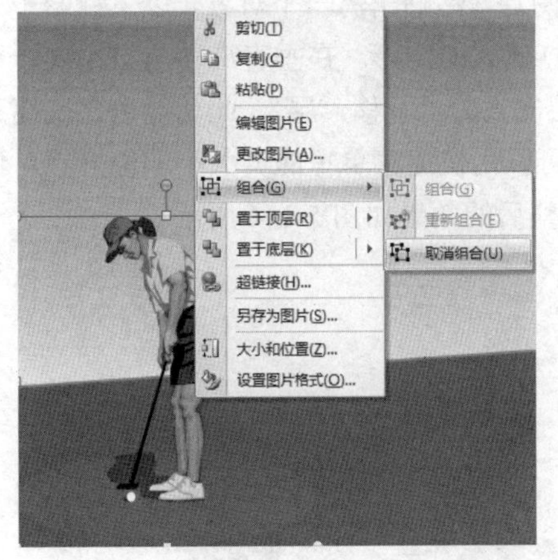

图 5-135 取消原图的组合

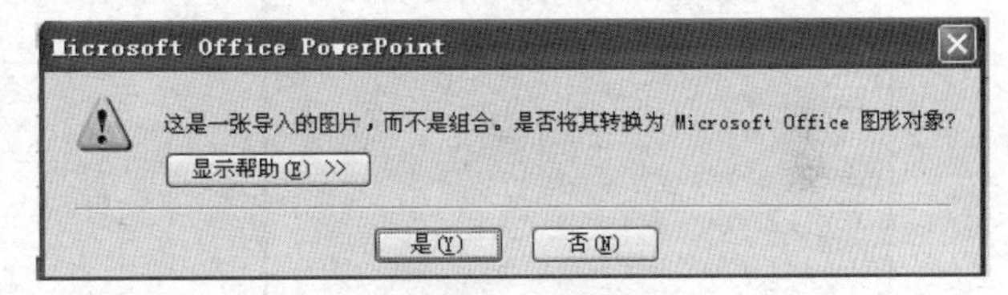

图 5-136 转为图形对象

而后再执行一次“取消组合”才能将组合的图片取消组合，即将图片分解为各个原始子图片，如图 5-137 所示。

（4）重组打球人

① 在取消全部组合图片之后，单击幻灯片空白处，取消图片的选择状态，将不需要的图形（原来的半个影子）删除，为了保证效果更好，可保留打球人脚下的椭圆形状，先把它移往别处，再用鼠标左键框选的方法将打球人再次组合的对象全部选中，可以用鼠标左键拖动选中的部分幻灯片到其他的地方，看一下是否选中了所要的内容，如图 5-138 所示。

② 此时画中人脚下的椭圆不会被选中，如图 5-139 所示。

③ 用鼠标在被选中的对象上进行寻找，当鼠标变成十字花时，单击右键，选择“组合”子菜单下的“组合”命令，则会将所有选中的部分再次组合为一个图片，如图 5-140 所示。

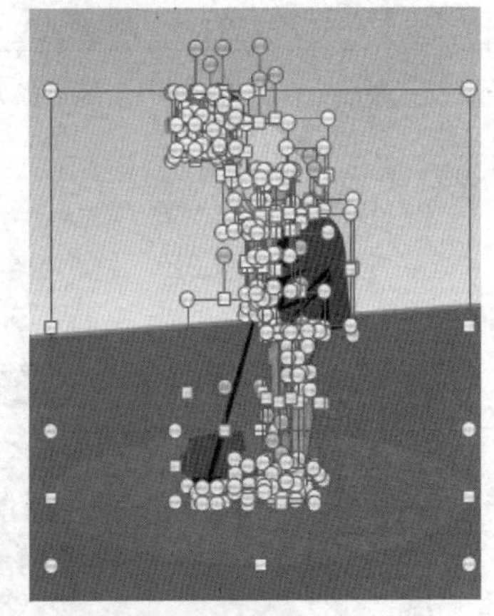

图 5-137 取消组合后的图片

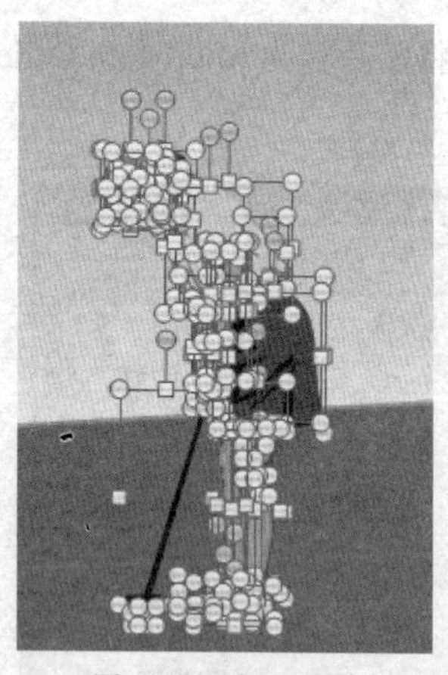
图 5-138 框选图形

图 5-139 选中所需图形

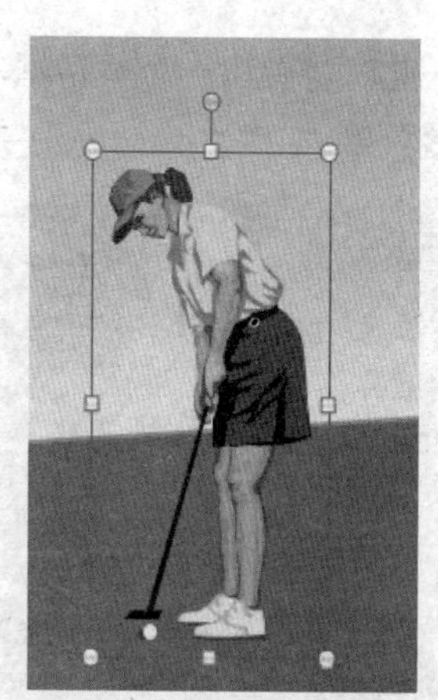
图 5-140 新组合的图形

（5）制作影子

复制步骤（4）产生的打球人（以下称原打球人）的图片，粘贴出另一个对象（以下称影子），用“绘图”中的垂直旋转、自由旋转等方法使其成为原打球人的倒影。在垂直旋转与自由旋转影子的快捷菜单“设置形状格式”中，还要注意将影子的层次设为“下移一层”，此功能也在快捷菜单的“置于底层”中，此处如果需要调整影子的位置，可以用快捷菜单里的“大小和位置”对话框进行调整，如图 5-141、图 5-142 和图 5-143 所示，调整后的效果如图 5-144 所示。

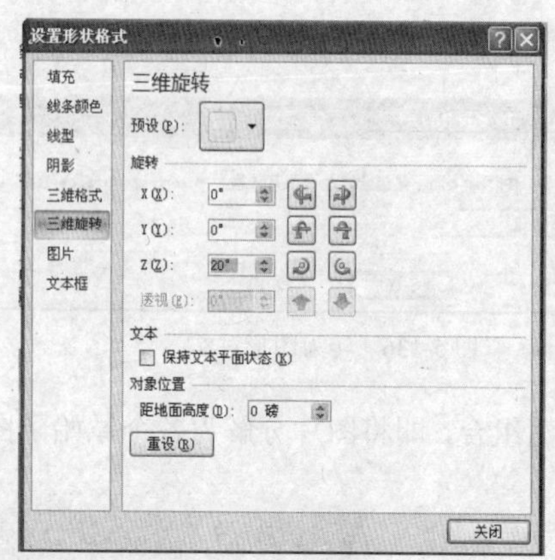

图 5-141 旋转影子

图 5-142 影子下移一层

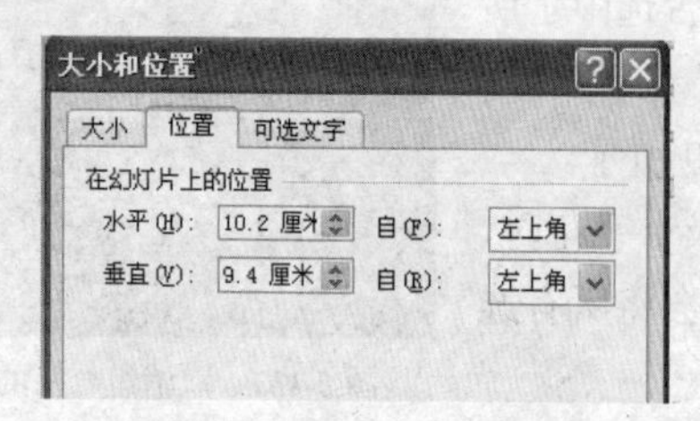

图 5-143 调整影子的大小和位置

图 5-144 复制的影子

（6）设置动画

① 给原打球人设置自定义动画，效果为“出现”，在右侧任务窗格中单击动画方案后面的下拉菜单，选择“效果选项”，选择“计时”标签，设置开始方式为“之后”，如图 5-145 所示。

② 将影子形状的填充颜色设为“黑色”，双击影子，在“格式”功能区中的“形状样式”里单击“形状填充”，选择黑色，再设置影子的自定义动画，效果为“出现”，出现方式为“之前”，如图 5-146 所示。

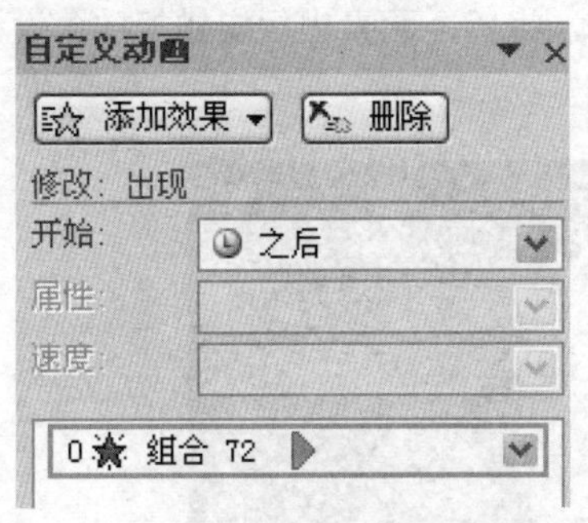

图 5-145 设置影子的动画

图 5-146 让影子变黑

③ 再把影子的自定义动画移至原打球人的自定义动画的上方，如图 5-147 所示。

最后我们的这个影子就实现了，如图 5-148 所示。

图 5-147 影子先出现

图 5-148 影子效果图

可以设置动作路径，让影子跟着打球人一起运动。设置动作路径在自定义动画中可以找到。

任务十二 制作动画：嫦娥奔月

任务提出

“嫦娥卫星”已经绕月飞行了，真是激动人心的时刻！让我们用 PowerPoint 来完成一个“嫦娥绕月”实例吧！

本任务目标：

掌握幻灯片元素自定义动画的设置。

掌握图片叠放层次的设置。

任务分析

本次任务需要动态表现出嫦娥卫星的绕月飞行，再设置一个夜空的背景、一个月球、一个卫星绕着月球飞行，这 3 个元素要考虑叠放层次的设置，当卫星绕到月球正面的时候我们能够看到，当卫星绕到月球背面的时候我们看不到。

任务设计

在贺卡制作之前，先将 PPT 的幻灯片进行版式设计，将各个元素进行安排摆放。设计结果如图 5-149 所示。

图 5-149 嫦娥绕月

任务实现

步骤一 收集素材

准备卫星图片一个、星空图片一个、月球图片一个，月球图和卫星图最好用图片处理软件抠去背景，如果不会使用图片处理软件，也可以用图片里的透明度设置将背景设置为透明，随后就可以启动 PowerPoint 2007 开工制作了。

卫星、星空、月球分别如图 5-150、图 5-151、图 5-152 所示。

图 5-150 嫦娥卫星

图 5-151 星空

图 5-152 月球

步骤二 制作过程

制作步骤其实比较简单，即新建一个演示文稿→设置贺卡背景为星空→插入月球图片→绘制运行轨道线→插入卫星图片→设置卫星图片的自定义动画路径→环绕处理。

1．新建一个演示文稿

启动 PPT，新建一个演示文稿，将当前演示文稿保存在指定文件夹下，文件名设为“嫦娥奔月”。

2. 设置贺卡背景

① 将当前演示文稿中的幻灯片设为“空白”版式，在幻灯片的快捷菜单中选择“版式”里的“空白”，如图 5-153 所示。

② 在幻灯片的快捷菜单里打开“设置背景格式”对话框，在“填充”选项卡中选中“图片或纹理填充”，如图 5-154 所示。

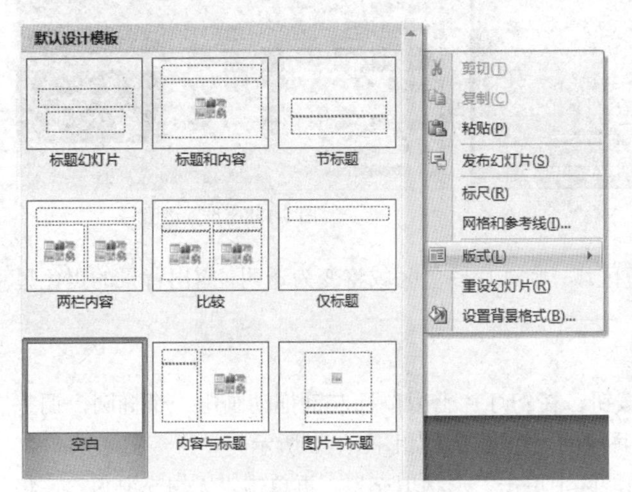

图 5-153 “幻灯片版式”设置

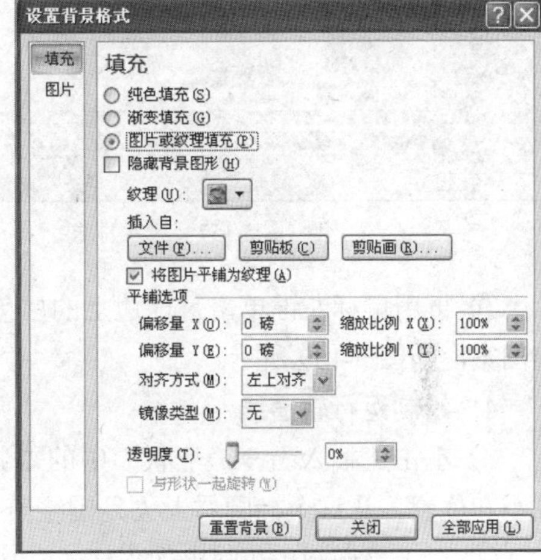

图 5-154 背景设置

③ 单击“文件”按钮，弹出如图 5-155 所示的对话框。

④ 选中所需图片，单击“插入”，回到“设置背景格式”对话框，再单击“关闭”按钮，回到幻灯片，此时幻灯片背景已经被更改，如图 5-156 所示。

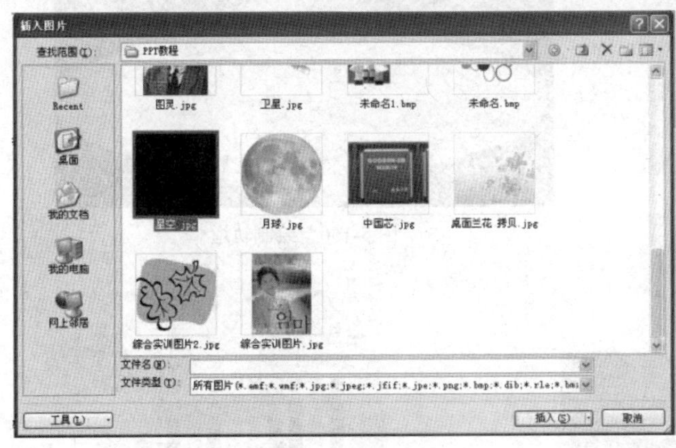

图 5-155 背景图片选择

图 5-156 “图片”选项卡

3. 插入月球图片

① 执行“插入”→“图片”命令，在“查找范围”里选择“月球”图片所存放的位置，插入“月球图”，调整好大小比例和位置，如图 5-157 所示。

② 插入的月球图片如果有白色边框，可双击月球图片，依次单击功能区上的“格式”→“重新着色”→“设置透明度”按钮，此时鼠标会变成“设置透明度”的形状，如图 5-158 所示。

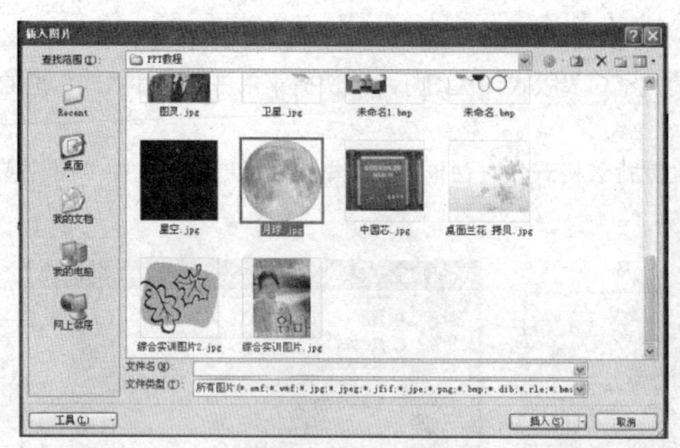

图 5-157 插入月球

图 5-158 设置透明

③ 再用鼠标左键单击月球边上的白色区域，则这片白色区域将变为透明，露出背景的黑色星空图案，如图 5-159 所示。

4．绘制运行轨道线

① 单击“插入”→“形状”中的○按钮，在幻灯片上用鼠标左键拖动画出一个椭圆，调整大小和位置，让这个椭圆看上去是围绕着月球的一个圆带，如图 5-160 所示。

② 双击该椭圆，在弹出的“格式”功能区中单击“形状填充”，再单击“无填充颜色”，将其填充颜色设为“无填充颜色”，如图 5-161 所示，即可画出“空心的轨道”，如图 5-162 所示。

图 5-159 设置透明后

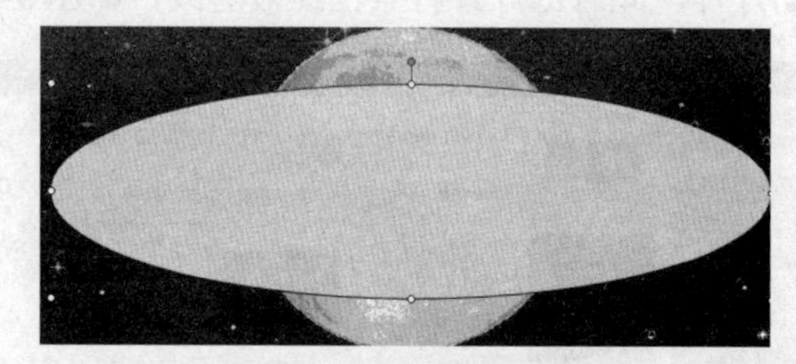

图 5-160 绘制轨道

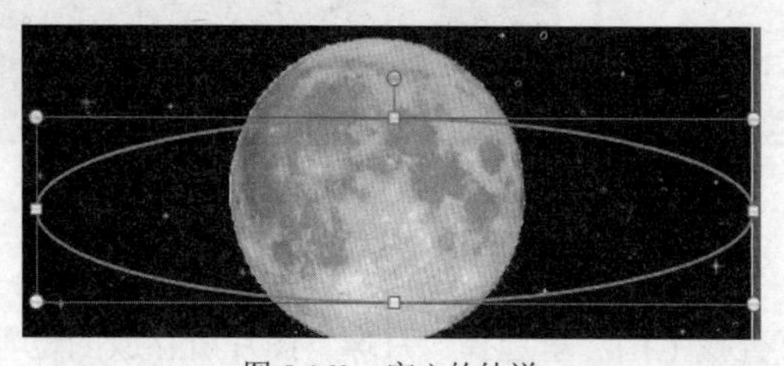

图 5-162 空心的轨道

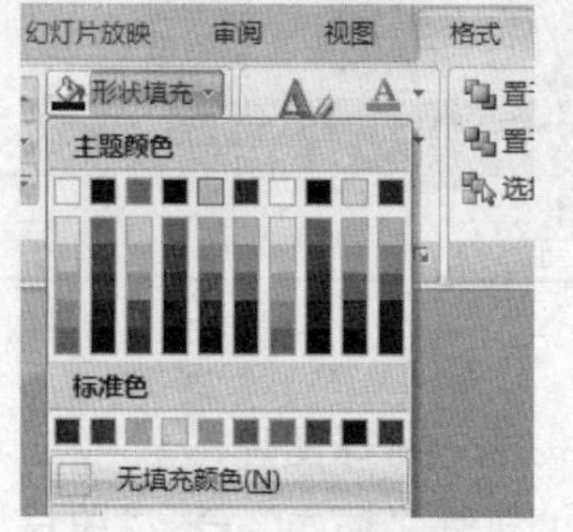

图 5-161 空心的轨道

③ 在“格式”功能区中再选择“形状轮廓”设置轨道的线条以及颜色，如图 5-163 和图 5-164 所示。

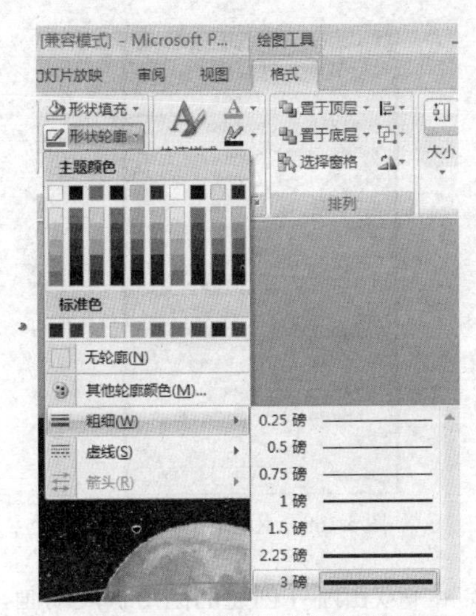

图 5-163 设置轨道线条粗细

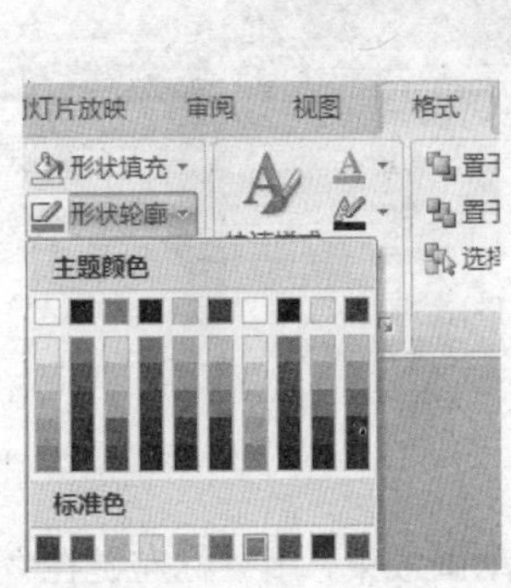

图 5-164 设置轨道颜色

④ 设置完线条的粗细和颜色后，返回到幻灯片界面，这时在月球表面就会出现一条椭圆形的运动轨道，如图 5-165 所示。

5．插入卫星

执行“插入”→“图片”命令和插入月球的方法相同，在“查找范围”里选择“卫星”图片所存放的位置，插入“卫星图”，调整好大小、比例和位置，如果有白色底纹，要设置为透明，同月球设置方法一样，如图 5-166 所示。

图 5-165 卫星轨道

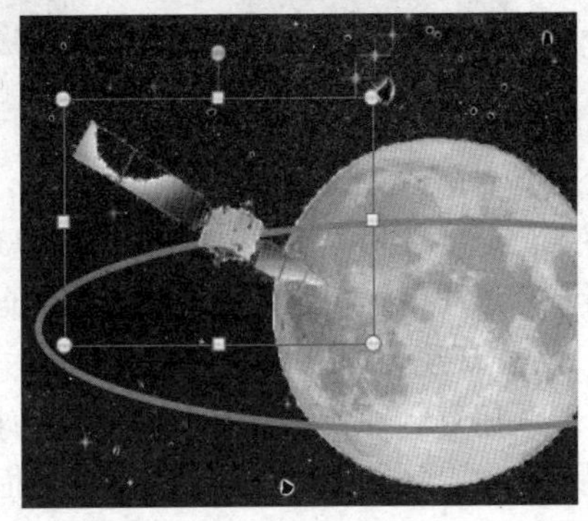

图 5-166 嫦娥卫星出现

6．创建动画效果

① 鼠标左键选定“卫星”，执行“动画”→“自定义动画”命令，展开“自定义动画”任务窗格，单击“添加动画”右侧的下拉按钮，在下拉列表中选择“动作路径”→“其他动作路径”，如图 5-167 所示。

② 单击“其他动作路径”命令，在“添加路径”对话框的“基本”类型中选择“圆形扩展”命令，如图 5-168 所示。

③ 单击“确定”按钮，返回幻灯片界面，此时在卫星附近出现一个圆形运动轨迹，用鼠标通过 6 个控制点调整路径的位置和大小，把它拖曳成椭圆形，并调整到和围绕着月球的圆带相重合的位置，如图 5-169 所示。

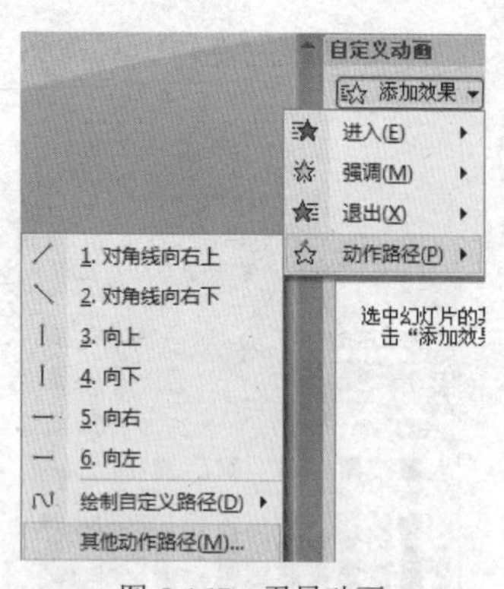

图 5 167 卫星动画

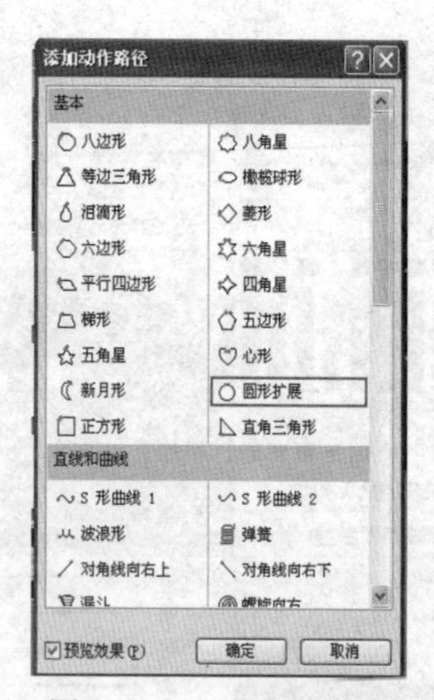

图 5-168 卫星运动轨迹

④ 设置动画效果，用鼠标左键在“自定义动画”窗格中双击刚才创建的圆形扩展动画，如图 5-170 所示。

图 5-169 绘制卫星运动轨迹

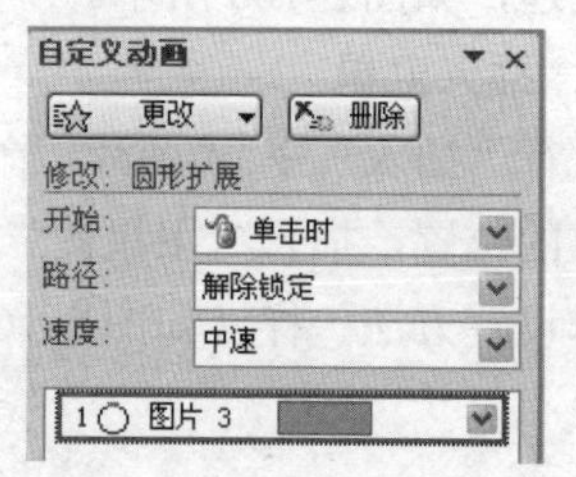

图 5-170 动画效果设置

⑤ 打开“圆形扩展”设置面板后，用鼠标左键单击“计时”，把其下的“开始”类型选为“之前”，速度选为“慢速(3 秒)”，重复选为“只到幻灯片末尾”，单击“确定”按钮，如图 5-171 所示，这样“嫦娥”就能周而复始地自动绕月飞行了。

7．环绕处理

采用复制并裁剪后生成的半个月球盖住原来月球的一半及轨道的一半，以及运行到此处的卫星，感觉上是卫星运行到了月球的后面。

方法是：复制粘贴“月球图”，让它与刚才插入的“月球图”完全重合。选中第二个月球图片，在打开的“格式”中选择“大小”命令中的“裁剪”，从下往上裁剪该“月球”到适合的大小，和底层的月球重合上半部，并且可以盖住卫星的运行轨道和动画路径的上半部，使得“卫星”产生绕到月球背面的效果，如图 5-172 所示。

动画完成，执行“幻灯片放映”→ “观看放映”，我们的“嫦娥”也能绕月了！

任务小结

嫦娥奔月这个动画主要是利用幻灯片中元素的自定义动画来实现的，其中还包括有图片叠放层次的设置，图片按先后生成的顺序从底到上的层次摆放在幻灯片中，如果想调整某个图片的叠放次序，可以选中该图片，单击右键，执行叠放次序中的任何一个命令——置于底层、置于顶层、上移一层、下移一层，均可以改变图片的叠放次序。

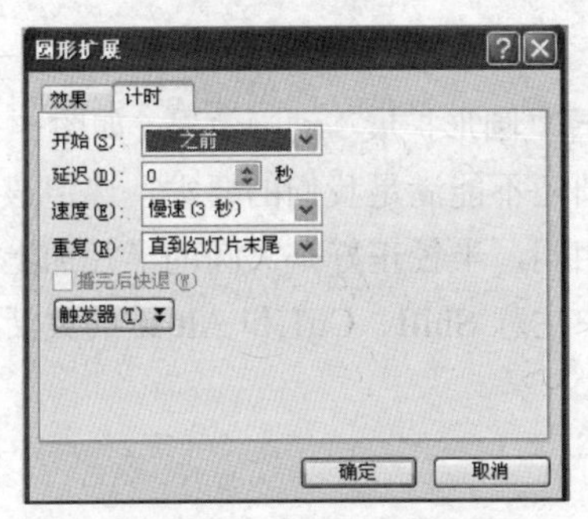

图 5-171 计时效果设置

图 5-172 环绕处理

自评	仔细观察自己所制作的嫦娥奔月动画是否按照原来的设计理念进行制作，有没有实现嫦娥卫星的绕月飞行，如有不足可反复修改
互评	与同学进行相互交流，取长补短
师评	教师在学生上交作业后给予评价

举一反三

[两圆外切]

两圆外切，大圆半径为小圆半径的 3 倍，小圆沿大圆的圆周滚动一周回到原位置时，小圆自身转了多少圈?下面我们一起来看看在 PowerPoint 中如何演示这个数学问题。

前期准备：新建一个 PPT 演示文稿，将当前幻灯片设置为空白版式。

1. 创建对象

用绘图工具中的椭圆工具绘制出小圆和大圆，大圆的半径为小圆的 3 倍，圆的半径的大小可以通过“格式”中的“大小”中高度与宽度选项进行设置，双击大圆，单击“格式”中的“大小”，将大圆的高度与宽度设为 9 厘米，如图 5-173 所示。

同理，可将小圆的高度与宽度设为 3 厘米，再绘制一根直线作为小圆的半径，同样在“格式”中的“大小”中将高度选项设置为 1.5 厘米，调整直线与小圆的位置，将小圆与直线同时选中，单击右键，利用“组合”子菜单中的“组合”命令将直线与小圆组合。

用“插入”→“文本框”→“横排文本框”绘制一个矩形，在其上添加文字“演示”，此图形留作动画的触发器，如图 5-174 所示，将 3 个图形放在如图 5-175 所示的位置。

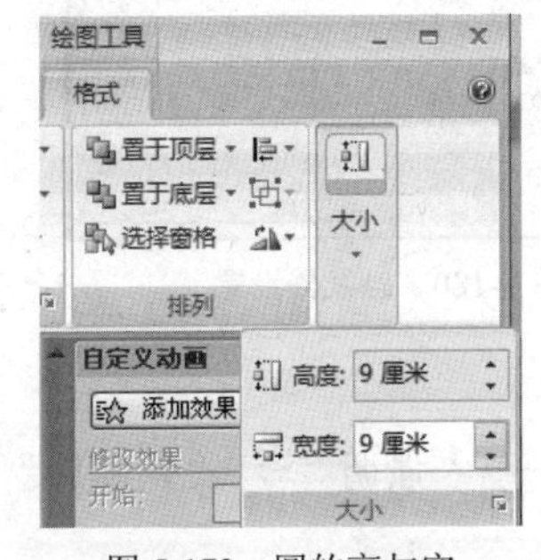

图 5-173 圆的高与宽

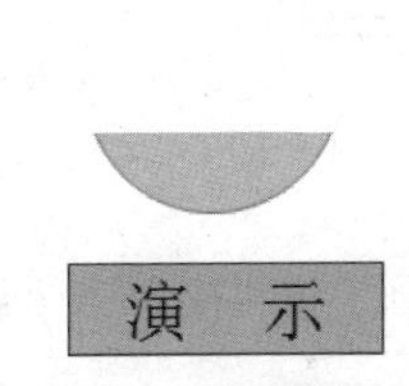

图 5-174 触发器

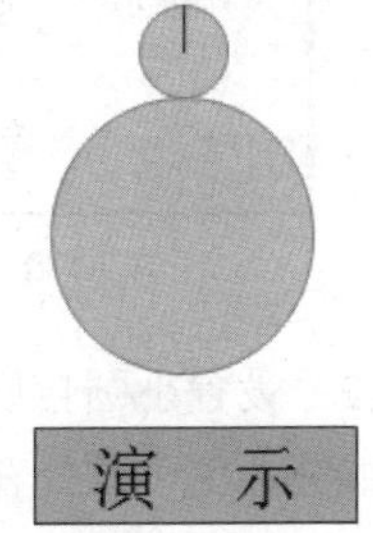

图 5-175 静态图

2. 设置动画效果

（1）设置小圆沿大圆环绕效果

选定小圆，打开“动画”→“自定义动画”，在窗格中单击“添加效果”→ “动作路径”→

“其他动作路径…”，如图 5-176 所示。

执行“其他动作路径”命令，在出现的对话框中选择“圆形扩展”动画效果，如图 5-177 所示。

此时可以看到小圆的运动路径是一个圆，但这个圆还不能满足我们的要求，选定该圆，对圆的位置和大小进行调整，将之调整到圆心位置跟大圆相同，半径正好是大圆的半径加上小圆的半径即可。这个调整的过程需要细心和耐心，调整过程中注意 Shift、Ctrl 和 Alt 键的灵活使用，调整后效果如图 5-178 所示。

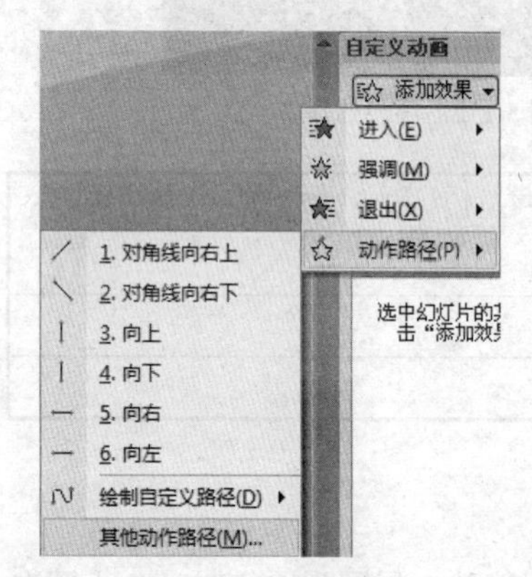

图 5-176 小圆的运动

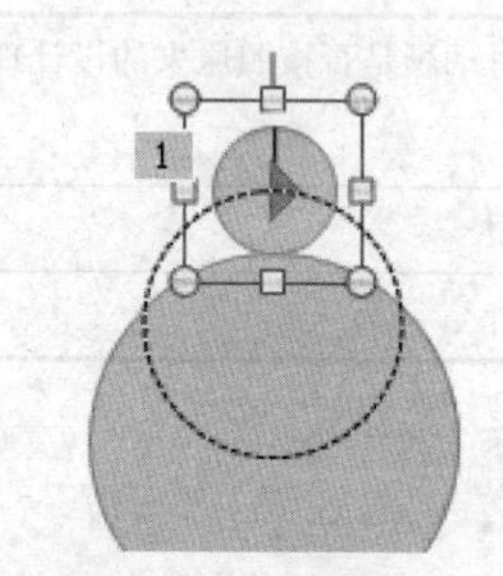

图 5-177 小圆的运动轨迹

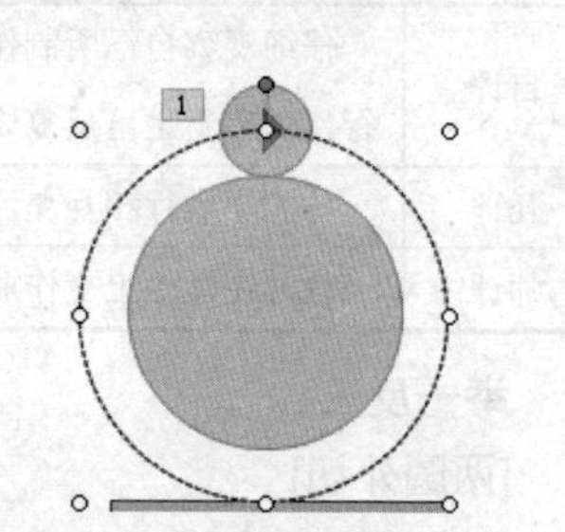

图 5-178 调整后的小圆运动轨迹

在“自定义动画”窗格中，在刚添加的“圆形扩展”自定义动画上双击，出现“圆形扩展”设置对话框，单击“效果”标签，将“平稳开始”和“平稳结束”两个选项去掉，如图 5-179 所示。

单击“计时”标签，将速度设置为 10 秒，直接在里面输入 10 即可，单击下方“触发器”按钮，在“单击下列对象时启动效果”中选择第一步中绘制的文本框，单击“确定”关闭对话框（见图 5-180）。

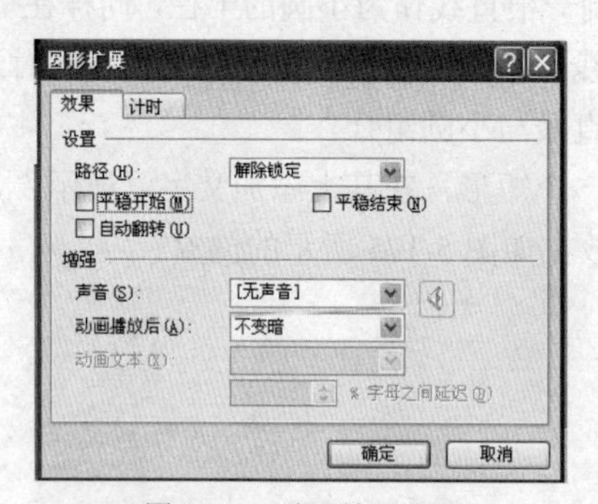

图 5-179 动画效果设置

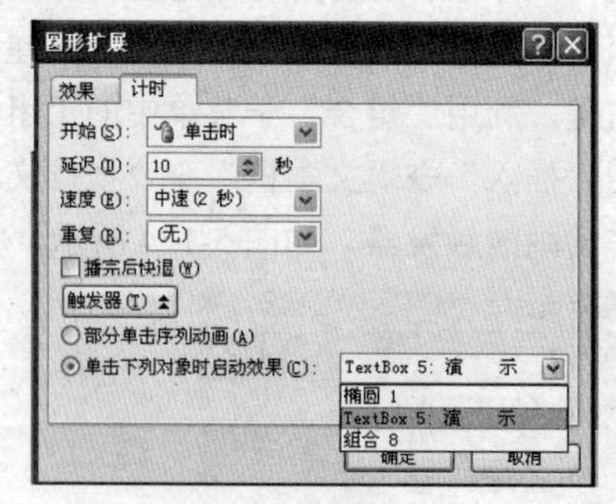

图 5-180 触发器设置

（2）设置小圆自旋效果

继续选定小圆，在“自定义动画”窗格中单击“添加效果”→“强调”→“陀螺旋”，如图 5-181 所示。

双击刚添加的陀螺旋效果，出现“陀螺旋”设置对话框，单击“效果”标签，将“数量”设置为“1440”(这里必须手工输入)。单击“计时”标签，将“开始”设为“之前”(这两个动画效果将会同步演示)，速度设置为 10 秒(跟上一个动画效果时间相同)，同样的，将触发器设置为矩形，单击“确定”关闭对话框，如图 5-182 所示。

按 F5 放映幻灯片，就可以看到最终的效果了。可以有这样两种情况，即小球自转之后再绕大球转，以及小球在绕大球转的同时自转。这两种情况的设置和计时里的开始有关，适当的调整可以实现这两种旋转效果，如图 5-183 所示。

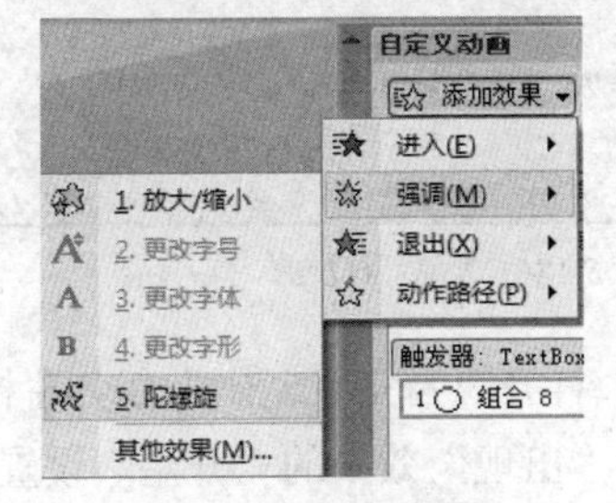

图 5-181　小圆自旋

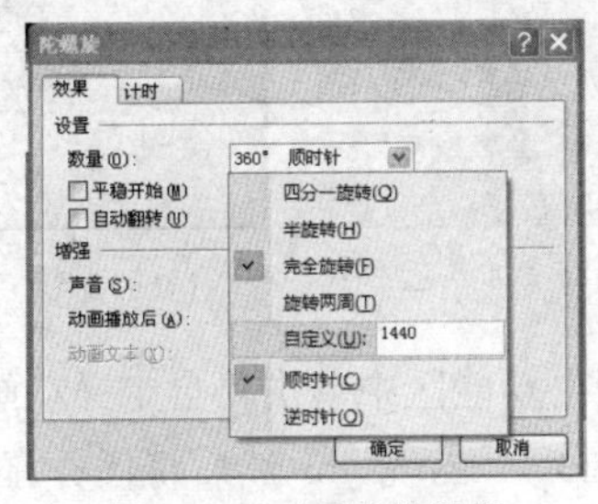

图 5-182　小圆自旋设置

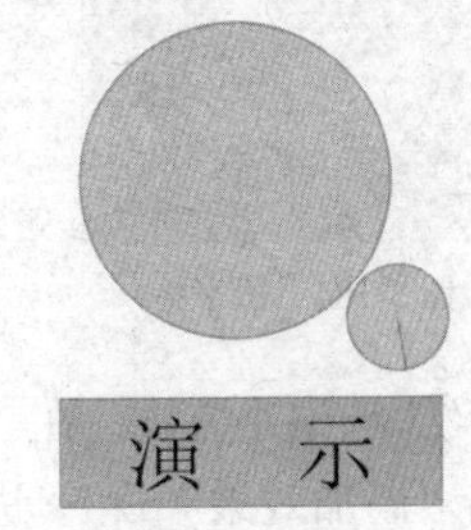

图 5-183　地球绕着太阳转

由于使用了触发器，在实际使用时，可以反复播放动画，有利于学生仔细观察，从而得到正确的答案。

[汉字书写笔画顺序]

如何利用 PowerPoint 来制作汉字书写笔画顺序演示教案呢?

我们知道 PowerPoint 对于演示的对象是可以分层次叠放的，因此不妨把要演示的汉字放到最上层，并使之透明。然后在其下层用另一种颜色的色块不断地沿其笔画的顺序进行逐渐填充，这样，在播放时就是汉字书写的动画演示了。具体的实现过程是这样的。

① 新建一个演示文稿，保存文件名为“汉字书写笔画顺序”，将当前幻灯片版式设为空白，为该幻灯片设置背景，幻灯片的页面设置为默认状态。

② 单击“插入”→“形状”→“矩形”，在窗口中拖出一个矩形，填充其颜色为黄色。然后用“直线”工具画出直线和斜线，制作一个“米”字格。为使画出的线条与矩形框能较精确地对齐，可以在画线的过程中按下“Alt”键，或者画好线后按下“Ctrl”键和方向键进行位置调整。完成后选中矩形和线条，单击右键，在弹出的快捷菜单中选择“组合”→ “组合”命令，将它们组合为一个对象，结果如图 5-184 所示。

③ 单击“插入”→“文本”→“艺术字”，选择第一行第一列艺术字样式，然后在文本框中输入要演示的汉字“中”，并设置好字体，即得到需要的空心汉字。选中后，利用控制句柄调节其大小，并将其位置拖到“米”字格的正中位置，如图 5-185 所示。选中“米”字格及艺术字，将它们组合为一个对象。

④ 按下“Ctrl+X”组合键，将组合后的对象剪除，然后单击“开始”→ “粘贴”→“选择性粘贴”，在打开的对话框中双击“位图”，将它作为一幅图片粘贴回窗口中，如图 5-186 所示。

⑤ 将粘贴回的图片裁剪到合适大小，双击图片，显示“格式”工具栏，单击其中的“重新着色”→“设置透明度”工具，鼠标变为透明度的指针，然后单击汉字中空心的白色部分。这样，就可以得到一个透明的汉字了，如图 5-187 所示。

⑥ 单击“插入”→“形状”→“矩形”，绘制一个长方形，设置其填充颜色和边框线均为黑色，调整其大小，并把它移动到“中”字第一笔左边那条竖线上，使其遮挡住竖线上的一小部分，如图 5-188 所示。方块的大小只要能遮挡竖线即可，稍大些也无妨，但尽量不要遮挡其他的笔画，以免影响演示的效果。

图 5-184 田字格

图 5-185 加入艺术字

图 5-186 粘贴为位图

⑦ 选中小方块，在“动画”功能区中单击“自定义动画”，打开“自定义动画”任务窗格，单击“添加效果”→“进入”→“出现”，然后将任务窗格中“出现”效果的“开始”设置为“之后”，单击任务项列表中的“矩形”右方的下拉按钮，单击“计时”命令，如图 5-189 所示。

图 5-187 设置透明度

图 5-188 绘制笔画的色块

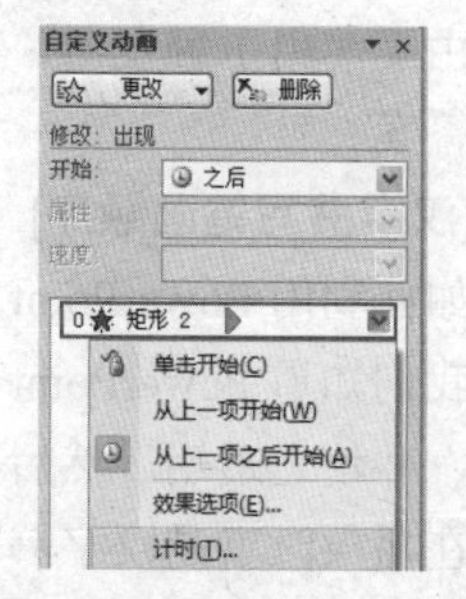

图 5-189 笔画色块的动画

打开“出现”对话框，在“延迟”后面的输入框中输入“0.2”秒，如图 5-190 所示。

⑧ 选中小方块，在按住“Ctrl”键的同时向下拖动鼠标复制新的色块，使新方块与原来的方块有部分重叠。不断重复此操作，按书写的顺序依次摆放小方块，直至小方块将全部笔画覆盖。注意，此处一定要按笔画的顺序，且小方块也要依照复制的顺序依次摆放，否则演示时会出现“书写顺序”的错误，如图 5-191 所示。

完成后选中第一个小方块，在任务窗格中将其“开始”处重新设置为“单击时”，其余色块不变，如图 5-192 所示。

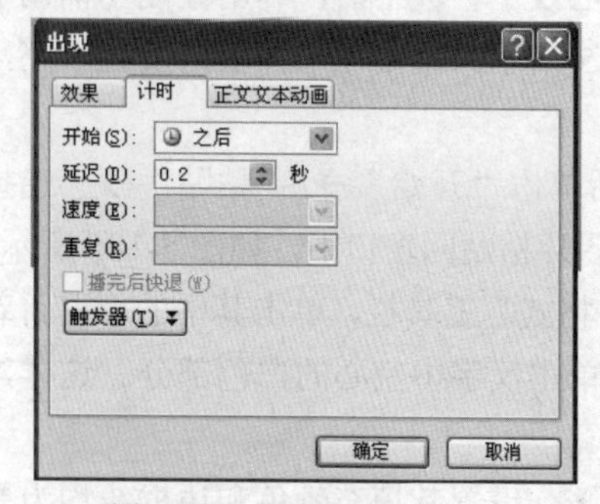

图 5-190 动画效果中的计时

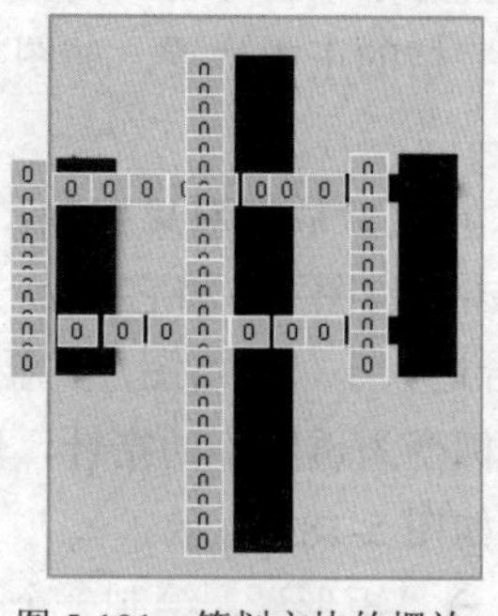
图 5-191 笔划方块的摆放

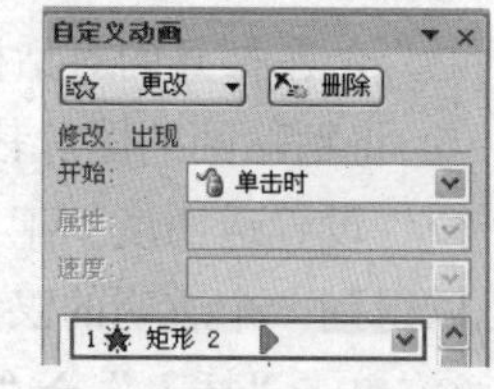

图 5-192 选择“单击时”

⑨ 选中“米”字格，单击右键，在弹出的快捷菜单中单击“叠放次序”→“置于顶层”命令，将做好的艺术字覆盖在所有的色块上方，如图 5-193 所示。

演示效果如图 5-194 所示。

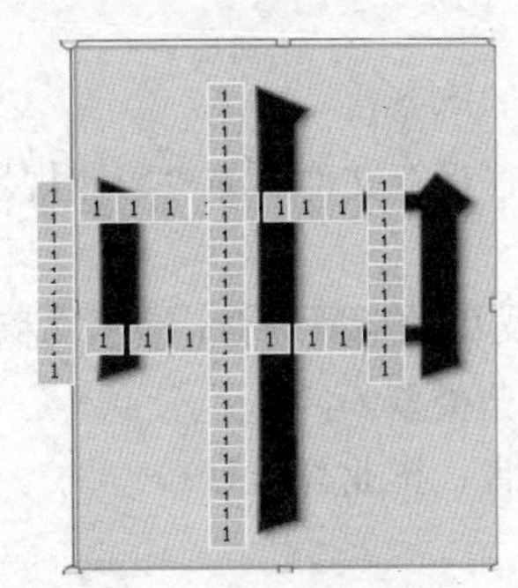

图 5-193 方块与字的层次摆放

图 5-194 汉字笔画顺序

任务十三 演讲稿的制作

任务提出

学院要举行一次关于职业规划的 PPT 演讲大赛，这次比赛不仅要求我们对职业规划的内容有所了解，还要真正地规划一下自己的未来职业，最重要的是这次比赛要通过 PPT 来展现每一个选手的精彩表现。

本任务目标

掌握幻灯片中各对象的自定义动画。

掌握幻灯片之间的切换效果。

掌握幻灯片超链接的设置。

任务分析

首先要确认自己所制作的演讲稿 PPT 有哪些内容，可以在纸上先列出提纲，像写作文一样，然后设计好版式与格式，再加上图片或声音、影片等元素，如果需要还可以加上超级链接等手段。

任务设计

在这个演讲 PPT 中，可以设计一个标题幻灯片和若干个包含标题和文本的幻灯片或其他幻灯片，标题幻灯片是用来做封面的，其他的幻灯片是用来设计内容的，这个内容是要根据前面所列的提纲进行安排的，幻灯片里面可以加上各种元素进行设计，如图 5-195 所示。

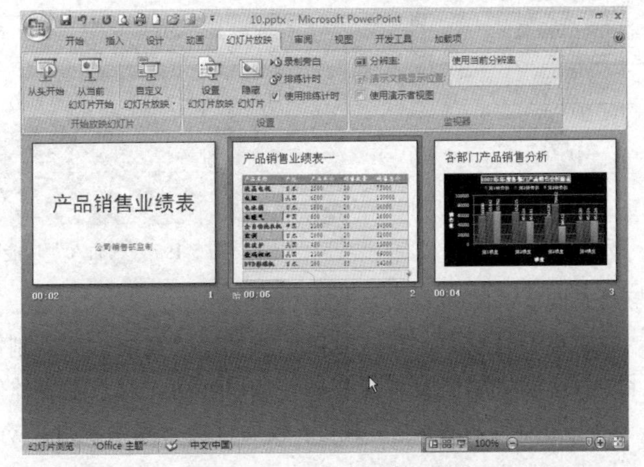

图 5-195 幻灯片浏览视图

任务实现

演示文稿创作的一般流程如下。

1. 选择工具

加工工具 PowerPoint2007，即新建一个空白演示文稿，保存文件名为“职业规划作品”。

2. 定型

所谓定型，是指分析用户制作演示文稿的目的、演示文稿的播放场合、演示文稿的受众是谁，等等，这里将演示文稿按使用目的和适用场合分为如下一些类型。

- 汇报演示型（适用场合：研究性学习开题、结题报告、毕业答辩等）。
- 舞台效果型（文艺演出等）。
- 宣传海报型（文艺演出宣传、竞选宣传等）。

以上类型各有不同的特点，如汇报演示型一般追求美观、大方、简洁，而舞台效果型则追求炫目多姿、饱人眼福。

本例所做的演示文稿可以定型为汇报演示型。

3. 厚积

（1）版式大方、配色合理

之所以将该知识点置于前，目的是希望读者能借此好好地接受一下美学的洗礼，增强自身的审美意识和创造美的能力，而这些都为读者即将学习多媒体信息加工积累了宝贵的财富。PowerPoint 提供了多种幻灯片版式，在任务窗格里可以直接进行选择，如图 5-196 所示。

（2）图文并茂、吸引眼球

艺术字：演示文稿中如何插入艺术字，点缀画面。

图表：对于一些学生的研究性学习项目而言，往往需要用到大量的数据统计图表，如何将这些作为可编辑对象直接插入到演示文稿中，很值得学生考虑。

这些幻灯片元素在“插入”功能区中可以实现，如图 5-197 所示。

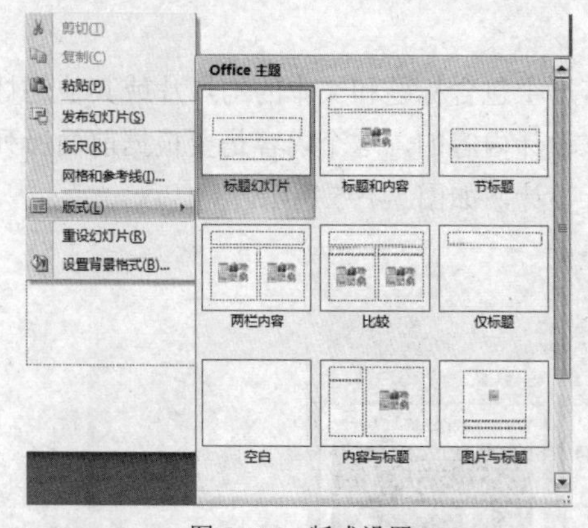

图 5-196 版式设置

图 5-197 “插入”功能区的内容

（3）个性字体、与众不同

系统预置的字体一般而言不是很多，有些时候，我们需要在演示文稿制作中尝试使用一些非系统预置的字体。因此，教授学生如何安装新字体并加以应用，对于多媒体信息加工，尤其是图像加工来说非常重要，这些字体可以从网上下载，下载后直接拷到系统盘：\windows\fonts 目录下，如图 5-198 所示。

（4）借助模板、如虎添翼

演示文稿同样为我们预置一些模板，但有些情况下可以尝试使用一些新的模板文件了。目前，网络上关于 PowerPoint 的模板非常多，一般而言，其按文件格式的不同可分为 PPTX 和 POTX 两种。其中，PPTX 格式的文件直接可以在原有基础上进行加工处理，而对于 POTX 的使用有两种处理意见，一是将 POTX 文件移动到 Office 模板的安装目录下，二是使用“新建演示文稿”中的“内容提示向导”。在选择演示文稿的模板时可以使用软件自带的模板，也可以利用一些做图软件自己设计背景或图片，背景的设置通过快捷菜单中的“设置背景格式”来进行，字体与格式等也可以通过“开始”功能区来设置，将这些设置好的幻灯片保存为模板或普通演示文稿，在下次使用时可直接使用，如图 5-199 所示。

图 5-198　字体文件夹

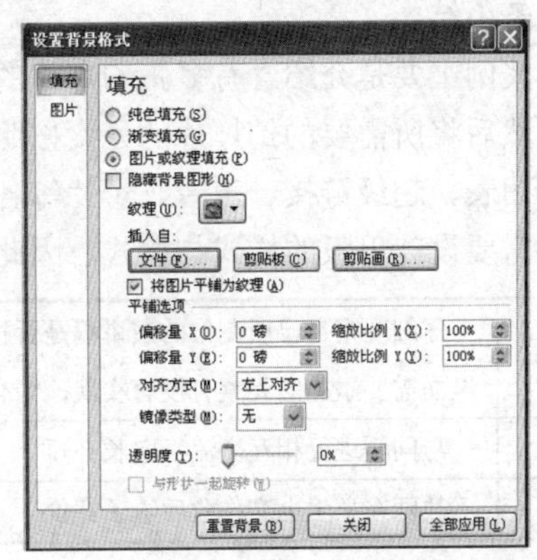

图 5-199　背景图片设置

（5）音乐视频、合理点缀

音频文件：主要演示演示文稿中如何插入音乐文件，以及通过“自定义动画”设置声音文件在连续播放到第几页停止。

动画：演示文稿中插入 SWF 文件的方法多样，在此推荐使用第三方工具将 SWF 文件直接插入到演示文稿中，避免学生处理比较繁琐的控件对象。

视频文件：演示文稿中如何插入诸如 MPG、WMV 格式的视频文件。

上述元素的实现在“插入”功能区中可进行，如图 5-200 所示。

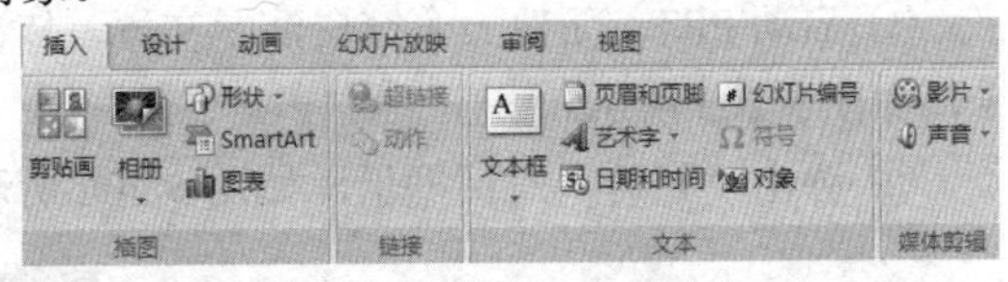

图 5-200　插入声音和影片

下面是 4 页制作完成的幻灯片图片（见图 5-201～图 5-204）。

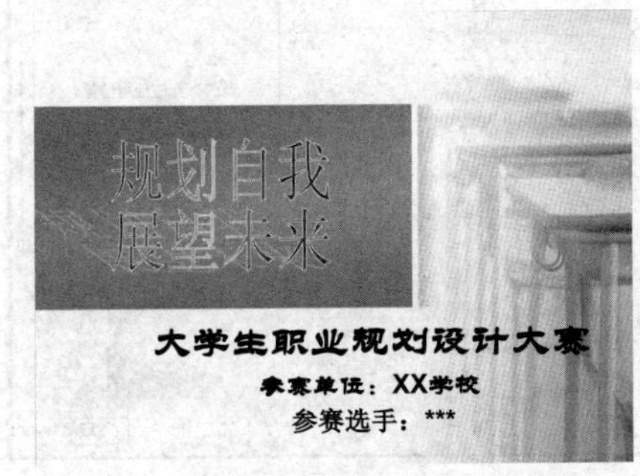

图 5-201　演讲稿封面

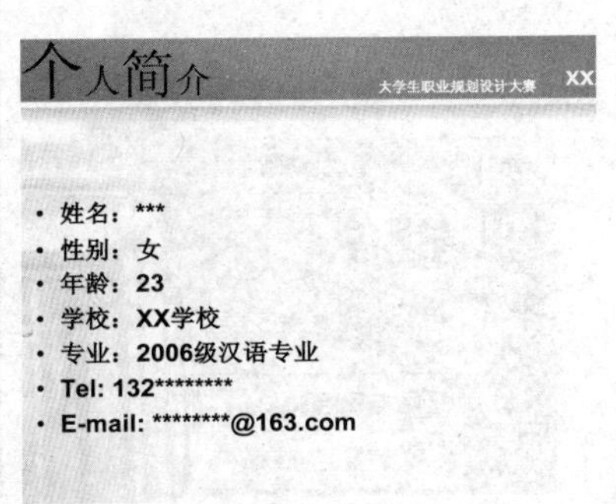

图 5-202　内容一

图 5-203 内容二

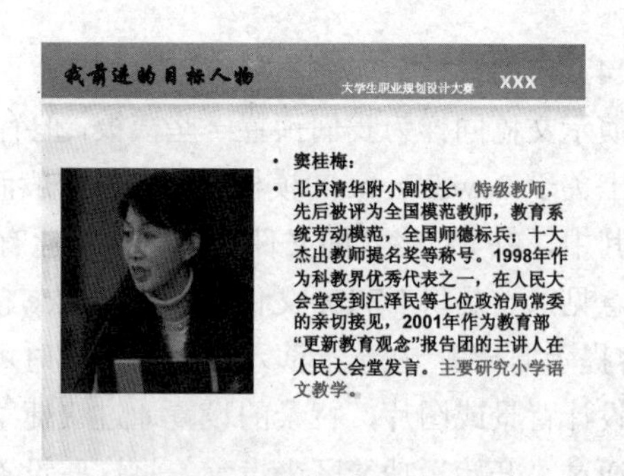

图 5-204 内容三

任务小结

本案例主要是介绍含有多张幻灯片的演示文稿的制作，在制作过程中首先要设计好 PPT 的逻辑性，然后将所需要的幻灯片的元素按照事先设计好的思路进行排版与设计，其中涉及图片、艺术字、图表、超级链接、声音、影片等各种元素的插入与设置，根据需要调整幻灯片的模板与版式，还需要设计母版的样式与格式，因此本案例是一个综合性较强的案例。

自评	仔细观察自己所制作的演讲稿是否按照原来的设计理念进行制作，有没有按照演讲稿的顺序进行设计，里面需要添加的元素有没有实现，如有不足可反复修改
互评	与同学进行相互交流，取长补短
师评	教师在学生上交作业后给予评价

举一反三

[如何使用 PPT 制作相册]

每次出去游玩或参加活动都照了许多照片，放在电脑中观赏时却受到各种软件的限制，虽说现在有好多种浏览软件，但是真正方便浏览照片以及可以为照片添加说明的软件则可以选择 PPT，它不只可以对照片进行各种说明，也可以调整照片的播放顺序。

前期准备：将拍好的照片放在一个文件夹里。

① 启动 PPT，新建一个空白演示文稿。依次单击“插入”→“相册”，选择“新建相册”命令，如图 5-205 所示。

② 弹出“相册”对话框示，如图 5-206 所示。

图 5-205 新建相册

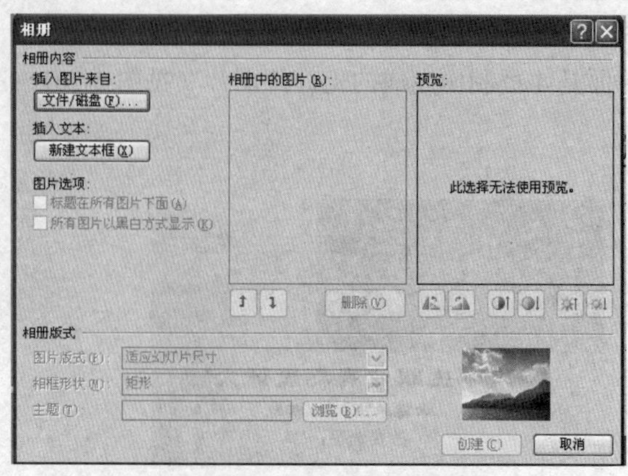

图 5-206 插入相册中的图片

③ 插入的图片有两条途径可选择，一是可以选择磁盘中的图片文件（单击“文件/磁盘”按钮），二是可以选择来自扫描仪和数码相机等外设中的图片（单击“扫描仪/照相机”按钮）。通常情况下，使用的是单击“文件/磁盘”按钮选择磁盘中已有的图片文件。

单击“文件/磁盘”按钮后弹出“插入新图片”对话框，在“查找范围”中找到照片所在文件夹，如图 5-207 所示，将所要添加到 PPT 中的照片选中，单击“插入”按钮，返回幻灯片界面。

如果有选择性地选择照片，则在弹出的对话框中可按住 shift 键（连续地）或 Ctrl 键（不连续地）选择图片文件，然后单击“插入”按钮返回相册对话框。如果需要选择其他文件夹中的图片文件则可再次单击该按钮加入。

④ 所有被选择插入的图片文件都出现在相册对话框的“相册中的图片”文件列表中，单击图片名称，可在预览框中看到相应的效果。单击图片文件列表下方的“↑”、“↓”按钮，可改变图片出现的先后顺序，单击“删除”按钮，可删除被加入的图片文件。

通过图片“预览”框下方提供的 6 个按钮还可以旋转选中的图片，改变图片的亮度和对比度等，如图 5-208 所示。

图 5-207 插入图片

图 5-208 对图片的可选性处理

⑤ 接下来可以设置相册的版式设计。单击“图片版式”右侧的下拉列表，在这里可以指定每张幻灯片中图片的数量和是否显示图片标题，如图 5-209 所示。

单击“相框形状”右侧的下拉列表，可以为相册中的每一个图片指定相框的形状，但功能必须在上面“图片版式”中不使用“适应幻灯片尺寸”选项时才有效，假设选择“圆角矩形”，则需要用专业图像工具才能达到理想的效果，如图 5-210 所示。

图 5-209 设置图片相框形状

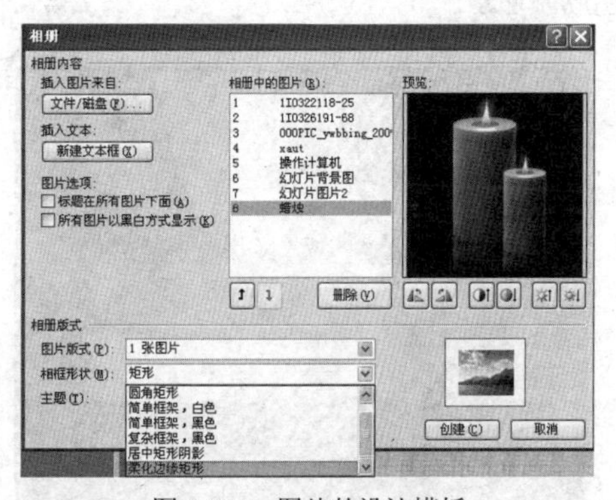

图 5-210 图片的设计模板

最后，还可以为幻灯片指定一个合适的模板，单击“设计”→“主题”中的“其他”按钮，即可进行相应的设置，如图 5-211 所示。

在制作过程中还有一个技巧，如果用户的图片文件的文件名能适当地反映图片的内容，可勾选对话框中的“标题在所有图片下面”复选项，相册生成后会看到图片下面会自动加上文字说明，即该图片的文件名，该功能只有在“图片版式”不使用“适应幻灯片尺寸”选项时才有效，如图 5-212 所示。

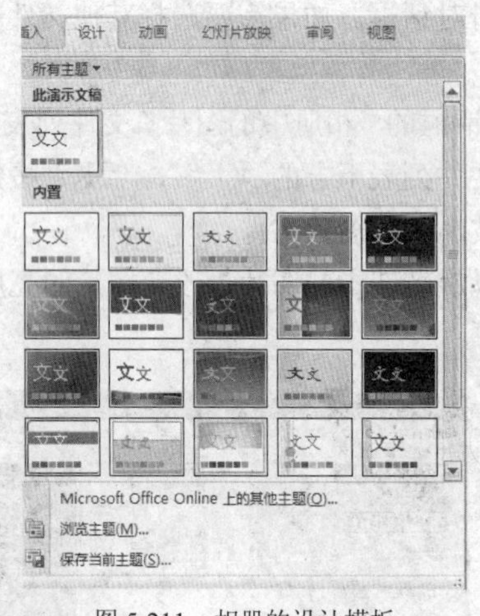

图 5-211 相册的设计模板

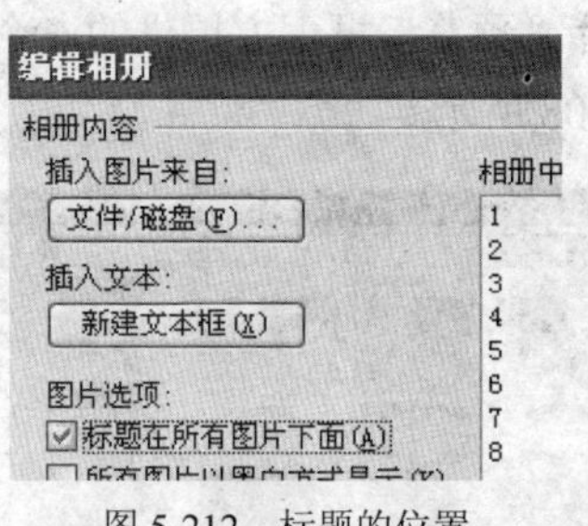

图 5-212 标题的位置

以上操作完成之后，单击对话框中的“创建”按钮，PPT 就自动生成了一个电子相册，产生一个新文件，将这个新文件保存为“我的收藏”，相册如图 5-213、图 5-214、图 5-215 所示。

至此，一个简单的电子相册已经生成了。如果需要进一步地对相册效果进行美化，还可以对幻灯片辅以一些文字说明，设置背景音乐、过渡效果和切换效果。相信大家看完本文后，能自己亲自动手制作一个更精美的个性化的电子相册。制作完成后，记得将你的相册打包或刻录成光盘，与你的亲朋好友一起欣赏哦。

图 5-213 相册封面

图 5-214 内容一

图 5-215 内容二

拓展练习

按要求完成下列演示文稿的制作。

练习一.

① 插入一张幻灯片，选择版式为“空白”，插入一幅图片，对其设置自定义动画，动作为“飞入”，方向为“自右侧”。

② 在第一页中插入一垂直文本框，在其中添加文本为“开始考试”，并设置其动作为“超级链接到下一页幻灯片”。

③ 插入一张新幻灯片，版式为“标题，文本与剪贴画”。设置标题为“考试”，标题字体大小为“60”，标题字形为“加粗”，标题对齐方式为“居中对齐”。

④ 在第二页幻灯片中添加文本处添加文本“考试时不允许作弊，要认真做答，独立完成”。

⑤ 在第二页幻灯片中添加剪贴画，插入任意一幅剪贴画。

练习二.

素材：

春花秋月何时了，
往事知多少。
小楼昨夜又东风，
故国不堪回首月明中。
雕栏玉器应犹在，
只是朱颜改，
问君能有几多愁，
恰似一江春水向东流。

① 将第一张空白幻灯片的背景设置为填充效果中的预设“茵茵绿原”，底纹样式为“角部辐射”，变形效果为第一个效果，然后选择“全部应用”。

② 将这首诗的字体设为华文新魏，字号 36，加粗，动画设置为向内溶解。

③ 再插入一垂直文本框，内容为“词作者：南唐后主　　李煜”（文字中间是 3 个空格），字体华文行楷，28 磅，加粗，动画效果为从左侧飞入。

④ 幻灯片的切换用随机垂直线条。

练习三.

① 插入一张幻灯片，幻灯片版式为“空白”。其中插入 3 条直线，颜色设置为黑色，粗细设置为 4.5 磅，将 3 条直线连接起来组成一个三角形，动画设置为擦除，启动动画的顺序和时间为在前一事件后。

② 插入一张幻灯片，幻灯片版式为“空白”。

③ 插入自选图形基本图形中的三角形，边线设置为 4.5 磅，线条颜色为黑色，填充色为黄色（请使用自定义标签中的红色 255、绿色 255、蓝色 0）。

④ 将幻灯片的切换设置为无切换。

练习四.

① 请在打开的演示文稿中插入一张幻灯片，选择版式为“标题幻灯片”。

② 主标题内容为“介绍”，并设置适当的字体大小。

③ 设置副标题为“2012 年”。

④ 对第一页幻灯片中的副标题进行动作设置，使其超级链接到下一张幻灯片。

⑤ 插入一版式为“空白”的幻灯片，并在其中插入任意一个影片，并适当调整其位置。

练习五.

① 请在打开的演示文稿中插入一张幻灯片，选择版式为“标题幻灯片”，输入主标题为“校园”，设置字号为“60”，字形为“加粗”、“斜体”。

② 输入副标题为“周边环境”。

③ 在第一张幻灯片中插入任意一个声音，选择在播放幻灯片时自动播放声音。

④ 设置第一页幻灯片的副标题的动作为“超级链接到下一张幻灯片”。

⑤ 在第一张幻灯片之后插入第二张幻灯片，选择版式为“标题，文本与剪贴画”。

⑥ 输入第二张幻灯片的标题为“网吧”，输入文本为“上网”，在添加剪贴画处添加任意一副剪贴画。

⑦ 设置所有幻灯片的幻灯片切换效果为“水平百叶窗”，切换速度为“中速”。

⑧ 设置整个演示文稿的应用设计模板为“记事本型模板”。

练习六.

① 插入一张幻灯片，幻灯片版式为“空白”。填充效果为单色纵向（颜色 1：白色，底线样式：垂直）。

② 插入水平文本框，输入内容为“南风又轻轻地吹动 逝去的光阴匆匆 亲爱的朋友请不要难过 离别以后要彼此珍重”，字体设置为幼圆、24、加粗。动画设置为“按字擦除”，声音为“打字机”。

③ 插入一张幻灯片，幻灯片版式为“空白”。背景填充效果为单色纵向（颜色 1：白色，底线样式：垂直）。

④ 添加 3 个水平文本框，文字内容为“E”“N”“D”，分别设置为黄色（请使用自定义标签中的红色 255、绿色 255、蓝色 0）、绿色（请使用自定义标签中的红色 0、绿色 204、蓝色 0）、和蓝色（请使用自定义标签中的红色 0、绿色 0、蓝色 204），字号 60。动画分别设置为由上部飞入、回旋和无效果。

⑤ 幻灯片的切换使用中速盒状收缩。

单元 6

计算机网络

6.1 计算机网络概述

6.1.1 计算机网络

1. 计算机网络

计算机网络就是将地理上分散布置的具有独立功能的多台计算机（系统）或由计算机控制的外部设备，利用通信手段通过通信设备和线路连接起来，按照特定的通信协议进行信息交流，实现资源共享的系统。

2. 计算机网络的产生与发展

20 世纪 60 年代，由美国国防部资助建立的一个名为 ARPANET 的网络就是今天互联网（Internet）最早的雏形。

20 世纪 70 年代，出现了以个人电脑为主的商业计算模式。由于认识到商业计算机的复杂性，要求大量终端设备的协同操作，局域网产生了。

20 世纪 80 年代至 90 年代，远程计算的需求不断增加，迫使计算机界开发出多种广域网络协议，满足不同计算方式下远程连接的需求，互联网快速发展起来。

21 世纪的今天，Internet 以惊人的高速度发展，网上的主机数量、上网人数、网络的信息流量每年都在成倍增长。

3. 计算机网络的组成

从资源构成的角度讲，计算机网络是由硬件和软件组成的。硬件包括各种主机、终端等用户端设备，以及交换机、路由器等通信设备；软件则由各种系统程序和应用程序以及大量的数据资源组成。

从网络逻辑功能角度来看，可以将计算机网络分成通信子网和资源子网两部分。其中，资源子网负责全网的数据处理业务，并向网络用户提供各种网络资源和网络服务，通信子网的作用则是为资源子网提供传输、交换数据信息的能力，如图 6-1 所示。

4. 计算机网络的功能

计算机网络应该具有以下功能。

① 信息交换功能是计算机网络最基本的功能，主要完成网络中各个结点之间的通信。

② 计算机系统的资源共享，包括硬件、软件和数据资源的共享。

③ 均衡负载、相互协作、分布式处理，提高了系统的可靠性和可用性。

④ 综合信息服务，即在网络系统上提供集成的信息服务，包括来自政治、经济等各方面的资源，同时还提供多媒体信息。

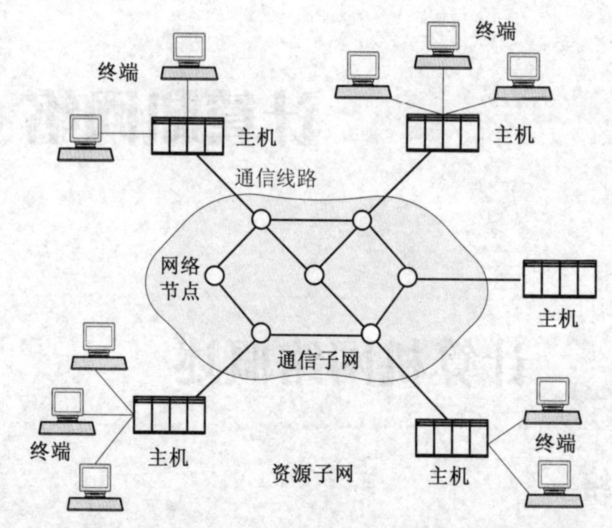

图 6-1　通信子网与资源子网

5．计算机网络的拓扑结构

抛开网络中的具体设备，把网络中的计算机等设备抽象为点，把网络中的通信媒体抽象为线，这样从拓扑学的观点去看计算机网络，就形成了由点和线组成的几何图形，从而抽象出网络系统的具体结构。网络的基本拓扑结构有以下几种。

（1）星型结构

星型拓扑结构有一个中央节点，以此为中心连接若干外围节点，任何两个节点之间要进行信号的传送必须通过中央节点，由发送端发出，经过中央节点后转发到接收端，如图 6-2 所示。

（2）环型结构

环型拓扑结构是将所有节点依次连接起来，并首尾相连构成一个环状结构。任何两个节点都必须通过环路进行数据的传输，发送端将信号发出，环状结构上的下一个节点对该信号进行检查，然后发送给下一个节点，依次传送，直到接收端接收到信号后将反馈信号发出，再经过其他节点传送到发送端，才完成一个信号的传输，如图 6-3 所示。

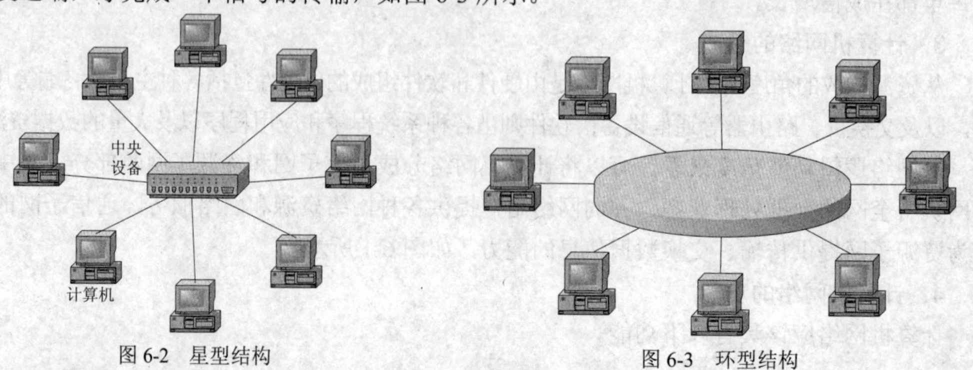

图 6-2　星型结构

图 6-3　环型结构

（3）总线结构

总线拓扑结构中的各个节点都通过相应的硬件接口连接到一条公共的访问线路上，一个节点发送的信号可以沿着公共的访问线路传播，如图 6-4 所示。

（4）树型结构

在树型拓扑结构中所有节点是按照一定的层次关系排列而成的，就像一棵倒立着的树，与总线结构的主要区别是树型中有“根”，如图 6-5 所示。

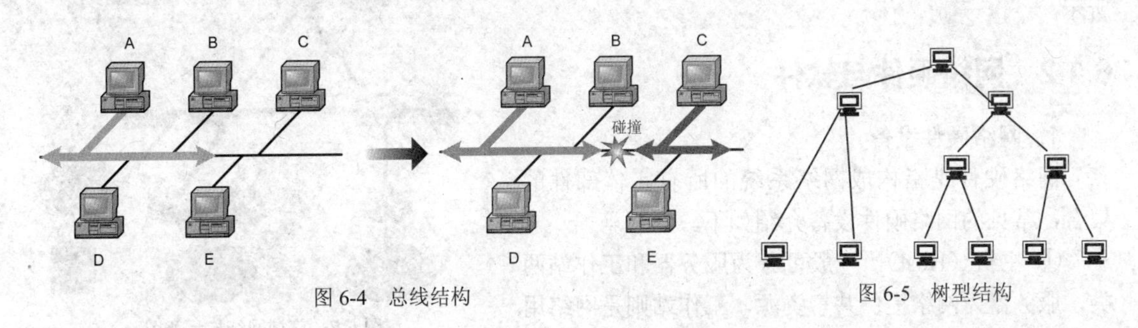

图 6-4 总线结构

图 6-5 树型结构

6. 计算机网络的分类

计算机网络可以从不同的角度进行分类，最常见的分类方法是按网络所覆盖的地理范围来分类。

局域网（Local Area Network，LAN），一般用高速通信线路相连，覆盖范围为几百米到几千米，通常将一座大楼或一个校园内分散的计算机连接起来构成 LAN，如图 6-6 所示。

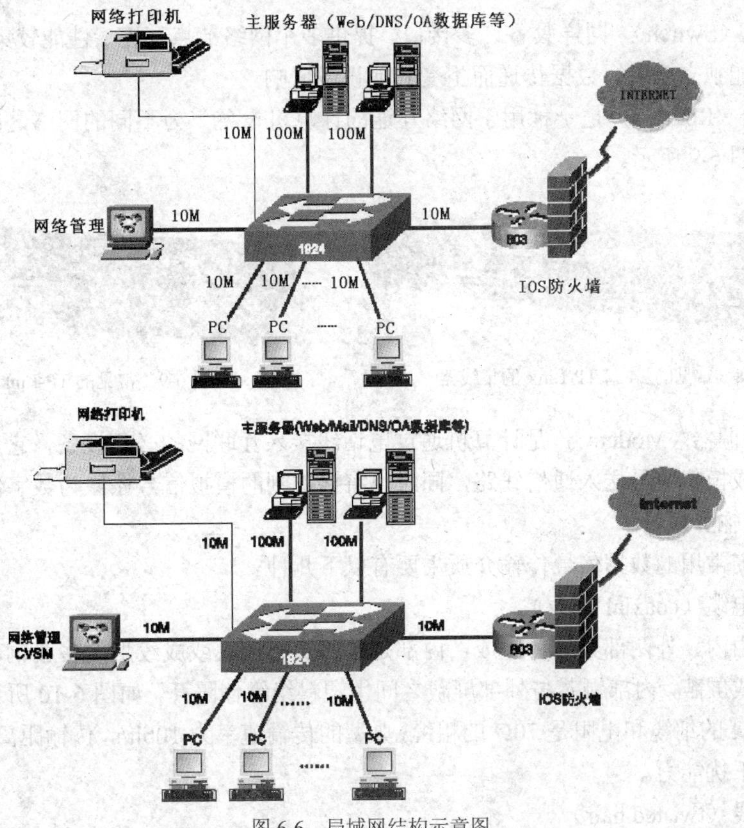

图 6-6 局域网结构示意图

城域网（Metropolitan Area Network，MAN），一般采用光纤或微波作为网络的主干通道，覆盖范围通常为一个城市或地区，距离从几十千米到上百千米。

广域网（Wide Area Network，WAN），一般从几百千米到几万千米，用于通信的传输装置和介质由电信部门提供，能实现大范围内的资源共享，如图 6-7 所示。

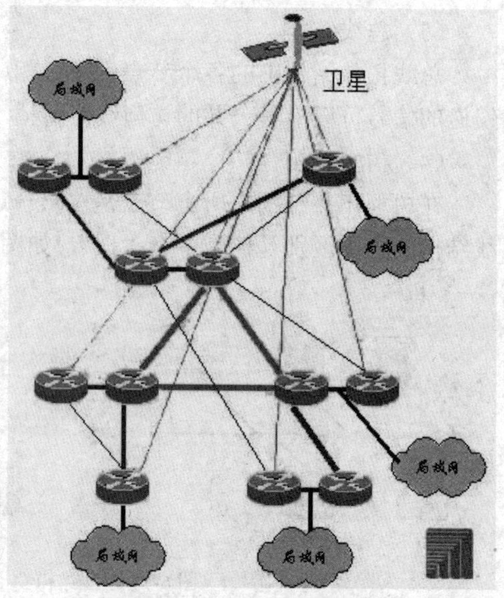

图 6-7 广域网结构示意图

6.1.2 网络硬件与软件

1. 网络硬件设备

网络硬件是指构成网络系统的所有实体部件的集合，常见的网络硬件设备介绍如下。

① 主机（Host），一般可分为服务器和工作站两类，服务器为网络提供共享资源，工作站则是网络用户入网操作的结点。

② 网络接口卡（Network Interface Card，NIC），简称网卡，插在用户计算机内，负责将用户要传递的数据转换为网络上其他设备能够识别的格式，通过网络介质传输。

③ 集线器（Hub），是单一总线共享式设备，提供很多网络接口，负责将网络中多台计算机连在一起，如图 6-8 所示。

④ 交换机（Switch），同样具备许多接口，提供多个网络节点互连，性能较集线器大为提高，使各端口设备能独立地进行数据传递而不受其他设备影响。

⑤ 路由器（Router），是一种用于网络互连的计算机设备，为不同的网络之间的数据寻径并存储转发，如图 6-9 所示。

图 6-8 常见的 24 口 TP-Link 的集线器

图 6-9 常见的 TP-Link 路由器

⑥ 调制解调器（Modem），是计算机通过电话线接入互联网的必备设备，它负责将计算机的数字信号调制成模拟信号送入通信线路，同时也将接收到的模拟信号还原为数字信号进行处理。

2. 网络传输介质

目前，人们常用的数据信号传输介质主要有以下几种。

（1）同轴电缆（coaxial cable）

同轴电缆由内、外两部分导体组成，内部是单股实心铜芯或成绞形的多股铜芯，外部采用编织状屏蔽或箔式屏蔽，内部铜芯与外部屏蔽之间用塑料绝缘体隔开，如图 6-10 所示常用的同轴电缆有电阻是 50Ω 的细缆和电阻是 70Ω 的粗缆，典型的传输速率为 10bit/s，传输距离要远于双绞线，具有很强的抗干扰能力。

（2）双绞线（twisted pair）

双绞线是目前使用最广泛、价格最低廉的一种有线传输介质，如图 6-11 所示。它由多对直径约 1 毫米的绝缘铜线两两缠绕而成，因此可以抵消相邻线对之间的电磁干扰和减少近端串扰。双绞线电缆的对数可分为 4 对、25 对、50 对、100 对等。双绞线中的每一根绝缘线路都用不同颜色加以区分，4 对双绞线电缆的颜色是橙色、蓝色、绿色、棕色。双绞线目前主要用于室内，安装也相对容易，电缆的连接硬件包括水晶头（RJ45 头）、信息模块和接插软线等。

图 6-10　同轴电缆接头

图 6-11　RJ45 插头

（3）光纤（fiber）

光纤也称光缆，是由纤芯、包层和保护膜组成。

根据光缆传输形式不同，可将光缆分为单模光缆和多模光缆，传输距离分别是几十千米和几千米，多用于点到点的链路，最大的优点是能避免外界的电磁或噪音的干扰，最大限度地降低了衰减程度，传输性能要高于双绞线和同轴电缆，但价格较昂贵。

（4）无线传送（wireless）

无线传送传输介质也可以采用技术先进的非直接连接介质如微波、红外线和卫星等，每一种传输介质都是建立在不同的电磁辐射基础之上的，微波多用于电话或通信系统。

3．网络软件系统

网络软件系统主要包括以下几类。

（1）网络操作系统

网络操作系统是网络软件中最主要的软件。它除了具有操作系统的功能外，还应具有网络的支持功能，能管理整个网络的资源。目前，网络操作系统主要有 Windows 2000 server、Windows server 2003、Linux 等。

（2）网络协议

网络协议是网络上所有设备（网络服务器、计算机及交换机、路由器、防火墙等）之间通信规则的集合，它定义了通信时信息必须采用的格式和这些格式的意义。常见的协议有 TCP/IP 协议、IPX/SPX 协议、NetBEUI 协议等。

（3）网络应用软件

除了上述两类，其他网络软件几乎都属于应用软件。网络应用软件为用户提供了多种多样的网络应用服务，是用户使用网络应用的接口，如果没有应用软件，网络就不可能走进千家万户。常用的应用软件有 Internet Explorer、Outlook Express、腾讯 QQ 等。

6.2 Internet 基础知识

6.2.1 Internet 的形成与发展

Internet 中文译为因特网，又称互联网，它并不是单个网络，而是大量不同网络的集合。Internet

是将以往相互独立的，散落在各个地方的单独计算机或是相对独立的计算机局域网，借助已经发展得有相当规模的电信网络，通过一定的通信协议而实现更高层次的互联。

20 世纪 60 年代末，美国国防部的高级研究计划局（ARPA）建设了一个军用网，叫做“阿帕网”（ARPAnet）。阿帕网于 1969 年正式启用，当时仅连接了 4 台计算机，供科学家们进行计算机联网实验用。

20 世纪 70 年代，ARPA 又设立了新的研究项目，支持学术界和工业界进行有关的研究。研究的主要内容是用一种新的方法将不同的计算机局域网互联，形成“互联网”。研究人员称之为“internetwork”，简称“Internet”。这个名词一直沿用至今。

1974 年，出现了连接分组网络的协议，其中包括了 TCP/IP——著名的网际互联协议 IP 和传输控制协议 TCP。

ARPA 在 1982 年接受了 TCP/IP，选定 Internet 为主要的计算机通信系统，并把其他的军用计算机网络都转换到 TCP/IP。1983 年，ARPAnet 分成两部分。一部分军用，称为 MILNET；另一部分仍称 ARPAnet，供民用。

1986 年，美国国家科学基金组织（NSF）将分布在美国各地的 5 个为科研教育服务的超级计算机中心互联，并支持地区网络，形成 NSFnet。1988 年，NSFnet 替代 ARPAnet 成为 Internet 的主干网。1989 年，ARPAnet 解散，Internet 从军用转向民用。

1992 年，美国 IBM、MCI、MERIT 3 家公司联合组建了一个高级网络服务公司（ANS），建立了一个新的网络，叫做 ANSnet，成为 Internet 的另一个主干网，使 Internet 开始走向商业化。1995 年 4 月 30 日，NSFnet 正式宣布停止运作。

6.2.2 Internet 接入方式

1. 申请接入 Internet

Internet 服务提供商（Internet Service Provider，ISP）是为用户提供 Internet 接入和 Internet 信息服务的公司和机构。由于接入国际互联网需要租用国际信道，其成本对于一般用户来说是无法承担的。而 ISP 提供接入服务的中介，需投入大量资金建立中转站，租用国际信道和大量的当地电话线，购置一系列计算机设备，采取集中使用、分散压力的方式向本地用户提供接入服务。

ISP 的选择包括以下方面。

① 入网方式。

② 出口速率。

③ 服务项目。

④ 收费标准。

⑤ 服务管理。

2. ISP 应提供的信息

① ISP 入网服务电话号码。

② 用户账号（用户名，ID）。

③ 密码。

④ ISP 服务器的域名。

⑤ 所使用的域名服务器的 IP 地址。

⑥ ISP 的 NNTP 服务器地址。

⑦ ISP 的 SMTP 服务器地址。

3. 各种 Internet 连接技术

网络接入方式的结构，统称为网络的接入技术，其发生在连接网络与用户的最后一段路程，网络的接入部分是目前最有希望大幅提高网络性能的环节。

目前，Internet 接入技术有很多种，按大类分为窄带接入和宽带接入。采用 Modem 通过电话线拨号接入、采用 ISDN 通过电话线、网络终端 NT1 接入，属于窄带接入。目前宽带接入技术分为以下几种。

（1）PSTN 公共电话网

这是最容易实施的方法，费用低廉，只要一条可以连接 ISP 的电话线和一个账号即可。缺点是传输速度低，线路可靠性差。

（2）ISDN 一线通

ISDN 一线通有两个信道 128kbit/s 的速率、快速的连接以及比较可靠的线路。还可以通过 ISDN 和 Internet 组建企业 VPN。性能价格比高，在国内大多数的城市都有 ISDN 接入服务。

（3）ADSL 宽带

非对称数字用户环路，可在普通的电话铜缆上提供 1.5Mbit/s～8Mbit/s 的下行和 10kbit/s～64kbit/s 的上行传输。缺点是用户距离电信的交换机房线路距离不能超过 4 千米～6 千米。

（4）DDN 专线

它的特点是速率比较高，范围从 64kbit/s～2Mbi/s。但因为整个链路被企业独占，所以费用很高。这种线路优点很多，有固定的 IP 地址、可靠的线路运行、永久的连接等。

（5）光纤接入

主干网速率可达几十 Gbit/s，并且推广宽带接入。光纤可以铺设到用户的路边或者大楼，可以以 100Mbit/s 以上的速率接入。

（6）无线接入

通过高频天线和 ISP 连接，距离在 10 千米左右，带宽为 2Mbit/s～11Mbit/s，费用低廉，但是受地形和距离的限制。

（7）cable modem 接入

通过有线电视网接入 Internet，速率可以达到 10Mbit/s 以上，但是 cable modem 的工作方式是共享带宽的。

4. 通过 ADSL 连接 Internet

（1）什么是 ADSL

ADSL 是 Asymmetric Digital Subscriber Loop（非对称数字用户回路）的缩写，它的特点是能在现有的普通铜双绞电话线上提供高达 8Mbit/s 的下载速率和 1Mbit/s 的上行速率，而其传输距离为 3 千米到 5 千米。其优势是可以不需要重新布线，充分利用现有的电话线网络，只需在线路两端加装 ADSL 设备即可为用户提供高速高带宽的接入服务，它的速度是普通 Modem 拨号速度所不能及的，就连 ISDN 的传输率也只有它的百分之一，如图 6-12 所示。

ADSL 的优点有以下几个。

① 高传输速率。

② 上网和打电话互不干扰。

③ 独享带宽安全可靠。

④ 费用低廉。

⑤ 安装快捷方便。在现有的电话线上安装 ADSL，只需安装一台 ADSL Modem 和一只电话分离器（由电信部门免费提供）即可，用户线路不用改动，极其方便。

⑥ 提供多种先进服务。ADSL 可提供多种先进服务，如建立个人网站，提供真正的网络电视、电影，提供更好的网上游戏服务等。

（2）ADSL 的安装与设置

① ADSL 的申请和安装。如图 6-13 所示，安装人员会装一个 ADSL MODEM 的滤波分离器，又叫滤波器。这个信号分离器用来将电话线路中的高频数字信号和低频语音信号进行分离。

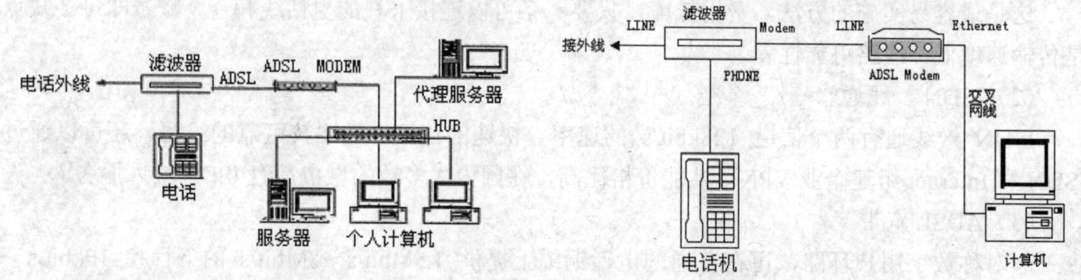

图 6-12 ADSL 的连接方式　　图 6-13 ADSL 的安装

安装时先将来自电信局端的电话线接入信号分离器的输入端，然后再用一根电话线的一头连接信号分离器的语音信号输出口，另一端连接用户的电话机。此时电话机应该已经能够接听和拨打电话了。用另一根电话线的一端连接信号分离器的数据信号输出口，另一端连接 ADSL MODEM 的 Line（外线）接口上。然后再用一根五类双绞线，这是一根交叉双绞线，一头连接 ADSL MODEM 的 Ethernet 接口，另一头连接计算机网卡中的网线接口。这时候打开计算机和 ADSL MODEM 的电源，如果两边连接网线的接口所对应的灯都亮了，那么硬件连接就成功了。

当完成硬件的连接之后，还需进行必要的软件设置。虚拟拨号方式是 PPPoE（Point-to-Point Protocol Over Ethernet）形式的入网，与所使用的 PPPoE 软件有很大关系，所以要先确定所使用的 PPPoE 软件，这里需要说明的是，由于虚拟拨号方式入网的用户都遵守 PPPoE 协议，所以可以不使用 ISP 所提供的 PPPoE 软件，而由用户自行选定一种 PPPoE 软件，目前在 Windows 上使用的 PPPoE 软件主要有 Enternet 300、Enternet 500、WinPoET、RasPPPoE、NetVoyager 等。

Windows 2000 使用 Enternet300，如图 6-14 所示。

连接配置文件的设置完成后出现如图 6-15 所示的新的连接。双击如图 6-16 所示的连接“ADSL”，便可以虚拟拨号上网了。连接成功后，任务栏右下角会出现一个图标，双击图标将出现连接状态窗口。

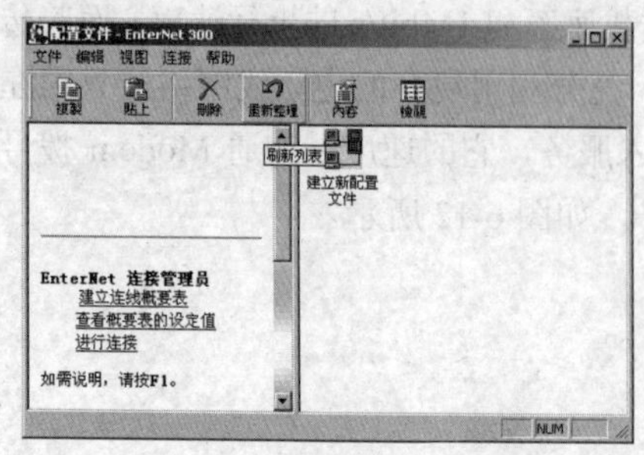

图 6-14 Enternet 300 配置文件窗口

图 6-15 Enternet 300 连接对话框

② Windows XP 下使用内建的 PPPoE。如图 6-17 和图 6-18 所示用新建连接向导。

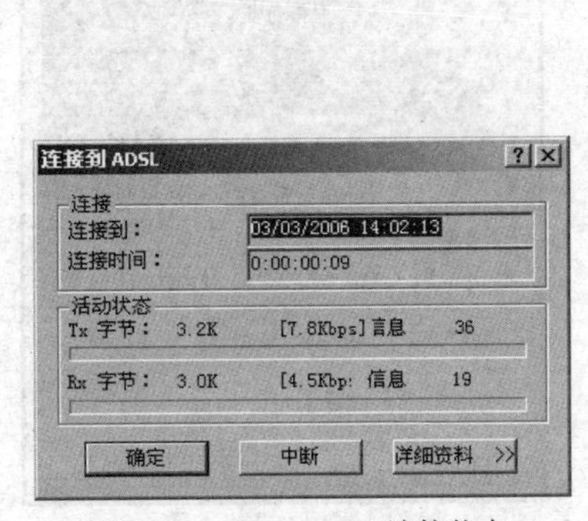

图 6-16 Enternet 300 连接状态

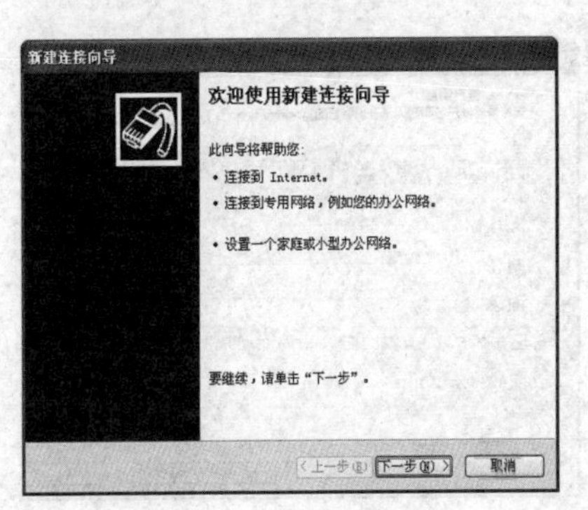

图 6-17 新建连接向导

如图 6-19 所示选择"手动设置我的连接"，并单击"下一步"按钮，打开如图 6-20 所示的窗口，再选择"用要求用户名和密码的宽带连接"。

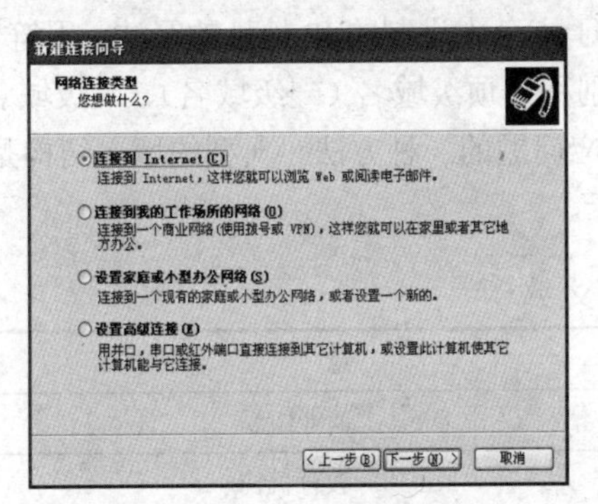

图 6-18 连接向导的网络连接类型

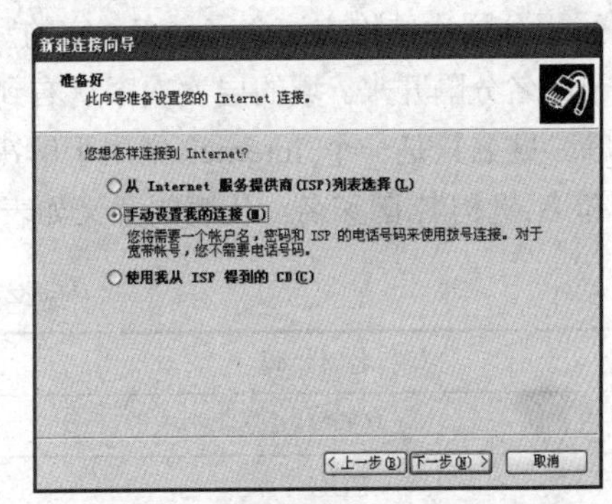

图 6-19 新建连接向导手动设置连接

如图 6-21 所示设置连接的名称，本例输入"adsl"，并单击"下一步"按钮。

打开如图 6-22 所示的窗口。在窗口中，输入账户名和密码。第一次填入的就是在 ISP 处设置的用户名和 ISP 所给的初始密码。

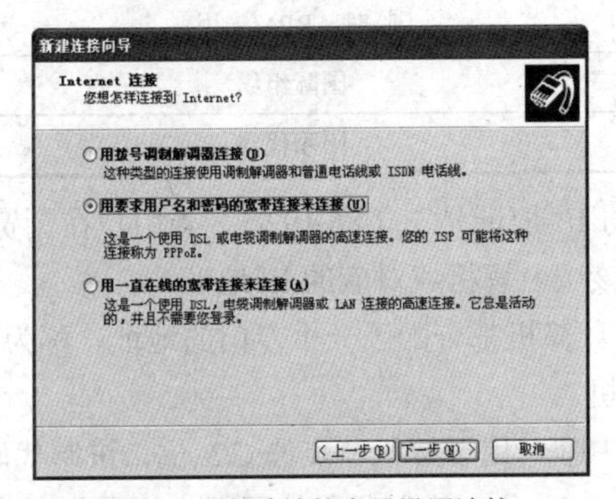

图 6-20 新建连接向导设置连接

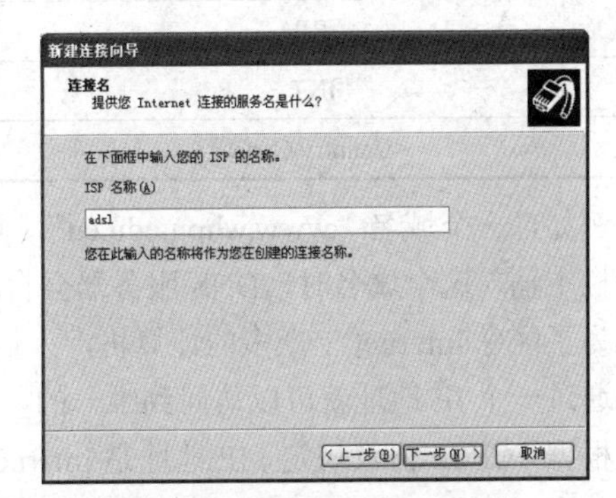

图 6-21 连接向导设置 ISP 名称

至此虚拟拨号连接配置完成，以后只需双击命名为"adsl"的连接，就可以打开如图 6-23 所示的窗口进行虚拟拨号接入 Internet。

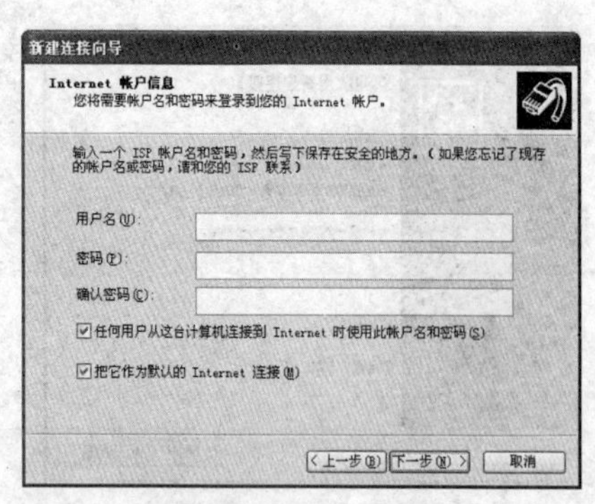

图 6-22 设置用户名和密码

图 6-23 连接到 Internet

5．域名与 IP 地址

Internet 引入了一种字符型的主机命名方式——域名（Domain Name），用来表示主机的地址。TCP/IP 采用分层次结构方法命名域名，它的写法类似于点分十进制的 IP 地址的写法，用符号“.”将各级子域名分隔开来。域的层次次序从右到左，分别称为顶级域名（一级域名）、二级域名、三级域名等。域名只是一个 Internet 中用于解决地址对应问题的一种方法。典型的域名结构是：主机名.单位名.机构名.国家名。代表的意义如表 6-1 所示。

表 6-1 域名代码及意义

域 名 代 码	意 义
COM	商业组织
EDU	教育机构
GOV	政府部门
MIL	军事部门
NET	网络支持中心
ORG	其他组织
ARPA	临时 ARPA(未用)
INT	国际组织
<Country Code>	国家代码

例如，一个域名“www.whpu.edu.cn”，其对应的 IP 地址是 211.85.192.1，当用户在浏览器的地址栏中输入这个域名时，DNS 服务器会自动地把该域名解析成对应的 IP 地址。

为了区分 Internet 上众多的计算机，人们给每台计算机都分配了一个专门的地址，称为 IP 地址。通过一个 IP 地址就可以访问到唯一的一台计算机。

根据 TCP/IP 协议规定，IP 地址是 Internet 网络中唯一用于标识节点的 32 位二进制代码。IP 地址包含 3 部分：地址类别、网络号和主机号。通常将 32 位二进制代码按照每 8 位用句点分隔的方式标识，比如 11000000.10101000.00000000.00000001。但由于这种表示方法过于复杂，不方便记忆、使用，所以 Internet 管委会采用了一种“点分十进制”的形式表示 IP 地址，即将每个 8 位二进制数转换成一个十进制数，比如 192.168.0.1。

Internet 管理委员会根据网络规模的大小在分配 IP 地址时，将 IP 地址分为 A、B、C、D 和 E 5 种类型，如图 6-24 所示。

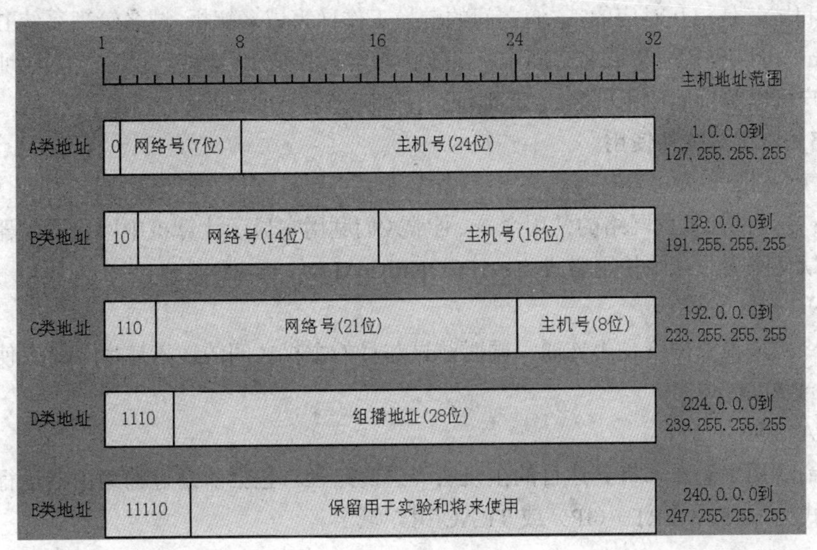

图 6-24 IP 地址格式

① A 类地址的最高端二进制位为 0，第一段是网络标识，后 3 个字节段是主机标识。它允许有 126 个网络，每个网络大约有 1700 万台主机。编址范围为 1.0.0.1 至 126.255.255.254，A 类地址第一段为 1～126。

② B 类地址的最高端的前两个二进制位为 10，前两段是网络标识，后两段是主机标识。它允许有 16384 个网络，每个网络大约有 65000 万台主机。编址范围为 128.0.0.1 至 191.255.255.254，B 类地址第一段为 128～191。

③ C 类地址的最高端的前 3 个二进制位为 110，前 3 段是网络标识，后一段是主机标识。它允许有 200 万个网络，每个网络大约有 254 台主机。编址范围为 192.0.0.1 至 223.255.255.254，C 类地址第一段为 192～223。

④ D 类地址的最高端 4 个二进制位为 1110，是专供多目传送用的多目地址。

⑤ E 类地址的最高端 5 个二进制位为 11110，是扩展备用地址。

在实际应用中，为识别子网需要使用子网掩码。子网掩码也是一个 32 位的二进制数值，同样使用点分十进制表示，它的作用是识别子网和判别主机属于哪一个网络。当主机之间通信时，通过子网掩码与 IP 地址的逻辑与运算可分离网络号，达到上述目的。设置子网掩码的规则是：IP 地址中表示网络号的对应位置 1，表示主机号部分对应位置 0。

Internet 是网络的集合，一个网络连接到另一个网络的“关口”就是所谓的网关。网关实质上是一个网络通向其他网络的 IP 地址。TCP/IP 协议规定处在两个不同网络中的主机不能直接通信。要实现这两个网络之间的通信，则必须通过网关，如图 6-25 所示。

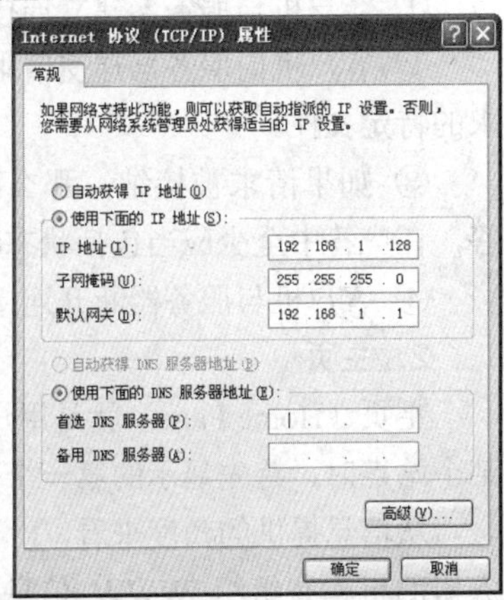

图 6-25 Windows XP 网络属性对话框

例如，域名“nhdd.gdrtvu.edu.cn”表示的是中国（cn）教育机构（edu）广东广播电视大学（gdrtvu）的南海电大主机（nhdd.）。

IP 地址和域名是相互对应的，它们之间的转换工作称为域名解析。域名管理系统 DNS（Domain Name System）可以有效地将域名空间中有定义的域名转换成 IP 地址，反之，IP 地址也可以转换成域名，用户可以等价地使用域名或 IP 地址。

6．网络测试工具软件使用

（1）IPCONFIG

Ipconfig 是调试计算机网络的常用命令，通常人们利用它显示计算机中网络适配器的 IP 地址、子网掩码及默认网关。命令使用格式为：IPCONFIG/ALL。

（2）PING

Ping 命令用来检查网络是否连通，同时测试与目的主机之间的连接速率。命令使用格式为：PING（IP）或 PING 域名。

（3）TRACERT

Tracert 命令用来查看本机到达目的主机所经过的路径，包括所经过的路由器运行状态信息。命令使用格式为：TRACERT （IP）或 TRACERT 域名。

6.2.3 WWW 浏览

WWW 是 World Wide Web 的缩写，可译为“环球网”或“万维网”，它是基于 Internet 提供的一种界面友好的信息服务，用于检索和阅读连接到 Internet 上服务器的有关内容。该服务利用超文本（Hypertext）、超媒体（Hypermedia)等技术，允许用户通过浏览器（如微软的 IE）检索远程计算机上的文本、图形、声音以及视频文件。

每个站点都有一个主页，WWW 的核心是 Web 服务器。

1．超文本传输协议

超文本传输协议 HTTP（Hyper Text Transfer Protocol）可以简单地被看成是浏览器和 Web 服务器之间的会话。

HTTP 定义了简单事务处理程序，由以下 4 个步骤组成，如图 6-26 所示。

① 客户机与服务器建立连接。

② 客户机向服务器递交请求，在请求中指明所要求的特定文件。

③ 如果请求被接纳，那么服务器便发回一个应答，在应答中至少应当包括状态编号和该文件内容。

④ 客户机与服务器断开连接。

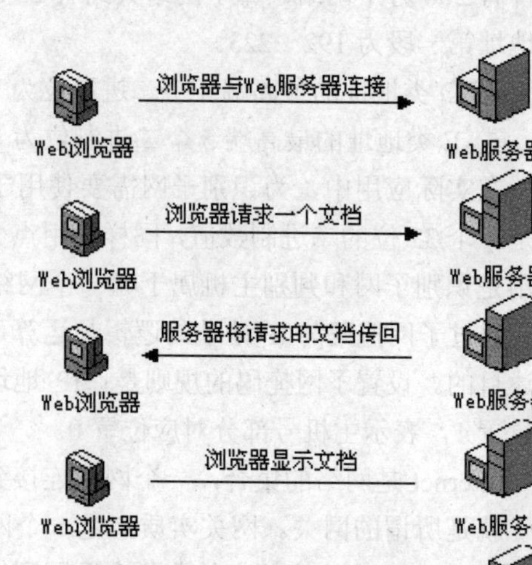

图 6-26 WWW 浏览过程

2．主页

主页（Home Page）就是用户在访问 Internet 网上某个站点时，首先显示的第一个页面。

从信息提供的角度来看，由于各个开发 WWW 服务器的机构在组织 WWW 信息时是以信息页为单位的，这些信息页被组织成树状结构以便检索，那个代表“树根”信息页的超文本就是该 WWW 服务器的初始页（主页）。

3. 浏览网页

在 WWW（万维网）中想要连接到某个网页，需要给浏览器一个地址，这个地址就是网址（URL）。URL 是 Uniform Resource Location 的缩写，译为“统一资源定位器”。通俗地说，URL 是 Internet 上用来描述信息资源的字符串，主要用于各种 WWW 客户程序和服务器程序上。

URL 的格式由下列 3 部分组成。

第一部分是协议（或称为服务方式）。

第二部分是存有该资源的主机 IP 地址（有时也包括端口号）。

第三部分是主机资源的具体地址，如目录和文件名等。

第一部分和第二部分之间用符号“://”隔开，第二部分和第三部分用符号“/”隔开。第一部分和第二部分是不可缺少的，第三部分有时可以省略。例如，搜狐网 http://www.sohu.com，如图 6-27 所示。

图 6-27 IE 中浏览搜狐网

4. IE7.0 的使用

IE 即 Internet Explorer 的缩写，是由微软公司出品的一款浏览器，并且采用与 Windows 系列操作系统捆绑的方式免费提供给用户，也就是说，只要用户使用的是 Windows 系列操作系统，就肯定有 IE 浏览器，因此，IE 已经占据了绝大多数的个人电脑浏览器份额，其他的非 IE（内核）浏览器，如网景的 NETSCAPE 和 OPERA、FIREFOX 等在普通的个人用户中很少见。

（1）Internet Explorer 浏览器窗口简介

IE 浏览器窗口如图 6-28 所示。

（2）IE 浏览器常规属性的设置

常规属性的内容比较多，包括主页的设置、临时文件的建立与删除、历史记录的处理以及语言文字等方面的内容。设置好 Internet 连接的常规属性，可使用户对 Web 页的查看和处理更加随心所欲。设置 Internet 连接常规属性的步骤如下。

图 6-28 IE 浏览器窗口组成

① 在“控制面板”窗口中双击 Internet 图标，如图 6-29 所示。打开“Internet 属性”对话框，选择“常规”选项卡。

② 单击“使用默认页”按钮，Internet Explorer 将把默认 Web 页作为主页。单击“使用空白页”按钮，将以空白页作为主页。如果单击“使用当前页”按钮，则将当前 Internet Explorer 窗口中打开的 Web 页作为主页。这样，用户再打开 IE 浏览器时，就可直接打开用户所设定的主页。

③ Internet Explorer 可在用户上网时建立临时文件，把所查看的 Internet 页存储在特定的文件夹中，从而可以大大提高以后浏览的速度。单击“设置”按钮，打开“设置”对话框，如图 6-30 所示，通过该对话框，可进行临时文件管理，例如查看文件、移动文件夹、确定是否检查所存网页的较新版本等。

④ 在“常规”选项卡中单击“删除文件”按钮，可打开“删除文件”对话框并启用“删除所有脱机内容”复选框，可删除临时文件夹中所有的文件内容。

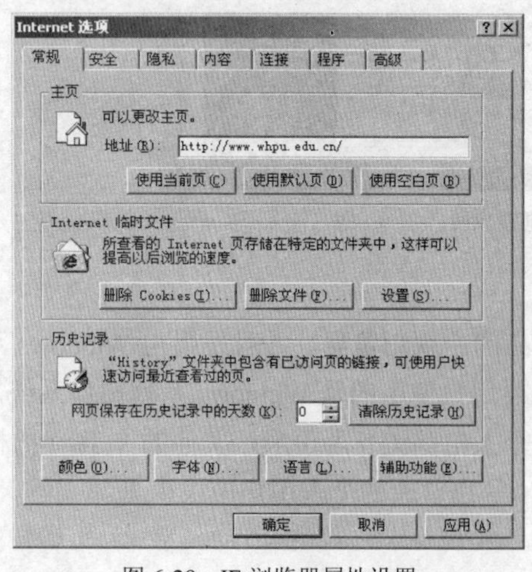

图 6-29 IE 浏览器属性设置

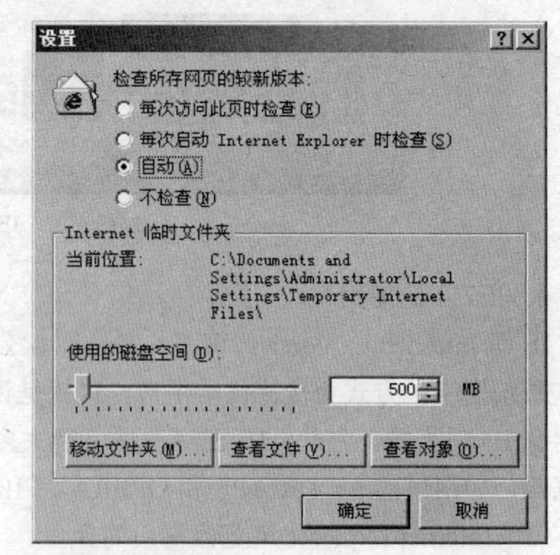

图 6-30 IE 浏览器设置

⑤ 在“历史记录”选项区域中调整微调器，可改变网页保存在历史记录中的天数，例如将其值调整为 20，网页将在历史记录中保存 20 天，20 天后被自动删除。单击“清除历史记录”按钮，可将历史记录清除。

⑥ 单击“语言”按钮打开“语言首选项”对话框，如图 6-31 所示，单击“添加”按钮，打

开对话框后选择自己查看 Web 页时经常使用的语言，Internet Explorer 系统会自动根据优先级对语言进行处理，以便用户查看 Web 页的内容。

⑦ 单击“颜色”、“字体”和“辅助功能”按钮，可对所访问的 Web 网页进行颜色、字体和样式等方面的设置。

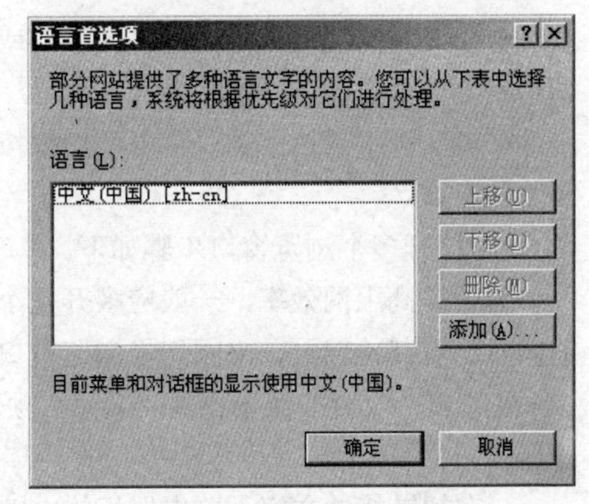

图 6-31 语言首选项设置

（3）Internet Explorer 的基本使用方法

① 输入网址步骤如下。

• 单击工具栏中的“停止”图标，在地址栏中输入用户想进入的网页（网站）地址，输入完成后敲回车键即开始与该网站建立链接。

• 单击地址栏右边的小三角符号，可下拉出以前输入的网址，可以从中选择想要进入的网站。

• 可以执行“文件”菜单下的“打开”命令来输入网址。

• 如果在输入了部分地址后按下“Ctrl+Enter”，IE 会根据情况补充协议名（如 http:）和扩展名，并尝试转到你所键入的 URL 地址处。

② 前进和后退步骤如下。

• 前进和后退操作能在同一个 IE 窗口中浏览以前浏览过的网页中任意跳转。

• 单击工具栏中的“后退”按钮，可以退到上一个浏览过的网页，如果单击“后退”右侧的小三角按钮，会弹出一个下拉列表，罗列出以前访问过的所有网页，可以从列表中直接选择一个，转到该网页。

• 如果前面通过“后退”按钮回退过，工具栏的“前进”按钮就可以使用了，否则是灰的。单击工具栏的“前进”按钮可以前进一个网页。同样，如果单击“前进”右侧的小三角按钮，会弹出一个下拉列表，罗列出所有以前访问当前网页后又访问过的网页，可以从列表中直接选择一个，转到该网页。

③ 中断链接和刷新当前网页步骤如下。

• 单击工具栏中的“停止”按钮，可以终止当前正在进行的操作，停止和网站服务器的联系。

• 单击工具栏的“刷新”按钮，浏览器会和服务器重新取得联系，并显示当前网页的内容。

④ 自定义 Internet Explorer 窗口步骤如下。

• 打开 Internet Explorer，在工具菜单中选择工具栏子菜单，可以设置工具栏中显示的工具，包括标准按钮、地址栏、链接、电台和自定义。

• 执行“自定义”命令，将弹出“自定义工具栏”对话框。在该对话框中可以根据需要编辑在工具栏中显示的工具，可以将右边窗口（其中为当前窗口中显示的工具）中的工具从工具栏中删除，或将左边窗口（其中为可供选择的工具）中的工具添加到工具栏中显示。

• 选择浏览栏子菜单，设置在浏览栏内的内容，浏览栏内可显示“搜索”、“收藏夹”、“历史记录”、“文件夹”和“每日提示”中的一项（IE5.0 还可显示“讨论”），如果浏览栏内没有内容，浏览栏将不显示。

⑤ 全屏浏览网页步骤如下。

• 全屏幕显示可以隐藏掉所有的工具栏、桌面图标以及滚动条和状态栏，以增大页面内容的显示区域 。

• 在“显示”菜单下选择“全屏”或单击工具栏上的“全屏”按钮，或按功能键 F11，即可切换到全屏幕页面显示状态 。

• 再次按工具栏上的“全屏”切换按钮，或按功能键 F11，关闭全屏幕显示，切换到原来的浏览器窗口。

⑥ 打开多个浏览窗口步骤如下。

为了提高上网效率，一般应多开几个浏览窗口，同时浏览不同的网页，可以在等待一个网页的同时浏览其他网页，来回切换浏览窗口，充分利用网络带宽。

• 选择“文件”菜单中的“新建”项，在弹出的子菜单中选择“窗口”，就会打开一个新的浏览器窗口 。

• 在超链接的文字上单击鼠标的右键，在弹出菜单中选择“在新窗口中打开链接”项，IE 就会打开一个新的浏览窗口 。

5. 保存网上资源

（1）保存浏览器中的当前页

① 在“文件”菜单上单击“另存为”。

② 在弹出的保存文件对话框中选择准备用于保存网页的文件夹，在“文件名”框中键入该页的名称。

③ 在“保存类型”下拉列表中有多种保存类型。

④ 选择一种保存类型，单击“保存”按钮。

（2）保存网页中的图像、动画

打开网页，把鼠标移动到图片上方，图片工具栏将自动显示在图片上，如图 6-32 所示。

在图片左上角的图片工具栏中可以完成保存图片、打印图片、以邮件方式发送图片和打开 My Picture 文件夹等操作，右下角的按钮可以把图片扩展为原始大小或者缩小以适应窗口。

图 6-32 选择的图片

禁止图片的显示，可以单击 IE 浏览器中的“工具”菜单下的“Internet 选项”，在弹出的“Internet 选项”对话框中选择“高级”选项卡。在列表窗口中确保“多媒体”栏下的“显示图片”复选框不选，单击“确定”按钮，然后重新打开 IE 浏览器或单击“刷新”按钮使设置生效，即可不在网页中显示图片。

（3）收藏夹

① 使用收藏夹。收藏夹是用来保存网页地址的，是一个可以大大方便我们操作的功能。

打开一个需要收藏的网页，如 http://www.baidu.com，单击 IE 浏览器菜单栏中的“收藏”，选择“添加到收藏夹”项，将显示“添加到收藏夹”对话框。

在“添加到收藏夹”对话框的“名称”文本框中输入网页地址名称，或用默认的网页标题名，并可单击“创建到”按钮选择收藏位置，然后单击“确定”按钮即可。

需要访问收藏夹中的网站时，单击 IE 浏览器菜单栏中的“收藏”，再单击相关网站链接就可以了。

② 管理收藏夹。收藏夹和 Windows95/98 文件夹的组织方式是一致的，也是树形结构。定期

整理收藏夹的内容，保持比较好的树形结构，有利于快速访问。

选择“收藏”菜单下的“整理收藏夹”，打开整理收藏夹窗口，单击整理收藏夹窗口左边的“创建文件夹”按钮，可以新建一个文件夹。选中一个文件夹或网址标签后，可以用整理收藏夹窗口中的“重命名”、“移至文件夹”、“删除”按钮完成相应的功能。

③导入和导出收藏夹。如果在多台计算机上安装了 IE，那么可以通过收藏夹的导入和导出功能在这些计算机上共享收藏夹的内容。

单击 IE 菜单的“文件”下的“导出和导出”，打开导入和导出向导对话框，按提示操作即可。

④ 浏览收藏夹中的网址。选择浏览器的“收藏”菜单，在菜单条下面显示的是收藏夹中的内容，显示的层次方式很像是 Windows95/98 的“开始”菜单。选择其中的网址，即可直接转到此网址。

⑤ 添加链接栏。链接栏中的按钮相当于快捷方式，按下后可以直接转到它指向的网页。可以向链接栏中添加一些网址，快速浏览网页。有以下几种方式将链接加入链接栏。

- 将网页图标从地址栏拖曳到（按下鼠标不放）链接栏，可以将当前网页的地址加入链接栏。
- 将 Web 页中的链接拖到链接栏，可以将网页中的超链接加入链接栏。
- 按下工具栏中的“收藏”按钮，显示收藏窗口，将收藏窗口中的链接拖到其中的“链接”文件夹中。

6．搜索引擎

伴随互联网爆炸性的发展，普通网络用户想找到所需的资料如同大海捞针，这时为了满足大众信息检索需求的专业搜索网站便应运而生了。目前百度搜索引擎拥有世界上最大的中文信息库，总量超过 6 亿页以上，并且还在以每天几十万页的速度快速增长。百度目前主要提供中文（简/繁体）网页搜索服务，如无限定，默认以关键词精确匹配方式搜索，支持“-”号、“.”号、“|”号、“link:”、书名号“《》”等特殊搜索命令。在搜索结果页面，百度还设置了关联搜索功能，方便访问者查询与输入关键词有关的其他方面的信息。其他搜索功能包括新闻搜索、MP3 搜索、图片搜索、Flash 搜索等。

利用不同网站的搜索引擎搜索到的结果可能不一样，所以为了尽可能查找到所需信息，有时要多试几个搜索引擎。提供搜索引擎的网站很多，例如，谷歌（www.google.cn）、雅虎（www.yahoo.cn）、中搜（www.zhongsou.com）等。

7．文件下载与上传

（1）FTP 文件传输

FTP 是 TCP/IP 协议组中的协议之一，是英文 File Transfer Protocol 的缩写。该协议是 Internet 文件传送的基础，它由一系列说明文档组成，目标是提高文件的共享性，通过非直接使用远程计算机，为用户透明、可靠、高效地传送数据。简单地说，FTP 就是完成两台计算机之间的拷贝，从远程计算机拷贝文件至自己的计算机上，称之为“下载（download）”文件。若将文件从自己计算机中拷贝至远程计算机上，则称之为“上载（upload）”文件。

最简单地用 FTP 进行文件传输的方法是使用 IE 浏览器。下载文件只需将相应的文件复制粘贴到本地电脑，上传就是把本地文件复制到服务器即可。

为了提高文件下载上传速度以及在网络中断后能继续进行剩余部分的传输，我们还可以使用 FTP 下载工具。较常用的 FTP 下载工具有 CuteFTP、FlashFXP 等。

（2）BT 文件共享

BitTorrent 简称 BT，中文全称比特流，又称变态下载，是一个多点下载的 P2P 软件。BT 的原理就是把第一个发布者发布的资料，先分成几百 K 的很多小块儿，对于第一个下载者来说，他下载了 1 个完整的块之后，还会给第二个下载者传递，所以，第二个下载者实际上从两个人那里得到下载，如果有 100 个人下载，你是第 101 个，就会有很多人给你传递数据。另外，并不是先下载的就不会得到后下载发布的小块，因为后下载者也会下载一些先下载者没有下载的块，而把这些块传给比他先来的人。

BT 需要使用其特殊的软件才能进行下载，例如，BitComet。安装好软件后还需要到一些提供 BT 种子的网站去查找相应的种子，有了种子就可以下载了。刚开始下载的时候，可能速度很慢，甚至为 0，等一会儿速度就会快起来。一般可以到达用户网络下载速度的极限。

8. 网上论坛与博客

（1）网上论坛（BBS）

网上论坛又名 BBS，全称为 Bulletin Board System(电子公告板）或者 Bulletin Board Service（公告板服务），是 Internet 上的一种电子信息服务系统。它提供一块公共电子白板，每个用户都可以在上面书写，可发布信息或提出看法。它是一种交互性强、内容丰富而及时的 Internet 电子信息服务系统。用户在 BBS 站点上可以获得各种信息服务、发布信息、进行讨论、聊天等等。

国内著名的综合类论坛有网易论坛（www.163.com)、新浪论坛（www.sina.com)、二千沙龙（www.c2000.cn)等。

（2）博客（BLOG）

中文“博客”一词源于英文单词 Blog/Blogger。Blog 是 Weblog 的简称。Weblog，其实是 Web 和 Log 的组合词，是在网络上的一种流水记录形式或者简称“网络日志”。专业的中文博客站有博客网（www.bokee.com)、博客中文站（www.blogcn.com)、天涯博客（www.tianyablog.com）等。

Blog 是继 Email、BBS、ICQ 之后出现的第 4 种网络交流方式，是网络时代的个人“读者文摘”，是以超级链接为武器的网络日记，它代表着新的生活方式和新的工作方式，更代表着新的学习方式。

9. 网上聊天

与论坛、博客相比，网上聊天是实时的。Internet 网上聊天的方式有多种，其中最常用的是网上寻呼机 ICQ，它比论坛、博客更有即时性。

腾讯 QQ 是国内开发的著名的免费中文网络寻呼机。QQ 是深圳市腾讯计算机系统有限公司开发的一款基于 Internet 的即时通信（IM）软件。该软件具有信息即时发送和接收、与好友进行交流、语音视频面对面聊天等功能，此外 QQ 还具有与手机聊天、视频电话、点对点断点续传文件、共享文件、网络硬盘、自定义面板、QQ 邮箱等多种功能，并可与移动通信终端等多种通信方式相连，是国内最为流行、功能最强的即时通信（IM）软件之一。

（1）QQ 安装

QQ 的安装非常容易，在桌面上双击已经下载的 QQ 安装文件，解压，就可以开始安装了，只需要按照提示单击几次“下一步”后，单击“完成”即可 。

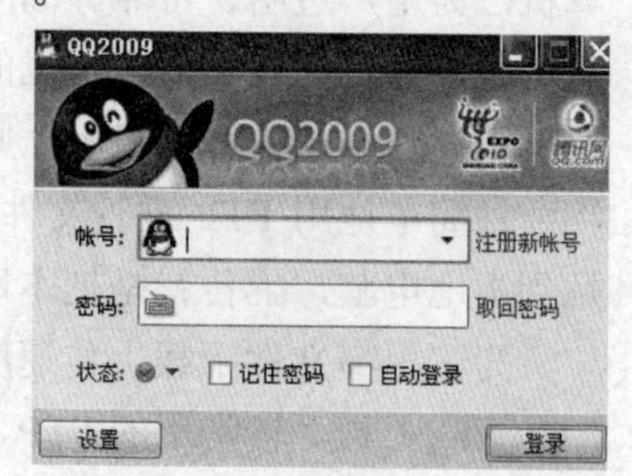

图 6-33　申请 QQ 号码

（2）申请 QQ 号码

① 在如图 6-33 所示的对话框中，单击“申请号码”按钮，即进入如图 6-34 所示的对话框窗口。在弹出“申请号码”的左边窗

口中选择“网页申请免费 QQ 号码”按钮，然后单击“下一步”按钮，打开“网站免费申请”网页，单击“立即申请”按钮，按照提示信息步骤申请就可以了。

② 在打开的如图 6-35 所示的对话框中输入用户的一些基本资料，例如昵称、年龄、密码、性别、密码、验证码、国家、省份及城市，再单击“确认”按钮。

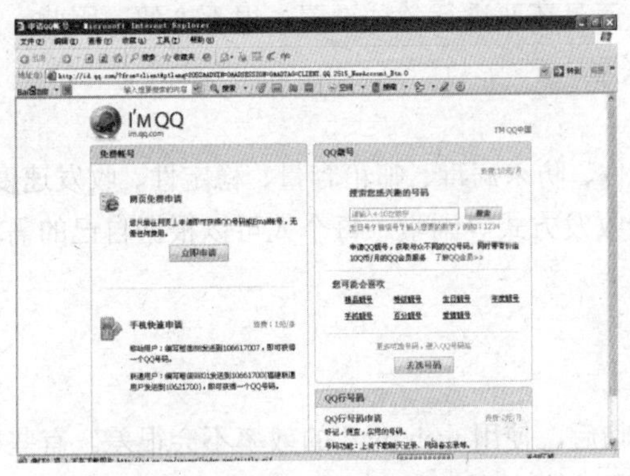

图 6-34 网页免费申请 QQ 号码

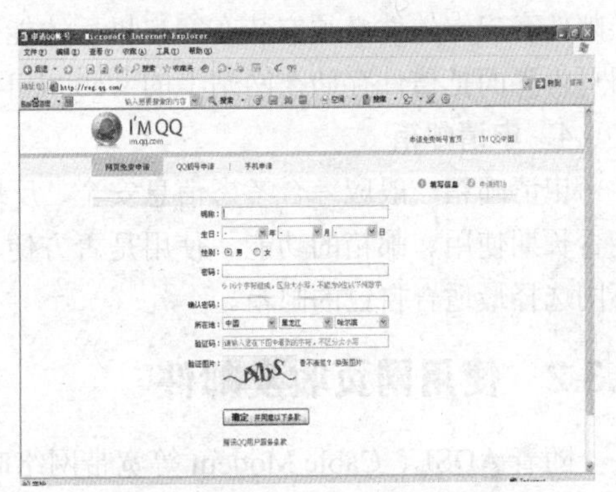

图 6-35 申请 QQ 基本信息填写过程

申请好 QQ 号之后用户就可以通过 QQ 跟任何地域的任何人聊天了。

6.3 Outlook Express 发送/接收电子邮件

电子邮件，简称电邮，翻译自英文的 E-mail，即 Electronic mail，是指通过电子通信系统进行书写、发送和接收的信件。今天使用最多的通信系统是互联网，同时电子邮件也是互联网上最受欢迎且最常用的功能之一。

6.3.1 电子邮件概述

1. 电子邮件的工作过程

电子邮件的工作过程遵循客户-服务器模式。每份电子邮件的发送都要涉及发送方与接收方，发送方构成客户端，而接收方构成服务器，服务器含有众多用户的电子信箱。发送方通过邮件客户程序将编辑好的电子邮件向邮局服务器（SMTP 服务器）发送。邮局服务器识别接收者的地址，并向管理该地址的邮件服务器（POP3 服务器）发送消息。邮件服务器将消息存放在接收者的电子信箱内，并告知接收者有新邮件到来。接收者通过邮件客户程序连接到服务器后，就会看到服务器的通知，进而打开自己的电子信箱来查收邮件。

2. 电子邮件地址

在 Internet 上，每个使用电子邮件服务的用户都拥有自己的 E-mail 地址，为保证邮件准确传递，要求 E-mail 地址具有统一的格式。电子邮件地址的格式是“USER@SERVER”，由 3 部分组成。第一部分“USER”代表用户信箱的账号，对于同一个邮件接收服务器来说，这个账号必须是唯一的；第二部分“@”是分隔符；第三部分“SERVER”是用户信箱的邮件接收服务器域名，用以标志其所在的位置。例如，teety@126.com 就是一个用户的 E-mail 地址。它表示网易 126 免费邮的用户 teety 的 E-mail 地址。

3．电子邮件客户端软件

电子邮件客户端软件就是在邮件用户的计算机中实现电子邮件功能的应用程序，其中最常用的是 Microsoft 公司的 Outlook Express 软件和国内公司开发的非商业软件 Foxmail。

随着 Internet 的流行，有些工作必须依赖网络才能进行，需要随时接收或发出电子邮件。电子邮件客户端软件必须安装在客户机后才能使用，而且还要进行各种设置，很不方便，因此，以网页为界面把信件存储在网站上的 web mail 开始兴起。

4．申请邮箱

申请邮箱一般应综合考虑信息安全、反垃圾邮件、防杀病毒、邮箱容量、稳定性、收发速度、能否长期使用、邮箱的功能、使用是否方便、多种收发方式等因素。每个人可以根据自己的需求不同选择最适合自己的邮箱。

6.3.2 使用网页收发邮件

随着 ADSL、Cable Modem 等宽带网络时代来临后，使用 web mail 的效率不会很差。有些电子邮件服务器提供 G 级的存储空间，让用户拥有无限制的邮箱空间。而且服务器有专业人士每天进行备份、杀毒等，用户可以在使用电子邮件服务时避免电脑损毁、中毒、被窃等危险，web mail 已经代替客户端软件成为大众使用电子邮件服务的最常用方式。

以网易 126 免费邮为例，使用 web mail 一般有以下步骤。

① 登录网易 126 免费邮网站，网址：www.126.com。

② 输入用户名和密码后，单击“登录”按钮将进入网页邮箱界面。

③ 进入网页邮箱界面后即可进行电子邮件的收发、阅读、管理等操作，如图 6-36 所示。

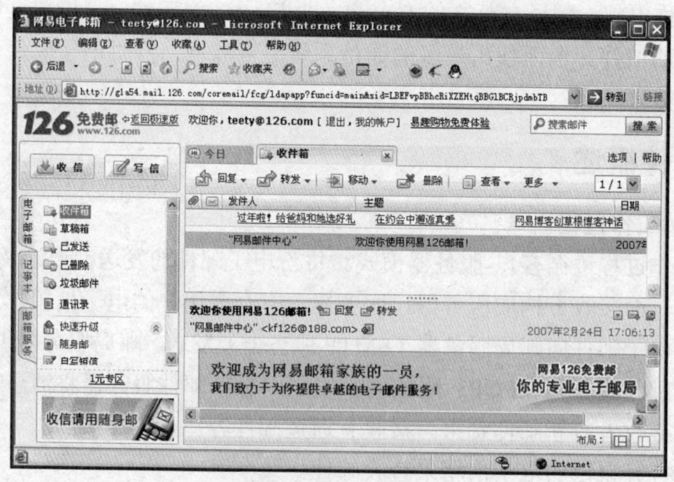

图 6-36　126 网址界面

6.3.3 Outlook Express 的使用

Outlook Express 不是电子邮箱的提供者，它是 Windows 操作系统上收、发、写、管理电子邮件的自带软件，是收、发、写、管理电子邮件的工具，使用它收发电子邮件十分方便。

在使用 Outlook Express 前先要对它进行设置，即设置 Outlook Express 账户。设置的内容是用户注册的网站电子邮箱服务器及用户的账户名和密码等信息。

下面以 163 免费邮作为例子简单介绍 Outlook Express 的使用方法。

1．启动 Outlook Express

打开 Windows XP 的“开始”菜单，将鼠标指针指向“所有程序”项，在弹出的二级子菜单中选择“Outlook Express”项即可启动，如图 6-37 所示。

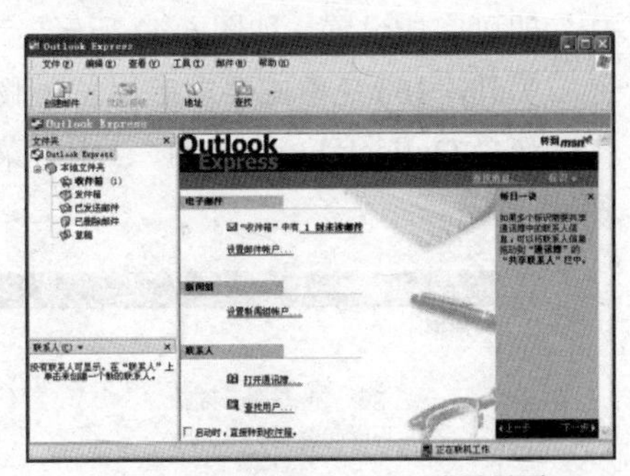

图 6-37 Outlook Express 登录界面

2．Outlook Express 的设置

要使用 Outlook Express 收发电子邮件，必须先进行相关的设置。

首次启动 Outlook Express 时将打开一个“Internet 连接向导”对话框，如图 6-38 所示。

在对话框中的“显示名”文本框中输入用户的发件人名，如 163 免费邮，此显示名将出现在用户所发送邮件的“发件人”一栏。然后单击“下一步”按钮，显示设置电子邮件地址对话框，如图 6-39 所示。

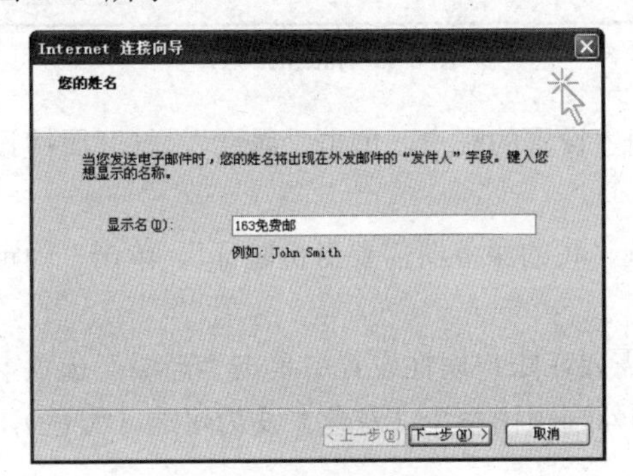

图 6-38 连接向导界面一

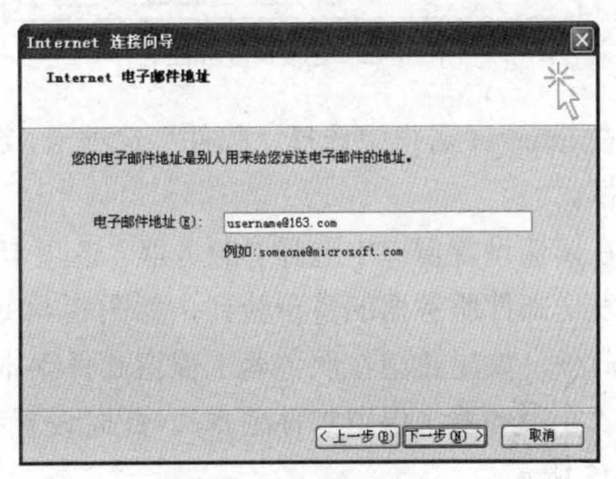

图 6-39 连接向导界面二

在“Internet 电子邮件地址”窗口中输入邮箱地址，如：username@163.com。再单击“下一步”按钮，显示设置电子邮件服务器对话框，如图 6-40 所示。

在“接收邮件（pop、IMAP 或 HTTP）服务器:”字段中输入 pop.163.com，在“发送邮件服务器(SMTP):”字段中输入 smtp.163.com，然后单击“下一步”按钮，显示设置 Internet Mail 登录信息对话框，如图 6-41 所示。

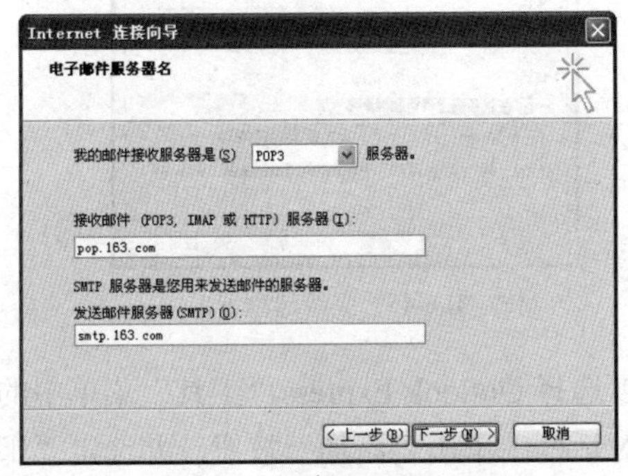

图 6-40 连接向导界面三

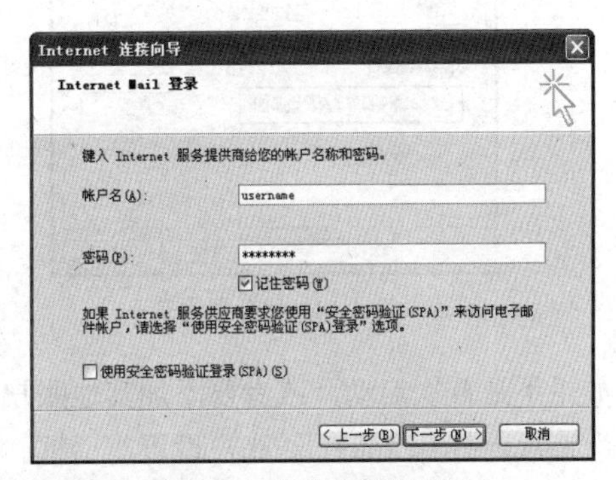

图 6-41 连接向导界面四

在“账户名:”字段中输入 163 免费邮箱用户名（仅输入@前面的部分）。在“密码:”字段中输入邮箱密码。然后单击“下一步”按钮，显示完成 Outlook Express 设置的确认对话框，单击“完成”即可完成设置，如图 6-42 所示。

另外，163 免费邮要求启用发送服务器的身份验证，为此还必须完成以下两步骤。

选择 Outlook Express 的“工具”菜单中的“账户…”项，打开 Internet 账户对话框，如图 6-43 所示。

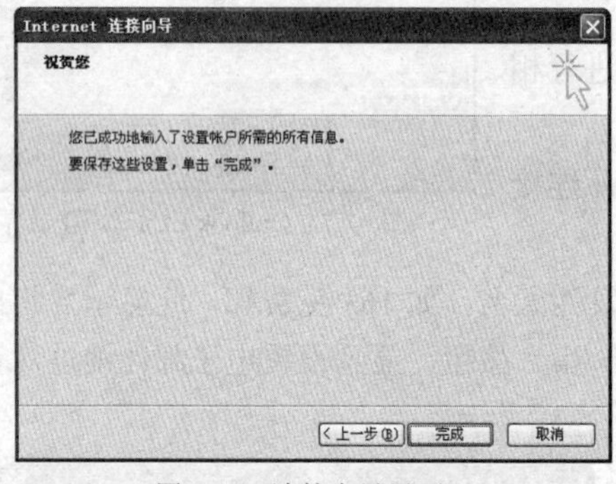

图 6-42　连接向导界面五

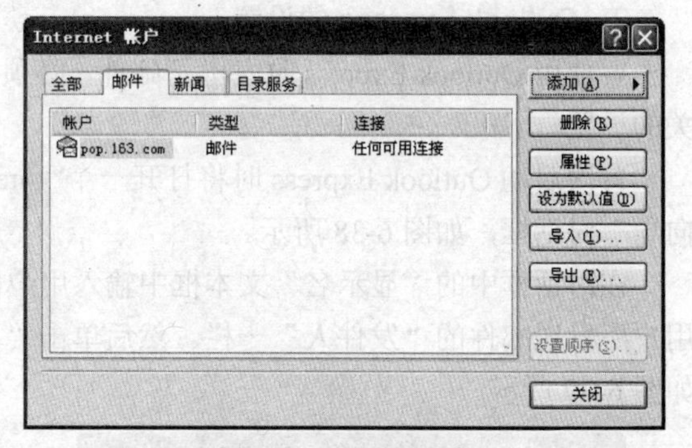

图 6-43　Internet 账户

在 Internet 账户中选择“邮件”选项卡，选中刚才设置的账户，单击“属性”，打开属性设置对话框。

在属性设置窗口中选择“服务器”选项卡，勾选“我的服务器需要身份验证”。单击“确定”，启用发送邮件服务器的身份验证，如图 6-44 所示。

此外，如果希望在服务器上保留邮件副本，则需要在账户属性设置中单击“高级”选项卡，勾选“在服务器上保留邮件副本”。此时设置细则的勾选项由禁止（灰色）变为可选（黑色），如图 6-45 所示。

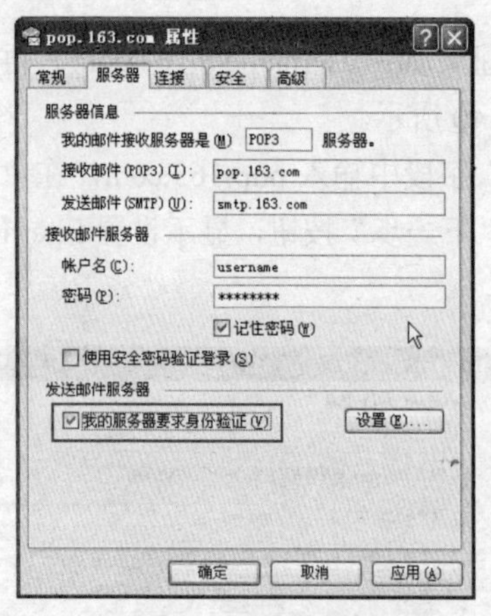

图 6-44　服务器设置

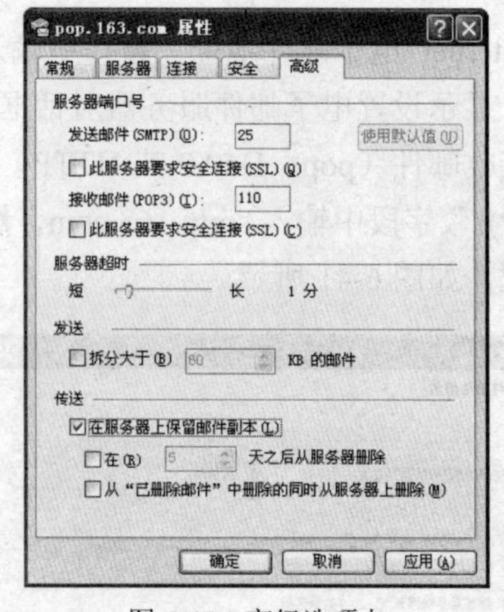

图 6-45　高级选项卡

如果不是首次启动，或者要添加其他账户，可以选择 Outlook Express“工具”菜单中的“账户…”选项，打开 Internet 账户设置对话框。在该对话框中单击“添加”按钮，并选定“邮件”选项，将进入“Internet 连接向导”对话框，如图 6-46 所示。

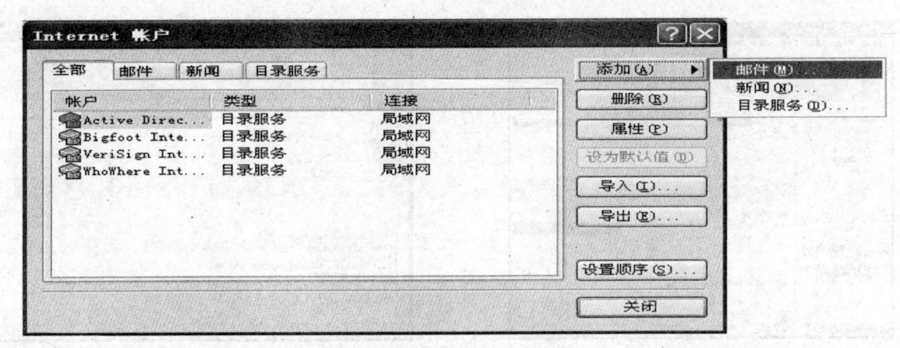

图 6-46　添加 Internet 账户

3. 接收和阅读邮件

完成设置后即可以接收和阅读电子邮件了。打开 Outlook Express 的“工具”菜单将鼠标移至“发送和接收”选项，在弹出的二级子菜单中选择“接收全部邮件”项。Outlook Express 将自动对用户所设置的邮件账户进行检查，如有新邮件到达就会将其下载到“收件箱”中，如图 6-47 所示。

4. 撰写和发送新邮件

撰写电子邮件与一般写信的过程非常相似。单击工具栏的“创建邮件”按钮，打开新邮件窗口，如图 6-48 所示。

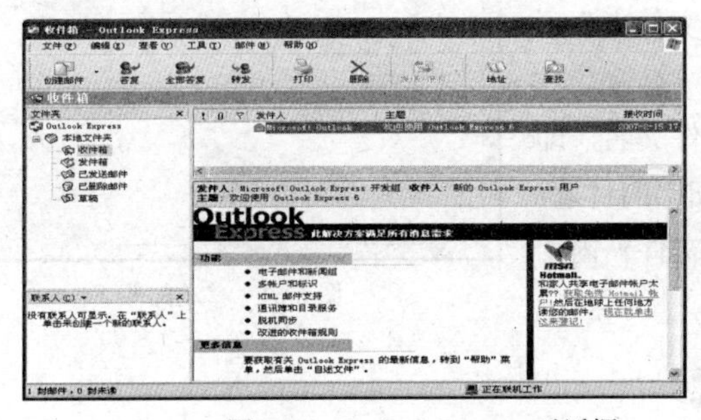
图 6-47　Outlook Express 对话框

图 6-48　创建新邮件对话框

5. 接收和发送附件

如果要在撰写的新邮件中添加附件，可以单击“附件”按钮，弹出“插入附件”对话框，选择要发送的附件后单击“附件”按钮完成插入附件。在邮件撰写窗口的“主题”文本框下将出现一个“附件”框，作为附件发送的文件的文件名和文件大小将出现在该框中。

受邮件服务器的限制，附件的总容量一般在 10MB～20MB，过大的附件可能造成邮件丢失或者无法发送。接收的邮件如果包含附件，可以在邮件列表中看到该邮件的前面有一个回形针形状的图标。如果要查看或保存附件，可以在查看该邮件时单击右上角的回形针形状按钮进行查看或保存，如图 6-49 所示。

6. 邮件的答复和转发

收到邮件并阅读后，应该根据需要进行答复或转发，答复或转发邮件的过程与撰写新邮件相似。在“文件夹”列表中选择要进行答复的邮件，单击“答复”按钮，弹出答复邮件窗口，如图 6-50 所示。

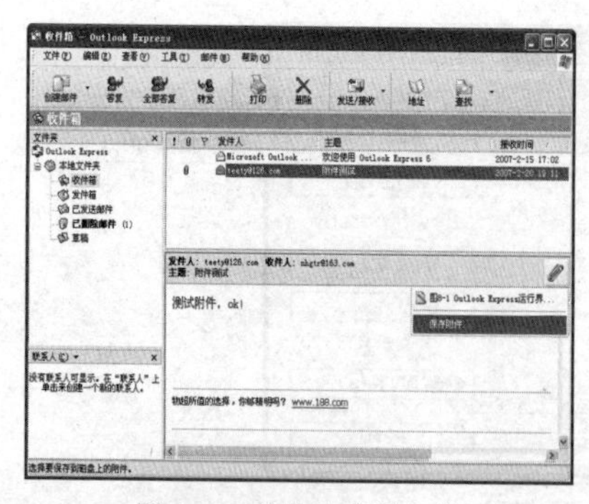

图 6-49 接收和发送邮件

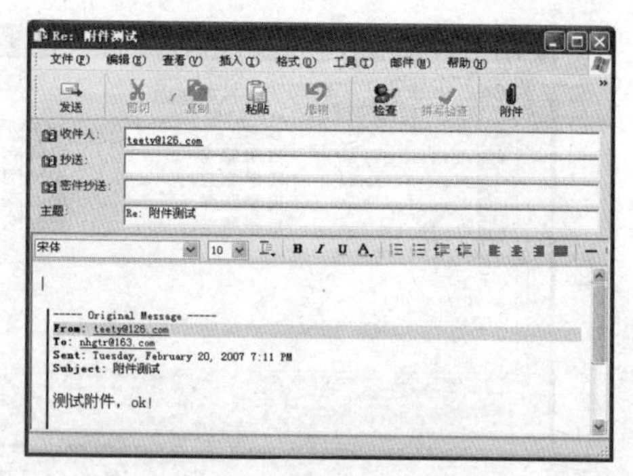

图 6-50 邮件的答复和转发

7. 删除和归档管理邮件

对过期无用的邮件，单击“删除”按钮或者按下键盘的“Delete”键，就会将这些邮件移到“已删除邮件”文件夹中。右键单击“已删除邮件”文件夹，在弹出的快捷菜单中选择“清空已删除邮件文件夹”项，即可彻底删除邮件。

如果邮箱中存放了大量的邮件，寻找一封邮件将花费很多的时间。如果将不同类别的邮件分别放置在不同文件夹中，管理和查找邮件就会非常方便。选择需要归档的邮件，右击该邮件，在弹出的快捷菜单中选择“移动到文件夹”项将会弹出“移动”对话框。

单击“新建文件夹”按钮，根据需要输入文件夹名，即可建立新的邮件类别，如“情书”。然后选择需要归档的目录，单击“确定”按钮，即可把该邮件移动到指定的文件夹内，如图 6-51 所示。

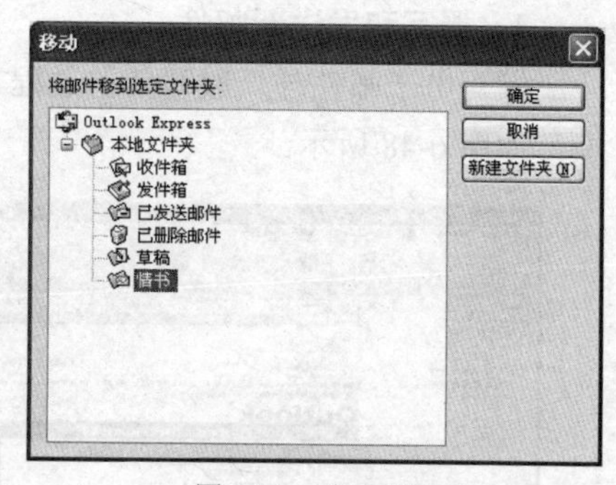

图 6-51 移动邮件

任务十四 接入 Internet 的常用方式

任务提出

现在最流行的一个词就是“上网”了，很多同学都有电脑，没有电脑的同学也会到附近的网吧去上网，学校的寝室也安装了网线，但如何上网，很多同学还不清楚，大多数同学都是通过找当地电信部门或是网络供应商来安装网络，那么为什么我们不自己学习如何上网呢？如果有一天电脑出现了故障或是网络出现了故障，能否自己动手处理解决呢？

任务分析

要想实现能够在网上冲浪，就得了解网络的一些基本常识，比如说如何才能连接到网络上，如何才能实现在网上冲浪，这就要求我们对上网的环境、上网的方式、如何设置 IP 等有所了解。

任务实现

[子任务一 使用 ADSL 接入 Internet]

已经申请到中国联通的 ADSL 业务的用户，除得到了登录的用户名和密码外，还免费领取了一部网卡接口的 ADSL Modem 和分频器，现在需要将所使用的一台计算机接入 Internet。

使用 ADSL 接入 Internet，首先需要完成 ADSL Modem 与电话、Modem 与计算机的连接。完成线路连接后，使用操作系统提供的“新建连接向导”完成用户名、密码等设置，可创建连接。

这种连接方式对应于向导中的“DSL 或 PPPoE”类型。

操作方法如下。

① 准备好电话连接线，完成如下操作。

- 连接分频器：将电话线从电话机的接口中拔出，将其插入分频器的 LINE 接口。
- 连接电话机：使用电话线将电话机连接到分频器的 PHONE 接口。
- 连接 ADSL Modem：使用电话线将 ADSL Modem 的 DSL 商品连接到分频器的 MODEM 接口。

② 完成 ADSL Modem 与计算机的连接：首先要确保计算机上安装有网卡，然后使用网线将 ADSL Modem 的“Ethernet（以太网）”端口与计算机上的网卡端口连接起来。连接完毕后，打开计算机和 Modem 的电源。

打开“网络连接”窗口，单击窗口左侧“网络任务”区域的“创建一个新的连接”链接，弹出“新建连接向导”对话框。

- 网络连接类型：如图 6-52 所示，用户需要根据实际应用场合选择连接类型，例如，选择“设置家庭或小型办公网络”按钮，则表示运行网络安装向导，使自己的计算机可以被他人发现等。
- 选择连接选项：如图 6-53 所示，其中“手动设置我的连接”是最常用的，如果选择“从 Internet 服务提供商（ISP）列表”选项，则可能会产生不必要的费用。

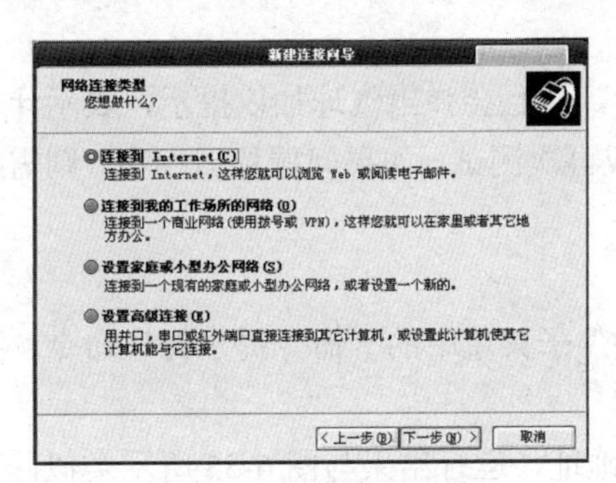

图 6-52 网络连接类型

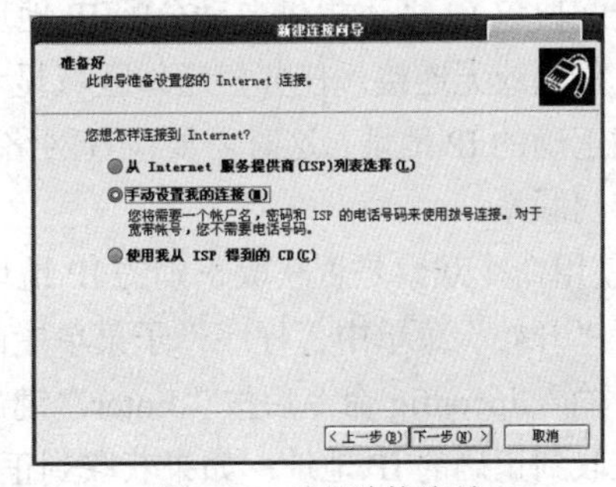

图 6-53 选择连接选项

- 选择连接方式：如图 6-54 所示，“用拨号调制解调器连接”是指使用普通的电话调制解调器，“用要求用户名和密码的宽带连接来连接”适合 ADSL，“用一直在线的宽带连接来连接”适合包月小区宽带连接。
- 按照向导的提示输入 ISP 名称、用户名和密码等选项后，单击“完成”按钮，并选择在桌面上创建快捷方式。设置完所有选项后，执行连接后可在状态栏中看到图标，表示已经通过 ISP 认证。在该图标上右击，可选择断开连接或者打开“网络连接”窗口。

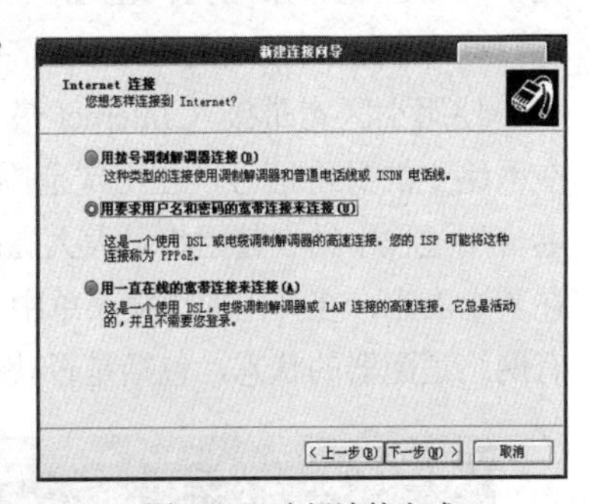

图 6-54 选择连接方式

[子任务二 使用小区宽带接入 Internet]

随着 IT 技术的不断发展，很多写字楼和小区已经实现光纤入户和双绞线入户，与之相应，ISP 提供了小区宽带这种接入 Internet 的方式。我们可以借助小区宽带接入 Internet。

使用小区宽带接入 Internet 方式与 ADSL 接入方式有所区别，这种接入方式不使用 ADSL Modem，连接线路时只需要计算机与小区宽带的接口连接。

一般情况下，居民小区采用拨号接入方式，按照使用时间长短收费。写字楼采用直接接入方式，设置专门的计费网页，用户登录后方可使用。

操作方法如下。

① 准备好网线，连接计算机和宽带接口。

② 居民小区的宽带用户只需使用“新建连接向导”，输入 ISP 分配的用户名和密码，执行建立好的拨号连接，便可接入。

③ 写字楼的宽带用户，无需使用“新建连接向导”建立连接，如果该网络支持自动获取 IP 地址，接好网线后直接打开浏览器，输入任意网址将转到计费管理主页。

④ 如果网络不支持自动获取 IP 地址的功能，则需要与网络管理部门联系，获得 IP 地址和 DNS 地址，在网上邻居的本地连接属性中为计算机设置好这些属性后再打开浏览器。

如何判断计算机是否得到网络设备自动分配的 IP 地址，有以下两种方法。

① 观察任务栏通知区域的网络图标。

• 正确获取到 IP 地址：一般情况下，任务栏通知区域将显示图标，如果无图标显示，可以通过如“本地连接 属性”对话框中设置“连接后在通知区域显示图标”。

• 正在获取 IP 地址：任务栏通知区域如果显示或图标的动画，则表示计算机正在从上级网络设备（网关）获取 IP 地址。如果动画持续时间较长，则表示上级网络设备不支持 DHCP（动态主机分配协议），即不提供自动分配 IP 地址服务。

• 受限制或无连接：任务栏通知区域显示图标，并且会弹出气球加以提示，表示计算机没有获取到正确的 IP 地址，这时需要检查网络连接线或再次测试，如果问题依旧存在，则需要与网络管理部门联系。

② 使用命令观察是否获取正确的 IP 地址。

执行“开始”菜单中“程序”子菜单中的“附件”子菜单中的“命令提示符”命令，打开命令窗口，输入 ipconfig 命令后按“Enter”键。

• 获取到正确的 IP 地址：如果获取到正确的 IP 地址，运行结果与图 6-55 所示类似，一般情况下，小区宽带采用内网地址。

• 未获取到正确的 IP 地址：使用 ipconfig 命令查询到的 IP 地值是 0 或者以 169 开始。

使用小区宽带接入 Internet 最重要的环节是获取正确的 IP 地址。前面介绍过，IP 地址是计算机在网络上的身份证号，在一定范围内不会重复。查询是否获取正确的 IP 地址的方法有多种，在实际应用过程中结合使用将可大大提高效率。选中桌面上或“开始”菜单中的“网上邻居”图标，然后在其上右击，在弹出的快捷菜单中单击“属性”命令，打开“网络连接”窗口，在窗口中可以查看所有网络适配器的状态，包括是否获得正确的 IP 地址，适配器是否被禁用等信息，如图 6-56 所示。

图 6-55 正确获取到 IP 地址

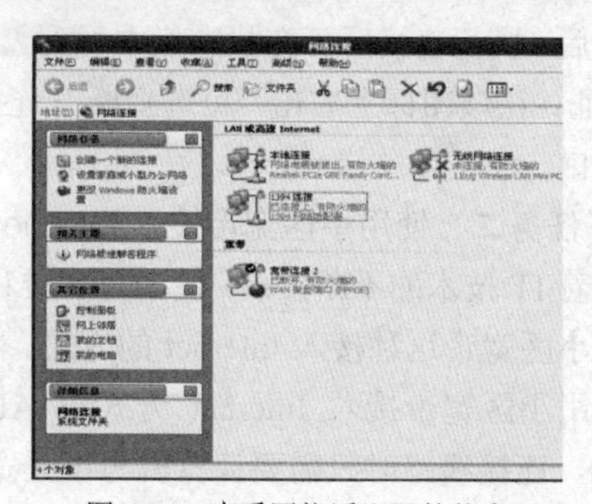

图 6-56 查看网络适配器的状态

[子任务三 接入无线网络]

无线网络（WLAN）突破了传统网络的空间限制，无线网络覆盖的任意区域均可接入网络、共享资源。在一些餐厅、咖啡厅、商场和办公场所等地点都覆盖有无线网络。

最常见的无线网络是 AP（Access Point）无线访问节点型网络，这种结构是一种不使用网线的局域网结构，所有的访问都通过无线接入设备连接，通过它来共享文件和 Internet 连接。

操作方法如下。

① 打开“网络连接”窗口，检查计算机上是否安装有无线网卡，如图 6-57 所示，高亮显示的适配器就是无线网络适配器。

② 确认计算机的无线网络的开关处于打开状态，大多数笔记本式计算机都有此开关，默认为打开状态，台式机一般没有。笔记本式计算机上的开关有两种形式，一种是硬开关，另一种是通过按住“Fn”键的同时按某个键来实现开关。寻找无线网络开关时需要认准如图 6-57 中所示的无线网络连接标志。

• 打开无线网络开关，并且处于 AP 覆盖区域内，在系统任务栏的通知区域将弹出气球提示找到无线网络。

• 单击气球，打开“无线网络连接”窗口，选择无线网络供应商提供的无线网络名称后，单击“连接”按钮，随后输入提供的网络密匙，单击对话框中的“连接”按钮。连接成功后，可在任务栏通知区域看到图标，并且在“无线网络连接”对话框中看到“已连接上”字样。

③ 使用 ipconfig 命令查看获取到的 IP 地址，并验证其是否有效。

有些网卡的驱动程序中包含有专用的无线网络连接程序，当这些程序运行时通过上述方法使用“无线网络连接”对话框连接。

这时需要使用网卡自带的配置程序进行连接，例如，IBM 笔记本式计算机，需要使用 IBM Access Connections 程序来设置连接。

设置概要文件：创建概要文件的步骤类似于 Internet 连接，但在这里不同网络使用不同的概要文件。需要在“无线安全类型”下拉列表框中选择“使用 Wi-Fi 受保护访问-预共享密钥（WPA-PSK）”选项，大多数无线网络都采用这种加密方式。

应用概要文件：创建概要文件后，需要应用才能开始网络连接，在概要文件向导完成时可以自动应用。

接入无线网络操作的关键步骤是正确地开启无线网络适配器和使用正确的配置程序。相对于网卡专用的驱动程序来说，Windows 配置更加简单，但是，当出现多个无线网络时，Windows 管理的无线连接会更容易掉线。网卡自带的配置程序稍微繁琐一些，但是对于网络的性能发挥、故障检测和稳定性提高具有一定的保障。很多无线网卡配置程序支持导入 Windows 设置功能，所以在实际应用中可以先使用 Windows 配置无线网络，配置好后将设置导入网卡专用的配置程序中。单击窗口左侧的“更改高级设置”链接，弹出“无线网络连接属性”对话框，选择“无线网络配置”选项卡，在其中选中“用 Windows 配置我的无线网络设置”复选框后，单击“确定”按钮，使 Windows 接管无线网络，如图 6-58 所示。

[子任务四 使用手机上网卡接入 Internet]

手机信号覆盖面积比较大，使用 GPRS、CDMA 和 3G 上网卡接入 Internet 可实现移动上网。我们也可以使用手机上网卡接入 Internet。

ADSL 是借助电话线通信网接入 Internet 的，小区宽带是借助提前布好的双绞线（网线）接入

Internet 的，而手机上网卡则是借助手机通信网络接入 Internet 的。这种接入方式同样需要拨号获取 IP 地址，所以配置方法与 ADSL 小区宽带类似，一般的手机上网卡均配有专用光盘，光盘中除了包括可以让系统识别上网卡的驱动程序外，还包括配置方法，用户只需要按照提示一步一步操作即可完成配置。

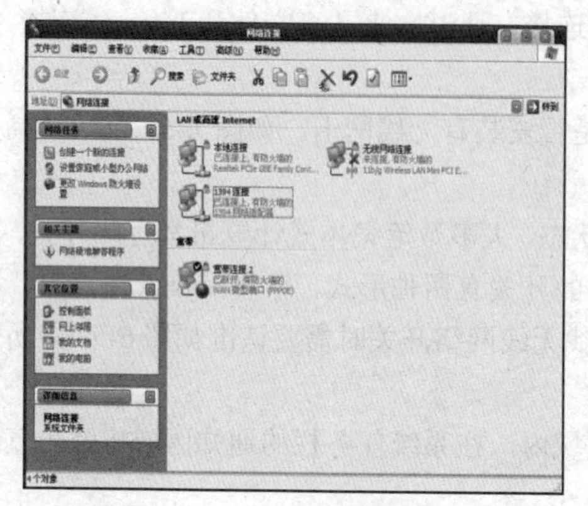

图 6-57 无线网络适配器

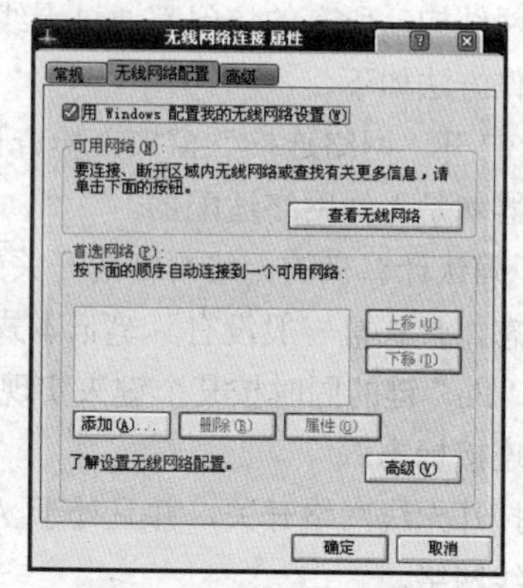

图 6-58 无线网络连接属性

操作方法如下。

① 安装驱动程序：将手机上网卡的驱动光盘插入计算机的光驱中，大多数光盘都带有自动运行功能。有些计算机系统禁用了光盘自动运行，这时可以通过“我的电脑”打开光盘，查看光盘内容。在光盘中找到扩展名为“.exe”的文件，双击执行观察屏幕变化。有的自动运行程序的名称为“autorun.exe”。

② 根据安装向导提示安装驱动程序后，安装专用的拨号程序。

③ 有些 SIM、UIM、USIM 卡与手机上网卡是分离的，使用前需要按照说明插入卡。

④ 将手机上网卡插入计算机的扩展槽或者 USB 接口。

当系统提示找到硬件并且可以使用时，执行安装好的拨号程序，按照说明书上的提示进行操作。

任务小结

在这个任务中，我们应掌握各种能够接入 Internet 的方式，了解其配置过程，能够实现上网就算是过关了。

任务十五 网上冲浪

任务提出

将网络配置好之后，确认能上网了，就可以在网上冲浪了。

任务分析

众所周知，在网上我们可以做很多事情，比如可以查找资料，这是最基本的，因为网络的主要功能之一是资源共享，还可以收发邮件，可以在网上和好友聊天，相隔地球两端的朋友也能在网上见面，如同与你面对面聊天一样，用户就可以真正实现无距离接触了。

任务实现

[子任务一 搜索网上信息]

Internet 是一个巨大的信息资源宝库，所有的 Internet 用户都希望宝库中的资源越来越丰富，应有尽有。Internet 中的信息以惊人的速度增长，每天都有新的主机被连接到 Internet 上，每天都有新的信息资源被添加到 Internet 中。然而 Internet 中的信息资源分散在无数台主机之中，如果通过访问一台主机来获取自己需要的信息，显然是不现实的，因此搜索引擎就应运而生了。本章着重介绍利用搜索引擎搜索信息的方法及搜索技巧。

1. 什么是搜索引擎

搜索引擎（Search Engines）是以因特网上的信息资源进行搜集整理，然后供用户查询的系统。它包括信息搜集、信息整理和用户查询 3 部分。

搜索引擎就是搜索信息网址的服务环境和服务工具。设想一下，如果没有强有力的搜索工具，想在网上寻找一个特定的网站，就如同在一个没有检索服务的图书馆找一本书一样困难。常见的搜索引擎大都以 Web 的形式存在，一般都能提供网站、图像、新闻等多种资源的查询服务。因此，用户在使用搜索引擎时首先要连接到提供搜索引擎服务的网站。

搜索引擎其实也是一个网站，只不过该网站专门为用户提供信息“检索”服务，它使用特有的程序将因特网上的所有信息归类,以帮助人们在浩如烟海的信息海洋中搜寻到自己所需要的信息。

2. 搜索引擎使用说明

（1）基本使用方法

① 基本搜索。以 Google 为例，如图 6-59 所示，利用它进行查询简洁方便，仅需输入查询内容并敲一下回车键（Enter）或单击“Google 搜索”按钮，即可得到相关资料。

图 6-59 谷歌网页

Google 查询严谨细致，能帮助用户找到最重要、最相关的内容。例如，当 Google 对网页进行分析时，它也会考虑与该网页链接的其他网页上的相关内容。Google 还会先列出那些与搜索关键词相距较近的网页。

② 自动使用“and”进行查询。Google 只会返回那些符合用户的全部查询条件的网页，不需要在关键词之间加上“and”或“+”。如果想缩小搜索范围，只需输入更多的关键词，只要在关键词中间留空格就行了。

③ 忽略词。Google 会忽略最常用的词和字符，这些词和字符称为忽略词。Google 自动忽略“http”，“.com”和“的”等字符以及数字和单字，这类字词不仅无助于缩小查询范围，而且会大大降低搜索速度。

使用英文双引号可将这些忽略词强加于搜索项，例如，输入“柳堡的故事”时，加上英文双引号会使“的”强加于搜索项中。

④ 根据上下文确定要查看的网页。每个 Google 搜索结果都包含从该网页中抽出的一段摘要，这些摘要提供了搜索关键词在网页中的上下文。

⑤ 简繁转换。Google 运用智能型汉字简繁自动转换系统，因此可找到更多相关信息。这个系统不是简单的字符变换，而是简体和繁体文本之间的“翻译”转换。例如，简体的“计算机”会对应于繁体的“电脑”。当搜索所有中文网页时，Google 会对搜索项进行简繁转换后，检索简体和繁体网页，并将搜索结果的标题和摘要转换成和搜索项的同一文本，方便用户阅读。

⑥ 词干法。Google 使用“词干法”，也就是说在合适的情况下 Google 会同时搜索关键词和与关键词相近的字词。词干法对英文搜索尤其有效，例如，搜索“dietary needs”，Google 会同时

搜索“diet needs”和其他该词的变种。

⑦ 不区分大小写。Google 搜索不区分英文字母大小写，所有的字母均当作小写处理，例如，搜索“google”、“GOOGLE”或“GoOgLe”，得到的结果一样。

（2）缩小搜索范围

① 搜索窍门。由于 Google 只搜索包含全部查询内容的网页，所以缩小搜索范围的简单方法就是添加搜索词。添加词语后，查询结果的范围小得多。

② 减除无关资料。如果要避免搜索某个词语，可以在这个词前面加上一个减号（“-”，英文字符），但在减号之前必须留一个空格。

③ 英文短语搜索。在 Google 中，可以通过添加英文双引号来搜索短语。双引号中的词语（比如“like this”）在查询到的文档中将作为一个整体出现，这一方法在查找名言警句或专有名词时显得格外有用。

一些字符可以作为短语连接符。Google 将“-”、“\”、“.”、“=”和“...”等标点符号识别为短语连接符。

④ 指定网域。有一些词后面加上冒号对 Google 有特殊的含义，其中有一个词是“site:”，要在某个特定的域或站点中进行搜索，可以在 Google 搜索框中输入“site:xxxxx.com”。

例如，要在 Google 站点上查找新闻，可以输入：“新闻 site:www.google.com”，再单击“Google 搜索”按钮。

⑤ 按类别搜索。利用 Google 目录可以根据主题来缩小搜索范围。例如，在 Google 目录的 Science>Astronomy 类别中搜索“Saturn”，可以找到只与 Saturn（土星）有关的信息，而不会找到“Saturn”牌汽车、“Saturn”游戏系统，或“Saturn”的其他含义。在某个类别的网页中搜索可以快速找到所需的网页。

（3）搜索技巧

① 表述准确。

② 查询词的主题关联与简练。

③ 根据网页特征选择查询词。

在工作和生活中，会遇到各种各样的疑难问题，很多问题其实都可以在网上找到解决办法，因为某类问题发生的几率是稳定的，而网络用户有成千上万，遇到同样问题的人就会很多，其中一部分人会把问题贴在网络上求助，而另一部分人可能会把问题解决的办法发布在网络上。有了搜索引擎，就可以把这些信息找出来。

找这类信息，核心问题是如何构建查询关键词。一个基本原则是在构建关键词时，尽量不要用自然语言（所谓自然语言，就是我们平时说话的语言和口气），而要从自然语言中提炼关键词。这个提炼过程并不容易，但是可以用一种将心比心的方式思考，即如果我知道问题的解决办法，我会对此做出怎样的回答。也就是说，猜测信息的表达方式，然后根据这种表达方式，取其中的特征关键词，从而达到搜索目的。

3．常用的搜索引擎

国内用户使用的搜索引擎主要有英文和中文两类。常用的英文搜索引擎包括 Google、Yahoo 等，常用的中文搜索引擎主要有 Google 简体中文、百度、中国雅虎、搜狐、搜狗、网易等。

有一些专门提供搜索引擎的网站，比如 Google 和“百度”，这两个搜索引擎是目前使用比较多的。除了这些网站之外，很多大型门户网站都提供搜索引擎，比如“新浪”、“搜狐”、“雅虎”

等，下面介绍 4 个与工作和生活有关的实际案例。

（1）搜索“淘宝网”

利用百度搜索引擎搜索“淘宝网”相关的网址，然后访问具有“淘宝网”相关信息的网站，浏览所需要的物品。

如果需要购买各种商品，我们无需坐车到商场去购买了，我们只需在网上单击用户需要的商品，通过支付宝在家里就可以收到所需的商品。为了快速搜索到所需的网址，可以在搜索引擎的文本框中输入“淘宝网”。

以“百度”为例的操作步骤如下。

① 启动 IE7.0 浏览器，在地址栏中输入“http://www.baidu.com”后按“Enter”键。

② 在百度主页的文本框中输入“淘宝网”，单击“百度搜索”按钮，搜索到的页面如图 6-60 所示。

③ 出现“淘宝网”字样的多个网址界面，选择“淘宝网”后单击进入“淘宝网”，如图 6-61 所示。

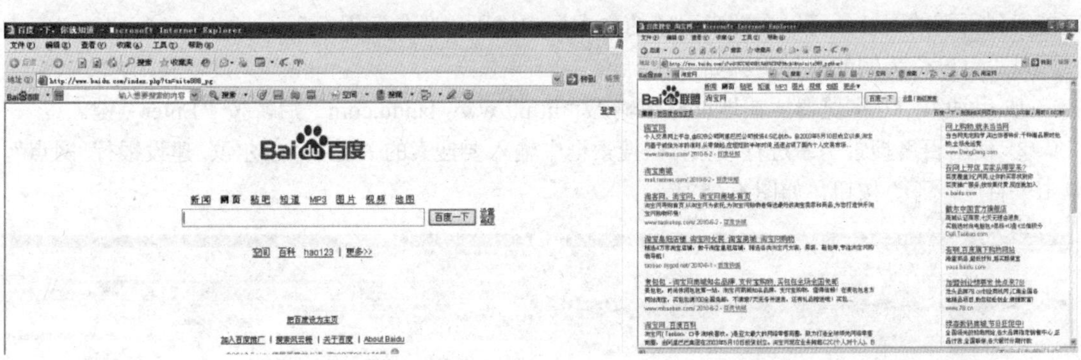

图 6-60　输入关键词进行搜索　　　　图 6-61　淘宝网的搜索结果

④ 在“淘宝网”界面下用户可以任意选择自己需要购买的商品继续搜索，直到选到满意的商品，如图 6-62 所示。

（2）搜索杂志“读者”

利用“谷歌”搜索引擎搜索“读者”相关的网址，然后浏览阅读具有“读者”的相关信息，浏览查看需要的信息。

需要浏览阅读杂志，解决的方法很简单，利用搜索引擎来查找“读者”。为快速搜索到相关的网址，可以在搜索引擎的文本框中输入“读者”。

以“谷歌”为例的操作步骤如下。

① 启动 IE7.0 浏览器，在地址栏中输入“http://www.Google.com”后按“Enter”键。

② 使用“谷歌”搜索引擎进行搜索，在搜索框中输入要搜索的“读者”，搜索到的结果如图 6-63 所示。

③ 选择第一个选项“读者网”——“《读者》杂志的官方网站读者出版集团期刊门户网站”后，单击即进入到读者杂志的网站了，如图 6-64 所示，在《读者》杂志的网站上，用户可以选择喜欢看的内容。

（3）搜索哈尔滨的银行网点

利用百度搜索引擎搜索哈尔滨银行网点相关的网址，然后查询哈尔滨市所有中国建设银行的网点地址，同时打印想要的网页内容。

图 6-62 淘宝网界面

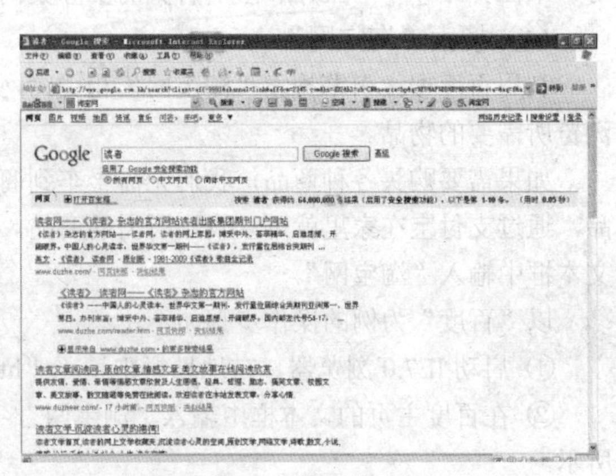

图 6-63 搜索“读者”

需要搜索哈尔滨的银行网点，解决方法是利用搜索引擎来查找“哈尔滨的银行网点”,为了迅速搜索到所需的网址，可以在搜索引擎的文本框中输入“哈尔滨银行”。

以“百度”为例的操作步骤如下。

① 启动 IE 7.0 浏览器，在地址栏中输入“http://www.baidu.com”后，按“Enter”键。

② 使用百度搜索引擎进行搜索，在搜索框中输入要搜索的关键字“哈尔滨 建设银行 网点”，单击“百度一下”按钮，如图 6-65 所示。

图 6-64 读者杂志网站界面

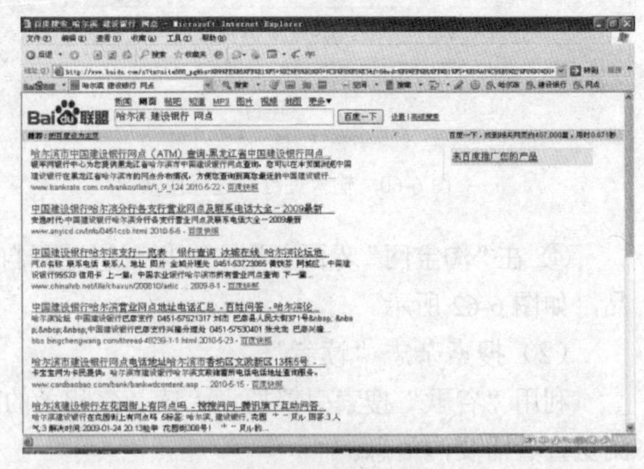

图 6-65 搜索哈尔滨银行

③ 在“搜索结果”窗口中单击与要查找的项目最接近的项目，如“中国建设银行哈尔滨分行各支行营业网点及联系电话大全-2009 最新”，打开如图 6-66 所示的窗口。

④ 在打开的网页中用户就直接可以选择需要的分行营业厅联系方式了。

⑤ 如果需要打印当前的网页，依次单击“文件”→“打印”命令，如图 6-67 所示。

⑥ 弹出“打印”对话框，单击“打印”按钮即可打印。

（4）搜索“北京欢迎你”的 MP3 格式文件

百度在每天更新的数目庞大的中文网中提取 MP3 下载链接，建立 MP3 歌曲链接库，是“因特网上最好用的 mp3 搜索工具”。

利用百度（http://www.baidu.com）搜索引擎搜索“北京欢迎你”的 MP3 格式文件，按分类查找的方法进行搜索。

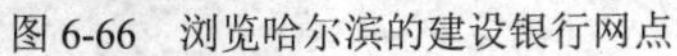

图 6-66 浏览哈尔滨的建设银行网点

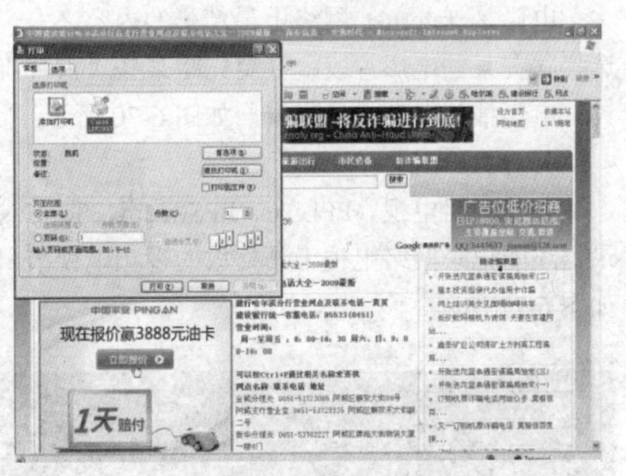

图 6-67 “打印”对话框

需要练习歌曲或者想听某首歌曲时，最好的解决方法是上网搜索，可以在搜索引擎的文本框中输入想要找的歌曲名称。

以“百度”为例。操作方法如下

① 启动 IE7.0 浏览器，在地址栏中输入“http://www.baidu.com”后按“Enter”键。

② 在“百度”首页上单击“MP3”链接，进入百度的 MP3 搜索界面，如图 6-68 所示。

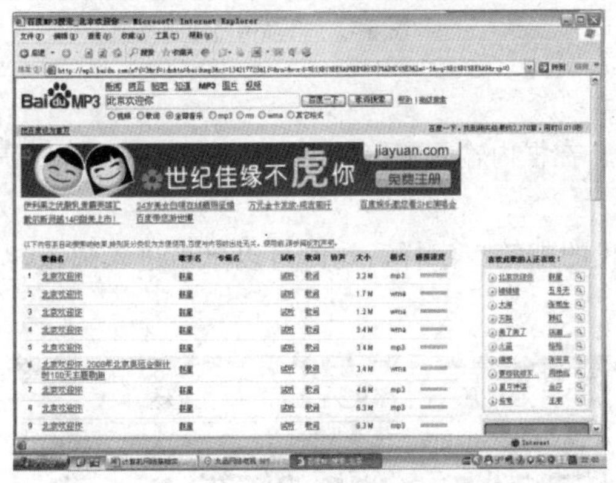

图 6-68 百度 MP3 搜索界面

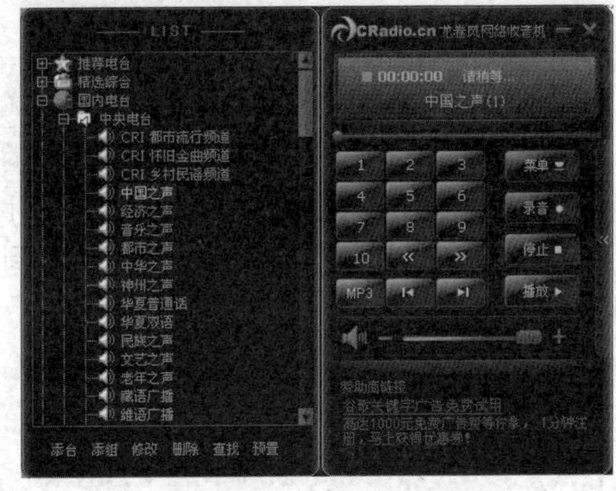

图 6-69 网络收音机界面

[子任务二 网络视听]

1．网络音乐

目前网络上听音乐的方法有两种。一种是在网上在线收听音乐，另一种是把网上的音乐下载到本地硬盘后再来收听。

（1）音乐播放软件 Winamp：将下载到本地硬盘上的音乐文件进行播放。

（2）音乐网站：在线收听喜欢的音乐。

2．网络收音机

随着宽带网的普及，网速越来越快，网上听广播已不成问题。现在用得比较多的网络收听软件是龙卷风网络收音机，只需用鼠标轻轻一点，就能听遍全世界的声音。龙卷风网络收音机界面如图 6-69 所示。

3．网上电影

电影是 Internet 网络上最精彩的内容之一，可以通过访问一些电影站点了解最新电影动态，选择欣赏某些电影片段，甚至先睹某些“大片”风采。

电影播放软件暴风影音，如图 6-70 所示。

4．网络电视

九品网络电视、PPLive、PPStream、SopCast 等都是 P2P 网络电视播放软件。使用 P2P TV 记录器还能记录网络电视工具播放的视频电视节目，并把节目保存到硬盘，实现离线观看电视节目，如图 6-71 所示。

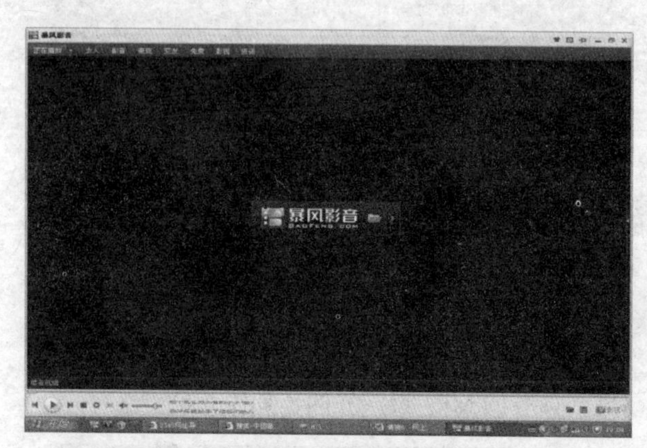

图 6-70　暴风影音播放界面

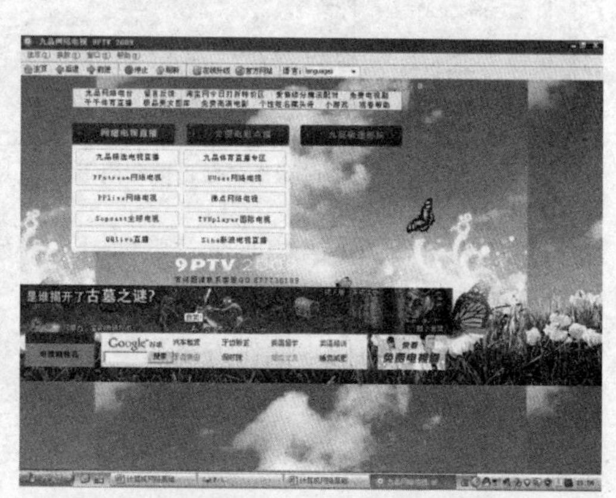

图 6-71　九品网络电视界面

[子任务三　在网站上收发邮件]

① 打开网易的主页，在左上角有邮箱登录框，在框内输入邮箱名“xgc@163.com”和密码，密码显示为“●”或其他的符号，如图 6-72 所示。

② 在接下来打开的网页上大家可以看到“我的邮箱”字样，这时可以单击进入邮箱，如图 6-73 所示。

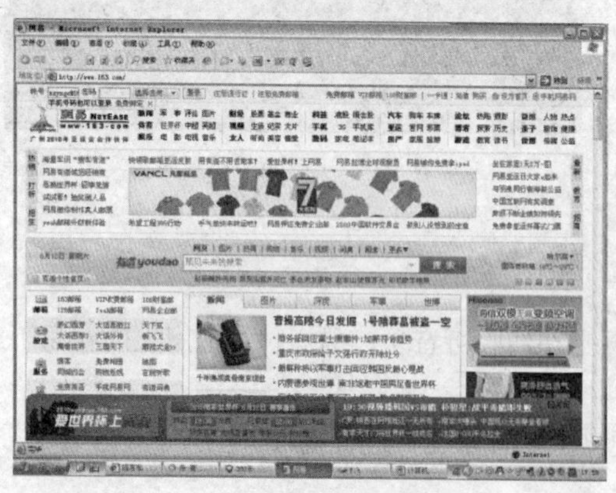

图 6-72　网易邮箱登录框

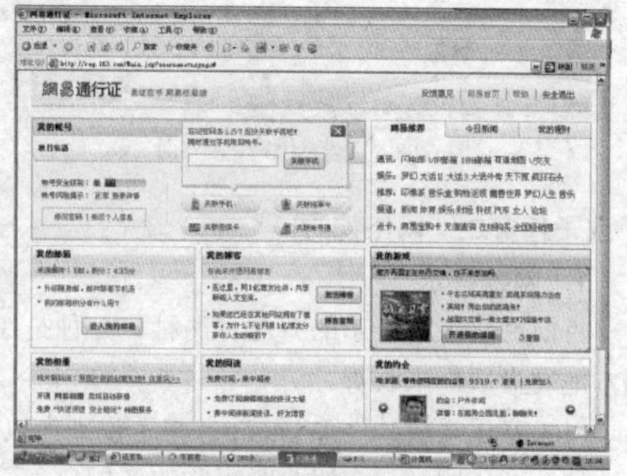

图 6-73　进入邮箱

③ 进入邮箱之后单击收件箱，如图 6-74 所示，可以查看收件箱里有哪些新邮件。

④ 可以浏览新邮件，如图 6-75 所示，认为需要回复时可以回复邮件。

⑤ 有需要下载或者需要打开的文件，如图 6-76 所示，可以单击下载。

⑥ 在文件下载对话框中单击“保存”，邮件就被下载成功了，如图 6-77 所示。

图 6-74 收件箱界面

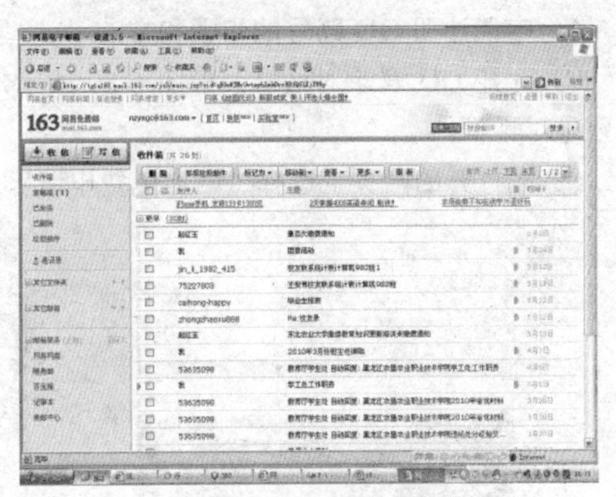

图 6-75 浏览邮件界面

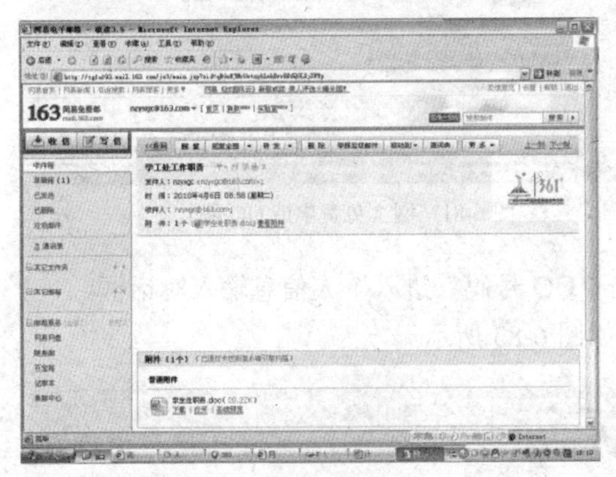

图 6-76 下载邮箱里的文件

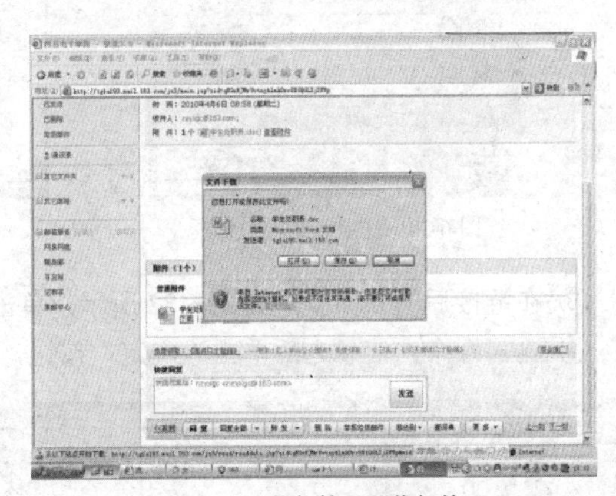

图 6-77 从邮箱里下载邮件

⑦ 除此之外，我们还可以写邮件发给其他人。在打开的邮箱里单击“写信”，进入写邮件界面，在这个界面上需要输入收件人邮箱名称、发邮件的主题、内容、添加附件等内容。写好了之后单击“发送”字样，等候数秒，如图 6-78 所示。

⑧ 数秒之后，系统会提示邮件已经发送成功，如图 6-79 所示。

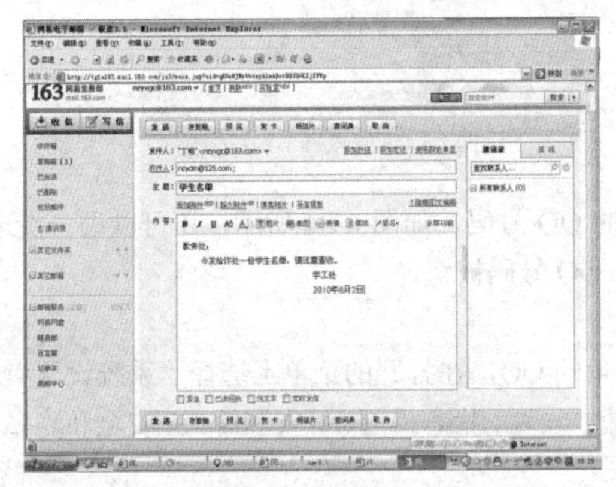

图 6-78 写邮件界面

图 6-79 邮件发送成功界面

[子任务四　聊天工具 QQ 的使用]

1．申请注册 QQ 账号的步骤和方法

① 打开 QQ 登录对话框，如图 6-80 所示，在右侧单击“注册新账号”字样，进入申请 QQ 新账号对话框。

② 在打开的网页上选择“网上免费申请”，单击“立即申请”，如图 6-81 所示。

图 6-80　注册新账号对话框

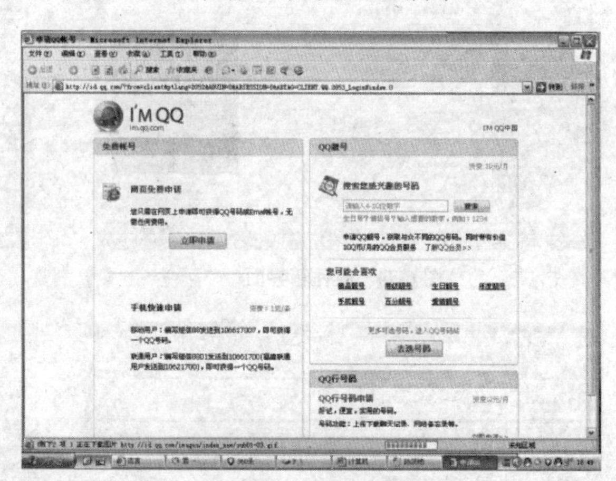

图 6-81　网上免费申请 QQ 账号

③ 在链接后的界面里，如图 6-82 所示，单击“QQ 号码”进入个人信息输入对话框。

④ 输入好个人信息之后单击“确定”按钮，如图 6-83 所示。

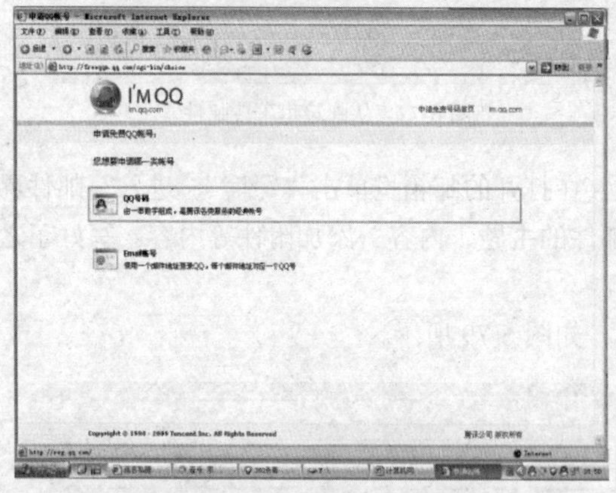

图 6-82　选择申请的是 QQ 号码

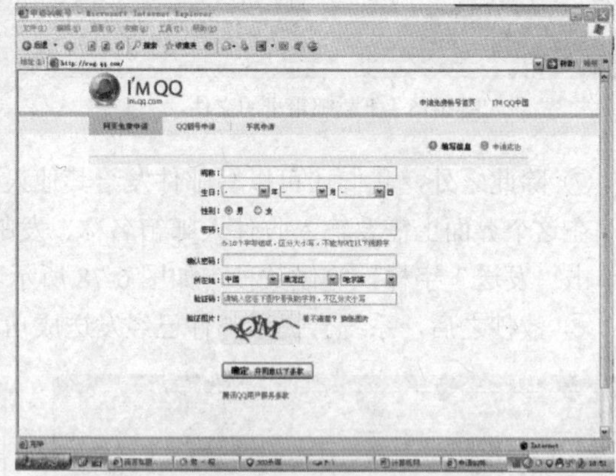

图 6-83　填写 QQ 个人信息

⑤ 单击“确定”按钮之后数秒会出现新申请的 QQ 号码，如图 6-84 所示，还可以进一步选择立即获取密码保护，把 QQ 号码保护起来，防止 QQ 号码被盗。

2．QQ 系统设置方法

① 如图 6-85 所示，在打开的 QQ 上单击左下角的 QQ，在打开的菜单上选择“系统设置”。

② 在二级子菜单上我们可以更改个人资料、基本设置、状态提醒、好友和聊天、安全和隐私，如图 6-86 所示。

③ 收发 QQ 信息。选择“我的好友”中对任一人进行双击，会出现如图 6-87 所示的对话框。

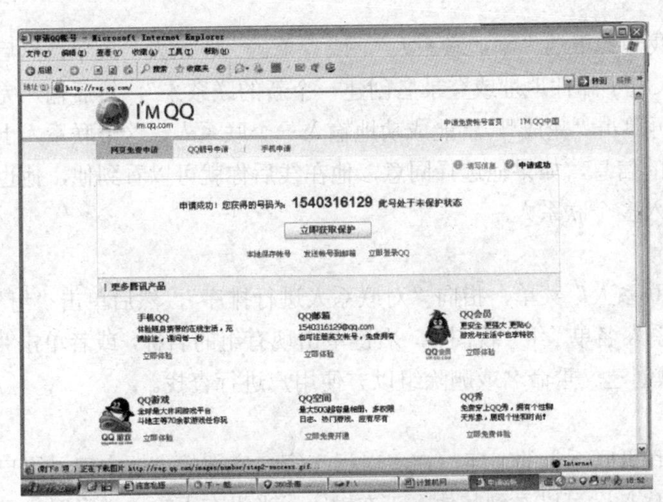

图 6-84　申请成功的 QQ 号码

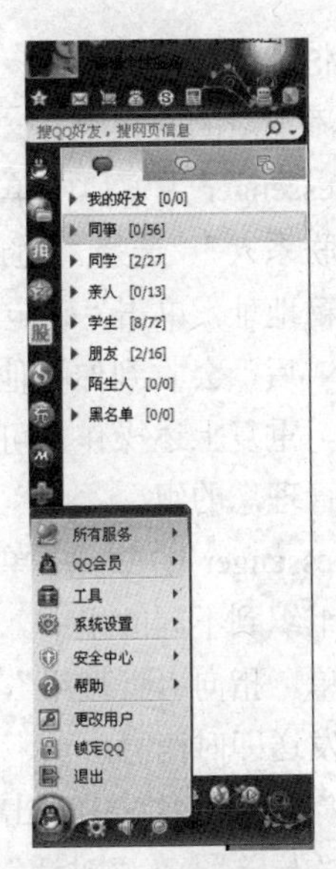

图 6-85　系统设置菜单

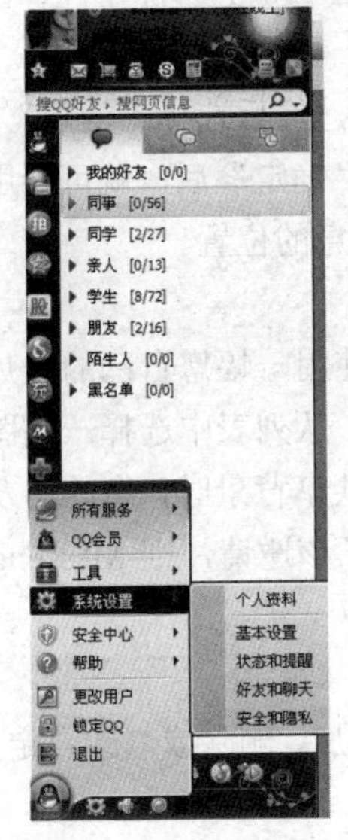

图 6-86　详细资料更改

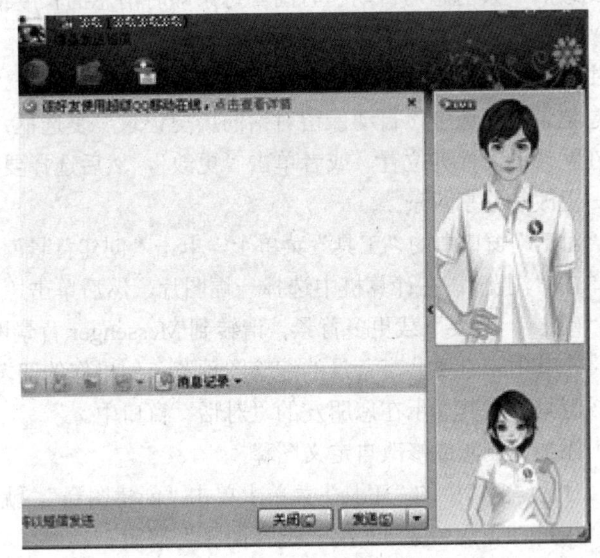

图 6-87　通过 QQ 与好友聊天

任务小结

本任务是介绍几个网上冲浪的方法，包括网上搜索、网上视听、网上收发邮件以及 QQ 的使用方法，这些都是在网上使用最多的软件与方法，能够使用这些软件在网上畅游是多么惬意啊！

举一反三

[MSN 的使用]

MSN Messenger 是微软公司推出的即时消息软件，该软件凭借自身优秀的性能，目前在国内已经拥有了大量的用户群。使用 MSN Messenger 可以与他人进行文字聊天、语音对话、视频会议等即时交流，还可以通过此软件来查看联系人是否联机。MSN Messenger 界面简洁，易于使用，是与亲人、朋友、工作伙伴保持紧密联系的绝佳选择。使用已有的一个 Email 地址，即可注册获得免费的 MSN Messenger 的登录账号。

1. MSN 的功能特色

（1）添加新的联系人

在 Messenger 主窗口中单击“我想”下的“添加联系人”，或者单击“联系人”菜单，然后单击“添加联系人”。选择“通过输入电子邮件地址或登录名创建一个新的联系人”，然后输入完整的对方邮箱地址，单击“确定”后再单击“完成”，就能成功地输入一个联系人，这个联系人上网登录 MSN 后，会收到你将他加入的信息，如果他选择同意，他在线后你就可以看到他，他也可以看到你。重复上述操作，可以输入多个联系人。

（2）管理您的组

在 Messenger 主窗口中单击“联系人”菜单，指向“对联系人进行排序”，然后单击“组”，将联系人组织到不同的组中。在联系人名单“组”视图中，右键单击现有组的名称，或者单击“联系人”菜单，指向“管理组”，可以创建、重命名或删除组以方便用户进行查找。

（3）发送即时消息

在用户联系人名单中双击某个联机联系人的名字，在“对话”窗口底部的小框中键入用户消息，单击“发送”。在“对话”窗口底部，可以看到其他人正在键入。当没有人输入消息时，可以看到收到最后一条消息的日期和时间。每条即时消息的长度最多可达 400 个字符。

（4）保存对话（此功能需要 IE6.0)

在主窗口中的“工具”菜单上或“对话”窗口中，单击“选项”，然后选择“消息”选项卡。在“消息记录”下选中“自动保留对话的历史记录”复选框，单击“确定”后，就可将用户的消息保存在默认的文件夹位置，或者单击“更改”，然后选择要保存消息的位置。

（5）更改和共享背景

在“对话”窗口中的“工具”菜单上，单击“创建背景”。可选使用一幅您自己的图片来创建背景。单击“浏览”，在计算机中选择一幅图片，然后单击“打开”。从列表中选择一幅图片，然后单击“确定”。若要下载更多背景，请转到 Messenger 背景网站。共享背景时，您的朋友会收到一份邀请，其中带有要共享背景的缩略图预览。如果您的朋友接受了该邀请，则 Messenger 会自动下载该背景并将其显示在您朋友的“对话”窗口中。

（6）添加、删除或修改自定义图释

在“对话”窗口中的“工具”菜单上单击“创建图释”，就可以添加、删除或修改自定义图释，或者选择用户“对话”窗口上的“选择图释”按钮。

（7）更改或隐藏显示图片

在“对话”窗口中的“工具”菜单上单击“更改显示图片”，或者单击“对话框”图片下的箭头，选择“更改显示图片”。从列表中选择一幅图片，然后单击“确定”按钮，或者单击“浏览”按钮，在用户的计算机上选择一幅图片，然后单击“打开”按钮。

（8）设置联机状态

在 Messenger 主窗口顶部单击用户的名字，然后单击最能准确描述用户状态的选项，或者单击“文件”菜单，指向“我的状态”，然后单击最能准确描述用户状态的选项。

（9）阻止某人看见您或与您联系

在 Messenger 主窗口中，右键单击要阻止的人的名字，然后单击“阻止”，被阻止的联系人并不知道自己已被阻止，对于他们来说，您只是显示为脱机状态。

（10）更改您名称的显示方式

在主窗口中的“工具”菜单上单击“选项”，然后选择“个人信息”选项卡，或者在 Messenger 主窗口中右键单击用户的名字，然后单击“个人设置”，在“我的显示名称”框中键入用户的新名称，单击“确定”按钮。

（11）使用网络摄像机进行对话

若要在 MSN Messenger 中发送网络摄像机视频，用户必须在计算机上连接了摄像机。在对话期间单击“网络摄像机”图标。或者在主窗口中单击“操作”菜单，单击“开始网络摄像机对话”，选择要向其发送视频的联系人的名称，然后单击“确定”。若要进行双向的网络摄像机对话，则两位参与者都必须安装网络摄像机并且必须邀请对方。

（12）语音对话

用户可以在 Messenger 主窗口中启动音频对话或者在对话期间添加音频。在 Messenger 主窗口中，单击“操作”菜单，单击“开始音频对话”，然后选择要与其进行对话的联系人。或者在对话期间单击“对话”窗口顶部的“音频”，使用“对话”窗口右侧的音量控制滑块来调整通过麦克风输入的音量以及从扬声器中输出的音量。

（13）视频会议

在主窗口中的“操作”菜单上单击“开始视频会议”，选择一个联系人，然后单击“确定”，或者右键单击某个联系人，单击“开始视频会议”，选择希望邀请参加会议的人的名字，然后单击“确定”。一旦其他人接受了邀请，将在各自的计算机上自动启动音频和视频，但双方必须都安装了网络摄像机和头戴式耳机（或扬声器和麦克风）。

（14）发送文件和照片

在 Messenger 主窗口中，用鼠标右键单击某个联机联系人的名字，然后单击“发送文件或照片”。在“发送文件”对话框中找到并单击想要发送的文件，然后单击“打开”。

2. MSN 的下载与安装

（1）注册登录

如果已经拥有 Hotmail 或 MSN 的电子邮件账户就可以直接打开 MSN，单击“登录”按钮，输入自己的电子邮件地址和密码进行登录了。如果你没有这类账户，请到 https://registernet.passport.net 申请一个 Hotmail 电子邮件账户，如图 6-88 所示。

单击第一个“注册新账号”，按照要求填写资料，如图 6-89 所示。

图 6-88 点亮 MSN 在线通

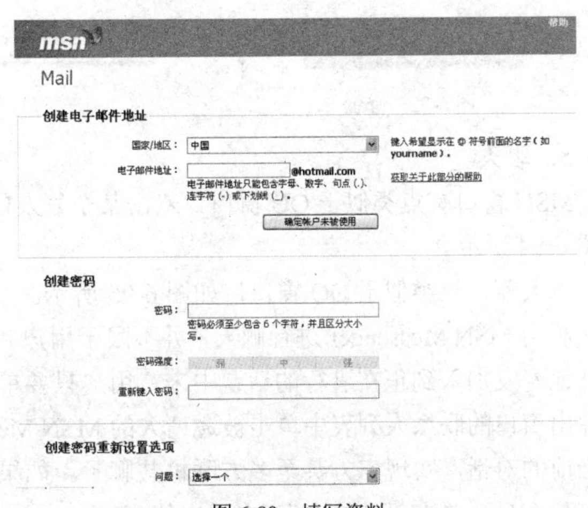

图 6-89 填写资料

（2）下载安装

单击“点击下载软件”按钮就可以获得最新版本的 MSN Messenger。当出现打开或保存到计算机上的提示后，单击打开就可以自动下载 MSN Messenger，如图 6-90 所示。

在随后出现的《Microsoft 软件最终用户许可协议》中选择“我接受许可协议中的条款”，然后单击“下一步”、“完成”按钮，结束安装过程，如图 6-91 所示。

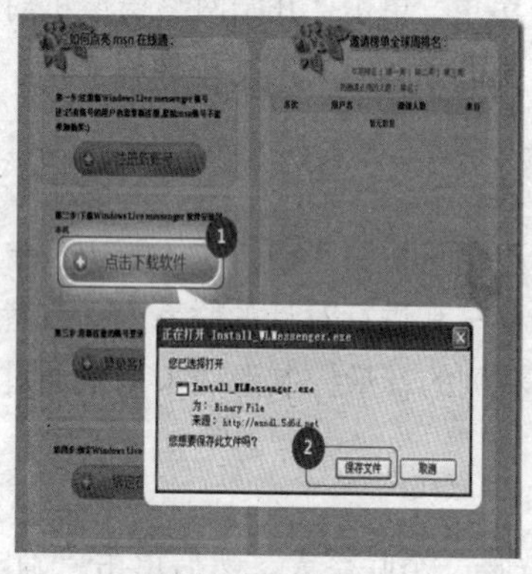

图 6-90 下载软件

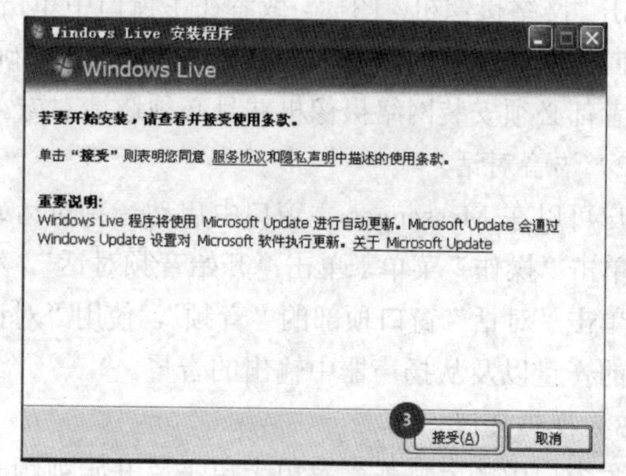

图 6-91 接受协议

（3）用新注册的账号登录，如图 6-92 所示。

（4）绑定 Windows Live messenger 在线通刷新，如图 6-93 所示。

图 6-92 登录

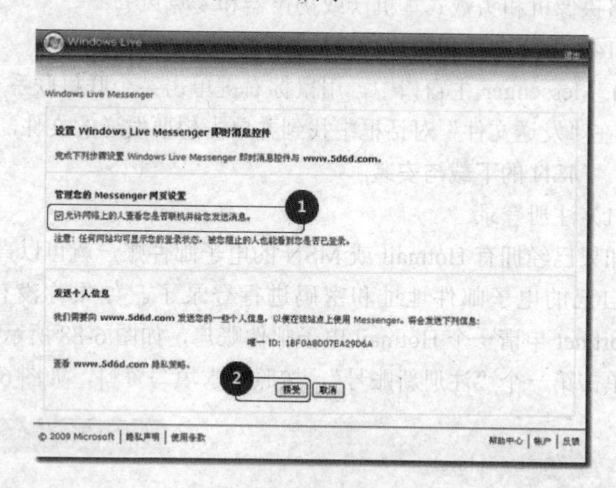

图 6-93 绑定刷新

3．聊天

MSN 窗口有点类似于 QQ 窗口，双击某个好友的头像就可以打开聊天窗口，输入要说的话，如图 6-94 所示。

聊天窗口也类似于 QQ 窗口，如图 6-95 所示。

利用 MSN Messenger 进行聊天，并不限于用户和联系人两个人，用户或对方联系人都可以邀请其他好友加入到正在进行的话题中来。用户只要单击对话窗口右侧的邀请某人加入对话，然后在弹出窗口的联系人列表中单击被邀请人的 MSN Messenger 用户名或昵称，就可以使被邀请人加入当前的对话，实现三方甚至多方联机共聊了。如果想邀请一位还没有加入到你名单列表上的朋友，那么只要单击“其他人”，在弹出的窗口中输入你希望邀请加入对话的 MSN Messenger 用户的电子邮件即可。要注意的是每次对话最多可允许 5 个人（包括您在内）参加。

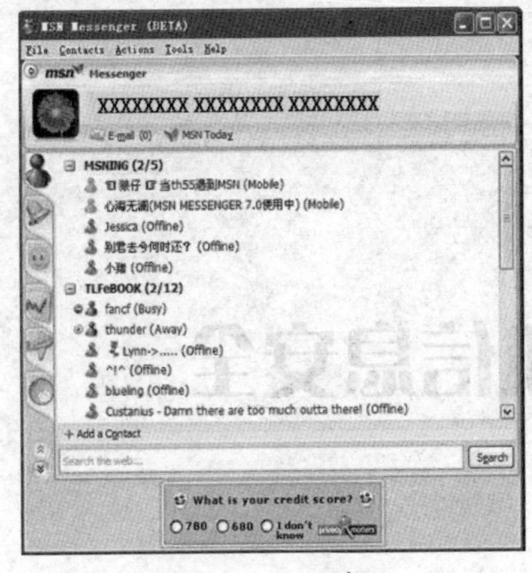

图 6-94 MSN 窗口

图 6-95 聊天窗口

不仅如此，和网上聊天室里相似，MSN Messenger 以其自设的图释功能支持一些聊天动作。当你不经意间输入一个笑脸符号“:)”时,在聊天对话框中就出现一个黄色的笑脸图标；又或者你的朋友在和你聊得兴趣正浓的时候，会在对话框里给你发来一些可爱的小脸……真地给人一种很酷的感觉！

拓展练习

操作题

① 删除电子邮件中的附件。

② 将电子邮件发送到 psmith@email.com,并向 sqreen@email.com 发送一份邮件副本。然后完成发送邮件的动作。

③ 将所列电子邮件的重要性等级标记为“高”。

④ 添加联系人，其姓名为 Bill Daniels,电子邮件地址为 bdaniels@email.com。保存后关闭联系人。(接受所有其他默认设置)。

⑤ 转到浏览器主页。

⑥ 更新 Web 网页以显示当前最新的信息。

⑦ 显示今天访问过的所有 Web 网站的历史列表。

⑧ 将当前打开的 Web 网页添加到“收藏夹”列表。(接受所有默认设置)。

⑨ 复制当前已选择的内容，并将其粘贴到打开的 Word 文档中。

⑩ 从当前 Web 网页执行 PowerPoint viewer 下载并将其安装到您的计算机上。

⑪ 在因特网中搜索所有包含文本太空站的网页。

⑫ 更改搜索，使 Web 网页搜索结果中不包含文本温布乐登。

⑬ 利用“网上邻居”窗口左边的工具列表建立一个拨号连接，使用“126”ISP，电话号“66554433”，用户名“test”，其他选项默认。

单元7

计算机信息安全

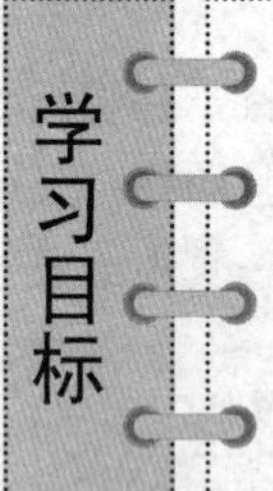

- 了解信息安全的概念
- 了解病毒的概念、种类、特点
- 熟悉计算机病毒的主要传播途径
- 熟悉计算机病毒与计算机故障的区分
- 掌握计算机病毒防范、检测方法、染毒后的危害

凡是在使用计算机的人无一不在遭受计算机病毒的干扰。那些侥幸暂时未受病毒干扰的人，也不能麻痹大意。对于计算机病毒，最好还是能防患于未然！为了更好地做好防范工作，我们必须了解它的工作原理、传播途径、表现形式，同时必须掌握它的检测、预防和清除方法。

7.1 信息安全的概念

7.1.1 计算机信息安全的概念

从技术角度看，计算机信息安全是一个涉及计算机科学、网络技术、通信技术、密码技术、信息安全技术、应用数学、信息论等多种学科的边缘性综合学科。首先介绍以下几个概念。

计算机系统（computer system）也称计算机信息系统（Computer Information System），是由计算机及其相关配套的设备、设施（含网络）构成的，并按一定的应用目标和规则对信息进行采集、加工、存储、传输、检索等处理的人机系统。计算机信息安全中的“安全”一词是指将服务与资源的脆弱性降到最低限度。脆弱性是指计算机系统的任何弱点。

国际标准化组织（ISO）将“计算机安全”定义为“为数据处理系统建立和采取的技术和管理的安全保护，保护计算机硬件、软件数据不因偶然和恶意的原因而遭到破坏、更改和泄露。”此概念偏重于静态信息保护。也有人将“计算机安全”定义为“计算机的硬件、软件和数据受到保护，不因偶然和恶意的原因而遭到破坏、更改和泄露，系统连续正常运行。”该定义着重于动态意义描述。

1. 网络安全的属性

美国国家信息基础设施（NII）的文献给出了安全的 5 个属性：可用性、可靠性、完整性、保密性和不可抵赖性。这 5 个属性适用于国家信息基础设施的教育、娱乐、医疗、运输、国家安全、电力供给及分配、通信等广泛领域。这 5 个属性定义如下。

（1）可用性（Availability）

得到授权的实体在需要时可访问资源和服务。可用性是指无论何时，只要用户需要，信息系统必须是可用的，也就是说信息系统不能拒绝服务。网络最基本的功能是向用户提供所需的信息和通信服务，而用户的通信要求是随机的、多方面的（话音、数据、文字和图像等），有时还要求时效性。

（2）可靠性（Reliability）

可靠性是指系统在规定条件下和规定时间内完成规定功能的概率。可靠性是网络安全最基本的要求之一，网络不可靠，事故不断，也就谈不上网络的安全。

（3）完整性（Integrity）

信息不被偶然或蓄意地删除、修改、伪造、乱序、重放、插入等破坏的特性。只有得到允许的人才能修改实体或进程，并且能够判别出实体或进程是否已被篡改。

（4）保密性（Confidentiality）

保密性是指确保信息不暴露给未授权的实体或进程，即信息的内容不会被未授权的第三方所知。防止信息失窃和泄露的保障技术称为保密技术。

（5）不可抵赖性（Non-Repudiation）

不可抵赖性也称作不可否认性。不可抵赖性是面向通信双方（人、实体或进程）信息真实同一的安全要求，它包括收、发双方均不可抵赖。

2. 计算机信息安全涉及方面

计算机信息安全涉及物理安全（实体安全）、运行安全和信息安全 3 个方面。

（1）物理安全（Physical Security）

物理安全指保护计算机设备、设施（含网络）以及其他媒体免遭地震、水灾、火灾、有害气体和其他环境事故（如电磁污染等）破坏的措施、过程，特别是避免由于电磁泄漏产生信息泄露，从而干扰他人或受他人干扰。物理安全包括环境安全，设备安全和媒体安全 3 个方面。

（2）运行安全（Operation Security）

为保障系统功能的安全实现，需提供一套安全措施（如风险分析、审计跟踪、备份与恢复、应急等）来保护信息处理过程的安全。它侧重于保证系统正常运行，避免因为系统的崩溃和损坏而对系统存储、处理和传输的信息造成破坏和损失。运行安全包括风险分析、审计跟踪、备份与恢复、应急 4 个方面。

风险分析是指为了使计算机信息系统能安全地运行，首先了解影响计算机信息系统安全运行的诸多因素和存在的风险，从而进行风险分析，找出克服这些风险的方法。

审计跟踪是利用计算机信息系统所提供的审计跟踪工具，对计算机信息系统的工作过程进行详尽的跟踪记录，同时保存好审计记录和审计日志，并从中发现和及时解决问题，保证计算机信息系统安全可靠地运行。这就要求系统管理员要认真负责，切实保存、维护和管理审计日志。

应急措施和备份恢复应同时考虑。首先要根据所用信息系统的功能特性和灾难特点制定包括应急反应、备份操作、恢复措施 3 个方面内容的应急计划，一旦发生灾害事件，就可按计划方案最大限度地恢复计算机系统的正常运行。

（3）信息安全（Information Security）

防止信息财产被故意地或偶然地非授权泄露、更改、破坏或使信息被非法的系统辨识、控制、即确保信息的完整性、保密性、可用性和可控性。避免攻击者利用系统的安全漏洞进行窃听、冒充、诈骗等有损于合法用户的行为。其本质上是保护用户的利益和隐私。信息安全包括操作系统安全、数据库安全、网络安全、病毒防护、访问控制、加密与鉴别 7 个方面。

网络信息既有存储于网络节点上的信息资源，即静态信息，又有传播于网络节点间的信息，即动态信息。而这些静态信息和动态信息中有些是开放的，如广告、公共信息等，有些是保密的，如私人间的通信、政府及军事部门机密、商业机密等。

7.1.2 计算机信息安全的特征

1．可量度

信息可采用某种度量单位进行度量，并进行信息编码，如现代计算机使用的二进制。

2．可识别

信息可采取直观识别、比较识别和间接识别等多种方式来把握。

3．可转换

信息可以从一种形态转换为另一种形态，如自然信息可转换为语言、文字和图像等形态，也可转换为电磁波信号或计算机代码。

4．可存储

信息可以存储。大脑就是一个天然信息存储器。人类发明的文字、摄影、录音、录像以及计算机存储器等都可以进行信息存储。

5．可处理

人脑就是最佳的信息处理器。人脑的思维功能可以进行决策、设计、研究、写作、改进、发明、创造等多种信息处理活动。计算机也具有信息处理功能。

6．可传递

信息的传递是与物质和能量的传递同时进行的。语言、表情、动作、报刊、书籍、广播、电视、电话等是人类常用的信息传递方式。

7．可再生

信息经过处理后，可以其他形式等方式再生成信息。输入计算机的各种数据文字等信息，可用显示、打印、绘图等方式再生成信息。

8．可压缩

信息可以进行压缩，可以用不同的信息量来描述同一事物。人们常常用尽可能少的信息量描述一件事物的主要特征。

9．可利用

信息具有一定的实效性和可利用性。

10．可共享

信息具有扩散性，因此可共享。

7.1.3 计算机系统安全保护

加强自我防范意识是我们防御网络威胁的第一步。在本文中，我们从 11 个方面来介绍平时使用网络过程中需加强的防范意识。

1. 预防第一

保持获取信息。你是否知晓几乎每天都有病毒和安全警告出现？通过把我们的安全与修复主页加入收藏夹来获取最新爆发的病毒。

2. 得到保护

如果你的机器上没有安装病毒防护软件，你最好还是安装一个。如果你是一个家庭或者个人用户，下载任何一个排名最佳的程序都相当容易，而且可以按照安装向导进行操作。如果你在一个网络中，首先需咨询你的网络管理员。

3. 定期扫描你的系统

如果你刚好是第一次启动防病毒软件，最好让它扫描一下你的整个系统。干净并且无病毒问题地启动你的电脑是很好的一件事情。通常，防病毒程序都能够设置成在计算机每次启动时扫描系统或者在定期计划的基础上运行。一些程序还可以在你连接到互联网上时在后台扫描系统。定期扫描系统是否感染有病毒，最好成为你的习惯。

4. 更新你的防病毒软件

既然你安装了病毒防护软件，就应该确保它是最新的。一些防病毒程序带有自动连接到互联网上，并且只要软件厂商发现了一种新的威胁就会添加新的病毒探测代码的功能。你还可以在此扫描系统，查找最新的安全更新文件。

5. 不要轻易执行附件中的 EXE 和 COM 等可执行程序

这些附件极有可能带有计算机病毒或是黑客程序，轻易运行，很可能带来不可预测的结果。对于认识的朋友和陌生人发过来的电子函件中的可执行程序附件都必须检查，确定无异后才可使用。

6. 不要轻易打开附件中的文档文件

对方发送过来的电子函件及相关附件的文档，首先要用“另存为…”命令(“Save As…”)保存到本地硬盘，待用查杀计算机病毒软件检查无毒后才可以打开使用。如果用鼠标直接双击 DOC、XLS 等附件文档，会自动启用 Word 或 Excel，如附件中有计算机病毒则会立刻传染，如有“是否启用宏”的提示，那绝对不要轻易打开，否则极有可能传染上电子函件计算机病毒。

7. 不要直接运行附件

对于文件扩展名很怪的附件，或者是带有脚本文件如*.VBS、*.SHS 等的附件，千万不要直接打开，一般可以删除包含这些附件的电子函件，以保证计算机系统不受计算机病毒的侵害。

8. 邮件设置

如果是使用 Outlook 作为收发电子邮件软件的话，应当进行一些必要的设置。选择“工具”菜单中的“选项”命令，在“安全”中设置“附件的安全性”为“高”，在“其他”中单击“高级选项”按钮，单击“加载项管理器”按钮，不选中“服务器脚本运行”。最后单击“确定”按钮保存设置。

9. 慎用预览功能

如果是使用 Outlook Express 作为收发电子函件软件的话，应当进行一些必要的设置。选择“工具”菜单中的“选项”命令，在“阅读”中不选中“在预览窗格中自动显示新闻邮件”和“自动显示新闻邮件中的图片附件”。这样可以防止有些电子函件计算机病毒利用 Outlook Express 的默认设置自动运行，破坏系统。

10．卸载 Scripting Host

对于使用 Windows98 操作系统的计算机来说，在“控制面板”中的“添加/删除程序”中检查一下是否安装了 Windows Scripting Host。如果已经安装，请卸载，并且检查 Windows 的安装目录下是否存在 Wscript.exe 文件，如果存在的话也要删除，因为有些电子函件计算机病毒就是利用 Windows Scripting Host 进行破坏的。

11．警惕发送出去的邮件

对于自己往外传送的附件，也一定要仔细检查，确定无毒后，才可发送。虽然电子函件计算机病毒相当可怕，但是只要防护得当，还是完全可以避免传染上计算机病毒的，仍可放心使用。

7.2 计算机病毒

7.2.1 计算机病毒概述

1．计算机病毒的定义

计算机病毒与医学上的“病毒”不同，它不是天然存在的，是某些人利用计算机软、硬件所固有的脆弱性编制出来的具有特殊功能的程序。它与生物医学上的“病毒”同样有传染和破坏的特性，因此这一名词是由生物医学上的“病毒”概念引申而来的。

从广义上定义，凡能够引起计算机故障，破坏计算机数据的程序统称为计算机病毒。依据此定义，诸如逻辑炸弹、蠕虫等均可称为计算机病毒。在国内，专家和研究者对计算机病毒也做过不尽相同的定义，但一直没有公认的明确定义。

2．计算机病毒的命名

病毒的命名没有固定的方法，有的按第一次出现的地点来命名，如“ZHENJIANG_JES”，其样本最先来自镇江某用户，也有的按病毒中出现的人名或特征字符命名，如“ZHANGFANG-1535”、“DISKKILLER”、“上海一号”，有的按病毒发作时的症状命名，如“火炬”、“蠕虫”，也有按病毒发作的时间来命名的，如“NOVEMBER9TH”在 11 月 9 日发作，有些名称包含病毒代码的长度，如“PIXEL.xxx”系列、“KO.xxx”等。

7.2.2 计算机病毒的发展史与发展趋势

自从 1987 年发现了全世界首例计算机病毒以来，病毒的数量早已超过 1 万种以上，并且还在以每年两千种新病毒的速度递增，不断困扰着涉及计算机领域的各个行业。计算机病毒的危害及造成的损失是众所周知的，发明计算机病毒的人同样也受到社会和公众舆论的谴责。也许有人会问：“计算机病毒是哪位先生发明的?”这个问题至今无法说清楚，但是有一点可以肯定，即计算机病毒的发源地是科学最发达的美国。

虽然全世界的计算机专家们站在不同立场或不同角度分析了病毒的起因，但也没有能够对此做出最后的定论，只能推测电脑病毒缘于以下几种原因：科幻小说的启发、恶作剧的产物、电脑游戏的产物、软件产权保护的结果。

1. 计算机病毒的发展史

IT 行业普遍认为，从最原始的单机磁盘病毒到现在逐步进入人们视野的手机病毒，计算机病毒主要经历了 6 个重要的发展阶段。

第一阶段为原始病毒阶段。产生年限一般认为在 1986～1989 年之间，当时计算机的应用软件少，而且大多是单机运行，因此病毒没有大量流行，种类也很有限，病毒的清除工作相对来说较容易。主要特点是：攻击目标较单一；主要通过截获系统中断向量的方式监视系统的运行状态，并在一定的条件下对目标进行传染；病毒程序不具有自我保护的措施，容易被人们分析和解剖。

第二阶段为混合型病毒阶段。其产生的年限在 1989～1991 年之间，是计算机病毒由简单发展到复杂的阶段。计算机局域网开始应用与普及，给计算机病毒带来了第一次流行高峰。这一阶段病毒的主要特点为：攻击目标趋于混合，采取更为隐蔽的方法驻留内存和传染目标，病毒传染目标后没有明显的特征，病毒程序往往采取了自我保护措施，出现许多病毒的变种等。

第三阶段为多态性病毒阶段。此类病毒的主要特点是在每次传染目标时，放入宿主程序中的病毒程序大部分都是可变的。因此防病毒软件查杀非常困难。例如，1994 年在国内出现的“幽灵”病毒就属于这种类型。这一阶段病毒技术开始向多维化方向发展。

第四阶段为网络病毒阶段。从 20 世纪 90 年代中后期开始，随着国际互联网的发展壮大，依赖互联网传播的邮件病毒和宏病毒等大量涌现，病毒传播快，隐蔽性强，破坏性大。也就是从这一阶段开始，反病毒产业开始萌芽并逐步形成一个规模宏大的新兴产业。

第五阶段为主动攻击型病毒。典型代表为 2003 年出现的“冲击波”病毒和 2004 年流行的“震荡波”病毒。这些病毒利用操作系统的漏洞进行进攻型的扩散，并不需要任何媒介或操作，用户只要接入互联网就有可能被感染。正因为如此，该病毒的危害性更大。

第六阶段为“手机病毒”阶段。随着移动通信网络的发展以及移动终端——手机功能的不断强大，计算机病毒开始从传统的互联网走进移动通信网络世界。与互联网用户相比，手机用户覆盖面更广，数量更多，因而高性能的手机病毒一旦爆发，其危害和影响比“冲击波”“震荡波”等互联网病毒还要大。

2. 计算机病毒的发展趋势

在病毒的发展史上，病毒的出现是有规律的，一般情况下一种新的病毒技术出现后，病毒迅速发展，接着反病毒技术的发展会抑制其流传。同时，操作系统进行升级时，病毒也会调整为新的方式，产生新的病毒技术。总的说来，病毒可以分为以下几个发展阶段。

（1）DOS 引导阶段

1987 年，计算机病毒主要是引导型病毒，具有代表性的是“小球”和“石头”病毒。那时的计算机硬件较少，功能简单，一般需要通过软盘启动后使用。而引导型病毒正是利用了软盘的启动原理工作，修改系统启动扇区，在计算机启动时首先取得控制权，减少系统内存，修改磁盘读写中断，影响系统工作效率，在系统存取磁盘时进行传播。

（2）DOS 可执行阶段

1989 年，可执行文件型病毒出现，它们利用 DOS 系统加载执行文件的机制工作，如“耶路撒冷”、“星期天”等病毒。可执行型病毒的病毒代码在系统执行文件时取得控制权，修改 DOS 中断，在系统调用时进行传染，并将自己附加在可执行文件中，使文件长度增加。1990 年，其发展为复合型病毒，可感染 COM 和 EXE 文件。

（3）伴随体型阶段

1992 年，伴随体型病毒出现，它们利用 DOS 加载文件的优先顺序进行工作。具有代表性的是“金蝉”病毒，它感染 EXE 文件的同时会生成一个和 EXE 同名的扩展名为 COM 的伴随体。它感染 COM 文件时，改原来的 COM 文件为同名的 EXE 文件，再产生一个原名的伴随体，文件扩展名为 COM。这样，在 DOS 加载文件时，病毒会取得控制权，优先执行自己的代码。该类病毒并不改变原来的文件内容、日期及属性，解除病毒时只要将其伴随体删除即可，非常容易。其典型代表的是“海盗旗”病毒，它在得到执行时，询问用户名称和口令，然后返回一个出错信息，将自身删除。

（4）变形阶段

1994 年，汇编语言得到了长足的发展。要实现同一功能，通过汇编语言可以用不同的方式进行完成，这些方式的组合使一段看似随机的代码产生相同的运算结果。而典型的多形病毒——幽灵病毒就是利用这个特点，每感染一次就产生不同的代码。例如，“一半”病毒就是产生一段有上亿种可能的解码运算程序，病毒体被隐藏在解码前的数据中，查解这类病毒就必须能对这段数据进行解码，加大了查毒的难度。多形型病毒是一种综合性病毒，它既能感染引导区又能感染程序区，多数具有解码算法，一种病毒往往要两段以上的子程序方能解除。

（5）变种阶段

1995 年，在汇编语言中，一些数据的运算放在不同的通用寄存器中，可运算出同样的结果，随机地插入一些空操作和无关命令，也不影响运算的结果。这样，某些解码算法可以由生成器生成不同的变种。其代表作品——“病毒制造机”VCL，它可以在瞬间制造出成千上万种不同的病毒，查解时不能使用传统的特征识别法，而需要在宏观上分析命令，解码后查解病毒，大大提高了复杂程度。

（6）网络、蠕虫阶段

1995 年，随着网络的普及，病毒开始利用网络进行传播，它们只是以上几代病毒的改进。在 Windows 操作系统中，“蠕虫”是典型的代表，它不占用除内存以外的任何资源，不修改磁盘文件，利用网络功能搜索网络地址，将自身向下一地址进行传播，有时也在网络服务器和启动文件中存在。

（7）窗口阶段

1996 年，随着 Windows 的日益普及，利用 Windows 进行工作的病毒开始发展，它们修改（NE、PE）文件，典型的代表是 DS.3873，这类病毒的机制更为复杂，它们利用保护模式和 API 调用接口工作，解除方法也比较复杂。

（8）宏病毒阶段

1996 年，随着 MSOffice 功能的增强及盛行，使用 Word 宏语言也可以编制病毒，这种病毒使用类 Basic 语言，编写容易，感染 Word 文件。由于 Word 文件格式没有公开，这类病毒查解比较困难。

（9）互联网、感染邮件阶段

1997 年，随着因特网的发展，各种病毒也开始利用因特网进行传播，一些携带病毒的数据包和邮件越来越多，如果不小心打开了这些邮件，计算机就有可能中毒。

（10）爪哇、邮件炸弹阶段

1997 年，随着互联网上 Java 的普及，利用 Java 语言进行传播和资料获取的病毒开始出现，典型的代表是 JavaSnake 病毒。还有一些利用邮件服务器进行传播和破坏的病毒，例如 Mail-Bomb 病毒，它就严重影响因特网的效率。

3. 计算机病毒的演化及发展过程

当前计算机病毒的最新发展趋势主要可以归结为以下几点。

（1）病毒在演化

任何程序和病毒都一样，不可能十全十美，所以一些人还在修改以前的病毒，使其功能更完善，病毒在不断地演化，使杀毒软件更难检测。

（2）千奇百怪病毒出现

现在操作系统很多，因此，病毒也瞄准了很多其他平台，不再仅仅局限于 Microsoft Windows 平台了。

（3）越来越隐蔽

一些新病毒变得越来越隐蔽，同时新型计算机病毒也越来越多，更多的病毒采用复杂的密码技术，在感染宿主程序时，病毒用随机的算法对病毒程序加密，然后放入宿主程序中，由于随机数算法的结果多达天文数字，所以，放入宿主程序中的病毒程序每次都不相同。这样，同一种病毒，具有多种形态，每一次感染，病毒的面貌都不相同，犹如一个人能够"变脸"一样，检测和杀除这种病毒非常困难。同时，制造病毒和查杀病毒永远是一对矛盾，杀毒软件是杀病毒的，而就有人却在搞专门破坏杀病毒软件的病毒，一是可以避过杀病毒软件，二是可以修改杀病毒软件，使其杀毒功能改变。因此，反病毒还需要很多专家的努力。

7.2.3 计算机病毒的特点及分类

1. 计算机病毒的特点

计算机病毒是一种具有很高编程技巧、短小精悍的可执行程序。它与一般的程序相比，具有以下 9 个主要的特点。

（1）寄生性

计算机病毒寄生在其他程序之中，当执行这个程序时，病毒就起破坏作用，而在未启动这个程序之前，它是不易被人发觉的。

（2）传染性

计算机病毒不但本身具有破坏性，更有害的是具有传染性，一旦病毒被复制或产生变种，其速度之快令人难以预防。传染性是病毒的基本特征。在生物界，病毒通过传染从一个生物体扩散到另一个生物体。在适当的条件下，它可得到大量繁殖，并使被感染的生物体表现出病症甚至死亡。同样，计算机病毒也会通过各种渠道从已被感染的计算机扩散到未被感染的计算机，在某些情况下造成被感染的计算机工作失常甚至瘫痪。只要一台计算机染毒，如不及时处理，那么病毒会在这台机子上迅速扩散，其中的大量文件（一般是可执行文件）会被感染。而被感染的文件又成了新的传染源，再与其他机器进行数据交换或通过网络接触，病毒会继续进行传染。

（3）潜伏性

有些病毒像定时炸弹一样，让它什么时间发作是预先设计好的。比如黑色星期五病毒，不到预定时间一点都觉察不出来，等到条件具备的时候一下子就爆炸开来，对系统进行破坏。一个编制精巧的计算机病毒程序，进入系统之后一般不会马上发作，可以在几周或者几个月内，甚至几年内隐藏在合法文件中，对其他系统进行传染，而不被人发现，潜伏性愈好，其在系统中的存在时间就会愈长，病毒的传染范围就会愈大。

（4）隐蔽性

计算机病毒具有很强的隐蔽性，有的可以通过病毒软件检查出来，有的根本就查不出来，有的时隐时现，变化无常，这类病毒处理起来通常很困难。

（5）破坏性

计算机中毒后，可能会导致正常的程序无法运行，把计算机内的文件删除或受到不同程度的损坏。通常表现为：增、删、改、移。

（6）可触发性

病毒因某个事件或数值的出现，诱使病毒实施感染或进行攻击的特性称为可触发性。为了隐蔽自己，病毒必须潜伏，少做动作。如果完全不动，一直潜伏的话，病毒既不能感染也不能进行破坏，便失去了杀伤力。病毒既要隐蔽，又要维持杀伤力，它必须具有可触发性。病毒的触发机制就是用来控制感染和破坏动作的频率的。病毒具有预定的触发条件，这些条件可能是时间、日期、文件类型或某些特定数据等。病毒运行时，触发机制检查预定条件是否满足，如果满足，启动感染或破坏动作，使病毒进行感染或攻击，如果不满足，使病毒继续潜伏。

（7）针对性

计算机病毒是针对特定的计算机和特定的操作系统的。例如，有针对 IBMPC 及其兼容机的，有针对 Apple 公司的 Macintosh 的，还有针对 UNIX 操作系统的。例如，小球病毒是针对 IBMPC 及其兼容机上的 DOS 操作系统的。

（8）衍生性

这种特性为病毒制造者提供了一种创造新病毒的捷径。分析计算机病毒的结构可知，传染的破坏部分反映了设计者的设计思想和设计目的，但是，这可以被其他掌握原理的人以其个人的企图进行任意改动，从而又衍生出一种不同于原版本的新的计算机病毒（又称为变种），这就是它的衍生性。这种变种病毒造成的后果可能比原版病毒严重得多。

（9）持久性

即使在病毒程序被发现以后，数据和程序以至操作系统的恢复都非常困难。特别是在网络操作情况下，由于病毒程序由一个受感染的复制通过网络系统反复传播，使得病毒程序的清除非常复杂。

2. 计算机病毒分类

根据多年对计算机病毒的研究，按照科学的、系统的、严密的方法，计算机病毒可分类如下。

① 根据病毒存在的媒体，病毒可以划分为网络病毒、文件病毒、引导型病毒。

网络病毒通过计算机网络传播感染网络中的可执行文件，文件病毒感染计算机中的文件（如：COM、EXE、DOC 等），引导型病毒感染启动扇区（Boot）和硬盘的系统引导扇区（MBR），还有这 3 种情况的混合型，例如，多型病毒（文件和引导型）感染文件和引导扇区两种目标，这样的病毒通常都具有复杂的算法，它们使用非常规的办法侵入系统，同时使用了加密和变形算法。

② 根据病毒传染的方法，病毒可分为驻留型病毒和非驻留型病毒。

驻留型病毒感染计算机后，把自身的内存驻留部分放在内存（RAM）中，这一部分程序挂接系统调用并合并到操作系统中去，处于激活状态，一直到关机或重新启动。非驻留型病毒在得到机会激活时并不感染计算机内存，一些病毒在内存中留有小部分，但是并不通过这一部分进行传染。

③ 根据病毒破坏的能力，可划分为以下几种。

• 无害型：除了传染时减少磁盘的可用空间外，对系统没有其他影响。

• 无危险型：这类病毒仅仅是减少内存、显示图像、发出声音及同类音响。

• 危险型：这类病毒在计算机系统操作中造成严重的错误。

• 非常危险型：这类病毒删除程序，破坏数据，清除系统内存区和操作系统中重要的信息。这些病毒对系统造成的危害，并不是本身的算法中存在危险的调用，而是当它们传染时会引起无法预料的灾难性的破坏。

④ 根据病毒特有的算法，病毒可以划分为以下几种。

• 伴随型病毒：这一类病毒并不改变文件本身，它们根据算法产生 EXE 文件的伴随体，具有同样的名字和不同的扩展名（COM），例如，XCOPY.EXE 的伴随体是 XCOPY.COM。病毒把自身写入 COM 文件并不改变 EXE 文件，当 DOS 加载文件时，伴随体优先被执行到，再由伴随体加载执行原来的 EXE 文件。

• “蠕虫”型病毒：其通过计算机网络传播，不改变文件和资料信息，利用网络从一台机器的内存传播到其他机器的内存，计算网络地址，将自身的病毒通过网络发送。有时它们在系统存在，一般除了内存不占用其他资源。

• 寄生型病毒：除了伴随和“蠕虫”型，其他病毒均可称为寄生型病毒，它们依附在系统的引导扇区或文件中，通过系统的功能进行传播。

• 诡秘型病毒：它们一般不直接修改 DOS 中断和扇区数据，而是通过设备技术和文件缓冲区等 DOS 内部修改，不易看到资源，使用比较高级的技术。利用 DOS 空闲的数据区进行工作。

• 变型病毒（又称幽灵病毒）：这一类病毒使用一个复杂的算法，使自己每传播一份都具有不同的内容和长度。它们一般的做法是由一段混有无关指令的解码算法和被变化过的病毒体组成。

电脑病毒已经出现很多年了。1949 年，科学家约翰•冯•诺依曼声称，可以自我复制的程序并非天方夜谭。那时计算机科学刚刚起步，可是已经有人想出破坏电脑系统的基本原理。不过直到几十年后，黑客们才开始真正编制病毒。

虽然早有人在大型电脑上制造出类似病毒的程序，但直到个人电脑开始普及，计算机病毒才引起人们的注意。一个名为弗雷德•科恩（FredCohen）的博士生首先把这种修改电脑设置并能自我复制的程序称为病毒，这个称呼一直沿用到今天。

在 20 世纪 80 年代，病毒需要依靠人类的帮助才能传播到其他机器。黑客们需要把病毒存储在磁盘上，然后借给其他人，当时的病毒危害并不是很大。直到网络逐渐普及，人们才开始正视计算机病毒的威胁。今天我们谈到的电脑病毒，通常指那些通过网络进行自我传播的病毒，它们一般通过电子邮件或者有害链接进行扩散，传播速度远远超过了早期的电脑病毒。

7.2.4 计算机病毒的传播途径

计算机病毒的传染性是计算机病毒最基本的特性，病毒的传染性是病毒赖以生存繁殖的条件，如果计算机病毒没有传播渠道，则其破坏性小，扩散面窄，难以造成大面积流行。

计算机病毒必须要“搭载”到计算机上才能感染系统，通常它们附加在某个文件上。

计算机病毒的传播主要通过文件拷贝、文件传送、文件执行等方式进行，文件拷贝与文件传送需要传输媒介，文件执行则是病毒感染的必然途径（Word、Excel 等宏病毒通过 Word、Excel 调用间接地执行），因此，病毒传播与文件传播媒体的变化有着直接关系。

据有关资料报道，计算机病毒的出现是在 20 世纪 70 年代，那时由于计算机还未普及，所以病毒造成的破坏和对社会公众造成的影响还不是十分大。1986 年巴基斯坦智囊病毒的广泛传播，则把病毒对 PC 机的威胁实实在在地摆在了人们的面前。1987 年“黑色星期五”大规模肆虐于全世界各国的 IBMPC 及其兼容机之中，造成了相当大的恐慌。这些计算机病毒如同其他计算机病毒一样，最基本的特性就是它的传染性。通过认真研究各种计算机病毒的传染途径，有的放矢地采取有效措施，必定能在对抗计算机病毒的斗争中占据有利地位，更好地防止病毒对计算机系统的侵袭。

1. 计算机病毒的主要传播途径

（1）软盘

软盘作为最常用的交换媒介，在计算机应用的早期对病毒的传播发挥了巨大的作用，因那时计算机应用比较简单，可执行文件和数据文件系统都较小，许多执行文件均通过软盘相互拷贝、安装，这样病毒就能通过软盘传播文件型病毒。另外，在软盘列目录或引导机器时，引导区病毒会在软盘与硬盘引导区互相感染。因此软盘也成了计算机病毒的主要寄生的“温床”。

（2）光盘

光盘因为容量大，存储了大量的可执行文件，大量的病毒就有可能藏身于光盘，对只读式光盘，不能进行写操作，因此光盘上的病毒不能清除。以谋利为目的非法盗版软件的制作过程中，不可能为病毒防护担负专门责任，也决不会有真正可靠可行的技术保障避免病毒的传入、传染、流行和扩散。当前，盗版光盘的泛滥给病毒的传播带来了极大的便利。

（3）硬盘

由于带病毒的硬盘在本地或移到其他地方使用、维修等，将干净的软盘传染并再扩散。

（4）BBS

电子布告栏（BBS）上站容易，投资少，因此深受大众用户的喜爱。BBS 是由计算机爱好者自发组织的通信站点，用户可以在 BBS 上进行文件交换（包括自由软件、游戏、自编程序）。由于 BBS 站一般没有严格的安全管理，亦无任何限制，这样就给一些病毒程序编写者提供了传播病毒的场所。各城市 BBS 站间通过中心站间进行传送，传播面较广。随着 BBS 在国内的普及，病毒的传播又增加了新的介质。

（5）网络

现代通信技术的巨大进步已使空间距离不再遥远，数据、文件、电子邮件可以方便地在各个网络工作站间通过电缆、光纤或电话线路进行传送，工作站的距离可以短至并排摆放的计算机，也可以长达上万公里，正所谓“相隔天涯，如在咫尺”，但也为计算机病毒的传播提供了新的“高速公路”。计算机病毒可以附着在正常文件中，当用户从网络另一端得到一个被感染的程序，并在用户的计算机上未加任何防护措施的情况下运行它，病毒就传染开了。这种病毒的传染方式在计算机网络连接很普及的国家是很常见的，国内计算机感染一种“进口”病毒已不再是什么大惊小怪的事了。在信息国际化的同时，我们的病毒也在国际化。大量的国外病毒随着互联网传入国内。

随着 Internet 的风靡，病毒的传播又增加了新的途径，并将成为第一传播途径。Internet 开拓性的发展使病毒可能成为灾难，病毒的传播更迅速，反病毒的任务更加艰巨。Internet 带来两种不同的安全威胁，一种威胁来自文件下载，这些被浏览的或是通过 FTP 下载的文件中可能存在病毒。另一种威胁来自电子邮件。大多数 Internet 邮件系统提供了在网络间传送附带格式化文档邮件的功能，因此，遭受病毒的文档或文件就可能通过网关和邮件服务器涌入企业网络。网络使用的简易性和开放性使得这种威胁越来越严重。

2．Internet 网上病毒的当前最新趋势

① 不法分子或好事之徒制作的匿名个人网页直接提供了下载大批病毒活样本的便利途径。

② 用于学术研究的病毒样本提供机构同样可以成为别有用心的人的使用工具。

③ 关于病毒制作研究讨论的学术性质的电子论文、期刊、杂志及相关的网上学术交流活动，如病毒制造协会年会等等，都有可能成为国内外任何想成为新的病毒制造者学习、借鉴、盗用、抄袭的目标与对象。

④ 散见于网站上的大批病毒制作工具、向导、程序等，使得无编程经验和基础的人制造新病毒成为可能。

⑤ 新技术、新病毒使得几乎所有人在不知情时成为病毒扩散的载体或传播者。

随着各种反病毒技术的发展和人们对病毒各种特性的了解，通过对各条传播途径的严格控制，来自病毒的侵扰会越来越少。

7.3 计算机病毒的工作原理

为了做好病毒的检测、预防和清除工作，首先要在认清计算机病毒的结构和主要特征的基础上，了解计算机病毒工作的一般过程及其原理，只有这样才能针对每个环节做出相应的防范措施，为检测和清除提供充实可靠的依据。本节主要介绍计算机病毒工作的一般过程及每个过程的具体实现。

7.3.1 计算机病毒的工作过程

计算机病毒的完整工作过程应包括以下几个环节。

（1）传染源

病毒总是依附于某些存储介质，例如软盘、硬盘等，构成传染源。

（2）传染媒介

病毒传染的媒介由工作的环境来定，可能是计算机网络，也可能是可移动的存储介质，例如软磁盘等。

（3）病毒激活

是指将病毒装入内存，并设置触发条件，一旦触发条件成熟，病毒就开始作用——自我复制到传染对象中，进行各种破坏活动等。

（4）病毒触发：计算机病毒一旦被激活，立刻就发生作用，触发的条件是多样化的，可以是内部时钟、系统的日期、用户标识符，也可能是系统一次通信等。

（5）病毒表现

表现是病毒的主要目的之一，有时在屏幕显示出来，有时则表现为破坏系统数据。可以这样说，凡是软件技术能够触发到的地方，都在其表现范围内。

（6）传染

病毒的传染是病毒性能的一个重要标志。在传染环节中，病毒复制一个自身副本到传染对象

中去。

7.3.2 计算机病毒的引导机制

1. 计算机病毒的寄生对象

计算机病毒实际上是一种特殊的程序，是一种程序则必然要存储在磁盘上，但是病毒程序为了进行自身的主动传播，必须使自身寄生在可以获取执行权的寄生对象上。就目前出现的各种计算机病毒来看，其寄生对象有两种，一种寄生在磁盘引导扇区，另一种寄生在可执行文件（.exe或.com）中。这是由于不论是磁盘引导扇区，还是可执行文件，它们都有获取执行权的可能，这样病毒程序寄生在它们的上面，就可以在一定条件下获得执行权，从而使病毒得以进入计算机系统，并处于激活状态，然后进行病毒的动态传播和破坏活动。

2. 计算机病毒的寄生方式

计算机病毒的寄生方式有两种，一种是采用替代法，另一种是采用链接法。所谓替代法是指病毒程序用自己的部分或全部指令代码，替代磁盘引导扇区或文件中的全部或部分内容。所谓链接法则是指病毒程序将自身代码作为正常程序的一部分与原有正常程序链接在一起，病毒链接的位置可能在正常程序的首部、尾部或中间。寄生在磁盘引导扇区的病毒一般采取替代法，而寄生在可执行文件中的病毒一般采用链接法。

3. 计算机病毒的引导过程

计算机病毒的引导过程一般包括以下 3 方面。

（1）驻留内存

病毒若要发挥其破坏作用，一般要驻留内存。为此就必须开辟所用内存空间或覆盖系统占用的部分内存空间。有的病毒不驻留内存。

（2）窃取系统控制权

病毒程序驻留内存后，必须使有关部分取代或扩充系统的原有功能，并窃取系统的控制权。此后病毒程序依据其设计思想，隐蔽自己，等待时机，在条件成熟时，再进行传染和破坏。

（3）恢复系统功能

病毒为隐蔽自己，驻留内存后还要恢复系统，使系统不会死机，只有这样才能等待时机成熟后，达到感染和破坏的目的。

病毒破坏目标和攻击部位主要是：系统数据区、文件、内存、系统运行、运行速度、磁盘、屏幕显示、键盘、喇叭、打印机、CMOS、主板等。

4. 计算机病毒的触发机制

感染、潜伏、可触发、破坏是病毒的基本特性。感染使病毒得以传播，破坏性体现了病毒的杀伤能力。广范围感染，众多病毒的破坏行为可能给用户以重创。但是，感染和破坏行为总是使系统或多或少地出现异常。频繁的感染和破坏会使病毒暴露，而不破坏、不感染又会使病毒失去杀伤力。

可触发性是病毒的攻击性和潜伏性之间的调整杠杆，可以控制病毒感染和破坏的频度，兼顾杀伤力和潜伏性。

过于苛刻的触发条件，可能使病毒有好的潜伏性，但不易传播，只具低杀伤力。而过于宽松的触发条件将导致病毒频繁感染与破坏，容易暴露，导致用户做反病毒处理，也不能有大的杀伤力。

计算机病毒在传染和发作之前，往往要判断某些特定条件是否满足，满足则传染或发作，否则不传染、不发作或只传染不发作，这个条件就是计算机病毒的触发条件。

实际上病毒采用的触发条件花样繁多，从中可以看出病毒作者对系统的了解程度及其丰富的想象力和创造力。目前病毒采用的触发条件主要有以下几种。

（1）日期触发

许多病毒采用日期做触发条件，日期触发大体包括特定日期触发、月份触发、前半年后半年触发等。

（2）时间触发

时间触发包括特定的时间触发、染毒后累计工作时间触发、文件最后写入时间触发等。

（3）键盘触发

有些病毒监视用户的击键动作，当发现病毒预定的键入时，病毒被激活，进行某些特定操作。键盘触发包括击键次数触发、组合键触发、热启动触发等。

（4）感染触发

许多病毒的感染需要某些条件触发，而且相当数量的病毒又以与感染有关的信息反过来作为破坏行为的触发条件，称为感染触发。它包括运行感染文件个数触发、感染序数触发、感染磁盘数触发、感染失败触发等。

（5）启动触发

病毒对机器的启动次数计数，并将此值作为触发条件，称为启动触发。

被计算机病毒使用的触发条件是多种多样的，而且往往不只是使用上面所述的某一个条件，而是使用由多个条件组合起来的触发条件。大多数病毒的组合触发条件是基于时间的，再辅以读、写盘操作，按键操作以及其他条件。例如“侵略者”病毒的激发时间是开机后机器运行时间和病毒传染个数成某个比例时，恰好按 CTRL＋ALT＋DEL 组合键试图重新启动系统则病毒发作。病毒中有关触发机制的编码是其敏感部分。剖析病毒时，如果搞清病毒的触发机制，可以修改此部分代码，使病毒失效，就可以产生没有潜伏性的极为外露的病毒样本，供反病毒研究使用。

计算机染毒后的危害及修复措施

7.4.1 计算机染毒后的危害

对病毒造成的危害进行修复，不论是手工修复，还是用专用工具修复，都是危险操作，有可能不仅修不好，而且彻底破坏。因此，为了修复病毒危害，用户应采取以下措施。

1. 重要数据必须备份

重要数据必须备份，这是使用计算机时必须牢记的，也是修复病毒危害的基础和最好方法，因为一旦病毒危害发生，只要将备份重新回写，即可修复。此外，修复时所需要的有关信息也依赖于平时的备份，所以，备份重要的数据是每个计算机用户安全使用计算机的良好习惯。

对于系统信息的备份，可借助 DEBUG、PCTOOLS、NORTON 及反病毒软件等专业工具，将系统信息备份到软盘。对于文件备份，可采用先压缩后备份的方式进行，可用工具较多，选择余地较大。作为一个计算机新手，如遇到困难，可请教技术人员或反病毒厂家协助解决，一旦掌握方法后就可以自己动手，丰衣足食了。

2. 立刻关机，提高修复成功率

立刻关机！因为正常关机操作，Windows 会做备份注册表等很多写盘操作，刚刚被病毒误删的文件可能被覆盖。一旦被覆盖就没有修复的可能。是否被覆盖，取决于它的物理位置，原则上有两个条件必须满足，就是文件数据所在的物理空间没有被占用，并且文件删除后原来占据的目录表项没有被覆盖。假如您丢失的东西值得恢复的话，那么，先关机器，就是说，立即把电源切断关机，这个时候，操作系统自身的完整性和其他应用程序没有被保存的数据要放在次要位置。

3. 备份染毒信息，以防不测

在对染毒系统进行修复前，一定要先备份再修复，安全可靠，万一修复失败，还可恢复原来状态，再使用其他方法进行修复。备份包括染毒的文件和染毒的系统信息。

4. 修复病毒危害

目前反病毒软件都具备对绝大部分已知病毒造成的危害进行修复的能力。无论是引导型病毒还是文件型病毒造成的危害，均可由反病毒软件自动修复。但对于有些病毒造成的危害，反病毒软件是不能修复的，那就只能求助于您的备份啦。借助于专用工具，将有关备份数据回写，达到基本或部分修复。如果既没有备份重要数据，又没有被反病毒软件修复，那么，只能用 DEBUG、PCTOOLS、Norton Utility 等工具进行手工修复，这需要一定的专业知识，可求助于反病毒厂家或技术人员，能否完全修复，只能碰运气。

5. 计算机病毒新危害

近两年来，“网游大盗”、“熊猫烧香”、“德芙”、“QQ 木马”、“灰鸽子”等木马病毒日益猖獗，以盗取用户密码账号、个人隐私、商业秘密、网络财产为目的。调查显示，趋利性成为计算机病毒发展的新趋势。网上制作、贩卖病毒、木马的活动日益猖獗，利用病毒、木马技术进行网络盗窃、诈骗的网络犯罪活动呈快速上升趋势，网上治安形势非常严峻。

（1）早期病毒危害：损人不利己

从前，病毒作者编写病毒的目的是“炫耀技术”，可以说是“损人不利己”。像著名的 CIH 病毒，虽然把 6000 万台计算机搞瘫痪了，但病毒作者不仅没获取到 1 分钱的利润，还被警方领到了台北“刑事局”。

如今获取经济利益成了病毒作者编写的主要目的，就像熊猫烧香的作者，每天入账收入近 1 万元，被警方抓获后，承认自己获利上千万元。经历了几次大规模暴发后，“熊猫烧香”成为众多电脑用户谈之色变的词汇，病毒作者也因破坏计算机信息系统罪名成立，被依法判处 4 年有期徒刑。

上网搜一下，就可以看到各种“黑客”报价，诸如，一万只“肉鸡”叫卖 1000 元，大约每只“肉鸡”0.1 元。所谓“肉鸡”，简单解释是指在互联网上被黑客远程控制的电脑。被远程控制有的有如上面所描述的被完全监控、打开摄像头。而更多的是，长期潜伏、监控用户动作窃取一切有价值的东西，诸如密码、虚拟财产、个人隐私等。总之，能够换成钱的东西，都成为黑客的目标。

（2）趋利性病毒新危害

① 被动泄密。黑客利用木马远控用户计算机，偷窥用户隐私信息，盗取商业机密，甚至窃取国家机密进行敲诈勒索获取经济利益。有关专家指出，随着盗取用户密码账号、个人隐私、商业秘密、网络财产、政府机密等为目的的木马病毒攻击和黑客入侵行为的日益猖獗，一个新的安全

隐患——“被动泄密”，正在侵蚀着计算机网络。

② 盗取用户个人财产。利用病毒成为黑客获利的一种途径，黑客窃取的目标从网络虚拟财产，如 QQ 密码、网游密码、游戏装备，到盗窃用户网上银行，如银行账号、信用卡账号。调查显示，6 成网游玩家财产曾遭盗，“密码、账号被盗”现象猛增，成为病毒危害的新特点。2007 年密码被盗占调查总数的 14．24%。这是由于当前木马、病毒很多具有盗窃用户敏感信息的特点，并且犯罪分子将木马、病毒和相关技术作为从事网络犯罪活动的主要工具和手段。这样的案例非常多。

③ 从网络攻击敲诈，到恶意广告点击获利。近年来，黑客利用木马等病毒程序控制他人的计算机，被控制计算机数量庞大。黑客利用这些被控制的计算机实施从网络攻击、网络敲诈到通过弹出恶意广告等方式获取利益。

颇具影响力的佐治亚理工大学信息安全中心（GTISC）调查发现，全世界大约有近 10%的电脑已经成为僵尸网络的一部分，并且受感染的电脑数量还在不断增加。这种网络越来越多地被用于欺诈和其他黑客活动。国家计算机网络应急技术处理协调中心统计显示，2007 年的抽样监测发现，内地有 360 万个 IP 地址主机被植入了僵尸程序，2007 年各种僵尸网络被用来发动拒绝服务攻击一万多次，实施信息窃取操作 3900 多次。

（3）专家支招：如何保护我们的信息安全

传统的杀毒软件已经很难对付当前病毒的新威胁，在互联网广泛应用、全球病毒特征出现了颠覆性变化的今天，传统杀毒软件已经显得力不从心。其原因在于传统杀毒软件采用的是特征值扫描技术，即“病毒出现→用户提交→厂商人工分析→软件升级”的思路，对病毒的防范始终落后于病毒出现。换句话说，当前病毒都已经自动化产业化了，杀毒厂商还在采用落后的人工分析的思路，必然做不到对未知病毒和新病毒的防范，更谈不上有效防止用户被动泄密。实现反病毒技术由被动事后杀毒到主动防御的变革，不仅是全球反病毒产业的共同课题和新的竞争焦点，更是计算机用户的迫切需求。

为此，反病毒专家微点总裁刘旭提出了以下 4 点策略，用以实现用户对信息资产的保护。

① 用户应养成良好的上网习惯，应该是不该上的网站，尽量别上，往往一些不健康的网站也是造成用户病毒感染的重要原因。

② 应有自觉的信息安全意识。在一个单位、同事之间，应该注意存储信息的工具不能轻易共享。在实际工作中，特别是对信息安全要求高的用户，应该杜绝用 U 盘在不同的用户间来回拷文件的做法，并且还应加强对用户自身邮件安全的保护，拒收不明邮件。同时，有条件应该做到专机专用。

③ 采用安全可靠的反病毒工具。传统杀毒软件在原理和技术根基上，就难以对付未知病毒和新病毒，依赖杀毒软件难以很好地保障用户信息安全。越来越多的例子已经证明，杀毒软件自身也容易被攻击。所以，不仅要慎用非正版软件，还要谨慎选用反病毒工具，采用具有主动防御技术的反病毒工具是比较可靠的选择。

④ 对一个单位来说，建立严格的信息安全管理机制是重要的保障，这与前面提到的 3 条措施并行不悖，不仅应做到内外网分开，更重要的是建立信息安全保障的管理流程，从习惯、意识、工具、机制等 4 个层面上确保网络安全，防止出现被动乃至主动信息泄密。

6．计算机病毒的破坏行为

根据有的病毒资料可以把病毒的破坏目标和攻击部位归纳如下。

（1）攻击系统数据区

攻击部位包括硬盘主引导扇区、Boot 扇区、FAT 表、文件目录。一般来说，攻击系统数据区的病毒是恶性病毒，受损的数据不易恢复。

（2）攻击文件

病毒对文件的攻击方式很多，包括删除、改名、替换内容、丢失部分程序代码、内容颠倒、写入时间空白、变碎片、假冒文件、丢失文件簇、丢失数据文件。

（3）攻击内存

内存是计算机的重要资源，也是病毒的攻击目标。病毒额外地占用和消耗系统的内存资源，可以导致一些大程序受阻。病毒攻击内存的方式包括占用大量内存、改变内存总量、禁止分配内存、蚕食内存。

（4）干扰系统运行

病毒会干扰系统的正常运行，以此作为自己的破坏行为。此类行为也是花样繁多，包括不执行命令、干扰内部命令的执行、虚假报警、打不开文件、内部栈溢出、占用特殊数据区、换现行盘、时钟倒转、重启动、死机、强制游戏、扰乱串并行口。

（5）速度下降:病毒激活时，其内部的时间延迟程序启动。在时钟中纳入了时间的循环计数，迫使计算机空转，计算机速度明显下降。

（6）攻击磁盘

攻击磁盘数据，不写盘，写操作变读操作，写盘时丢字节。

（7）扰乱屏幕显示

病毒扰乱屏幕显示的方式很多，包括字符跌落、环绕、倒置、显示前一屏、光标下跌、滚屏、抖动、乱写、吃字符。

7.4.2 计算机病毒——木马

1. 木马的定义

在古罗马的战争中，古罗马人利用一只巨大的木马，麻痹敌人，赢得了战役的胜利，成为一段历史佳话。而在当今的网络世界里，也有这样一种被称做木马的程序，它为自己带上伪装的面具，悄悄地潜入用户的系统，进行着不可告人的行动。

有关木马的定义有很多种，常见的概念是：木马是一种在远程计算机之间建立起连接，使远程计算机能够通过网络控制本地计算机的程序，它的运行遵照 TCP/IP 协议，由于它像间谍一样潜入用户的电脑，为其他人的攻击打开后门，与战争中的“木马”战术十分相似，因而得名木马程序。

木马程序一般由两部分组成的，分别是 Server（服务）端程序和 Client（客户）端程序。其中 Server 端程序安装在被控制计算机上，Client 端程序安装在控制计算机上，Server 端程序和 Client 端程序建立起连接就可以实现对远程计算机的控制了。

服务器端程序获得本地计算机的最高操作权限，当本地计算机连入网络后，客户端程序可以与服务器端程序直接建立起连接，并可以向服务器端程序发送各种基本的操作请求，并由服务器端程序完成这些请求，也就实现了对本地计算机的控制。

因为木马发挥作用要求服务器端程序和客户端程序同时存在，所以必须要求本地机器感染服务器端程序，服务器端程序是可执行程序，可以直接传播，也可以隐含在其他的可执行程序中传播，但木马本身不具备繁殖性和自动感染的功能。

2. 木马的特征

据不完全统计，目前世界上有上千种木马程序。虽然这些程序使用不同的程序设计语言进行编制，在不同的环境下运行，发挥着不同的作用，但是它们有着许多共同的特征。

（1）隐蔽性

隐蔽性是木马的首要特征。木马类软件的 Server 端在运行时会使用各种手段隐藏自己，例如大家所熟悉的修改注册表和 ini 文件，以便机器在下一次启动后仍能载入木马程序。通常情况下，采用简单地按“Alt+Ctrl+Del”键是不能看见木马进程的。

还有些木马可以自定义通信端口，这样就可以使木马更加隐秘。木马还可以更改 Server 端的图标，让它看起来像个 zip 或图片文件，如果用户一不小心，就会上当。

（2）功能特殊性

通常，木马的功能都是十分特殊的，除了普通的文件操作以外，还有些木马具有搜索目标计算机中的口令、设置口令、扫描 IP 发现中招的机器、记录用户事件、远程注册表的操作，以及颠倒屏幕、锁定鼠标等功能。

（3）自动运行性

木马程序通过修改系统配置文件或注册表的方式，在目标计算机系统启动时即自动运行或加载。

（4）欺骗性

木马程序要达到其长期隐蔽的目的，就必须借助系统中已有的文件，以防被用户发现。木马程序经常使用的是常见的文件名或扩展名，如 dll、win、sys、exp- lorer 等字样，或者仿制一些不易被人区别的文件名，如字母“l”与数字“1”、字母“o”与数字“0”。还有的木马程序为了隐藏自己，把自己设置成一个 zip 文件图标，当你一不小心打开它时，它就马上运行。木马编制者还在不断地研究、发掘欺骗的手段，花样层出不穷，让人防不胜防。

（5）自动恢复性

现在，很多木马程序中的功能模块已不再由单一的文件组成，而是具有多重备份，可以相互恢复。计算机一旦感染上木马程序，想单独靠删除某个文件来清除，是不太可能的。

3. 木马的功能

木马程序的危害是十分大的，它能使远程用户获得本地机器的最高操作权限，通过网络对本地计算机进行任意的操作，比如删添程序、锁定注册表、获取用户保密信息、远程关机等。木马使用户的电脑完全暴露在网络环境之中，成为别人操纵的对象。

就目前出现的木马来看，其大致具有以下功能。

① 自动搜索已中木马的计算机。

② 对对方资源管理，复制文件、删除文件、查看文件内容、上传文件、下载文件等。

③ 远程运行程序。

④ 跟踪监视对方屏幕。

⑤ 直接控制屏幕鼠标，控制键盘输入。

⑥ 监视对方任务且可以中止对方任务。

⑦ 锁定鼠标、键盘和屏幕。

4. 木马的分类

根据木马程序对计算机的具体动作方式，可以把现在存在的木马程序分为以下的几类。

（1）远程访问型木马

远程访问型木马是现在最广泛的特洛伊木马。这种木马起着远程控制的功能，用起来非常简单，只需一些人运行服务端程序，同时获得他们的 IP 地址，控制者就能任意访问被控制端的计算机。这种木马可以使远程控制者在本地机器上做任意的事情，比如键盘记录、上传和下载功能、发射一个“截取屏幕”等。这种类型的木马有著名的 BO（BackOffice）、国产的冰河等。

（2）密码发送型木马

密码发送型木马的目的是找到所有的隐藏密码，并且在受害者不知道的情况下把它们发送到指定的信箱。大多数的这类木马程序不会在每次 Windows 重启时都自动加载，它们大多数使用 25 端口发送电子邮件。

（3）键盘记录型木马

键盘记录型木马是非常简单的，它们只做一种事情，就是记录受害者的键盘敲击，并且在 LOG 文件里做完整的记录。这种木马程序随着 Windows 的启动而启动，知道受害者在线并且记录每一个用户事件，然后通过邮件或其他方式发送给控制者。

（4）毁坏型木马

大部分木马程序只窃取信息，不做破坏性的事件，但毁坏型木马却以毁坏并且删除文件为己任。它们可以自动地删除受控制的计算机上所有的.dll、.ini 或.exe 文件，甚至远程格式化受害者硬盘。毁坏型木马的危害很大，一旦计算机被感染而没有即时删除，系统中的信息会在顷刻间“灰飞烟灭”。

（5）FTP 型木马

FTP 型木马打开被控制计算机的 21 端口（FTP 所使用的默认端口），使每一个人都可以用一个 FTP 客户端程序来不用密码连接到受控制端计算机，并且可以进行最高权限的上传和下载，窃取受害者的机密文件。

5．中国计算机病毒流行列表

计算机和网络的安全已成为计算机用户普遍关注的问题，而计算机病毒的传播是安全性的巨大威胁之一。病毒一旦发作，轻则破坏文件、损害系统，重则造成网络瘫痪。根据《计算机病毒防治管理办法》的要求和当前计算机病毒疫情的特点，我们国家建立了计算机病毒报告人制度，该制度建立的目的在于充分调动各方面的力量，提高我国的病毒防治水平。

在我国境内从事计算机病毒防治技术研究的单位都可申请成为我国的病毒报告人。计算机病毒报告人要将其在我国境内发现的计算机病毒样本和病毒的分析报告,及时提交给计算机病毒防治产品检测机构和计算机病毒应急处理中心，经检验中心确认后，将两个以上病毒报告人报送样本列入计算机病毒流行列表，用以及时地向广大用户发布病毒疫情通报，从而使得用户有针对性地进行病毒防治。

表 7-1 所示这些单位是目前申请通过的病毒报告人，现有的大多数流行病毒都是由病毒报告人在近年来上报的。

表 7–1　　病毒防治

病毒报告人名称	病毒报告人简称	代表产品
北京江民新科技有限公司	Jm	KV 系列
北京金山软件有限公司	Js	金山毒霸

续表

病毒报告人名称	病毒报告人简称	代 表 产 品
北京瑞星电脑科技开发有限责任公司	Rx	Rising
熊猫软件(中国)有限公司	Xm	熊猫卫士(Panda)
趋势网络科技（中国）有限公司	Qs	InterScan
国家计算机病毒应急处理中心	Yj	——

7.4.3 计算机病毒与故障的区分

在清除计算机病毒的过程中，有些类似计算机病毒的现象纯属由计算机硬件或软件故障引起的，同时有些病毒的发作现象又与硬件或软件的故障现象相类似，如引导型病毒等，这给用户造成了很大的麻烦，许多用户往往在用各种查解病毒软件查不出病毒时就去格式化硬盘，不仅影响了硬盘的寿命，而且还不能从根本上解决问题。所以，正确区分计算机的病毒与故障是保障计算机系统安全运行的关键。

1. 计算机病毒的现象与查解方法

在一般情况下，计算机病毒总是依附某一系统软件或用户程序进行繁殖和散播的，病毒发作时危及计算机的正常工作，破坏数据与程序，侵犯计算机资源。计算机在感染病毒后，总是有一定规律地出现异常现象。

① 屏幕显示异常，屏幕显示出不是由正常程序产生的画面或字符串，屏幕显示混乱。

② 程序装入时间增长，文件运行速度下降。

③ 用户没有访问的设备出现工作信号。

④ 磁盘出现莫名其妙的文件和坏块，卷标发生变化。

⑤ 系统自行引导。

⑥ 丢失数据或程序，文件字节数发生变化。

如果出现上述现象时，应首先对系统的 BOOT 区、IO.SYS、MSDOS.SYS、COMMAND.COM、.COM、.EXE 文件进行仔细检查，并与正确的文件相比较，如有异常现象则可能感染病毒。然后对其他文件进行检查有无异常现象，找出异常现象的原因。病毒与故障的区别的关键是一般故障只是无规律的，偶然发生一次，而病毒的发作总是有规律的。这里建议使用在 DOS6.0 以上版本所带的 MSAV 软件，它的最突出的功能是能查出所有文件的变化，并能做出记录。如果 MSAV 报告有大量的文件被改动，则系统可能被病毒感染。

2. 与病毒现象类似的硬件故障

硬件的故障范围不太广泛，很容易被确认但在处理计算机的异常现象时很容易被忽略，只有先排除硬件故障，才是解决问题的根本。

（1）系统的硬件配置

这种故障常在兼容机上发生，由于配件的不完全兼容，导致一些软件不能够正常运行。笔者遇到过一台兼容机，联迅绿色节能主板、昆腾大脚硬盘，开始时安装小软件非常顺利，但是安装 Windows 时却出现了装不上的故障，开始也怀疑病毒作怪，在用了许多杀毒软件后也不能解决问题。后来查阅了一些资料才发现了问题所在，因主板是节能型的，而 CPU、硬盘却不是节能型的，当安装软件的时间超过主板进入休眠时间的期限时，主板就进入了休眠状态，于是就由于主板、

CPU、硬盘工作不协调而出现了故障。解决的办法很简单，把主板的节能开关关掉就一切正常了。所以，用户在自己组装计算机时，应首先考虑配件的兼容性，购买配件前应仔细阅读产品说明书。

（2）电源电压不稳定

计算机所使用的电源的电压不稳定，容易导致用户文件在磁盘读写时出现丢失或被破坏的现象，严重时将会引起系统自启动。如果用户所用的电源的电压经常性的不稳定，为了使您的计算机更安全地工作，建议您使用电源稳压器或不间断电源（UPS）。

（3）插件接触不良

由于计算机插件接触不良，会使某些设备出现时好时坏的现象。例如:显示器信号线与主机接触不良时，可能会使显示器显示不稳定；磁盘线与多功能卡接触不良时，会导致磁盘读写时好时坏；打印机电缆与主机接触不良时，会造成打印机不工作或工作现象不正常；鼠标线与串行口接触不良时，会出现鼠标时动时不动的故障等。

（4）软驱故障

用户如果使用质量低劣的磁盘或使用损坏的、发霉的磁盘，将会把软驱磁头弄脏，出现无法读写磁盘或读写出错等故障。遇到这种情况，只需用清洗盘清洗磁头，一般情况下都能排除故障。如果污染特别严重，需要将软驱拆开，用清洗液手工清洗。

（5）CMOS 的问题

CMOS 中所存储的信息对计算机系统来说是十分重要的，在微机启动时，总是先要按 CMOS 中的信息来检测和初始化系统(当然是最基本的初始化)。

在 486 以上的主板里，大都有一个病毒监测开关，用户一般情况下都将其设置为“ON”，这时如果安装 WINDOWS95，就会发生死机现象。原因是安装 WINDOWS95 时，安装程序会修改硬盘的引导部分、系统的内部中断和中断向量表，而病毒监测程序不允许这样做，于是就导致了死机。建议用户在安装新系统时，先把 CMOS 中病毒监测开关关掉。另外，系统的引导速度和一些程序的运行速度减慢也可能与 CMOS 有关，因为 CMOS 的高级设置中有一些影子内存开关，这也会影响系统的运行速度。

3．与病毒现象类似的软件故障

软件故障的范围比较广泛，问题出现也比较多。对软件故障的辨认和解决也是一件很难的事情，它需要用户有相当的软件知识和丰富的上机经验。这里介绍一些常见的症状。

（1）出现“Invaliddrivespecification”(非法驱动器号)

这个提示是说明用户的驱动器丢失，如果用户原来拥有这个驱动器，则可能是这个驱动器的主引导扇区的分区表参数被破坏，或是磁盘标志 50AA 被修改。遇到这种情况时，用 DEBUG 或 NORTON 等工具软件将正确的主引导扇区信息写入磁盘的主引导扇区即可。

（2）软件程序已被破坏(非病毒)

由于磁盘质量等问题，文件的数据部分丢失，而程序还能够运行，这时使用就会出现不正常现象，如 format 程序被破坏后，若继续执行，会格式化出非标准格式的磁盘，这样就会产生一连串的错误。但是这种问题极为罕见。

（3）DOS 系统配置不当

DOS 操作系统在启动时，会去查找其系统配置文件 CONFIG.SYS，并按其要求配置运行环境。如果系统环境设置不当会造成某些软件不能正常运行，如 C++语言系统、AUTOCAD 等。原因是这些程序运行时打开的文件过多，超过系统默认值。

（4）软件与 DOS 版本的兼容性

DOS 操作系统自身的特点是具有向下的兼容性。但软件却不同，许多软件都要过多地受其环境的限制，在某个版本下可正常运行的软件，到另一个 DOS 版本下却不能正常运行，许多用户就怀疑是病毒引起的。例如旧版的 2.13 汉字系统，在 DOS3.30 下运行正常，而在 DOS6.2 下运行会出现乱码现象。

（5）引导过程故障

系统引导时屏幕显示“Missingoperatingsystem”（操作系统丢失），故障原因是硬盘的主引导程序可完成引导，但无法找到 DOS 系统的引导记录。造成这种现象的原因是 C 盘无引导记录及 DOS 系统文件，或 CMOS 中硬盘的类型与硬盘本身的格式化时的类型不同。需要将系统文件传递到 C 盘上或修改 CMOS 配置使系统从软盘上引导。

（6）用不同的编辑软件程序

用户用一些编辑软件编辑源程序，编辑系统会在文件的特殊地方做上一些标记。这样一来，当源程序编译或解释执行时就会出错。例如，用 WPS 的 N 命令编辑的文本文件，在其头部也有版面参数，有的程序编译或解释系统却不能将之与源程序分辨开，这样就出现了错误，建议使用 800 像素×600 像素的分辨率观看。

4．计算机病毒识别

很多时候大家已经用杀毒软件查出自己的机子中了毒，出现了如 Backdoor. Rm- tBomb.12、Trojan.Win32.SendIP.15 等这些一串英文还带数字的病毒名，这时有些人就懵了，那么长一串的名字，怎么知道是什么病毒啊？

其实只要我们掌握一些病毒的命名规则，我们就能通过杀毒软件的报告中出现的病毒名来判断该病毒的一些公有的特性了。

世界上那么多的病毒，反病毒公司为了方便管理，他们会按照病毒的特性，将病毒进行分类命名。虽然每个反病毒公司的命名规则都不太一样，但大体都是采用一个统一的命名方法来命名的。一般格式为：<病毒前缀>.<病毒名>.<病毒后缀>。

病毒前缀是指一个病毒的种类，用于区别病毒的种族分类。不同种类的病毒，其前缀也是不同的。比如我们常见的木马病毒的前缀是 Trojan，蠕虫病毒的前缀是 Worm 等。

病毒名是指一个病毒的家族特征，是用来区别和标识病毒家族的，例如，以前著名的 CIH 病毒的家族名都是统一的“CIH”，还有一直闹得很欢的振荡波蠕虫病毒的家族名是“Sasser”。

病毒后缀是指一个病毒的变种特征，用于区别具体某个家族病毒的某个变种。一般都采用英文中的 26 个字母来表示，如 Worm.Sasser.b 就是指振荡波蠕虫病毒的变种 B，因此一般称为“振荡波 B 变种”或者“振荡波变种 B”。如果该病毒变种非常多，也表明该病毒生命力顽强，可以采用数字与字母混合表示变种标识。

综上所述，一个病毒的前缀对我们快速地判断该病毒属于哪种类型的病毒有非常大的帮助。通过判断病毒的类型，就可以对这个病毒有个大概的评估（当然这需要积累一些常见病毒类型的相关知识）。而利用病毒名可以通过查找资料等方式进一步了解该病毒的详细特征。病毒后缀能让我们知道现在在机子里呆着的病毒是哪个变种。

下面附带一些常见的病毒前缀的解释（针对我们用得最多的 Windows 操作系统）。

（1）系统病毒

系统病毒的前缀为 Win32、PE、Win95、W32、W95 等，这些病毒的一般公有的特性是可以感染 Windows 操作系统的*.exe 和*.dll 文件，并通过这些文件进行传播，如 CIH 病毒。

（2）蠕虫病毒

蠕虫病毒的前缀是 Worm，这种病毒的公有特性是通过网络或者系统漏洞进行传播，很大部分的蠕虫病毒都有向外发送带毒邮件、阻塞网络的特性，比如冲击波（阻塞网络）、小邮差（发带毒邮件）等。

（3）木马病毒、黑客病毒

木马病毒其前缀是 Trojan，黑客病毒前缀名一般为 Hack。木马病毒的公有特性是通过网络或者系统漏洞进入用户的系统并隐藏，然后向外界泄露用户的信息，而黑客病毒则有一个可视的界面，能对用户的电脑进行远程控制。木马、黑客病毒往往是成对出现的，即木马病毒负责侵入用户的电脑，而黑客病毒则会通过该木马病毒来进行控制，现在这两种类型越来越趋向于整合了。一般的木马，如 QQ 消息尾巴木马 Trojan.QQ3344，还有大家可能遇见比较多的针对网络游戏的木马病毒，如 Trojan.LMir.PSW.60。这里补充一点，病毒名中有 PSW 或者什么 PWD 之类的，一般都表示这个病毒有盗取密码的功能（这些字母一般都为“密码”的英文“password”的缩写），一些黑客程序如网络枭雄（Hack.Nether.Client）等就有这种功能。

（4）脚本病毒

脚本病毒的前缀是 Script，脚本病毒的公有特性是使用脚本语言编写，通过网页进行传播，如红色代码 Script.Redlof。脚本病毒还会有如下前缀：VBS、JS（表明是何种脚本编写的），如欢乐时光 VBS.Happytime、十四日 Js.Fortnight.c.s 等。

（5）宏病毒

其实宏病毒也是脚本病毒的一种，由于它的特殊性，所以在这里单独算成一类。宏病毒的前缀是 Macro，第二前缀是 Word、Word97、Excel、Excel97（也许还有别的）其中之一。凡是只感染 Word97 及以前版本 Word 文档的病毒采用 Word97 作为第二前缀，格式是 Macro.Word97；凡是只感染 Word97 以后版本 Word 文档的病毒采用 Word 作为第二前缀，格式是 Macro.Word；凡是只感染 Excel97 及以前版本 Excel 文档的病毒采用 Excel97 作为第二前缀，格式是 Macro.Excel97；凡是只感染 Excel97 以后版本 Excel 文档的病毒采用 Excel 作为第二前缀，格式是 Macro.Excel；依此类推。该类病毒的公有特性是能感染 Office 系列文档，然后通过 Office 通用模板进行传播，如著名的美丽莎 Macro.Melissa。

（6）后门病毒

后门病毒的前缀是 Backdoor，该类病毒的公有特性是通过网络传播，给系统开后门，给用户电脑带来安全隐患，如很多朋友遇到过的 IRC 后门 Backdoor.IRCBot。

（7）病毒种植程序病毒

这类病毒的公有特性是运行时会从体内释放出一个或几个新的病毒到系统目录下，由释放出来的新病毒产生破坏，如冰河播种者 Dropper.BingHe2.2C、MSN 射手 Dropper.Worm.Smibag 等。

（8）破坏性程序病毒

破坏性程序病毒的前缀是 Harm，这类病毒的公有特性是本身具有好看的图标来诱惑用户点击，当用户点击这类病毒时，病毒便会直接对用户计算机产生破坏，如格式化 C 盘 Harm.formatC.f、杀手命令 Harm.Command.Killer 等。

（9）玩笑病毒

玩笑病毒的前缀是 Joke，也称恶作剧病毒，这类病毒的公有特性是本身具有好看的图标来诱惑用户点击，当用户点击这类病毒时，病毒会做出各种破坏操作来吓唬用户，其实病毒并没有对用户电脑进行任何破坏，如女鬼 Joke.Girlghost 病毒。

（10）捆绑机病毒

捆绑机病毒的前缀是 Binder。这类病毒的公有特性是病毒作者会使用特定的捆绑程序将病毒与一些应用程序如 QQ、IE 捆绑起来，表面上看是一个正常的文件，当用户运行这些捆绑病毒时，会表面上运行这些应用程序，然后隐藏运行捆绑在一起的病毒，从而给用户造成危害，如捆绑 QQ（Binder.QQPass.QQBin）、系统杀手（Binder.killsys）等。

通过以上对病毒及其爆发的症状的种种描述，相信大家已经对其有了较深的理解。由于大部分病毒是通过网络传播的，在如今网络高度发达的时期，病毒是防不胜防的，我们只有筑好自己电脑上的防火墙和养成良好的上网习惯，才能把危害降到最低。

7.4.4 计算机病毒检测方法

检测磁盘中的计算机病毒可分成检测引导型计算机病毒和检测文件型计算机病毒。从原理上讲，这两种检测是一样的，但由于各自的存储方式不同，检测方法还是有些差别的。

1. 比较法

比较法是用原始备份与被检测的引导扇区或被检测的文件进行比较。比较时可以靠打印的代码清单（比如 DEBUG 的 D 命令输出格式）进行比较，或用程序来进行比较（如 DOS 的 DISKCOMP、FC 或 PCTOOLS 等其他软件）。这种比较法不需要专用的查计算机病毒程序，只要用常规 DOS 软件和 PCTOOLS 等工具软件就可以进行。而且用这种比较法还可以发现那些尚不能被现有的查计算机病毒程序发现的计算机病毒，因为计算机病毒传播得很快，新的计算机病毒层出不穷。由于目前还没有做出通用的能查出一切计算机病毒，或通过代码分析，可以判定某个程序中是否含有计算机病毒的查毒程序，发现新计算机病毒就只有靠比较法和分析法，有时必须结合这两者来一同工作。

使用比较法能发现异常，如文件的长度有变化，或虽然文件长度未发生变化，但文件内的程序代码发生了变化。对硬盘主引导扇区或对 DOS 的引导扇区做检查，比较法能发现其中的程序代码是否发生了变化。由于要进行比较，保留好原始备份是非常重要的，制作备份时，必须在无计算机病毒的环境里进行，制作好的备份必须妥善保管，写好标签，并加上写保护。

比较法的好处是简单，方便，不需专用软件。缺点是无法确认计算机病毒的种类名称。另外，造成被检测程序与原始备份之间差别的原因尚需进一步验证，以查明是由于计算机病毒造成的，还是由于 DOS 数据被偶然原因，如突然停电、程序失控、恶意程序等破坏的。这些要用到以后讲的分析法，查看变化部分代码的性质，以此来确认是否存在计算机病毒。另外，当找不到原始备份时，用比较法就不能马上得到结论。从这里可以看到制作和保留原始主引导扇区和其他数据备份的重要性。

2. 加总比对法

根据每个程序的档案名称、大小、时间、日期及内容，加总为一个检查码，再将检查码附于程序的后面，或是将所有检查码放在同一个数据库中，再利用此加总对比系统，追踪并记录每个程序的检查码是否遭更改，以判断是否感染了计算机病毒。一个很简单的比喻就是当您把车停下来之后，将里程表的数字记下来。那么下次您再开车时，只要比对一下里程表的数字，您就可以断定是否有人偷开了您的车子。这种技术可侦测到各式的计算机病毒，但最大的缺点就是误判断高，且无法确认是哪种计算机病毒感染的，对于隐形计算机病毒也无法侦测到。

3．搜索法

搜索法是用每一种计算机病毒体含有的特定字符串对被检测的对象进行扫描。如果在被检测对象内部发现了某一种特定字节串，就表明发现了该字节串所代表的计算机病毒。国外对这种按搜索法工作的计算机病毒扫描软件叫 VirusScanner。计算机病毒扫描软件由两部分组成：一部分是计算机病毒代码库，含有经过特别选定的各种计算机病毒的代码串；另一部分是利用该代码库进行扫描的扫描程序。目前常见的防杀计算机病毒软件对已知计算机病毒的检测大多采用这种方法。计算机病毒扫描程序能识别的计算机病毒的数目完全取决于计算机病毒代码库内所含计算机病毒的种类多少。显而易见，库中计算机病毒代码种类越多，扫描程序能认出的计算机病毒就越多。计算机病毒代码串的选择是非常重要的。短小的计算机病毒只有一百多个字节，长的有上万字节的。如果随意从计算机病毒体内选一段作为代表该计算机病毒的特征代码串，可能在不同的环境中，该特征串并不真正具有代表性，不能用于将该串所对应的计算机病毒检查出来，选这种串作为计算机病毒代码库的特征串就是不合适的。

另一种情况是代码串不应含有计算机病毒的数据区，数据区是会经常变化的。代码串一定要在仔细分析了程序之后才选出最具代表特性的，足以将该计算机病毒区别于其他计算机病毒的字节串。选出好的特征代码串是很不容易的，这是计算机病毒扫描程序的精华所在。一般情况下，代码串是由连续的若干个字节组成的串，但是有些扫描软件采用的是可变长串，即在串中包含有一个到几个“模糊”字节。扫描软件遇到这种串时，只要除“模糊”字节之外的字串都能完好匹配，则也能判别出计算机病毒。

除了前面说的选特征串的规则外，最重要的一条是特征串必须能将计算机病毒与正常的非计算机病毒程序区分开。不然，将非计算机病毒程序当成计算机病毒报告给用户是假警报，这种“狼来了”的假警报太多了，就会使用户放松警惕，等真的计算机病毒一来，破坏就严重了，再就是若将这假警报送给杀计算机病毒程序，会将好程序给“杀死”了。

计算机病毒软件广泛应用了特征串扫描法。当特征串选择得很好时，计算机病毒检测软件让计算机用户使用起来很方便，对计算机病毒了解不多的人也能用它来发现计算机病毒。另外，不用专门软件，用 PCTOOLS 等软件也能用特征串扫描法去检测特定的计算机病毒。

这种扫描法的缺点也是明显的。第一是当被扫描的文件很长时，扫描所花时间也很多；第二是不容易选出合适的特征串；第三是新的计算机病毒的特征串未加入计算机病毒代码库时，老版本的扫毒程序无法识别出新的计算机病毒；第四是怀有恶意的计算机病毒制造者得到代码库后，会很容易地改变计算机病毒体内的代码，生成一个新的变种，使扫描程序失去检测它的能力；第五是容易产生误报，只要在正常程序内带有某种计算机病毒的特征串，即使该代码段已不可能被执行，而只是被杀死的计算机病毒体残余，扫描程序仍会报警；第六是不易识别多维变形计算机病毒。不管怎样，基于特征串的计算机病毒扫描法仍是今天用得最为普遍的查计算机病毒方法。

4．分析法

一般使用分析法的人不是普通用户，而是防杀计算机病毒技术人员。使用分析法的目的在于以下几点。

① 确认被观察的磁盘引导扇区和程序中是否含有计算机病毒。

② 确认计算机病毒的类型和种类，判定其是否是一种新的计算机病毒。

③ 搞清楚计算机病毒体的大致结构，提取特征识别用的字节串或特征字，用于增添到计算机

病毒代码库，供计算机病毒扫描和识别程序使用。

④ 详细分析计算机病毒代码，制定相应的防杀计算机病毒措施。

上述 4 个目的按顺序排列起来，正好是使用分析法的工作流程。使用分析法要求具有比较全面的有关计算机、DOS、Windows、网络等的结构和功能调用以及关于计算机病毒方面的各种知识，这是与其他检测计算机病毒方法不一样的地方。

要使用分析法检测计算机病毒，其条件除了要具有相关的知识外，还需要反汇编工具、二进制文件编辑器等分析用工具程序和专用的试验计算机。即使是很熟练的防杀计算机病毒技术人员，使用性能完善的分析软件，也不能保证在短时间内将计算机病毒代码完全分析清楚。而计算机病毒有可能在被分析阶段继续传染甚至发作，把软盘、硬盘内的数据完全毁坏掉，这就要求分析工作必须在专门设立的试验计算机上进行，不怕其中的数据被破坏。在不具备条件的情况下，不要轻易开始分析工作，很多计算机病毒采用了自加密、反跟踪等技术，使得分析计算机病毒的工作经常是冗长和枯燥的。特别是某些文件型计算机病毒的代码可达 10KB 以上，与系统的牵扯层次很深，详细的剖析工作十分复杂。

计算机病毒检测的分析法是防杀计算机病毒工作中不可缺少的重要技术，任何一个性能优良的防杀计算机病毒系统的研制和开发，都离不开专门人员对各种计算机病毒的详尽而认真的分析。

分析的步骤分为静态分析和动态分析两种。静态分析是指利用反汇编工具将计算机病毒代码打印成反汇编指令程序清单后进行分析，看计算机病毒分成哪些模块，使用了哪些系统调用，采用了哪些技巧，并将计算机病毒感染文件的过程翻转为清除该计算机病毒、修复文件的过程，判断哪些代码可被用做特征码以及如何防御这种计算机病毒。分析人员具有的素质越高，分析过程越快，理解越深。动态分析则是指利用 DEBUG 等调试工具在内存带毒的情况下，对计算机病毒做动态跟踪，观察计算机病毒的具体工作过程，以进一步在静态分析的基础上理解计算机病毒工作的原理。在计算机病毒编码比较简单的情况下，动态分析不是必须的。但当计算机病毒采用了较多的技术手段时，必须使用动、静相结合的分析方法才能完成整个分析过程。

5. 人工智能陷阱技术和宏病毒陷阱技术

人工智能陷阱是一种监测计算机行为的常驻式扫描技术。它将所有计算机病毒所产生的行为归纳起来，一旦发现内存中的程序有任何不当的行为，系统就会有所警觉，并告知使用者。这种技术的优点是执行速度快，操作简便，且可以侦测到各式计算机病毒。其缺点就是程序设计难，且不容易考虑周全。不过在这千变万化的计算机病毒世界中，人工智能陷阱扫描技术是一个至少具有主动保护功能的新技术。

宏病毒陷阱技术（MacroTrap）结合了搜索法和人工智能陷阱技术，依行为模式来侦测已知及未知的宏病毒。其中，配合 OLE2 技术，可将宏与文件分开，使得扫描速度变得飞快，而且可以更有效地将宏病毒彻底清除。

6. 软件仿真扫描法

该技术专门用来对付多态变形计算机病毒（Polymorphic/MutationVirus）。多态变形计算机病毒在每次传染时，都将自身以不同的随机数加密于每个感染的文件中，传统搜索法根本就无法找到这种计算机病毒。软件仿真技术则是成功地仿真 CPU 执行，在 DOS 虚拟机（VirtualMachine）下伪执行计算机病毒程序，安全并确实地将其解密，使其显露本来的面目，再加以扫描。

7. 先知扫描法

先知扫描技术（VirusInstructionCodeEmulation，VICE）是继软件仿真后的一大技术突破。既然软件仿真可以建立一个保护模式下的 DOS 虚拟机，仿真 CPU 动作并伪执行程序以解开多态变形计算机病毒，那么应用类似的技术也可以用来分析一般程序，检查可疑的计算机病毒代码。因此，先知扫描技术将专业人员用来判断程序是否存在计算机病毒代码的方法，分析归纳成专家系统和知识库，再利用软件模拟技术（SoftwareEmulation）伪执行新的计算机病毒，超前分析出新计算机病毒代码，对付以后的计算机病毒。

7.5 初识黑客

7.5.1 黑客攻防技术

1. 什么是黑客

提起黑客，总是那么神秘莫测。在人们眼中，黑客是一群聪明绝顶、精力旺盛的年轻人，一门心思地破译各种密码，以便偷偷地、未经允许地打入政府、企业或他人的计算机系统，窥视他人的隐私。那么，什么是黑客呢？

黑客（hacker），源于英语动词 hack，意为“劈，砍”，引申为“干了一件非常漂亮的工作”。在早期麻省理工学院的校园俚语中，“黑客”则有“恶作剧”之意，尤指手法巧妙、技术高明的恶作剧。在日本《新黑客词典》中，对黑客的定义是“喜欢探索软件程序奥秘，并从中增长了其个人才干的人。他们不像绝大多数电脑使用者那样，只规规矩矩地了解别人指定了解的狭小部分知识。”由这些定义中，我们还看不出太贬义的意味。他们通常具有硬件和软件的高级知识，并有能力通过创新的方法剖析系统。“黑客”能使更多的网络趋于完善和安全，他们以保护网络为目的，而以不正当侵入为手段找出网络漏洞。

另一种入侵者是那些利用网络漏洞破坏网络的人。他们往往做一些重复的工作，如用暴力法破解口令，他们也具备广泛的电脑知识，但与黑客不同的是他们以破坏为目的。这些群体成为“骇客”。当然还有一种人介于黑客与入侵者之间。

一般认为，黑客起源于 20 世纪 50 年代麻省理工学院的实验室中，他们精力充沛，热衷于解决难题。20 世纪 60、70 年代，“黑客”一词极富褒义，用于指代那些独立思考、奉公守法的计算机迷，他们智力超群，对电脑全身心投入，从事黑客活动意味着对计算机的最大潜力进行智力上的自由探索，为电脑技术的发展做出了巨大贡献。正是这些黑客，倡导了一场个人计算机革命，倡导了现行的计算机开放式体系结构，打破了以往计算机技术只掌握在少数人手里的局面，开了个人计算机的先河，提出了“计算机为人民所用”的观点，他们是电脑发展史上的英雄。现在黑客使用的侵入计算机系统的基本技巧，例如破解口令（passwordcracking）、开天窗（trapdoor）、走后门（backdoor）、安放特洛伊木马（Trojanhorse）等，都是在这一时期发明的。从事黑客活动的经历，成为后来许多计算机业巨子简历上不可或缺的一部分，例如，苹果公司创始人之一乔布斯就是一个典型的例子。

在 20 世纪 60 年代，计算机的使用还远未普及，还没有多少存储重要信息的数据库，也谈不上黑客对数据的非法拷贝等问题。到了 20 世纪 80、90 年代，计算机越来越重要，大型数据库也越来越多，同时，信息越来越集中在少数人的手里。这样一场新时期的“圈地运动”引起了黑客们的极大反感。黑客认为，信息应共享而不应被少数人所垄断，于是将注意力转移到涉及各种机密的信息数据库上。而这时，电脑空间已私有化，成为个人拥有的财产，社会不能再对黑客行为放任不管，而必须采取行动，利用法律等手段来进行控制，黑客活动受到了空前的打击。

但是，政府和公司的管理者现在越来越多地要求黑客传授给他们有关电脑安全的知识。许多公司和政府机构已经邀请黑客为他们检验系统的安全性，甚至还请他们设计新的保安规程。在两名黑客连续发现网景公司设计的信用卡购物程序的缺陷并向商界发出公告之后，网景修正了缺陷并宣布举办名为“网景缺陷大奖赛”的竞赛，那些发现和找到该公司产品中安全漏洞的黑客可获1000 美元奖金。无疑，黑客正在对电脑防护技术的发展作出贡献。

2. 黑客攻击

一些黑客往往会采取以下几种攻击方法。但是很值得一提的是，一个优秀的黑客绝不会随便攻击别人的。

（1）获取口令

这又有 3 种方法。一是通过网络监听非法得到用户口令。这类方法有一定的局限性，但危害性极大，监听者往往能够获得其所在网段的所有用户账号和口令，对局域网安全威胁巨大。二是在知道用户的账号后（如电子邮件@前面的部分），利用一些专门的软件强行破解用户口令，这种方法不受网段限制，但黑客要有足够的耐心和时间。三是在获得一个服务器上的用户口令文件（此文件称为 Shadow 文件）后，用暴力破解程序破解用户口令，该方法的使用前提是黑客获得口令的 Shadow 文件。此方法在所有方法中危害最大，因为它不需要像第二种方法那样一遍又一遍地尝试登录服务器，而是在本地将加密后的口令与 Shadow 文件中的口令相比较就能非常容易地破获用户密码，尤其对那些弱智用户(指口令安全系数极低的用户，如某用户账号为 zys，其口令就是 zys666、666666，或干脆就是 zys 等)更是在短短的一两分钟内，甚至几十秒内就可以将其干掉。

（2）放置特洛伊木马程序

特洛伊木马程序可以直接侵入用户的电脑并进行破坏，它常被伪装成工具程序或者游戏等，诱使用户打开带有特洛伊木马程序的邮件附件或从网上直接下载，一旦用户打开了这些邮件的附件或者执行了这些程序之后，它们就会像古特洛伊人在敌人城外留下的藏满士兵的木马一样留在自己的电脑中，并在自己的计算机系统中隐藏一个可以在 Windows 启动时悄悄执行的程序。当您连接到因特网上时，这个程序就会通知黑客，来报告您的 IP 地址以及预先设定的端口。黑客在收到这些信息后，再利用这个潜伏在其中的程序，就可以任意地修改您的计算机参数的设定，复制文件，窥视你整个硬盘中的内容等，从而达到控制你的计算机的目的。

（3）WWW 的欺骗技术

网上用户可以利用 IE 等浏览器进行各种各样的 WEB 站点的访问，如阅读新闻组、咨询产品价格、订阅报纸、电子商务等。然而一般的用户恐怕不会想到有这些问题存在，如正在访问的网页已经被黑客篡改过，网页上的信息是虚假的！例如黑客将用户要浏览的网页的 URL 改写为指向黑客自己的服务器，当用户浏览目标网页的时候，实际上是向黑客服务器发出请求，那么黑客就可以达到欺骗的目的了。

（4）电子邮件攻击

电子邮件攻击主要表现为两种方式。一是电子邮件轰炸和电子邮件“滚雪球”，也就是通常所说的邮件炸弹，指的是用伪造的 IP 地址和电子邮件地址向同一信箱发送数以千计、万计，甚至无穷多次的内容相同的垃圾邮件，致使受害人邮箱被“炸”，严重者可能会给电子邮件服务器操作系统带来危险，甚至瘫痪。二是电子邮件欺骗，攻击者佯称自己为系统管理员（邮件地址和系统管理员完全相同），给用户发送邮件要求用户修改口令（口令可能为指定字符串），或在貌似正常的附件中加载病毒或其他木马程序（据笔者所知，某些单位的网络管理员有定期给用户免费发送防火墙升级程序的义务，这为黑客成功地利用该方法提供了可乘之机），这类欺骗只要用户提高警惕，一般危害性不是太大。

（5）通过一个节点来攻击其他节点

黑客在突破一台主机后，往往以此主机作为根据地，攻击其他主机（以隐蔽其入侵路径，避免留下蛛丝马迹）。他们可以使用网络监听方法，尝试攻破同一网络内的其他主机，也可以通过 IP 欺骗和主机信任关系，攻击其他主机。这类攻击很狡猾，但某些技术很难掌握，如 IP 欺骗，因此较少被黑客使用。

（6）网络监听

网络监听是主机的一种工作模式。在这种模式下，主机可以接受到本网段在同一条物理通道上传输的所有信息，而不管这些信息的发送方和接受方是谁。此时，如果两台主机进行通信的信息没有加密，只要使用某些网络监听工具，如 NetXrayforwindows- 95/98/nt、sniffitforlinux、solaries 等，就可以轻而易举地截取包括口令和账号在内的信息资料。虽然网络监听获得的用户账号和口令具有一定的局限性，但监听者往往能够获得其所在网段的所有用户账号及口令。

（7）寻找系统漏洞

许多系统都有这样那样的安全漏洞（Bugs），其中某些是操作系统或应用软件本身具有的，如 Sendmail 漏洞，Win98 中的共享目录密码验证漏洞和 IE5 漏洞等，在补丁未被开发出来之前，一般很难防御黑客利用这些漏洞的破坏，除非你将网线拔掉。还有一些漏洞是由于系统管理员配置错误引起的，如在网络文件系统中，将目录和文件以可写的方式调出，将未加 Shadow 的用户密码文件以明码方式存放在某一目录下，这都会给黑客带来可乘之机，应及时加以修正。

（8）利用账号进行攻击

有的黑客会利用操作系统提供的缺省账户和密码进行攻击，例如，许多 UNIX 主机都有 FTP 和 Guest 等默认账户（其密码和账户名同名），有的甚至没有口令。黑客用 UNIX 操作系统提供的命令，如 Finger 和 Ruser 等收集信息，不断提高自己的攻击能力。这类攻击只要系统管理员提高警惕，将系统提供的缺省账户关掉或提醒无口令用户增加口令，一般都能克服。

（9）偷取特权

利用各种特洛伊木马程序、后门程序和黑客自己编写的导致缓冲区溢出的程序进行攻击，前者可使黑客非法获得对用户机器的完全控制权，后者可使黑客获得超级用户的权限，从而拥有对整个网络的绝对控制权。这种攻击手段一旦奏效，危害性极大。

7.5.2 黑客攻击的主要方式及防范手段

据统计，目前网络攻击手段有数千种之多，这使网络安全问题变得极其严峻。美国商业杂志《信息周刊》公布的一项调查报告称，黑客攻击和病毒等安全问题在 2000 年造成了上万亿美元的经济损失。在全球范围内，每数秒钟就发生一起网络攻击事件。

1. IP 地址伪装

攻击者通过改变自己的 IP 地址来伪装成内部网用户或可信的外部网用户，以合法用户身份登录那些只以IP地址作为验证的主机，或者发送特定的报文以干扰正常的网络数据传输，或者伪造可接收的路由报文（如发送ICMP报文）来更改路由信息，以便非法窃取信息。

防范方法如下。

① 当每一个连接局域网的网关或路由器在决定是否允许外部的IP数据包进入局域网之前，先对来自外部的IP数据包进行检验，如果该IP包的IP源地址是其要进入的局域网内的IP地址，该IP包就被网关或路由器拒绝，不允许进入该局域网。虽然这种方法能够很好地解决问题，但是考虑到一些以太网卡接收它们自己发出的数据包，并且在实际应用中，局域网与局域网之间也常常需要有相互的信任关系以共享资源，因此这种方案不具备较好的实际价值。

② 另外一种防御这种攻击的较为理想的方法是当IP数据包出局域网时检验其IP源地址，即每一个连接局域网的网关或路由器在决定是否允许本局域网内部的IP数据包发出局域网之前，先对来自该IP数据包的IP源地址进行检验。如果该IP包的IP源地址不是其所在局域网内部的IP地址，该IP包就被网关或路由器拒绝，不允许该包离开局域网，因此建议每一个ISP或局域网的网关路由器都对出去的IP数据包进行IP源地址的检验和过滤。如果每一个网关路由器都做到了这一点，IP源地址欺骗将基本上无法奏效。

2．源路由攻击

路由器作为一个内部网络对外的接口设备，是攻击者进入内部网络的第一个目标。如果路由器不提供攻击检测和防范，则其也是攻击者进入内部网络的一个桥梁。

防范方法如下。

① 可靠性与线路安全。

② 对端路由器的身份认证和路由信息的身份认证。

③ 访问控制。对于路由器的访问控制，需要进行口令的分级保护，还有基于IP地址的访问控制、基于用户的访问控制等。

④ 信息隐藏。与对端通信时，不一定需要用真实身份进行通信。通过地址转换，可以做到隐藏网内地址、只以公共地址的方式访问外部网络。除了由内部网络首先发起的连接，网外用户不能通过地址转换直接访问网内资源。

⑤ 数据加密。

⑥ 在路由器上提供攻击检测，可以防止一部分的攻击。

3．端口扫描

端口扫描指利用一些端口扫描工具来探测系统正在侦听的端口，来发现该系统的漏洞，或者是事先知道某个系统存在漏洞，而后通过查询特定的端口，来确定是否存在漏洞，最后利用这些漏洞来对系统进行攻击，导致系统的瘫痪。

防范方法如下。

① 关闭闲置和有潜在危险的端口，它的本质是将所有用户需要用到的正常计算机端口外的其他端口都关闭掉，因为就黑客而言，所有的端口都可能成为攻击的目标。换句话说“计算机的所有对外通信的端口都存在潜在的危险”，而一些系统必要的通信端口，如访问网页需要的HTTP（80端口）、QQ（4000端口）等不能被关闭。在WindowsNT核心系统（Windows2000/XP/2003）中要关闭掉一些闲置端口是比较方便的，可以采用“定向关闭指定服务的端口”和“只开放允许端口的方式”。计算机的一些网络服务会有系统分配默认的端口，将一些闲置的服务关闭掉，其对应的端口也会被关闭。进入“控制面板”→“管理工具”→“服务”项内，关闭掉计算机的

一些没有使用的服务（如 FTP 服务、DNS 服务、IISAdmin 服务等），它们对应的端口也会被停用。至于“只开放允许端口的方式”，可以利用系统的“TCP/IP 筛选”功能实现，设置的时候，“只允许”系统的一些基本网络通信需要的端口即可。

② 检查各端口，有端口扫描的症状时，立即屏蔽该端口。这种预防端口扫描的方式显然用户自已手工是不可能完成的，或者说完成起来相当困难，需要借助软件。这些软件就是我们常用的网络防火墙。

7.6 计算机安全认识及杀毒软件误区

7.6.1 计算机安全认识的 7 大误区

误区一：电脑安全问题就是如何查杀电脑病毒。2000 年的“尼姆达”、“红色代码”，2001 年的“求职信”等病毒的发作给全球计算机系统造成巨大损失，令人们谈“毒”色变。但电脑病毒远非 PC 安全课题的全部，它更包括了软件漏洞、非法操作、文件误删除、系统物理故障等多方面的问题。现有的杀毒软件还不足以从根本上解决这些计算机安全的问题。

误区二：病毒制造者是造成计算机安全问题的主要原因。病毒制造、传播者固然令人痛恨，但造成病毒危害愈演愈烈的根本原因是软件自身的各种漏洞不断被破坏和利用。去年给全球带来超过 30 亿美元损失的“红色代码”病毒，就是利用了微软 ISS 网络服务器软件的一个漏洞大肆进行攻击和破坏。我国著名的信息安全专家、中国工程院院士沈昌祥指出，软件漏洞是一切信息安全问题的根源。即使没有病毒的攻击，它也可能给计算机的应用带来巨大的隐患和危险。

误区三：文件被删除后就不可恢复。不少人以为被删除的文件从“回收站”彻底清空后就永远消失，从而放弃了误删除数据和文件后重新恢复的努力。事实上，一些全新技术，如全息技术在信息安全领域的运用，使得恢复被删除、损坏的数据成为可能。

误区四：杀毒软件的定位就是“电脑医生”。目前绝大多数的杀毒软件都在扮演“事后诸葛亮”的角色，即电脑被病毒感染后杀毒软件才忙不迭地去发现、分析、治疗。这种被动防御的消极模式远远不能彻底解决计算机安全的问题。安全软件应该是立足于拒病毒于 PC 门外的“健康专家”。

误区五：在内部网上共享的文件是安全的。其实，你在共享文件的同时就会有软件漏洞呈现在互联网的不速之客面前，公众以及您的对手将可以自由地访问您的那些文件，并很有可能被有恶意的人利用和攻击。因此，共享文件应该设置密码，一旦不需要共享时立即关闭。

误区六：面对新病毒的纷纷涌现必须频繁升级你的杀毒软件。现在新病毒的出现可谓层出不穷，因此电脑上安装的杀毒软件由过去每年升级一次变成每月升级几次，甚至可能是天天升级。这样的结果毫无疑问就是花更多的钱和精力去和病毒“赛跑”，也使自己的硬盘和系统资源被越来越多地占用。电脑用户已经厌倦了这种枯燥乏味的重复劳动以及对新病毒无边的恐惧。这种无休止的“道高一尺，魔高一丈”的升级大战，也意味着原有的杀毒软件技术理念已经走到了尽头。真正具有领先的反病毒技术的安全软件是无需频繁升级的，应该省钱、省力又省时。

其实还有一条，那就是你的硬件安全。软件故障大不了再做系统，而硬件坏了，你就得去修了，大多数时候得换配件，使用电脑一定要按照正常规范操作。最忌讳带电拔插机件等行为，即使是 USB 接口的硬件，要合理开机和关机，切记。

7.6.2 杀毒软件使用的 10 大误区

几乎每个用电脑的人都遇到过计算机病毒，也使用过杀毒软件。但是，许多人还存在对病毒和杀毒软件的认识误区。杀毒软件不是万能的，但也绝不是无用的。此节的目的就是让更多的人能够对杀毒软件有正确的认识，更合理地使用杀毒软件。

误区一：好的杀毒软件可以查杀所有的病毒。许多人认为杀毒软件可以查杀所有的已知和未知病毒，这是不正确的。对于一个病毒，杀毒软件厂商首先要先将其截获，进行分析、提取病毒特征、测试，然后升级给用户使用。

虽然目前许多杀毒软件厂商都在不断努力查杀未知病毒，有些厂商甚至宣称可以 100%杀未知病毒。不幸的是，经过专家论证这是不可能的。杀毒软件厂商只能尽可能地去发现更多的未知病毒，但还远远达不到 100%的标准。

甚至于对一些已知病毒，比如覆盖型病毒，病毒本身就将原有的系统文件覆盖了，因此，即使杀毒软件将病毒杀死也不能恢复操作系统的正常运行。

误区二：杀毒软件是专门查杀病毒的，木马专杀才是专门杀木马的。《中华人民共和国计算机信息系统安全保护条例》明确定义了计算机病毒是指“编制或者在计算机程序中插入的破坏计算机功能或者破坏数据、影响计算机使用并且能够自我复制的一组计算机指令或者程序代码”。随着信息安全技术的不断发展，病毒的定义已经被扩大化。

随着技术的不断发展，计算机病毒的定义已经被广义化，它大致包含引导区病毒、文件型病毒、宏病毒、蠕虫病毒、特洛伊木马、后门程序、恶意脚本、恶意程序、键盘记录器、黑客工具等。

可以看出木马是病毒的一个子集，杀毒软件完全可以将其查杀。从杀毒软件角度讲，清除木马和清除蠕虫没有本质的区别，甚至查杀木马比清除文件型病毒更简单。因此，没有必要单独安装木马查杀软件。

误区三：我的机器没重要数据，有病毒重装系统，不用杀毒软件。许多电脑用户，特别是一些网络游戏玩家，认为自己的计算机上没有重要的文件。计算机感染病毒，直接格式化重新安装操作系统就万事大吉，不用安装杀毒软件。这种观点是不正确的。

几年前，病毒编写者撰写病毒主要是为了寻找乐趣或是证明自己。这些病毒往往采用高超的编写技术，有着明显的发作特征(比如某月某日发作，删除所有文件等)。

但是，近几年的病毒已经发生了巨大的变化，病毒编写者以获取经济利益为目的。病毒没有明显的特征，不会删除用户计算机上的数据。但是，它们会在后台悄悄运行，盗取游戏玩家的账号信息、QQ 密码，甚至是银行卡的账号。由于这些病毒可以直接给用户带来经济损失，对于个人用户来说，它的危害性比传统的病毒更大。

对于此种病毒，往往在发现感染病毒时，用户的账号信息就已经被盗用。即使格式化计算机重新安装系统，被盗的账号也找不回来了。

误区四：查毒速度快的杀毒软件才好。不少人都认为，查毒速度快的杀毒软件才是最好的。甚至不少媒体进行杀毒软件评测时，都将查杀速度作为重要指标之一。不可否认，目前各个杀毒软件厂商都在不断努力改进杀毒软件引擎，以达到更高的查杀速度。但仅仅以查毒速度快慢来评价杀毒软件的好坏是片面的。

杀毒软件查毒速度的快慢主要与引擎和病毒特征有关。举个例子，一款杀毒软件可以查杀 10 万种病毒，另一款杀毒软件只能查杀 100 种病毒。杀毒软件查毒时需要对每一条记录进行匹配，因此查杀 100 种病毒的杀毒软件速度肯定会更快些。

一个好的杀毒软件引擎需要对文件进行分析、脱壳，甚至虚拟执行，这些操作都需要耗费一定的时间。而有些杀毒软件的引擎比较简单，对文件不做过多的分析，只进行特征匹配。这种杀毒软件的查毒速度也很快，但它却有可能会漏查比较多的病毒。

由此可见，虽然提高杀毒速度是各个厂商不断努力奋斗的目标，但仅从查毒速度快慢来衡量杀毒软件好坏是不科学的。

误区五：杀毒软件不管正版盗版，随便装一个能用的就行。目前，有很多人机器上安装着盗版的杀毒软件，他们认为只要装上杀毒软件就万无一失了，这种观点是不正确的。杀毒软件与其他软件不太一样，杀毒软件需要经常不断升级，才能够查杀最新最流行的病毒。

此外，大多数盗版杀毒软件都在破解过程中或多或少地损坏了一些数据，造成某些关键功能无法使用，系统不稳定或杀毒软件对某些病毒漏查漏杀等。更有一些居心不良的破解者，直接在破解的杀毒软件中捆绑了病毒、木马或者后门程序等，给用户带来不必要的麻烦。

杀毒软件买的是服务，只有正版的杀毒软件才能得到持续不断的升级和售后服务。同时，如果盗版软件用户真地遇到无法解决的问题也不能享受和正版软件用户一样的售后服务，使用盗版软件看似占了便宜，实际得不偿失。

误区六：根据任务管理器中的内存占用判断杀毒软件的资源占用。很多人，包括一些媒体进行杀毒软件评测，都用 Windows 自带的任务管理器来查看杀毒软件的内存占用，进而判断一款杀毒软件的资源占用情况，这是值得商榷的。

不同杀毒软件的功能不尽相同，比如一款优秀的杀毒软件有注册表、漏洞攻击、邮件发送、接收、网页、引导区、内存等监控系统，比起只有文件监控的杀毒软件，内存占用肯定会更多，但却提供了更全面的安全防护。

同时，也有一小部分杀毒软件厂商为了对付评测，故意在程序中限定杀毒软件可占用内存数的大小，使这些数值看上去很小，一般在 100KB，甚至几十 KB 左右。实际上，内存占用虽然小了，但杀毒软件却要频繁地进行硬盘读写，反倒降低了软件的运行效率。

误区七：只要不用软盘，不乱下东西就不会中毒。目前，计算机病毒的传播有很多途径。它们可以通过软盘、U 盘、移动硬盘、局域网、文件，甚至是系统漏洞等进行传播。一台存在漏洞的计算机，只要连入互联网，即使不做任何操作，都会被病毒感染。

因此，仅仅从使用计算机的习惯上来防范计算机病毒难度很大，一定要配合杀毒软件进行整体防护。

误区八：杀毒软件应该至少装三 3 才能保障系统安全。尽管杀毒软件的开发厂商不同，宣称使用的技术不同，但他们的实现原理却可能是相似或相同的。同时开启多个杀毒软件的实时监控程序很可能会产生冲突，比如多个病毒防火墙同时争抢一个文件进行扫描。安装有多种杀毒软件的计算机往往运行速度缓慢并且很不稳定，因此，我们并不推荐一般用户安装多个杀毒软件，即使真地要同时安装，也不要同时开启它们的实时监控程序（病毒防火墙）。

误区九：杀毒软件和个人防火墙装一个就行了。许多人把杀毒软件的实时监控程序认为是防火墙，确实有一些杀毒软件将实时监控称为“病毒防火墙”。实际上，杀毒软件的实时监控程序和个人防火墙完全是两个不同的产品。

通俗地说，杀毒软件是防病毒的软件，而个人防火墙是防黑客的软件，二者功能不同，缺一不可。建议用户同时安装这两种软件，对计算机进行整体防御。

误区十：专杀工具比杀毒软件好，有病毒先找专杀。不少人都认为杀毒软件厂商推出专杀工具是因为杀毒软件存在问题，杀不干净此类病毒，事实上并非如此。针对一些具有严重破坏能力的病毒，以及传播较为迅速的病毒，杀毒软件厂商会义务地推出针对该病毒的免费专杀工具，但这并不意味着杀毒软件本身无法查杀此类病毒。如果你的机器安装有杀毒软件，完全没有必要再去使用专杀工具。

专杀工具只是在用户的计算机上已经感染了病毒后进行清除的一个小工具。与完整的杀毒软件相比，它不具备实时监控功能，同时专杀工具的引擎一般都比较简单，不会查杀压缩文件、邮件中的病毒，并且一般也不会对文件进行脱壳检查。

任务十六　认识病毒

任务提出

我们的电脑在使用过程中会中“病毒”，那么什么是“病毒”呢？我们如何处理呢？这就要先了解“病毒”的特征与原理。

希腊传说中，特洛伊王子诱走了王后海伦，希腊人因此远征特洛伊，久攻不下，希腊将领奥德修斯用计，通过藏有士兵的木马被对方缴获，搬入城中，一举战胜对方。现在把利用计算机程序漏洞侵入从而窃取文件的程序称为木马。

任务分析

让学生初步理解什么是计算机病毒，了解计算机病毒的特点及传播，掌握计算机病毒重在预防，并掌握预防的基本方法。

任务设计

1. 特洛伊木马（以下简称木马），英文叫做“Trojan horse”

古希腊传说，特洛伊王子帕里斯访问希腊，诱走了王后海伦，希腊人因此远征特洛伊。围攻 9 年后，到第 10 年，希腊将领奥德修斯献了一计，就是把一批勇士埋伏在一匹巨大的木马腹内（见图 7-1），放在城外后，佯作退兵。特洛伊人以为敌兵已退，就把木马作为战利品搬入城中。到了夜间，埋伏在木马中的勇士跳出来，打开了城门，希腊将士一拥而入攻下了城池。后来，人们在写文章时就常用“特洛伊木马”这一典故，用来比喻在敌方营垒里埋下伏兵里应外合的活动。

图 7-1　希腊传说中的特洛伊木马

2. 计算机木马

在计算机领域中，木马是一类恶意程序。木马是有隐藏性、自发性的，可被用来进行恶意行为的程序，多不会直接对电脑产生危害，而是以控制为主。

3. 计算机木马的安装

服务端用户运行木马或捆绑木马的程序后，木马就会自动进行安装。首先将自身拷贝到 WINDOWS 的系统文件夹中(c:\windows 或 c:\windows\system 目录)，然后在注册表、启动组、非启动组中设置好木马的触发条件，这样木马的安装就完成了。

4. 木马运行过程

木马被激活后，进入内存，并开启事先定义的木马端口，准备与控制端建立连接。这时服务端用户可以在 MS-DOS 方式下，键入 NETSTAT -AN 查看端口状态，一般个人电脑在脱机状态下是不会有端口开放的，如果有端口开放，你就要注意是否感染木马了。

木马等病毒都是一种人为的程序。大家都知道以前的电脑病毒的作用，其实完全就是为了搞破坏，破坏电脑里的资料数据，除了破坏之外，其他无非就是有些病毒制造者，为了达到某些目的而进行的威慑和敲诈勒索，或为了炫耀自己的技术。“木马”不一样，木马的作用是赤裸裸地偷偷监视别人和盗窃别人密码、数据等，如盗窃管理员密码、子网密码，偷窃上网密码用于他用，偷窃游戏账号、股票账号，甚至网上银行账户等，达到偷窥别人隐私和得到经济利益的目的，所以木马的作用比早期的电脑病毒更加有用，更能够直接达到使用者的目的。这导致许多别有用心的程序开发者大量地编写这类带有偷窃和监视别人电脑的侵入性程序，这就是目前网上大量木马泛滥成灾的原因。鉴于木马的这些巨大危害性和它与早期病毒的作用性质不一样，所以木马虽然属于病毒中的一类，但是要单独地从病毒类型中间剥离出来，独立地称之为“木马”程序。

5. 防御措施步骤

（1）防治木马

防治木马，应该采取以下措施。

① 安装杀毒软件和个人防火墙，并及时升级。

② 把个人防火墙设置好安全等级，防止未知程序向外传送数据。

③ 可以考虑使用安全性比较好的浏览器和电子邮件客户端工具。

④ 如果使用 IE 浏览器，应该安装卡卡安全助手，防止恶意网站在自己电脑上安装不明软件和浏览器插件，以免被木马趁机侵入。

（2）防治远程控制木马

① 远程控制的木马。有：冰河、灰鸽子、上兴、PCshare、网络神偷、FLUX 等，现在通过线程插入技术的木马也有很多。现在的木马程序常常和.DLL 文件息息相关，被很多人称之为“DLL 木马”。DLL 木马的最高境界是线程插入技术，线程插入技术指的是将自己的代码嵌入正在运行的进程中的技术。理论上说，Windows 中的每个进程都有自己的私有内存空间，别的进程是不允许对这个私有空间进行操作的，但是实际上，我们仍然可以利用种种方法进入并操作进程的私有内存，因此也就拥有了那个远程进程相当的权限。无论怎样，都是让木马的核心代码运行于别的进程的内存空间，这样不仅能很好地隐藏自己，也能更好地保护自己。

“3721 网络实名”就是通过 Rundll32 调用“网络实名”的 DLL 文件实现的。在一台安装了网络实名的计算机中运行注册表编辑器，依次展开“HKEY_ LOCAL_ MACHINE \SOFTWARE\Microsoft\Windows\CurrentVersion\Run”，发现一个名为“CnsMin”的启动项，其键值为“Rundll32 C:\WINDOWS\Download\CnsMin.dll，Rundll32”，CnsMin.dll 是网络实名的 DLL 文件，这样就通过 Rundll32 命令实现了网络实名的功能。

② 简单防御方法。DLL 木马的查杀比一般病毒和木马的查杀要更加困难，建议用户经常看看系统的启动项中有没有多出莫名其妙的项目，这是 DLL 木马 Loader 可能存在的场所之一。如果用户有一定的编程知识和分析能力，还可以在 Loader 里查找 DLL 名称，或者从进程里看多挂接了什么陌生的 DLL。对普通用户来说，最简单有效的方法还是用杀毒软件和防火墙来保护自己的计算机安全。现在有一些国外的防火墙软件会在 DLL 文件加载时提醒用户，比如 Tiny、SSM

等，这样我们就可以有效地防范恶意的 DLL 木马了。

（3）禁用系统还原（Windows Me/XP）

如果您运行的是 Windows Me 或 Windows XP，建议您暂时关闭“系统还原”。此功能默认情况下是启用的，一旦计算机中的文件被破坏，Windows 可使用该功能将其还原。如果病毒、蠕虫或特洛伊木马感染了计算机，则系统还原功能会在该计算机上备份病毒、蠕虫或特洛伊木马。

Windows 禁止包括防病毒程序在内的外部程序修改系统还原。因此，防病毒程序或工具无法删除 System Restore 文件夹中的威胁。这样，系统还原就可能将受感染文件还原到计算机上，即使您已经清除了所有其他位置的受感染文件。

蠕虫移除干净后，请按照上面所述恢复系统还原的设置。

（4）将计算机重启到安全模式或者 VGA 模式

关闭计算机，等待至少 30 秒钟后将其重新启动到安全模式或者 VGA 模式。

（5）启动防病毒程序

扫描和删除受感染文件，启动防病毒程序，并确保已将其配置为扫描所有文件。运行完整的系统扫描，如果检测到任何文件被 Download.Trojan 感染，请单击“删除”，如有必要，清除 Internet Explorer 历史和文件。如果该程序是在 Temporary Internet Files 文件夹中的压缩文件内检测到的，请执行以下步骤。

启动 Internet Explorer，单击“工具”菜单→“Internet 选项”，单击“常规”选项卡“Internet 临时文件”部分中，单击“删除文件”，然后在出现提示后单击“确定”按钮。在“历史”部分，单击“清除历史”，然后在出现提示后单击“是”按钮。

6. 木马的发展历史

（1）第一代木马：伪装型病毒

这种病毒通过伪装成一个合法性程序诱骗用户上当。世界上第一个计算机木马是出现在 1986 年的 PC-Write 木马。它伪装成共享软件 PC-Write 的 2.72 版本，事实上，编写 PC-Write 的 Quicksoft 公司从未发行过 2.72 版本，一旦用户信以为真运行该木马程序，那么他的下场就是硬盘被格式化。

（2）第二代木马：AIDS 型木马

继 PC-Write 之后，1989 年出现了 AIDS 木马。当时很少有人使用电子邮件，所以 AIDS 的作者就利用现实生活中的邮件进行散播，即给其他人寄去一封封含有木马程序软盘的邮件。之所以叫这个名称，是因为软盘中包含有 AIDS 和 HIV 疾病的药品、价格、预防措施等相关信息。软盘中的木马程序在运行后，虽然不会破坏数据，但是会将硬盘加密锁死，然后提示受感染用户花钱消灾。可以说第二代木马已具备了传播特征（尽管通过传统的邮递方式）。

（3）第三代木马：网络传播性木马

随着 Internet 的普及，这一代木马兼备伪装和传播两种特征，并结合 TCP/IP 网络技术四处泛滥。

7. 木马病毒专杀工具

- 反木马病毒。
- 木马专杀工具。
- 木马防线。
- 木马分析专家。
- 木马克星(iparmor)。
- 病毒.流行木马.盗号软件统杀工具。

- 木马专杀大师。
- 木马专家。
- Windows 木马清道夫。
- 木马分析专家个人防火墙。

任务实现

[木马的启动方式]

1．通过“开始\程序\启动”

隐蔽性：2 星

应用程度：较低

这也是一种很常见的方式，很多正常的程序都用它，大家常用的 QQ 就是用这种方式实现自启动的，但木马却很少用它，因为启动组的每个程序都会出现在“系统配置实用程序”（msconfig.exe，以下简称 msconfig）中，事实上，出现在“开始”菜单的“程序\启动”中足以引起菜鸟的注意，所以，相信不会有木马用这种启动方式。

2．通过 Win.ini 文件

隐蔽性：3 星

应用程度：较低

同启动组一样，这也是从 Windows3.2 开始就可以使用的方法，是从 Win16 遗传到 Win32 的。在 Windows3.2 中，Win.ini 就相当于 Windows9x 中的注册表，在该文件中的[Windows]域中的 load 和 run 项会在 Windows 启动时运行，这两个项目也会出现在 msconfig 中。而且，在 Windows98 安装完成后这两项就会被 Windows 的程序使用了，也不很适合木马使用。

3．通过注册表启动

（1）通过 HKEY_CURRENT_USER\Software\Microsoft\Windows\CurrentVersion\Run，HKEY_LOCAL_MACHINE\Software\Microsoft\Windows\CurrentVersion\Run 和 HKEY_LOCAL_MACHINE\Software\Microsoft\Windows\CurrentVersion\RunServices

隐蔽性：3.5 星

应用程度：极高

应用案例：BO2000、GOP、NetSpy、IEthief、冰河……

这是很多 Windows 程序都采用的方法，也是木马最常用的。使用非常方便，但也容易被人发现，由于其应用太广，所以几乎提到木马，就会让人想到这几个注册表中的主键，通常木马会使用最后一个。使用 Windows 自带的程序 msconfig 或注册表编辑器（regedit.exe，以下简称 regedit）都可以轻易将它删除，所以这种方法并不十分可靠。但可以在木马程序中加一个时间控件，以便实时监视注册表中自身的启动键值是否存在，一旦发现被删除，则立即重新写入，以保证下次 Windows 启动时自己能被运行。这样木马程序和注册表中的启动键值之间形成了一种互相保护的状态。木马程序未终止，启动键值就无法删除（手工删除后，木马程序又自动添加上了），相反地，不删除启动键值，下次启动 Windows 还会启动木马。怎么办呢？其实破解它并不难，即使在没有任何工具软件的情况下也能轻易解除这种互相保护。

破解方法：首先，以安全模式启动 Windows，这时，Windows 不会加载注册表中的项目，因此木马不会被启动，相互保护的状况也就不攻自破了，然后，你就可以删除注册表中的键值和相应的木马程序了。

（2）通过 HKEY_LOCAL_MACHINE\Software\Microsoft\Windows\CurrentVersion\RunOnce，HKEY_CURRENT_USER\Software\Microsoft\Windows\CurrentVersion\RunOnce 和 HKEY_LOCAL_MACHINE\Software\Microsoft\Windows\CurrentVersion\RunServicesOnce

隐蔽性：4 星

应用程度：较低

应用案例：Happy99 月

这种方法好像用的人不是很多，但隐蔽性比上一种方法好，它的内容不会出现在 msconfig 中。在这个键值下的项目和上一种相似，会在 Windows 启动时启动，但 Windows 启动后，该键值下的项目会被清空，因而不易被发现，但是只能启动一次，木马如何能发挥效果呢？

其实很简单，不是只能启动一次吗，那木马启动成功后再在这里添加一次不就行了吗？在 Delphi 中这不过是 3、5 行的程序。虽说这些项目不会出现在 msconfig 中，但是在 Regedit 中却可以直接将它删除，那么木马也就从此失效了。

还有一种方法，不是在启动的时候加而是在退出 Windows 的时候加，这要求木马程序本身要截获 Windows 的消息，当发现关闭 Windows 消息时，暂停关闭过程，添加注册表项目，然后才开始关闭 Windows，这样用 Regedit 也找不到它的踪迹了。这种方法也有个缺点，就是一旦 Windows 异常终止（对于 Windows9x 这是经常的），木马也就失效了。破解它们的方法也可以用安全模式。

另外使用这 3 个键值并不完全一样，通常木马会选择第一个，因为在第二个键值下的项目会在 Windows 启动完成前运行，并等待程序结束后才继续启动 Windows。

4．通过 Autoexec.bat 文件，或 winstart.bat、config.sys 文件

隐蔽性：3.5 星

应用程度：较低

其实这种方法并不适合木马使用，该文件会在 Windows 启动前运行，这时系统处于 DOS 环境，只能运行 16 位应用程序，Windows 下的 32 位程序是不能运行的，因此也就失去了木马的意义。不过，这并不是说它不能用于启动木马。可以想象，SoftIce for Win98（功能强大的程序调试工具，被黑客奉为至宝，常用于破解应用程序）也是先要在 Autoexec.bat 文件中运行然后才能在 Windows 中呼叫出窗口，并且进行调试的，既然如此，谁能保证木马不会这样启动呢？

另外，这两个 BAT 文件常被用于破坏，它们会在这个文件中加入类似“deltree c:*.*”和“format c:/u”的行，这样，在你启动计算机后还未启动 Windows 时，你的 C 盘已然空空如也。

5．通过 System.ini 文件

隐蔽性：5 星

应用程度：一般

事实上，System.ini 文件并没有给用户可用的启动项目，然而通过它启动却是非常好用的。在正常情况下，System.ini 文件的[Boot]域中的 Shell 项的值是“Explorer.exe”，这是 Windows 的外壳程序，换一个程序就可以彻底改变 Windows 的面貌，如改为 Progman.exe 就可以让 Win9x 变成 Windows3.2。我们可以在“Explorer.exe”后加上木马程序的路径，这样 Windows 启动后木马也就随之启动，而且即使是安全模式启动也不会跳过这一项，这样木马也就可以保证永远随 Windows 启动了，名噪一时的尼姆达病毒就是用的这种方法。这时，如果木马程序也具有自动检测添加 Shell 项的功能的话，那简直是天衣无缝的绝配，除了使用查看进程的工具中止木马，再修改 Shell 项和删除木马文件之外，没有别的破解之法了。但这种方式也有个先天的不足，因为只有 Shell 这一项，如果有两个木马都使用这种方式实现自启动，那么后来的木马可能会使前一个无法启动，以毒攻毒。

6．通过某特定程序或文件启动

（1）寄生于特定程序之中

隐蔽性：5星

应用程度：一般

木马和正常程序捆绑，有点类似于病毒，程序在运行时，木马程序先获得控制权或另开一个线程以监视用户操作，截取密码等，这类木马编写的难度较大，需要了解PE文件结构和Windows的底层知识（直接使用捆绑程序除外）。

（2）将特定的程序改名

隐蔽性：5星

应用程度：常见

这种方式常见于针对QQ的木马，例如，将QQ的启动文件QQ2000b.exe改为QQ2000b.ico.exe（Windows默认是不显示扩展名的，因此它会被显示为QQ2000b.ico，而用户会认为它是一个图标），再将木马程序改为QQ2000b.exe，此后，用户运行QQ，实际是运行了QQ木马，再由QQ木马去启动真正的QQ，这种方式实现起来要比上一种简单得多。

（3）文件关联

隐蔽性：5星

应用程度：常见

通常木马程序会将自己和TXT文件或EXE文件关联。这样一来，当你打开一个文本文件或运行一个程序时，木马也就神不知鬼不觉启动了。

这类通过特定程序或文件启动的木马，发现比较困难，但查杀并不难。一般地，只要删除相应的文件和注册表键值即可。

7．排查出电脑的木马

（1）集成到程序中

由于用户一般不会主动运行新的程序，而种木马者为了吸引用户运行，他们会将木马文件和其他应用程序进行捆绑，用户看到的只是正常的程序。但是一旦运行之后，不仅该正常的程序运行，而且捆绑在一起的木马程序也会在后台偷偷运行。

这种隐藏在其他应用程序之中的木马危害比较大，而且不容易发现。如果其捆绑到系统文件中，那么它会随Windows启动而运行。不过如果我们安装了个人防火墙或者启用了Windows XP SP2中的Windows防火墙，那么在木马服务端试图连接种了木马的客户端时，防火墙会询问是否放行，据此即可判断出自己有无中木马。

（2）隐藏在媒体文件中

严格上说，这种类型并没有让用户真正中木马。不过它的危害容易被人忽略，因为大家对影音文件的警惕性不高，它的常用手段是在媒体文件中插入一段代码，代码中包含了一个网址，当播放到指定时间时即会自动访问该网址，而该网址所指页面的内容却是一些网页木马或其他危害。

因此，当我们在播放网上下载的影片时，如果发现突然打开了窗口，那么切不可好奇，而应将其立即关闭，然后跳过该时间段影片的播放。

（3）隐藏在System.ini

（4）隐藏在 Win.ini

与 System.ini 相似，Win.ini 也是木马喜欢加载的一个地方。对此我们可以打开系统目录下的 Win.ini 文件，然后查看[Windows]区域中的“load=”和“run=”，正常情况下它们后面应该是空白，如果你发现它们后面加了某个程序，那么加载的程序就可能是木马，需要将它们删除。

（5）隐藏在 Autoexec.bat

在 C 盘根目录下有一个 Autoexec.bat 文件，这里的内容将会在系统启动时自动运行。与该文件类似的还有 Config.sys。因为它们自动运行，所以其也成为木马的一个藏身之地。对此我们同样需要打开这两个文件，检查里面是否加载了来历不明的程序在运行。

（6）任务管理器

部分木马运行后，我们可以在任务管理器中找出它的踪迹。在任务栏上右击，在弹出的菜单中选择“任务管理器”，将打开的窗口切换到“进程”标签，在这里查看有没有占用较多资源的进程，有没有不熟悉的进程。若有，可以先试着将它们关闭。另外要特别注意 Explorer.exe 这类进程，因为很多木马会使用 Exp1orer.exe 进程名，即把 l 换成 1，用户不仔细查看，还以为是系统进程呢。

（7）启动

在 Windows XP 中，我们可以运行“msconfig”将打开的窗口切换到“启动”标签，在这里可以看到所有启动加载的项目，此时就可以根据“命令”和“位置”来判断启动加载的是否为木马。如果判断为木马，则可以将其启动取消，然后再做进一步的处理。

（8）注册表

我们程序的运行控制大多是由注册表控制的，因此我们有必要对注册表进行检查。运行“regedit”打开注册表编辑器，然后依次检查如下区域。

HKEY_LOCAL_MACHINE\Software\Microsoft\Windows\CurrentVersion、

HKEY_CURRENT_USER\Software\Microsoft\Windows\CurrentVersion、

HKEY_USERS\.Default\Software\Microsoft\Windows\CurrentVersion

看看这 3 个区域下所有以“run”开头的键值，如果键值的内容指向一些隐藏的文件或自己从未安装过的程序，那么，这些就很可能是木马了。

木马之所以能够为非作歹，正是因为其善于隐藏自己。如果我们掌握了其藏身之处，就可以将其一一清除。当然，木马在实际的伪装隐藏自己时，可能会综合使用上面一种或几种方法来伪装，这就需要我们在检查清除时，不能只检查其中的部分地点。

8．如何快速查杀电脑里的木马

常在河边走，哪有不湿鞋？有时候上网时间长了，很有可能被攻击者在电脑中种了木马。如何来知道电脑有没有被装了木马呢？

（1）手工方法

① 检查网络连接情况。不少木马会主动侦听端口，或者会连接特定的 IP 和端口，因此我们可以在没有正常程序连接网络的情况下，通过检查网络连接情况来发现木马的存在。具体的步骤是单击“开始”→“运行”→“cmd”，然后输入 netstat -an 这个命令就能看到所有和自己电脑建立连接的 IP 以及自己电脑侦听的端口，它包含 4 个部分——proto(连接方式)、local address(本地连接地址)、foreign address(和本地建立连接的地址)、state(当前端口状态)。通过这个命令的详细信息，我们就可以完全监控电脑的网络连接情况。

② 查看目前运行的服务。服务是很多木马用来保持自己在系统中永远能处于运行状态的方法之一。我们可以通过单击“开始”→“运行”→“cmd”，然后输入“net start”来查看系统中究竟有什么服务在开启，如果发现了不是自己开放的服务，则可以进入“服务”管理工具中的“服务”，找到相应的服务，停止并禁用它。

③ 检查系统启动项。由于注册表对于普通用户来说比较复杂，木马常常喜欢隐藏在这里。检查注册表启动项的方法是：单击“开始”→“运行”→“regedit”，然后检查 HKEY_LOCAL_MACHINE\Software\Microsoft\Windows\CurrentVersion 下所有以“run”开头的键值，HKEY_CURRENT_USER\Software\Microsoft\Windows\CurrentVersion 下所有以“run”开头的键值，HKEY-USERS\Default\Software\Microsoft\Windows \CurrentVersion 下所有以“run”开头的键值。

Windows 安装目录下的 System.ini 也是木马喜欢隐蔽的地方。打开这个文件看看，在该文件的[boot]字段中，是不是有 shell=Explorer.exe file.exe 这样的内容，如有这样的内容，那这里的 file.exe 就是木马程序了。

④ 检查系统账户。恶意的攻击者喜欢用在电脑中留有一个账户的方法来控制你的计算机。他们采用的方法就是激活一个系统中的默认账户，但这个账户却很少用，然后把这个账户的权限提升为管理员权限，这个账户将是系统中最大的安全隐患。恶意的攻击者可以通过这个账户任意地控制你的计算机。针对这种情况，可以用以下方法对账户进行检测。

单击“开始”→“运行”→“cmd”，然后在命令行下输入 net user，查看计算机上有些什么用户，然后再使用“net user 用户名”查看这个用户是属于什么权限的，一般除了 Administrator 是 administrators 组的，其他都不应该属于 administrators 组，如果你发现一个系统内置的用户是属于 administrators 组的，那几乎可以肯定你被入侵了。快使用“net user 用户名/del”来删掉这个用户吧。

（2）查杀木马步骤

如果检查出有木马的存在，可以按以下步骤进行杀木马的工作。

① 运行任务管理器，杀掉木马进程。

② 检查注册表中 RUN、RUNSERVEICE 等几项，先备份，记下可以启动项的地址，再将可疑的删除。

③ 删除上述可疑键在硬盘中的执行文件。

④ 一般这种文件都在 WINNT、SYSTEM、SYSTEM32 这样的文件夹下，它们不会单独存在，很可能是由某个母文件复制过来的，检查 C、D、E 等盘下有没有可疑的.exe、.com 或.bat 文件，有则删除之。

⑤ 检查注册表 HKEY_LOCAL_MACHINE 和 HKEY_CURRENT_USER\SOFTWARE\Microsoft\Internet Explorer\Main 中的几项(如 Local Page)，如果被修改了，改回来就可以。

⑥ 检查 HKEY_CLASSES_ROOT\txtfile\shell\open\command 等几个常用文件类型的默认打开程序是否被更改。这个一定要改回来，很多病毒就是通过修改.txt 文件的默认打开程序，让病毒在用户打开文本文件时加载的。

（3）利用工具

查杀木马的工具有 LockDown、The Clean、木马克星、金山木马专杀、木马清除大师、木马分析专家等，其中有些工具，如果想使用全部功能，需要付一定的费用，木马分析专家是免费授权使用的。

举一反三

【肉鸡病毒】

1. 什么是电脑“肉鸡”

所谓电脑肉鸡，就是拥有管理权限的远程电脑，也就是受别人控制的远程电脑。一般所说的肉鸡是一台开了 3389 端口的 Win2K 系统的服务器，所以 3389 端口没必要开时关上最好。肉鸡一般被黑客以 0.08 元、0.1 元到 30 元不等价格出售。要登录肉鸡，必须知道 3 个参数：远程电脑的 IP、用户名、密码。说到肉鸡，就要讲到远程控制，远程控制软件，例如灰鸽子、上兴等，如图 7-2 所示。

肉鸡就是被黑客攻破、种植了木马病毒的电脑，黑客可以随意操纵它并利用它做任何事情，就像傀儡。肉鸡可以是各种系统，如 Windows、Linux、UNIX 等，更可以是一家公司、企业、学校，甚至是政府军队的服务器，如图 7-3 所示。

图 7-2 肉鸡

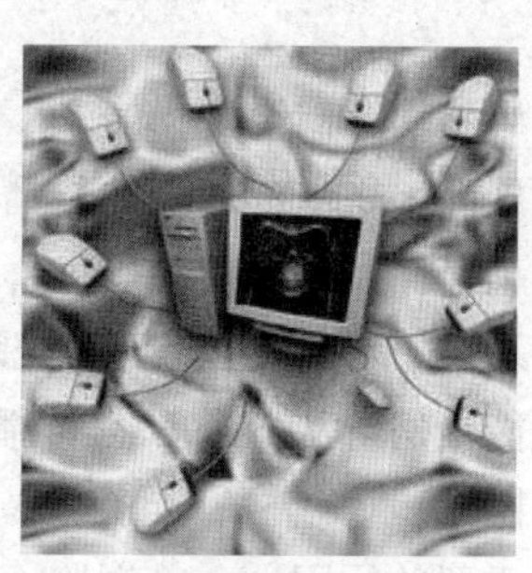
图 7-3 电脑肉鸡

谁都不希望自己的电脑被他人控制，但是很多人的电脑是几乎不设防的，很容易被远程攻击者完全控制，这时你的电脑就因此成为别人砧板上的肉，别人想怎么吃就怎么吃，肉鸡（机）一名由此而来。

2. 如何检测自己是否成为肉鸡

注意以下常见几种基本的情况。

① QQ、MSN 的异常登录提醒（系统提示上一次的登录 IP 不符）。

② 网络游戏登录时发现装备丢失或与上次下线时的位置不符，甚至用正确的密码无法登录。

③ 有时会突然发现你的鼠标不听使唤，在你不动鼠标的时候，鼠标也会移动，并且还会单击有关按钮进行操作。

④ 正常上网时，突然感觉很慢，硬盘灯在闪烁，就像你平时在 COPY 文件。

⑤ 当你准备使用摄像头时，系统提示，该设备正在使用中。

⑥ 在你没有使用网络资源时，你发现网卡灯在不停闪烁。如果你设定为连接后显示状态，你还会发现屏幕右下角的网卡图标在闪。

⑦ 服务列队中出现可疑服务。

⑧ 宽带连接的用户在硬件打开后未连接时收到不正常数据包（可能有程序后台连接）。

⑨ 防火墙失去对一些端口的控制。

3. 防治病毒

（1）及时打补丁即升级杀毒软件

肉鸡捕猎者一般都是用“灰鸽子”病毒操控你的电脑，建议用灰鸽子专杀软件杀除病毒。

（2）经常检查系统

经常检查自己计算机上的杀毒软件、防火墙的目录、服务、注册表等相关项。黑客经常利用用户对它们的信任将木马隐藏或植入这些程序。警惕出现在这些目录里的系统属性的 DLL（可能被用来 DLL 劫持）。警惕出现在磁盘根目录的 pagefile.sys.(该文件本是虚拟页面交换文件，也可被用来隐藏文件，要检查系统的页面文件的盘符是否和它们对应)。

（3）盗版 Windows XP 存在巨大风险

如果你的操作系统是其他技术人员安装的，或者有可能是盗版 XP，比如电脑装机商的版本番茄花园 XP、雨木林风 XP、龙卷风 XP 等。这样的系统，很多是无人值守安装的，安装步骤非常简单，你把光盘放进电脑，出去喝茶，回来就可能发现系统已经安装完毕。

这样的系统，最大的缺陷在哪儿呢？再明白不过，这种系统的管理员口令是空的，并且自动登录。也就是说，任何人都可以尝试用空口令登录你的系统，距离对于互联网来说，根本不是障碍。

（4）小心使用移动存储设备

在互联网发展起来之前，病毒的传播是依赖于软磁盘的，其后让位于网络。现在，公众越来越频繁地使用移动存储设备（移动硬盘、U 盘、数码存储卡）传递文件，这些移动存储设备成为木马传播的重要通道。计算机用户通常把这样的病毒称为 U 盘病毒或 AUTO 病毒，意思是插入 U 盘这个动作，就能让病毒从一个 U 盘传播到另一台电脑。

（5）安全上网

成为肉鸡很重要的原因之一是浏览不安全的网站，区分什么网站安全，什么网站不安全，这对普通用户来说，是很困难的。并且还存在原来正常的网站被入侵植入木马的可能性，也有被 ARP 攻击之后，访问任何网页都下载木马的风险。

上网下载木马的机会总是有的，谁都无法避免，只能减轻这种风险。

浏览器的安全性需要得到特别关注，浏览器和浏览器插件的漏洞是黑客们的最爱，flash player 漏洞就是插件漏洞，这种漏洞是跨浏览器平台的，任何使用 flash player 的场合都可能存在这种风险。

4．成为肉鸡后的自救方法

（1）正在上网的用户，发现异常应首先马上断开连接

如果你发现 IE 经常询问是你是否运行某些 ActiveX 控件，或是生成莫名其妙的文件，询问调试脚本什么的，一定要警惕了，你可能已经中招了。

自救措施是：马上断开连接，这样在降低自己的损失的同时，也避免了病毒向更多的在线电脑传播。请先不要马上重新启动系统或是关机，进一步的处理措施请参看后文。

（2）中毒后，应马上备份、转移文档和邮件等

中毒后运行杀毒软件杀毒是理所当然的了，但为了防止杀毒软件误杀或是删掉你还未处理完的文档和重要的邮件，你应该首先将它们备份到其他存储媒体上。有些长文件名的文件和未处理的邮件要求在 Windows 下备份，所以笔者建议你先不要退出 Windows，因为病毒一旦发作，可能就不能进入 Windows 了。

不管这些文件是否带毒，你都应该备份，用标签纸标记为“待查”即可。因为有些病毒是专门针对某个杀毒软件设计的，一运行就会破坏其他文件，所以先备份是防患于未然的措施。等你清除完硬盘内的病毒后，再来慢慢分析处理这些额外备份的文件较为妥善。

（3）需要在 Windows 下先运行一下杀 CIH 的软件（即使是带毒环境）

如果是发现了 CIH 病毒，要注意不能完全按平时报刊和手册建议的措施杀毒，即先关机，冷启动后用系统盘来引导再杀毒，而应在带毒的环境下也运行一次专杀 CIH 的软件。这样做，杀毒软件可能会报告某些文件受读写保护无法清理，但带毒运行的实际目的不在于完全清除病毒，而是在于把 CIH 下次开机时候的破坏减到最低，以防它在再次开机时破坏主板的 BIOS 硬件，导致黑屏，让你下一步的杀毒工作无法进行。

（4）需要干净的 DOS 启动盘和 DOS 下面的杀毒软件

到现在，就应该按照杀毒软件的标准手册去按部就班地做，即关机后冷启动，用一张干净的 DOS 启动盘引导。另外由于中毒后可能 Windows 已经被破坏了部分关键文件，会频繁地报告非法操作，Windows 下的杀毒软件可能会无法运行，所以请你也准备一个 DOS 下面的杀毒软件以防万一。不过标准的 DOS 系统不能访问 NTFS 格式的硬盘分区。

即使能在 Windows 下运行杀毒软件，也请用两种以上工具交叉清理。在多数情况下 Windows 可能要重装，因为病毒会破坏掉一部分文件让系统变慢或出现频繁的非法操作。比如即使杀了 CIH，微软的 Outlook 邮件程序也是反应较慢的。建议不要对某种杀毒软件带偏见，由于开发时侧重点不同，使用的杀毒引擎不同，各种杀毒软件都是有自己的长处和短处的，交叉使用效果较理想。

（5）如果有 Ghost 和分区表、引导区的备份，用之来恢复一次最保险

如果你在平时用 Ghost 做了 Windows 的备份，用之来镜像一次，得到的操作系统是最保险的。这样连潜在的未杀光的木马程序也顺便清理了。当然，这要求你的 Ghost 备份是绝对可靠的。要是做 Ghost 的时候把木马也“备份”了，也就后患无穷了。

（6）再次恢复系统后，更改你的网络相关密码

要更改的密码包括登录网络的用户名、密码，邮箱的密码和 QQ 的密码等，防止黑客用上次入侵过程中得到的密码进入你的系统。另外因为很多蠕虫病毒发作时会向外随机发送你的信息，所以及时的更改是必要的。

总之，“肉鸡”电脑是攻击者致富的源泉。在攻击者的圈子里，“肉鸡”电脑就像白菜一样被卖来卖去。在黑色产业链的高端，这些庞大“肉鸡”电脑群的控制者构筑了一个同样庞大又黑暗的木马帝国。

【ARP 病毒】

1．ARP 是什么

ARP 病毒并不是某一种病毒的名称，而是对利用 ARP 协议的漏洞进行传播的一类病毒的总称。ARP 协议是 TCP/IP 协议组的一个协议，用于把网络地址翻译成物理地址（又称 MAC 地址）。通常此类攻击的手段有两种：路由欺骗和网关欺骗。其是一种入侵电脑的木马病毒，对电脑用户私密信息的威胁很大。

2．故障原因

主要原因是在局域网中有人使用了 ARP 欺骗的木马程序，比如一些盗号的软件。

网游《传奇》外挂携带的 ARP 木马攻击。当局域网内使用外挂时，外挂携带的病毒会将该机器的 MAC 地址映射到网关的 IP 地址上，向局域网内大量发送 ARP 包，导致同一网段地址内的其他机器误将其作为网关，掉线时内网是互通的，计算机却不能上网。

防治方法是在能上网时，进入 MS-DOS 窗口，输入命令 ARP -a 查看网关 IP 对应的正确 MAC 地址，将其记录，如果已不能上网，则先运行一次命令 ARP -d 将 ARP 缓存中的内容清空，计算

机可暂时恢复上网，一旦能上网就立即将网络断掉，禁用网卡或拔掉网线，再运行 ARP -a。

如已有网关的正确 MAC 地址，在不能上网时，手工将网关 IP 和正确 MAC 绑定，可确保计算机不再被攻击影响。可在 MS-DOS 窗口下运行以下命令：ARP -s 网关 IP 网关 MAC。如被攻击，用该命令查看，会发现该 MAC 已经被替换成攻击机器的 MAC，将该 MAC 记录，以备查找。找出病毒计算机方法是：如果已有病毒计算机的 MAC 地址，可使用 NBTSCAN 软件找出网段内与该 MAC 地址对应的 IP，即病毒计算机的 IP 地址。

3．故障现象

当局域网内有某台电脑运行了此类 ARP 欺骗的木马的时候，其他用户原来直接通过路由器上网现在转由通过病毒主机上网，切换的时候用户会断一次线。

切换到病毒主机上网后，如果用户已经登录了网游《传奇》服务器，病毒主机就会经常伪造断线的假象，那么用户就得重新登录网游《传奇》服务器，这样病毒主机就可以盗号了。

由于 ARP 欺骗木马发作的时候会发出大量的数据包导致局域网通信拥塞，用户会感觉上网速度越来越慢。当木马程序停止运行时，用户会恢复从路由器上网，切换中用户会再断一次线。

该机一开机上网就不断发 ARP 欺骗报文，即以假冒的网卡物理地址向同一子网的其他机器发送 ARP 报文，甚至假冒该子网网关物理地址蒙骗其他机器，使网内其他机器改经该病毒主机上网，在这个由真网关向假网关切换的过程中其他机器会断一次网。倘若该病毒机器突然关机或离线，则其他机器又要重新搜索真网关，于是又会断一次网。所以会造成某一子网只要有一台或一台以上这样的病毒机器，就会使其他人上网断断续续，严重时将使整个网络瘫痪。这种病毒（木马）除了影响他人上网外，也以窃取病毒机器和同一子网内其他机器上的用户账号和密码（如 QQ 和网络游戏等的账号和密码）为目的，而且它发的是 ARP 报文，具有一定的隐秘性，如果占系统资源不是很大，又无防病毒软件监控，一般用户不易察觉。这种病毒开学初主要发生在学生宿舍，据最近调查，现在已经在向办公区域和教工住宅区域蔓延，而且呈越演越烈之势。

4．解决思路

① 不要把网络安全信任关系建立在 IP 基础上或 MAC 基础上。

② 设置静态的 MAC→IP 对应表，不要让主机刷新你设定好的转换表。

③ 除非必要，否则停止 ARP 使用，把 ARP 作为永久条目保存在对应表中。

④ 使用 ARP 服务器，确保这台 ARP 服务器不被黑。

⑤ 使用"proxy"代理 IP 传输。

⑥ 使用硬件屏蔽主机。

⑦ 定期在响应的 IP 包中获得一个 ARP 请求，检查 ARP 响应的真实性。

⑧ 定期轮询，检查主机上的 ARP 缓存。

⑨ 使用防火墙连续监控网络。

5．解决方案

（1）建议采用双向绑定解决和防止 ARP 欺骗

网吧用户一般可以用 ROS 路由进行绑定，在主机上安装上 ARP 防火墙服务端，客户机安装客户端，双向绑定比较安全。在电脑上绑定路由器的 IP 和 MAC 地址。

（2）市面上有众多的 ARP 防火墙，推荐使用 360

（3）自己手动清除病毒

① 立即升级操作系统中的防病毒软件和防火墙，同时打开"实时监控"功能，实时地拦截来

自局域网络上的各种 ARP 病毒变种。

② 立即根据自己的操作系统版本下载微软 MS06-014 和 MS07-017 两个系统漏洞补丁程序，将补丁程序安装到局域网络中存在这两个漏洞的计算机系统中，防止病毒变种的感染和传播。

③ 检查是否已经中毒。

- 在设备管理器中，单击“查看”→“显示隐藏的设备”。
- 在设备树结构中，打开“非即插即用设备”。
- 查找是否存在“NetGroup Packet Filter Driver” 或 “NetGroup Packet Filter”，如果存在，就表明已经中毒。

④ 对没有中毒的机器，可以下载软件 Anti ARP Sniffer，填入网关，启用自动防护，保护自己的 IP 地址以及网关地址，保证正常上网。

⑤ 对已经中毒电脑可以用以下方法手动清除病毒。

删除%windows%\System32\LOADHW.EXE(有些电脑可能没有)，在设备管理器中，单击“查看”→ “显示隐藏的设备”，在设备树结构中，打开“非即插即用设备”，找到 “NetGroup Packet Filter Driver”或“NetGroup Packet Filter”，右击“卸载”，重启系统，删除%windows%\System32\drivers\npf.sys，删除%windows%\System32 \msitinit.dll（有些电脑可能没有）。删除注册表服务项，单击“开始”→“运行”→“regedit”→“打开”，进入注册表，全注册表搜索 npf.sys，把文件所在文件夹 Npf 整个删除(应该有 2 个)，至此 ARP 病毒清除。

6. ARP 攻击时的主要现象

（1）网上银行、游戏及 QQ 账号的频繁丢失

一些人为了获取非法利益，利用 ARP 欺骗程序在网内进行非法活动，此类程序的主要目的在于破解账号登录时的加密解密算法，通过截取局域网中的数据包，然后以分析数据通信协议的方法截获用户的信息。运行这类木马病毒，就可以获得并盗取整个局域网中上网用户账号的详细信息。

（2）网速时快时慢，极其不稳定，但单机进行光纤数据测试时一切正常

当局域内的某台计算机被 ARP 的欺骗程序非法侵入后，它就会持续地向网内所有的计算机及网络设备发送大量的非法 ARP 欺骗数据包，阻塞网络通道，造成网络设备的承载过重，导致网络的通信质量不稳定。

（3）局域网内频繁性区域或整体掉线，重启计算机或网络设备后恢复正常

当带有 ARP 欺骗程序的计算机在网内进行通信时，就会导致频繁掉线，出现此类问题后，重启计算机或禁用网卡会暂时解决问题，但掉线情况还会发生。

7. ARP 病毒的防范技巧

（1）检查本机的“ ARP 欺骗”木马染毒进程

单击“进程”标签。查看其中是否有一个名为“MIR0.dat”的进程。如果有，则说明已经中毒。右键单击此进程后选择“结束进程”。

（2）检查网内感染“ARP 欺骗”木马染毒的计算机

（3）静态 ARP 绑定网关

（4）下载 ARP 防御软件

（5）防范从我做起

① 查杀病毒和木马。采用杀毒软件（需更新至最新病毒库）、最新木马查杀软件在安全模式

下进行彻底查杀（计算机启动时按 F10 可进入安全模式）。

② 不使用不良网管软件。

③ 不使用软件更改自己的 MAC 地址。

④ 发现别人恶意攻击或有中毒迹象，例如发现 ARP 攻击地址为某台计算机的 MAC 地址，及时告知和制止。

任务十七　瑞星杀毒软件的安装与使用

任务提出

当电脑中毒了，我们如何处理呢？这就要求我们要掌握查杀病毒软件的安装与使用。

任务分析

根据实际情况灵活选用扫描方式进行病毒扫描，根据需求设置病毒处理操作。掌握一种查杀病毒软件的安装与使用。

任务设计

查杀病毒软件的安装与使用：安装 Norton Antivirus 或瑞星杀毒软件，查杀病毒。

病毒表现特征：网上查找有关冲击波、震荡波、熊猫烧香病毒、ARP 资料，下载安装冲击波、震荡波补丁和专杀工具。

任务实现

1．安装初体验

《瑞星杀毒软件 2010》（以下简称瑞星 2010）的安装过程与 2009 版的无多大区别，只是 2010 的公测版需要输入公测序列号才能进行安装，安装后依旧需要重启计算机。瑞星 2010 减少了安装前查毒的选项，重启计算机后依旧是设置向导，本版本着重宣传的云安全也在设置向导中体现出来，安装过程如图 7-4 至图 7-10 所示。

图 7-4　安装界面

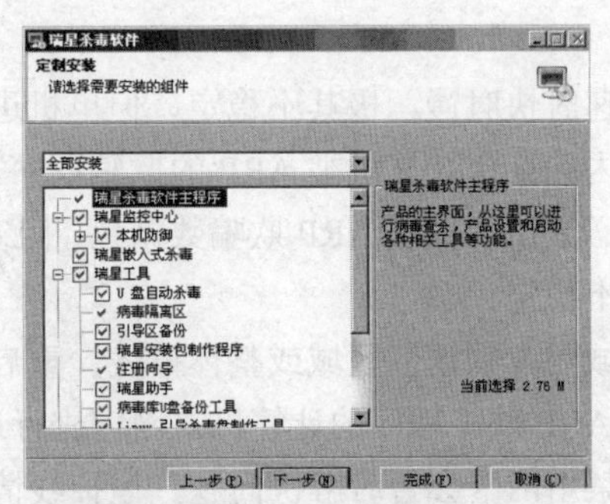

图 7-5　安装选项

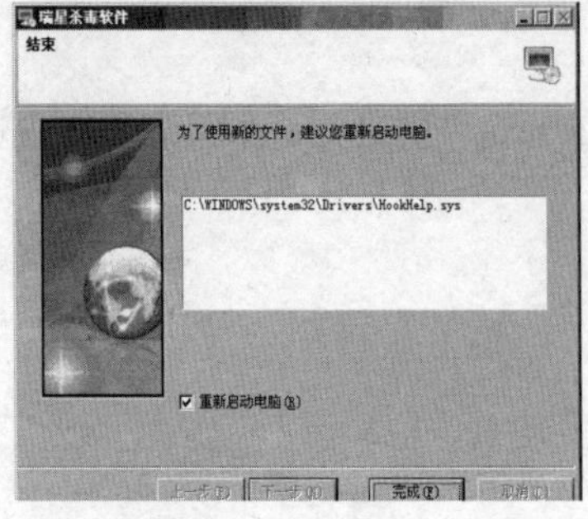

图 7-6　重启提示

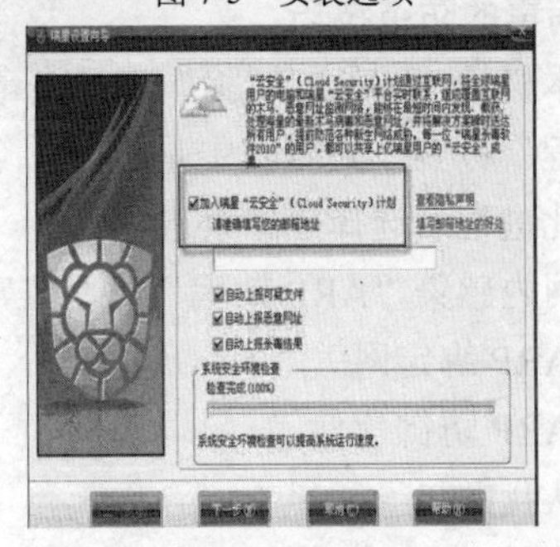

图 7-7　设置向导

瑞星 2010 的设置向导多了自我保护设置选项。从中可以看到瑞星 2010 已经非常注重自我保护，一款杀毒软件首先要保护自己，才不被非法关闭，然后才能拦截与查杀病毒，相信这个版本的瑞星的自我保护能力会表现不俗，如图 7-8 所示。

在瑞星 2010 的设置向导中还可以设置开机启动的监控防护功能，用户可以根据自己所在的计算机使用环境来定制需要开启的防护功能，如图 7-9 所示。

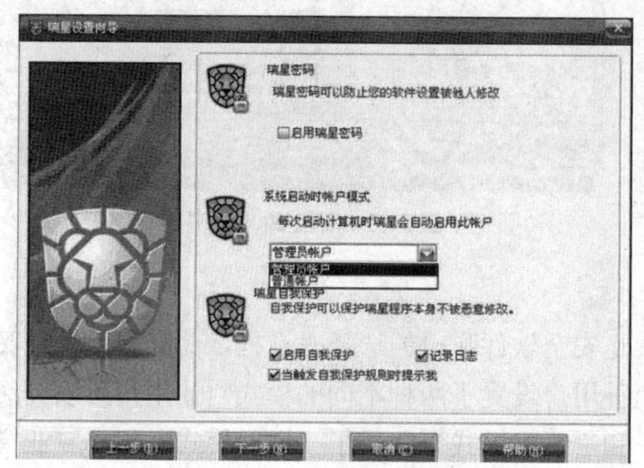

图 7-8　自我保护设置

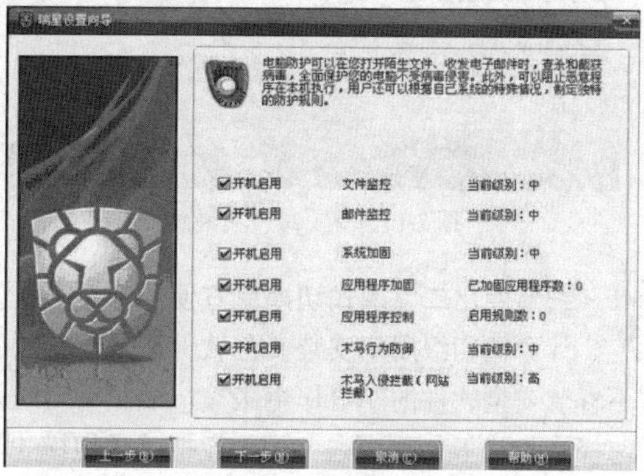

图 7-9　监控系统的选择

瑞星 2010 的升级设置也非常简单，可以设置升级频率与升级策略，方便用户及时更新病毒库，以防病毒感染，如图 7-10 所示。

瑞星 2010 开机后加载的进程只有两个，在无扫描任务的情况下异常节省系统资源，如图 7-11 所示。

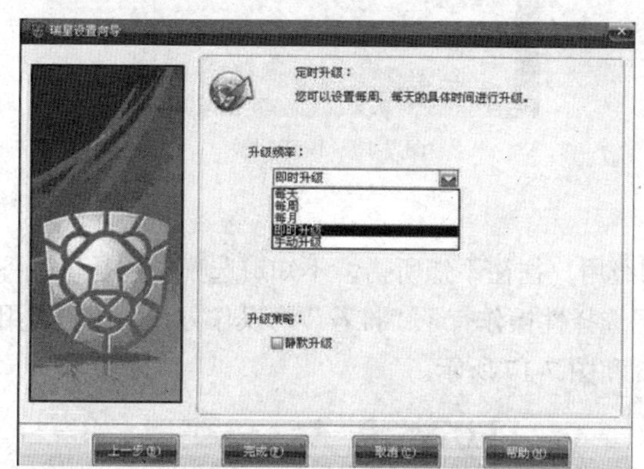

图 7-10　升级频率设置

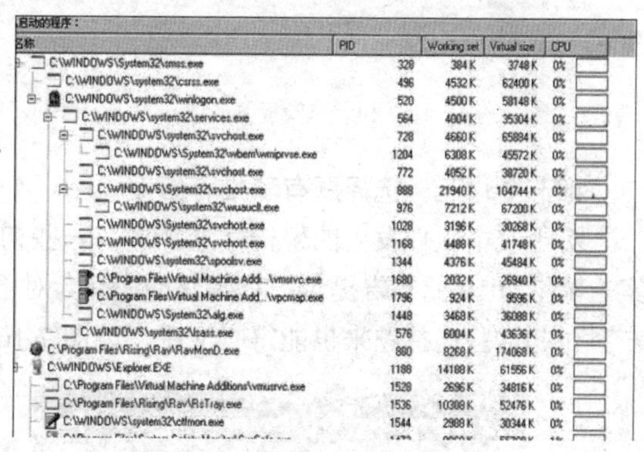

图 7-11　瑞星 2010 开机后进程

瑞星 2010 的主界面在整体上来说跟 2009 的主界面差不多，但是，如果你细心，就会发觉其中有了一些细节的变化，如图 7-12 和图 7-13 所示。

2．新版新变化

细节变化一　安全提示更醒目

瑞星 2010 在主界面首页左上角放置了安全提示标志，引导用户修复影响计算机安全的一些漏洞，但是，不足的是单击修复“未扫描或修复的系统漏洞”时，依然是打开“瑞星卡卡上网安全助手”的网页（当用户没有安装卡卡助手时），如图 7-14 所示。

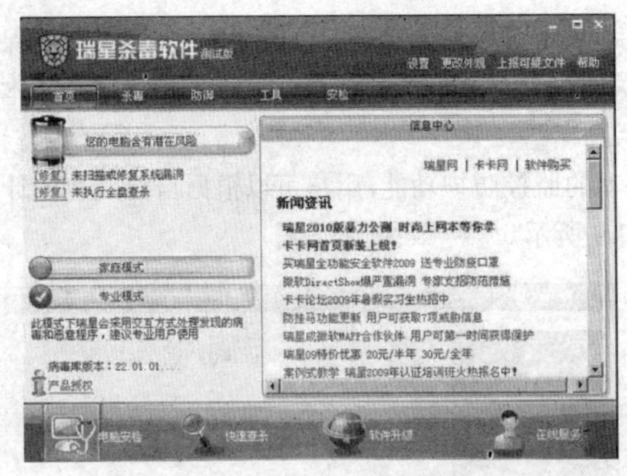

图 7-12　瑞星 2010 主界面

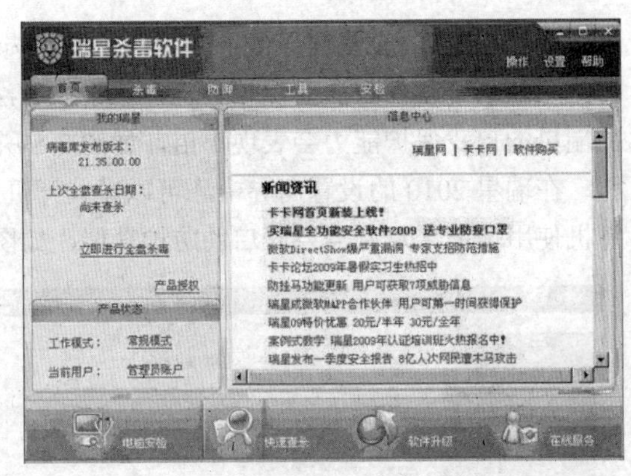

图 7-13　瑞星 2009 主界面

细节变化二　模式切换更方便

计算机初级用户安装安全软件后最烦恼的就是安全软件弹出的选择对话框，而高级用户却又不喜欢安全软件的“自作主张”，瑞星针对这两种用户设置了两种不同的模式，让用户可以灵活选择。相对于 2009 版，2010 版把“常规模式”和“静默模式”改成了“家庭模式”与“专业模式”，并且当用户把光标指向模式按钮时，还能显示出该模式的简介，不像上一版中的毫无提示，让用户摸不着头脑，如图 7-15 所示。

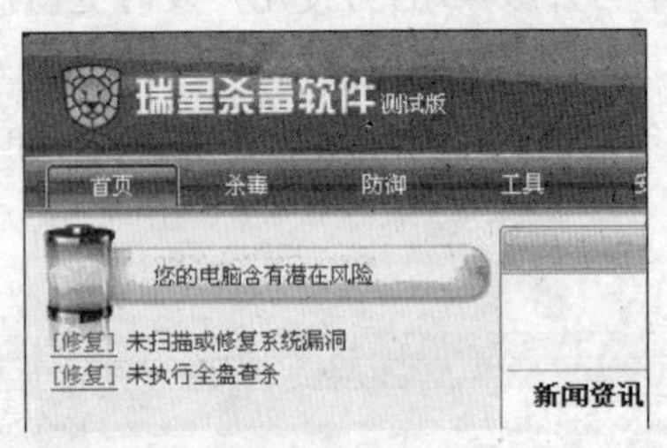

图 7-14　风险提示

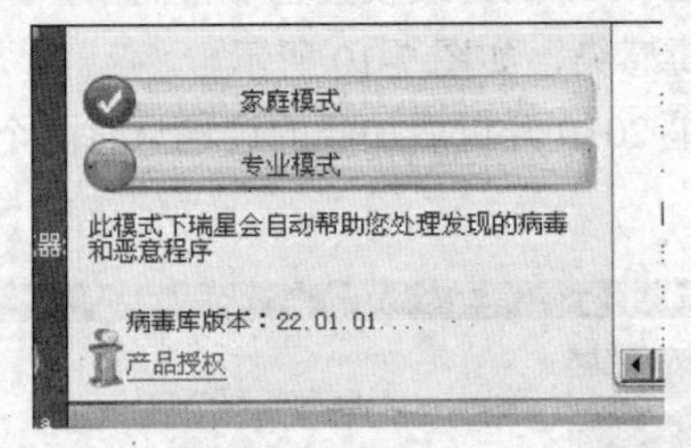

图 7-15　模式切换

细节变化三　选择题有了推荐答案

对于安全软件发出的警告性选择题，一些初级用户往往不知所措，不知道选哪条才是正确答案，瑞星 2010 的警告提示框有了新的变化，对于选择性操作有了“推荐”的操作方式，让初级用户对付起这些选择题来也能得心应手，如图 7-16 和图 7-17 所示。

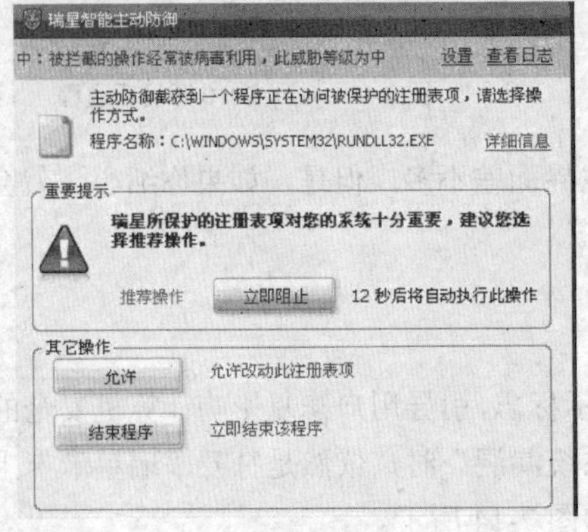

图 7-16　瑞星 2010 主动防御提示

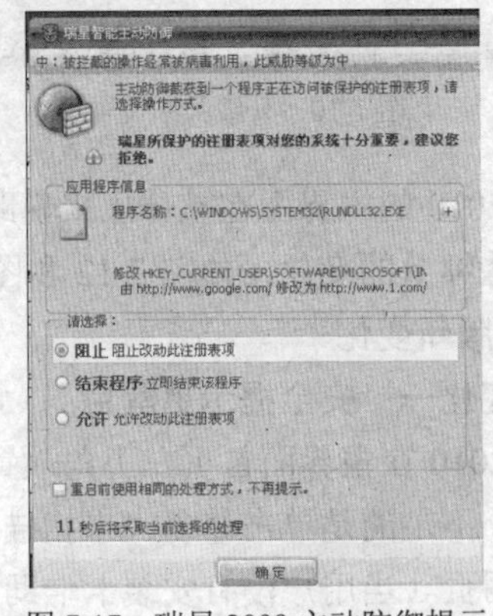

图 7-17　瑞星 2009 主动防御提示

不过在测试过程中发现了一个 bug，对于通过注册表文件来修改 IE 首页的方式，瑞星 2009 顺利拦截，瑞星 2010（已经开启所有监控）却没有发出任何提示，让修改顺利实施。

细节变化四　扫描定制更灵活

瑞星 2010 的扫描自定义设置中比以前有了更加细致的分类，并且增加了启发式扫描的级别设置，级别越高占用资源越多，而且可能会引起误报，如图 7-18 和图 7-19 所示。

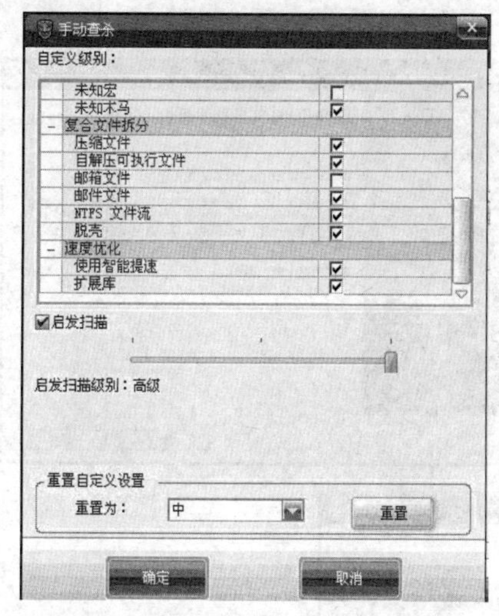

图 7-18　瑞星 2010 扫描自定义设置

图 7-19　瑞星 2009 扫描自定义设置

细节变化五　云安全显神威

瑞星 2010 除了用特征码、主动防御及启发式杀毒来对付层出不穷的病毒木马外，还重点推出了云安全技术。瑞星 2010 除了可以自动把一些可疑的文件、恶意网址上报到服务器以供分析外，用户还可以通过单击瑞星 2010 主界面右上角的“上报可疑文件”按钮，手动把无法查杀的病毒或者是可疑的文件上传到瑞星云安全中心。当你上报后不用多久，瑞星就会有检测回馈。如果确认该文件是病毒，瑞星将把它加入病毒数据库，在稍后的瑞星病毒库升级后，就可以用瑞星来查杀该病毒了，而且受惠的不单单是你一个人，还有其他遇到同一病毒的瑞星用户，如图 7-20 和图 7-21 所示。

图 7-20　手动上报可疑文件

图 7-21　很快就可以得到的结果查询

3．小结

瑞星 2010 的变化不单单只有这些，它还采用了许多新的技术与增加了新的功能，等着你去发掘。瑞星 2010 的云安全技术也给使用者留下了深刻的印象，从可疑文件到可以查杀之间的过程不过 1、2 个小时，病毒可生存的机会与时间越来越少，云安全技术功不可没。

举一反三

[金山网盾]

1. 安装与界面

此次发布的测试版体积 5.16 MB，与 3.0 正式版相比大了很多。不过安装过程倒没什么特别，依旧还是许可协议、安装路径那几个经典步骤，而如果一路单击“下一步”按钮，大约也就十来秒钟时间，安装即告结束，如图 7-22 所示。

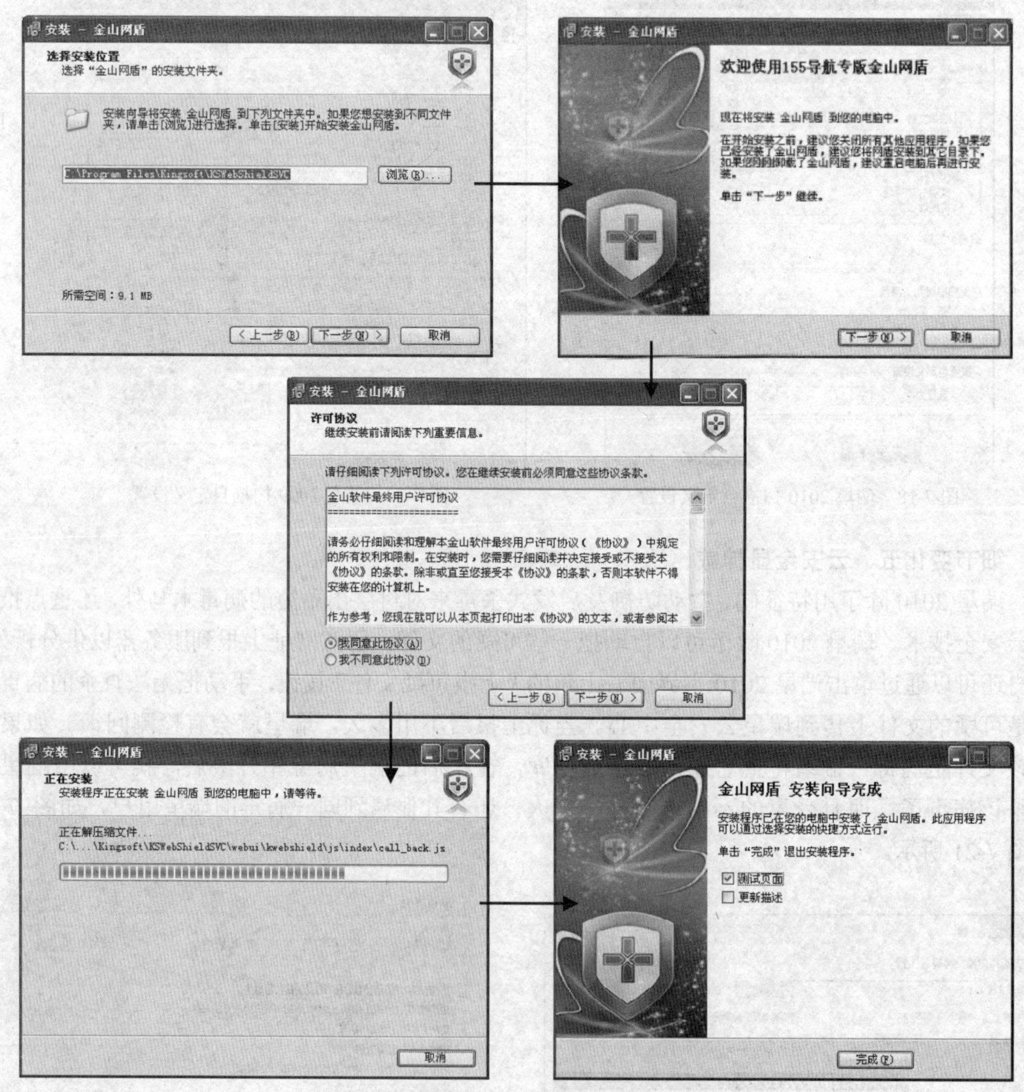

图 7-22 安装过程

如果说软件安装还算是风平浪静的话，那么新版界面就多少有些出人意料了。和 3.0 正式版相比，新版 3.5 并没有沿用原有的界面风格，反而采用了一种时下很流行的全新样式。和老版本相比，新版取消了安全评估，并将原有纵向排列的功能标签横向列示。在功能模块上，新增加的“浏览器修复”可快速将处于异常状态的浏览器恢复正常。虽然内容有所增加，但还是旧界面更具特色，同时操作上也更方便一些，如图 7-23 和图 7-24 所示。

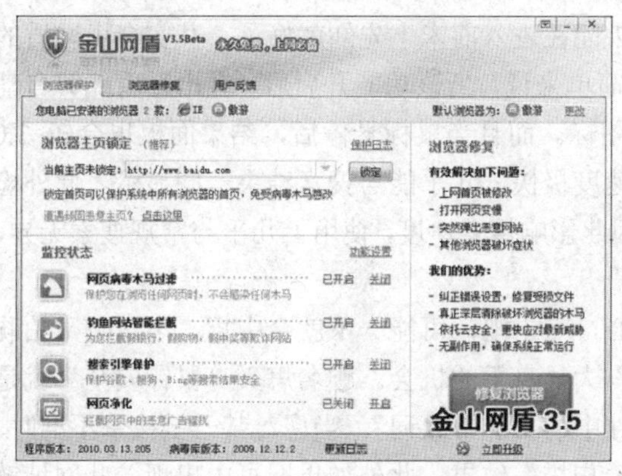

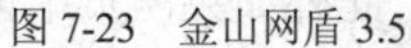
图 7-23 金山网盾 3.5

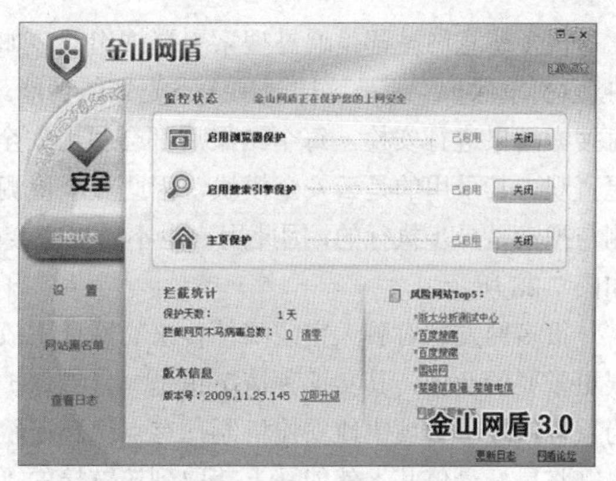

图 7-24 几乎没有一点 3.0 的影子

值得一提的是，网盾 3.5 会在窗口顶端列示出本机已安装的网页浏览器，同时提供了一个快速修改默认浏览器的选项，而这一点在之前 3.0 版中是没有的。

2. 浏览器保护

“浏览器保护”是金山网盾的基本功能，早在 3.0 时代就已经被大家熟识。在 3.5 版中，这项功能被细化为“网页木马过滤”、“钓鱼网站拦截”、“搜索引擎保护”、“鼠镖保护”4 个方面。其中经典的“浏览器闪框”依旧保留，在遭遇各种威胁站点时，能够迅速在浏览器周围显示出不同色彩的光晕以示警告，同时托盘图标也会依次闪烁网盾及当前浏览器图标，看上去十分醒目，如图 7-25 所示。

图 7-25 提醒光晕（窗口的边）

一般的防护软件在遭遇恶意站点时常常直接将网站锁定，甚至弹出一个提醒页将原页面盖住。虽然这样做的目的是为了防止木马进一步危害系统，但也有一个很不人性化的地方，那就是当一些重要网站锁定后，用户将无法再从这个网站获取信息，尤其当被锁定网站属于办公网的话更加麻烦。

与此相比，金山网盾的做法更让人舒服，它采用的是一种过滤式防护，可以将木马、病毒自动滤除，在保证安全的情况下继续保持正常访问。此外当用户访问的是钓鱼站点时，网盾也会弹出提醒页面，足以阻止用户的无意访问，如图 7-26 和图 7-27 所示。

图 7-26 恶意网站拦截提醒

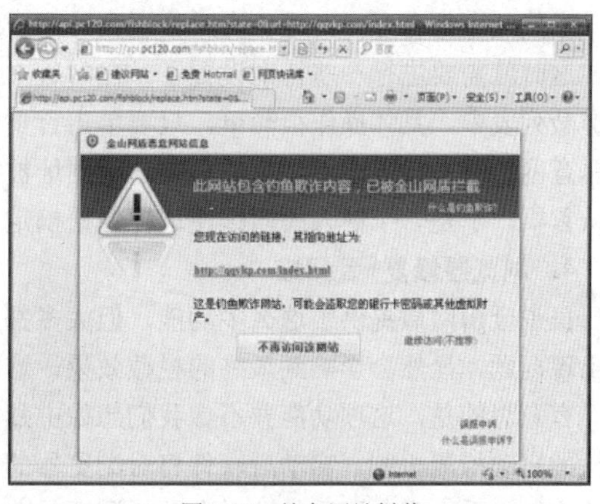

图 7-27 钓鱼网站拦截

很多恶意网站都是通过搜索引擎搜出的，如果能在进入前未卜先知就好了，其实金山网盾的“搜索引擎保护”便是这样一项未卜先知的功能。简单来说，当该功能开启后，金山网盾能够自动对搜索结果进行安检，每个结果后都会辍上安全图标。而且当鼠标悬停后，结果面板也会较 3.0 更直观。其采用的是云安全模块，因此整个检测速度极快，几乎能与搜索结果一同显示。此外检测与搜索是异步执行的，因此用户也不必担心会因此影响搜索速度，使用上几乎与常规搜索无异，如图 7-28 所示。

很多网友都对聊天室或邮件传来的网址不放心，点击吧，可能一下就会中招，不点吧又怕耽误更重要的业务，其实这种情况正是“鼠镖保护”大显身手的机会。顾名思义“鼠镖安全”就是为鼠标增加了一项快速安检机制，有点像翻译软件中的“屏幕取词”。当您对某一链接拿不准时，只需将鼠标悬停其上就能马上获取到该链接的“云扫描”结果。此外如果网页中出现一些网址链接，也能利用这项功能检查，如图 7-29 所示。

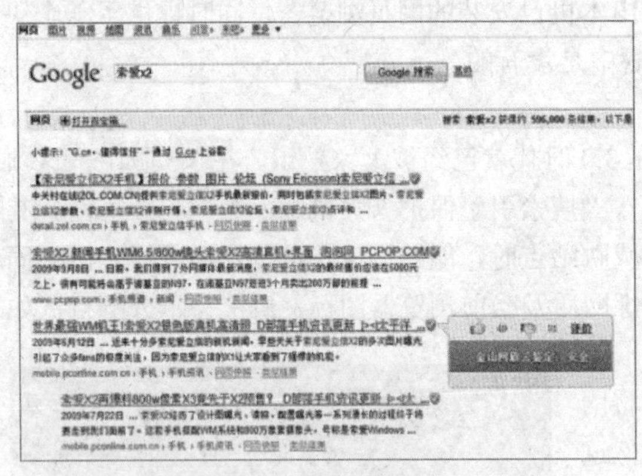

图 7-28　搜索引擎保护

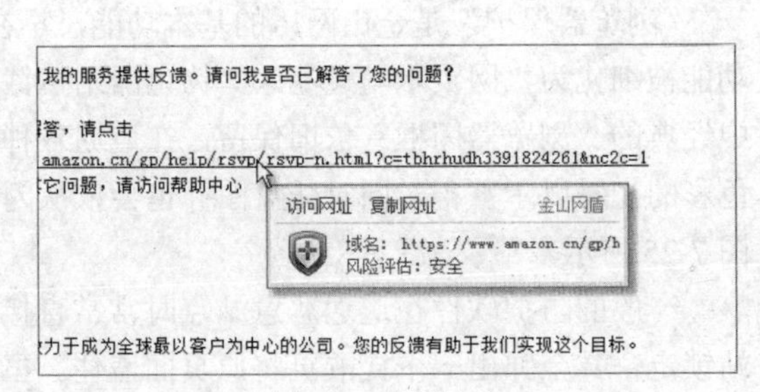

图 7-29　鼠镖安全

3．主页保护

有些木马很讨厌，会直接修改掉浏览器的默认主页，因此防范其他软件恶意篡改浏览器首页便成为网盾的又一大招牌功能。和 3.0 版相比，新版主页保护被直接设计在了主界面上，使用起来更加方便。同时保护功能被设成了菜单样式，选择好喜欢的首页后单击“锁定”，即完成了保护操作。当然如果你不喜欢软件附带的主页建议，只要自行输入喜欢的地址即可，同样可以享受到保护服务，如图 7-30 所示。

当然凡事都有万一，难免有时会遇到一两个强悍的主页，即便首页处于锁定中也可能遭到篡改，这时就需要进行一些特别设置了。在网盾 3.5 中，对付这类网址最简单的方法就是将其添加到屏蔽列表中。具体操作很简单，只要单击首页中的“遭遇顽固恶意主页？单击这里”链接，再将恶意网址添加进去即可。今后只要这个网址被打开，金山网盾便立即屏蔽并自动转回到之前的默认首页，于是一个恼人的问题便这样轻松搞定了，如图 7-31 所示。

4．浏览器修复+云扫描

虽说金山网盾提供了这么多功能，但大多都属于事前防范，如果在安装网盾之前浏览器便已经出现问题，显然会影响到最终的拦截效果，这时便是金山网盾“浏览器修复”大显身手的时候了。有意思的是，这项功能并不像我们想像中那样列出了一大排修复按钮，而是采用了类似系统安检的自动检测机制。启动后软件将对浏览器的各个位置进行扫描，并分别提出修复意见。从笔者的实测来看，金山网盾的这个自动检测还是非常精准的，甚至将笔者当初利用优化软件修改过的配置提了出来。不过文字描述还不够理想，看上去让人有些迷糊，也许加入问题位置的当前状态及修改后状态会更好一些，如图 7-32 和图 7-33 所示。

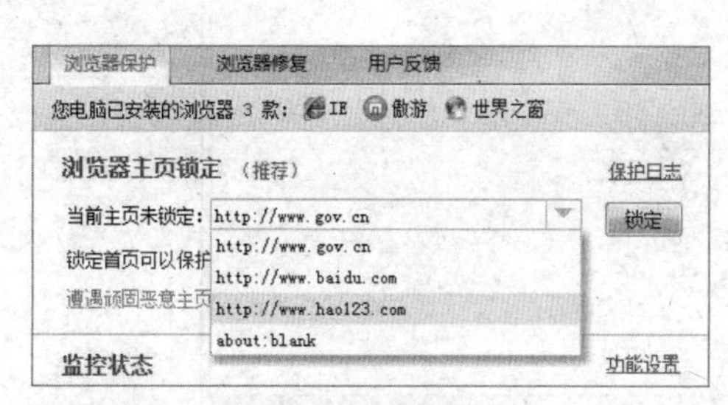

图 7-30 新版主页保护

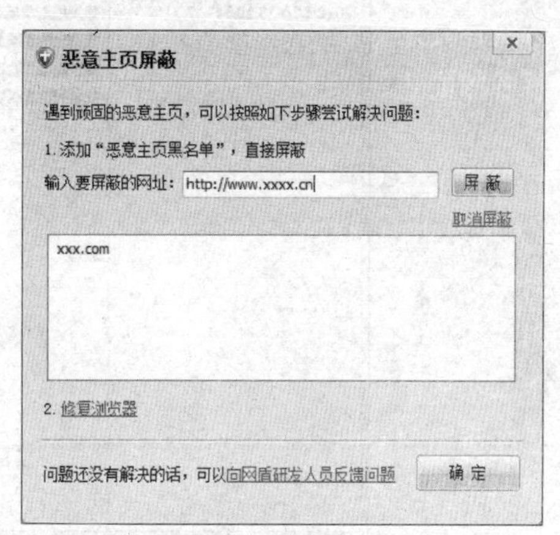

图 7-31 屏蔽顽固主页

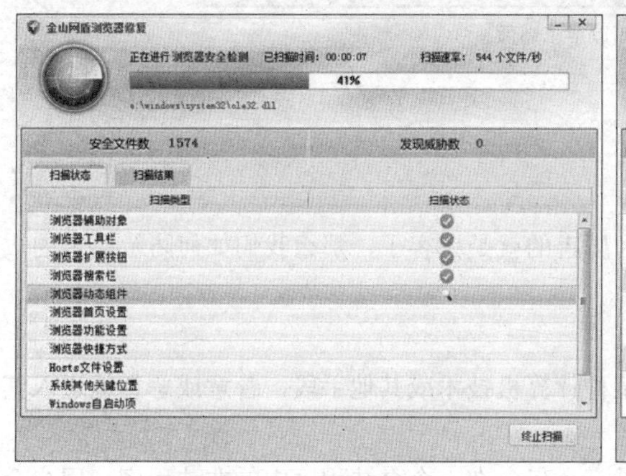

图 7-32 新颖的浏览器修复

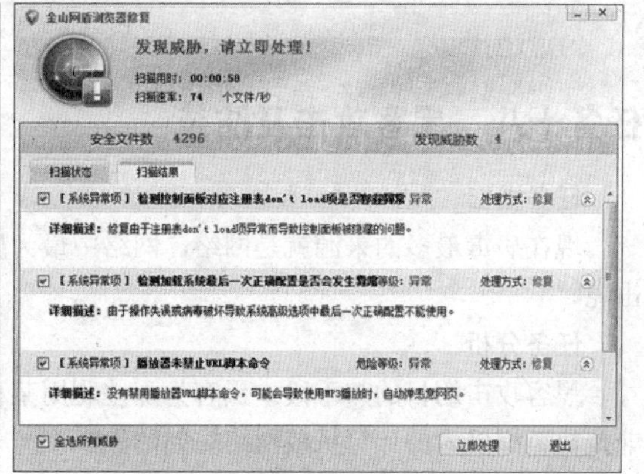

图 7-33 检测结果

相信您已经注意到，在检测结果上方有一项“安全文件数”提示。不必惊讶，其实这正是金山网盾的另一大特色——木马云查杀。一直以来很多用户只注重浏览器保护，却不知道木马才是导致浏览器出错的罪魁祸首。而要想杀灭木马就需要安装其他款安全工具，于是在最新版金山网盾 3.5 中，便增加了木马云查杀。

和金山卫士不同，金山网盾中的“木马云查杀”并没有详细扫描设置，只要进行浏览器修复便会自动扫描。从扫描记录来看，大体和金山卫士的快速扫描类似。当然如果感觉浏览器修复后出现异常，也可通过“历史记录”下的“历史管理器”手工还原，这一点也是金山网盾人性化的一个体现，如图 7-34 所示。

5. 小结

从体验来看，新版金山网盾总体表现还是非常出色的，尤其在木马拦截及钓鱼网站拦截上有着很高的成功率。不过和 3.0 版一样，新版“网页净化”依旧没有质的改变，操作过程依旧繁琐。鉴于目前呈现在我们面前的还只是一个测试版，因此结果究竟如何尚难定论，毕竟这项功能的用处还不是很大，但愿正式版能给我们一个惊喜吧！

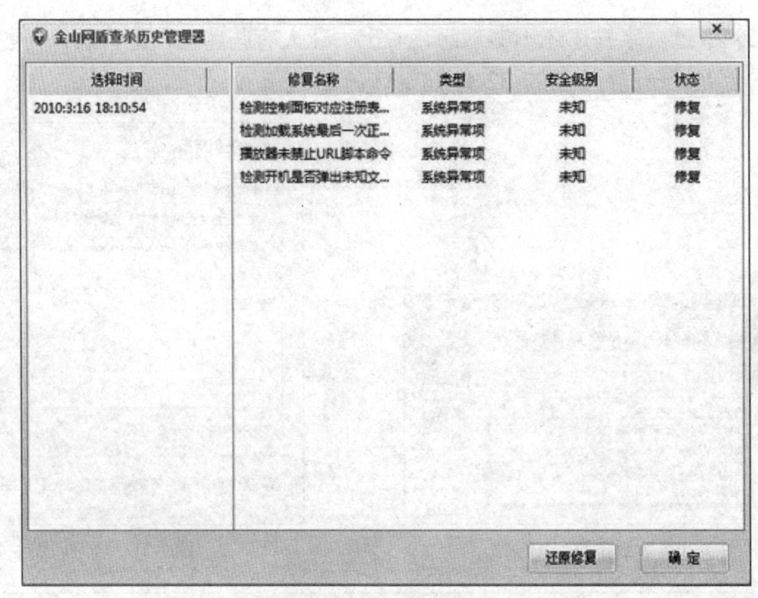

图 7-34 可以手工还原

任务十八 黑客攻击及防范

任务提出

现在病毒最多的来源就是网络，网络中最为厉害的就是黑客了，那么我们如何防范黑客的攻击呢？

任务分析

黑客攻击的目的与手段：黑客为那些利用某种计算机技术或其他手段，善意或恶意地进入其非授权范围以内的计算机或网络空间的人。

特洛伊木马攻击和远程控制：特洛伊木马是一个包含在一个合法程序中的非法程序，用户会在不知情的状态下执行该非法程序。

邮件炸弹与拒绝服务：邮件炸弹是指在短时间内连续发送大量的邮件给同一收件人，使得收件人的信箱爆满至崩溃而无法正常收发邮件。

发现黑客：可以根据一些特征发现黑客。

防范黑客的措施：随着以漏洞扫描和入侵检测为代表的动态检测技术和产品的发展，相应的动态安全模型也得到发展。APDRR-SP 黑客入侵防护体系模型是一个动态的、基于时间变化的、互联互动、多层次的体系模型。

任务实现

“黑客”是英文“hacker”的译音，本意为“喜欢探索软件奥秘的技艺高超的人”，“快客”是英文“cracker”的译音，为“破译者和搞破坏的人”。但是公众常将两者混为一谈，把他们都看成是入侵计算机和恶意破坏数据的人。为了理解的方便，可定义为：黑客为那些利用某种计算机技术或其他手段，善意或恶意地进入其非授权范围以内的计算机或网络空间的人。

1. 黑客攻击的目的

黑客攻击的目的主要是为了窃取信息，获取口令，控制中间站点和获得超级用户权限。其中窃取信息是黑客最主要的目的，窃取信息不一定只是复制该信息，还包括对信息的更改、替换和删除，也包括把机密信息公开发布等行为。

黑客攻击的 3 个阶段如下。

① 确定目标。

② 收集与攻击目标相关的信息，并找出系统的安全漏洞。

③ 实施攻击。

2. 黑客攻击的手段

（1）黑客攻击通常采用扫描器和网络监听手段

扫描器是指自动监测远程或本地主机安全性弱点的程序。可以被黑客利用的扫描器有主机存活扫描器、端口扫描器和漏洞扫描器（这里所指的端口不是指物理意义上的端口，而是特指 TCP/IP 协议中的端口）。

网络监听是指获取在网络上传输的信息。网络监听只是被动"窃听"信息，并不直接攻击目标。但是，在以太网中，用户的账号和密码都以明文形式在内部网传输，因此黑客常用网络监听来寻找防护薄弱的主机，利用入侵该薄弱主机作为"跳板"来攻击同网段的服务器。

（2）特洛伊木马攻击和远程控制

简单地说，特洛伊木马是一个包含在一个合法程序中的非法程序，用户会在不知情的状态下执行该非法程序。

特洛伊木马要能发挥作用，必须具备以下 3 个因素。

① 木马需要一种启动方式，一般在注册表启动组中。

② 木马需要在内存中才能发挥作用。

③ 木马会打开特别的端口，以便黑客通过这个端口和木马联系。

（3）特洛伊程序的删除

删除木马最简单的方法是安装杀毒软件，现在很多杀毒软件都能删除多种木马。但是由于木马的种类和花样越来越多，有的木马在启动后会被加载到注册表的启动组中，所以手动删除是最好的办法。例如，先用杀毒软件附带的注册表恢复工具来删除木马的键值，然后再手动删除木马的程序。

（4）邮件炸弹与拒绝服务

① 邮件炸弹和垃圾邮件的区别是：邮件炸弹是指在短时间内连续发送大量的邮件给同一收件人，使得收件人的信箱爆满至崩溃而无法正常收发邮件。垃圾邮件是指将同一邮件一次寄给多个收件人。一般的垃圾邮件不会对收件人邮箱造成伤害。

② 拒绝服务（Denial of Service）简称 DoS，是指有大批量非法的用户请求使计算机硬件、软件或者两者同时失去工作能力，使得当前的系统不可访问并因此拒绝合法的用户服务请求，因此合法的系统用户不能及时得到服务或资源。

拒绝服务的显著特征是入侵者企图阻止合法用户访问可用资源。入侵的方式通常为：黑客传送很多要求确认的信息给服务器，并且设定虚假地址，要求服务器回复信息给虚假地址。当服务器试图回传时，找不到用户，不得不等待一段时间后再切断连接，但是在服务器切断连接时，黑客又用不同的虚假地址传送一批要求确认的信息。这样周而复始，最终导致服务器崩溃，拒绝所有的服务请求。

邮件炸弹可能会导致邮件服务器拒绝服务。

（5）发现黑客

网络被黑客入侵的情况有以下4种。

① 黑客获得访问权（获得账号和口令）。

② 黑客获得访问权，并窃取数据。

③ 黑客获得访问权，捕获系统的部分甚至整个控制权，拒绝某些合法用户的访问。

④ 黑客没有获得访问权，但是用不良程序引起网络系统持久性或暂时性的运行失败、重新启动或其他无法操作的状态。

可以根据以下特征发现黑客。

① 管理员发现有其他人使用超级用户的账号登录系统。

② 某个用户短期内通过不同地址多次登录。

③ 原来不活跃的用户，最近突然十分活跃。

④ 多出一些未授权的用户等。

（6）防范黑客的措施

防范黑客入侵的管理措施如下。

① 事前阶段：系统安装防火墙，进行正确配置；对管理员和用户进行培训。

② 事中阶段：加强监控、监测，尽早发现异常，及时终止非法进程。

③ 事后阶段：夺回控制权，断开网络，恢复系统和数据；提高系统的安全性，更新安全策略，重新连接网络。

举一反三

【瑞星防火墙安装及使用方法】

操作系统：Windows XP Professional(32位/SP3/DirectX 9.0c)

杀毒软件：瑞星杀毒软件2010

防火墙：瑞星防火墙2010

安装过程基本上与杀毒软件的安装一模一样，如图7-35所示。

在安装过程中把正在与网络有联系的软件列了出来，如图7-36所示。

图7-35 安装瑞星防火墙2010过程

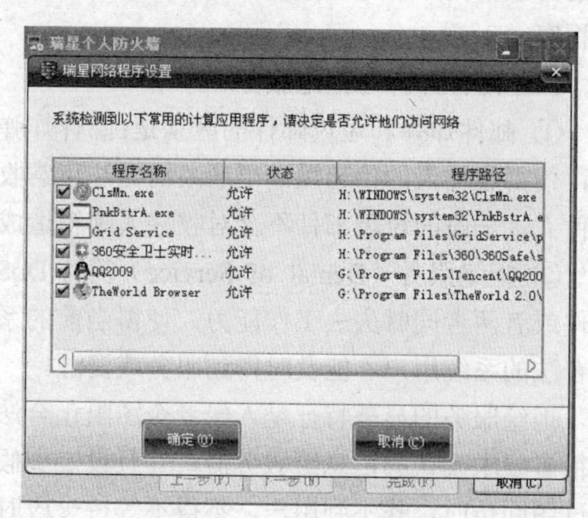

图7-36 正在与网络有联系的软件

在安装过程中，会要求局域网用户断网约10秒左右，如图7-37所示。

在安装完成时会提示是否要运行防火墙，如图7-38所示。

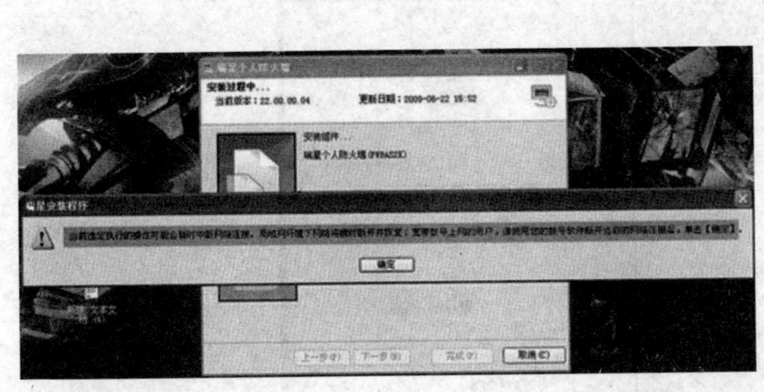

图 7-37　断网

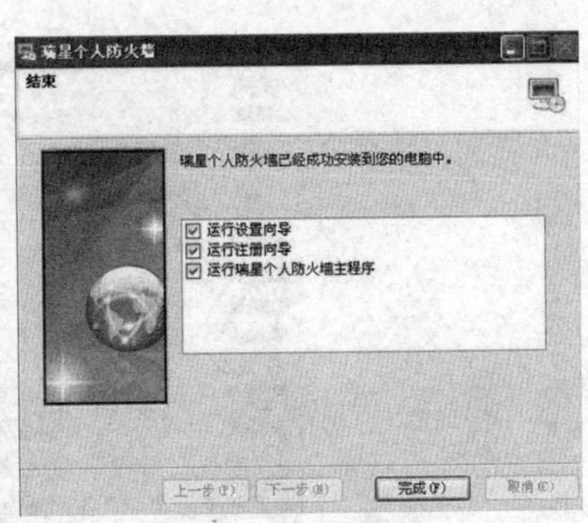

图 7-38　安装完成

防火墙的“云安全”的设置与杀毒软件的一模一样，如图 7-39 所示。

同样，本机的 IP、子网都被查了出来，如图 7-40 所示。

图 7-39　防火墙的“云安全”的设置

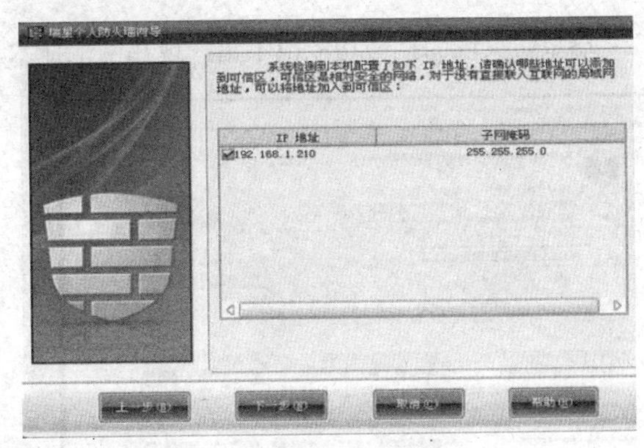

图 7-40　IP 与子网掩码

界面感觉很不错，功能也非常丰富，如图 7-41 所示。

安装完成之后，在任务栏右侧就已经有了瑞星防火墙的标志（蓝色小标志），如图 7-42 所示。

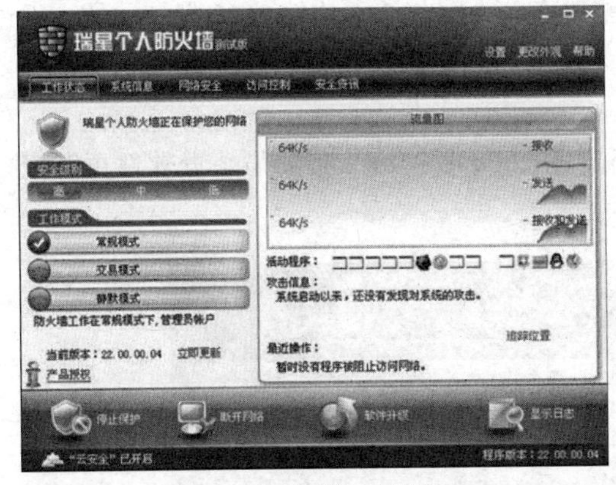

图 7-41　瑞星防火墙界面

图 7-42　瑞星防火墙标志

试试功能，只要连网的软件首次使用，都会有提示，如图 7-43 所示。

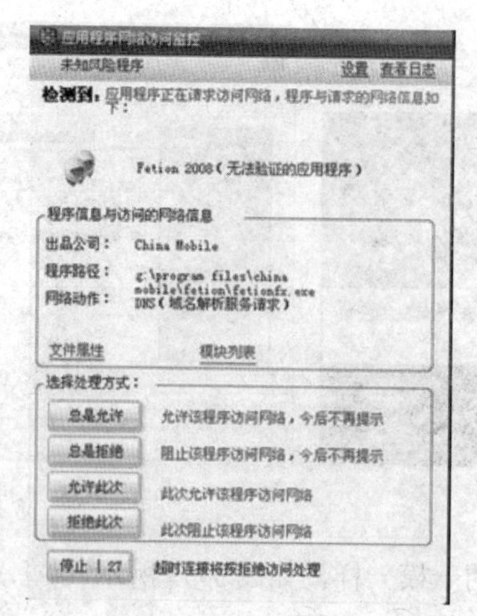

图 7-43 应用程序网络访问监控

瑞星防火墙的拦截功能很不错，现在网上挂木马的网站太多了，如图 7-44 和图 7-45 所示。

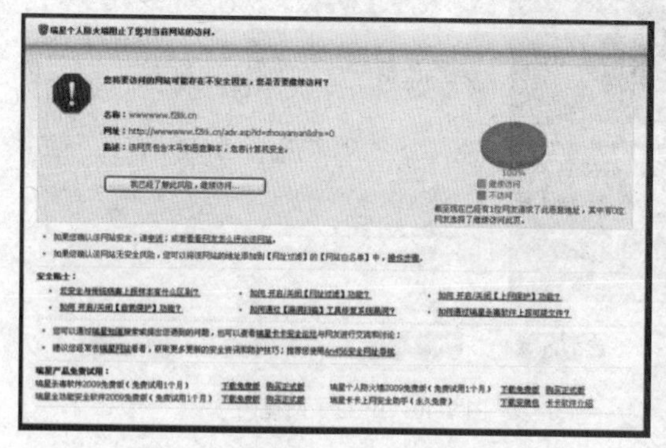

图 7-44 瑞星防火墙阻止网站的访问

图 7-45 瑞星木马网站拦截详细信息

任务小结

瑞星防火墙 2010 在软件的界面上发生了一些改变，力图与杀毒软件 2010 保持一致。经过简单的测试，发现其对 XP 的支持非常不错，对有木马的网站也能够很快地做出提示。

瑞星防火墙 2010 与 2009 版的对比如下。

这样的对比更直观，个人观感 2010 版界面要比 2009 版的好，布局与杀毒软件更匹配，如图 7-46 所示。

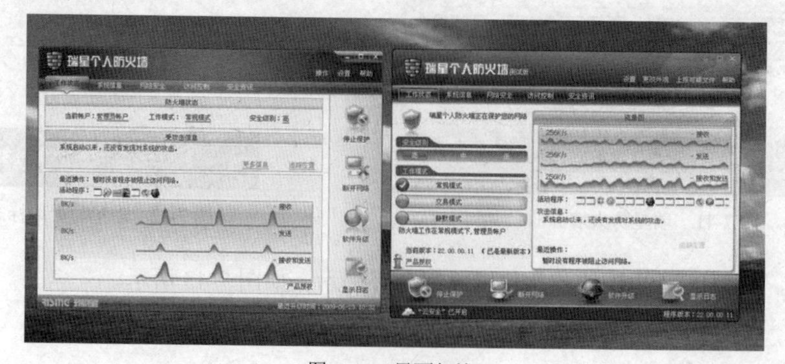

图 7-46 界面相比

系统信息变化不大，与 09 一样，如图 7-47 所示。

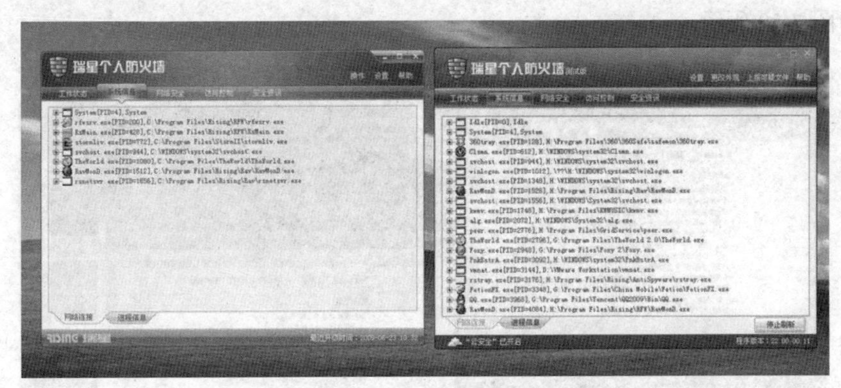

图 7-47 系统信息

网络安全也一样，如图 7-48 所示。

图 7-48 网络设置

“设置”功能打开方式做了改动。感觉用起来不如 09 版的好用，因为 09 版的更一目了然，如图 7-49 所示。

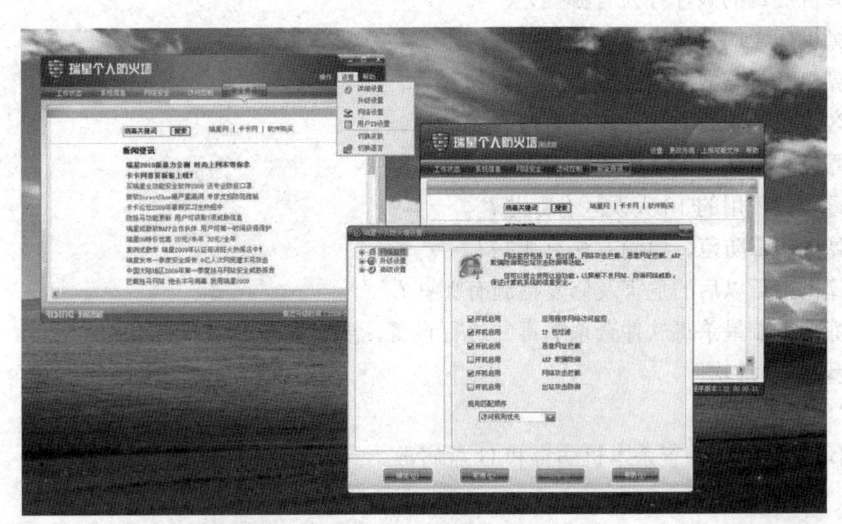

图 7-49 设置对话框

“帮助”菜单中发现了一个 BUG，如红色标示所示，“帮助主题”“关于瑞星”前面少了二个图标，如图 7-50 所示。

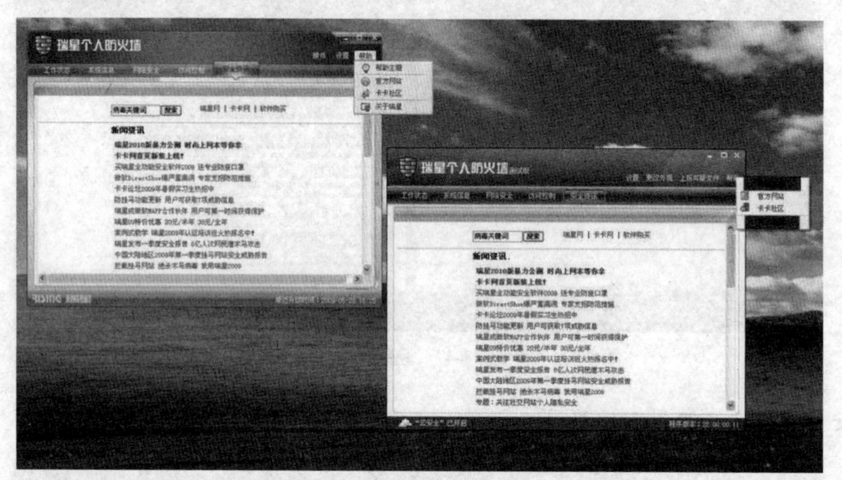

图 7-50　帮助信息

拓展练习

实训操作题

① 什么是计算机病毒？计算机病毒具有哪些特点？

② 计算机病毒的分类有哪些？

③ 如何有效地预防计算机病毒？

④ 常用的查杀病毒软件有哪些？

⑤ 计算机病毒的破坏行为有哪些？

⑥ 计算机病毒的传播途径有哪些？

⑦ 计算机病毒与故障的区分有哪些？

⑧ 黑客攻击的主要方式及防范手段有哪些？

⑨ 计算机安全认识的 7 大误区有哪些？

⑩ 杀毒软件使用的 10 大误区有哪些？

⑪ 计算机病毒防范、检测方法有哪些？

⑫ 计算机染毒以后的危害及修复措施有哪些？

⑬ 训练使用瑞星杀毒软件查杀病毒并进行设置，要求如下。

- 安装瑞星杀毒软件。
- 设置瑞星杀毒软件。
- 使用瑞星杀毒软件查杀本机病毒和 U 盘病毒。

参考文献

1．于萍．大学计算机基础教程．北京：清华大学出版社，2013．
2．姜薇．新编计算机综合应用能力模块教程．北京：国防科技大学出版社，2012.
3．王薇．计算机应用基础教程．北京：北京交通大学出版社，2010.
4．色莫代．计算机应用基础．大连：大连理工大学出版社，2009.
5．李洪升．计算机应用基础教程．北京：航空工业出版社，2007.
6．王卫国．Excel 2007 中文版入门与提高．北京：清华大学出版社，2009.
7．叶斌．大学计算机基础教程．北京：人民邮电出版社，2010.
8．陈卫卫．计算机基础教程．北京：机械工业出版社，2003.
9．王培科．计算机应用基础教程．北京：高等教育出版社，2009.
10．皇甫满喜．计算机应用基础教程．北京：航空工业出版社，2006.
11．姜丹．计算机应用基础案例教程．北京：北京大学出版社，2007.
12．徐明成．计算机应用基础案例教程．北京：科学出版社，2011.
13．唐胜来．计算机应用基础案例教程．北京：北京理工大学出版社，2018.
14．李皓．计算机操作基础教程．北京：人民邮电出版社，2004.